机械工程学科
研究生教学用书

机械故障诊断理论及应用

JIXIE GUZHANG ZHENDUAN LILUN JI YINGYONG

Theories and Applications of Machinery Fault Diagnostics

何正嘉 陈 进 王太勇 褚福磊 编著

高等教育出版社·北京
HIGHER EDUCATION PRESS BEIJING

内容简介

本书介绍机械故障诊断的基础理论和工程应用,阐述机械动态信号数学变换的本质、物理意义和工程背景。内容包括信号的时域分析、频域分析、时频域分析,基于小波变换和第二代小波变换、模型以及动力学机理的故障诊断方法,故障微弱信号的随机共振、循环平稳理论以及盲源分离诊断技术,智能诊断与状态评估、典型故障诊断系统、远程监测诊断系统以及故障诊断标准(振动与噪声)等。列举了所介绍的理论和技术在工矿企业中机械设备动态分析与监测诊断方面的应用实例。

本书取材于清华大学、天津大学、上海交通大学和西安交通大学研究生教学的先进内容,工程实用性强,适合作为高等院校机械工程、仪器仪表和能源动力等学科专业的研究生、高年级本科生的教材或参考书,也可供从事机械设备动态分析、状态监测、故障诊断、设备管理与维修的广大科技人员使用和参考。

图书在版编目(CIP)数据

机械故障诊断理论及应用/何正嘉等编著. —北京:高等教育出版社,2010.6(2021.1 重印)

ISBN 978-7-04-029536-8

Ⅰ.①机… Ⅱ.①何… Ⅲ.①机械设备-故障诊断-研究生-教材 Ⅳ.①TH17

中国版本图书馆 CIP 数据核字(2010)第 060594 号

策划编辑	宋 晓	责任编辑	查成东	封面设计	李卫青	责任绘图	尹 莉
版式设计	张 岚	责任校对	王 雨	责任印制	耿 轩		

出版发行	高等教育出版社	咨询电话	400-810-0598
社 址	北京市西城区德外大街4号	网 址	http://www.hep.edu.cn
邮政编码	100120		http://www.hep.com.cn
印 刷	北京宏伟双华印刷有限公司	网上订购	http://www.landraco.com
开 本	787mm×1092mm 1/16		http://www.landraco.com.cn
印 张	26.25	版 次	2010 年 6 月第 1 版
字 数	630千字	印 次	2021 年 1 月第 4 次印刷
购书热线	010-58581118	定 价	40.70元

本书如有缺页、倒页、脱页等质量问题,请到所购图书销售部门联系调换

版权所有 侵权必究

物 料 号 29536-00

机械工程学科研究生教学用书专家委员会

主　任　高　峰
副主任　张以都　赵升吨
委　员　（以姓氏拼音为序）
　　　　邓兆祥　韩　江
　　　　黄洪钟　蒋业华
　　　　李　原　李柏林
　　　　刘　冲　潘晓弘
　　　　潘毓学　史金飞
　　　　史铁林　宋锦春
　　　　宋轶民　孙文磊
　　　　王安麟　吴佩年
　　　　夏　伟　许立忠
　　　　张　杰　左敦稳
　　　　左正兴
秘　书　宋　晓

总　　序

　　随着中国高等教育持续发展,研究生教育发生了很大变化,我国已经迅速跨入了世界研究生教育大国的行列。为了满足研究生教育的需求,高等教育出版社组织了若干套丛书作为研究生教学参考用书。其中,机械工程学科研究生教学用书是在对全国机械工程学科研究生教育及其教学用书进行全面调研的基础上,由"机械工程学科研究生教学资源建设委员会"组织编写的。组织、编写、出版这套研究生教学用书是一件既有教学价值,又有学术价值的工作。

　　培养研究生应当特别重视能力的培养。所谓能力,包括自我充实的能力,即独立从一个领域进入另一个领域的能力,以及解决问题的能力。知识是一个动态的集合:昨天的新知识,今天就可能变成一般的知识,明天也许就要变为需要加以更新的知识。竞争迫使人们不断更新自己的知识和进入新的领域。任何人都不可能将他一生中解决问题需要用到的知识都在学校里装进大脑,也不可能年轻时学了的就可以用一辈子。因此,如何培养自我充实能力是非常重要的教育课题,特别是在研究生培养阶段。

　　自我充实主要有三个途径:浏览、读书和实践。在信息技术高度发展的时代,为一个名词搜集几万条信息,往往只是几秒钟的事。因此,需要将浏览和读书作为两个不同的学习方法区分开来。浏览是遍历广泛的信息而可以不甚了了,读书则不同,读书是为了对所描述的领域进行深入的了解。要了解一个领域,并且想进入这个领域,最好的办法就是先找一本这个领域的经典著作,老老实实地读完。不仅要掌握书中阐述的基本概念,还要弄懂书中介绍的基本理论,学好书中采用的基本方法。如果有计算公式,那么最好一个一个地推导,如果有作业,最好一个一个做一遍。读完以后,再依照书和借助其他工具的引导,去浏览可能得到的信息以丰富自己。此时,对于得到的信息,不仅要能够辨别信息的可信程度,而且要估计它的重要性并判断是否需要花时间和需要花多少时间去进一步了解。这样就完成了从不了解到进入一个领域的第一步。一本好书,还应当起到帮助初学者掌握正确的学习方法和以严谨、科学的治学态度潜移默化地感染读者的作用。

　　进入一个领域的第二步,也是不可缺少的一步,就是实践。一个人,不论他读了多少书,如果没有亲自做过,他就不可能真正领会很多理论和方法的精髓。当他要用读到的知识去解决问题时,就会觉得没有把握。另外,任何书都不可能完美无缺,经过实践,不仅能够更深入地理解书中正确的方面,更可以发现书中论点和方法的不足之处。读书不是为了做书呆子,而是为了在前人成功的基础上找到自己前进的方向。

　　从上面的分析可以看到,一本经典著作,对于引领一个人进入一个领域,是多么的重要。可惜现在这样的好书太少了,按照这种要求来写的书太少了。另外,能够这样读书的人也太少了。很多人往往满足于在网络上浏览,或者用对待查手册的态度对待读书。读得也不少,但是越读越理不出头绪。另一方面,没有好书可读也是事实。读文献不等于读书,一篇文献讲的往往是很局部的问题，不可能从一条缝隙中看到一片天；综述文献又太概括，对于还不熟悉这个领域的人，很难从中了解问题的本质。

高等教育出版社组织的若干套研究生教学用书，按照人们的期望，应当走出过去写本科生教材的框框，应当能够向专门的学术著作方向发展，希望其中一部分，能够在一段时间以后成为相应领域中的经典著作。从组织这套机械工程学科研究生教学用书已经确定的选题来看，覆盖了机械工程学科许多非常重要的基础领域，如果能够写好，将会对研究生培养起到重要作用，对于工作在非教育岗位上的同行，也是自我充实的宝贵资源，是继续教育的重要组成部分。从研究生自我充实能力培养的角度出发，这些领域的好书太重要了。研究生不能再靠听课来充实自己，也不能再靠以考试打分去考察他们的能力。这就是为什么人们对这套机械工程学科研究生教学用书寄以殷切期望的原因。

愿它们能够早日与大家见面。

中国工程院　　　　院士　谢友柏
上海交通大学　西安交通大学　教授
2008 年 6 月

前　言

改革开放的三十年是中国高等教育发展的最好阶段,特别是国家对一批高水平大学进行"211工程"和"985工程"的重点建设,大大缩短了我国高等教育与发达国家的差距,一批重点大学正在成为我国科学研究和技术创新事业中的主力军,成为新一代科学家和原创性成果的摇篮,成为新知识、新科技、新发明的重要源头。党中央、国务院做出了坚持自主创新、建设创新型国家的重大决策,部署了《国家中长期科学和技术发展规划纲要(2006—2020年)》,这不仅对推进我国科技事业发展乃至整个社会主义现代化建设具有里程碑的意义,而且对我国高等教育的改革和发展也将产生深远的影响。为此,我们有必要根据国家中长期科技发展规划,围绕"建设什么样的大学,怎样建设这样的大学"这一根本问题,在办好大学和培养人才方面进行深入思考和不懈努力。

科学技术是第一生产力。科学是求"真",即研究、认识、掌握客观世界及其规律;技术是致"实",即创造合乎科学的有效方法和手段。1809年,德国思想家、教育家洪堡在筹建洪堡大学时,提出"教学与研究相统一"和"学术自由"的原则,并指出大学的主要职能是追求真理和学术研究,洪堡强调的"教学与研究相统一"的原则,奠定了学术研究在大学的地位,促进了杰出人才的培养。在诺贝尔奖设立的最初40年间,洪堡大学出现了普朗克、劳厄、哈恩等16位诺贝尔奖获得者。洪堡的教育思想对世界科学技术的发展和高等教育的提升产生了深远的影响。到上世纪初,美国威斯康星大学查尔斯·范海斯校长,针对社会对专门人才的迫切需求,提出"大学必须为社会发展服务"的办学理念,并要求威斯康星大学的实验室向社会开放。威斯康星大学为社会经济发展服务的实践极大地促进了当地的经济和社会发展,形成了著名的"威斯康星思想",成为美国大学延续至今的办学基本宗旨。

现代高等教育发展到今天,大学在恪守人才培养这一基本宗旨的同时,面临着科技创新成为大学发展的内在驱动力、服务社会成为大学发展的外部驱动力这种新挑战,必须清醒地认识人才培养、科学研究和社会服务之间的关系。为适应我国大学研究生教学改革和研究生人才培养发展形势,开展研究生创新教育的教材建设势在必行,本书正是为满足这一需求而诞生的。

本书取材于作者所在的清华大学、天津大学、上海交通大学和西安交通大学近年来获得的国家级和省部级科技成果研究内容,引用已承担的国家"973计划"、"863计划"、国家自然科学基金重点项目和面上项目以及企业委托项目的最新研究成果。本书在数据采集、信号处理方面继承传统的理论和技术的基础上,汲取现代信号处理和机械故障诊断的前沿内容,引入了现代非平稳信号处理方法、信号的时频域分析、小波和二代小波理论;介绍了基于模型、动力学原理、随机共振理论、现代信号处理的故障诊断方法,以及智能诊断与状态评估、典型故障诊断系统和故障诊断标准(振动与噪声),具有学科交叉、新颖性和创造性等特点。本书适用于机械工程、仪器科学与技术两个一级学科及其下属的二级学科,包括机械制造及其自动化、机械电子工程、机械设计及理论、车辆工程、精密仪器及机械和测试计量技术及仪器等。本书备有大量来自机械工程、仪器科学与技术学科领域的工程应用实例，既阐明现代信号处理的基本原理，又介绍如何应用于工程实践，有利于研究生掌握基础理论和培养创新能力。本书的内容可根据课程学时的设置和教学要求，选取相应的章节进行讲授、自学或共同研讨。

大学坚持以育人为中心，培养造就一流的人才，是学校一切工作的出发点。在高等学校中研究生是科技创新的一支生力军，要用科学精神引导和培养研究生。所谓科学精神就是追求自然客观世界的本质，追求认识的真理性，坚持认识的客观性和辩证性。科学精神也是科学研究中所必备的精神状态和思维方式，是由探索和追求真理这一活动的性质决定的。加强科学精神教育，有助于研究生树立起对待自然、社会与人生的科学态度，有助于研究生自觉接受正确的世界观、价值观和人生观，有助于形成创造性的思维和能力，有助于培养勇于开拓进取的精神。我们希望在讲授这本书的过程中，力图造就一支具有追求理想、严谨求实、淡泊名利的科学精神的研究生队伍。我们教师首先要真正成为科学精神教育的直接示范者和教育者，甘于寂寞，甘于清简，以身作则，将教书育人贯穿于培养研究生的全过程。《论语》中孔子说："君子食无求饱，居无求安，敏于事而慎于言，就有道而正焉，可谓好学也已。"我们提倡一个科技工作者在饮食上不追求丰满，在居住上不追求舒适，从事科技工作要敏捷勤奋，发表观点要求实谨慎，接近有道德的人匡正是非，这样的人可以说是爱好学习的了。在本课程的教学进程中，师生共勉，使我们成为新时代的好学者。

本书总论，第3、4、5章和第6.3、10.3、10.6、10.7节由西安交通大学何正嘉、訾艳阳、陈雪峰、李兵、张西宁、张周锁、雷亚国、袁静等完成；第9章，第6.2、7.2、10.4、10.5、11.1、12.2节和附录由上海交通大学陈进、董广明、肖文斌、何俊、朱义、潘玉娜、贾文强、赵发刚、从飞云、刘雨、王志阳、周宇、明阳等完成；第1、2、8章和第6.1、11.2节内容由天津大学王太勇、王国峰、冷永刚、赵坚、张莹、李强、蒋永翔、万建、刘清建、刘路、何慧龙、邓辉、曹康平、黄国龙等完成；第7.1、10.1、10.2、12.1节由清华大学褚福磊、卢文秀、宋光雄、于湘涛、郝如江等完成。全书由何正嘉统稿，在统稿过程中，李兵、袁静在文稿、图样及其他方面做了大量的工作。衷心感谢华中科技大学史铁林教授对本书的认真评审和提出的宝贵意见。谨向长期以来关心、支持和资助我们工作的科技部、发改委、工信部、国家自然科学基金委员会、中国振动工程学会和故障诊断专业委员会以及本领域的众多同仁致以衷心的感谢！

由于作者水平所限，书中疏漏和不妥之处在所难免，殷切希望得到宝贵的批评和指正。

何正嘉
2009年7月于古城西安

目 录

总论 ··· 1
   0.1 机械故障诊断的意义 ··· 1
   0.2 机械故障诊断的国内外研究现状 ·· 2
   0.3 机械故障诊断中的基础和关键科学问题 ···································· 3
   0.4 促进机械故障诊断科学技术的发展 ·· 7
   参考文献 ·· 9

第1章 信号采集与预处理 ·· 13
   1.1 信号的定义与分类 ·· 13
   1.2 信号的调理与采集 ·· 17
   1.3 信号预处理 ··· 19
   思考题 ··· 29
   参考文献 ·· 29

第2章 信号的时域分析 ··· 31
   2.1 时域统计分析 ·· 31
   2.2 相关分析 ·· 36
   思考题 ··· 41
   参考文献 ·· 41

第3章 信号的频域分析 ··· 42
   3.1 频谱分析和FFT算法 ·· 42
   3.2 相干分析 ·· 53
   3.3 频谱细化分析 ·· 54
   3.4 倒频谱分析 ··· 56
   3.5 信号调制与解调分析 ··· 58
   3.6 全息谱理论和方法 ·· 61
   思考题 ··· 66
   参考文献 ·· 67

第4章 信号的时频域分析 ·· 68
   4.1 短时傅里叶变换 ··· 68
   4.2 Wigner-Ville分布 ··· 70
   4.3 经验模式分解 ·· 74
   思考题 ··· 82
   参考文献 ·· 82

第 5 章 基于小波理论的故障诊断方法 ... 84
5.1 基于小波变换的非平稳信号故障诊断 ... 85
5.2 连续小波变换及工程应用 ... 97
5.3 第二代小波变换及工程应用 ... 115
思考题 ... 126
参考文献 ... 126

第 6 章 基于模型的故障诊断方法 ... 129
6.1 基于时间序列模型的故障诊断方法 ... 129
6.2 基于隐 Markov 模型的故障诊断方法 ... 140
6.3 小波有限元模型及裂纹故障诊断方法 ... 151
思考题 ... 163
参考文献 ... 164

第 7 章 基于动力学机理的转子故障诊断方法 ... 167
7.1 转子系统常见故障的机理与诊断 ... 167
7.2 现场动平衡方法 ... 187
思考题 ... 202
参考文献 ... 202

第 8 章 故障微弱信号的随机共振诊断 ... 203
8.1 随机共振的发展 ... 203
8.2 双稳随机共振的基本理论 ... 204
8.3 微弱信号的变尺度随机共振辨识技术 ... 210
8.4 微弱信号的级联双稳随机共振辨识技术 ... 213
8.5 微弱信号的自适应随机共振辨识技术 ... 218
8.6 微弱信号随机共振辨识的工程应用 ... 222
思考题 ... 227
参考文献 ... 227

第 9 章 故障特征提取的新方法 ... 229
9.1 基于循环平稳理论的微弱故障特征提取方法 ... 229
9.2 盲源分离技术用于故障特征提纯 ... 239
9.3 基于决策树理论的故障特征优化方法 ... 253
思考题 ... 260
参考文献 ... 261

第 10 章 智能诊断与状态评估 ... 263
10.1 专家系统及其在故障诊断中的应用 ... 263
10.2 神经网络及其在故障诊断中的应用 ... 272
10.3 模糊理论及其在故障诊断中的应用 ... 280
10.4 故障树分析方法 ... 289
10.5 粗糙集理论及其在故障诊断中的应用 ... 298
10.6 支持向量机及其在故障诊断中的应用 ... 308

  10.7 混合智能故障诊断技术 ·· 316
  思考题 ·· 326
  参考文献 ··· 328

第 11 章 典型故障诊断系统 ·· 333
  11.1 基于网络的设备远程监测和故障诊断系统的基本框架 ······························· 333
  11.2 典型故障诊断系统 ·· 341
  思考题 ·· 370
  参考文献 ··· 370

第 12 章 其他故障诊断方法 ·· 372
  12.1 声发射检测技术 ·· 372
  12.2 噪声诊断方法 ·· 380
  思考题 ·· 389
  参考文献 ··· 389

附录 故障诊断标准 ··· 391
  1. 名词术语 ··· 391
  2. 机械设备故障诊断技术的主要理论和方法 ··· 396
  3. 监测与诊断阈值确定方法 ·· 399
  参考文献 ··· 407

总　　论

0.1　机械故障诊断的意义

近半个世纪以来,机械故障诊断借助机械、力学、电子、计算机、信号处理、人工智能等学科的现代化科学技术成果,迅速发展成为一门新兴学科。其突出特点是理论研究与工程实际应用紧密结合。随着科学技术和现代工业的飞速发展,国民经济的机械、能源、石化、运载和国防等行业的机械设备日趋大型化、高速化、集成化和自动化。如:百万千瓦大型发电机组、百万吨级乙烯及重催成套装备、300 km/h 的高速列车、大型连轧机组、大型舰船、大型盾构掘进装备、成套集成电路制造装备、航空航天运载工具等,对机械故障诊断提出严峻的挑战。关键机械设备一旦出现事故,将带来巨大的经济损失和人员伤亡,国内外因机械设备故障失效而引起的灾难性事故屡有发生[1]。1984 年印度博帕尔农药厂毒气泄漏、1986 年苏联切尔诺贝利核电站核泄漏以及 1998 年德国高速列车轮箍踏面断裂导致翻车事故人们尚记忆犹新。进入 21 世纪,2002 年我国三峡工地塔带机断裂事故、2003 年美国哥伦比亚号载人航天飞机失事、2005 年我国吉林化工厂设备恶性爆炸、2007 年美国空军 F15 战机空中解体事件、2008 年我国华能伊敏煤电公司 600 MW 机组发生转子裂纹事故、2009 年波音 737 及空客 330 先后失事等事故令人触目惊心。若能准确及时识别运行过程中萌生和演变的故障,对机械系统安全运行,避免重大和灾难性事故意义重大。国家中长期规划(2006—2020 年)和国家自然科学基金委学科发展战略研究报告(2006—2010 年),均将与机械故障诊断相关的重大产品和重大设施运行可靠性、安全性、可维护性关键技术列为重要的研究方向[2-4]。

正因为机械故障诊断对于保障设备安全运行意义重大,机械故障诊断理论与技术已成为国内外的研究热点。近年来,故障诊断技术在国内外受到高度重视,许多著名研究机构分别就故障诊断前沿问题召开国际会议。设备状态监测与故障诊断国际学术会议(International Conference on Condition Monitoring and Diagnosis, CMD)两年一届,由 IEEE 等国际性学术组织技术支持,主要针对电力系统的设备状态检测与故障诊断。世界维修大会由巴西维修协会和欧盟国家维修联合会共同倡议,并得到许多国家积极响应,每两年召开一届,由各国申请轮流主办。国际结构、材料和环境健康监测大会(HMSME)每两年在世界不同国家举办一次,是国际结构健康监测和结构控制研究领域的盛会。结构健康监测会议是美国斯坦福大学每三年举办的关于大型结构健康监测的会议,每次大会吸引大量的研究人员,特别是军方研究人员参加会议;结构损伤评估国际会议(Damage Assessment of Structures, DAMAS)是两年一届的国际会议,它为学术界和工业界的科学家和工程师在损伤评价、结构健康监测和非破坏性评估等方面提供一个交流和合作的平台。状态监测与诊断工程管理国际会议(Condition Monitoring and Diagnostic Engineering Management,

COMADEM)是每年举行一次的国际会议,至今已举办 22 届,每届会议都交流和讨论工业系统性能监测、失效模式分析、故障诊断与故障预示和主动维护等技术在近期的发展、创新、应用情况。在国内,中国振动工程学会、中国机械工程学会、中国设备管理协会等均每三年召开一次故障诊断会议,中国振动工程学会故障诊断专业委员会每两年召开学术会议,旨在加强学术交流和推广成果应用。

随着基础学科和前沿学科的不断发展和交叉渗透,机械故障诊断学在基础理论和技术方法上不断创新,取得了令人瞩目的成就,已初步形成比较完备的科学体系。机械故障诊断在早期微弱故障诊断、寿命预测方面存在研究难题。目前,对于中期、晚期较为明显的故障已形成一系列较为成熟有效的检测手段,但是在工程实践中,我们期望对故障的发生与发展能够做到防微杜渐,不期望亡羊补牢般地处理事故。因此,研究开发有效的早期故障诊断技术、定量诊断故障程度并预测其扩展趋势和剩余寿命,具有重要的科学理论意义和工程应用价值。早期故障包含两方面含义,其一是指处于早期阶段的微弱故障或潜在故障,具有症状不明显、特征信息微弱、信噪比低等特点;其二是从物理意义上讲,某一故障是另一故障的早期阶段,如不平衡与动静碰摩等,并随着时间推移进一步诱发复合故障。机械系统早期故障、微弱故障和复合故障的定量诊断与预示、剩余寿命预测方法,一直是国际故障诊断领域的前沿与挑战性难题。

0.2 机械故障诊断的国内外研究现状

机械故障诊断学是识别机器或机组运行状态的科学,它研究的是机器或机组运行状态的变化在诊断信息中的反映[5]。自 20 世纪 60 年代美国机械故障预防小组和英国机器保健中心成立以来,故障诊断技术逐步在世界范围内推广普及,全球工程和科研领域工作者在信号获取与传感技术、故障机理与征兆联系、信号处理与特征提取、识别分类与智能决策等方面开展了积极的探索,例如美国麻省理工学院(MIT)综合利用混合智能系统实现核电站大型复杂机电系统的在线监测、故障诊断和预知维修[6];在美国宇航局(NASA)倡导下美国成立了机械故障预防小组,主要研究故障机理研究、检测、诊断和预测技术、可靠性设计和材料耐久性评估[7];美国密歇根大学、辛辛那提大学和密苏里罗拉大学在美国自然科学基金的资助下,联合工业界共同成立了"智能维护系统(IMS)中心",旨在研究机械系统性能衰退分析和预测性维护方法[8];美国斯坦福大学的 Fu-Kuo Chang 在复合材料结构健康监测方面取得了显著的研究成果[9];美国佐治亚理工学院的 Mark A. Lawley 等在机床制造与寿命预测的研究中提出了新思路[10];英国曼彻斯特大学、南安普顿大学、剑桥大学等长期致力于基于先进检测方法的设备在线监测与损伤识别、可靠性、可维护性的研究工作及其应用推广[11];德国柏林科技大学 Gasch 等深入研究了裂纹转子的动力学行为[12];日本九州工业大学丰田立利和三重大学陈鹏等在故障机理与特征提取等实用技术方面进行大量研究[13];澳大利亚新威尔士大学 R. B. Randall 和法国贡皮埃涅技术大学 J. Antoni 一直致力于故障信号处理与特征提取的底层研究[14-15];澳大利亚悉尼大学的 Lin Ye 等长期从事复合材料健康监测研究,并提出了数码指纹损伤识别的新观念[16];加拿大阿尔伯塔大学 M. J. Zuo 等对齿轮、轴承等典型零部件的故障诊断方法进行了深入研究[17];印度理工学院的 Sekhar 研究了转子多裂纹动力学行为及其辨识方法[18]。

在国内,香港城市大学 P. W. Tse 等在基于小波变换的信号处理与特征提取技术方面进行了深入探索[19]。北京化工大学高金吉归纳总结了旋转机械常见故障机理及其征兆、自愈诊断[20];东北大学闻邦椿和哈尔滨工业大学陈予恕等基于混沌和分岔理论对轴系非线性动力学行为进行了深入研究[21-22];中南大学钟掘等一直致力于研究现代大型复杂机电系统耦合机理问题[23];华中科技大学杨叔子和史铁林等在先进制造技术和故障诊断新技术等方面取得一系列成果[24];西安交通大学屈梁生、何正嘉、张优云等长期致力于全息谱、小波变换等先进故障诊断技术的底层研究[25-26];清华大学褚福磊和彭志科在小波变换理论研究及转子碰摩故障诊断技术等方面取得了显著的进展[27];天津大学王太勇、冷永刚和国防科技大学胡茑庆等采用随机共振技术为早期微弱故障检测开辟了新途径[28-29];上海交通大学陈进等在信号处理技术与故障诊断专家系统等方面进行了大量研究[30];北京工业大学高立新等在高速线材轧机在线监测与诊断方面取得了显著应用效果[31];太原理工大学熊诗波,浙江大学吴昭同、杨世锡,哈尔滨工业大学黄文虎、韩清凯,北京信息科技大学徐小力,重庆大学秦树人,郑州大学韩捷和湖南大学于德介等学者长期从事机械系统状态监测与故障智能诊断技术的研究[32-33]。

为了实现故障诊断技术的实用化和产业化,国内外诸多研究机构相继开发研制多种监测诊断系统。国外典型产品有美国 Bently 公司的 3300、3500 系统和 EA3.0 系统,Scientific Atlanta 公司的 M6000 系统,西屋电气公司的汽轮发电机组人工智能大型在线诊断系统,ENTEK 公司推出的故障诊断专家系统,IRD 公司的 Mpulse 联网机械状态监测系统和 Pmpower 旋转机械振动诊断系统等,丹麦 B&K 公司的 B&K3450 型 COMPASS 系统,荷兰 Philips 公司的 PR3000 和 RMS700 系统,英国中心发电部的 TSE 和 TEM 系统,瑞士 ABB 公司的 MMC 系统和 VIBRO-METER 公司的 MMS 系统,法国的 PSAD 系统以及德国 SCHENCK 公司的 VIBROCONTROL2000 和 VIBROCAM5000 系统,日本三菱重工研制的 MHMS 系统等。在国内,中国运载火箭技术研究所、南京汽轮机研究所、西安热工研究院、西安交通大学、上海交通大学、哈尔滨工业大学、华中科技大学、清华大学、浙江大学等研究院校也开发研制了一大批各具特色、适合不同对象的在线监测与诊断系统和远程故障监测与诊断系统,给企业带了良好的经济效益。

0.3 机械故障诊断中的基础和关键科学问题

0.3.1 故障机理与征兆联系

故障机理是指通过理论或大量的实验分析得到反映设备故障状态信号与设备系统参数之间联系的表达式,依之改变系统的参数可改变设备的状态信号[22]。机理研究可以揭示故障萌生和演化的一般规律,建立故障与征兆间的内在联系和映射关系。它是机械故障诊断技术的重要基础和依据,对准确识别故障特征、确诊故障类型和分析故障原因都具有重要意义。

例如清华大学褚福磊针对碰摩故障机理开展了深入研究。基于旋转机械故障诊断的需要,分析了一个由油膜轴承支承的转子系统在转子与定子碰摩时的振动特征,模型考虑了碰撞时定子的线性变形以及摩擦时的库仑摩擦。分析表明,系统除具有各种形式的周期和概周期振动以外,还具有丰富的混沌运动、倍周期分岔和 Hopf 分岔现象。碰摩转子系统所展示的混沌运动以及所具有的各种现象,作为这类系统的显著特征,可以用于诊断汽轮发电机组中经常发生的碰摩故障和早期预测[34-35]。

根据研究对象的物理特点,建立相应的数学力学模型,通过仿真研究获得其响应特征;再结合实验修正模型,准确获知某一故障的表征。这一反复过程是故障机理及故障征兆研究的有效手段。由于通常获得某一系统较全面的故障数据样本是不现实的,因此只有通过机理仿真研究,才能对系统的未知故障、弱故障具有较强的预知和识别能力;才能避免漏诊、误诊;才能有效地做到故障早期预示、防微杜渐。

0.3.2 信号处理与特征提取

信号特征提取技术是实现故障诊断的重要手段。机械系统结构复杂,部件繁多,采集到的动态信号是各部件振动的综合反映,且传递途径的影响增加了信号的复杂程度。在诊断过程中,首先分析设备运转中所获取的各种信号,提取信号中的各种特征信息,从中获取与故障相关的征兆,利用征兆进行故障诊断。

工程实践表明不同类型的机械故障在动态信号中会表现出不同的特征波形,如旋转机械失衡振动的波形与正弦波相似;内燃机燃爆振动波形具有高斯函数包络的高频信号;齿轮、轴承等机械零部件出现剥落、裂纹等故障,往复机械的气缸、活塞、气阀磨损缺陷,它们在运行中产生冲击振动呈现接近单边振荡衰减的响应波形,而且随着损伤程度的发展,其特征波形也会发生改变。近年来,广泛应用的傅里叶变换、短时傅里叶变换、小波变换、第二代小波变换和多小波变换等可以说都是基于内积原理的特征波形基函数信号分解,旨在灵活运用与特征波形相匹配的基函数去更好地处理信号,提取故障特征[26]。基于内积原理的信号处理与特征提取技术的本质是探求信号 $x(t)$ 中包含与"基函数"$y(t)$ 最相关或最相似的分量,其关键在于构造和选择与故障特征波形相匹配、且具有优良性质的合适基函数,以获得不同物理意义并符合工程实际的故障特征信息。

华南理工大学丁康长期以来致力于研究 FFT 信号处理方法。1965 年 Cooely - Tukey 在《计算数学》杂志上首次发表快速傅里叶变换(FFT)算法,FFT 和频谱分析很快发展成为机械设备故障诊断等多种学科重要的理论基础。然而长期的应用和近年来的理论分析表明:经快速傅里叶变换得到的离散频谱,频率、幅值和相位均可能产生一定的误差,单频率谐波信号加矩形窗时的幅值最大误差从理论上分析可达 36.4%;即使加其他窗时,也不能完全消除此误差,加 Hanning 窗且只进行幅值恢复时的最大幅值误差仍高达 15.3%,相位误差高达±90°,频率最大误差为 0.5 个频率分辨率。因此大大限制了该技术的工程应用。丁康先后研究提出了离散频谱分析加窗后幅值恢复系数遵守的幅值相等及能量相等的两个原则,系统地解决了离散频谱校正问题[36-37]。

西安交通大学从 20 世纪 90 年代初开始致力于小波分析技术的研究。目前的小波理论提供了包括傅里叶分析所采用的三角基函数以外的多种小波基函数,其基函数种类丰富,使小波分析充满了活力。在经典小波基础上发展起来的第二代小波变换[38]是一种不依赖傅里叶变换、在时域采用提升方法构造小波的方法,被认为是近年来小波分析领域的重大突破。第二代小波也是建立在内积运算的基础上,通过设计预测算子和更新算子构造出符合待分析信号波形特征的小波基函数,从而实现故障特征的自适应提取[39-40]。近年来兴起的多小波变换,不仅兼备单小波所无法同时满足的正交性、对称性、短支撑性及高阶消失矩性质,同时拥有多个小波基函数可以作为信号分解的特征波形混合基来匹配信号中的多个特征信息,这使得多小波变换在机械故障诊断中获得应用[41-42]。

在非平稳、非线性特征提取方面,现有信号处理方法取得了长足进展,提出了许多有效的"望闻问测"诊断学手段。但是在早期故障、微弱故障、复合故障等信号的处理方面还存在不足,难以有效地提取复杂机械系统故障动态特征。

0.3.3 结构裂纹损伤定量识别

如何从服役机械设备的动态特征中提取损伤和故障的严重性程度,即故障的定量诊断,一直是本领域的研究重点。以结构裂纹损伤定量识别为例,机械、能源、运载和国防等行业的关键装备,由于初始微小裂纹扩展,导致恶性事故屡屡发生,带来巨额损失。据英国安全技术公司(Safe Tech)统计,欧洲每年结构断裂造成的损失达800亿欧元,而美国每年结构断裂造成的损失达1190亿美元,其中95%是由于疲劳裂纹引起的断裂。据美国空军材料试验室(AFML)统计,在航空发动机的事故中,属于航空发动机转子的循环疲劳裂纹破坏超过74%以上。机械结构裂纹损伤这一"隐形杀手"被形象地称为"裂纹顽魔",具有难发现、易扩展、强破坏的特点。正如学者匡震邦在文献[43]中所写:"在所有的应力分析问题中,没有哪个问题像裂纹问题那样,受到如此众多的力学和材料学工作者持久的关切和在如此广泛的工况下进行过详尽的分析;也没有哪个问题像裂纹问题那样,愈分析愈感到问题的复杂和困难。究其原因,裂纹问题与工程结构的破坏和可靠性紧密相连,强大的工程实际需要是推动裂纹问题研究的主要动力。"国际上通常把裂纹损伤识别的研究工作划分为四个层次,首先确定损伤是否存在;其次是能够确定损伤的位置;第三是能够确定损伤的定量程度;第四是预测剩余寿命。国内外学者针对前三层次的内容开展了大量的研究工作。

美籍希腊学者Dimarogonas(1938—2000)早在20世纪70年代就开始转子裂纹的研究,该项研究工作是在他为通用电气公司汽轮机事业部服务期间开展的,Dimarogonas在他1983年出版的转子动力学[44]书中作了较系统的论述,并于1996年发表了著名的裂纹结构振动综述文章[45],2008年他的长期合作者Papadopoulos综述了能量释放率在转子裂纹建模方面的应用情况[46]。印度IIT学者Sekhar和Maiti在转子和结构裂纹诊断方面开展了大量的研究工作[18,47]。此外,美国Bently转子动力学研究公司的研究人员Bently与Muszynska开展了包括裂纹等大量故障转子的研究与实验,所研制的高速实验转子、转子监测系统以及所获得的研究结论被世界各国广泛采用[48]。2008年国际期刊MSSP专门针对裂纹研究50周年做了一期专刊,系统地综述了裂纹相关研究进展[49]。

西安交通大学采用正问题(有限元建模与动力学分析)与反问题(动态信号特征准确提取)相结合的研究方法,实现了裂纹定量诊断。机械系统的损伤定量诊断是安全性能评估、预防灾难性事故发生的前提和基础,要实现机械系统损伤的定量识别,必须分析损伤程度与损伤信号动态特征的定量因果关系。在正问题方面,由于裂纹损伤奇异性的存在,使得采用传统有限元模型求解结构损伤问题精度不高。小波有限元作为一种优于传统单元网格加密和阶次升高的自适应有限元算法,能够提供多种基函数作为有限元插值函数,弥补了传统有限元只以多项式作为插值函数的不足,能够实现裂纹高精度求解和奇异性建模,从而建立准确可靠的损伤定量诊断模型数据库[50]。反问题方面研究裂纹结构动态响应信号的特征提取技术。最后正反问题结合,以实测的结构前三阶固有频率作为输入,利用小波有限元计算获得的裂纹结构频率响应数据库,获得裂纹等效刚度与裂纹位置的三条频率响应曲线,根据三条曲线的交点定量诊断出裂纹的位置与深度,该方法克服了现有无损检测方法多适用于静态且难以定量诊断的不足,适合机械结构裂纹在线快速定量检测[51]。

裂纹损伤识别第四层次的研究工作是剩余寿命预测方法。机械、运载和能源等行业的典型重大装备已经服役多年时间,可靠预测含裂纹构件的剩余寿命,是有效提高装备服役性能和控制失效事故发生的重要途径,因为过早判废退役则意味着巨额浪费和经济损失,继续运行则需要合理的剩余寿命预测以保证安全。例如目前我国大多数在役航空发动机采用工作时数和日历寿命进行寿命控制,当这两者之一达到设计值时,发动机将返厂修理。这种"经典"的发动机寿命管理办法就是定期维修、到期退役。在发动机服役期间缺乏有效的剩余寿命预测方法,会造成尚有较长剩余寿命的航空发动机到期退役,或者未到达检修周期就发生裂纹断裂事故。因此需要在裂纹损伤定量诊断基础上开展剩余寿命预测方法研究。

0.3.4 人工智能诊断方法

在上述传统的诊断方法的基础上,将人工智能的理论和方法用于故障诊断。发展智能化的诊断方法,是故障诊断的一条全新的途径,目前已广泛应用,成为设备故障诊断的主要方向。人工智能的目的是使计算机去做原来只有人才能做的智能任务,包括推理、理解、规划、决策、抽象、学习等功能。专家系统、神经网络、模糊逻辑、粗糙集、遗传算法、支持向量机、粒计算等方法是实现人工智能的重要基础,目前已广泛用于机械故障智能诊断领域。

自组织特征映射神经网络利用简单的算法达到了有效地表示数据和实现保拓扑性的双重目的,得到了广泛的应用。芬兰科学院院士 Kohonen 博士长期致力于人工神经网络与模式识别研究,发表了 300 多篇研究论文,出版了 4 本专著,原创性提出自组织特征映射神经网络(SOMNN)[52-53]。2006 年英国 Wong M. L. D. 等人提出了一种基于 SOMNN 和新的统计特征提取技术的故障检测新方法,利用功率谱密度函数的高阶统计技术提取特征,基于改进的 SOMNN 进行状态识别,采用两种来源于完全不同装置的实际数据集(轴承实验台和美国海军直升机振动数据集)测试了提出的方法[54]。2008 年 Perreri 等提出了一种基于主分量与 SOMNN 的在线故障检测与诊断系统,并将其应用于乙烯裂解炉在线监测与诊断中[55]。2009 年 Jianbo Liu 等人研究了基于时频分析、主分量分析与 SOMNN 的设备异常检测与故障诊断方法,并将其应用于汽车发动机控制系统中[56]。

人工智能方法针对某一特定的、相对简单的对象进行故障诊断时有其各自的优点和不足。例如专家系统缺乏有效的诊断知识表达方式,推理效率低,存在知识获取"瓶颈";神经网络需要的训练样本获取困难;模糊故障诊断技术往往需要由先验知识人工确定隶属函数及模糊关系矩阵,但实际上获得与设备实际情况相符的隶属函数及模糊关系矩阵存在许多困难。要真正实现智能诊断,只靠单纯一两种方法很难满足要求,其应用也会有一定局限。如果将几种性能互补的智能技术经适当组合,取长补短、优势互补,其解决问题的能力会大大提高。

0.3.5 基础和关键科学问题

根据以上底层基础研究的本质和特性,将机械故障诊断学中的基础和关键科学问题归纳如下:

1) 机械系统运行状态下故障动态演化机理；
2) 机械系统动态信号处理的内积匹配原理与微弱信号特征增强机制；
3) 故障定量识别和剩余寿命预测原理；
4) 人工智能诊断与机械故障预示方法。

上述科学问题各自独立,又相辅相成,为机械故障诊断技术奠定坚实的基础。科学问题1旨在揭示机械系统运行过程中故障物理现象的萌生与发展演化规律,故障与系统动态响应映射关系的机理,为故障诊断奠定基础。科学问题2旨在揭示动态信号故障特征提取的原理,基于内积变换数学原理构造和选取与故障相匹配的基函数,通过抑制噪声和利用噪声增强故障特征,有效地提取故障动态特征,为故障诊断提供手段。科学问题3旨在揭示故障部位、种类和程度的定量诊断原理,动态地分析设备性能变化,可靠地预测装备剩余寿命,使故障诊断从定性走向定量。在前三个科学问题的基础上,科学问题4旨在综合研究智能化诊断方法,提供正确合理的诊断结论,预示故障发展趋势,实现机械设备预测性维护管理。

0.4 促进机械故障诊断科学技术的发展

科学技术是第一生产力。高新科学技术的创新与进步是时代革命的关键,也是社会发展的支柱。科学是求"真",即研究、认识、掌握客观世界及其规律；技术是致"实",即创造合乎科学的有效方法和手段[24]。安全生产和国民经济的可持续发展对运行中的机械设备进行故障诊断提出了更高的要求[1],特别是迫切要求为工程实际中大型复杂机械设备开展早期、动态、定量和智能的故障诊断与预示,机械故障诊断学在科学和技术层面上面临着严峻的挑战,同样也迎来有利的发展机遇。

机械设备发生事故一般可以归结为损伤(damage)产生,继而故障(fault)出现,最后导致失效(failure),这是客观规律发展的一个过程。如何掌握这一过程,特别是掌握损伤和早期故障的监测和诊断,是实现机械故障诊断的科学发展的底层基础研究的关键。应该以工程应用为立足点,以底层基础研究为基石,以解决基础科学问题为支柱,进行自主的原创性研究,促进机械故障诊断科学技术的发展。为此,应当重视以下问题的研究：

1) 加强故障机理研究。故障机理是反映故障的原因和效应,加强故障机理研究是认识客观事物的科学实践,是通过理论或大量实验分析得到反映设备故障状态信号与设备系统参数之间联系的表达式,依之改变系统的参数可改变设备的状态信号[22]。20世纪80年代初,屈梁生院士就把机械设备分为齿轮、轴承和旋转轴系三大基础零部件,并归纳总结了它们的故障原因、现象和在动态信号中的特征[5]；1993年高金吉院士在他的博士学位论文中总结并发展了20世纪60年代国外提出的高速旋转机械故障种类及其动态响应特征[20]；2007年陈予恕院士全面分析了大型旋转机械可建模系统和不可建模系统中某些重大振动故障的非线性机理[22]。随着科学技术的迅速发展,新颖、大型、高速机械设备,如数万吨锻压设备、大功率盾构机、铁路动车组等,新的故障机理有待承前启后地深入研究。例如针对典型的不对中故障,建立数学和力学模型,搭建实验平台,研究不对中所对应的故障征兆和频谱特征；再如,利用间隙机构动力学的研究成果,研究不同间隙大小对应的信号频谱特征,甚至建立起间隙大小和信号特征的定量关系,用于指导机构间隙的故障诊断,从而为诊断奠定基础。

2) 深入进行机械设备的早期、动态故障监测诊断。确保运行中机械设备的安全性特别重要，所以应当尽量进行动态监测诊断。设备运行过程中不可避免产生损伤和出现早期故障，它具有潜在性和动态响应的微弱性。现有信号处理方法在非平稳、非线性故障特征提取方面，取得了长足进展，但在微弱损伤、多故障耦合、多干扰源和强噪声等信号的处理方面还难以有效地提取复杂机械系统动态损伤特征。一是将现有方法不断在理论和实践方面加以完善，如改善经验模式分解的边界效应；二是将信号处理领域新的研究成果引入到机械故障诊断领域，如将多小波构造理论引入到复合故障诊断。研究适合早期、微弱、复合等典型故障的特征提取方法。例如现有微弱损伤信号处理方法可从抑制噪声和利用噪声两个角度出发，达到提高信号信噪比和微弱特征提取的目的。目前，通过抑制噪声改变信噪比的方法有多种，常用的有卡尔曼滤波、循环统计量、盲源分离、小波变换、经验模式分解、谱峭度、混沌分叉等多种方法。而利用噪声增强微弱信号的方法是近年来提出的一种新思路，比较有效的方法主要包括随机共振[57]和总体平均经验模式分解[58]。

3) 重视机械设备故障的定量诊断。故障的定量诊断是指识别损伤的部位、故障的种类以及故障的程度，为机械设备的安全性分析、可靠性评估和寿命预测提供基础性依据。需要针对重大装备典型结构，如航空发动机转子、大型飞机机身、大型风力机叶片、典型复合材料结构开展裂纹损伤的动态在线诊断；在裂纹损伤定量诊断的基础上，开展剩余寿命预测方法研究。目前，有待深入研究的故障定量诊断新方法和新技术不断涌现：基于小波有限元模型和设备动态响应的裂纹损伤定量诊断；基于振动信号分贝值的滚动轴承故障定量诊断；基于可扩展模态模型矩阵的结构损伤动态监测与定量识别；基于噪声利用与特征增强机制的微弱损伤定量提取的自适应随机共振方法及自适应总体平均经验模式分解方法；基于多小波变换及双树复小波的多故障耦合特征分离与定量识别技术；基于局域均值分解的机械调制故障特征提取技术；基于局部近场声全息的机械系统故障可视化定位技术等。现代信号处理与信息提取理论和技术不断迅速发展，借助学科交叉不断将这些新理论和技术引入到故障定量诊断的底层基础研究和应用中，形成故障定量诊断的新原理和新技术。

4) 提高机械设备智能诊断与预示功能。对于国民经济工矿企业中运行的机械设备，工程技术人员和设备管理人员需要的不是信号处理与信息提取给出的特征参数，而是要求给出明确的设备损伤或故障的定量诊断结果以及运行寿命，从而进行有效的设备现代化管理，避免重大事故发生。近年来，该领域在贝叶斯理论、神经网络、模糊集合理论、D-S证据推理、遗传算法、聚类分析、人工免疫、支持向量机、混合智能、专家系统、粒计算分类等智能诊断与预示取得了可喜的成绩。由于科学技术和计算机技术的迅速发展，人工智能是一个非常活跃的研究和应用领域，并大量渗透到机械设备智能诊断与预示的研究和应用中。现有的人工智能诊断方法很多，大部分智能方法都需要满足一定的假设条件、人为设置一定的参数，因此智能诊断方法往往给留人下"黑匣子"印象，诊断方法的推广性得不到很好的验证。需要重点研究影响现有人工智能诊断方法推广使用的关键环节，结合机械故障诊断特点，研究解决这些关键环节的基础科学问题。机械设备智能诊断与预示的人工智能方法和技术，必须建立在故障机理、早期和动态故障监测诊断以及设备故障的定量诊断这些底层基础研究之上，其中设备故障的定量诊断这一底层基础研究，能够正确地给出损伤和故障的变化过程的量化描述，为故障预示和寿命预测提供科学依据。具备底层基础研究的人工智能才能形成知识丰富、推理正确、判断准确、预示合理、结论可靠的设备智能诊断与预示的实用技术。因此,要极力避免只简单地借助人工智能方法和技术进行设备智能诊断的应用,而忽视底层基础研究。没有底层的机械故障诊断基础研究,上层的人工智能方法和技术难以解决实际的工程问题以及现代网络技术支撑的机械设备远程监测诊断系统和专家会诊。

加强机械设备故障诊断的底层基础研究,开发智能诊断与预示的实用技术,实现机械设备故障诊断科学和技术的全面发展和重点突破,能够确保我国国民经济机械、运载、能源、冶金、石化、国防等支柱产业中的机械设备长周期安全运行,取得显著的经济效益和社会效益。

参 考 文 献

[1] 钟群鹏,张峥,有移亮.我国安全生产(含安全制造)的科学发展若干问题[J].机械工程学报,2007,43(1):7-18.

[2] 涂善东,葛世荣,孟光,等.机械结构强度与失效,机械与制造科学学科发展战略研究报告(2006—2010年).北京:科学出版社,2006,74-104.

[3] 中华人民共和国国务院.国家中长期科学和技术发展规划纲要(2006—2020年).2006.

[4] 中华人民共和国科学技术部.国家"十一五"科学技术发展规划.2006.

[5] 屈梁生,何正嘉.机械故障诊断学[M].上海:上海科学技术出版社,1986.

[6] Bilge Yildiz, Michael W Golay, Kenneth P Maynard, et al. Development of a hybrid intelligent system for on-line monitoring of nuclear power plant operations. PSAM6 (probabilistic safety assessment and management) conference, San Juan, Puerto Rico, June 23-23, 2002.

[7] Erwin V Zaretsky, Joseph V Poplawski, Lawrence E Root. Reexamination of ball-race conformity effects on ball bearing life[J]. NASA/TM-2007-213635.

[8] IMS Center Web Site www.imscenter.net.

[9] Jeong-Beom Ihn, Fu-Kuo Chang. Pitch-catch active sensing methods in structural health monitoring for aircraft structures[J]. Structural Health Monitoring, 2008, 7(1):5-19.

[10] Nagi Z Gebraeel, Mark A Lawley. A neural network degradation model for computingand updating residual life distributions[J]. IEEE Transactions on Automation Science And Engineering, 2008, 5(1):154-163.

[11] Newland D E. Ridge and phase identification in the frequency analysis of transient analysis by harmonic wavelets[J]. Journal of Vibration and Acoustic, Transactions of ASME, 1999, 121:149-155.

[12] Robert Gasch. Dynamic behaviour of the Laval rotor with a transverse crack[J]. Mechanical Systems and Signal Processing, 2008, 22(4):790-804.

[13] Peng Chen, Toshio Toyota, Zhengjia He. Automated function generation of symptom parameters and application to fault diagnosis of machinery under variable operating conditions[J]. IEEE Transaction on Systems, Man and Cybernetics—PartA:Systems and Humans, 2001, 31(6).

[14] Antoni J. Cyclostationarity by examples[J]. Mechanical Systems and Signal Processing,2009,23(4):987-1036.

[15] Antoni J,Randall R B. The spectral kurtosis:application to the vibratory surveillance and diagnostics of rotating machines[J]. Mechanical Systems and Signal Processing,2006,20(2):308-331.

[16] Zhongqing Su,Lin Ye,Ye Lu. Guided lamb waves for identification of damage in composite structures:A review[J]. Journal of Sound and Vibration,2006,295:753-780.

[17] Lin J,Zuo M J. Gearbox fault diagnosis using adaptive wavelet filter[J]. Mechanical Systems and Signal Processing,2003,17(6):1259-1269.

[18] Sekhar A S. Multiple cracks effects and identification[J]. Mechanical Systems and Signal Processing,2008,22(4):845-878.

[19] Rafiee J,Tse P W. Use of autocorrelation of wavelet coefficients for fault diagnosis [J]. Mechanical Systems and Signal Processing,2009,23(5):1554-1572.

[20] 高金吉.高速涡轮机械振动故障机理及诊断方法的研究[D].北京:清华大学,1993.

[21] 闻邦椿."振动利用工程"学科近期的发展[J].振动工程学报,2007,20(5):427-434.

[22] 陈予恕.机械故障诊断的非线性动力学原理[J].机械工程学报,2007,43(1):25-34.

[23] 钟掘,唐华平.高速轧机若干振动问题:复杂机电系统耦合动力学研究[J].振动、测试与诊断,2002,22(1):1-8.

[24] 杨叔子,史铁林.以人为本:树立制造业发展的新观念[J].机械工程学报,2008,44(7):1-5.

[25] 屈梁生.机械故障的全息诊断原理[M].北京:科学出版社,2007.

[26] 何正嘉,訾艳阳,陈雪峰,等.内积变换原理与机械故障诊断[J].振动工程学报,2007,20(5):528-533.

[27] Peng Z K,Jackson M R,Rongong J A,et al. On the energy leakage of discrete wavelet transform[J]. Mechanical Systems and Signal Processing,2009,23(2):330-343.

[28] 陈敏,胡茑庆,秦国军,等.参数调节随机共振在机械系统早期故障检测中的应用[J].机械工程学报,2009,45(4):131-135.

[29] 张莹,王太勇,冷永刚,等.双稳随机共振的信号恢复研究[J].力学学报,2008,40(4):528-534.

[30] 李加庆,陈进,杨超,等.波叠加声场重构精度的影响因素分析[J].物理学报,2008,57(7):4258-4264.

[31] 高立新.棒线材轧机故障诊断实例[M].北京:中国农业科学技术出版社,2008.

[32] 熊诗波,王然风,梁义维.轧机自激振动诊断和结构动力学修改[J].机械工程学报,2005,41(7):147-151.

[33] Cheng J S,Yu D J,Yang Y. Research on the intrinsic mode function(IMF)criterion in EMD method[J]. Mechanical Systems and Signal Processing,2006,20(4):817-822.

[34] 褚福磊,汤晓瑛,唐云.碰摩转子系统的稳定性[J].清华大学学报,2000,40(4):119-123.

[35] 卢文秀,褚福磊.转子系统碰摩故障的实验研究[J].清华大学学报,2005,45(5):614-617.

[36] 丁康.离散频谱分析校正原理与技术[D].西安:西安交通大学,2006.

[37] 丁康,何志达,孔正国.基于离散频谱分析的自由衰减振动信号的幅值恢复[J].振动工程学报,2005,18(2):172-178.

[38] Sweldens W. The lifting scheme:a custom-design construction of biorthogonal wavelets[J]. Applied Computer Harmonic Analysis,1996,3:186-200.

[39] Li Zhen,He Zhengjia,Zi Yanyang,et al. Customized wavelet denoising using intra-and inter-scale dependency for bearing fault detection[J]. Journal of Sound and Vibration,2008,313:342-359.

[40] 段晨东,何正嘉.一种基于提升小波变换的故障特征提取方法及其应用[J].振动与冲击,2007,26(2):10-13,32.

[41] Jing Yuan,Zhengjia He,Yanyang Zi,et al. Adaptive multiwavelets via two-scale similarity transforms for rotating machinery fault diagnosis[J]. Mechanical Systems and Signal Processing,2009,23(5):1490-1508.

[42] 袁静,何正嘉,王晓东,等.平移不变多小波相邻系数降噪方法及其在监测诊断中的应用[J],机械工程学报,2009,45(4):155-160.

[43] 匡震邦,马法尚.裂纹端部场[M].西安:西安交通大学出版社,2002.

[44] Dimarogonas A D. Analytical methods in rotor dynamics[M]. London: Applied Science Publication,1983.144-193.

[45] Dimarogonas A D. Vibration of cracked structures:a state of the art review[J]. Engineering Fracture Mechanics,1996,55(5):831-857.

[46] Papadopoulos C A. The stain energy release approach for modelling cracks in rotors:a state of the art review[J]. Mechanical Systems and Signal Processing,2008,22:763-789.

[47] Lele S P,Maiti S K. Modelling of transverse vibration of short beams for crack detection and measurement of crack extension[J]. Journal of Sound and Vibration,2002,257(3):559-583.

[48] Bently D E,Muszynska A. Early detection of shaft cracks on fluid-handling machines[J]. ASME Fluids Engineering Division,1986,46:53-58.

[49] N Bachschmid,P Pennacchi. Crack effects in rotor dynamics[J]. Mechanical Systems and Signal Processing,2008,22:761-762.

[50] 何正嘉,陈雪峰,李兵,等.小波有限元理论及其工程应用[M].北京:科学出版社,2006.

[51] 何正嘉,陈雪峰.小波有限元理论研究与工程应用的进展[J].机械工程学报,2005,41(3):1-11.

[52] Teuvo Kohonen. The self-organizing map[J]. Neurocomputing,1998,21(1-3):1-6.

[53] Teuvo Kohonen. Self-organizing neural projections[J]. Neural Networks,2006,19(6-7):723-733.

[54] Wong M L D,Jack LB,Nandi AK. Modified self-organizing map for automated novelty detection applied to vibration signal monitoring[J]. Mechanical Systems and Signal Processing,2006,20:593-610.

[55] Petteri Kämpjärvi,Mauri Sourander,Tiina Komulainen,et al. Fault detection and isolation of an on-line analyzer for an ethylene cracking process[J]. Control Engineering Practice,2008,16(1):1-13.

[56] Jianbo Liu, Dragan Djurdjanovic, Kenneth A, et al. A divide and conquer approach to anomaly detection, localization and diagnosis. Mechanical Systems and Signal Processing. In Press, Accepted Manuscript, Available online 9 June 2009.

[57] Benzi R, Sutera A, Vulpiana A. The mechanism of stochastic resonance[J]. Journal of Physics A: Mathematical and General, 1981, 14(11): 453 - 457.

[58] Wu ZH, Huang NE. Ensemble empirical mode decomposition: a noise-assisted data analysis method. Center for Ocean - Land - Atmosphere Studies, Technical Report, 2005.

第 1 章　信号采集与预处理

1.1　信号的定义与分类

信息可解释为事物运动的状态和方式,信息本身不是物质,不具有能量,但信息却依靠物质能量。一般来说,传输信息的载体称为信号,信号是一种具有物理性质的物质,它具有能量。人类获取信息,需要借助信号的传播。对于机电设备来说,其出现故障的种类多种多样,对一台设备或者一个系统进行诊断时,第一步工作就是要收集反映设备或系统故障的信息,即采集设备或系统的故障信号。

设备在运行过程中,与运行状态有关的各种物理量随时间的变化呈现一定的规律。这些物理量主要包括利用传感器测量所得到的位移、速度、加速度、温度、压力、流量、应力、应变、电流和电压等。这些物理信号中常常包含对机器状态识别与诊断非常有用的各种信息,有效地分析、处理这些信息,建立它们和设备之间的联系,是设备故障诊断的基础。对这些物理信号进行分析与处理可以在时间、频率等域内进行,它们从不同的角度对信号进行观察和分析,丰富信号分析与处理的结果[1-5]。幅值不随时间变化的信号称为静态信号。实际上,幅值随时间变化很缓慢的信号也可以看成是静态信号或准静态信号。工程上所遇到的大多数信号均为动态信号。为了深入了解信号的物理实质,可以按以下几种方法对其进行分类:

1) 确定性信号和随机信号。可以用明确的数学表达式描述的信号称为确定性信号,它又可以进一步分为周期信号与非周期信号。周期信号是指在一定的时间内按照某一规律重复变化的信号。若信号在时间上不具有周而复始的特性,即周期信号的周期趋于无限大,则称此类信号为非周期信号。而随机信号所描述的物理现象是一种随机过程,它在某个点上的取值是随机变量,不能用数学关系式描述,其幅值、相位变化是不可预知的。随机信号可进一步分为平稳信号和非平稳信号。分布参数和分布规律不随时间变化的信号称为平稳信号。与之相反,分布参数和分布规律随时间变化的信号称为非平稳信号。其详细的分类方式如图 1.1.1 所示。

2) 能量信号和功率信号。若信号在所分析区间 $(-\infty,+\infty)$ 的能量为有限值,则该类信号称为能量信号,即该信号满足如下条件:

$$\int_{-\infty}^{\infty} x^2(t)\mathrm{d}t < \infty \tag{1.1.1}$$

在区间 (t_1, t_2) 内,信号的平均功率为

$$p = \frac{1}{t_2 - t_1}\int_{t_1}^{t_2} x^2(t)\mathrm{d}t \tag{1.1.2}$$

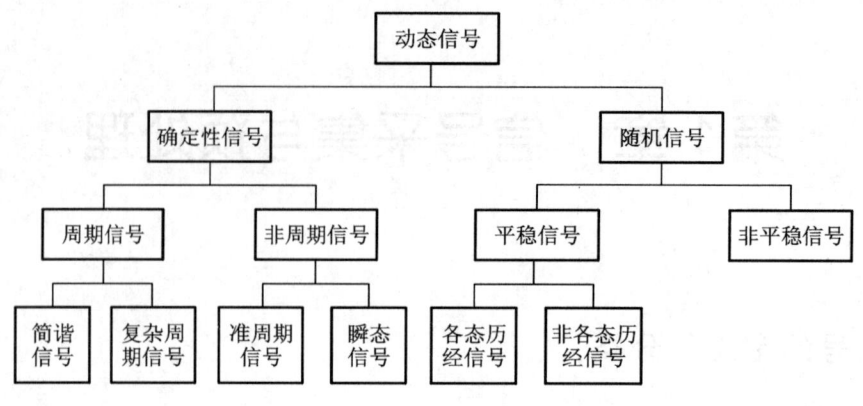

图 1.1.1 信号分类

若区间(t_1,t_2)变为无穷大时,式(1.1.2)仍然大于零,则信号具有有限的平均功率,此类信号称之为功率信号。

3) 时限与频限信号。时域有限信号在有限区间(t_1,t_2)内定义,其幅值在区间外恒等于零。频域有限信号是指信号经过傅里叶变换,在频域内占据一定带宽(f_1,f_2),其幅值在区间外恒等于零。

4) 连续时间信号和离散时间信号。在所讨论的时间间隔内,对于任意时间值,除若干个第一类间断点外,都可给出确定的函数值,此类信号称为连续时间信号或模拟信号。离散时间信号又称为时域离散信号或时间序列,即在所讨论的时间区间内,在所规定的不连续的瞬时给出的函数值。离散信号又可分为两种情况:时间离散而幅值连续时,称为采样信号;时间离散且幅值量化时,则称为数字信号。

2)~4)中分类方式的详细分类就不在此一一赘述了,请读者参阅其他相关书籍。下面对第一种分类方法进行详细说明。

1.1.1 确定性信号

确定性信号可以进一步分为周期信号和非周期信号。

周期信号包括简谐信号和复杂周期信号。描述简谐信号的基本物理量是频率、振幅和初相位;复杂周期信号可借助傅里叶级数展成一系列离散的简谐分量之和,其中任意两个分量的频率比都是有理数。这种把一个周期函数展开成傅里叶级数,亦即展开成一系列简谐函数之和的方法,称为谐波分析。谐波分析对于分析振动位移、速度和加速度的波形具有重要意义。

假定$x(t)$为满足上述条件、周期为T的周期振动函数,则可展开成傅里叶级数的形式:

$$\begin{aligned}x(t)&=\frac{a_0}{2}+a_1\cos\omega t+a_2\cos 2\omega t+\cdots+b_1\sin\omega t+b_2\sin 2\omega t+\cdots\\&=\frac{a_0}{2}+\sum_{n=1}^{\infty}(a_n\cos n\omega t+b_n\sin n\omega t)\end{aligned} \quad (1.1.3)$$

式中,$\omega=\frac{2\pi}{T}$,a_0、a_n、b_n均为待定常数。

由三角函数的正交性

$$\int_0^T \cos m\omega t \cos n\omega t \, dt = \begin{cases} 0 & m \neq n \\ \dfrac{T}{2} & m = n \end{cases} \tag{1.1.4}$$

$$\int_0^T \sin m\omega t \sin n\omega t \, dt = \begin{cases} 0 & m \neq n \\ \dfrac{T}{2} & m = n \end{cases} \tag{1.1.5}$$

$$\int_0^T \sin m\omega t \sin n\omega t \, dt = \int_0^T \cos m\omega t \cos n\omega t \, dt \tag{1.1.6}$$

和关系式

$$\int_0^T \cos n\omega t \, dt = 0 \quad n \neq 0 \tag{1.1.7}$$

$$\int_0^T \sin n\omega t \, dt = 0 \quad n \neq 0 \tag{1.1.8}$$

可得到

$$a_0 = \frac{2}{T} \int_0^T x(t) \, dt \tag{1.1.9}$$

$$a_n = \frac{2}{T} \int_0^T x(t) \cos n\omega t \, dt \quad n = 1,2,3,\cdots \tag{1.1.10}$$

$$b_n = \frac{2}{T} \int_0^T x(t) \sin n\omega t \, dt \quad n = 1,2,3,\cdots \tag{1.1.11}$$

将 a_0、a_n、b_n 代入式(1.1.3),相应的傅里叶级数就完全确定了。

对于某一确定的 n,有

$$a_n \cos n\omega t + b_n \sin n\omega t = A_n \sin(n\omega t + \varphi_n) \tag{1.1.12}$$

$$A_n = \sqrt{a_n^2 + b_n^2}, \quad \tan \varphi_n = \frac{a_n}{b_n}$$

于是式(1.1.3)可以表示成

$$x(t) = \frac{a_0}{2} + \sum_{n=1}^{\infty} A_m \sin(n\omega t + \varphi_n) \tag{1.1.13}$$

以上理论分析可以表明,周期信号可以表示成一个或几个乃至无穷多个简谐信号的叠加。图 1.1.2 为某一方波信号的时域波形及其频谱。

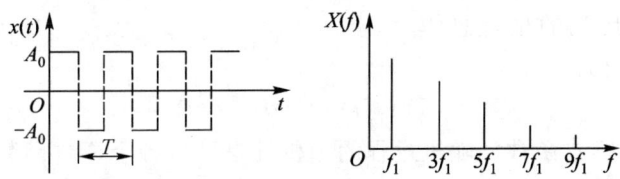

图 1.1.2 方波信号的波形及其频谱

非周期信号包括准周期信号和瞬态信号。准周期信号也是由一些不同频率的简谐信号合成的,但这些简谐分量中总有一个分量与另一个分量的频率比为无理数,因而不具有周期性;瞬态信号的时间函数主要为各种脉冲函数和衰减函数,如有阻尼自由振动的时间历程就是瞬态信号。瞬态信号可借助傅里叶变换而得到确定的连续频谱函数。

对于准周期信号而言,由于其不同成分之间的频率比不是有理数,找不到一个有理数作为它们的共同周期，此类信号在时域上不是严格意义的周期信号，但它们的频谱图仍然是离散的，保持着周期信号的特点（图 1.1.3a）。

非周期信号也可以表示成许多不同频率分量的叠加，只是由于非周期信号的周期 $T \to \infty$，$f_0 = 1/T \to 0$，所以它包含了从零到无穷大的所有频率分量，其频谱是连续谱。各频率分量的幅值为无穷小量，所以其频谱不能再用幅值表示，必须用密度函数描述，如图 1.1.3b 所示。

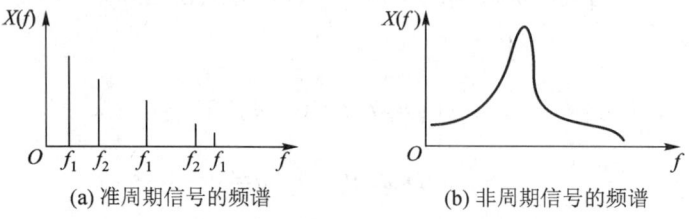

(a) 准周期信号的频谱　　　　(b) 非周期信号的频谱

图 1.1.3　准周期和非周期信号的频谱

1.1.2　随机信号

如果描述系统状况的状态变量不能用确切的时间函数来表述，即无法确定状态变量在某时刻的确切数值，那么其物理过程具有不可重复性和不可预知性，称这样的物理过程是随机过程，而描述它们的测量数据就是随机信号。对随机过程的研究通常转化为对随机信号的研究，可借助概率论和随机过程理论来进行。

在工程实践中，通常是在相同的条件下，通过对某台设备（或同一型号的设备）进行大量的重复实验所得的数据进行统计分析，来研究其规律性。图 1.1.4 为观测其各次随机实验所得的时间历程，这些时间历程的集合总体就表达了该随机过程，记为

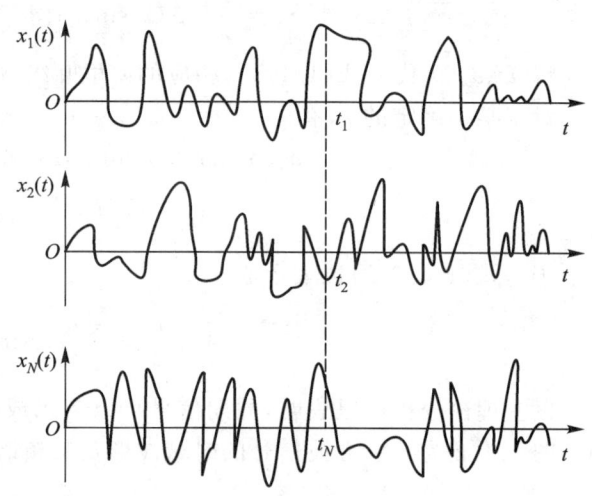

图 1.1.4　随机实验观测所得的时间历程

$$X(t) = \{x_1(t) x_2(t) \cdots x_N(t) \cdots\} \quad (1.1.14)$$

其中的时间历程称为样本函数。随机过程的随机性是通过各个样本函数之间的区别以及这种区别的不可预测性体现出来的，例如随机过程在某时刻 t_i 的取值 $x_1(t_i), x_2(t_i), \cdots, x_N(t_i), \cdots$ 为一随机变量。

如果随机过程 $X(t)$ 的各样本函数在不同时刻取值的随机变量的统计特性（如均值、均方值、概率密度等）分别相等，即统计特性与统计时间无关，则称 $X(t)$ 为平稳随机过程；反之，称为非平稳随机过程。对平稳随机过程，若用任一样本函数得到的时间统计特性与随机过程 $X(t)$ 所有样本统计特性（集合统计特性）相等，这样的随机过程称为各态历经平稳随机过程。正常工作的机械系统，表征其过程的随机信号是平稳和弱平稳的；对于过渡状态下的

机械系统,其信号往往是非平稳的。平稳与弱平稳随机信号的区别在于:如果在某一时刻,信号的平均值、方差和高阶矩(包括峭度、偏斜度指标等)都保持不变,则信号是平稳的;如果不考虑高阶矩,只保证平均值和方差不变,则称信号是弱平稳的。很明显,弱平稳的条件要比平稳的要求放宽很多。本文讲述的内容主要集中在平稳随机过程和各态历经随机过程,其他分类形式请参考其他章节。

1.2 信号的调理与采集

智能检测系统中,在传感器和微机之间,需要恰当的信号变换和接口电路。信号变换电路以及与微机的接口电路要根据所选用的传感器类型、传感器与检测系统中心之间的传输距离以及系统性能指标的要求来选定。在大多数智能检测系统当中,选用的传感器多为模拟量输出,这就需要模拟信号调理技术,主要包括信号的预处理、放大、滤波、调制与解调、多路转换、采样保持、A/D 转换等[6-11]。

典型的模拟量输入系统由前置放大器、抗混叠低通滤波器、采样/保持电路和多路模拟开关、程控放大器、A/D 转换器和逻辑控制电路组成,如图 1.2.1 所示。

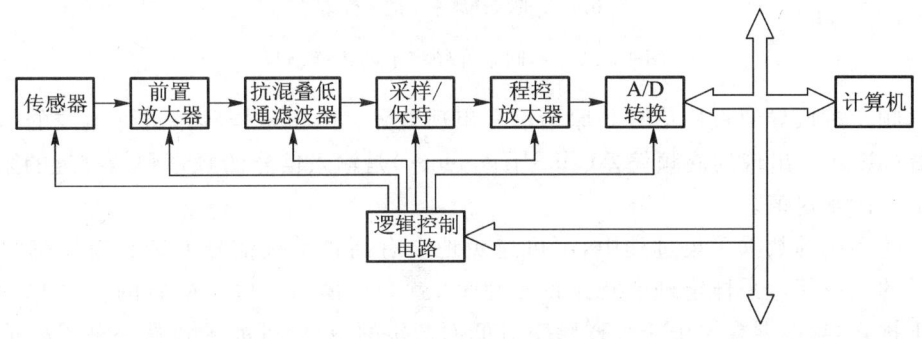

图 1.2.1 模拟输入系统组成框图

下面对其中的几个重要部分进行简单的介绍[12-17]。

1.2.1 采样定理

数据采集通过换能器传递信号,它把振动的机械能转换成电信号,信号具有连续的形式,为使它能由计算机处理,需将模拟信号转换成数字信号。这一转换过程是通过对信号在各个离散的瞬间进行取样完成的,即将信号幅度数字化成一系列数字的过程。

从理论上说,对幅度的取样是瞬时的,而数字的表达又是精确的。实际上,取样是限时的,幅度也是被转换成有限位数的二进制代码,即数据采集频率和精度都是有限的。

香农(Shannon)采样定理可以表述为:如果采样器的输入信号 $x(t)$ 具有有限带宽,并且有直到 ω_h(rad/s)的频率分量,则只要采样周期 T(s)满足以下条件:

$$T \leqslant \frac{2\pi}{2\omega_h} \tag{1.2.1}$$

信号 $x(t)$ 就可以完满地从采样信号 $x(n)$ 中恢复出来。如果给定了采样频率,那么能够正确重构信号而不发生畸变的最高频率叫做奈奎斯特频率。从式(1.2.1)可以看出,奈奎斯特频率是离散信号系统采样频率的一半。

采样定理指出,被采样信号必须是带限信号,采样频率必须是信号带宽的两倍以上。反过来说,如果信号中包含频率高于奈奎斯特频率的成分,信号将在直流和奈奎斯特频率之间畸变。图 1.2.2 显示了一个信号分别用合适的采样频率和过低的采样频率进行采样的结果。

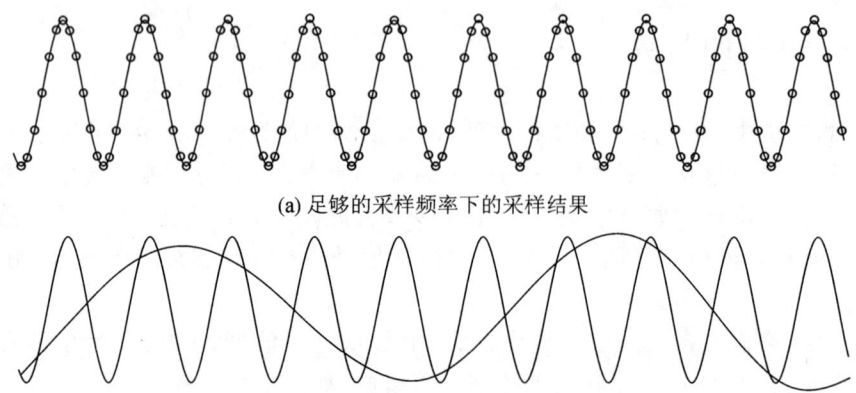

(a) 足够的采样频率下的采样结果

(b) 过低的采样频率下的采样结果

图 1.2.2　不同采样频率下的采样结果

采样频率过低导致重构信号与原始信号出现差异。由于采样频率过低生成的信号畸变叫做混叠(alias)。出现的混频偏差(alias frequency)是输入信号的频率和最靠近的采样频率整数倍的差的绝对值。

在测控系统的数据采集过程中,不可避免地会有高频干扰信号混杂在有用信号中。当这些信号的频率超过采样定理所规定的范围时,就会采集到一些不确定的信号并对有用信号造成干扰,即频率混叠。由于采样频率过低而产生的混叠,可能导致从一种采样值得到两种不同的波形信号结果。混叠现象给采样测量带来原理性误差,使采样后的波形中增添了额外的低频成分。为了克服这种现象,采样必须要满足采样定理。另外,用 2 倍的奈奎斯特频率采样时,必须使用频率为信号频率的低通滤波器,即抗混叠滤波器。在智能仪器中,由于其工作频率一般较低,为了免除高频干扰的影响,很好地恢复被测信号,减小误差,一般采样频率往往为信号频率的 7～10 倍。

1.2.2　A/D 转换器的基本原理

数字系统,特别是电子计算机的应用范围越来越广。它们处理的都是不连续的 0 和 1 这样的数字信号,处理后的结果也是数字信号。然而实际所遇到的诸多物理量,如语音、压力、流量、速度、位移等都是在数值上和时间上连续变化的模拟量。这些物理量经传感器转换后的电压或电流也是连续变化的模拟量。这些模拟量不能直接送入数字系统处理,需要把它们先转换成相应的数字信号,然后才能输入数字系统并进行处理。处理后的数字信号也必须转换成相应的模拟量,送到执行元件中,才能对被控制的对象进行实时控制。

能将数字量转换为模拟量的装置称为数模转换器,简称 D/A 转换器或 DAC;能将模拟量转换成数字量的装置称为模数转换器,简称 A/D 转换器或 ADC。因此,DAC 和 ADC 是联系数字系统和模拟系统的"桥梁",也可以称为两者之间的接口。

根据模数转换器的原理可将 A/D 转换器分成两大类。一类是直接型 A/D 转换器,另一类是间接型 A/D 转换器。在直接型 A/D 转换器中,输入的模拟电压被直接转换成数字代码,不经任何中间变量;在间接型 A/D 转换器中,首先把输入的模拟电压转换成某种中间变量(时间、频率、脉冲宽度等),然后再把这个中间变量转换成为数字代码输出。

A/D 转换器的种类很多,目前应用比较广泛的主要有三种类型:逐次逼近式 A/D 转换器、双积分式 A/D 转换器和 VF 变换式 A/D 转换器。由于篇幅所限,这三种 A/D 转换器的基本原理请参阅其他相关书籍。

1.3 信号预处理

在对信号进行分析处理之前,必须进行预处理工作,以便发现和处理数据中可能存在的各种问题。常用的数据预处理方法主要包括剔点处理、零均值化处理、消除趋势项、加窗处理、滤波和平滑等。

1.3.1 零均值化处理

零均值化处理也叫中心化。由于各种原因,测试所得的信号均值往往不为零,为了简化后续处理的计算工作,在分析数据之前一般要将被分析的数据转化为零均值的数据,这种处理就叫零均值化处理。零均值化处理对信号的低频段有特殊的意义。这是因为信号的非零均值相当于在此信号上叠加了一个直流分量,而直流分量的傅里叶变换是在零频率处的冲击函数。因此,如果不去掉均值,在估计信号的功率谱时,将在零频率处出现一个很大的谱峰;并会影响在零频率左、右处的频谱曲线,使之产生较大的误差。

对连续样本记录 $x_t(t)$ 采样后所得离散数据序列为 $x_i(n), n=1,2,\cdots,N$,其均值 $\hat{\mu}_i$ 常由下式估计:

$$\hat{\mu}_i = \frac{1}{N}\sum_{n=0}^{N-1} x_i(n) \tag{1.3.1}$$

零均值化就是定义一个新的信号 $\{u_i\}, n=1,2,\cdots,N$,有

$$u(i) = x_i - \hat{\mu}_i \tag{1.3.2}$$

此时的 $\{u_i\}$ 即为零均值化的信号,以后处理信号时,就以新信号 $\{u_i\}$ 为出发点。

1.3.2 消除趋势项

趋势项是样本记录中周期大于记录长度的频率成分。这可能是测试系统本身由于各种原因引起的趋势误差。数据中的趋势项,可以使低频时的谱估计失去真实性,所以从原始数据中去掉趋势项是非常重要的工作。但是,如果趋势项不是误差,而是原始数据中本来包含的成分,这样的趋势项就不能消除,所以消除趋势项要特别谨慎。消除趋势项最常用的方法是最小二乘法,它能使残差的平方和最小。该方法既能消除多项式趋势项,又能消除线性趋势项。对于其他类型的趋势项,可以用滤波的方法来去除。

设记录到的信号 $x(t)$ 如图 1.3.1a 所示,它包含了图 1.3.1b 的趋势项和图 1.3.1c 所示的真实信号。该趋势项是一个缓变的信号,可以用一个多项式来拟合该趋势项,多项式的阶

次随趋势项的形状而定。一旦该多项式被确定,那么从 $x(t)$ 减去该趋势项,就可近似得到真正的信号。

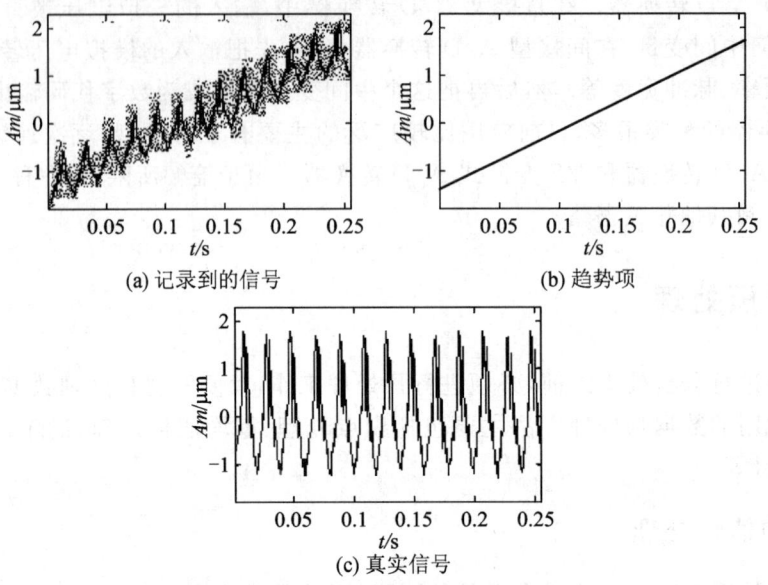

图 1.3.1 趋势项去除示意图

设 $x(n)$ 中的一组数据为 $x(i),i=-M,\cdots 0,\cdots,M$。现构造一个 P 阶多项式:

$$f(i)=a_0+a_1i+a_2i^2+\cdots+a_Pi^P=\sum_{k=0}^{P}a_ki^k \tag{1.3.3}$$

当用该多项式 $f(i)$ 来拟合 $x(-M),x(-M+1),\cdots,x(0),\cdots,x(M-1),x(M)$ 时,必然存在拟合误差,设总误差的平方和是

$$E=\sum_{i=-M}^{M}[f(i)-x(i)]^2=\sum_{i=-M}^{M}\Big[\sum_{k=0}^{P}a_ki^k-x(i)\Big]^2 \tag{1.3.4}$$

为使 E 最小,可令 E 对各阶的导数为零,即

$$\frac{\partial E}{\partial a_r}=0 \quad r=0,1,2,\cdots,P \tag{1.3.5}$$

得

$$\sum_{k=0}^{P}a_k\sum_{-M}^{M}i^{k+r}=\sum_{i=-M}^{M}x(i)i^r \tag{1.3.6}$$

令 $F_r=\sum_{i=-M}^{M}x(i)i^r$ 及 $S_{k+r}=\sum_{i=-M}^{M}i^{k+r}$,则式(1.3.6)可写成

$$\sum_{k=0}^{P}a_kS_{k+r}=F_r \tag{1.3.7}$$

给定需要拟合的单边点数 M、多项式的阶次 P 以及待拟合的数据 $x(-M),x(-M+1),\cdots,x(0),\cdots,x(M-1),x(M)$,则 F_r、S_{k+r} 可求,代入式(1.3.7),系数 $a_0,a_1,\cdots,a_P$ 可求出。因此多项式 $f(i)$ 可以确定。

1.3.3 加窗处理

1. 加窗处理

在数字信号处理中,对一个时间历程记录进行处理时,由于计算速度和处理工作量以及计算机存储容量等方面的限制,只能从中选取有限时长的数据样本加以处理,也就是说在信号的处理过程中,原始非时限信号必然要被截断。这种对长序列信号截断后得到有限长信号的预处理方法通常称为加窗处理[18]。其实所谓加窗就是把信号 $x(t)$ 乘上一个有限长的窗口信号 $\omega(t)$ 的一种运算(图 1.3.2)。

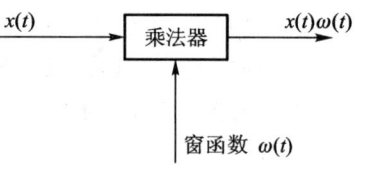

图 1.3.2 窗函数定义示意图

2. 窗效应

加窗处理是截取测量信号中的一段信号,必然会带来截断误差,使得截取的有限长信号不能完全反映原信号的频率特性,即产生窗效应。如图 1.3.3 所示,正弦原始信号经过矩形窗函数之后,信号增加了新的频率成分,变成了无限带宽信号。这种信号在频率轴分布扩展的现象称为泄漏。具体地说,加窗处理会增加新的频率成分,并且使谱值大小发生变化。从能量角度来讲,泄漏现象相当于原信号各种频率成分处的能量渗透到其他频率成分上,所以又称为功率泄漏。

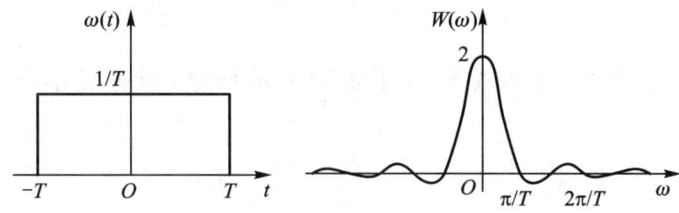

图 1.3.3 矩形窗的时域及频域波形

信号截断以后产生的能量泄漏现象是必然的,因为窗函数的频谱为无限带宽,所以即使 $x(t)$ 为带限信号,经截断后必然成为无限带宽信号。又从采样定理可知,无论采样频率多高,只要信号一经截断,就不可避免地引起混叠,因此信号截断必然导致一些误差,这是信号分析中不容忽视的问题。但是当窗口宽度 T 趋于无穷大时,则窗谱 $W(\omega)$ 将变为 $\delta(\omega)$ 函数,而 $\delta(\omega)$ 与 $X(\omega)$ 的卷积仍为 $X(\omega)$,这说明,如果窗口无限宽,即不截断,就不存在泄漏误差。不过要使窗口达到无限宽也是不可能的。

3. 常用窗函数

实际应用的窗函数,可分为以下主要类型:

1) 幂窗:采用时间变量某种幂次的函数,如矩形、三角形、梯形或其他时间变量的高次幂;

2) 三角函数窗:应用三角函数,即正弦或余弦函数等组合成复合函数,例如汉宁窗、海明窗等;

3) 指数窗:采用指数时间函数,如 e^{-st} 形式,例如高斯窗等。

下面介绍几种常用窗函数的性质和特点。

1) 矩形窗:矩形窗属于时间变量的零次幂窗,函数形式为

$$\omega(t) = \begin{cases} \dfrac{1}{T} & |t| \leqslant T \\ 0 & |t| > T \end{cases} \quad (1.3.8)$$

相应的窗谱为

$$W(\omega) = \frac{2\sin\omega T}{\omega T} \quad (1.3.9)$$

矩形窗使用最多,习惯上不加窗就是使信号通过了矩形窗。这种窗的优点是主瓣比较集中,缺点是旁瓣较高,并有负旁瓣,导致变换中带进了高频干扰和泄漏,甚至出现负谱现象。

2) 三角窗:三角窗亦称费杰(Fejer)窗,是幂窗的一次方形式,其定义为

$$\omega(t) = \begin{cases} \dfrac{1}{T}\left(1 - \dfrac{|t|}{T}\right) & |t| \leqslant T \\ 0 & |t| > T \end{cases} \quad (1.3.10)$$

相应的窗谱为

$$W(\omega) = \left(\frac{\sin\dfrac{\omega T}{2}}{\dfrac{\omega T}{2}}\right)^2 \quad (1.3.11)$$

$$W(\omega) = \frac{\sin\dfrac{\omega T}{2}}{\dfrac{\omega T}{2}} + \frac{1}{2}\left[\frac{\sin(\omega T + \pi)}{\omega T + \pi} + \frac{\sin(\omega T - \pi)}{\omega T - \pi}\right] \quad (1.3.12)$$

三角窗与矩形窗比较,主瓣宽约等于矩形窗的两倍,但旁瓣小,而且无负旁瓣,如图 1.3.4 所示。

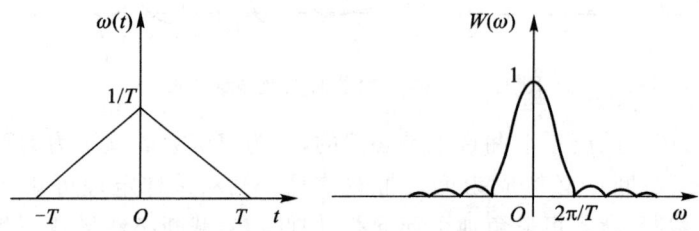

图 1.3.4 三角窗的时域及频域波形

3) 汉宁(Hanning)窗:汉宁窗可以看成是 3 个矩形时间窗的频谱之和,而括号中的两项相对于第一个谱窗向左、右各移动了 π/T,从而使旁瓣互相抵消,消去高频干扰和漏能。可以从图 1.3.5 中看出,汉宁窗主瓣加宽并降低,旁瓣则显著减小,从减小泄漏观点出发,汉宁窗优于矩形窗。但汉宁窗主瓣加宽,相当于分析带宽加宽,频率分辨力下降。

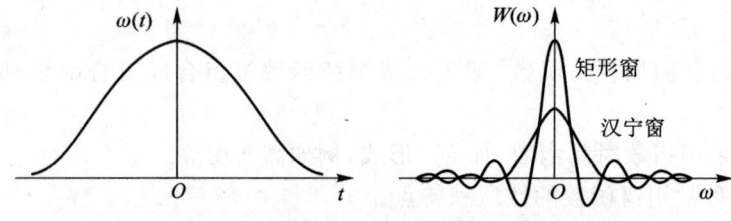

图 1.3.5 汉宁窗的时域及频域波形

4) 海明(Hamming)窗：海明窗也是余弦窗的一种，又称改进的升余弦窗，其时间函数表达式为

$$\omega(t) = \begin{cases} \dfrac{1}{T}\left(0.54 + 0.4\cos\dfrac{\pi t}{T}\right) & |t| \leqslant T \\ 0 & |t| > T \end{cases} \tag{1.3.13}$$

其窗谱为

$$W(\omega) = 1.08\,\dfrac{\sin\omega T}{\omega T} + 0.46\,\dfrac{\sin(\omega T + \pi)}{\omega T + \pi} + \dfrac{\sin(\omega T - \pi)}{\omega T - \pi} \tag{1.3.14}$$

海明窗与汉宁窗都是余弦窗，只是加权系数不同。海明窗加权的系数能使旁瓣更小。实验表明，海明窗与汉宁窗都是很有用的窗函数。

5) 高斯窗：高斯窗是一种指数窗。其时域函数为

$$\omega(t) = \begin{cases} \dfrac{1}{T}\mathrm{e}^{-at^2} & |t| \leqslant T \\ 0 & |t| > T \end{cases} \tag{1.3.15}$$

式中，a 为常数，决定了函数曲线衰减的快慢。a 值如果选取适当，可以使截断点（T 为有限值）处的函数值比较小，则截断造成的影响就比较小。高斯窗谱无负旁瓣，高斯窗谱的主瓣较宽，故而频率分辨力低。高斯窗函数常被用来截断一些非周期信号，如指数衰减信号等。

图 1.3.6 是几种常用窗函数的波形图，其中矩形窗主瓣窄、旁瓣大，频率识别精度最高，幅值识别精度最低；布莱克曼窗主瓣宽、旁瓣小，频率识别精度最低，但幅值识别精度最高。

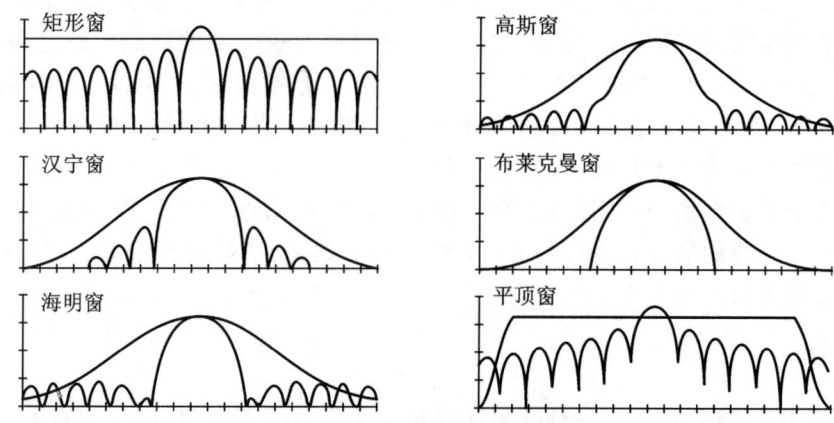

图 1.3.6　几种常用的窗函数的波形图

对于这几个常用的窗函数，其中仅要求精确读出主瓣频率，而不考虑幅值精度，则可选用主瓣宽度比较窄而便于分辨的矩形窗，例如测量物体的自振频率等；如果分析窄带信号，且有较强的干扰噪声，则应选用旁瓣幅度小的窗函数，如汉宁窗、三角窗等；对于随时间按指数衰减的函数，可采用指数窗来提高信噪比。

加窗函数可能降低频率分辨率。为了克服这种下降，提高采样率同时比例增大采样时间。

4. 选窗原则

从图 1.3.7 可知，泄漏与窗函数的频谱有关，如果两侧瓣的高度趋于零，而使能量相对集中在主瓣，就可以较为接近于真实的频谱。因此根据窗函数对数据处理的影响，可参照下述原则选取理想的窗函数来改善频谱能量泄漏问题[19]：

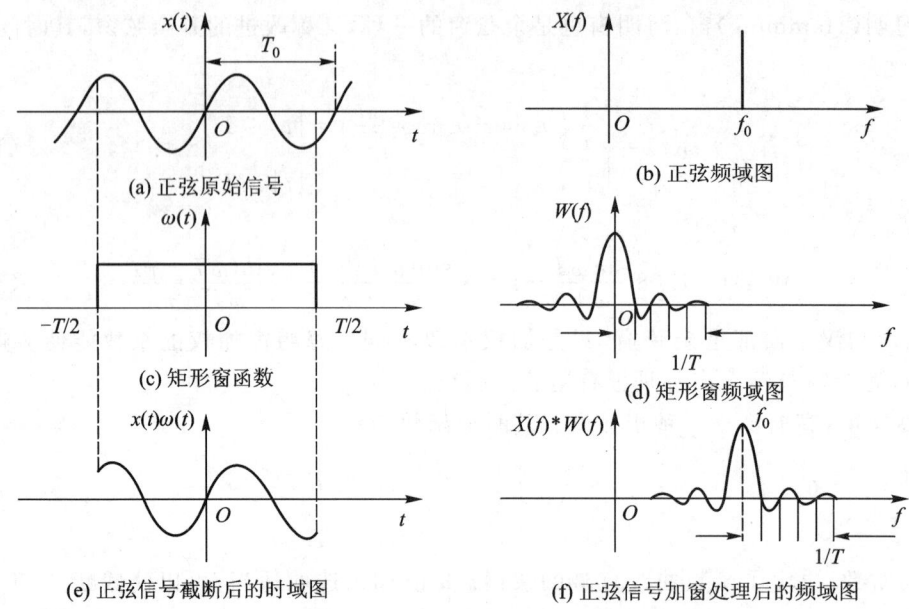

图 1.3.7　信号截断与能量泄漏现象

1) 窗函数频谱的主瓣应尽可能地窄,即能量尽可能集中在主瓣内,以提高谱估计时的频域分辨率和减小泄漏,在数字滤波器设计中获得较小的过渡带。

2) 尽量减少窗函数频谱的最大旁瓣的相对幅度,以使旁瓣高度随频率尽快衰减。

如这两条不能同时满足,往往是增加主瓣宽度以换取对旁瓣的抑制。总之,在应用窗函数时,除要考虑窗函数频谱本身的特性外,还应充分考虑被分析信号的特点及具体处理要求。一般情况下,当信号在"远"频段包含强干扰时,选用具有高旁瓣转降率的窗函数;当信号在有用频率附近包含强干扰时,选择具有较低的最大旁瓣级别的窗函数;当需要在某一频率附近分离两个或多个信号,选择具有窄主瓣而平滑的窗函数;在信号频率组成的幅值比其频率精确位置更重要的场合,选择具有宽主瓣的窗函数;当信号的频段较宽,可采用均衡的窗函数或不加窗函数。

1.3.4　滤波

一般而言,工程中采集到的信号既包括反映设备状态的真实信号,又含有混入的噪声信号。在进行数据处理时,为提高信号的信噪比,突出被测设备的状态特征信息,通常要对采样的信号进行滤波处理。

信号滤波方法可以分为模拟滤波和数字滤波两种。所谓的模拟滤波就是指利用电阻、电容、电感、晶体管和集成运算放大器等基本电子器件构成滤波网络,使信号通过该网络,从而实现按照预定要求把信号中某些频率成分抑制或衰减掉,让另一些频率成分通过。这样的电子线路或电子网络称为滤波器。

传统的抗混叠滤波器设计采用的都是无源元件,如广泛使用的 RC 滤波器。这一类滤波器设计上有很多缺点:

1) 截止频率不可调,特别是对于通用的数据采集系统,采集频率可以人为设定也要求截止频率能够人为设定,而通常的做法是把截止频率固定为系统最高的采集频率乘以一个

大于 2 的系数作为最终的截止频率;

2). 高阶滤波器设计复杂,采用元件较多,参数调试不方便;

3) 有源器件和无源器件等元件之间的分布参数复杂,滤波器性能很难保证;

4) RC 无源滤波器的截止频率呈非线性,依靠调节 RC 元件的参数调节很难适应这个非线性,灵活性差。

正是由于测控系统对滤波器的特殊要求,刺激了集成有源滤波器、可编程有源滤波器的发展。有源滤波器的发展,一方面提供了高精度、高稳定性、高性能的集成有源滤波器;另一方面提供了通用的有源滤波器。可编程有源滤波器的出现是开关电容技术发展的结果,正是由于开关电容技术的成熟使得可编程有源滤波器的实现成为可能。

基本的抗混叠滤波器有巴特沃思型(Butterworth)滤波器、贝塞尔型(Bessel)滤波器、切比雪夫型(Chebyshev)滤波器和椭圆函数型(Elliptic)滤波器等四种,它们的特性比较如下:

由图 1.3.8 可以看出,Butterworth 滤波器通带最为平坦,也就是在通带内信号的衰减最小,并且没有纹波;Bessel 滤波器的衰减率较为平缓,其最大的优点是相位响应呈线性;Chebyshev 滤波器的阻带衰减率较陡,但通带内出现纹波;Elliptic 滤波器具有最大的阻带衰减率,且通带内也有纹波。

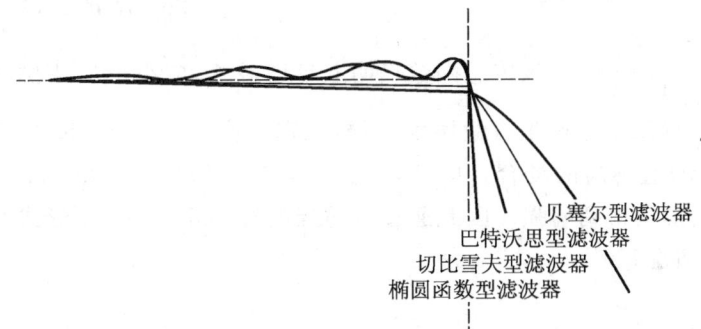

图 1.3.8　四种抗混叠滤波器的特性比较

根据不同的设计方法,以二阶有源低通滤波器为例,较常用的类型及其特性如表 1.3.1 所示。

表 1.3.1　常用滤波器特性比较表

设计方法分类	滤波函数类型	特　点
近代设计法	巴特沃思型滤波器	通带内响应最为平坦
	切比雪夫型滤波器	截止特性特别好,群延时特性不太好,通带内有等纹波起伏
	逆切比雪夫型滤波器	阻带内有零点(陷波点),由于椭圆函数型滤波器能够比它得到更好的截止特性,因此它不太常用
	椭圆函数型滤波器	通带内有起伏,阻带内有零点,截止特性比其他滤波器都好,但对器件要求严
	贝塞尔型滤波器	通带内延时特性最平坦,截止特性相当差
	高斯型滤波器	这种函数的 BPF 常用于决定频谱分析仪带宽的滤波器
	相位等波纹型滤波器	通带内的相位是等纹波变化的
	勒让德型滤波器	截止特性比巴特沃思型滤波器好,并且可以用小器件来实现

设计方法分类	滤波函数类型	特 点
古典设计法	定 K 型滤波器	设计简单,易于增加阶数
	M 推演型滤波器	能得到比定 K 型滤波器更陡峭的截止特性,但是阻带特性较差

有源抗混叠滤波器有两种常用电路拓扑形式:S-K(塞仑-凯)形式和 MFB(multiple-feedback,多路反馈)形式。

1. S-K 形式

图 1.3.9 所示的电路就是 S-K 形式的二阶有源低通滤波器。根据该电路可写出其传递函数如下:

$$A(f) = \frac{\frac{R_3+R_4}{R_3}}{(j2\pi f)^2 (R_1 R_2 C_1 C_2) + j2\pi f [R_1 C_1 + R_2 C_1 + R_1 C_2 (1-A_{up})] + 1} \quad (1.3.16)$$

可知,通带增益 $A_{up} = 1 + \frac{R_4}{R_3}$,特征频率 $f_0 = FSF \cdot f_c = \frac{1}{2\pi \sqrt{R_1 R_2 C_1 C_2}}$,品质因数 $Q = \frac{\sqrt{R_1 R_2 C_1 C_2}}{R_1 C_1 + R_2 C_1 + R_1 C_1 (1-A_{up})}$。该传递函数表明通带增益 A_{up} 应小于 3,否则将有极点落在右半复平面或虚轴上,导致电路产生自激振荡,不能稳定工作。所以 S-K 形式的有源低通滤波器适于用在通带增益不高的场合。取 $2 < A_{up} < 3$,有 $|A(f)| = 1/Q > A_{up}$,表明该电路可使 $f_c \approx f_0$ 时的输出幅值得到增强。因此通过取适当的 Q 值可使 S-K 形式的低通滤波器的幅频特性接近理想情况。

2. MFB 形式

图 1.3.10 所示的电路称为 MFB 二阶有源低通滤波器。该电路的传递函数为

$$A(f) = \frac{-\frac{R_2}{R_1}}{(j2\pi f)^2 (R_2 R_3 C_1 C_2) + j2\pi f \left(R_3 C_1 + R_2 C_1 + \frac{R_2 R_3 C_1}{R_1}\right) + 1} \quad (1.3.17)$$

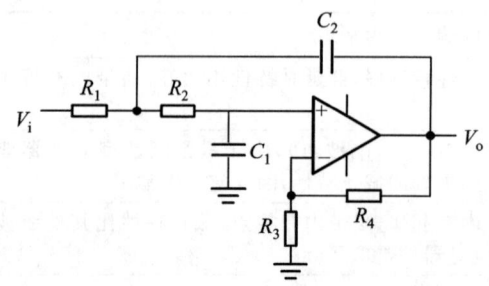
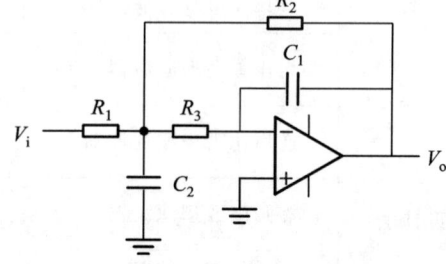

图 1.3.9 二阶 S-K 低通有源滤波器   图 1.3.10 MFB 二阶有源低通滤波器

通带增益

$$A_{up} = -\frac{R_2}{R_1}$$

品质因数

$$Q = \frac{\sqrt{R_2 R_3 C_1 C_2}}{R_3 C_1 + R_2 C_1 - R_3 C_1 A_{up}}$$

特征频率

$$f_0 = FSF \cdot f_c = \frac{1}{2\pi\sqrt{R_1 R_2 C_1 C_2}}$$

由传递函数可以看出,无论增益 A_{up} 取什么值,所有极点都将在左半复平面内,因此电路性能稳定。

图 1.3.11 是分别用 S-K 和 MFB 结构实现巴特沃思型滤波器的频率特性对比。从图中可以看出,在 10 Hz~40 kHz 的范围内两种结构滤波器的频率特性几乎相同,但高于 40 kHz 时 MFB 滤波器性能更佳。而 S-K 结构滤波器当频率高于 100 kHz、MFB 结构滤波器当频率高于 120 kHz 时,阻带衰减幅度均出现下降。为防止出现这种现象,可在输出端加一级 RC 电路。

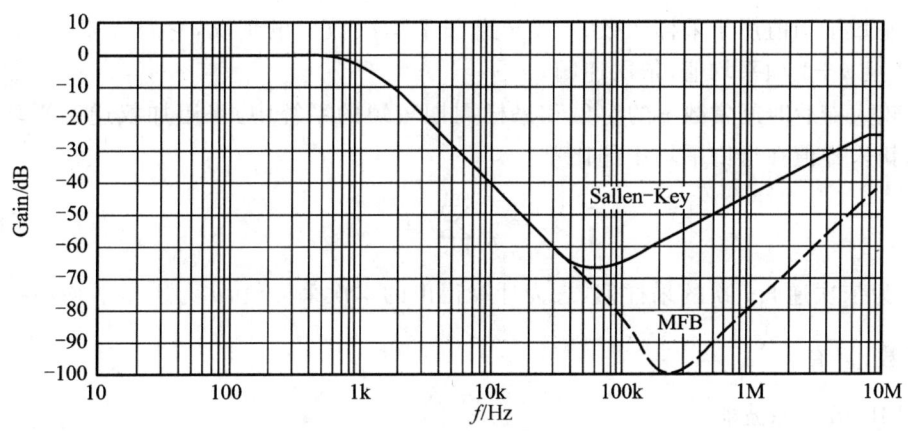

图 1.3.11　二阶巴特沃思型低通滤波器的频率响应

用 S-K 和 MFB 结构分别实现贝塞尔型和切比雪夫型滤波器时也会出现与巴特沃思型滤波器相似的特性。

而数字滤波则是利用一个运算过程对输入的信号序列进行运算以产生一个新的序列,该运算过程既可以由硬件构成的数字滤波器实现,也可以用计算机来完成。相较模拟滤波而言,数字滤波具有明显的优势,如:

1) 经济性强。数字滤波只需要运算过程对实测信号进行处理,而不一定要配备专用的电子电路。

2) 精度高。数字滤波的精度取决于运算中的舍入误差,可根据工程需要自由设置,而模拟电路中的背景噪声则不易控制。

3) 通用灵活。数字滤波能实现复杂的滤波功能,只要重新输入一段程序或一组不同的滤波系数。

4) 适用性强。它的时分能力使得滤波器能适合多通道信号的处理,改变参数能较容易地完成信号的跟踪滤波。

5) 稳定性高。数字滤波的程序在使用过程中不易受电源电压和环境条件变化的影响,而模拟电路有可能因老化、温漂等因素引入虚假信号。

尽管数字滤波比模拟滤波具有明显的优势,但并不能完全取代模拟滤波,这是因为数字滤波要求有高采样率模数转换器,并且前端还需预放大电路,在一些模数转换器采样率不高的场合中,模拟滤波器将更具优势。下面给出工程中常用的数字滤波方法。

(1) 中位值滤波法

对被测信号连续采样 n 次(一般 n 为奇数且大于 3),对 n 次采样值排序,取中位值为本次采样值。一般取 n 值为 5~9。该方法对缓慢变化的信号中由于偶然因素引起的脉冲干扰有良好的滤波效果。

(2) 递归平均滤波法

递归平均滤波法对周期性干扰有良好的抑制作用,计算速度快,占用时间少。

$$\bar{x}_n = \frac{1}{n}\sum_{i=1}^{n-1} x_{n-i} \tag{1.3.18}$$

式中,x_{n-i} 为依次递归 i 次的采样值,$\bar{x}_n$ 为计算得出的本次采样值,n 为递归平均项数。

计算递归平均值用于采样次数 m 大于递归平均次数 n 的情况,它首先求 1~n 项平均值,再求 2 至 $n+1$ 项平均值,依次递归。

在有较大滞后时间常数 τ 的对象和采样周期较短的系统中,采用加权递归平均滤波法可以增加新采样值在递归平均中的比重。

$$\bar{x}_n = \frac{1}{n}\sum_{i=1}^{n-1} c_i x_{n-i} \tag{1.3.19}$$

式中,x_{n-i} 为依次递归 i 次的采样值,$\bar{x}_n$ 为计算得出的本次采样值,n 为递归平均项数,c_i 为加权平均系数,且有 $\sum_{i=1}^{n-1} c_i = 1$。

(3) FIR 数字滤波器

数字滤波器是一种用来过滤时间离散信号的数字系统,通过对抽样数据进行数学处理来达到频域滤波的目的。根据其单位冲激响应函数的时域特性可分为两类:无限冲激响应(IIR)滤波器和有限冲激响应(FIR)滤波器。FIR 滤波器的最大优点是可以实现线性相位滤波,信号无失真滤波处理的条件是在信号的有效频谱范围内系统幅频响应为常数,相频响应为频率的线性函数(即具有线性相位)。在数字通信和图像传输处理等应用场合都要求滤波器具有线性相位特性。另外 FIR 滤波器是全零点滤波器,硬件和软件实现结构简单,不用考虑稳定性问题,在数字信号处理领域得到广泛应用。FIR 滤波器的设计方法有许多种,如窗函数设计法、频率采样设计法和最优化设计法等[20]。

FIR 滤波器的单位脉冲响应 $h(n)$ 的长度为 N,则其频率响应函数为

$$H(e^{j\omega}) = \sum_{n=0}^{N-1} h(n) e^{-j\omega n} \tag{1.3.20}$$

一般将 $H(e^{j\omega})$ 表示成 $H(e^{j\omega}) = H_g(\omega)(e^{j(\theta)\omega})$,$H_g(\omega)$ 为幅度特性函数,$e^{j(\theta)\omega}$ 为相位特性函数,设计时要求其幅度特性满足设计要求。

窗函数设计法的基本思想是用 FIR 滤波器逼近希望的滤波特性。设希望逼近的滤波器的频率响应函数为 $H_d(e^{j\omega})$,其单位脉冲响应用 $H_d(n)$ 表示,为了设计简单方便,通常选择

$H_d(e^{j\omega})$ 为具有片段常数特性的理想滤波器。因此 $H_d(n)$ 是无限长非因果序列,不能直接作为 FIR 滤波器的单位脉冲响应。窗函数设计法就是截取 $H_d(n)$ 为有限长的一段因果序列,并用合适的窗函数进行加权作为 FIR 滤波器的单位脉冲响应 $h(n)$。截取的长度和加权函数的类型都直接影响逼近精度(滤波器指标)。常用的加权函数即窗函数有矩形窗(Rectangle window)、三角窗(Bartlett window)、汉宁窗(Hanning window)、海明窗(Hamming window)、布莱克曼窗(Blackman window)和凯塞窗(Kaiser window)。主要设计步骤为:

1)在过渡带宽度的中间,选择通带边缘频率(Hz):

$$f_1 = 所要求的通带边缘频率 + \frac{过渡带宽度}{2}$$

2)计算 $\Omega_1 = 2\pi f_1/f_0$,并将此值代入理想低通滤波器的脉冲响应 $h_1(n)$ 中:

$$h_1(n) = \frac{\sin(n\Omega_1)}{n\pi} \tag{1.3.21}$$

3)从 FIR 滤波器参数表中选择满足阻带衰减及其他滤波器要求的窗函数,并计算滤波器长度 N,N 选择奇数项,脉冲响应可完全对称,避免滤波器产生相位失真,计算窗函数 $W(n)$。

4)由式 $h(n) = h_1(n)\omega(n)$ 计算有限脉冲响应,对其他 n 值 $h(n) = 0$,此脉冲响应是非因果的。

5)将脉冲响应右移,确保第一个非零值在 $n=0$ 处,使此低通滤波器为因果关系。

思 考 题

1. 什么是信号?信号与信息的区别是什么?常用的信号分类方法有哪些?
2. 如何理解 AD 器件的"分辨率"和"精度"的关系?
3. 非均匀采样和均匀采样相比,有什么优缺点?
4. 常用的信号预处理方法有什么?
5. 什么是信号的截断和能量泄漏?
6. 为什么进行加窗处理?常用的窗函数有哪些?

参 考 文 献

[1] 黄长艺,严普强.机械工程测试技术基础[M].北京:机械工业出版社,2001.
[2] 张令弥.振动测试与动态分析[M].北京:航空工业出版社,1992.
[3] 刘君华.现代检测技术与测试系统设计[M].西安:西安交通大学出版社,1999.
[4] 靳晓雄,胡子谷.工程机械噪声控制学[M].上海:同济大学出版社,1997.
[5] 刘惠彬.测试技术[M].北京:北京航空航天大学出版社,1989.
[6] 张令弥.智能结构研究的进展与应用[J].振动,测试与诊断.1998,8(2):79-84.
[7] 卢本,魏华胜.检测与控制工程基础[M].北京:机械工业出版社,2002.
[8] 王跃科,等.现代动态测试技术[M].北京:国防工业出版社,2003.
[9] 张纪成.电路与电子技术 下册:数字电子技术[M].北京:电子工业出版社,2002.

[10] 张纪成.电路与电子技术 上册:模拟电子技术[M].北京:电子工业出版社,2002.

[11] 王松武.电子测量仪器原理及应用[M].哈尔滨:哈尔滨工程大学出版社,2002.

[12] 胡寿松.自动控制原理[M].北京:国防工业出版社,2000.

[13] 黄文虎,夏松波,刘瑞岩,等.设备故障诊断原理,技术及应用[M].北京:科学出版社,1996.

[14] 屈梁生,何正嘉.机械故障诊断学[M].上海:上海科学技术出版社,1986.

[15] 刘雄,赵振毅,屈梁生.转子监测和诊断系统[M].西安:西安交通大学出版社,1991.

[16] 韩捷,张瑞林.旋转机械故障诊断机理及诊断技术[M].北京:机械工业出版社,1997.

[17] 徐敏,等.设备故障诊断手册[M].西安:西安交通大学出版社,1998.

[18] 刘广臣,张惠安,等.数字信号处理中的加窗问题影响[J].长沙大学学报.2003,17(4):59−62.

[19] 樊淑趁,耿麦香,等.论数字信号处理中加窗的影响及窗函数的选择原则[J].山西矿业学院学报.1995,13(4):347−350.

[20] 胡广书.数字信号处理:理论、算法与实现[M].北京:清华大学出版社,2002.

第 2 章 信号的时域分析

经过动态测试仪器采集、记录并显示机械系统在运行过程中各种随时间变化的动态信息，如振动、噪声、温度、压力等，就可以得到待测对象的时间历程，即时域信号。时域信号包含的信息量大，具有直观、易于理解等特点，是机械故障诊断的原始依据。通过分析时域波形信号的幅值大小、幅值变化规律、波形畸变等情况，可以对设备的运行状态进行初步的判断。特别是当信号中含有简谐信号、周期信号或脉冲信号时，直接观察时域波形不但可以看出谐波、周期和脉冲分量，还可以识别系统的共振和拍频现象[1-3]。例如，当旋转机械出现较严重的不平衡故障时，振动信号中往往出现明显的以旋转频率为特征的周期成分；而当旋转机械出现转轴不对中故障时，振动信号中往往会出现转频的二倍频。信号成分以基频和二倍频分量为主，而且不对中越严重，二倍频所占比例越大。由于波形分析的最大缺陷是不易看出所含信息与故障之间的关系，这种方法往往适用于比较典型的信号或特别明显的故障，同时要求检测人员具有丰富的故障诊断经验。因此，工程中常采用下文中介绍的时域统计分析和相关分析等方法[4]。

2.1 时域统计分析

信号的时域统计分析是指对动态信号的各种时域参数、指标的估计或计算，通过选择和考察合适的信号动态分析指标，可以对不同类型的故障做出准确的判断。

2.1.1 信号幅值的概率密度

信号幅值的概率表示动态信号某一瞬时幅值发生的机会或概率。信号幅值的概率密度是指该信号单位幅值区间内的概率，它是幅值的函数。

对于信号 $x(t)$，在其波形曲线上绘出一组与横坐标平行且相互距离为 Δx 的直线，如图 2.1.1 所示，则信号 $x(t)$ 的幅值落于 x 和 $x+\Delta x$ 之间的概率可以用 T_x/T 的比值确定，

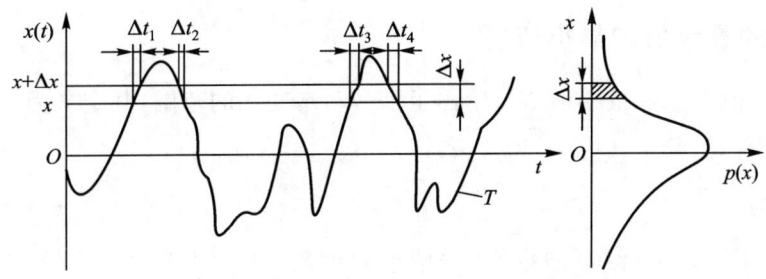

图 2.1.1 动态信号的幅值概率密度

其中，T_x 是在总的观察时间 T 中 $x(t)$ 的幅值位于区间 $(x, x+\Delta x]$ 内的时间，即 $T_x = \sum \Delta t_i = \Delta t_1 + \Delta t_2 + \cdots$。当 T 趋向无穷大时，这一比值越来越精确地逼近事件的概率：

$$P(x < x(t) \leqslant x+\Delta x) = \lim_{T \to \infty} \frac{T_x}{T} \tag{2.1.1}$$

对于离散的时间序列 $x(n), n=0,1,2,\cdots,N-1$，这一定义可以表述为

$$P(x < x(t) \leqslant x+\Delta x) = \lim_{N \to \infty} \frac{n_x}{N} \tag{2.1.2}$$

其中，N 为离散信号的数据点数，n_x 表示信号幅值落在区间 $(x, x+\Delta x]$ 的总次数。

当距离 Δx 趋向于无穷小时，便可得到信号的幅值概率密度为

$$p(x) = \lim_{\Delta x \to 0} \frac{P[x < x(t) \leqslant x+\Delta x]}{\Delta x} = \lim_{\Delta x \to 0} \frac{1}{\Delta x} \left[\lim_{T \to \infty} \frac{T_x}{T} \right] \tag{2.1.3}$$

对应离散序列，可定义为

$$p(x) = \lim_{\substack{\Delta x \to 0 \\ N \to \infty}} \frac{1}{N\Delta x} n_x \tag{2.1.4}$$

信号的幅值概率密度可以直接用来判断设备的运行状态。图 2.1.2a、b 是机床变速箱的噪声概率密度函数，新旧两个变速箱的概率密度函数有着明显的差异。

我们知道，随机噪声的概率密度是高斯曲线，正弦信号的概率密度是中凹的曲线。新变速箱的噪声中主要是随机噪声，反映在时域信号中，是大量的、无规则的、量值较小的随机冲击，因此其幅值概率分布比较集中，如图 2.1.2a 所示。旧变速箱在工作时，由于缺陷或故障的出现，随机噪声中就会出现周期信号，从而使噪声功率大为增加，这些效应反映到噪声幅值分布曲线的形状中，使得分散度加大，并且曲线的顶部变平甚至出现局部的凹形，如图 2.1.2b 所示。

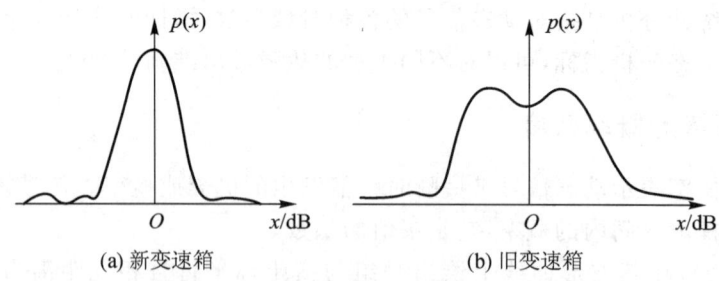

(a) 新变速箱　　　　　　　　(b) 旧变速箱

图 2.1.2　机床变速箱噪声概率密度函数

2.1.2　信号的最大值和最小值

信号的最大值 $X_{\max}$ 和最小值 $X_{\min}$ 给出了信号动态变化的范围，其定义为

$$X_{\max} = \max\{x(t)\}, \quad X_{\min} = \min\{x(t)\} \tag{2.1.5}$$

其离散化公式为

$$\widetilde{X}_{\max} = \max\{x(n)\}, \widetilde{X}_{\min} = \min\{x(n)\} \quad n=0,1,2,\cdots,N-1 \tag{2.1.6}$$

据此，可以得到信号的峰峰值 X_{ppv}，如图 2.1.3 所示：

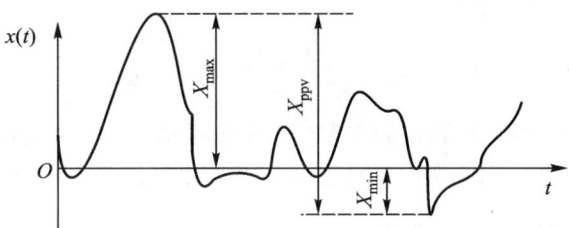

图 2.1.3 信号的最大值、最小值和峰峰值

$$X_{\text{ppv}} = X_{\max} - X_{\min} = \max\{x(t)\} - \min\{x(t)\} \tag{2.1.7}$$

及

$$X_{\text{ppv}} = X_{\max} - X_{\min} = \max\{x(n)\} - \min\{x(n)\} \quad n = 0, 1, 2, \cdots, N-1 \tag{2.1.8}$$

在旋转机械的振动监测和故障诊断中,对波形复杂的振动信号,往往采用其峰峰值作为振动大小的特征量,又称其为振动的"通频幅值"。在工程实际中,为了抑制偶然因素对信号峰峰值的干扰,常常将采集到的一段信号分为若干等份,对每份数据分别求其峰峰值,然后再对得到的若干个峰峰值进行平均。此外,需要指出的是,在进行测试时,需要事先对信号的峰值进行足够的估计,以便调整测量仪器的范围[5-8]。

2.1.3 信号的均值和方差

如前所述,信号的最大值、最小值以及峰峰值只给出了信号变化的极限范围,却没有提供信号的变化中心的信息。要描述信号的波动中心,就必须给出其均值 μ_x,均值是指信号幅值的算术平均值,可通过下式计算得到:

$$\mu_x = \lim_{T \to \infty} \frac{1}{T} \int_0^T x(t) \mathrm{d}t = \int_{-\infty}^{+\infty} x p(x) \mathrm{d}x \tag{2.1.9}$$

式中,T 是观察或测量时间。对于离散时间序列,其平均值为

$$\widetilde{\mu}_x = \frac{1}{N} \sum_{n=1}^{N-1} x_i \tag{2.1.10}$$

当 N 很大时,计算机计算可能发生溢出,从而引入误差。为此,可利用下面的递推算法。设前 m 个数据的均值为 $\widetilde{\mu}_{x(m)}$,则前 $m+1$ 个数据的均值为

$$\widetilde{\mu}_{x(m+1)} = \frac{m}{m+1} \widetilde{\mu}_{x(m)} + \frac{1}{m+1} x(m+1) \tag{2.1.11}$$

均值是反映信号中心趋势的一个标志,反映了信号中的静态部分,一般对故障诊断不起作用,但对计算其他参数有很大影响。所以一般在计算时先从数据中去除均值,剩下对诊断有用的动态部分。

均值相等的信号,其随时间的变化规律并不完全相同。为进一步描述信号围绕均值波动的情况,引入方差 σ_x^2,它反映的是信号中的动态分量,其数学表达式为

$$\sigma_x^2 = \lim_{T \to \infty} \frac{1}{T} \int_0^T [x(t) - \mu_x]^2 \mathrm{d}t = \int_{-\infty}^{+\infty} (x - \mu_x)^2 p(x) \mathrm{d}x \tag{2.1.12}$$

其离散化计算公式为

$$\widetilde{\sigma}_x^2 = \frac{1}{N} \sum_{n=0}^{N-1} [x(n) - \widetilde{\mu}_x]^2 \tag{2.1.13}$$

方差的正平方根称为标准差

$$\widetilde{S} = \sqrt{\widetilde{\sigma}_x^2} = \sqrt{\frac{1}{N}\sum_{n=1}^{N-1}[x(n)-\widetilde{\mu}_x]^2} \qquad (2.1.14)$$

当机械设备正常运转时,采集到的信号(尤其是振动信号)一般比较平稳,波动较小,信号的方差也比较小。因此,可以借助方差的大小来初步判断设备的运行状况。

2.1.4 信号的均方值和均方根值

信号的均方值反映了信号相对于零值的波动情况,其数学表达式为

$$\Psi_x^2 = \lim_{T\to\infty}\frac{1}{T}\int_0^T x^2(t)\mathrm{d}t = \int_{-\infty}^{+\infty} x^2 p(x)\mathrm{d}x \qquad (2.1.15)$$

对于离散时间序列,计算公式为

$$\widetilde{\Psi}_x^2 = \frac{1}{N}\sum_{n=1}^{N-1} x^2(n) \qquad (2.1.16)$$

均方值的正平方根称为均方根值

$$X_{\mathrm{rms}} = \sqrt{\Psi_x^2} = \sqrt{\lim_{T\to\infty}\frac{1}{T}\int_0^T x^2(t)\mathrm{d}t} = \sqrt{\int_{-\infty}^{+\infty} x^2 p(x)\mathrm{d}x} \qquad (2.1.17)$$

其离散化计算公式为

$$\widetilde{X}_{\mathrm{rms}} = \sqrt{\widetilde{\Psi}_x^2} = \sqrt{\frac{1}{N}\sum_{n=1}^{N-1} x^2(n)} \qquad (2.1.18)$$

若信号的均值为零,则均方值等于方差。若信号的均值不为零时,则有下式成立:

$$\widetilde{\Psi}_x^2 = \sigma_x^2 + \mu_x^2 \qquad (2.1.19)$$

均方值和均方根值都是表示动态信号强度的指标。幅值的平方具有能量的含义,因此均方值表示了单位时间内的平均功率,在信号分析中仍然形象地称之为信号功率。而信号的均方根值由于有幅值的量纲,在工程中又称为有效值。

利用系统中某些特征点振动响应的均方根值作为判断依据是一种常用的故障诊断方法。由于均方根值对早期故障不敏感,但具有较好的稳定性,因此该法多适用于稳态振动的情况。

2.1.5 信号的偏斜度和峭度

信号的偏斜度指标 α 和峭度指标 β 常用来检验信号偏离正态分布的程度。偏斜度的定义为

$$\alpha = \lim_{T\to\infty}\frac{1}{T}\int_0^T x^3(t)\mathrm{d}x = \int_{-\infty}^{+\infty} x^3 p(x)\mathrm{d}x \qquad (2.1.20)$$

其离散化计算公式为

$$\widetilde{\alpha} = \frac{1}{N}\sum_{n=0}^{N-1} x^3(n) \qquad (2.1.21)$$

峭度的定义为

$$\beta = \lim_{T\to\infty}\frac{1}{T}\int_0^T x^4(t)\mathrm{d}x = \int_{-\infty}^{+\infty} x^4 p(x)\mathrm{d}x \qquad (2.1.22)$$

其离散化计算公式为

$$\tilde{\beta} = \frac{1}{N}\sum_{n=0}^{N-1} x^4(n) \qquad (2.1.23)$$

偏斜度反映了信号概率分布的中心不对称程度,不对称越厉害,信号的偏斜度越大。峭度反映了信号概率密度函数峰顶的凸平度。峭度对大幅值非常敏感,当其概率增加时,信号的峭度将迅速增大,非常有利于探测信号中的脉冲信息。例如,在滚动轴承的故障诊断中,当轴承圈出现裂纹,滚动体或者滚动轴承边缘剥落时,振动信号中往往存在相当大的脉冲,此时用峭度指标作为故障诊断特征量是非常有效的。然而,峭度对于冲击脉冲及脉冲类故障的这种敏感型主要出现在故障早期,随着故障发展,敏感度下降,也就是说,在整个劣化过程中,该指标稳定性不好,因此常配合均方根值使用。

2.1.6 信号的无量纲指标

前述各种统计特征参量,其数值大小常因负载、转速等条件的变化而变化,给工程应用带来一定的困难。因此,机电设备的状态监测和故障诊断中除了利用以上介绍的各种统计特征参量外,还广泛采用了各种各样的量纲一的指标,即无量纲指标。如:

1) 波形指标 $\qquad K = \dfrac{X_{\text{rms}}}{|\overline{X}|} = \dfrac{\text{有效值}}{\text{绝对平均幅值}} \qquad (2.1.24)$

2) 峰值指标 $\qquad C = \dfrac{X_{\max}}{X_{\text{rms}}} = \dfrac{\text{峰值}}{\text{有效值}} \qquad (2.1.25)$

3) 脉冲指标 $\qquad I = \dfrac{X_{\max}}{|\overline{X}|} = \dfrac{\text{峰值}}{\text{绝对平均幅值}} \qquad (2.1.26)$

4) 裕度指标 $\qquad L = \dfrac{X_{\max}}{X_{\text{r}}} = \dfrac{\text{峰值}}{\text{方根幅值}} \qquad (2.1.27)$

5) 峭度指标 $\qquad K_{\text{v}} = \dfrac{\beta}{X_{\text{rms}}^4} = \dfrac{\text{峭度}}{(\text{有效值})^4} \qquad (2.1.28)$

式中,作如下定义:

$|\overline{X}|$ ——绝对平均幅值,$|\overline{X}| = \int_{-\infty}^{+\infty} |x| p(x) \mathrm{d}x \qquad (2.1.29)$

或 $\qquad |\tilde{\overline{X}}| = \dfrac{1}{N}\sum_{n=0}^{N-1} |x(n)| \qquad (2.1.30)$

X_{r} ——方根幅值,$X_{\text{r}} = \left[\int_{-\infty}^{+\infty} |x|^{1/2} p(x) \mathrm{d}x\right]^2 \qquad (2.1.31)$

或 $\qquad \tilde{X}_{\text{r}} = \left[\dfrac{1}{N}\sum_{n=0}^{N-1} |x(n)|^{1/2}\right]^2 \qquad (2.1.32)$

当时间信号中包含的信息不是来自一个零件或部件,而是来自多个零件时,例如在多级齿轮的振动信号中往往包含来自高速齿轮、低速齿轮以及轴承等部件的信息。在这种情况下,可利用上面这些无量纲指标进行故障诊断或趋势分析。在实际应用中,对这些无量纲指标的基本选择标准是:

1) 对机器的运行状态、故障和缺陷等足够敏感,当机器运行状态发生变化时,这些无量纲指标应有明显的变化。

2) 对信号的幅值和频率变化不敏感,即与机器运行的工况无关,只依赖于信号幅值的概率密度形状。

当机器连续运行后质量下降时,例如机器中运动副的游隙增加,齿轮或滚动轴承的撞击增加,相应的振动信号中的冲击脉冲增多,幅值分布的形状也随之缓慢地变化。实验结果表明,波形指标 K 和峰值指标 C 对于冲击脉冲的多少和幅值分布形状的变化不够敏感,而相对来说,峭度指标 K_v、裕度指标 L 和脉冲指标 I 能够识别上述变化,因此可以在机器的振动、噪声诊断中加以应用。

图 2.1.4 是对 28 只汽车后桥齿轮在不同运行状态下的振动加速度信号计算得到的无量纲指标[2]。观察可知,波形指标 K 的变化较小,诊断能力较差;脉冲指标 I 的诊断能力最高,可以作为齿轮诊断的指标;峰值指标 C 比脉冲指标诊断能力差一些,但比波形指标要好很多。

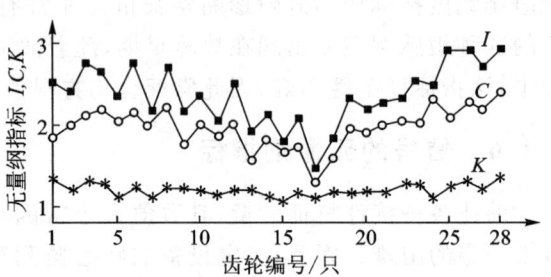

图 2.1.4 汽车后桥齿轮的无量纲诊断指标

在选择上述各动态指标时,按其诊断能力由大到小顺序排列,大体上为峭度指标、裕度指标、脉冲指标、峰值指标、波形指标。

2.2 相关分析

相关分析方法是对机械信号进行时域分析的常用方法之一,也是故障诊断的重要手段,无论是分析两个随机变量之间的关系,还是分析两个信号或一个信号在一定时移前后之间的关系,都需要应用相关分析,例如在振动测试分析、雷达测距、声发射探伤等场合都会用到相关分析。所谓相关,就是指变量之间的线性联系或相互依赖关系,相关分析包括自相关分析和互相关分析。

2.2.1 随机变量的相关系数

通常,两个变量之间若存在一一对应的确定关系,则称两者存在函数关系。如果某一个变量数值确定,另一变量却可能取许多不同值,但取值有一定的概率统计规律,则称两个随机变量存在着相关关系。

对于变量 x 和 y 之间的相关程度常用相关系数 ρ_{xy} 表示:

$$\rho_{xy} = \frac{E[(x-\mu_x)(y-\mu_y)]}{\sigma_x \sigma_y} \tag{2.2.1}$$

式中,E——数学期望;

μ_x——随机变量 x 的均值,$\mu_x = E[x]$;

μ_y——随机变量 y 的均值,$\mu_y = E[y]$;

σ_x、σ_y——随机变量 x、y 的标准差,$\sigma_x = E[(x-\mu_x)^2]$,$\sigma_y = E[(y-\mu_y)^2]$。

根据柯西—施瓦茨不等式

$$E[(x-\mu_x)(y-\mu_y)]^2 \leqslant E[(x-\mu_x)^2]E[(y-\mu_y)^2] \tag{2.2.2}$$

可推得 $|\rho_{xy}| \leqslant 1$。ρ_{xy} 的绝对值越接近于 1,说明 x 和 y 的线性相关程度越好;若 ρ_{xy} 接近于零,则认为 x、y 两变量之间完全无关,但仍可能存在着某种非线性的相关关系甚至函数关

系。ρ_{xy} 的正负号表示一变量随另一变量的增加而增加或者减少。

2.2.2 自相关分析

设 $x(t)$ 是各态历经随机过程的一个样本记录，$x(t+\tau)$ 是 $x(t)$ 时移 τ 后的样本记录（图 2.2.1），显然，$x(t)$ 和 $x(t+\tau)$ 具有相同的均值和标准差。在任何 $t=t_i$ 时刻，从两个样本上可以分别得到两个量值 $x(t_i)$ 和 $x(t_i+\tau)$，如果把 $\rho_{x(t)x(t+\tau)}$ 简写成 $\rho_x(\tau)$，则有

$$\rho_x(\tau) = \frac{\lim_{T\to\infty}\frac{1}{T}\int_0^T [x(t)-\mu_x][x(t+\tau)-\mu_x]\mathrm{d}t}{\sigma_x^2}$$

$$= \frac{\lim_{T\to\infty}\frac{1}{T}\int_0^T x(t)x(t+\tau)\mathrm{d}t - \mu_x^2}{\sigma_x^2} \tag{2.2.3}$$

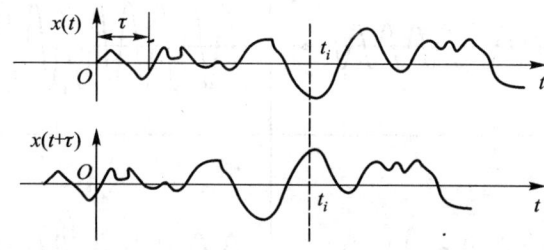

图 2.2.1 自相关分析

对各态历经随机信号及功率信号可定义自相关函数 $R_x(\tau)$ 为

$$R_x(\tau) = \lim_{T\to\infty}\frac{1}{T}\int_0^T x(t)x(t+\tau)\mathrm{d}t \tag{2.2.4}$$

则

$$\rho_x(\tau) = \frac{R_x(\tau)-\mu_x^2}{\sigma_x^2} \tag{2.2.5}$$

自相关函数的离散化计算公式为

$$\widetilde{R}(n\Delta t) = \frac{1}{N-n}\sum_{i=0}^{N-n} x(t_i)x(t_i+n\Delta t) \tag{2.2.6}$$

式中，N 为数据采样点数，n 为时延数。

自相关函数具有如下性质：

1) 由式(2.2.5)有

$$R_x(\tau) = \rho_x(\tau)\sigma_x^2 + \mu_x^2 \tag{2.2.7}$$

又因为 $|\rho_{xy}|\leqslant 1$，所以

$$\mu_x^2 - \sigma_x^2 \leqslant R_x(\tau) \leqslant \mu_x^2 + \sigma_x^2 \tag{2.2.8}$$

2) 自相关函数为偶函数，即 $R_x(\tau) = R_x(-\tau)$。

3) 当时延 $\tau=0$ 时，自相关函数 $R_x(0)$ 等于信号的方差，即 $R_x(0)=\sigma_x^2$。

4) 当时延 $\tau\neq 0$ 时，自相关函数 $R_x(\tau)$ 总是小于 $R_x(0)$，即小于信号的方差；当 τ 足够大或 $\tau\to\infty$ 时，随机变量 $x(t)$ 和 $x(t+\tau)$ 之间彼此无关。

5) 自相关函数不改变信号的周期性，但丢失了相位信息。即如果

$$x(t) = \sum_{i=1}^n A_i\sin(\omega_i t + \theta_i)$$

则有
$$R_x(\tau) = \sum_{i=1}^{n} \frac{A_i^2}{2}\cos(\omega_i \tau)$$

这表明信号的自相关函数 $R_x(\tau)$ 和 $x(t)$ 具有相同的频率成分,其幅值与原周期信号的幅值有关,但丢失了初始相位信息。

图 2.2.2 给出了几种典型信号的自相关函数曲线[1],稍加对比就可以看到自相关函数是区别信号类型的一个非常有效的手段。只要信号中含有周期成分,其自相关函数在 τ 很大时都不衰减,并具有明显的周期性。不包含周期成分的随机信号,当 τ 稍大时自相关函数就将趋近于零。宽带随机噪声的自相关函数很快衰减到零,窄带随机噪声的自相关函数则具有较慢的衰减特性。

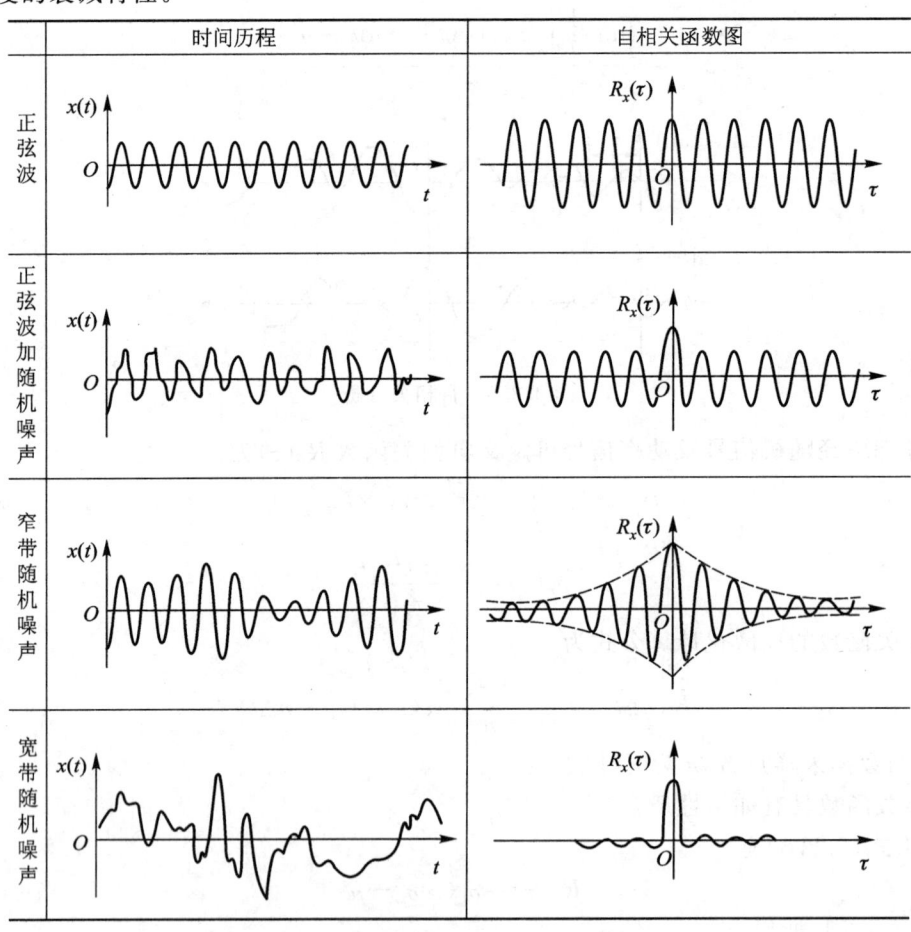

图 2.2.2 典型信号的自相关分析

正常运行下机器的振动或噪声一般是大量的、无规则的、大小接近的随机扰动的结果,因而具有较宽且均匀的频谱,其自相关函数往往与宽带随机噪声的自相关函数接近;对于不正常运行状态下的振动信号,通常是在随机信号中会出现有规则的周期性的脉冲,其大小也往往比随机信号强得多。利用这个特点可诊断轴承磨损造成的间隙增大,轴与轴承盖的撞击,滚动轴承滚边的剥蚀,齿轮齿面的严重磨损,花键配合间隙增加以及切削颤振等故障。

图 2.2.3 是从机床中采集的振动信号及信号的自相关函数。从时域波形中,看不到有故障发生,但是通过观察自相关函数(图 2.2.3b),可以发现其中隐藏的周期分量,根据自相

关函数 $R_x(\tau)$ 的幅值和频率,可以进一步确定故障或缺陷发生的原因。由此可见,这种方法在故障初期周期信号不明显甚至难以发现时,是非常有效的。

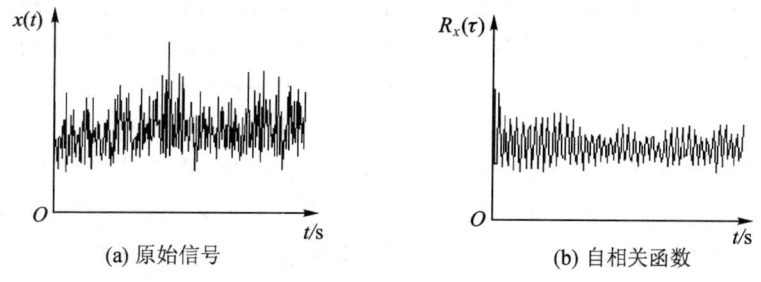

图 2.2.3　机床振动信号的自相关分析

图 2.2.4a 是某一机械加工表面的粗糙度的波形,经自相关分析后所得的自相关图(图 2.2.4b)呈现周期性。这表明造成表面粗糙度的原因中包含某种周期因素。从自相关图可以确定该周期因素的频率,从而可以进一步分析起因。

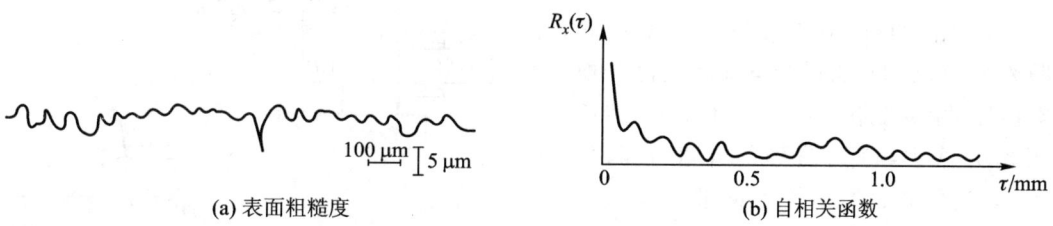

图 2.2.4　表面粗糙度与自相关函数

2.2.3　互相关分析

互相关函数 $R_{xy}(\tau)$ 常用来分析两个信号在不同时刻的相互依赖关系(或相似性)。对各态历经过程的随机信号 $x(t)$ 和 $y(t)$ 的互相关函数 $R_{xy}(\tau)$ 的定义为

$$R_{xy}(\tau) = \lim_{T \to \infty} \frac{1}{T} \int_0^T x(t) y(t+\tau) \mathrm{d}t \qquad (2.2.9)$$

离散化数据计算公式为

$$R_{xy}(n\Delta t) = \frac{1}{N-n} \sum_{i=0}^{N-n} x(t_i) y(t_i + n\Delta t) \qquad (2.2.10)$$

式中,N 为数据采样点数,n 为时延数。

如果 $x(t)$ 和 $y(t)$ 两信号是同频率的周期信号或者包含同频率的周期成分,那么即使 $\tau \to \infty$,互相关函数也不收敛并会出现该频率的周期成分。如果两信号含有频率不等的周期成分,则两者不相关。也就是说,同频相关,不同频不相关。

互相关函数具有如下性质:

1) 互相关函数为非奇非偶函数,具有反对称性质,如果 x、y 变换位置,则有 $R_{xy}(\tau) = R_{yx}(-\tau)$。

2) 互相关函数的峰值不一定在 $\tau=0$ 处,峰值点偏离原点的距离表示两信号取得最大相关程度的时移 τ。

3) 两个相同频率的周期信号,其互相关函数也是同频率的周期信号,同时还保留了原信号的幅值和相位差信息。

互相关函数的这些性质,使它在工程应用中有重要的价值。它是在噪声背景下提取有用信息的一个非常有效的手段。如果对一个线性系统(例如某个部件、结构或者某台机床)激振,所测得的振动信号中常常含有大量的噪声干扰。根据线性系统的频率保持性,只有和激振频率相同的成分才可能是由激振引起的响应,其他部分均是干扰。因此,只要将激振信号和所测得的响应信号进行互相关(不必用时移,$\tau=0$)处理,就可以得到由激振引起的响应幅值和相位差,消除了噪声的影响。这种应用相关分析原理来消除信号中的噪声干扰、提取有用信息方法叫做相关滤波。它是利用互相关函数同频相关、不同频不相关的性质来达到滤波效果的。

互相关技术还广泛地应用于各种测试中。工程中常用两个间隔一定距离的传感器来不接触地测量运动物体的速度。图 2.2.5 所示为钢带轧机的相关测速原理[1]。在轧机的输出部分布置两个透镜,其间距离为 d(已知),通过光电池将信号转换为电信号,得到两路信号 $x(t)$ 和 $y(t)$,然后送入相关器中,得到信号的互相关函数 $R_{xy}(\tau)$。当可调延时 τ 等于钢带上某点在两个测点之间经过所需的时间 τ_d 时,互相关函数为最大值,从而可以得到钢带的速度为

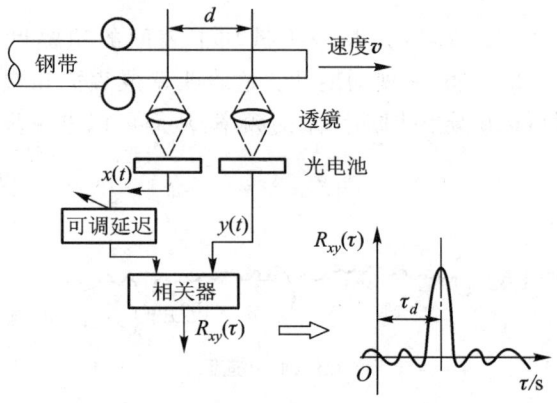

图 2.2.5 钢带运动速度的非接触测量

$$v = d/\tau_d \tag{2.2.11}$$

图 2.2.6 是利用互相关分析进行管道裂损定位的例子[1]。设输油管道在 K 处漏油,泄漏发生后,在泄漏处将引起压力突降,从而产生一个以 K 点为中心的声波信号,该信号以一定的速度 v 向管道两端传播。为了对这个泄漏源进行定位,在 A 和 B 两点分别安装传感器 1 和 2,其中传感器 1 与 K 点的距离为 S_1,传感器 2 与 K 点的距离为 S_2。现测得两个传感器的响应分别为 $x_1(t)$ 和 $x_2(t)$,对这两个信号进行互相关分析,将会得到类似图 2.2.6b 中的互相关函数曲线。该曲线中与 $R(\tau)$ 最大值对应的时间为 τ_d,其物理意义为信号从泄漏源 K 点分别向 1、2 两个传感器传播的时间差。因此有

$$S_2 - S_1 = v\tau_d \tag{2.2.12}$$

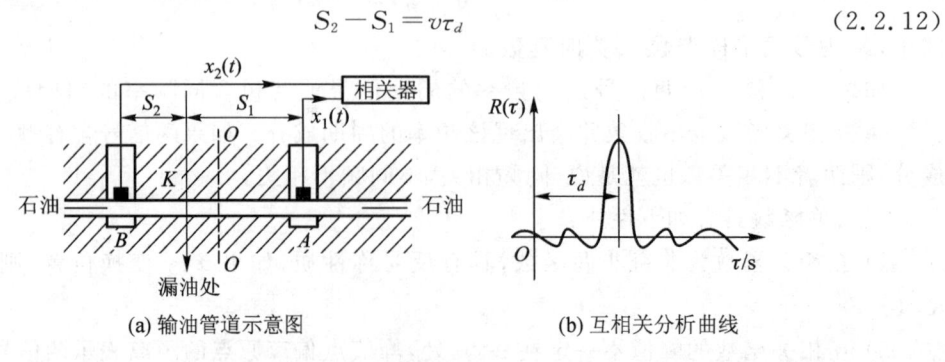

(a) 输油管道示意图　　　　　(b) 互相关分析曲线

图 2.2.6 管道裂损定位

其中信号沿管道传播的速度 v 可以通过实验测定，可认为是已知量。而 $S_2+S_1=S$ 可以在地表直接测量出来，与式(2.2.12)联立方程组，即可求得 S_1 和 S_2 的值，从而实现泄漏源较准确的定位。

图 2.2.7 为利用相关函数确定汽车驾驶员坐椅振动源的应用实例[1]。分别在汽车的前轮轴梁、坐椅和后轮轴架上安装振动加速度传感器，并测得前轮轴梁的振动信号为 $X(t)$，坐椅的振动信号为 $Y(t)$，后轮轴架的振动信号为 $Z(t)$。分别做 $X(t)$ 与 $Y(t)$、$Z(t)$ 与 $Y(t)$ 的互相关函数 $R_{XY}(\tau)$ 和 $R_{ZY}(\tau)$，如图 2.2.7b 所示。从互相关曲线中可以看出，后轮与坐椅的振动互相关没有明显的峰值，而前轮与坐椅的振动互相关出现非常明显的峰值。因此，可以确定汽车坐椅的振动主要是由于前轮振动引起的。

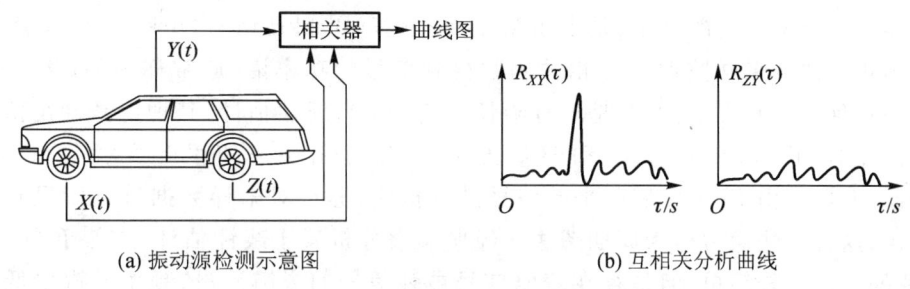

(a) 振动源检测示意图　　　　(b) 互相关分析曲线

图 2.2.7　汽车驾驶员坐椅振动源的检测

思　考　题

1. 比较使用各种常用时域统计指标进行故障诊断的优缺点和适用场合。
2. 求信号 $x(t)=A_1\cos(\omega_1 t+\varphi_1)+A_2\cos(\omega_2 t+\varphi_2)$ 的自相关函数，其中 $A_1\neq A_2$，$\omega_1\neq\omega_2$，$\varphi_1\neq\varphi_2$。
3. 试根据一个信号的自相关函数图形，讨论如何确定该信号中的常值分量和周期成分。
4. 已知信号的自相关函数为 $A\cos\omega\tau$，试确定该信号的均方值 Ψ_x^2 和均方根值 x_{rms}。
5. 定性说明如何对给定信号进行时域同步平均。
6. 试对比时域同步平均与自相关函数在提取周期分量时的原理和结果。

参　考　文　献

[1] 黄长艺,严普强.机械工程测试技术基础[M].北京:机械工业出版社,2001.
[2] 屈梁生,何正嘉.机械故障诊断学[M].上海:上海科学技术出版社,1986.
[3] 刘习军.工程振动理论与测试技术[M].北京:高等教育出版社,2004.
[4] 徐科军.信号分析与处理[M].北京:清华大学出版社,2006.
[5] 王伯雄.测试技术基础[M].北京:清华大学出版社,2003.
[6] 王跃科,等.现代动态测试技术[M].北京:国防工业出版社,2003.
[7] 赵树杰,赵建勋.信号检测与估计理论[M].北京:清华大学出版社,2005.
[8] 王江萍.机械设备故障诊断技术及应用[M].西安:西北工业大学出版社,2001.

第 3 章　信号的频域分析

频谱是信号在频域上的重要特征,它反映了信号的频率成分以及分布情况。信号的频谱估计是信号分析的重要手段。目前信号频谱分析方法通常分为经典频谱分析和现代频谱分析两大类。经典谱分析的理论,是由布莱克曼-图基(Blackman - Turkey)于 1958 年提出的。它利用相关法从采样数据的自相关函数得到信号的功率谱,通常称为 BT 法[1]。经典频谱分析是一种非参数方法,主要是对有限长度信号进行线性估计,其理论基础是信号的傅里叶变换。此外,由库利(Cooky)和图基于 1965 年提出快速傅里叶变换(Fast Fourier Transform,FFT)。由 FFT 发展起来的信号谱分析法,通过对采样数据进行傅里叶变换来估计功率谱,这种方法通常称为周期图法。经典频谱分析属于线性估计,成熟于 20 世纪 70 年代,方法的计算比较简单,但是存在着弱信号被强信号的旁瓣淹没、频率分辨率低和频谱旁瓣泄漏等严重缺点[2]。

为了解决经典谱分析频率分辨率低的问题,伯格(Burg)于 1967 年提出最大熵谱分析法。帕曾(E. Parzen)于 1968 年提出自回归模型谱估计方法。此后又出现了许多高分辨率的谱估计方法,诸如谐波分析法、最大似然法、自回归移动平均法等。随机信号谱分析也进入了现代谱分析阶段。由于现代谱分析是以随机过程参数模型的参数估计为基础,所以现代谱分析方法又称为参数方法。现代频谱分析属于非线性参数估计,它们是在 20 世纪 70 年代以后逐渐发展起来,具有较高的频率分辨率[1,2]。本章将分别介绍经典谱分析和现代谱分析的基本原理及其应用。

3.1　频谱分析和 FFT 算法

3.1.1　傅里叶级数与离散频谱

根据傅里叶级数理论,任何周期性信号均可展开为若干简谐信号的叠加。设 $x(t)$ 为周期信号,则有

$$x(t) = a_0 + \sum_{n=1}^{\infty}(a_n\cos n\omega_0 t + b_n\sin n\omega_0 t)$$

$$= A_0 + \sum_{n=1}^{\infty} A_n\sin(n\omega_0 t + \phi_n) \qquad (3.1.1)$$

其中,A_0 是静态分量,ω_0 是基频,$n\omega_0$ 是第 n 次谐波($n=1,2,3,\cdots$),$A_0=a_0$,$A_n=\sqrt{a_n^2+b_n^2}$ 是第 n 次谐波的幅值,$\phi_n=\arctan\dfrac{a_n}{b_n}$ 是第 n 次谐波的相位。

$$a_0 = \frac{1}{T}\int_0^T x(t)\mathrm{d}t$$

$$a_n = \frac{2}{T}\int_0^T x(t)\cos n\omega_0 t\mathrm{d}t \quad (n=1,2,\cdots) \tag{3.1.2}$$

$$b_n = \frac{2}{T}\int_0^T x(t)\sin n\omega_0 t\mathrm{d}t \quad (n=1,2,\cdots)$$

其中，T 是基本周期，$\omega_0 = \dfrac{2\pi}{T}$ 是基频。

由图 3.1.1 可见，周期信号可分为一个或几个乃至无穷多个谐波的叠加。如果以频率为横坐标，幅值 A_n 和相位 ϕ_n 为纵坐标可以得到信号的幅频谱和相频谱。由于 n 取整数，相邻频率的间隔均为基波频率 ω_0。因而，周期信号的频谱具有离散性、谐波性和收敛性三个特点。

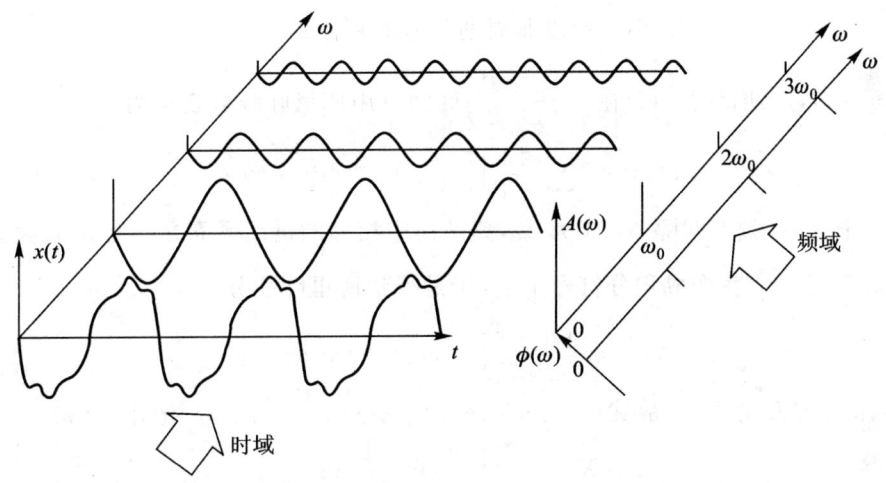

图 3.1.1 周期信号的傅里叶级数分解

傅里叶级数也可以写成复指数函数的形式。根据欧拉公式

$$\mathrm{e}^{\pm\mathrm{j}\omega_0 t} = \cos\omega_0 t \pm \mathrm{j}\sin\omega_0 t \tag{3.1.3}$$

$$\cos\omega_0 t = \frac{1}{2}(\mathrm{e}^{-\mathrm{j}\omega_0 t} + \mathrm{e}^{\mathrm{j}\omega_0 t}) \tag{3.1.4}$$

$$\sin\omega_0 t = \mathrm{j}\frac{1}{2}(\mathrm{e}^{-\mathrm{j}\omega_0 t} - \mathrm{e}^{\mathrm{j}\omega_0 t}) \tag{3.1.5}$$

式 (3.1.1) 可写为

$$x(t) = \sum_{n=-\infty}^{\infty} C_n \mathrm{e}^{\mathrm{j}n\omega_0 t} \quad n=0,\pm 1,\pm 2,\cdots \tag{3.1.6}$$

其中，C_n 是展开系数。若 $x(t)$ 的基本周期是 T，C_n 的计算公式如下：

$$C_n = \frac{1}{T}\int_{-\frac{T}{2}}^{\frac{T}{2}} x(t)\mathrm{e}^{-\mathrm{j}n\omega_0 t}\mathrm{d}t \tag{3.1.7}$$

因此，C_n 为一复数，由周期信号 $x(t)$ 确定。它综合反映了 n 次谐波的幅值及相位信息。这里需要注意的是，周期信号 $x(t)$ 展开为复数形式傅里叶级数，频率 ω 的取值范围也扩展到负频率。应用中，频率的正负可理解为简谐信号频率的正负，成对出现的复展开系数 C_n 和 C_{-n} 与正负频率对应。它们在实轴上的合成结果正好形成了代表谐波幅值的实向量，而在虚轴上的合成结果正好抵消为零（图 3.1.2）。

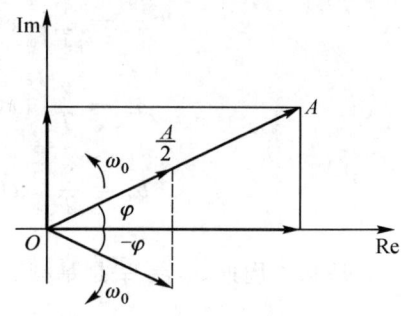

图 3.1.2 谐波幅值的向量分解

3.1.2 傅里叶变换与连续频谱

当周期信号 $x(t)$ 的周期 T 趋于无穷大时，则该信号可看成非周期信号，信号频谱的谱线间隔 $\Delta\omega = \omega_0 = \dfrac{2\pi}{T}$ 趋于无穷小。所以非周期信号的频谱是连续的。

由前面可知，周期信号 $x(t)$ 在 $\left(-\dfrac{T}{2}, \dfrac{T}{2}\right)$ 区间可用傅里叶级数表示为

$$x(t) = \sum_{n=-\infty}^{\infty} \left[\frac{1}{T}\int_{-\frac{T}{2}}^{\frac{T}{2}} x(t) e^{-jn\omega_0 t} dt\right] e^{jn\omega_0 t}$$

当 T 趋于 ∞ 时，频率间隔 $\Delta\omega$ 成为 $d\omega$，离散谱中相邻的谱线紧靠在一起，$n\omega_0$ 就变成连续变量 ω，求和符号 $\sum$ 就变成积分符号 $\int$ 了，于是得到傅里叶积分

$$x(t) = \frac{1}{2\pi}\int_{-\infty}^{+\infty}\left[\int_{-\infty}^{+\infty} x(t)e^{-j\omega t} dt\right]e^{j\omega t} d\omega \tag{3.1.8}$$

由于时间 t 是积分变量，故式(3.1.8)括号内积分仅是 ω 的函数，记作 $X(\omega)$。

$$X(\omega) = \int_{-\infty}^{+\infty} x(t) e^{-j\omega t} dt \tag{3.1.9}$$

$$x(t) = \frac{1}{2\pi}\int_{-\infty}^{+\infty} X(\omega) e^{j\omega t} d\omega \tag{3.1.10}$$

式(3.1.9)为 $x(t)$ 的傅里叶变换，式(3.1.10)为其傅里叶逆变换，两者互称为傅里叶变换对。把 $\omega = 2\pi f$ 代入式(3.1.8)，则式(3.1.9)、式(3.1.10)变成

$$X(f) = \int_{-\infty}^{\infty} x(t) e^{-j2\pi f t} dt \tag{3.1.11}$$

$$x(t) = \int_{-\infty}^{\infty} X(f) e^{j2\pi f t} df \tag{3.1.12}$$

其中，f 是频率，Hz。

傅里叶变换有着明确的物理意义。在整个时间轴上的非周期信号 $x(t)$，是由频率 ω 的谐波 $X(\omega)e^{j\omega t}d\omega$ 沿频率从 $-\infty$ 连续到 $+\infty$，通过积分叠加得到的。由于对不同的频率 ω，$d\omega$ 是一样的。所以只需 $X(\omega)$ 就能真实反映不同频率谐波的振幅和相位的变化。因此称 $X(\omega)$ 为 $x(t)$ 的连续频谱。一般 $X(\omega)$ 是复函数，可写成

$$X(\omega) = |X(\omega)| e^{j\phi(\omega)} \tag{3.1.13}$$

式中，$|X(\omega)|$ 为信号的连续幅值谱，$\phi(\omega)$ 为信号的连续相位谱。

必须指出的是，尽管非周期信号的幅值谱 $|X(\omega)|$ 和周期信号的幅值谱 $|C_n|$ 很相似，但

两者是有差别的。其差别突出表现在 $|C_n|$ 的量纲与信号幅值的量纲一样,而 $|X(\omega)|$ 的量纲与信号幅值的量纲不一样,它是单位频带 $d\omega$ 上的幅值。

通常,由信号 $x(t)$ 求出它的频谱 $X(\omega)$ 的过程称为对信号作谱分析。下面是一个求矩形窗函数 $w(t)$ 频谱的例子。

矩形窗函数 $w(t)$ 定义为

$$w(t) = \begin{cases} 1 & |t| \leqslant \dfrac{T}{2} \\ 0 & |t| > \dfrac{T}{2} \end{cases}$$

根据傅里叶变换有

$$W(\omega) = \int_{-\infty}^{+\infty} w(t) e^{-j\omega t} dt = \int_{-\frac{T}{2}}^{\frac{T}{2}} e^{-j\omega t} dt = T \frac{\sin \dfrac{\omega T}{2}}{\dfrac{\omega T}{2}} = T \sin c \frac{\omega T}{2} \quad (3.1.14)$$

定义 $\sin c(x) = \dfrac{\sin x}{x}$,该函数在信号分析中很有用。矩形窗函数及其频谱如图 3.1.3 所示。

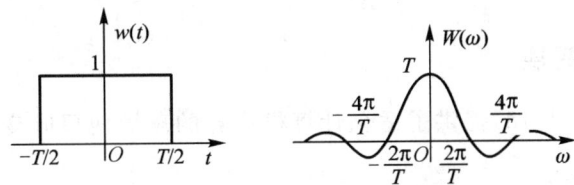

图 3.1.3 矩形窗函数及其频谱

傅里叶变换主要性质如下:

1) 线性叠加性质 若 $x_1(t) \leftrightarrow X_1(\omega)$, $x_2(t) \leftrightarrow X_2(\omega)$,则
$$a_1 x_1(t) + a_2 x_2(t) \leftrightarrow a_1 X_1(\omega) + a_2 X_2(\omega)$$

2) 时移性质 若 $x(t) \leftrightarrow X(\omega)$,则 $x(t \pm t_0) \leftrightarrow X(\omega) e^{\pm j\omega t_0}$

3) 频移性质 若 $x(t) \leftrightarrow X(\omega)$,则 $x(t) e^{\pm j\omega_0 t} \leftrightarrow X(\omega \pm \omega_0)$

4) 时间伸缩性质 设 $x(t) \leftrightarrow X(\omega)$,$a$ 为正实数,则 $x(at) \leftrightarrow \dfrac{1}{a} X\left(\dfrac{\omega}{a}\right)$

5) 时间微分性质 若 $x(t) \leftrightarrow X(\omega)$,则 $\dfrac{dx(t)}{dt} \leftrightarrow (j\omega) X(\omega)$

6) 时间积分性质 若 $x(t) \leftrightarrow X(\omega)$,且 $X(\omega)|_{\omega=0} = 0$,则
$$\int_{-\infty}^{t} x(\tau) d\tau \leftrightarrow \dfrac{1}{j\omega} X(\omega)$$

7) 卷积定理 若 $x_1(t) \leftrightarrow X_1(\omega)$, $x_2(t) \leftrightarrow X_2(\omega)$,则
$$x_1(t) * x_2(t) = X_1(\omega) \cdot X_2(\omega) \quad \text{及} \quad x_1(t) \cdot x_2(t) \leftrightarrow \dfrac{1}{2\pi} X_1(\omega) * X_2(\omega)$$

3.1.3 离散傅里叶变换(DFT)

前节介绍的傅里叶变换及其逆变换均不能直接用于计算机计算。对于离散的数字信号进行傅里叶变换,需借助离散傅里叶变换(Discrete Fourier Transform,DFT)。

离散傅里叶变换公式为

$$X\left(\frac{n}{N\Delta t}\right) = \sum_{k=0}^{N-1} x(k\Delta t) e^{-j2\pi nk/N} \quad n = 0,1,2,\cdots,N-1 \tag{3.1.15}$$

式中,$x(k\Delta t)$ 是波形信号的采样值,N 是序列点数,Δt 是采样间隔,n 是频域离散值的序号,k 是时域离散值的序号。离散傅里叶逆变换为

$$x(k\Delta t) = \frac{1}{N} \sum_{n=0}^{N-1} X\left(\frac{n}{N\Delta t}\right) e^{j2\pi nk/N} \quad k = 0,1,2,\cdots,N-1 \tag{3.1.16}$$

式(3.1.15)和式(3.1.16)构成了离散傅里叶变换对。它将 N 个时域的采样序列和 N 个频域采样序列联系起来。基于这种对应关系,考虑到采样间隔 Δt 的具体数值不影响离散傅里叶变换的实质。所以,通常略去采样间隔 Δt,而把式(3.1.15)和式(3.1.16)写成如下的形式

$$X(n) = \sum_{k=0}^{N-1} x(k) W_N^{nk} \quad n = 0,1,2,\cdots,N-1 \tag{3.1.17}$$

$$x(k) = \frac{1}{N} \sum_{n=0}^{N-1} X(n) W_N^{-nk} \quad k = 0,1,2,\cdots,N-1 \tag{3.1.18}$$

式中,$W_N = e^{-j2\pi/N}$。在需要具体计算离散频率值时,还需引入采样间隔 Δt 的具体值进行计算。

3.1.4 快速傅里叶变换

式(3.1.17)和式(3.1.18)提供了适合计算机计算的离散傅里叶变换的公式。当 $N=4$ 时,式(3.1.17)可写成

$$\begin{bmatrix} X(0) \\ X(1) \\ X(2) \\ X(3) \end{bmatrix} = \begin{bmatrix} W_N^0 & W_N^0 & W_N^0 & W_N^0 \\ W_N^0 & W_N^1 & W_N^2 & W_N^3 \\ W_N^0 & W_N^2 & W_N^4 & W_N^6 \\ W_N^0 & W_N^3 & W_N^6 & W_N^9 \end{bmatrix} \begin{bmatrix} x(0) \\ x(1) \\ x(2) \\ x(3) \end{bmatrix} \tag{3.1.19}$$

由式(3.1.19)可看出,由于 W_N 和 $x(k)$ 可能都是复数,若计算所有的离散值 $X(n)$,需要进行 $N^2=16$ 次复数乘法和 $N(N-1)=12$ 次复数加法的运算。一次复数乘法等于四次实数乘法,一次复数加法等于两次实数加法。显然,当序列长度 N 增大时,DFT 的计算量将以 N^2 进行增长。因此,虽有了 DFT 理论及计算方法,但对长序列的 DFT,因计算工作量大、计算时间长限制了实际应用。这就迫使人们想办法提高 DFT 的计算速度。

1965 年美国学者 Cooley 和 Tukey 提出了快速算法 FFT。目前已发展有多种形式,它们之间的计算效率略有不同。本节仅以 Cooley – Tukey 计算序列数长 $N=2^i$(i 为正整数)的算法来说明 FFT 的基本原理。

为了推导方便,将离散傅里叶变换式(3.1.17)写成如下形式

$$X_n = \sum_{k=0}^{N-1} x_k e^{-j2\pi nk/N} \tag{3.1.20}$$

式中,$X_n = X(n)$,$n = 0,1,2,\cdots,N-1$,$x_k = x(k)$。

FFT 的基本思想是把长度为 2 的正整数次幂的数据序列 $\{x_k\}$ 分隔成若干较短的序列作 DFT 计算,用以代替原始序列的 DFT 计算。然后再把它们合并起来,得到整个序列 $\{x_k\}$ 的 DFT。为了更清楚地表示 FFT 的计算过程,下面以长度为 8 的数据序列为例进行说明。

先对原数据序列按奇、偶逐步进行抽取。

原始序列	x_0	x_1	x_2	x_3	x_4	x_5	x_6	x_7	1个长度为8的序列
第一次抽取	x_0	x_2	x_4	x_6	x_1	x_3	x_5	x_7	2个长度为4的序列
第二次抽取	x_0	x_4	x_2	x_6	x_1	x_5	x_3	x_7	4个长度为2的序列
第三次抽取	x_0	x_4	x_2	x_6	x_1	x_5	x_3	x_7	8个长度为1的序列

根据上面的抽取方法及 FFT 的计算公式 $X(n) = \sum_{k=0}^{N-1} x(k) e^{-j2\pi kn/N}$ 有[3]

$$X(n) = \sum_{k=0}^{N/2-1} \left[x(2k) W_N^{2nk} + x(2k+1) W_N^{(2k+1)n} \right] \quad n=0,1,\cdots,N-1 \quad (3.1.21)$$

因为
$$W_N^2 = e^{-2j(2\pi/N)} = e^{-j2\pi/(N/2)} = W_{N/2}^1$$

所以
$$X(n) = \sum_{k=0}^{N/2-1} \left[x(2k) W_{N/2}^{nk} + x(2k+1) W_{N/2}^{nk} W_N^n \right]$$
$$= G(n) + W_N^n H(n) \quad n=0,1,\cdots,N-1 \quad (3.1.22)$$

其中，$G(n) = \sum_{k=0}^{N/2-1} x(2k) W_{N/2}^{nk}$，$H(n) = \sum_{k=0}^{N/2-1} x(2k+1) W_{N/2}^{nk}$ $n=0,1,\cdots,N-1$

$G(n)$ 和 $H(n)$ 的周期是 $N/2$，所以 $G(n) = G(n+N/2)$，$H(n) = H(n+N/2)$。又因为 $W_N^{N/2} = e^{-j(2\pi/N) \cdot N/2} = -1$，故 $W_N^{n+N/2} = W_N^n \cdot W_N^{N/2} = -W_N^n$。

$$X(n) = G(n) + W_N^n H(n) \quad n=0,1,\cdots,\frac{N}{2}-1 \quad (3.1.23)$$

$$X(n+N/2) = G(n) - W_N^n H(n) \quad n=0,1,\cdots,\frac{N}{2}-1 \quad (3.1.24)$$

将两个半段 $X(n)$ 和 $X(n+N/2)$ 相接后得到整个序列的 $X(n)$。在合成时，偶序列 DFT 的变换 $G(n)$ 不变，奇序列 DFT 的变换 $H(n)$ 要乘以权重函数 W_N^n。同时，两者合成时前半段的用加，后半段的用减。以下是 $N=8$ 时的计算流程图。

图 3.1.4 中左起第 5 列的数据 x_i'，$i=0,1,2,\cdots,7$，表示长度为1的数据的傅里叶变换。同样，FFT 逆变换的计算 $x(k) = \frac{1}{N} \sum_{n=0}^{N-1} X(n) W_N^{-kn}$ 也可以按照上述方法进行，详细步骤参见文献[3]。

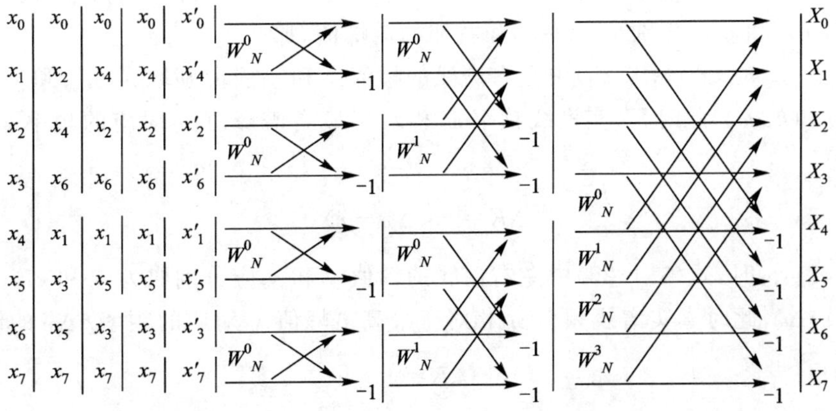

图 3.1.4 $N=8$ 时的 FFT 计算流程图

3.1.5 FFT 的校正算法

由于计算机只能对有限长度的信号样本进行计算,因此信号的快速傅里叶变换也只能对有限长度序列进行。这就相当于给原信号加了一个矩形窗,不可避免地存在由于时域截断而引起的能量泄漏,使得谱峰幅值变小,精度降低[4]。

针对这个问题,人们提出了很多改进办法。例如增加采样长度、降低采样频率、整周期采样、ZOOM-FFT 细化频谱技术等。这些方法可以在一定程度上提高频率分辨率,但都各有其局限性:采样长度的增加受硬件限制;采样频率又受到实际信号最高频率的约束;整周期采样技术的实现需要复杂的硬件,且不能有效测定信号中的分数倍频分量;ZOOM-FFT 技术虽然能够提高频率分辨率,但低通滤波器的过渡带却使分析频带两端的幅值存在一定的误差[5]。相比之下,基于比值的内插校正算法因其原理简单,校正精度高而受到广泛应用。

(1) 比值校正算法[6,7]及仿真计算

典型的频谱校正模型如图 3.1.5 所示,假设加窗信号频谱的主瓣中心频率为 ω_0,主瓣左右相邻两根谱线的谱峰值分别 y_l 和 y_r,对应的频率分别为 ω_l 和 ω_r,显然,ω_l 和 ω_r 相差刚好为一个频率分辨率 $\Delta\omega$。可以通过主瓣中心两侧的两根谱线的幅值和频率的大小,利用窗函数的频谱图形,去求主瓣中心点(图 3.1.5 中的 B 点)的坐标。

设 x 为主瓣中心与左谱线的距离,取值为 $[0,\Delta\omega]$。因为窗函数频谱 $W(\omega)$ 上某一点处的值由相对于主瓣中心的偏移量唯一地确定,因此图 3.1.5 中 y_l 和 y_r 的函数关系可由主瓣中心频率 ω_0 与 x 的关系来表达。由式(3.1.14),窗函数的频谱函数 $W(\omega)$ 构成如下函数

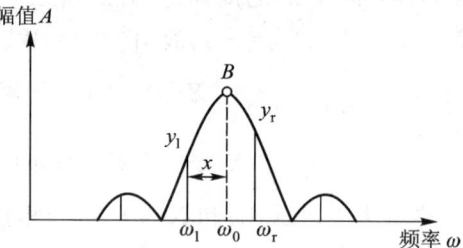

图 3.1.5 典型的频谱校正模型

$$F(x)=\frac{W(\omega_l)}{W(\omega_r)}=\frac{W(\omega_0-x)}{W(\omega_0+\Delta\omega-x)}=\frac{y_l}{y_r} \tag{3.1.25}$$

通过求式(3.1.25)的反函数,即可求得 x 的值。

设对长度为 N 的数据序列的傅里叶变换为 $y_1, y_2, y_3, \cdots, y_{N/2}$,$y_k$ 为计算谱峰主瓣内的最高谱峰值,y_{k-1} 和 y_{k+1} 分别是 y_k 左邻和右邻的谱峰值,那么

当 $y_{k-1} > y_{k+1}$ 时,式(3.1.25)中左右谱线的幅值 y_l 和 y_r 应分别取为 y_{k-1} 和 y_k,对应频率为 $(k-1)\Delta\omega$ 和 $k\Delta\omega$。此时,真实谱线频率 ω_0 相对于最高谱峰值 y_k 对应的频率 $k\Delta\omega$ 的修正量为

$$\Delta K = -(\Delta\omega - x) \tag{3.1.26}$$

当 $y_{k-1} \leqslant y_{k+1}$ 时,式(3.1.25)中左右谱线的幅值 y_l 和 y_r 应分别取为 y_k 和 y_{k+1},对应频率 $k\Delta\omega$ 和 $(k+1)\Delta\omega$,此时真实谱线频率 ω_0 相对于最高谱峰值 y_k 对应的频率 $k\Delta\omega$ 的修正量为

$$\Delta K = x \tag{3.1.27}$$

两种情况下信号的校正频率均为

$$\omega_0 = k\Delta\omega + \Delta K \tag{3.1.28}$$

相应的校正幅值 A 和相位 φ_0 分别为

$$A = \frac{y_k}{W(\Delta K)} \tag{3.1.29}$$

$$\varphi_0 = \varphi_k - \frac{\Delta K \pi}{\Delta \omega} \tag{3.1.30}$$

其中,φ_k 为 FFT 变换后得到的最高谱峰值 y_k 对应频率 $k\Delta\omega$ 处的相位。

实际频谱校正计算时,要直接解出校正量比较困难。例如以矩形窗为例来进行分析说明。离散的矩形窗函数的定义为[8]

$$w(n) = 1 \quad n = 0,1,2,\cdots,N-1$$

相应的频谱为[8]

$$W(\omega) = \frac{\sin\frac{N\omega}{2}}{\sin\frac{\omega}{2}} e^{-j\frac{N-1}{2}\omega}$$

其模为

$$|W(\omega)| = \frac{\sin\frac{N\omega}{2}}{\sin\frac{\omega}{2}} \tag{3.1.31}$$

将式(3.1.31)代入式(3.1.25)可得

$$\frac{\dfrac{\sin\dfrac{Nx}{2}}{\sin\dfrac{x}{2}}}{\dfrac{\sin\dfrac{N(\Delta\omega-x)}{2}}{\sin\dfrac{\Delta\omega-x}{2}}} = \frac{y_l}{y_r} \tag{3.1.32}$$

显然,通过式(3.1.32)求解 x 的值是比较困难的。因此,求解 x 的值往往采用峰值搜寻算法(迭代法)计算[9,10]。

(2) 峰值搜寻算法

对于式(3.1.32)的求解,总可以转化为一个一维的优化问题

$$\min(U(x)) \quad \text{约束条件 } x \in [0, \Delta\omega]$$

式中,

$$U(x) = \left[\frac{W(\omega_0 - x)}{W(\omega_0 + \Delta\omega - x)} - \frac{y_l}{y_r}\right]^2 \tag{3.1.33}$$

通过一维优化方法求取使式(3.1.33)取得极小值的 x,这样无论所加窗函数的形式多么复杂,都可以进行频率、幅值和相位的校正。

函数极值的搜索方法很多,常见的搜索方法有黄金分割法、二分法及插值算法等。除此之外,遗传算法也是一种高效、全局的搜索方法,特别适合于处理传统的优化方法难以解决的复杂和非线性问题。

3.1.6 确定性信号的傅里叶谱分析

对确定性信号进行傅里叶谱分析,实质是对信号进行时域到频域的转换。确定性信号的谱分析,只需对其中的任意一个样本施行 FFT 即可,不必进行平均运算。确定性信号 x_n 的傅里叶谱 X_m 是个复数,因此它包含实频、虚频或幅频、相频等信息。工程中为了方便起见,常采用以下几种表示方法。

(1) 实频特性及虚频特性表示

将 X_m 写成 $X_m = X_{mR} + jX_{mI}$ 的形式。其中,X_{mR} 为 X_m 的实部,称为实频图,X_{mI} 为 X_m 的虚部,称为虚频图。

(2) 幅频特性及相频特性表示

将 X_m 写成 $X_m = A_m e^{j\phi_m}$ 的形式。其中,$A_m = \sqrt{X_{mR}^2 + X_{mI}^2}$ 为 X_m 的幅值,称为幅频图,$\phi_m = \arctan \frac{X_{mI}}{X_{mR}}$ 为 X_m 的相位,称为相频图。

(3) 幅频、相频特性或奈奎斯特图表示

将 X_m 视为极坐标中的一矢量,用此矢量端点随频率而变化的轨迹来表示 X_m 的办法,称为 X_m 的幅频、相频特性或奈奎斯特图表示法。显然,端点轨迹上任意一点均综合反映了 X_m 的实频、虚频及幅频、相频信息。

傅里叶谱的幅值信息,根据应用的场合不同,也有三种不同的表示方法。

1) 幅值谱 A_m。它是 X_m 的模,即 $A_m = |X_m|$。幅值谱客观地反映了信号 X_m 中各频率分量的实际贡献大小,并同等地看待它们对信号的重要性,因而是一种等权(权重均为1)谱。

2) 均方谱 S_m。它是用 X_m 的幅值平方表示的幅值信息,即 $S_m = A_m^2 = |X_m|^2$。它对贡献大的频率分量加大权,贡献小的频率分量加小权,突出主要矛盾。显然,这是一种变权重谱,且权重取决于每个频率分量的幅值。

3) 对数谱 L_m。X_m 的对数谱定义为 $L_m = \log A_m = \log |X_m|$。它对贡献小的频率分量加大权,而对贡献大的频率分量加小权,突出次要矛盾。显然,这也是一种变权重谱。

3.1.7 功率谱密度函数

功率谱密度函数反映了信号的功率在频域随频率 ω 的分布。如同时域中的相关函数分为自相关函数和互相关函数一样,功率谱密度函数也分为自功率谱密度函数和互功率谱密度函数。

自功率谱密度函数是信号 $x(t)$ 的自相关函数 $R_x(\tau)$ 的傅里叶变换。其定义为

$$S_x(\omega) = \int_{-\infty}^{\infty} R_x(\tau) e^{-j\omega\tau} d\tau \tag{3.1.34}$$

由自相关函数性质可知,对于均值为零的随机信号,当 $|\tau| \to \infty$ 时自相关函数 $R_x(\tau)$ 趋于零。所以,$R_x(\tau)$ 满足绝对可积条件。自功率谱密度函数 $S_x(\omega)$ 是实偶函数。

同样,据傅里叶理论 $S_x(\omega)$ 的逆变换为 $R_x(\tau)$。

$$R_x(\tau) = \frac{1}{2\pi} \int_{-\infty}^{\infty} S_x(\omega) e^{j\omega\tau} d\omega \tag{3.1.35}$$

当 $\tau = 0$ 时可看出,函数 $S_x(\omega)$ 的物理意义为信号能量的度量。函数 $S_x(\omega)$ 沿频率轴的

积分等于信号的均方值,因此 $S_x(\omega)$ 又称为均方谱密度函数。

$$R_x(0) = \psi_x^2 = \frac{1}{2\pi}\int_{-\infty}^{\infty} S_x(\omega)\mathrm{d}\omega \qquad (3.1.36)$$

由于 ω 可取正值,也可取负值,所以 $S_x(\omega)$ 又称为双边功率谱。实际中常用的单边功率谱的定义为

$$\begin{cases} G_x(\omega) = 2S_x(\omega) & \omega \geqslant 0 \\ G_x(\omega) = 0 & \omega < 0 \end{cases} \qquad (3.1.37)$$

与自功率谱密度函数 $S_x(\omega)$ 相似,两组随机信号 $x(t)$ 和 $y(t)$ 的互谱密度函数定义为互相关函数 $R_{xy}(\tau)$ 的傅里叶变换

$$S_{xy}(\omega) = \int_{-\infty}^{\infty} R_{xy}(\tau)\mathrm{e}^{-\mathrm{j}\omega\tau}\mathrm{d}\tau \qquad (3.1.38)$$

相应的逆变换为

$$R_{xy}(\tau) = \frac{1}{2\pi}\int_{-\infty}^{\infty} S_{xy}(\omega)\mathrm{e}^{\mathrm{j}\omega\tau}\mathrm{d}\omega \qquad (3.1.39)$$

同样,单边互谱密度函数可定义为

$$\begin{cases} G_{xy}(\omega) = 2S_{xy}(\omega) & \omega \geqslant 0 \\ G_{xy}(\omega) = 0 & \omega < 0 \end{cases} \qquad (3.1.40)$$

由于互谱密度函数是复函数,所以单边互谱密度函数 $G_{xy}(\omega)$ 又可写成

$$G_{xy}(\omega) = |G_{xy}(\omega)|\mathrm{e}^{\mathrm{j}\theta_{xy}(\omega)} = C_{xy}(\omega) + \mathrm{j}Q_{xy}(\omega) \qquad (3.1.41)$$

其中,$C_{xy}(\omega)$ 称为共谱密度,$Q_{xy}(\omega)$ 称为重谱密度。

自功率谱密度函数和互功率谱密度函数往往简称为自功率谱和互功率谱。

3.1.8 频谱分析的工程应用

频谱分析有很多重要的应用,以下分别介绍自功率谱和互功率谱的工程应用。

自功率谱密度函数的应用包括:

1) 动态信号的频率组成和频率结构分析。例如内燃机车谐振频率的测定,桥梁和各种结构自振频率、振型测定和分析等。

2) 故障的判断和分析。如对铁路桥梁墩台的某些危害如基础冲刷的分析判断,以及大型设备、飞机、火箭、汽轮机、火车、汽车发动机和变速箱等进行故障诊断。

3) 材料寿命试验。可反映出各频率的振动能量与振幅,为确定载荷谱提供信息。这对研究材料的强度、疲劳、寿命、环境模拟、现场再现具有重要意义。

4) 医学上可测量的脑电波、心电图等进行自谱分析,用以研究病症和病理。

5) 在军事上的应用例如侦察并判明潜水艇的型号。

6) 自谱分析还可识别和判断周期信号和随机信号。

互功率谱密度函数的应用包括:

1) 通过互谱密度函数、自功率谱密度函数之间的关系,可以测量出系统的频率特性(或传递函数)。

2) 滞后时间测量。互功率谱密度函数的相位 $\theta_{xy}(\omega)$ 给出了系统输入和输出信号在频率 ω 处的相位差。因此,互功率谱密度函数可用来确定各频率成分的相位关系和时间滞后 $\tau = \dfrac{\theta_{xy}(\omega)}{\omega}$。

3) 测量滤波器的特性,预测最佳线性。通过输入信号与输出信号之间的自功率谱密度函数和互功率谱密度函数,可确定滤波器的性能。

下面是两个频谱分析的应用实例[11]。

例 3.1.1 应用功率谱监视齿轮运转情况。图 3.1.6a 为齿轮空载时振动信号的自功率谱,图中包括了由于旋转引起的 40 Hz、80 Hz 和 120 Hz 三个主要频率。图 3.1.6b 是负载为 5.7 kg·m 时的振动信号的自功率谱,图中增加了因齿轮啮合引起的 250 Hz、280 Hz 等几个谱峰。图 3.1.6c 是负载为 17.1 kg·m 时振动信号的自功率谱,图上齿轮啮合引起的频率 250 Hz 和 280 Hz 的谱峰增大了。因此,通过自功率谱的变化,可以看出机械状态的变化。

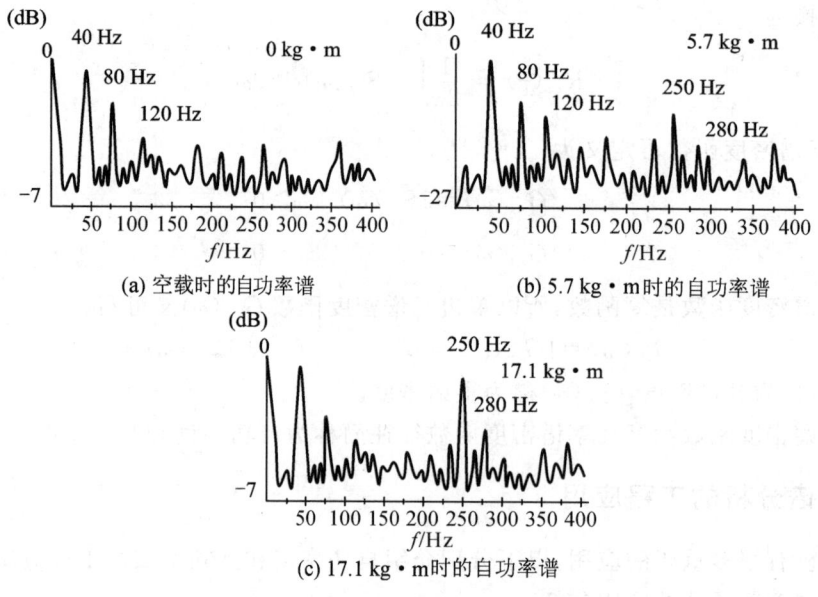

图 3.1.6 齿轮箱的振动信号的自功率谱

例 3.1.2 通过对汽车的脉冲试验,检验汽车的可操纵性和稳定性。试验以方向盘转角作为输入信号,以汽车车身旋转角速度作为系统的输出信号。试验时汽车以一定车速直线行驶,猛转方向盘又立即回到原位,相当于给系统加了一个脉冲输入。每隔一定时间连续重复这种脉冲方向盘转角输入的动作。测量对应的输入和输出信号,然后通过信号处理计算出幅频和相频特性。

图 3.1.7 是对一辆吉普车的转向脉冲试验的结果。试验时车速为 80 km/h,信号取样长度为 10 ms,共取 3 段信号进行计算。从图 3.1.7 上看出,幅频特性曲线在整个频率区间比较平缓,说明幅频特性较好。如果曲线上有很高的尖峰,则说明汽车在这些频率点上过于敏感,不好驾驶。同时,若相频特性上的输入信号和输出信号的相位差较大,则汽车反应迟钝,不好驾驶。因此,转向脉冲试验的分析结果可以反映汽车的操纵性、稳定性等动力特性。

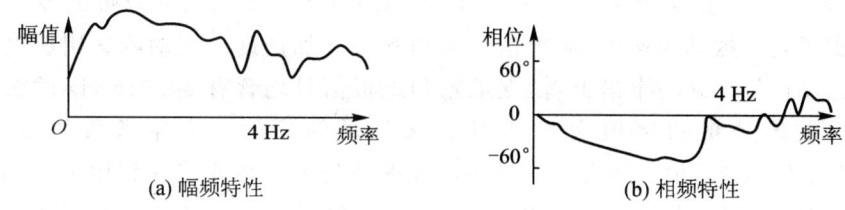

(a) 幅频特性　　　　　　　　　(b) 相频特性

图 3.1.7　汽车脉冲试验分析

3.2　相干分析

3.2.1　相干函数的概念

相干函数分析建立在平稳机械信号的自功率谱密度函数 $S_x(\omega)$、$S_y(\omega)$ 和互功率谱密度函数 $S_{xy}(\omega)$ 之上。相干函数的定义如下

$$\gamma_{xy}^2(\omega) = \frac{|S_{xy}(\omega)|^2}{S_x(\omega)S_y(\omega)} \quad 0 \leqslant \gamma_{xy}^2(\omega) \leqslant 1 \tag{3.2.1}$$

相干函数又称凝聚函数。相干函数不同于时域中的相关函数,是频率的函数。它在频域内描述信号 $x(t)$ 和 $y(t)$ 的相关性。$\gamma_{xy}^2(\omega)$ 具有明确的物理意义,它反映了信号 $y(t)$ 中频率 ω 的分量在多大程度上来源于信号 $x(t)$。当 $\gamma_{xy}^2(\omega)=1$,说明信号 $y(t)$ 频率为 ω 的分量完全来源于信号 $x(t)$,称为完全相干。此时计算出的 $S_{xy}(\omega)$ 及 $y(t)$ 与 $x(t)$ 之间的传递函数 $H(\omega)$ 完全可信。当 $\gamma_{xy}^2(\omega)=0$,说明信号 $y(t)$ 和 $x(t)$ 关于频率为 ω 的分量完全不相干,是统计独立的。此时计算的 $S_{xy}(\omega)$ 和 $H(\omega)$ 毫无意义。因此在系统辨识中,需要同时计算相干函数。

一般情况下相干函数 $\gamma_{xy}^2(\omega)$ 的取值在 0~1 之间,其原因有以下四种:① 测量中存在外部噪声。② 谱估计中存在分辨率偏差。③ 系统是非线性的。④ 除了输入信号 $x(t)$ 之外还有其他输入。对线性系统可理解为在各频率处信号 $y(t)$ 有一部分来源于信号 $x(t)$,而其余则来源于其他信号源或外界噪声的干扰。另外需要注意的是,如果输入的平稳随机信号其均值不等于零,在求 $\gamma_{xy}^2(\omega)$ 时还需要进行零均值化处理。

3.2.2　相干函数的工程应用

相干函数 $\gamma_{xy}^2(\omega)$ 可以确定输出信号 $y(t)$ 中频率 ω 的分量有多大程度来自输入信号 $x(t)$,其应用可归纳为以下两个方面。

1) 判断系统输出与某特定输入的相关程度。利用相干函数可发现系统是否还有其他输入干扰及系统的线性程度。真正的线性系统,在无外界干扰的情况下,其输出对某特定输入的相干函数应等于 1。

2) 谱估计和系统动态特性的测量精度估计。在计算传递函数的幅频特性及相频特性时,辅以相干函数分析,可以分析出机械系统和基础振动的传递特性,为结构动力学分析提供依据。

下面是一个相干分析用于履带车行驶中振动试验分析的例子[11]。振动试验时,履带车的工况为:车速 18 km/h,采样间隔 1 ms,每段数据取样点为 1 024,共取数据段数 40。输入信号为第三支承轮上振动加速度,输出信号为地板振动加速度。振动测试用压电式加速度传感器获取振动信号。从功率谱上看,支承轮和地板信号均含有 40.016 Hz 的振动频率分量,且支承轮上该分量的幅值大于地板上该分量的幅值。传递函数的幅频特性在 40.016 Hz 处也有一个峰值。因此很容易误认为振动是由支承轮传递到地板上的。通过相干分析可看出在 40.016 Hz 的相干系数只有 0.467,因此地板上该分量的振动不是由支承轮传递来的。经过发动机振动分析,40.016 Hz 的振动是发动机产生的振动。

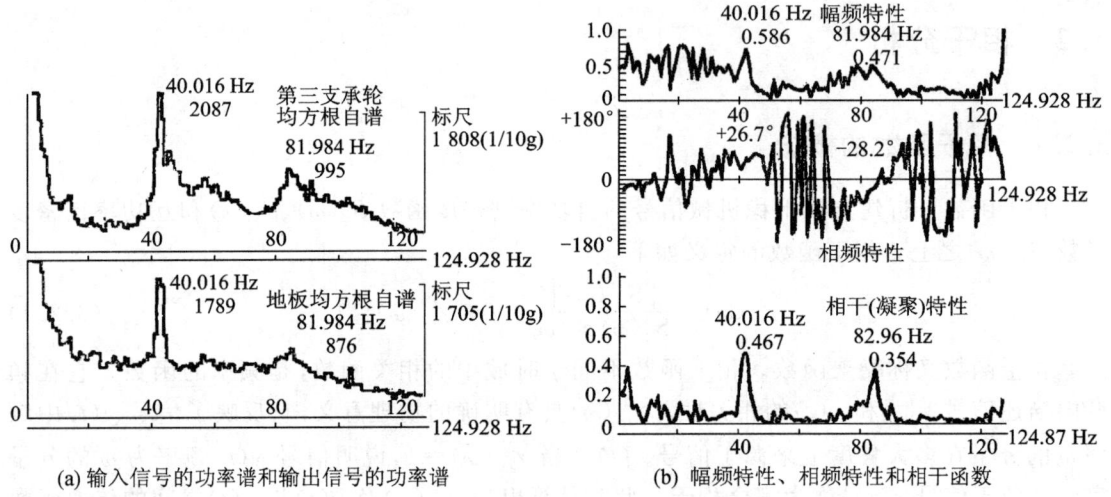

(a) 输入信号的功率谱和输出信号的功率谱　　(b) 幅频特性、相频特性和相干函数

图 3.2.1　履带车行驶中振动试验

3.3　频谱细化分析

3.3.1　频谱细化的概念

频谱细化分析是在频谱分析中用来增加频谱中某些部分的频率分辨率的方法。标准 FFT 分析结果的频率分布在 0 到奈奎斯特截止频率 ω_c 之间,频率分辨率由谱线数(一般是原始采样点数的一半)决定。而应用中经常需要提高频率范围内某一部分谱线的分辨率,这就需要通过细化的方法来实现。

要提高频谱的频率分辨率,使频谱的分辨率增加 K 倍,只要将信号的采样点数 N 增加到 KN 就可以实现。这样使频谱范围内所有的频率分辨率都增加了 K 倍,相应的代价是运算次数的增加。这对于较大的 K 和 N 显然是不经济、不可取的。所谓细化变换,即只对选定的某频带进行细化,像照相机将照片的局部放大一样。图 3.3.1 是频谱细化的示意图。

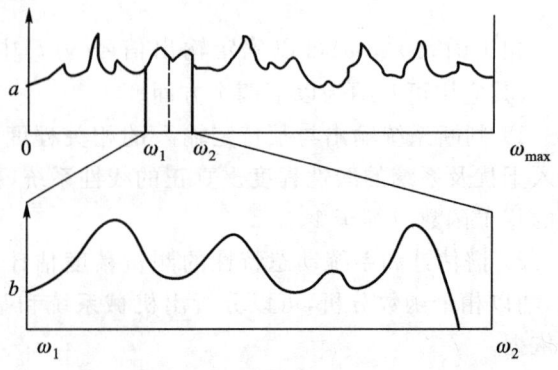

图 3.3.1　频谱细化示意图

3.3.2 复调制细化分析的原理

复调制细化分析的原理框图和频率扩展如图 3.3.2 和图 3.3.3 所示。首先选用采样频率 $\omega_s=2\pi/\Delta t$ 进行采样,得到 N 点离散序列 $\{x_n\}$。假设需细化的频带是中心频率为 ω_k 的一个窄带 $\omega_2-\omega_1$,这里 ω_1 和 ω_2 分别是以 ω_k 为中心频率的窄带的左、右端点频率。用一个复正弦序列 $e^{-j\omega_k n\Delta t}$ 乘以 $\{x_n\}$ 进行复调制,得 N 点新的离散复序列 $\{y_n\}$。根据傅里叶变换的频移性质,复调制将频率原点移到了频率 ω_k 处,即 ω_k 成为新的频率坐标原点,如图 3.3.3a 所示。相应的正、负采样频率 $\pm\omega_s$ 也同样移动了一个量 ω_k。设 ω_c 为原来信号抗混滤波的截止频率,由于新序列 $\{y_n\}$ 的频率上限 $(\omega_c+\omega_k)$ 可能高于原序列 $\{x_n\}$ 的奈奎斯特频率 $\omega_s/2$,由此产生频率混淆。因此,需进一步进行低通滤波,把围绕 ω_k 的一个窄带 $\omega_2-\omega_1$ 以外的所有频率分量都滤掉,消除可能出现的混叠频率成分。图 3.3.3b 表示了低通滤波后得到的序列 $\{g_n\}$ 所保留下来的频带。若滤波后的总带宽 $\omega_2-\omega_1$ 是原采样频率 ω_s 的 $1/D$ 倍,则就有可能把新序列 $\{g_n\}$ 的采样频率降低到 $1/D$,而不会在新的奈奎斯特频率附近产生混叠。

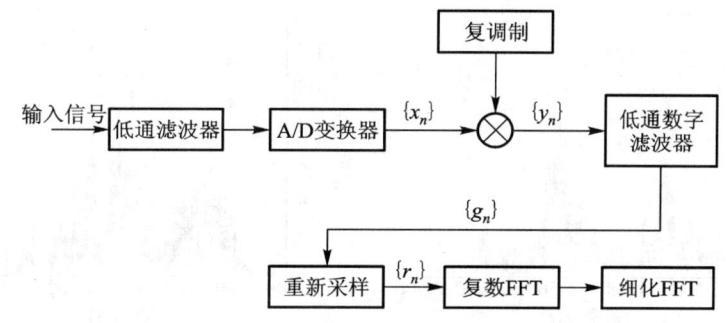

图 3.3.2 复调制细化分析过程

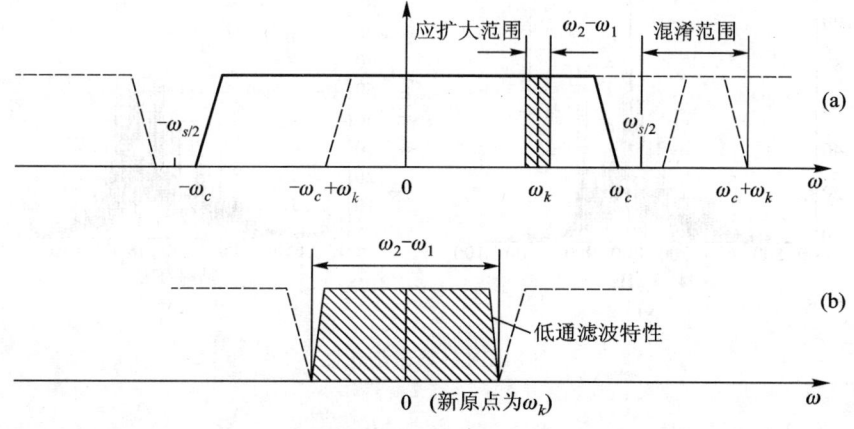

图 3.3.3 复调制细化分析的频率扩展示意图

实际进行细化分析时,首先必须保证原始信号采样时有足够的长度。如果要对原始信号进行 D 倍的细化分析,就得保证原始信号的采样长度为 DN。这样对滤波后的复序列以采样频率 $\omega_s'=\omega_s/D$ 进行重抽样,即每隔 D 个点抽取一个数据,得到新的长度为 N 的复序列。这时新采样序列的时间跨度增长 D 倍,频率分辨率也将提高 D 倍。对重抽样后的复序

列 $\{r_n\}$ 进行复数 FFT 变换，即可得到细化后中心频率为 ω_k、带宽为 $\omega_2-\omega_1$ 的细化谱。

由于 $\{r_n\}$ 是复序列，变换后的全部数据都是有用的信息，且以新零频率点（即调制频率 ω_k）为基准。频谱不存在对称性，频谱上的负频率和正频率成分实质上分别是原始频率低于和高于 ω_k 的分量，应将它移到原来的正确位置。

3.3.3 复调制细化分析的应用

复调制细化分析在工程中的应用具有重要作用，尤其是在频谱分析中频率分量密集，或具有丰富的边频带分量的场合。作为复调制细化分析的应用例子，下面以卫星天线传动机构的振动分析为例进行说明。信号采样频率为 4 096 Hz，图 3.3.4a 为原始信号的频谱。为了详细了解 750 Hz 左右的频谱结构，采用复调制细化分析对原始频谱上该频段进行了细化，细化中心频率选为 750 Hz。图 3.3.4b 为细化 2 倍后的频谱图。图 3.3.4c 为细化 4 倍后的频谱图。图 3.3.4d 为细化 8 倍后的频谱图。细化谱图逐步地展现了频谱的细微结构。

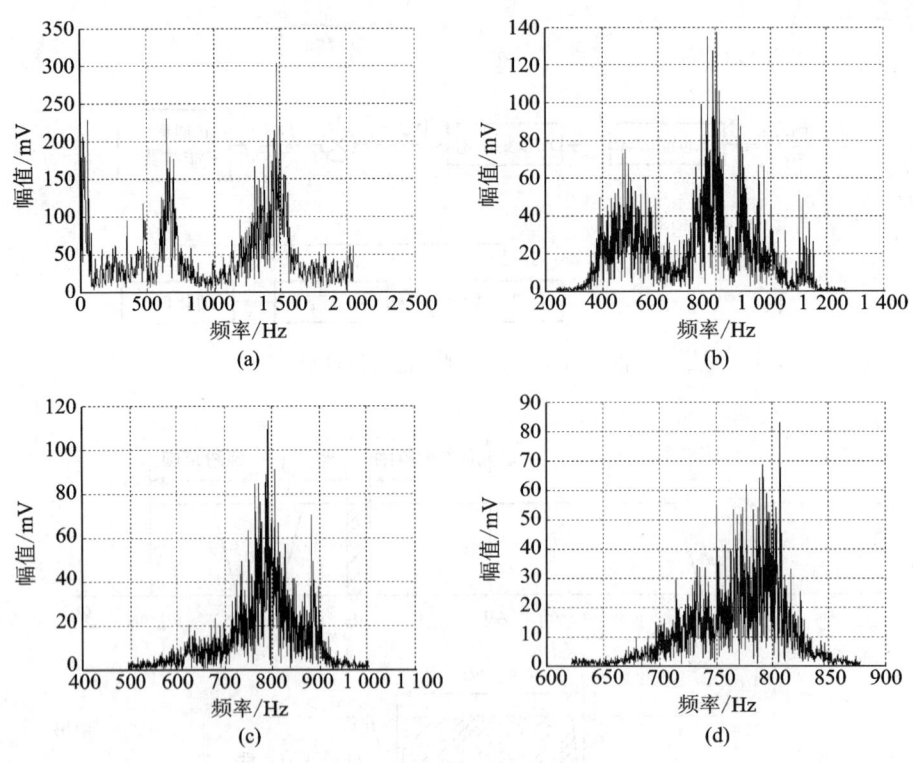

图 3.3.4 频谱细化图

3.4 倒频谱分析

倒频谱分析也称为二次频谱分析，是近代信号处理科学中的一项新技术，也是检测复杂谱图中周期分量的有用工具。在语音分析中语音音调的测定、机械振动中故障监测和诊断以及排除回波（反射波）等方面均得到广泛的应用。

3.4.1 倒频谱的数学描述[12]

设时域信号 $x(t)$ 的傅里叶变换为 $X(f)$,功率谱密度函数为 $S_x(f)$。所谓倒频谱,就是对功率谱 $S_x(f)$ 的对数值进行傅里叶逆变换。倒频谱函数 $C_p(q)$(power cepstrum)的数学表达式为

$$C_p(q) = F^{-1}\{\log S_x(f)\} \tag{3.4.1}$$

倒频谱中自变量 q 称为倒频率,它具有与自相关函数 $R_x(\tau)$ 中的自变量 τ 相同的时间量纲。q 值大者称为高倒频率,表示谱图上的低速波动。q 值小者称为低倒频率,表示谱图上的快速波动。

有的书中将倒频谱定义为功率谱密度函数取对数后的傅里叶变换,即 $C_p(q) = F\{\log S_x(f)\}$。实际上这两种定义方法的实质是一样的。因为,$S_x(f)$ 是实偶函数,$\log S_x(f)$ 也是实偶函数。其正、逆傅里叶变换相等,并且也是一个实偶函数。

倒频谱是频域函数的傅里叶再变换,与相关函数只差对数加权。对功率谱函数取对数的目的,是使变换后的信号能量更加集中,同时还可解卷积成分,易于对原信号的识别。

3.4.2 倒频谱与解卷积[12]

工程上实测的波动、噪声信号往往不是振源信号本身,而是振源或声源信号 $x(t)$ 经过传递系统 $h(t)$ 到测点的输出信号 $y(t)$。对于线性系统,$x(t)$、$h(t)$、$y(t)$ 三者的关系可用卷积公式表示

$$y(t) = x(t) * h(t) = \int_0^\infty x(\tau)h(t-\tau)\mathrm{d}\tau \tag{3.4.2}$$

在时域上信号经过卷积后一般是一个比较复杂的波形,难以区分源信号与系统的响应。为此,需要对式(3.4.2)继续作傅里叶变换,在频域上进行分析。

$$S_y(f) = S_x(f)S_h(f) \tag{3.4.3}$$

对式(3.4.3)两边取对数

$$\log S_y(f) = \log S_x(f) + \log S_h(f) \tag{3.4.4}$$

式(3.4.4)中 $\log S_y(f)$ 是 $\log S_x(f)$ 与 $\log S_h(f)$ 的线性和,如图 3.4.1a 所示。

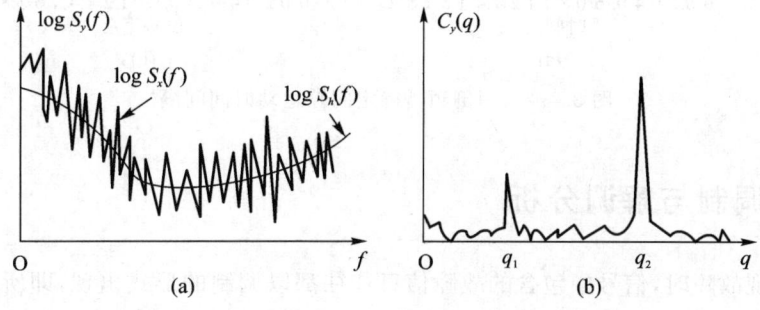

图 3.4.1 倒频谱分析

对式(3.4.4)再进一步作傅里叶逆变换,可得倒频谱
$$F^{-1}\{\log S_y(f)\}=F^{-1}\{\log S_x(f)\}+F^{-1}\{\log S_h(f)\}$$
或 $$C_y(q)=C_x(q)+C_h(q)$$
(3.4.5)

式(3.4.5)在倒频域上由两部分组成,即低倒频率 q_1 和高倒频率 q_2。前者表示源信号 $x(t)$ 的谱特征,而后者表示系统特性 $h(t)$ 的谱特征,它们各自在倒频谱图上占有不同的倒频率位置,如图 3.4.1b 所示。因而,倒频谱可以提供清晰的分析结果。

3.4.3 倒频谱的应用

通过上述分析可知,倒频谱分析具有广泛的工程应用。下面从两个方面说明:

(1) 机械故障诊断

机械中齿轮、滚动轴承等出现故障时,信号的频谱上会出现难以识别的多簇调制边带。采用倒频谱分析可分解和识别故障频率、故障的原因和部位,可参见本书第 5.1.5 节的工程实例分析。

(2) 语音和回声分析及解卷积

振源或声源信号往往受到传递系统(或途径)影响,采用倒频谱分析技术可以分离和提取源信号与传递系统影响,有利于对问题本质的研究。

以某卫星地面振动测试为例,说明如何利用倒频谱确定间隙运动的时间间隔。卫星转动机构间歇转动时产生的振动,由安装在外壳上的加速度传感器测量。图 3.4.2a 是加速度信号的时域波形,从图上可看出两次周期性冲击的时间间隔大约是 1 s。如果直接在时域波形图上确定比较困难,可以看如图 3.4.2b 所示该信号的倒频谱,相应地在倒频率为 1 s 的地方有一峰值。其实图 3.4.2a 中信号的功率谱上有频率等于脉冲时间间隔倒数的周期性分量,可以将这些周期性分量利用倒频谱化简为倒频率 1 s 处的谱峰,精确地给出了原信号中冲击响应的时间间隔为 1 s。

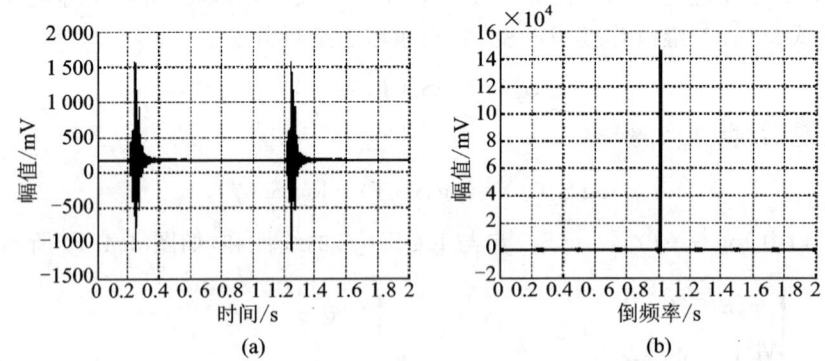

图 3.4.2 用倒频谱确定间隙运动时间间隔

3.5 信号调制与解调分析

当机械出现故障时,信号中包含的故障信息往往都以调制的形式出现,即所测到的信号常常是被故障源调制了的信号。例如机械系统受到外界周期性冲击时的衰减振荡响应信号就是典型的幅值调制信号。调制一般包括幅值调制和相位调制。要获取故障信息就需要提取调制

信号。提取调制信号的过程就是信号的解调。信号解调方法很多,例如绝对值解调法、线性算子解调法、平方解调法、能量解调法、Hilbert 解调法。本节仅对常用的 Hilbert 解调作一介绍。

3.5.1 实信号的复数表示[3]

将一个实信号表示成一个复信号,不仅会在理论分析方面带来方便,而且可以由此研究信号的包络、瞬时相位和瞬时频率。对简单的余弦信号 $\cos(2\pi f_0 t)$(其中 $2\pi f_0 > 0$),可用复数形式表示为

$$\cos(2\pi f_0 t) = (e^{i2\pi f_0 t} + e^{-i2\pi f_0 t})/2$$

上式右边两个指数的虚部相互抵消,实部表示了原来的实信号。显然有,$\cos(2\pi f_0 t) = \text{Re}\{e^{i2\pi f_0 t}\} = \text{Re}\{e^{-i2\pi f_0 t}\}$。因此,称 $e^{i\omega_0 t}$ 为 $\cos(2\pi f_0 t)$ 的复信号。

为了将连续实信号 $x(t)$ 表示成仅含正频率成分的复信号的实部,设 $X(f)$ 是 $x(t)$ 的频谱

$$\begin{aligned}
x(t) &= \int_{-\infty}^{\infty} X(f) e^{i2\pi ft} df \\
&= \int_{0}^{\infty} X(f) e^{i2\pi ft} df + \int_{-\infty}^{0} X(f) e^{i2\pi ft} df \\
&= \int_{0}^{\infty} X(f) e^{i2\pi ft} df + \int_{0}^{\infty} X(-f) e^{-i2\pi ft} df
\end{aligned} \quad (3.5.1)$$

因为 $X(-f) = X^*(f)$,所以有

$$\int_{0}^{\infty} X(-f) e^{-i2\pi ft} df = \int_{0}^{\infty} X(f) e^{i2\pi ft} df$$

因此,$x(t)$ 可表示为

$$x(t) = \text{Re}\left\{\int_{0}^{\infty} 2X(f) e^{i2\pi ft} df\right\} = \text{Re}\{q(t)\} \quad (3.5.2)$$

其中,$q(t) = \int_{0}^{\infty} 2X(f) e^{i2\pi ft} df$。显然,$q(t)$ 就是 $x(t)$ 的复信号。

3.5.2 Hilbert 变换[3]

设 $q(t)$ 的频谱为 $Q(f)$,由式(3.5.2)知

$$Q(f) = \begin{cases} 2X(f) & \text{当 } f \geq 0 \text{ 时} \\ 0 & \text{当 } f < 0 \text{ 时} \end{cases} \quad (3.5.3)$$

因此,复信号 $q(t)$ 的频谱 $Q(f)$ 在 $f < 0$ 时为 0。

假设 $Q(f)$ 是由 $X(f)$ 滤波得到的,则相应的滤波器的频谱 $H_1(f)$ 为

$$H_1(f) = \begin{cases} 2 & \text{当 } f \geq 0 \text{ 时} \\ 0 & \text{当 } f < 0 \text{ 时} \end{cases} \quad (3.5.4)$$

显然,$Q(f) = H_1(f) X(f)$。相应地,滤波器 $H_1(f)$ 对应的时间函数是

$$h_1(t) = \delta(t) + i\frac{1}{\pi t} \quad (3.5.5)$$

因此,任何一个实信号 $x(t)$ 的复信号(解析信号)$q(t)$ 可由滤波得到

$$q(t) = h_1(t) * x(t) = x(t) + i\frac{1}{\pi t} * x(t) = x(t) + ix'(t) \quad (3.5.6)$$

其中,$x'(t) = \frac{1}{\pi t} * x(t) = \frac{1}{\pi} \int_{-\infty}^{\infty} \frac{x(\tau)}{t - \tau} d\tau$,称为 $x(t)$ 的 Hilbert 变换。Hilbert 反变换公式为

$$x(t) = -\frac{1}{\pi t} * x'(t) = -\frac{1}{\pi} \int_{-\infty}^{\infty} \frac{x'(\tau)}{t-\tau} d\tau.$$

由式(3.5.6)可以看出,对一个信号进行 Hilbert 变换,相当于对该信号进行了一次滤波处理。滤波单位脉冲响应 $h(t)$ 为

$$h(t) = \frac{1}{\pi t} \tag{3.5.7}$$

它的频谱为

$$H(f) = \begin{cases} -i & \text{当 } f \geqslant 0 \text{ 时} \\ i & \text{当 } f < 0 \text{ 时} \end{cases} \tag{3.5.8}$$

Hilbert 变换的频谱可表示为

$$H(f) = e^{i\Phi(f)} \tag{3.5.9}$$

其中,$\Phi(f) = \begin{cases} -\pi/2 & \text{当 } f \geqslant 0 \text{ 时} \\ \pi/2 & \text{当 } f < 0 \text{ 时} \end{cases}$。因此,Hilbert 变换又称为 90°移相滤波或称为垂直滤波。

3.5.3 Hilbert 解调原理[3]

设一窄带调制信号 $x(t) = a(t)\cos(2\pi f_0 t + \varphi(t))$,其中,$a(t)$ 是缓慢变化的调制信号。令 $\theta(t) = 2\pi f_0 t + \varphi(t)$,$\mu(t) = \frac{d\theta(t)}{dt} = 2\pi f_0 + \frac{d\varphi(t)}{dt}$ 是信号 $x(t)$ 的瞬时频率。设 $x(t)$ 的 Hilbert 变换为 $x'(t) = a(t)\sin(2\pi f_0 t + \varphi(t))$。则它的解析信号为

$$q(t) = x(t) + ix'(t) = a(t)[\cos(2\pi f_0 t + \varphi(t)) + i\sin(2\pi f_0 t + \varphi(t))] \tag{3.5.10}$$

解析信号的模或信号的包络为

$$|a(t)| = \sqrt{x^2(t) + x'^2(t)} \tag{3.5.11}$$

解析信号的相位为

$$\theta(t) = \arctan \frac{x'(t)}{x(t)} = 2\pi f_0 t + \varphi(t) \tag{3.5.12}$$

解析信号相位的导数或瞬时频率为

$$\mu(t) = \frac{d\theta(t)}{dt} = d\left[\arctan \frac{x'(t)}{x(t)}\right]/dt = 2\pi f_0 + \frac{d\varphi(t)}{dt} \tag{3.5.13}$$

3.5.4 信号解调分析的应用

图 3.5.1 是我国某型号卫星天线机构的振动测试分析结果。图 3.5.1a 是从机构外壳测到的历时 4 s 的振动加速度信号,从时域信号上很难发现机构的振源信息。图 3.5.1b 上方的图形是历时 0.25 s 的振动加速度信号,对该信号进行 Hilbert 包络解调得到包络曲线,如图 3.5.1b 中间的图形所示。图 3.5.1b 下方的图形是中间图形的反对称包络线。对包络曲线作谱分析就得到如图 3.5.1c 所示的调制信号频谱。从频谱图上可看出调制源为机构工作时频率为 72 Hz 的齿轮啮合振动。正是这种 72 Hz 的齿轮啮合振动导致了整个卫星的振动。

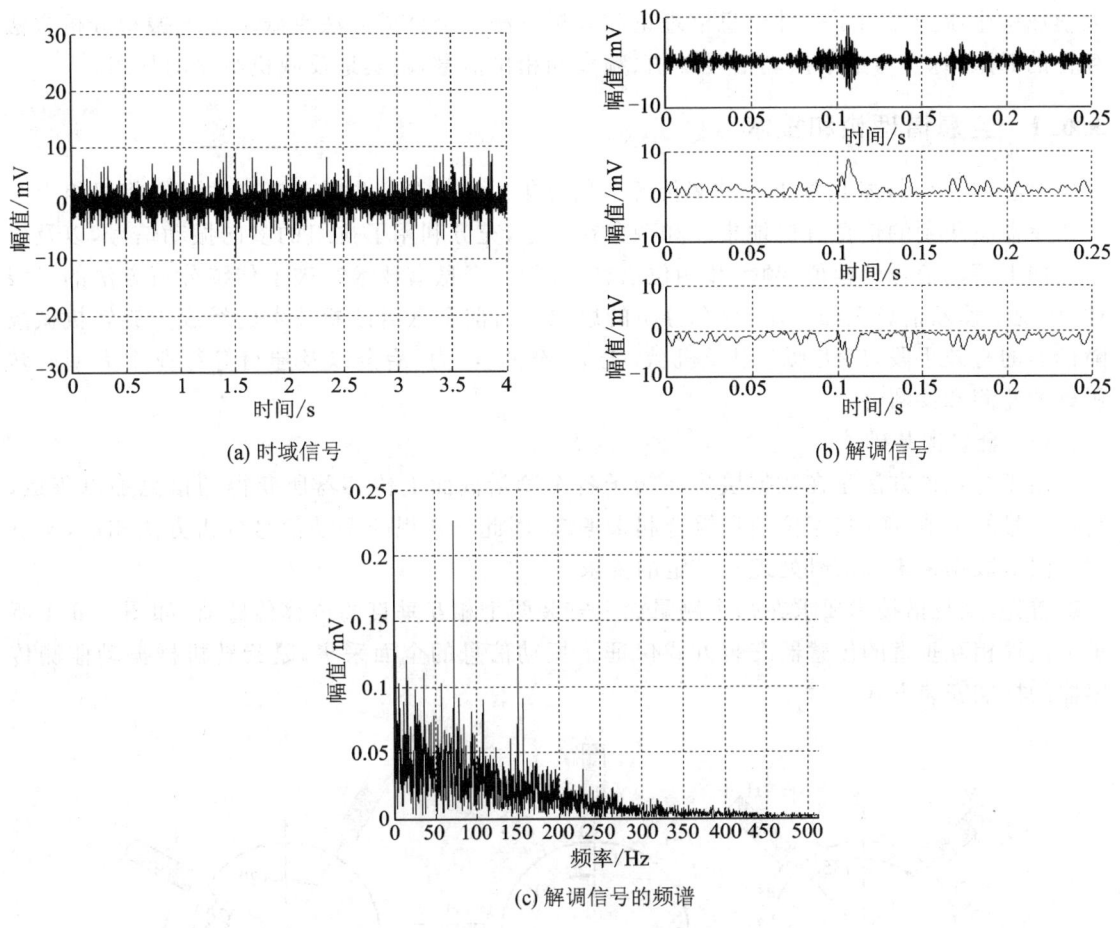

图 3.5.1 解调分析的应用

3.6 全息谱理论和方法

振动分析是了解旋转机械故障、寻找故障源最常用和最有效的手段。由位移传感器测得的转子振动位移信号,包含着丰富的机组转子状态信息。因此,对转子位移信号进行分析和处理,可以了解转子的运行状态,是旋转机械故障诊断的重要组成部分。

目前国内外常规的转子振动信号分析方法[12,13]有:波形分析、频谱分析、时频分析、倒频谱分析、时间序列分析等。这些方法对于旋转机械故障诊断有着重要的作用,但同时也存在着一些不足:首先,传统的谱分析方法将幅值和相位信息分离,相位信息完全被忽略。幅值、频率、相位是信号分析中的三个重要元素,如果抛弃了其中的任意一个,信号将不能被完整地恢复到时域中。其次,虽然大机组各个轴承截面安装了两个相互垂直的涡流传感器,可以得到两个相互垂直方向的振动信号。但传统的谱分析方法总是忽略两个方向上振动信号之间的联系,孤立地分析单方向上的振动信号。这样不但不能准确反映转子的振动全貌,甚至会发生严重的歪曲和误判[14]。

由于传统振动分析方法在机械状态监测和故障诊断中存在着局限性,因此有必要寻求一种新的振动分析方法,将回转机械转子的振动情况更准确、更直观地反映出来。西安交通大学屈梁生院士提出了一种全息谱理论和分析方法。全息谱方法克服了传统振动分析方法存在的局限,综合考虑了振动信号幅值、频率和相位信息,真实地反映机组振动状态。

3.6.1 全息谱理论和技术

全息谱[15,16]技术是基于一种多传感器信息集成和融合的先进诊断方法。它将机组上多个传感器收集到的信息有机地集成和融合在一起,充分利用了机组的多向振动信号,以及每一方向上振动信号的幅值、频率和相位信息。因此,全息谱技术突破了传统分析方法的局限性,体现了诊断信息全面利用、综合分析的思想。目前全息谱诊断技术已经成为旋转机械故障诊断的有效手段,广泛地应用于机械、化工、石油、电力、冶金以及建材等行业中大型旋转机械的监测和诊断[17]。

(1) 全息谱基础

由于全息谱方法是在数据层将在转子各个测量截面上传感器所获得的信息加以集成,它将信号的幅值、频率、相位信息综合起来考虑,因此与常规的振动信号分析方法相比,全息谱方法对数据采集和信号处理有一定的要求。

首先,全息谱技术要求在每个测量面上安装两个相互垂直的位移传感器,如图3.6.1所示。这种相互垂直的传感器安装方式保证了振动信息的全面采集,是旋转机械振动监测传感器的标准安装方式。

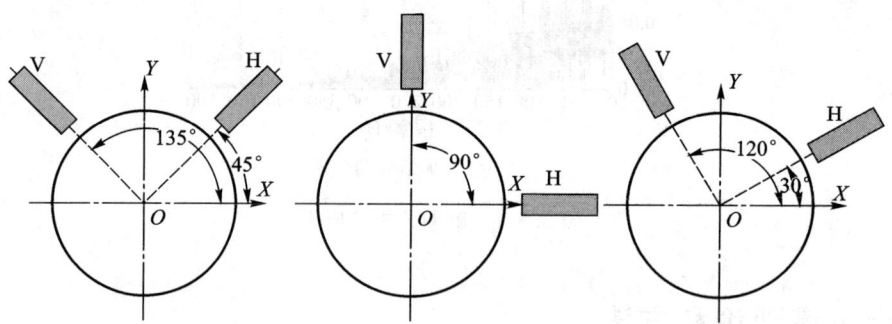

图 3.6.1 机组测振传感器安装方式

其次,全息谱要求参与集成融合的各个传感器的输出信号必须具有高度的一致性。这就要求传感器信号通道的特性曲线一致,同时各传感器信号还必须具有相同的起始时刻、采样频率和数据长度。为了让各路信号的起始时刻相同,且起始时刻为转子上键相槽与键相传感器正对的时刻,对于任意时刻触发采样得到的信号必须进行预处理。预处理借助键相信号,将各个测量面振动信号的起始时刻统一到键相传感器对准键相槽的时刻,同时剔除键相脉冲之前的数据点。预处理过程如图3.6.2所示。目前,使用更普遍的方法是让键相信号触发多通道信号采集,这样就保证了各个通道的同步采样,各通道信号的起始时刻就是键相信号的触发时刻。

最后,全息谱方法在集成融合过程中对参数的精确性有要求。常规的快速傅里叶变换,虽然计算量小,运算速度高,但频率分辨率受到限制,变换后直接得到的频域参数不精确。全息谱要求在进行频域转换后,能够精确确定谱线的频率、幅值和相位。这实质上也是构造全息谱的一项关键技术。频域参数的精确计算见本章3.1.5节。

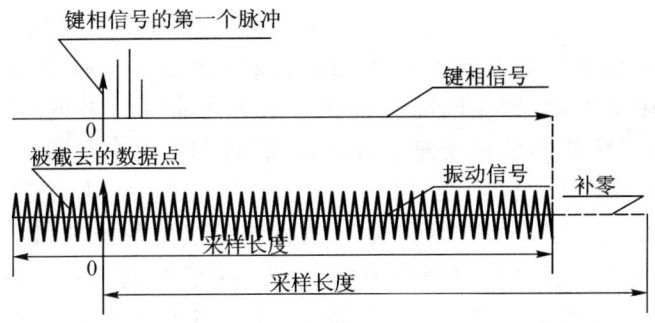

图 3.6.2 振动信号预处理示意图

(2) 二维全息谱

将转子测量截面上水平和垂直两方向的振动信号作傅里叶变换,从中提取各主要频率分量的频率、幅值和相位。然后按照各主要频率分量分别进行合成,并将合成结果按频率顺序排列在一张谱图上,就得到了二维全息谱[18]。

若转子截面两个方向(水平方向和垂直方向)振动信号中的第 i 主要频率分量的参数方程为

$$\begin{cases} x_i(t) = A_i\sin(2\pi f_i t + \alpha_i) \\ y_i(t) = B_i\sin(2\pi f_i t + \beta_i) \end{cases} \quad (3.6.1)$$

其中,i 代表不同的主要频率分量,$i=1,2,3,\cdots$。α_i 和 β_i 分别为第 i 主要频率分量的相位,A_i 和 B_i 为第 i 主要频率分量的幅值,f_i 为主要频率分量旋转频率。则第 i 主要频率分量的二维全息谱 $\Phi_i(t)$ 表示为

$$\Phi_i(t) = F(x_i(t), y_i(t)) \quad (3.6.2)$$

从式(3.6.1)和式(3.6.2)可以看出,二维全息谱包含了转子测量面处的频率、幅值和相位的全部信息。图 3.6.3 是二维全息谱的构造过程,图上最下方构造出的二维全息谱 $\Phi_i(t)$ 的 $\pm i\times$ 代表了二维全息谱 $\Phi_i(t)$ 的旋转方向,$\times$ 表示工频,$\pm$ 分别代表二维全息谱 $\Phi_i(t)$ 的旋转方向是逆时针方向(+)和顺时针方向(−)。图 3.6.4a 是转子的某测量截面上水平方向和垂直方向信号的频谱图,从图上只能看到相应频率分量下的幅值大小。而图 3.6.4b 是转子在该测量截面上的二维全息谱图,它由直线、圆和椭圆组成。从图中可以得到转子不同频率分量二维全息谱椭圆的旋转方向、大小、形状以及各频率分

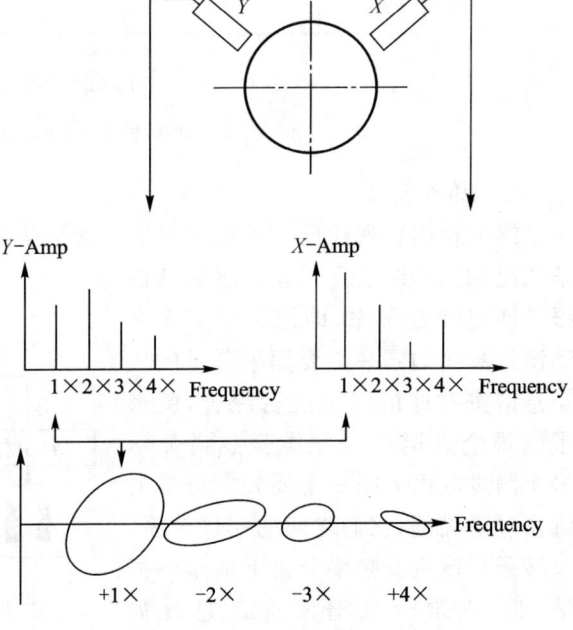

图 3.6.3 二维全息谱的构造过程

量之间的相互关系等信息。例如图上的工频全息谱椭圆较扁,说明转子支承刚度不对称或受力不均,支承刚度小的方向上产生振动大;反之如果工频的全息谱椭圆较大、较圆,则说明转子存在不平衡、轴瓦间隙大或转子永久弯曲等。工频的二倍频全息谱椭圆比较大、比较扁,且工频的四倍频全息谱椭圆很扁,说明转子存在对中不良、受力不均、基础变形等;反之如果工频的二倍频全息谱椭圆比较大、比较圆,则说明转子存在裂纹或其他故障。如果工频的某倍频全息谱椭圆是一条直线或很扁的椭圆,说明转子受到方向确定的该倍频的动态力作用。全息谱椭圆扁的程度与转子在垂直和水平方向的受力状况、机组的受热状况、支承刚度等因素有关。因此,二维全息谱更加全面地反映了转子的振动情况。

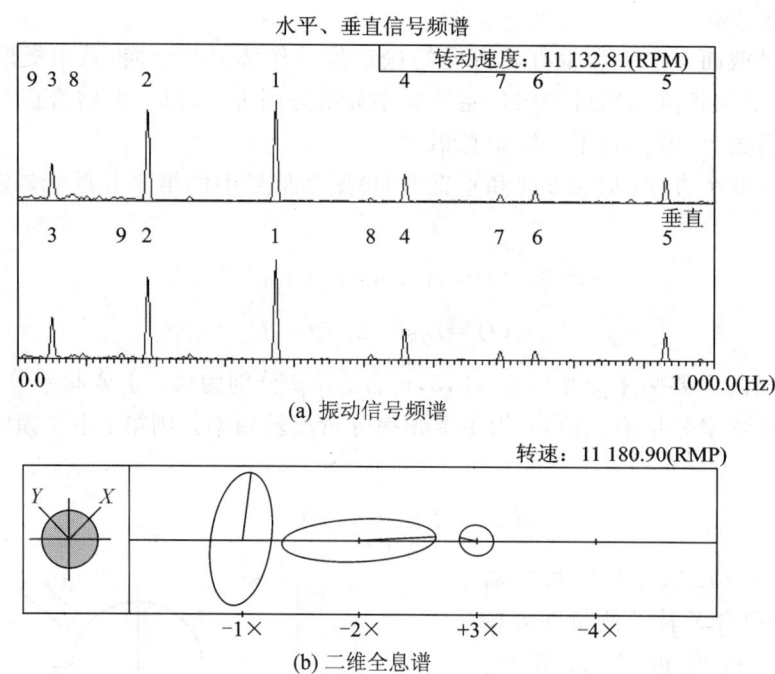

图 3.6.4 转子水平与垂直方向振动信号的频谱与二维全息谱

(3) 三维全息谱

二维全息谱直观地反映了转子在某一测量截面的振动情况。为了分析整个机组轴系的振动状况,必须将转子上多个测量截面的振动情况综合考虑,即把转子上多个振动测量截面的同一主要频率分量的二维全息谱按对应的时刻进行综合,就形成了三维全息谱[18]。三维全息谱显示了多个测量截面上同一主要频率分量的二维全息谱椭圆、它们之间的相位关系,以及转子在该主要频率分量下的整体振动情况。三维全息谱的构造过程如图 3.6.5 所示。

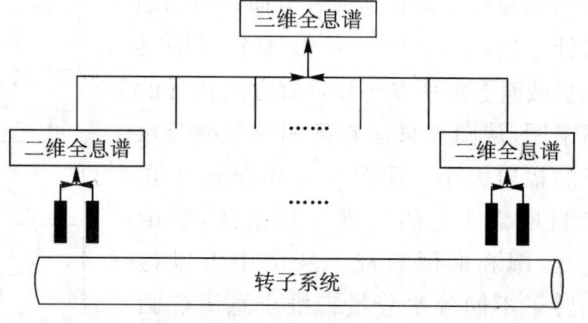

图 3.6.5 三维全息谱的构造过程示意图

参考二维全息谱的表达形式,三维全息谱可用转子在多个测量截面的二维全息谱椭圆参数方程表示为如下的形式:

$$\begin{cases} x_{ji}(t) = A_{ji}\sin(2\pi f_i t + \alpha_{ji}) \\ y_{ji}(t) = B_{ji}\sin(2\pi f_i t + \beta_{ji}) \end{cases} \tag{3.6.3}$$

其中,i 代表不同的主要频率分量,j 代表不同的测量截面,$i,j=1,2,3,\cdots$。α_{ji} 和 β_{ji} 分别为第 j 测量截面上第 i 主要频率分量的相位,A_{ji} 和 B_{ji} 为第 j 测量截面上第 i 主要频率分量的幅值,f_1 为整个轴系的旋转频率。

整个轴系(例如有 m 个测量截面)的第 i 主要频率分量的三维全息谱 $\Phi_i(t)$ 表示为

$$\Phi_{ji}(t) = F(x_{ji}(t), y_{ji}(t)) \quad j=1,2,3,\cdots,m \tag{3.6.4}$$

图 3.6.6 为一个转子轴系的四截面的工频三维全息谱。通常将二维全息椭圆上对应时刻点用直线连接,形成创成线。三维全息谱的形状不相同,反映轴系转子的振动状态也不同。例如通过三维全息谱的形状可以分析和判断转子的失衡大小和类型,以及失衡力分量和力偶分量的大小[19,20]。例如,如果三维全息谱的形状为一倒锥,这时两个二维全息谱上的相位差为 180°,转子存在力偶失衡。因此,三维全息谱综合了转子多个截面的频率、幅值和相位的全部信息,全面而准确地反映转子的振动状况。

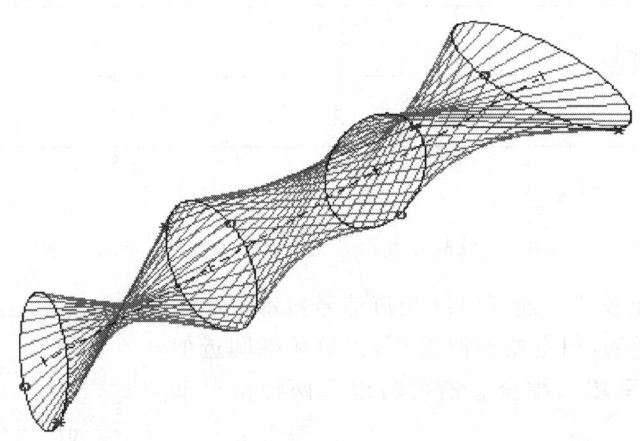

图 3.6.6 转子多截面三维全息谱

3.6.2 全息谱方法的应用

由于传统振动诊断方法的局限性,在旋转机械监测和诊断中往往很难用来确诊故障,甚至可能出现误判现象。全息谱方法由于将两个方向上信号的频率、幅值和相位进行了集成,全面反映了转子的振动,这就给故障的确诊提供了更全面、更有效的依据。下面是两个利用全息谱方法诊断的例子。

图 3.6.7a、b 分别是转子出现裂纹故障的频谱和转子振动信号受到 50 Hz 干扰的频谱。由于没有相位信息,以上两种情况的频谱非常相似,难以区分。图 3.6.8a、b 分别是以上两种情况对应的二维全息谱。在二维全息谱上转子裂纹故障和 50 Hz 信号干扰两种情况特征区别非常明显。转子出现横向裂纹时,水平和垂直信号的二倍频分量相位差近似

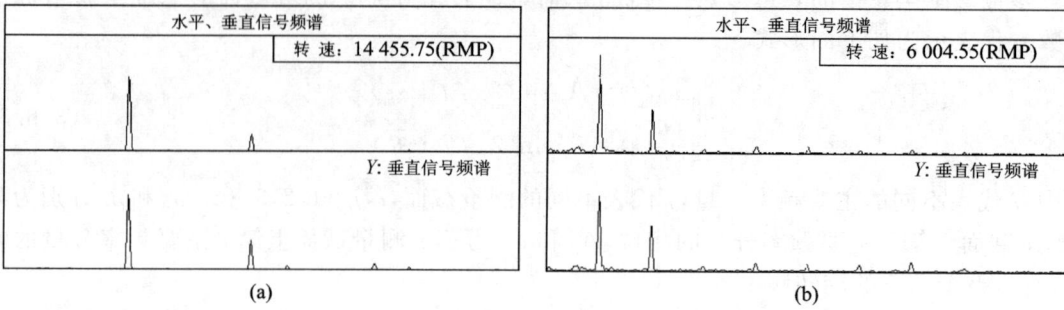

图 3.6.7 裂纹故障和信号受 50 Hz 干扰的频谱

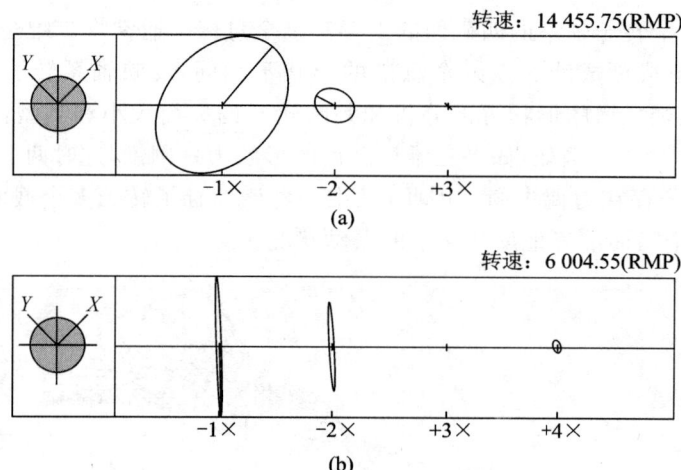

图 3.6.8 裂纹故障和信号受 50 Hz 干扰的二维全息谱

为 90°,二倍频椭圆比较圆。而 50 Hz 交流信号对水平和垂直信号的干扰是相同的,相位差近似为 0°,二倍频椭圆近似为一条直线。因此,采用二维全息谱可将以上两种情况彻底区分开来。

图 3.6.9 是一转子两截面工频的三维全息谱。图上两截面上全息谱椭圆大小相当,且均比较圆,所以可判断转子存在失衡。另外,两个椭圆的初相点基本一致,三维全息谱的创成线基本平行。这说明转子的运动轨迹基本上近似为桶形回转,因此可以断定转子失衡类型属于静力失衡。

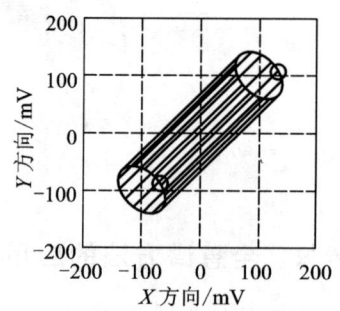

图 3.6.9 转子的两截面工频的三维全息谱

思 考 题

1. 什么是频谱?如何得到信号的频谱?
2. 傅里叶变换的 7 个主要性质是什么?
3. 周期信号和非周期信号的频谱有何不同?

4. 什么是相干函数？举例说明其在机械系统振动分析中的应用。
5. 什么是全息谱技术？如何构造转子系统的三维全息谱？

参 考 文 献

[1] 卢文祥,杜润生.机械工程测试・信息・信号分析[M].武汉:华中理工大学出版社,1988.
[2] 陆传赉.现代信号处理导论[M].北京:北京邮电大学出版社,2003.
[3] 程乾生.信号数字处理的数学原理[M].北京:石油工业出版社,1993.
[4] 布赖姆.快速傅里叶变换[M].上海:上海科学技术出版社,1984.
[5] 李方泽,刘馥清,王正.工程振动测试与分析[M].北京:高等教育出版社,1992.
[6] 谢明,丁康.频谱分析的校正方法[J].振动工程学报,1994.
[7] 黄迪山.FFT 相位误差分析及实用修正方法[J].振动工程学报,1994.
[8] 候朝焕,等.实用 FFT 信号处理技术[M].北京:海洋出版社,1990.
[9] 丁康,谢明,王志杰.离散频谱分析的一种新校正方法[J].重庆大学学报,1995.
[10] 陈明逵,凌永祥.计算方法教程[M].西安:西安交通大学出版社,1992.
[11] 黄世霖.工程信号处理[M].北京:人民交通出版社,1986.
[12] 屈梁生,何正嘉.机械故障诊断学[M].上海:上海科学技术出版社,1986.
[13] 刘雄,赵振毅.转子监测和诊断系统[M].西安:西安交通大学出版社,1991.
[14] 屈梁生.大型机组诊断信息的深层次处理问题[J].中国机械工程,1993,4(2):25-28.
[15] Qu L S,Chen Y D,Liu X. Discovering the holospectrum. J. Noise & Vibration Control Worldwide[J]. 1989,58-62.
[16] Qu L S,Chen Y D,Liu X. The holospectrum:a new method for rotor surveillance and diagnosis[J]. J. Mechanical System and Signal Processing. 1989,3(3):255-267.
[17] 李宵,裴树毅,屈梁生.全息谱技术用于化工设备故障诊断[J].化工进展,1997,(4):33-37.
[18] 屈梁生,陈岳东.计算机辅助监测与诊断技术[M].西安:西安交通大学出版社,1989.
[19] 邱海.动平衡中的信息原理[D].西安:西安交通大学,1999.
[20] 吴松涛.大机组现场动平衡原理与技术[D].西安:西安交通大学,2003.

第 4 章 信号的时频域分析

根据傅里叶级数原理,任何信号可表示为不同频率的平稳正弦波的线性叠加,经典的傅里叶分析能够完美地描绘平稳的正弦信号及其组合。然而,许多随机过程从本质上来讲是非平稳的,例如记录下来的语音或音乐的声压信号,振动中的冲击响应信号,机组启、停机信号等。当然,非平稳信号的谱密度也可以用傅里叶谱分析方法来计算,可是所得到的频率分量是对信号历程平均化的计算结果,并不能恰当地反映非平稳信号的特征[1]。为了克服傅里叶变换不能同时进行时、频分析的不足,对于非平稳、非正弦的机电设备动态信号的分析,必须寻找既能够反映时域特征又能够反映频域特征的新方法,才能提供信号特征全貌,正确有效地进行时、频分析。本章介绍短时傅里叶变换、Wigner – Ville 分布和经验模式分解等非平稳信号分析方法的原理、特点及其在工程中的应用[2]。

4.1 短时傅里叶变换

第三章介绍的傅里叶变换是人们长期使用的有效工具,它是用平稳的正弦波作为基函数 $e^{j2\pi ft}$($e^{j2\pi ft}=\cos 2\pi ft+j\sin 2\pi ft$),通过内积运算去变换信号 $x(t)$,得到其频谱 $X(f)$,即

$$X(f) = \int_{-\infty}^{+\infty} x(t) e^{-j2\pi ft} dt = \int_{-\infty}^{+\infty} x(t) (e^{j2\pi ft})^* dt = \langle x(t), e^{j2\pi ft} \rangle \qquad (4.1.1)$$

这里 * 表示共轭,j=$\sqrt{-1}$。这一变换建立了一个从时域到频域的谱分析通道。频谱 $X(f)$ 显示了用正弦基函数分解出包含在 $x(t)$ 中的任一正弦频率 f 的总强度。傅里叶谱分析提供了平均的频谱系数,这些系数只与频率 f 有关,而与时间 t 无关。傅里叶分析还要求所分析的随机过程是平稳的,即过程的统计特性不随时间的推移而改变。

如果将非平稳过程视为由一系列短时平稳信号组成,任意一短时信号就可应用式(4.1.1)的傅里叶变换进行分析。1946 年,Gabor 提出了窗口傅里叶变换概念[3],用一个在时间上可滑移的时窗来进行傅里叶变换,从而实现了在时间域和频率域上都具有较好局部性的分析方法,这种方法称为短时傅里叶变换(Short Time Fourier Transform,STFT)。

设 $h(t)$ 是中心位于 $\tau=0$、高度为 1、宽度有限的时窗函数,通过 $h(t)$ 所观察到的信号 $x(t)$ 的部分是 $x(t)h(t)$,如图 4.1.1 所示。

当 $h(t)$ 的中心位于 τ,由加窗信号 $x(t)h(t-\tau)$ 的傅里叶变换便产生短时傅里叶变换

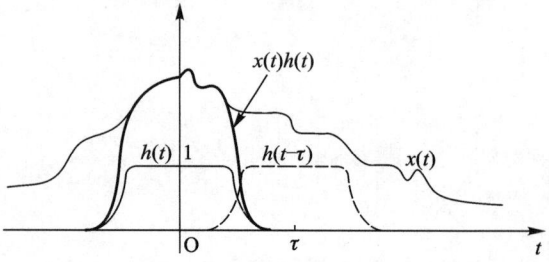

图 4.1.1 时窗函数为 $h(t)$ 的信号 $x(t)$ 的短时傅里叶变换

$$STFT_x(\tau,f)=\int_{-\infty}^{+\infty}x(t)h^*(t-\tau)\mathrm{e}^{-\mathrm{j}2\pi ft}\mathrm{d}t=\int_{-\infty}^{+\infty}x(t)[h(t-\tau)\mathrm{e}^{\mathrm{j}2\pi ft}]^*\mathrm{d}t$$
$$=\langle x(t),h(t-\tau)\mathrm{e}^{\mathrm{j}2\pi ft}\rangle \tag{4.1.2}$$

这一内积运算将信号 $x(t)$ 映射到时频二维平面 (τ,f) 上。这里 $h(t-\tau)\mathrm{e}^{\mathrm{j}2\pi ft}$ 是 STFT 的基函数。参数 f 可视为傅里叶变换中的频率,傅里叶变换中的许多性质都可应用于短时傅里叶变换。这里,窗函数 $h(t)$ 的选取是关键。由于高斯函数的傅里叶变换仍然是高斯函数,因此,最优时间局部化的窗函数是高斯函数。

$$h_G(t)=\frac{1}{2\sqrt{\pi\alpha}}\mathrm{e}^{-\frac{t^2}{4\alpha}} \tag{4.1.3}$$

这里恒有 $\alpha>0$,图 4.1.2 示出了高斯窗函数的形状[4]。

考虑到短时傅里叶变换区分两个纯正弦波的能力,当给定了时窗函数 $h(t)$ 和它的傅里叶变换 $H(f)$,则带宽 Δf 为

$$(\Delta f)^2=\frac{\int f^2|H(f)|^2\mathrm{d}f}{\int|H(f)|^2\mathrm{d}f} \tag{4.1.4}$$

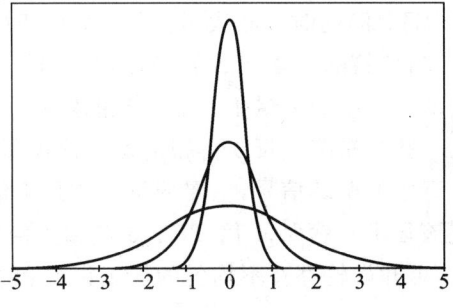

图 4.1.2 高斯函数($\alpha=1,1/4,1/16$)

如果两个正弦波之间的频率间隔大于 Δf,那么这两个正弦波就能够被区分开。可见 STFT 的频率分辨率是 Δf。同样,时域中的分辨率 Δt 为

$$(\Delta t)^2=\frac{\int t^2|h(t)|^2\mathrm{d}t}{\int|h(t)|^2\mathrm{d}t} \tag{4.1.5}$$

如果两个脉冲的时间间隔大于 Δt,那么这两个脉冲就能够被区分开。STFT 的时间分辨率是 Δt。

然而,时间分辨率 Δt 和频率分辨率 Δf 不可能同时任意小,根据 Heisenberg 不确定性原理,时间和频率分辨率的乘积受到以下限制:

$$\Delta t\Delta f\geqslant\frac{1}{4\pi} \tag{4.1.6}$$

式(4.1.6)中,当且仅当采用了高斯窗函数,等式成立。式(4.1.6)表明,要提高时间分辨率,只能降低频率分辨率,反之亦然。因此,时间与频率的最高分辨率是受到 Heisenberg 不确定性原理制约的。这一点在实际应用中应当注意。此外,由式(4.1.4)和式(4.1.5)表示的时间和频率分辨率一旦确定,则在整个时频平面上的时频分辨率保持不变。短时傅里叶变换能够分析非平稳动态信号,但由于其基础是傅里叶变换,更适合分析准平稳(quasi-stationary)信号。如果一信号由高频突发分量和长周期准平稳分量组成,那么短时傅里叶变换能给出满意的时频分析结果。下面是采用短时傅里叶变换分析大型矿山电铲提升系统振动的工程实例。

大型电铲的运行工况是时变的、非平稳的,传统的监测诊断方法遇到了很大困难。采用时—频(尺度)分析方法可开展对变工况、非平稳运行设备的状态监测和故障诊断。大型电

铲的提升系统振动大,故障率高,尤其是该系统的齿轮箱。图 4.1.3 是 WK3B-4 电铲提升系统结构和测点(1~10)布置简图。

图 4.1.3 中 z_i 的下标数字 i(142、21、16 和 109)表示齿轮的齿数,3634、3636 和 42626 是轴承型号。测试系统是自行设计的,用加速度传感器测量无级调速电动机的瞬时转速。下面以电铲提升系统齿轮箱为对象,用加速度传感器拾振,对其提升增速过程进行振动分析和监测诊断。

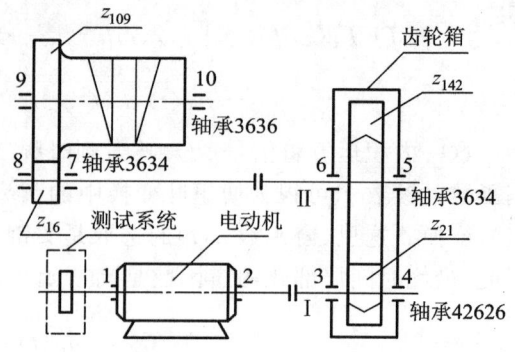

图 4.1.3 电铲提升系统结构和测点布置简图

图 4.1.4 是提升增速过程测点 4 的振动波形。图 4.1.5 是该振动波形的短时傅里叶变换(STFT)的时—频表示。从 STFT 时—频分布图上可清楚看到,随着时间增加和转速升高,齿轮箱的 1 倍和 2 倍啮合频率值逐渐增大,相应的振幅也在增大。当转速低时,高于 2 倍啮合频率的分量不明显,当加速到一定转速时,出现的 3 倍、4 倍啮合频率分量在 STFT 时—频分布图上反映得很清楚。该齿轮箱中的齿轮是人字齿轮,对于加工完好的新齿轮在运行中的振动信号,主要分量应该是 1 倍啮合频率,其高次谐波(2 倍以上的啮合频率)分量应该很小。然而,1 倍、2 倍、3 倍和 4 倍啮合频率及其幅值在 STFT 时—频分布图上都很显著,可知齿轮存在不均匀的加工误差和磨损缺陷。

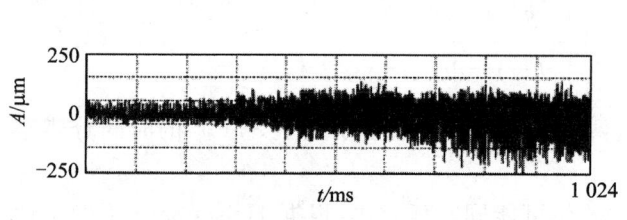

图 4.1.4 提升增速过程测点 4 的振动波形

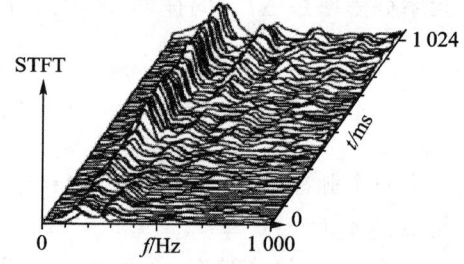

图 4.1.5 提升增速过程测点 4 振动的 STFT

4.2 Wigner-Ville 分布

在机械故障诊断学领域,涉及的信号从统计意义上讲不都是平稳的,常常要遇到非平稳瞬变和随时间变化明显的调制信号。这些信号的频率特征与时间有明显的依赖关系,提取和分析这些时变信息对机械故障诊断意义重大。Wigner-Ville 分布可看做信号能量在联合的时间和频率域中的分布,是分析非平稳和时变信号的重要工具。它是由 Wigner[5] 在 1932 年提出的,最初用于量子力学的研究。1948 年 Ville[6] 开始将它引入信号分析领域。1970 年 Mark[7] 指出了 Wigner-Ville 分布中最主要的缺陷——交叉干扰项的存在。1980 年 Claasen 和 Mecklenbräker 在一篇连载发表的论文中[8-10] 详尽论述了 Wigner-Ville 分布的概念、定义、性质以及数值计算等问题。Wigner-Ville 分布不仅具有许多有用特性,而且与许多其他的时频表示相比,例如短时傅里叶变换谱(spectrogram)和时间尺度谱(scalogram,小波变换的平方),能更好地描述信号的时变特征[11]。因此,尽管受到交叉干扰项的制约,Wigner-Ville 分布仍然得到了十分广泛的应用,如声频系统的描述和解释、地震勘探信号处理、生物信号表示以及时变信号滤波等。本章阐述 Wigner-Ville 分布的定义、性质、计算、交叉干扰项抑制以及 Wigner-Ville 分布在机械状态监测和故障诊断中的应用。

4.2.1 Wigner-Ville 分布的定义

设 $x(t)$ 为一连续时间信号,则

$$WVD_x(t,\omega) = \int_{-\infty}^{+\infty} x\left(t+\frac{\tau}{2}\right) x^*\left(t-\frac{\tau}{2}\right) \exp(-j\omega\tau) d\tau \quad (4.2.1)$$

称为信号 $x(t)$ 的自 Wigner-Ville 分布(auto-WVD)。相应地,若 $y(t)$ 为另一个连续时间信号,则互 Wigner-Ville 分布(cross-WVD)定义为

$$WVD_{x,y}(t,\omega) = \int_{-\infty}^{+\infty} x\left(t+\frac{\tau}{2}\right) y^*\left(t-\frac{\tau}{2}\right) \exp(-j\omega\tau) d\tau \quad (4.2.2)$$

式中,$x^*(t)$ 和 $y^*(t)$ 分别是 $x(t)$ 和 $y(t)$ 的复共轭。

此外,WVD 也可以从频域中计算。设 $X(\omega)$ 和 $Y(\omega)$ 分别是信号 $x(t)$ 和 $y(t)$ 的傅里叶变换,$X^*(\omega)$ 和 $Y^*(\omega)$ 分别是 $X(\omega)$ 和 $Y(\omega)$ 的复共轭,则自 Wigner-Ville 分布和互 Wigner-Ville 分布可由以下两式表示

$$WVD_x(t,\omega) = \frac{1}{2\pi}\int_{-\infty}^{+\infty} X\left(\omega+\frac{\Omega}{2}\right) X^*\left(\omega-\frac{\Omega}{2}\right) \exp(-j\Omega t) d\Omega \quad (4.2.3)$$

和

$$WVD_{x,y}(t,\omega) = \frac{1}{2\pi}\int_{-\infty}^{+\infty} X\left(\omega+\frac{\Omega}{2}\right) Y^*\left(\omega-\frac{\Omega}{2}\right) \exp(-j\Omega t) d\Omega \quad (4.2.4)$$

4.2.2 Wigner-Ville 分布的主要性质

Wigner-Ville 分布有许多优良的特性,结合本书重点涉及的机械监测与故障诊断,给出主要的特性如下:

1) 时移不变性:如果信号有一个时间移位 t_0,则它的 WVD 也有相同的时移 t_0。即若有 $\tilde{x}(t) = x(t-t_0)$,则 $WVD_{\tilde{x}}(t,\omega) = WVD_x(t-t_0,\omega)$。

2) 频移不变性:如果信号受到一频率 ω_0 的调制,则它的 WVD 也有相同的频率移位 ω_0。即若有 $\tilde{x}(t) = x(t)\exp(j\omega_0 t)$,则 $WVD_{\tilde{x}}(t,\omega) = WVD_x(t,\omega-\omega_0)$。

3) 时域有界性:如果信号在某个时间范围内是有界的,则它的 WVD 也在相同的时间范围内是有界的。即当 $t \notin [t_1, t_2]$ 时,$x(t) = 0$,则当 $t \notin [t_1, t_2]$ 时,也有 $WVD_x(t,\omega) = 0$。

4) 频域有界性:如果信号在某个频率范围内是有界的,则它的 WVD 也在相同的频率范围内是有界的。即当 $\omega \notin [\omega_1, \omega_2]$ 时,$X(\omega) = 0$,则当 $\omega \notin [\omega_1, \omega_2]$ 时,也有 $WVD_x(t,\omega) = 0$。

5) 时间边界条件:$\frac{1}{2\pi}\int_{-\infty}^{+\infty} WVD_x(t,\omega) d\omega = |x(t)|^2$。

6) 频率边界条件:$\int_{-\infty}^{+\infty} WVD_x(t,\omega) dt = |X(\omega)|^2$。

由以上时间和频率边界条件,可以用 Parseval 能量关系得到

$$\frac{1}{2\pi}\int_{-\infty}^{+\infty}\int_{-\infty}^{+\infty}WVD_x(t,\omega)\mathrm{d}\omega\mathrm{d}t = \frac{1}{2\pi}\int_{-\infty}^{+\infty}|X(\omega)|^2\mathrm{d}\omega = \int_{-\infty}^{+\infty}|x(t)|^2\mathrm{d}t \qquad (4.2.5)$$

由式(4.2.5)可看出,$WVD_x(t,\omega)$中包含的能量等于原信号 $x(t)$ 所具有的能量。由于Wigner-Ville 分布具有上述性质,使其具有十分明确的物理意义,可以被看做是信号的能量在时域和频域中的分布,因此,作为一种十分有效的信号时频分析工具,Wigner-Ville 分布已在许多领域得到成功的应用。

4.2.3 交叉干扰项及其抑制

Wigner-Ville 分布不仅具有许多有用特性,而且比短时 Fourier 谱有更好的分辨率。然而,它的一个主要缺陷是存在交叉干扰项(cross-term interference)。交叉干扰项是指当信号含有多个成分时,信号的 Wigner-Ville 分布中的两两成分之间时频中心坐标的中点处将存在无任何物理意义的振荡分量,它们提供了虚假的能量分布,影响了 Wigner-Ville 分布的物理解释。从数理意义上讲,交叉项的存在是由于非线性变换而造成时间和频率干涉所致。以由两个信号构成的和信号 $x(t)=x_1(t)+x_2(t)$ 为例,Wigner-Ville 分布为

$$WVD_x(t,\omega) = WVD_{x1}(t,\omega) + WVD_{x2}(t,\omega) + 2\mathrm{Re}\{WVD_{x1,x2}(t,\omega)\} \qquad (4.2.6)$$

式(4.2.6)说明两信号和的 WVD 不是它们各自 WVD 的和,除了两个自项之外,还包含一个互项,即交叉项。因为交叉干扰项通常是振荡的,而且幅度可达自项的两倍[6],造成信号的时频特征模糊不清,因此如何抑制交叉干扰项,对时频分析非常重要。当信号中含有 N 个成分时,交叉项的数目是 $N(N-1)/2$。对于实际信号,交叉项可能会与自项混叠在一起,干扰模式更为复杂。为解决这一问题,专家学者们做了大量的工作。但不幸的是,迄今仍然没有找到能够完全消除交叉干扰项而又不损害 Wigner-Ville 分布有用特性的方法[11,12]。

在此介绍一种简单、实用的方法。在机械故障诊断的应用中,重视的往往是某个特定频率分量随时间的变化情况,因此可利用数字滤波技术保留要观测的频率分量,滤除其他成分,使信号保持单一频率成分,可消除频率方向的交叉项。在时间方向,可选取短的时间窗,这样既可抑制时间方向的交叉项,又能提高时间分辨率。图 4.2.1 给出了处理过程的流程图,在欲重点观察的频率附近(例如齿轮的啮合频率附近)选取滤波通带,用数字带通滤波滤除通带以外的频率成分,然后计算滤波信号的 WVD。为了保证要重点观察的频率分量在滤波以后的特性保持不变,推荐采用以下非递归零相移(保相)滤波过程

$$y(n) = \sum_{k=-K}^{K} b_k x(n-k) \qquad (4.2.7)$$

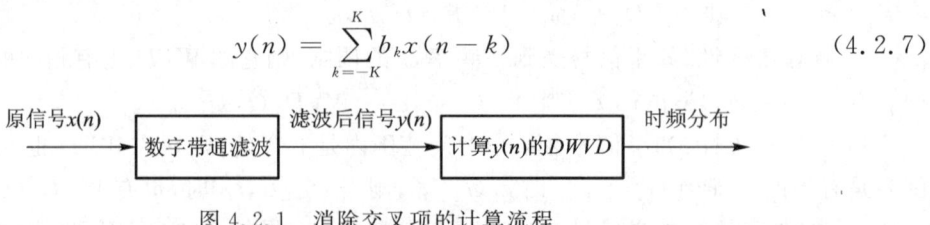

图 4.2.1 消除交叉项的计算流程

式中,$x(n)$ 为源信号(输入);$y(n)$ 为滤波后信号(输出);K 为滤波器长度,可以取 40,60,100 等;$b_k(k=0,\pm1,\pm2,\cdots,\pm K)$ 为滤波器系数,由下式确定

$$b_k = b_{-k} = \frac{\sin(2\pi k f_{hc} T) - \sin(2\pi k f_{lc} T)}{k\pi} \qquad (4.2.8)$$

其中,f_{hc} 为带通滤波器上限截止频率,f_{lc} 为下限截止频率,T 为采样间隔。

图 4.2.2 和图 4.2.3 给出了一个实例。信号 $x(t)$ 是频率为 500 Hz 的余弦波与载波频率为 1 400 Hz、调制频率为 50 Hz 的调幅信号之和。从图 4.2.2 中 $x(t)$ 的 WVD 可见，在 500 Hz 和 1 400 Hz 的中间 950 Hz 处存在一不稳定能量分布，这一分量即为交叉干扰项，它除了对分析造成干扰之外并不携带任何有用信息，特别是当信号的频率结构复杂时干扰更为强烈，常常因此而得出错误的结论。然而，如果要分析 1 400 Hz 载波频率处的调制信息，可在 1 400 Hz 附近选取滤波通带（例如 1 200～1 600 Hz），通过数字带通滤波器滤除通带以外的频率成分，然后再计算 WVD（图 4.2.3），这样既排除了交叉项干扰，又突出了要分析的问题。

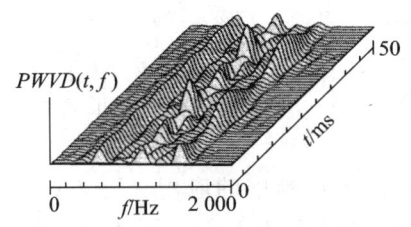 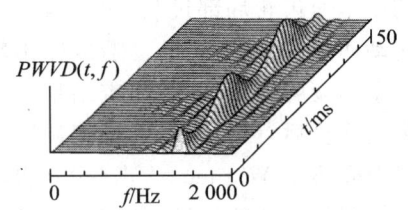

图 4.2.2　余弦波和调幅信号的 Wigner-Ville 分布，两者之间存在振荡的交叉干扰

图 4.2.3　滤除余弦波成分，Wigner-Ville 分布中的调幅信号的特征更为突出，交叉项消失

4.2.4　应用实例

某炼油化工厂一台苏联制造的主风机，由同步电动机拖动，风机本身运行状态良好，但传动齿轮箱产生异常振动。该齿轮箱输入轴工频为 50 Hz，输出轴工频为 72.5 Hz。在齿轮箱输入轴和输出轴端测量齿轮箱的振动信号并进行分析。图 4.2.4 是在齿轮输入轴端测量的振动信号的频谱图，从图中可以看到 1 088 Hz 处有一非常突出的谱峰，并可看到该频率成分的二倍频和三倍频分量。为确定齿轮箱发生异常振动的原因和缺陷的具体部位，对齿轮箱输入轴端振动信号进行了时频分析。为重点分析 1 088 Hz 的振动成分以及消除交叉干扰项（参见 4.2.3 节），在计算 Wigner-Ville 分布之前用数字带通滤波器将二倍频和三倍频等高频成分和低于 1 088 Hz 的低频成分滤掉。图 4.2.5 是该齿轮箱输入轴端振动的 Wigner-Ville 分布。从图中可见，该齿轮箱振动的时频分布具有十分明显的幅值调制现象（图 4.2.5），在频率轴上谱峰的出现是恒定的，表示了载波频率的大小为 1 088 Hz；在时间轴上可清晰地观察到谱峰随时间有规律地波动，谱峰的波动在 40 ms 的时间内经过了大约 3 个周期，它代表了调制频率的大小约为

$$f_m \approx \frac{1}{\frac{40}{3} \times 10^{-3}} \text{Hz} = 75 \text{ Hz} \tag{4.2.9}$$

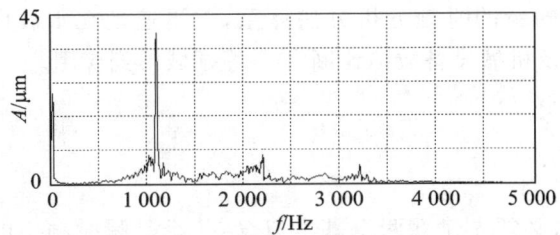 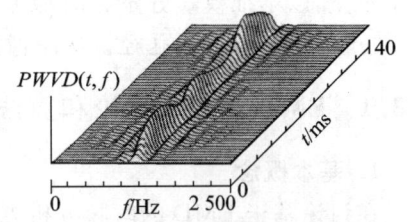

图 4.2.4　齿轮箱输入轴端振动频谱

图 4.2.5　风机齿轮箱输入轴端振动的 Wigner-Ville 分布

该频率与齿轮箱输出轴的回转频率(72.5 Hz)相吻合,表示齿轮振动受到输出轴转频的调制,即故障出现在输出轴齿轮上。为进一步证实该结论,对齿轮箱输出轴端振动信号也进行了时频分析,图 4.2.6 是齿轮箱输出轴端测量的振动 Wigner - Ville 分布,与图 4.2.5 所示的时频分布存在相同的幅值调制现象。可见,无论在输出轴端还是输入轴端振动的 Wigner - Ville 分布都能反映该故障。在随后的齿轮箱解体检查中发现,由于齿轮箱输入输出轴安装上的偏差使齿轮局部过载,引起齿轮啮合应力随输出轴的转动而呈周期性波动,已造成输出轴齿轮局部齿面出现严重的疲劳剥皮现象,检查结果与分析结果完全吻合。齿面修复后,齿轮振动的幅值调制现象随即消失。

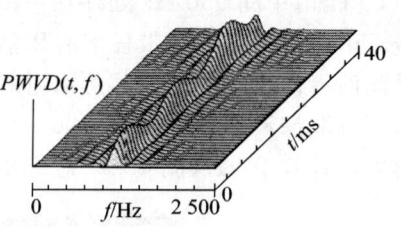

图 4.2.6 风机齿轮箱输出轴端振动的 Wigner - Ville 分布

以上介绍了 Wigner - Ville 分布及其在机械监测和故障诊断中的应用。Wigner - Ville 分布有许多优良的特性,而且与其他的时频表示(例如短时傅里叶变换谱和时间尺度谱)相比,能够更好地描述和刻画信号的时变特征,因而在众多领域中得到成功的应用。本章给出的应用实例表明 Wigner - Ville 分布用于机械状态监测和故障诊断是相当有效的,展现了在该领域的应用前景。更多的实例请参阅文献[13,14,15]。

Wigner - Ville 分布的主要缺点之一是交叉干扰项,它是制约 Wigner - Ville 分布广泛应用的主要障碍。为了消除和抑制交叉干扰项,介绍了一种简单方法。该方法应用数字带通滤波对信号进行预处理,将多频信号转换为单频信号,消除了交叉项,而且不损害 Wigner - Ville 分布的有用特性。

4.3 经验模式分解

在机械动态分析、设备状态监测与故障诊断过程中,存在着大量的非平稳信号,短时傅里叶变换(STFT)、Wigner - Ville 分布、小波和小波包分析等方法不同程度地对此类信号的时变性给予了恰当的描述,在工程实际中获得了广泛的应用[2]。

对非平稳、非线性信号比较直观的分析方法是使用具有局域性的基本量和基本函数,如瞬时频率。1998 年,美籍华人 Norden E. Huang 等人在对瞬时频率的概念进行了深入研究之后,创造性地提出了本征模式函数(intrinsic mode function,IMF)的概念以及将任意信号分解为本征模式函数组成的新方法——经验模式分解(empirical mode decomposition,EMD)[16],从而赋予了瞬时频率合理的定义和有物理意义的求法,初步建立了以瞬时频率表征信号交变的基本量,以本征模式分量为时域基本信号的新的时频分析方法体系,并迅速地在水波研究[17]、地震学[18]、合成孔径雷达图像滤波[19]及机械设备故障诊断[20-22]等领域得到应用。

4.3.1 EMD 的基本理论和算法

1. 基本概念

在讨论基于 EMD 的时频分析方法之前,必须先建立两个基本概念:一个是瞬时频率的概念,信号的瞬时能量与瞬时包络的概念已被广泛接受,而瞬时频率的概念在 Hilbert 变换方法产生之前,却一直具有争议性;另一个是基本模式分量的概念,相对于原信号的 Hilbert

变换的结果,只有对基本模式分量进行 Hilbert 变换出来的时频谱才具有具体的物理意义。

(1) 瞬时频率

在 Hilbert 变换方法产生之前,有两个主要原因使得接受瞬时频率的概念较为困难:一是受到傅里叶变换分析的影响;二是瞬时频率没有唯一的定义。当可以使离散数据解析化的 Hilbert 变换方法产生以后,瞬时频率的概念得到了统一[23]。

对任意时间序列 $x(t)$,可得到它的 Hilbert 变换 $y(t)$ 为

$$y(t) = \frac{1}{\pi}\int_{-\infty}^{\infty} \frac{x(\tau)}{t-\tau}\mathrm{d}\tau \tag{4.3.1}$$

构造解析函数 $z(t)$

$$z(t) = x(t) + \mathrm{i}y(t) = a(t)\mathrm{e}^{\mathrm{i}\Phi(t)} \tag{4.3.2}$$

其中幅值函数

$$a(t) = \sqrt{x(t)^2 + y(t)^2} \tag{4.3.3}$$

相位函数

$$\Phi(t) = \arctan\frac{y(t)}{x(t)} \tag{4.3.4}$$

而相位函数的导数即为瞬时频率

$$\omega(t) = \frac{\mathrm{d}\Phi(t)}{\mathrm{d}t} \tag{4.3.5}$$

或

$$f(t) = \frac{1}{2\pi}\frac{\mathrm{d}\Phi(t)}{\mathrm{d}t} \tag{4.3.6}$$

然而按上述定义求解的瞬时频率在某些情况下是有问题的,可能会出现没有意义的负频率。考虑如下信号

$$x(t) = x_1(t) + x_2(t) = A_1\mathrm{e}^{\mathrm{j}\omega_1 t} + A_2\mathrm{e}^{\mathrm{j}\omega_2 t} = A(t)\mathrm{e}^{\mathrm{j}\varphi(t)} \tag{4.3.7}$$

为了简单起见,假设信号幅值 A_1 和 A_2 是恒定的,ω_1 和 ω_2 是正的。信号 $x(t)$ 的频谱应由两个在 ω_1 和 ω_2 处的 δ 函数组成,即

$$X(\omega) = A_1\delta(\omega-\omega_1) + A_2\delta(\omega-\omega_2) \tag{4.3.8}$$

既然认为 ω_1 和 ω_2 是正的,所以这个信号是解析的,按式(4.3.3)和式(4.3.4)可以求解其相位和幅值,得到

$$\Phi(t) = \arctan\frac{A_1\sin\omega_1 t + A_2\sin\omega_2 t}{A_1\cos\omega_1 t + A_2\cos\omega_2 t} \tag{4.3.9}$$

$$A^2(t) = A_1^2 + A_2^2 + 2A_1 A_2\cos(\omega_2-\omega_1)t \tag{4.3.10}$$

取相位的导数,得到其瞬时频率,有

$$\omega(t) = \frac{\mathrm{d}\Phi(t)}{\mathrm{d}t} = \frac{1}{2}(\omega_2-\omega_1) + \frac{1}{2}(\omega_2-\omega_1)\frac{A_2^2-A_1^2}{A^2(t)} \tag{4.3.11}$$

当两个正弦频率取 $\omega_1 = 10$ Hz, $\omega_2 = 20$ Hz 时,幅值的取值不同,其瞬时频率也有很大的不同。如图 4.3.1a 所示,$A_1 = 0.2, A_2 = 1$ 时,其瞬时频率是连续的。而在图 4.3.1b 中,$A_1 = -1.2, A_2 = 1$,虽然信号是解析的,瞬时频率却出现了负值,而已知信号的频率是离散的和正的。可见,对任一信号做简单的 Hilbert 变换可能会出现无法解释的、缺乏实际物理意义的频率成分。

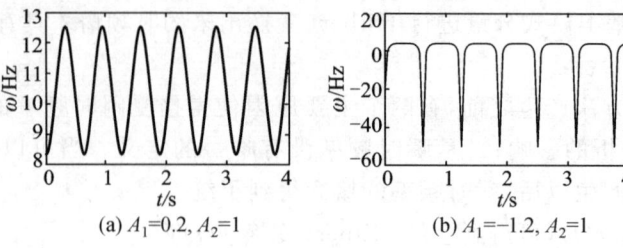

(a) $A_1=0.2, A_2=1$　　　(b) $A_1=-1.2, A_2=1$

图 4.3.1　两个正弦波叠加的瞬时频率

Norden E. Huang 等人对瞬时频率进行深入研究后发现,只有满足一定条件的信号才能求得具有物理意义的瞬时频率,并将此类信号称为本征模式函数或基本模式分量。具体的推导过程见文献[16]。

(2) 基本模式分量

基本模式分量的概念是为了得到有意义的瞬时频率而提出的。基本模式分量 $f(t)$ 需要满足的两个条件为:

1) 在整个数据序列中,极值点的数量 N_e（包括极大值点和极小值点）与过零点的数量 N_z 必须相等,或最多相差不大于 1,即

$$(N_z-1) \leqslant N_e \leqslant (N_z+1) \tag{4.3.12}$$

2) 在任一时间点 t_i 上,信号局部极大值确定的上包络线 $f_{\max}(t)$ 和局部极小值确定的下包络线 $f_{\min}(t)$ 的均值为零,即

$$[f_{\max}(t_i)+f_{\min}(t_i)]/2=0 \quad t_i \in [t_a, t_b] \tag{4.3.13}$$

其中,$[t_a, t_b]$ 为一段时间区间。

第一个限定条件非常明显,类似于传统平稳高斯过程的分布。第二个条件是创新的地方,它把传统的全局性的限定变为局域性的限定。这种限定是必须的,可以去除由于波形不对称而造成的瞬时频率的波动。第二个限定条件的实质是要求信号的局部均值为零。而对于非平稳信号而言,"局部均值"又涉及用于计算局部均值的"局部时间",这是很难定义的。因而用局部极大值和极小值的包络作为代替和近似,强迫信号局部对称。钟佑明等人在对基本模式分量的数学模型进行分析之后,论证了局部对称性的必要性和用极值点拟合包络线的合理性[24]。

满足以上两个条件的基本模式分量,其连续两个过零点之间只有一个极值点,即只包括一个基本模式的振荡,没有复杂的叠加波存在。需要注意的是,如此定义的基本模式分量并不被限定为窄带信号,可以是具有一定带宽的非平稳信号,例如纯粹的频率和幅度调制函数。一个典型的基本模式分量如图 4.3.2 所示。

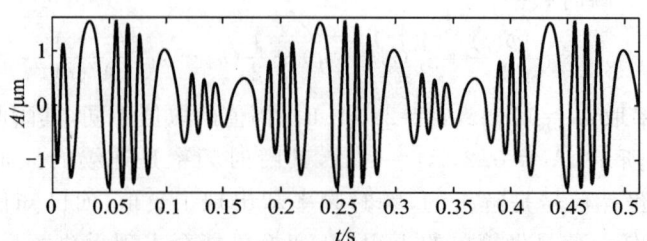

图 4.3.2　一个典型的基本模式分量

2. EMD 的基本原理

对满足基本模式分量两个限定条件的信号可以通过 Hilbert 变换求出其瞬时频率。但不幸的是,大多数信号或数据并不是基本模式分量,任何时刻,信号中可能包括多个振荡模式,这就是为什么简单的 Hilbert 变换不能给出一般信号的全部的频率内容的原因。必须把复杂的非平稳信号按一定的规则提取出所包含的基本模式分量。基于此,Norden E. Huang 等人创造性地提出了如下假设:任何信号都是由一些不同的基本模式分量组成的;每个模式可以是线性的,也可以是非线性的,满足 IMF 的两个基本条件;任何时候,一个信号可以包含多个基本模式分量;如果模式之间相互重叠,便形成复合信号。在此基础上,Huang 进一步指出,可以用 EMD 方法将信号的基本模式提取出来,然后再对其进行分析。该分解算法也称为筛选过程。这种方法的本质是通过数据的特征时间尺度来获得基本模式分量,然后分解数据[16]。

基于基本模式分量的定义,可以提出信号的模式分解原理,信号模式分解的目的就是要得到使瞬时频率有意义的时间序列——基本模式分量。而基本模式分量必须满足两个条件,即式(4.3.12)和式(4.3.13)。因而,其分解原理如下:

1) 把原始信号 $x(t)$ 作为待处理信号,确定该信号的所有局部极值点(包括极大值点和极小值点),然后将所有极大值点和所有极小值点分别用三次样条曲线连接起来,得到 $x(t)$ 的上、下包络线,使信号的所有数据点都处于这两条包络线之间。取上、下包络线均值组成的序列为 $m(t)$。如图 4.3.3 所示,N 表示数据点数,A 表示幅值,实线为原始信号 $x(t)$,"○"和"*"分别表示了原始信号中的极大值和极小值,两条虚线表示用这些极大极小值拟合的上、下包络线,点画线表示均值序列 $m(t)$。

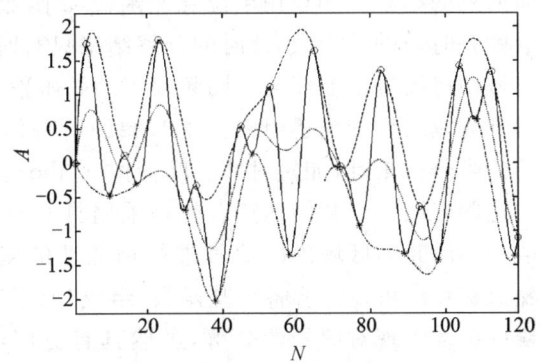

图 4.3.3 信号 $x(t)$ 的上、下包络线及均值 $m(t)$

2) 从待处理信号 $x(t)$ 中减去其上、下包络线均值 $m(t)$,得到

$$h_1(t) = x(t) - m(t) \tag{4.3.14}$$

检测 $h_1(t)$ 是否满足基本模式分量的两个条件。如果不满足,则把 $h_1(t)$ 作为待处理信号,重复上述操作,直至 $h_1(t)$ 是一个基本模式分量,记

$$c_1(t) = h_1(t) \tag{4.3.15}$$

3) 从原始信号 $x(t)$ 中分解出第一个基本模式分量 $c_1(t)$ 之后,从 $x(t)$ 中减去 $c_1(t)$,得到剩余值序列 $r_1(t)$

$$r_1(t) = x(t) - c_1(t) \tag{4.3.16}$$

4) 把 $r_1(t)$ 作为新的"原始"信号重复上述操作,依次可得第二、第三直至第 n 个基本模式分量,记为 $c_1(t), c_2(t), \cdots, c_n(t)$,这个处理过程在满足预先设定的停止准则后即可停止,最后剩下原始信号的余项 $r_n(t)$。

这样就将原始信号 $x(t)$ 分解为若干基本模式分量和一个余项的和:

$$x(t) = \sum_{i=1}^{n} c_i(t) + r_n(t) \tag{4.3.17}$$

上述第4)步中的停止条件称为分解过程的停止准则,它可以是如下两种条件之一:①当最后一个基本模式分量 $c_n(t)$ 或剩余分量 $r_n(t)$ 变得比预期值小时便停止;②当剩余分量 $r_n(t)$ 变成单调函数,从中不能再筛选出基本模式分量为止。

基本模式分量的两个限定条件只是一种理论上的要求,在实际的筛选过程中,很难保证信号的局部均值绝对为零。如果完全按照上述两个限定条件判断分离出的分量是否为基本模式分量,很可能需要过多的重复筛选,从而导致基本模式分量失去了实际的物理意义。为了保证基本模式分量保存足够的反映物理实际的幅度与频率调制,必须确定一个筛选过程的停止准则。

筛选过程的停止准则可以通过限制两个连续的处理结果之间的标准差 S_d 的大小来实现。

$$S_d = \sum_{t=0}^{T} \frac{|h_{(k-1)}(t) - h_k(t)|^2}{h_k^2(t)} \tag{4.3.18}$$

式中,T 表示信号的时间跨度,$h_{(k-1)}(t)$ 和 $h_k(t)$ 是在筛选基本模式分量过程中两个连续的处理结果的时间序列。S_d 的值通常取 $0.2 \sim 0.3$ [16]。

从信号分解基函数理论角度来说,不同的基函数可以对信号实现不同的分解,从而得到性质迥然的结果。如果用单位脉冲函数(δ 函数)对信号分解,得到的仍然是信号本身,即 δ 函数就是时域的基函数,此时的分解结果只有时域的描述,缺乏频域的任何信息。如果采用在时域中持续等幅振荡的不同频率正余弦函数作为基函数对信号分解,就是傅里叶分解,可以得到频域的详细描述但丧失了时域的所有信息。如果信号是非平稳信号,则需要采用相应的信号分析工具,如短时傅里叶变换、Gabor 展开、小波变换以及与其类似的 chirplet 变换等。这些方法一个共同的特点就是采用具有有限支撑的振荡衰减的波形作为基函数,然后截取一小段时间区域内的信号进行相似性的度量,而且这些基函数大多都是预先选定的。匹配追踪算法可以包容各种基函数,组成"原子"集,根据最大匹配投影原理寻找最佳基函数的线性组合实现对信号的分解,虽然具有更广泛的适用性,但仍然要事先给定基函数。而 EMD 方法则得到了一个自适应的广义基,基函数不是通用的,没有统一的表达式,而是依赖于信号本身,是自适应的,不同的信号分解后得到不同的基函数,与传统的分析工具有着本质的区别。因此可以说,经验模式分解方法是基函数理论上的一种创新。

3. EMD 方法的完备性

在进行机电设备故障诊断时,希望反映机组故障状态的任何信息都能够不丢失,同时希望故障信息能够互不干扰地、独立地提取出来。因此,阐述了经验模式分解方法的基本原理之后,下面论述 EMD 方法的完备性。

信号分解方法的完备性是指把分解后的各个分量相加就能获得原信号的性质。通过经验模式分解方法的过程,方法的完备性已经给出,如式(4.3.17)所示。同时通过把分解后的基本模式分量和残余向量相加后与原信号数据的比较也证明 EMD 方法是完备的,图 4.3.4 所示为模拟信号的 EMD 分解结果和重构波形及其误差曲线,其中 $x(t) = \sin(200\pi t) + \sin(100\pi t)$ 为原始信号(采样频率为 2 000 Hz,数据长度 512 点),$c_1(t)$、$c_2(t)$ 分别为提取出的第一、第二个基本模式分量,$r(t)$ 为余项,$\hat{x}(t)$ 为 $c_1(t)$、$c_2(t)$ 和 $r_2(t)$ 直接线性叠加得到的重构信号,$c(t)$ 是重构的误差曲线 $c(t) = \hat{x}(t) - x(t)$。

观察图 4.3.4 可知,经验模式分解法比较完整地分解出了信号中内含的两个模式函数

$f_1(t)=\sin(200\pi t)$ 和 $f_2(t)=\sin(100\pi t)$，余项 $r_2(t)$ 基本上反映了信号 $x(t)$ 的理论均值，从而重构原始数据。重构误差很小，一般在 $10^{-15}\sim 10^{-16}$ 数量级上，主要是由数字计算机的舍入误差造成的。

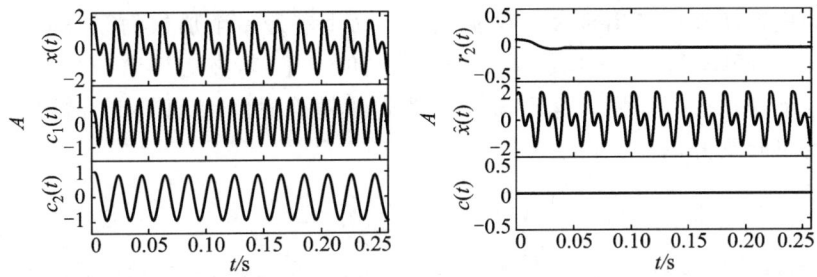

图 4.3.4　信号分解方法的完备性

4. 基于 EMD 的 Hilbert 变换(HHT)的基本原理和算法

基于 EMD 的 Hilbert 变换[16]，主要是为了取得信号的 Hilbert 谱来进行时频分析。若已经获得信号 $x(t)$ 的基本模式分量组，就可以对每个基本模式分量进行 Hilbert 变换，然后根据式(4.3.6)计算瞬时频率。

对式(4.3.17)中的每个 IMF 进行 Hilbert 变换可以得到

$$x(t) = \mathrm{Re}\sum_{i=1}^{n}a_i(t)\mathrm{e}^{\mathrm{j}\Phi(t)} = \mathrm{Re}\sum_{i=1}^{n}a_i(t)\mathrm{e}^{\mathrm{j}\int\omega_i(t)\mathrm{d}t} \qquad (4.3.19)$$

其中，Re 表示取实部，在推导中省去了 r_n，因为它是一个单调函数或是一个常量。虽然在进行 Hilbert 时频变换时可把残余分量看做长周期的波动，但有时残余分量的能量较大，会对其他有用分量的分析产生影响，并且感兴趣的信息一般在小能量的高频部分，因此，在做变换时一般把不是基本模式分量的成分都略去。

式(4.3.19)可以把信号幅度在三维空间中表达成时间与瞬时频率的函数，信号幅度也可以被表示为时间频率平面上的等高线。经过这些处理后的时间频率平面上的幅度分布称为 Hilbert 时频谱 $H(\omega,t)$，简单地称为 Hilbert 谱。也可以用幅度的平方代替幅度来得到 Hilbert 能量谱。式(4.3.20)称为信号的 Hilbert 幅值谱，简称 Hilbert 谱，记做

$$H(\omega,t) = \begin{cases} \mathrm{Re}\sum_{i=1}^{n}a_i(t)\mathrm{e}^{\mathrm{j}\int\omega_i(t)\mathrm{d}t} \\ 0 \qquad\qquad\qquad\quad \text{其他} \end{cases} \qquad (4.3.20)$$

进而可以定义边界谱 $h(\omega)$

$$h(\omega) = \int_0^T H(\omega,t)\mathrm{d}t \qquad (4.3.21)$$

其中，T 是信号的整个采样持续时间，$H(\omega,t)$ 是信号的 Hilbert 时频谱。由式(4.3.21)可见，边界谱 $h(\omega)$ 是时频谱对时间轴的积分，边界谱表达了每个频率在全局上的幅度(或能量)贡献，它代表了在统计意义上的全部数据的累加幅度，反映了概率意义上幅值在整个时间跨度上的积累幅值。若把 Hilbert 时频谱的幅值平方对频率进行积分，便得到瞬时能量密度 $IE(t)$：

$$IE(t) = \int_\omega H(\omega,t)^2\mathrm{d}\omega \qquad (4.3.22)$$

可见，$IE(t)$ 是时间 t 的函数，表示能量随时间波动的情况。以上的基于 EMD 的 Hilbert 谱

信号分析方法通称为 Hilbert - Huang 变换(Hilbert - Huang transformation,HHT)。需要说明的是,傅里叶表达中在某一频率 ω 处能量的存在,代表一个正弦或余弦波在整个时间长度上都存在。这里,在某一频率 ω 处能量的存在,仅代表在数据的整个时间长度上,很可能有这样一个频率的振动波在局部出现过。事实上,Hilbert 谱是一个加权的联合时间频率幅度分布,在每一个时间频率单元上的权值就是局部幅度值。于是,在边界谱中某一频率仅代表有这样频率的振动存在的可能性。这个振动波发生的精确时间在 Hilbert 谱图中给出。对同样的数据作傅里叶展开,有

$$X(t) = \text{Re} \sum_{i=1}^{\infty} a_i e^{j\omega_i t} \tag{4.3.23}$$

其中,a_i 和 ω_i 都是常量。对比式(4.3.19)与式(4.3.23)可以清楚地发现,Hilbert - Huang 变换用可变的幅度和瞬时频率对信号进行分解,消除了用不真实的谐波分量来表述非线性、非平稳信号的需要,赋予了基于局部时间特征的振动模式分量的瞬时频率以实际的物理意义。基于 EMD 的时频分析方法能够定量地描述频率和时间的关系,实现了对时变信号完整的、准确的分析。

4.3.2 EMD 方法在机械设备故障诊断中的应用

本章前几节已经说明,EMD 方法是一种优秀的非平稳信号处理方法,而当机械设备发生故障时,它的振动信号往往会出现非平稳特性[2],故将该方法应用于机械设备动态分析与故障诊断中。下面通过烟气轮机摩擦故障诊断的应用实例,说明该方法在机械设备故障诊断中的应用。

某炼油厂 140 万吨/年重油催化裂化装置烟气能量回收机组,是由烟气轮机、轴流式主风机、齿轮箱和异步电动机并带有电动盘车器,配套组成的国产化机组。烟气轮机是把催化裂化再生烟气中所具有的热能和压力能膨胀做功转变为机械能的高速旋转机械,用它发出的功率来驱动轴流式主风机,从而达到能量回收的目的。烟气轮机简称烟机,它采用双级悬臂式、垂直剖分、轴向进气、径向排气的结构。在烟机转子两个轴瓦瓦座处,两两垂直安排四个电涡流位移传感器进行振动监测,额定工作转速为 5 745 r/min,工作频率为 95.8 Hz,信号采样频率为 2 kHz。

该机组大修之后重新开机运行,烟机 2 号瓦振动超限。对现场数据进行了基于 EMD 的分析处理,检查故障原因。频谱分析表明烟机 1 号瓦的频谱较为杂乱,出现了工频、高倍频和噪声成分,其振动信号及频谱如图 4.3.5 所示。而烟机 2 号瓦的振动以工频为主,波形和频谱图从略。

对该信号进行 EMD 分解,得到三个 IMF($c_1(t)$、$c_2(t)$ 和 $c_3(t)$),分解结果如图 4.3.6 所示。其中 $c_1(t)$ 和 $c_2(t)$ 对应于原始信号中的噪声和倍频成分,$c_3(t)$ 则对应于工频信号。

对得到的各 IMF 作 Hilbert 变换求其瞬时频率,发现 $c_3(t)$ 对应的瞬时频率曲线出现了周期性波动,如图 4.3.7 上图所示。图中横坐标为时间,纵坐标为频率,它表示了信号瞬时频率随时间变化的情况。由图可见该 IMF 的瞬时频率在工频处上下波动,也就是说振动的工频分量出现了频率调制现象。为了得到确切的调制频率,对该曲线作傅里叶变换,得到图 4.3.7 下图(图中纵坐标只具有相对意义),可见存在一个 97.6 Hz 的高峰和一个 191.0 Hz 的次高峰,它们分别与烟机工频(95.8 Hz)和二倍工频(191.6 Hz)相当。即烟机 1 号瓦信号分解所得的工频

分量 $c_3(t)$ 存在频率调制现象,且调制频率以工频为主。这可以解释为转子发生周期性碰磨故障,导致转子转动的线速度发生周期性的变化:转子每转动一周,摩擦一次,线速度都将减小一次,摩擦结束以后又回复到正常速度,因此工频振动分量就发生了上述频率调制现象。

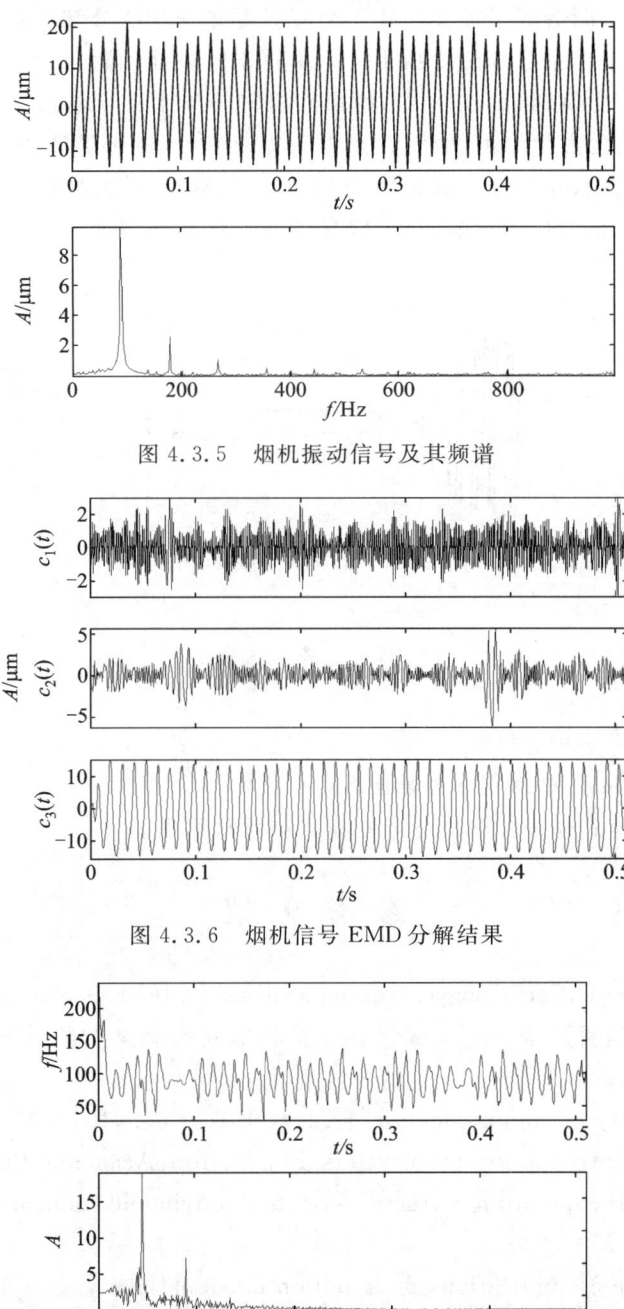

图 4.3.5 烟机振动信号及其频谱

图 4.3.6 烟机信号 EMD 分解结果

图 4.3.7 第三个 IMF 的瞬时频率曲线图及其频谱

在之后的检修过程中发现烟机二级静叶上的气封与二级动叶轮盘之间存在轻微摩擦现象。这说明上述 EMD 分析结果正确,这种分析方法为碰磨故障的诊断提供了新的判据。

然而，1号瓦附近的摩擦故障为什么会导致2号瓦振动过大呢？研究烟机结构发现烟机转子是由1号、2号两个瓦支撑的悬臂结构，而摩擦部位处于1号瓦外侧的叶轮轮盘处，该处摩擦力可以分解为切向力和法向力，正是这个切向力使转子的波动速度在1号瓦转动一周的过程中变化一次，从而造成了前文所述1号瓦信号的 EMD 分解工频分量 $c_3(t)$ 的调制现象；而法向力则相当于在摩擦部位增加了一个垂直于摩擦面的附加力，它的作用导致烟机转子以1号瓦为支点发生旋转（图4.3.8），使得烟机转子与水平中心线产生一定的夹角，在运转过程中造成2号瓦处发生锥形扰动，以至振动幅值过大，最终导致机组无法正常运行。另外由于烟机转子为轮盘、叶片外伸式悬臂结构，1号瓦载荷重，2号瓦载荷轻，轮盘处的摩擦对1号瓦影响没有对2号瓦的影响大，所以导致2号瓦振动偏大。

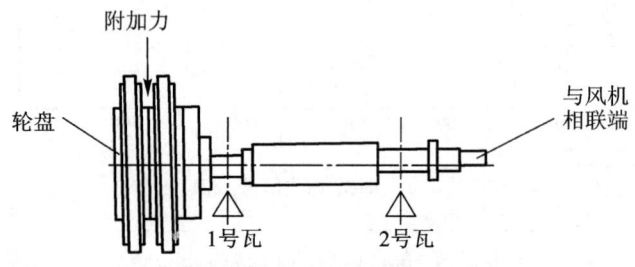

图 4.3.8　烟机转子故障简图

思　考　题

1. 什么是短时傅里叶变换？
2. Wigner - Ville 分布的6个主要性质是什么？
3. 什么是经验模式分解？试描述经验模式分解的原理。

参 考 文 献

[1] Bruce A, Donoho D, Gao Hongye. Wavelet analysis[J]. IEEE Spectrum, 1996, 10:26 - 35.
[2] 何正嘉, 訾艳阳, 孟庆丰, 等. 机械设备非平稳信号的故障诊断原理及应用[M]. 北京：高等教育出版社, 2001.
[3] Gabor D. Theory of communication[J]. Inst. Elec. Eng. , 1946, 93:429 - 457.
[4] Chui C K. An Introduction to Wavelets[M]. Boston: Academic Press, 1992.
[5] Wigner E. On the quantum correction for thermodynamic equilibrium[J]. Phys. Rev. , 1932, 40:749 - 759.
[6] Ville J. Theorie et applications de la notion de signal analytique[J]. Cables et Transmissions, 1948, 20A:61 - 74.
[7] Mark W D. Spectral analysis of the convolution and filtering of non-stationary stochastic processes[J]. Sound Vib. , 1970, 11(1):19 - 63.
[8] Claasen T A C M, Mecklenbräker W F G. The Wigner distribution - A tool for time-frequency signal analysis - Part Ⅰ: Continuous-time signals[J]. Philips J. Res. , 1980,

35:217-250.

[9] Claasen T A C M, Mecklenbräker W F G. The Wigner distribution - A tool for time-frequency signal analysis - Part Ⅱ: Discrete time signals[J]. Philips J. Res. ,1980,35:276-300.

[10] Claasen T A C M, Mecklenbräker W F G. The Wigner distribution - A tool for time-frequency signal analysis - Part Ⅲ: Relations with other time-frequency signal transformations[J]. Philips J. Res. ,1980,35:372-389.

[11] Shie Q, Dapang C. Joint time-frequency analysis[M]. New Jersey: Prentice Hall PTR,1996.

[12] Cohen L. Time-frequency analysis[M]. New Jersey: Prentice Hall PTR,1995.

[13] 孟庆丰,屈梁生. Wigner 分布及其在机械故障诊断中的应用[J]. 信号处理,1990,6(3):155-162.

[14] Meng Q, Qu L. Rotating machinery fault diagnosis using Wigner distribution[J]. Mechanical Systems and Signal Processing,1991,5(3),155-166.

[15] 孟庆丰,何正嘉,赵纪元. 调制信号的时频分布特征及应用[J]. 振动、测试与诊断,1994,14(4):7-14.

[16] Norden E, Huang, Shen Z, Long S R, et al. The empirical mode decomposition and the hilbert spectrum for nonlinear and non-stationary time series analysis[J]. Proc. R. Soc. Lond,1998,454:903-995.

[17] Norden E Huang, Shen Z, Long S R. A new view of nonlinear water waves: the hilbert spectrum[J]. annu. Rev. Fluid Mech. 1999,31:417-457.

[18] Norden E Huang. A new view of earthquake ground motion data: The Hilbert spectrum analysis[C]. Proc. Int'l workshop on annual commemoration of Chi-Chi Earthquake. 2000,Ⅱ:64-75.

[19] Yue Huanyin, Guo Huadong, Han Chunming, et al. A SAR interferogram filter based on the empirical mode decomposition method[J]. Geoscience and Remote Sensing Symposium,2001,5:2061-2063.

[20] Dejie Yu, Junsheng Cheng, Yu Yang. Application of EMD method and Hilbert spectrum to the fault diagnosis of roller bearings[J]. Mechanical Systems and Signal Processing 19 (2005):259-270.

[21] Guanghong Gai. The processing of rotor startup signals based on empirical mode decomposition[J]. Mechanical Systems and Signal Processing 20(2006):222-235.

[22] Liu B, Riemenschneider S, Xu Y. Gearbox fault diagnosis using empirical mode decomposition and Hilbert spectrum[J]. Mechanical Systems and Signal Processing 20 (2006):718-734.

[23] Leon Cohen. Time-frequency analysis: theory and applications[M]. New York: Prentice Hall,1995.

[24] 钟佑明,秦树人,汤宝平. Hilbert-Huang 变换中的理论研究[J]. 振动与冲击,2002,21(4):13-17.

第5章 基于小波理论的故障诊断方法

小波理论的诞生为信号特别是非平稳信号分析在工具和方法上取得了重大的突破。"小波"的"小"是指局部非零,具有紧支性和衰减性;"波"是指具有波动性,包含频率的特性。小波变换的目的就是既要看到信号的全貌,又要看到信号的细节。小波分析的思想来源于伸缩和平移方法,这可追溯到1910年A. Haar提出的规范正交系[1],他的贡献是在时域中实现了完全的局部化,但它在频域中的局部化性能不好。

1981年,J. Stromberg对Haar基进行改进,证明小波函数的存在性[2]。1984年,J. Morlet在分析地震数据的局部性时引进了小波概念[3]。1986年,Y. Meyer创造性地构造出二进伸缩、平移小波基函数,掀起了小波研究热潮[4]。1987年,S. G. Mallat巧妙地将多分辨思想引入小波分析,统一了前人所提出的各类正交小波构造。给出了把信号及图像按不同频带的分解算法及其重构算法,即Mallat塔形算法[5-7]。该算法正交、高效,它在小波变换中的地位,如同FFT在傅里叶变换中的地位,奠定了小波变换的工程实用基础。1988年,I. Daubechies构造了具有紧支集的正交小波基[8,9]。这样,小波分析的系统理论得到了建立。从1989年到1991年,R. R. Coifman、M. V. Wickerhauser及合作者提出小波包概念及算法[10,11],其思想与我国古代易经八卦一致,采用树形算法,是Mallat塔形算法的推广,并引进Shannon熵作为评价小波基选取的好坏[12]。1993年,David E. Newland提出了谐波小波[13],该小波算法简单,具有"锁定"信号相位的能力,使之在信号分析中具有其他小波不可替代的优点。1997年,Harold Szu构造了复值Hermitian小波,提出了基于Hermitian小波变换相空间截面图的信号奇异性识别方法,将其应用于巴拉圭河两岸水文高度变化的预报[14]。1998年L. C. Freudinger等人在动力学模态分析中提出单边衰减的Laplace小波进行相关滤波,分离出信号中的冲击响应,应用于航空机翼系统模态参数识别[15]。W. Sweldens于1997年采用提升方法构造小波,提出了第二代小波变换的概念[16]。1998年,I. Daubechies和W. Sweldens合作证明了任何具有有限冲击响应滤波器(FIR)的小波变换都可以用多步提升方法予以实现[17],这一结论建立了第一代离散小波变换和第二代小波变换之间的联系,从而可构造出更多、更丰富的小波基函数。小波函数以其特有的多尺度、多分辨和紧支性,已渗透到有限元分析中的奇异性等问题的求解,形成小波有限元理论和方法[18]。

综上所述,近一个世纪,特别是近二十年以来,小波理论和算法得到了突飞猛进的发展。它为信号处理领域里各自独立开发的方法建立了一个统一的框架,已广泛应用于信号及图像处理、语音分析、数值计算、模式识别、量子物理、故障诊断等领域。我国科技工作者立足于这一学科前沿,进行了深入的理论研究和大量的工程应用,取得了丰硕的成果,在不同的领域里撰写了很有价值的著作,大大促进了小波理论研究和技术应用在信号处理领域的发展。

5.1 基于小波变换的非平稳信号故障诊断

5.1.1 小波变换

在平方可积实数空间 $L^2(R)$ 中，函数 $\psi(t)$ 满足容许条件（admissible condition）

$$\int_{-\infty}^{+\infty}\psi(t)\mathrm{d}t=0 \tag{5.1.1}$$

称 $\psi(t)$ 为基本小波或母小波。$\psi(t)$ 通过伸缩 a 和平移 b 产生一个函数族 $\{\psi_{b,a}(t)\}$，称为小波（小波基函数）。有

$$\psi_{b,a}(t)=a^{-1/2}\psi\left(\frac{t-b}{a}\right) \tag{5.1.2}$$

式中，a 是尺度因子，有 $a>0$，b 是时移因子。如果 $a<1$，则波形收缩；反之，若 $a>1$，则波形伸展。这里 $a^{-1/2}$ 可保证在不同的 a 值下，即在小波函数的伸缩过程中能量保持相等。在二进伸缩、平移小波中，$a=2^{-j}$，$b=na$，$j,n\in Z$。信号 $x(t)$ 的小波变换为

$$WT_x(b,a)=a^{-1/2}\int_{-\infty}^{+\infty}x(t)\psi^*\left(\frac{t-b}{a}\right)\mathrm{d}t=\langle x(t),\psi_{b,a}(t)\rangle \tag{5.1.3}$$

式(5.1.3)表示的小波变换是用信号 $x(t)$ 与小波基函数 $\psi_{b,a}(t)$ 进行内积 $\langle\cdot,\cdot\rangle$ 运算。这一内积运算旨在探求信号 $x(t)$ 中包含与小波基函数 $\psi_{b,a}(t)$ 最相关或最相似的分量。小波变换的实质就是以基函数 $\psi_{b,a}(t)$ 与信号 $x(t)$ 作内积匹配，将 $x(t)$ 分解为不同频带的子信号。因此，构造出一个小波基函数 $\psi_{b,a}(t)$，就能够进行一种小波变换。如何进行有效的小波变换，关键取决于小波基函数的构造与选择。

对信号 $x(t)$ 进行小波变换相当于通过小波的尺度因子和时移因子变化去观察信号。当 a 减小时，小波函数的时宽减小，频宽增大；当 a 增大时，小波函数的时宽增大，频宽减小。小波变换的局部化是变化的，在高频处时间分辨率高，频率分辨率低；在低频处时间分辨率低，频率分辨率高，即具有"变焦"的性质，也就是具有自适应窗的性质。

式(5.1.3)通过变量置换可改写为

$$WT_x(b,a)=a^{1/2}\int_{-\infty}^{+\infty}x(at)\psi^*\left(t-\frac{b}{a}\right)\mathrm{d}t=\left\langle x(at),a^{1/2}\psi^*\left(t-\frac{b}{a}\right)\right\rangle \tag{5.1.4}$$

式(5.1.3)表明，当尺度因子 a 增大（或减小），函数 $\psi\left(\frac{t-b}{a}\right)$（滤波器脉冲响应）在时域中伸展（或缩短），可计及信号更长（或更短）的时间行为。式(5.1.4)表明，随着尺度因子 a 的改变，通过一个恒定的滤波器 $\psi\left(t-\frac{b}{a}\right)$ 观察到被伸展或压缩了的信号波形 $x(at)$。显而易见，尺度因子 a 解释了信号在变换过程中尺度的变化，用大尺度可观察信号的总体，用小尺度可观察信号的细节。不难理解，式(5.1.4)还解释了为什么在 S. G. Mallat 的小波信号分解塔形快速算法中，始终使用同样的低通与高通滤波器的道理。

应当指出，式(5.1.2)表示的小波函数族 $\{\psi_{b,a}(t)\}$ 并不是唯一定义的，还可采用如下定义：

$$\psi_{b,a}(t)=\frac{1}{a}\psi\left(\frac{t-b}{a}\right) \tag{5.1.5}$$

这种表示的优点是在不同尺度下可以保持各 $\psi_{b,a}(t)$ 的频谱中幅频特性大小一致。设 $\psi(t)$ 的傅里叶变换是 $\Psi(\omega)$,则 $a^{-1}\psi\left(\dfrac{t}{a}\right)$ 的傅里叶变换是 $a^{-1}|a|\Psi(a\omega)=\Psi(a\omega)$。与 $\Psi(\omega)$ 相比,只有频率坐标比例变化,幅度没有变化。

式(5.1.3)的内积运算往往可以用卷积运算来表示。这是因为

内积: $$\langle x(t),\psi(t-\tau)\rangle=\int x(t)\psi^*(t-\tau)\mathrm{d}t \tag{5.1.6}$$

卷积: $$x(t)*\psi(t)=\int x(\tau)\psi^*(t-\tau)\mathrm{d}\tau,\text{或记做}\int x(t)\psi^*(\tau-t)\mathrm{d}t \tag{5.1.7}$$

两式相比较,只是将 $\psi(t-\tau)$ 改成 $\psi(\tau-t)=\psi[-(t-\tau)]$,即 $\psi(t)$ 首尾对调。如果 $\psi(t)$ 是关于 $t=0$ 的对称函数,则计算结果无区别;如果是非对称的,在计算方法上也无本质区别[21]。

当机器发生故障时,导致动态信号波形复杂且不平稳。因机器各零部件的结构不同和运行状态不同,信号所包含机器不同零部件的故障特征频率分布在不同的频带里。小波变换能够把任何信号映射到由一个母小波伸缩(变换频率)、平移(刻划时间)而成的一组基函数上去,实现信号在不同频带、不同时刻的合理分离,为动态信号的非平稳性描述、机器零部件故障特征频率的分离、微弱信息的提取以实现早期故障诊断提供了高效、有力的工具。这些优点来自小波变换的多分辨分析和小波基函数的正交性。

5.1.2 多分辨分析及其工程意义

在平方可积实数空间 $L^2(R)$ 的多分辨分析是指存在一系列的闭子空间 $\{V_j\}_{j\in Z}$,W_j 是 V_j 在 V_{j+1} 中的正交补空间。这些子空间具有以下性质[19]:

1) 一致单调性: $$\cdots\subset V_{-1}\subset V_0\subset V_1\subset\cdots; \tag{5.1.8}$$

2) 渐近完全性: $$\bigcup_{j\in Z}V_j=L^2(R);\bigcap_{j\in Z}V_j=\{0\}; \tag{5.1.9}$$

3) 伸缩规则性: $$x(t)\in V_j\Leftrightarrow x(2t)\in V_{j+1},\quad\forall j\in Z; \tag{5.1.10}$$

4) 平移不变性: $$x(t)\in V_j\Leftrightarrow x(t-k)\in V_j,\quad\forall j\in Z; \tag{5.1.11}$$

5) 正交补全性: $$V_{j+1}=V_j\oplus W_j,\quad\forall j\in Z; \tag{5.1.12}$$

6) Riesz 基存在性:存在 $\varphi(t)\in V_0$,使得 $\{\varphi(t-k)\}_{k\in Z}$ 是 V_0 的 Riesz 基。

同样使 $\{\varphi(2^j t-k)\}_{k\in Z}$ 构成 V_j 的 Riesz 基。 (5.1.13)

多分辨分析定义中有两种情况,一类定义用 V_j 代表分辨率为 2^j 的多分辨分析子空间,另一类定义用 V_j 代表分辨率为 2^{-j} 的多分辨分析子空间。这里采用前者。

性质1)表明分辨率为 2^{j+1} 的子空间 V_{j+1} 中的逼近信号包含了分辨率为 2^j 的子空间 V_j 的信息以及分辨率低于 2^j 的所有信息。这也称为因果性质(causality property)。

性质2)表明所有子空间组成 $L^2(R)$ 函数空间。随着分辨率的提高,逼近信号就更接近原始信号;反之,随着分辨率的降低,逼近信号所包含的信息就越来越少。因此,在以分辨率为 2^j 时得到的逼近信号与原始信号相比较,将会丢失部分信息。

性质3)表明所有的子空间可以由一个基本空间通过尺度的伸缩变化得到,在不同的分辨率时,逼近运算相同。

性质4)表明子空间中的信号在时间上的平移,则信号仍然处于该子空间,分辨率不变。

性质5)表明 W_j 是 V_j 在 V_{j+1} 中的正交补空间,是 V_{j+1} 中所有与 V_j 正交的函数集合。符

号 ⊕ 表示两个子空间的"正交和"。V_j 称为尺度函数空间，W_j 称为小波函数空间，它们相互正交，即 $V_j \perp W_j$。可以从 V_{j+1} 空间得到以分辨率为 2^j 的 V_j 空间中的逼近信号，从 V_{j+1} 空间得到以分辨率为 2^j 的 W_j 空间中的细节信号。特别地，若 $j=0$，则式(5.1.12)直接给出 V_0 空间的尺度函数 $\varphi(t)$ 与 W_0 空间的小波函数 $\psi(t)$ 之间的正交性，即内积

$$\langle \varphi(t-l), \psi(t-k) \rangle = \delta(k-l) \tag{5.1.14}$$

反复使用式(5.1.12)和关系 $V_j \perp W_j$，可以得到小波逼近空间表达式

$$L^2(R) = \cdots \oplus W_{-1} \oplus W_0 \oplus W_1 \oplus \cdots = \bigoplus_{j \in Z} W_j \tag{5.1.15}$$

性质 6)是指存在正常数 A,B，且有 $0 < A \leqslant B < +\infty$，对于任意序列 $\{c_k\}_{k \in Z} \in l^2$（$l^2$ 表示所有双无限平方可求和序列空间）满足

$$A \sum_{k \in Z} |c_k|^2 \leqslant \left\| \sum_{k \in Z} c_k \varphi(t-k) \right\|_2^2 \leqslant B \sum_{k \in Z} |c_k|^2 \quad 0 < A \leqslant B < +\infty \tag{5.1.16}$$

式(5.1.16)是 $\{\varphi(t-k)\}_{k \in Z}$ 的有界性条件，A 和 B 分别称为 Riesz 基的下界和上界。根据式(5.1.10)表示的伸缩规则性，如果 $\{\varphi(t-k)\}_{k \in Z}$ 是 V_0 空间的 Riesz 基，那么 $\{\varphi(2^j t-k)\}_{k \in Z}$ 是 V_j 空间的 Riesz 基。Riesz 基的特点是它的元素线性独立。关于 Riesz 基的定义请参阅文献[20]第 235 页和文献[21]第 35 页。

上述这些性质为机械动态分析与监测诊断信息的提取和利用指明了方向。可利用性质 1)、2)、3)和 4)认识到信号的整体与局部逼近信号的关系以及由整体到局部或由局部到整体的分析途径。在应用小波理论对监测诊断信号进行分解或重构时，不同的 j（分解或重构的层次）意味不同的分辨率 2^j，所得到的分解或重构信号是 V_j 及 W_j 子空间中的信息，这些子空间中的投影信号包含了机械设备运行时不同零部件的时频信息，为故障诊断信息浓缩化提供了手段。性质 5)在有些文献中没有被包含，文献[19]用直接和＋代替(5.1.12)中的正交和 ⊕，这具有一般性。如果 $\psi(t)$ 是正交小波，那么 $L^2(R)$ 的子空间 W_j 相互正交，得到式(5.1.15)的正交和的形式。式(5.1.12)和式(5.1.15)所表示的正交性对机械动态分析与监测诊断十分重要，由于正交性，得到子空间 V_j 和 W_j 中的信号是独立的，S.G. Mallat 在文献[6]中强调正交与独立的关系，他指出：独立则频带信息无冗余、不疏漏，这应归功于小波函数的正交性。采用正交小波变换，能够保证逼近信号与细节信号相互独立，即各自都不包含其他空间（频带）的信息。用小波变换对信号进行多次分解，由式(5.1.15)得到的各细节信号也相互独立。位于某个频带的分解信号由于独立性就只提供该频带中的机械动态信息，这就缩小了查找故障的范围，提高了诊断的准确率。性质 6)表示的 Riesz 基存在性，表明 $L^2(R)$ 空间中的任意函数都可以用序列 $\{c_k\}_{k \in Z} \in l^2$ 的线性组合表示。任何一种线性分解的基函数都希望是线性独立的，由式(5.1.16)容易知道，Riesz 基的元素是线性独立的，它没有冗余的元素。这为寻找小波分析的线性独立基提供了问题的答案。若由 $L^2(R)$ 中的母小波 $\psi(t)$ 生成的小波 $\psi_{j,k}(t) = 2^{j/2} \varphi(2^j t - k)$，$j$、$k \in Z$，是 $L^2(R)$ 的一个 Riesz 基，就能保证小波 $\psi_{j,k}(t)$ 的冗余度尽可能小，这对故障特征提取十分有利。

5.1.3 正交小波基的构造与信息独立化的提取

在机械动态分析与监测诊断过程中，期望小波函数是线性独立的，即希望小波函数是一个 Riesz 基。由于正交性能够保证独立性，正交基是完备的内积空间（Hilbert 空间）最理想

的基函数,所以最感兴趣于寻找小波函数$\{\psi_{j,k}(t)\}$的正交基。

定义 5.1.1[20] (正交小波)一个在$L^2(R)$中的 Riesz 小波 $\psi(t)$ 称为正交小波,若其生成的离散小波族$\{\psi_{j,k}(t):j,k\in Z\}$满足正交性条件:

$$\langle \psi_{j,k}, \psi_{m,n} \rangle = \delta(j-m)\delta(k-n), \quad j\text{、}k\text{、}m\text{、}n\in Z$$

除正交小波以外,还有半正交小波、双正交小波等,可参阅文献[20]。

定理 5.1.1[20] 令V_j(其中$j\in Z$)是$L^2(R)$空间的一个多分辨逼近,则存在一个唯一函数$\varphi(t)\in L^2(R)$使得

$$\varphi_{j,n}=2^{j/2}\varphi(2^jt-n), \quad n\in Z \tag{5.1.17}$$

必定是V_j内的一个标准正交基,其中$\varphi(t)$称为尺度函数。

定理 5.1.2[22] 设$\varphi(t)$是产生$L^2(R)$中多分辨分析$\{V_j\}_{j\in Z}$的尺度函数,满足

1) $\{\varphi_{0,n}\}_{n\in Z}$是$V_0$中的标准正交基;

2) 存在$\{h_n\}_{n\in Z}\in l^2$,使得$\varphi(t)=\sum_{n\in Z}h_n\varphi(2t-n)$,令

$$g_n=(-1)^{1-n}h(1-n) \tag{5.1.18}$$

$$\psi(t)=\sum_{n\in Z}g_n\varphi(2t-n) \tag{5.1.19}$$

$W_j=\text{span}_{L^2(R)}\{\psi_{j,n}(t)=2^{j/2}\psi(2^jt-n),n\in Z\}$,则

1) $W_j\perp V_j$,$W_j\oplus V_j=V_{j+1}$,从而$L^2(R)=\bigoplus_{j\in Z}W_j$,$W_j\perp W_k$,$j\neq k$;

2) $\{\psi_{j,n}\}_{j,n\in Z}$是$W_j$中的标准正交基,从而$\{\psi_{j,n}\}_{j,n\in Z}$是$L^2(R)$中的标准正交基。

证明从略。由此定理,保证了能够从$L^2(R)$中的正交尺度基函数构造出$L^2(R)$中的正交小波基函数,关键的问题是构造出使$\{\varphi_{0,n}\}_{n\in Z}$是$V_0$的标准正交基的尺度函数$\varphi(t)$。

从包容关系$V_0\subset V_1$,有$\varphi_{0,0}(t)\in V_0\subset V_1$,所以$\varphi(t)=\varphi_{0,0}(t)$可以利用$V_1$子空间的尺度基函数$\varphi_{1,n}(t)=2^{1/2}\varphi(2t-n)$展开,展开系数为$\{h_n\}_{n\in Z}$。另一方面,由于$V_1=V_0\oplus W_0$,小波基函数$\psi(t)=\psi_{0,0}(t)\in W_0\subset V_1$,这一包容关系表明$\psi(t)$可以用$V_1$中的尺度基函数$\varphi_{1,n}(t)=2^{1/2}\varphi(2t-n)$展开,展开系数为$\{g_n\}_{n\in Z}$,有双尺度关系

$$\begin{cases}\varphi(t)=\sqrt{2}\sum_{n=-\infty}^{\infty}h_n\varphi(2t-n)\\ \psi(t)=\sqrt{2}\sum_{n=-\infty}^{\infty}g_n\varphi(2t-n)\end{cases} \tag{5.1.20}$$

根据式(5.1.20)表示的双尺度关系,V_j中的尺度函数$\varphi_j(t)$和W_j中的小波函数$\psi_j(t)$均可由V_{j+1}中的尺度函数$\varphi_{j+1}(t)$给出。为简单起见,设$j=0$并省略下标0,尺度函数$\varphi(t)$为

$$\varphi(t)=\begin{cases}1 & 0\leqslant t<1\\ 0 & \text{其他}\end{cases} \tag{5.1.21}$$

小波函数$\psi(t)$取为 Haar 小波,有

$$\psi(t)=\begin{cases}1 & 0\leqslant t<1/2\\ -1 & 1/2\leqslant t<1\\ 0 & \text{其他}\end{cases} \tag{5.1.22}$$

用V_1中的尺度函数$\varphi(2t)$和$\varphi(2t-1)$构成式(5.1.21)的尺度函数$\varphi(t)$和式(5.1.22)的小波

函数 $\psi(t)$，可由图 5.1.1 来说明。图 5.1.1a 是 $j=0$ 的尺度函数 $\varphi(t)$。当 $j=1$，它的伸缩尺度函数为 $\varphi(2t)$，平移尺度函数为 $\varphi(2t-1)$。显然有式(5.1.23)的双尺度关系，即尺度函数 $\varphi(t)$ 等于 $\varphi(2t)$ 与 $\varphi(2t-1)$ 之和，小波函数 $\psi(t)$ 等于 $\varphi(2t)$ 与 $\varphi(2t-1)$ 之差。

$$\begin{cases}\varphi(t)=\varphi(2t)+\varphi(2t-1)\\ \psi(t)=\varphi(2t)-\varphi(2t-1)\end{cases} \tag{5.1.23}$$

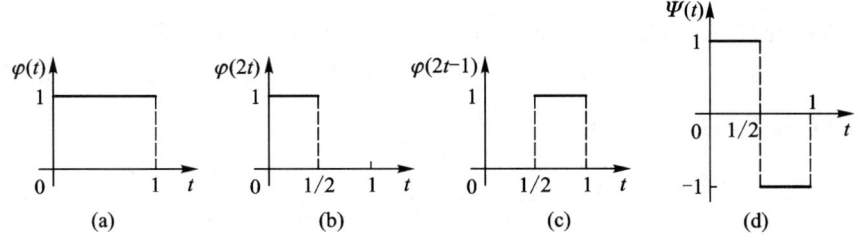

图 5.1.1 尺度函数 $\varphi(2t)$ 和 $\varphi(2t-1)$ 构成尺度函数 $\varphi(t)$ 和小波函数 $\psi(t)$

对式(5.1.20)两边作傅里叶变换可得到

$$\hat{\varphi}(\omega)=H(\omega/2)\hat{\varphi}(\omega/2) \tag{5.1.24}$$

$$\hat{\psi}(\omega)=G(\omega/2)\hat{\varphi}(\omega/2) \tag{5.1.25}$$

这里

$$H(\omega/2)=2^{-1/2}\sum_{n=-\infty}^{+\infty}h_n\mathrm{e}^{-\mathrm{j}n\omega/2},\quad G(\omega/2)=2^{-1/2}\sum_{n=-\infty}^{+\infty}g_n\mathrm{e}^{-\mathrm{j}n\omega/2} \tag{5.1.26}$$

或

$$H(\omega)=2^{-1/2}\sum_{n=-\infty}^{+\infty}h_n\mathrm{e}^{-\mathrm{j}n\omega},\quad G(\omega)=2^{-1/2}\sum_{n=-\infty}^{+\infty}g_n\mathrm{e}^{-\mathrm{j}n\omega} \tag{5.1.27}$$

序列 $\{h_n\}_{n\in Z}$、$\{g_n\}_{n\in Z}$ 在工程上称为正交镜像滤波器（quadrature mirror filters, QMF），且有 $\sum h_{n-2j}h_{n-2k}=\delta_{j,k}$，$\sum h_n=\sqrt{2}$。$H(\omega)$ 和 $G(\omega)$ 是 QMF 的频域形式。

这里讨论的对象是正交小波，而它是由尺度函数的平移和伸缩的线性组合获得的，所以小波函数 $\psi(t)$ 和尺度函数 $\varphi(t)$ 都必须是正交的。

由尺度函数 $\varphi(t)$ 和小波函数 $\psi(t)$ 的正交性以及双尺度方程(5.1.20)可得到

$$|H(\omega)|^2+|H(\omega+\pi)|^2=1 \tag{5.1.28}$$

$$|G(\omega)|^2+|G(\omega+\pi)|^2=1 \tag{5.1.29}$$

$$H(\omega)G^*(\omega)+H(\omega+\pi)G^*(\omega+\pi)=0 \tag{5.1.30}$$

式(5.1.28)、式(5.1.29)和式(5.1.30)是构造正交小波时滤波器 $H(\omega)$ 和 $G(\omega)$ 必须满足的三个条件，分别来自尺度函数的正交性、小波函数的正交性以及尺度函数与小波函数之间的正交性。

由式(5.1.29)和式(5.1.30)，可得到

$$G(\omega)=\mathrm{e}^{-\mathrm{j}\omega}H^*(\omega+\pi) \tag{5.1.31}$$

由于具有式(5.1.31)的形式，常将 $H(\omega)$ 和 $G(\omega)$ 称做二次镜像滤波器。由式(5.1.31)及式(5.1.27)可得到两个滤波器系数之间的关系[20]

$$G(\omega)=2^{-1/2}\mathrm{e}^{-\mathrm{j}\omega}\sum_{k=-\infty}^{+\infty}h_k^*\mathrm{e}^{\mathrm{j}(\omega+\pi)k}=2^{-1/2}\sum_{k=-\infty}^{\infty}(-1)^k h_k^*\mathrm{e}^{-\mathrm{j}(1-k)\omega}$$

$$= 2^{-1/2} \sum_{k=-\infty}^{\infty} (-1)^{1-k} h_{1-k}^* e^{-j\omega k} = 2^{-1/2} \sum_{k=-\infty}^{\infty} g_k e^{-j\omega k} \quad (5.1.32)$$

比较最后两个等式两边 $e^{-j\omega k}$ 的系数,可以得到小波系数 g_n 与尺度系数 h_n 之间的关系为

$$g_k = (-1)^{1-k} h_{1-k}^*, \quad k \in Z \quad (5.1.33)$$

若 $\{h_n\}_{n\in Z}$ 是实序列,共轭符号 * 省略。

可见,要构造满足正交三条件式(5.1.28)、式(5.1.29)和式(5.1.30)的滤波器 $H(\omega)$ 和 $G(\omega)$,首先要设计满足式(5.1.28)的滤波器 $H(\omega)$,然后再根据式(5.1.31)设计滤波器 $G(\omega)$。也可由 $H(\omega)$ 得到 $\{h_n\}_{n\in Z}$,再由式(5.1.33)直接得到 $\{g_n\}_{n\in Z}$。S. G. Mallat 基于 $2p+1$ 阶多项式样条函数构造出 $\hat{\varphi}(\omega)$,见式(5.1.34)[6]

$$\begin{cases} \hat{\varphi}(\omega) = \dfrac{1}{\omega^n \sqrt{\sum_{2n}(\omega)}} \\ \hat{\psi}(\omega) = \dfrac{e^{-j(\omega/2)} \sqrt{\sum_{2n}(\omega/2+\pi)}}{\omega^n \sqrt{\sum_{2n}(\omega) \sum_{2n}(\omega/2)}} \end{cases} \quad (5.1.34)$$

这里 $n = 2p+2$,且 $\sum_n(\omega) = \sum\limits_{k=-\infty}^{+\infty} \dfrac{1}{(\omega+2k\pi)^n}$。

由式(5.1.24),有关系 $\hat{\varphi}(2\omega) = H(\omega)\hat{\varphi}(\omega)$,可得到

$$H(\omega) = \sqrt{\dfrac{\sum_{2n}(\omega)}{2^{2n} \sum_{2n}(2\omega)}} \quad (5.1.35)$$

根据式(5.1.25)和式(5.1.31),可得到 $\hat{\psi}(\omega)$,见式(5.1.34)。

当 $p=1$ 时,则 $n=4$,尺度函数 $\varphi(t)$ 及其傅里叶变换 $\hat{\varphi}(\omega)$ 示于图 5.1.2 中,尺度函数是低通滤波器。小波函数 $\psi(t)$ 及其傅里叶变换 $\hat{\psi}(\omega)$ 示于图 5.1.3 中,小波函数是带通滤波器。由图可见,$\hat{\varphi}(\omega)$ 允许正频率通过的区间是 $[0,\pi]$,而 $\hat{\psi}(\omega)$ 允许正频率通过的区间是 $[\pi,2\pi]$,两者在 0 到 2π 区间恰好正交互补,使信号中的低频信息和高频信息分解到互相独立的频带里,信息无冗余、无疏漏、独立化地提取出来,正是基于这种正交性。

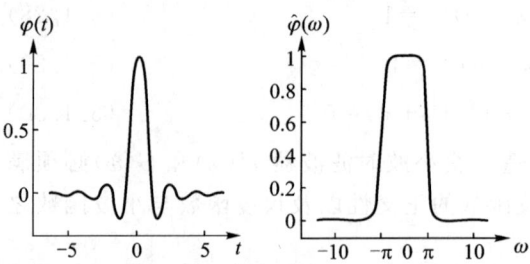

图 5.1.2 尺度函数 $\varphi(t)$ 及其傅里叶变换 $\hat{\varphi}(\omega)$

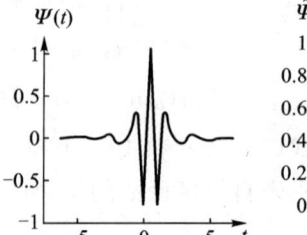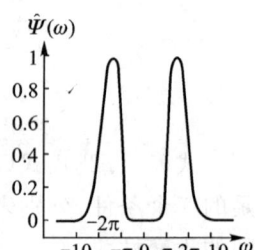

图 5.1.3 小波函数 $\psi(t)$ 及其傅里叶变换 $\hat{\psi}(\omega)$

在实际应用中,很少直接使用镜像低通滤波器 $H(\omega)$,通常使用它的脉冲响应序列 $\{h_n\}_{n\in Z}$(低通滤波序列)以及由式(5.1.33)确定的序列 $\{g_n\}_{n\in Z}$(带通滤波序列)。当 $n=4$ 时,根据式(5.1.35)可计算出 $H(\omega)$ 的脉冲响应序列 $\{h_n\}_{n\in Z}$ 的前 24 个系数,列于表 5.1.1 中[23]

表 5.1.1　低通滤波序列 $\{h_n\}_{n\in Z}$ 的前 24 个系数

$h_0 = 0.541\,736$	$h_6 = -0.012\,145$	$h_{12} = 0.001\,546$	$h_{18} = -0.000\,164$
$h_1 = 0.306\,830$	$h_7 = -0.012\,715$	$h_{13} = 0.001\,331$	$h_{19} = 0.000\,103$
$h_2 = -0.035\,498$	$h_8 = 0.006\,141$	$h_{14} = -0.000\,780$	$h_{20} = -0.000\,202$
$h_3 = -0.077\,808$	$h_9 = 0.005\,788$	$h_{15} = -0.000\,656$	$h_{21} = 0.000\,083$
$h_4 = 0.022\,685$	$h_{10} = -0.003\,079$	$h_{16} = 0.000\,396$	$h_{22} = -0.000\,053$
$h_5 = 0.029\,747$	$h_{11} = -0.002\,745$	$h_{17} = 0.000\,327$	$h_{23} = -0.000\,042$

有了低通、带通滤波序列 $\{h_n\}_{n\in Z}$ 和 $\{g_n\}_{n\in Z}$，就能通过小波变换进行信息独立化提取。

对信号 $x(t)$ 进行小波变换时，根据多分辨性质，公式(5.1.3)的计算可通过一系列的内积运算给出。设分辨率为 j 的尺度函数 $\varphi_{j,k}$ 和小波函数 $\psi_{j,k}$ 分别是尺度空间 V_j 和小波空间 W_j 规范正交基，小波变换的低频逼近信号 $a_{j,k}$ 和高频细节信号 $d_{j,k}$ 可分别用内积表示为

$$a_{j,k} = \langle x, \varphi_{j,k} \rangle, \quad d_{j,k} = \langle x, \psi_{j,k} \rangle \tag{5.1.36}$$

有著名的双尺度关系

$$\begin{cases} \varphi_{j-1,n} = \sum_{k\in Z} \langle \varphi_{j-1,n}, \varphi_{j,k} \rangle \varphi_{j,k} = \sum_{k\in Z} h_{k-2n} \varphi_{j,k} \\ \psi_{j-1,n} = \sum_{k\in Z} \langle \psi_{j-1,n}, \varphi_{j,k} \rangle \varphi_{j,k} = \sum_{k\in Z} g_{k-2n} \varphi_{j,k} \end{cases} \tag{5.1.37}$$

这里 h_{k-2n} 和 g_{k-2n} 分别是低通和高通滤波器系数。式(5.1.37)表明分辨率为 j 的尺度函数 $\varphi_{j,k}$ 可分别通过内积表示分辨率为 $j-1$ 的尺度函数 $\varphi_{j-1,n}$ 和小波函数 $\psi_{j-1,n}$。通过式(5.1.37)对信号 $x(t)$ 进行内积运算，得到小波变换的分解表达式

$$a_{j-1,n} = \sum_{k\in Z} h_{k-2n} a_{j,k}, \quad d_{j-1,n} = \sum_{k\in Z} g_{k-2n} a_{j,k} \tag{5.1.38}$$

由于 $V_j = V_{j-1} \oplus W_{j-1}$，若 $x(t)$ 分解 i 次，将得到一个 V_{j-i} 空间中的低频逼近信号 A_{j-i} 和 i 个分别在 W_{j-1}、W_{j-2}、$\cdots$、W_{j-i} 空间中的高频细节信号 D_{j-1}、D_{j-2}、$\cdots$、D_{j-i}。有

$$\begin{aligned} x(t) &= A_{j-1} + D_{j-1} = A_{j-2} + D_{j-2} + D_{j-1} = \cdots \\ &= A_{j-i} + D_{j-i} + D_{j-i+1} + \cdots + D_{j-1} \end{aligned} \tag{5.1.39}$$

对于 $\varphi_{j,k}$ 与 $\varphi_{j-1,n}$ 和 $\psi_{j-1,n}$ 有基函数分解关系

$$\varphi_{j,n} = \sum_{k\in Z} \langle \varphi_{j,n}, \varphi_{j-1,k} \rangle \varphi_{j-1,k} + \sum_{k\in Z} \langle \varphi_{j,n}, \psi_{j-1,k} \rangle \psi_{j-1,k} \tag{5.1.40}$$

将式(5.1.37)代入式(5.1.40)，有

$$\varphi_{j,n} = \sum_{k\in Z} h_{n-2k} \varphi_{j-1,k} + \sum_{k\in Z} g_{n-2k} \psi_{j-1,k} \tag{5.1.41}$$

对式(5.1.41)两边与 $x(t)$ 进行内积运算，可得小波变换的重构表达式

$$a_{j,n} = \sum_{k\in Z} h_{n-2k} a_{j-1,k} + \sum_{k\in Z} g_{n-2k} d_{j-1,k} \tag{5.1.42}$$

由此可见，式(5.1.3)表示小波变换的内积形式，在实际计算中转化为基于基函数 $\varphi_{j,k}$ 和小波函数 $\psi_{j,k}$ 的滤波器组 $\{h\}$ 和 $\{g\}$ 的设计，不同的基函数相应地具有不同的滤波器组，据此实现与基函数相似的信号特征成分的提取。

对信号进行分解和重构计算的 Mallat 塔形算法中，并没有涉及尺度函数 $\varphi(t)$ 和小波函数 $\psi(t)$ 的具体形式，而是直接运用低通滤波器和带通滤波器的系数 $\{h_n\}_{n\in Z}$ 和 $\{g_n\}_{n\in Z}$ 参与

运算,运算量正比于 $O(N\log_2 N)$,这里 N 是数据长度。在分解计算中,进行隔二抽取,将输入序列每隔一个输出一次(例如只取偶数),组成长度缩短一半的新序列。这样,每次分解所得到的逼近信号和细节信号的数据长度是上一次逼近信号数据长度的一半。当 J 次分解后,逼近信号和细节信号的数据长度缩减为原始信号数据长度的 2^{-J}。在重构计算的每一步中,先在数据之间插补零后再参与同低通、带通滤波器系数的运算,结果重构数据长度加倍。Mallat 的塔形算法在小波分析中的地位就相当于快速傅里叶算法在傅里叶变换中的地位。

多分辨分析和正交小波变换为机械动态分析与监测诊断提供了有效的手段,正交小波变换将原始信号分解到各自独立的频带中,这些独立频带中的分解信号携带着机械设备运行时不同零部件的状态信息,正交性保证了这些状态信息无冗余、无疏漏,排除了干扰,浓缩了监测诊断信息,在机械设备动态分析、状态监测与故障诊断中备受重视。

5.1.4 小波包信号分解与频带能量监测

从本章所讨论的小波变换和多分辨分析中可以看到,在对信号进行时频分解时,由于其尺度是按二进制变化的,每次分解得到的低频逼近信号和高频细节信号平分被分解信号的频带,二者带宽相等。由式(5.1.38)和式(5.1.39)可看到,小波变换对信号的分解都是对低频逼近信号 $a_{j,k}$ 进行分解,不再对高频细节信号 D 进行分解。图 5.1.4a 是小波信号分解频带划分的示意图。在图 5.1.4a 中,用 $A_k x$ 和 $D_k x$ 分别表示低频逼近信号 A_{j-k} 和高频细节信号 D_{j-k}。由于小波函数的正交性,这些分解频带相互独立,信息无冗余,也不疏漏。小波变换的这种分解方式,高频频带信号的时间分辨率高而频率分辨率低,低频频带信号的时间分辨率低而频率分辨率高。

在实际应用中,往往希望提高高频频带信号的频率分辨率,如何解决这一问题,小波包(wavelet packet)分析给出了解决问题的途径。小波包分析能够为信号提供一种更加精细的分析方法,它在全频带对信号进行多层次的频带划分,不仅继承了小波变换所具有的良好时频局部化优点,还继续对小波变换没有再分解的高频频带作进一步的分解,从而提高了频率分辨率,因此小波包更具有应用价值。图 5.1.4b 是小波包信号分解频带划分的示意图。

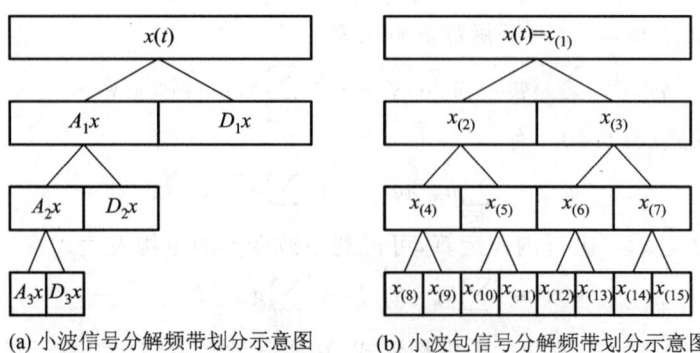

(a) 小波信号分解频带划分示意图 (b) 小波包信号分解频带划分示意图

图 5.1.4　频带划分示意图

由图 5.1.4 所示的信号小波分解和小波包分解可以看到,由于正交分解,每一个频带分解后的两个频带不交叠,输出的两个频带的带宽减半,因此采样率可以减半而不致引起信息的丢失。这是因为带通信号的采样率决定于其带宽,而不决定其频率上限[21]。这就是 Mallat 在他的文献[6]里对信号分解引入"隔二抽取"的理由,用符号"↓2"表示。

以多分辨分析的观点,式(5.1.15)给出的 $L^2(R) = \bigoplus_{j \in Z} W_j$ 表示按不同的尺度因子 j 把 Hilbert 空间 $L^2(R)$ 分解为小波子空间 $W_j (j \in Z)$ 的正交和,小波包分析就是进一步对小波子空间按照二进制方式进行频带细分,以达到提高频率分辨率的目的。

设序列 $\{h_n\}_{n \in Z}$ 满足

$$\sum_n h_{n-2k} h_{n-2l} = \delta_{k,l}, \quad \sum_n h_n = 2^{1/2} \tag{5.1.43}$$

现定义一组递归函数 $w_n \in L^2(R), n = 1, 2, \cdots$,它们由尺度函数 $\varphi(t)$ 和小波函数 $\psi(t)$ 产生,有关系[11]

$$w_0(t) = \varphi(t), \quad w_1 = \psi(t)$$

和

$$\begin{cases} w_{2n}(t) = 2^{1/2} \sum_k h_k w_n(2t-k) \\ w_{2n+1}(t) = 2^{1/2} \sum_k g_k w_n(2t-k) \end{cases} \tag{5.1.44}$$

式中,$g_k = (-1)^k h_{1-k}$,即两系数也具有正交关系。当 $n=0$ 时,式(5.1.44)的 $w_0(t)$ 和 $w_1(t)$ 分别对应于 $\varphi(t)$ 和 $\psi(t)$。

定义 5.1.2[22] 由式(5.1.44)产生的序列 $\{w_n(t)\}_{n \in Z}$ 称为由基函数 $w_0(t) = \varphi(t)$ 确定的小波包。

将多尺度分析中的快速正交小波变换算法推广到小波包算法,对小波空间的细节信号 d 继续分解,得到信号 $x(t)$ 的小波包分解公式(5.1.45)和重构公式(5.1.46)如下:

$$\begin{cases} d_{2n}^{j-1,p} = \sum_{k \in Z} d_n^{j,k} h(k-2p) \\ d_{2n+1}^{j-1,p} = \sum_{k \in Z} d_n^{j,k} g(k-2p) \end{cases} \tag{5.1.45}$$

$$d_n^{j,p} = \sum_{k \in Z} d_{2n}^{j-1,k} h(2p-k) + \sum_{k \in Z} d_{2n+1}^{j-1,k} g(2p-k) \tag{5.1.46}$$

根据多分辨分析关系 $L^2(R) = \oplus W_j, j \in Z$,得到小波包子空间 W_j^n 中的分解关系

$$W_j^n = W_{j-1}^{2n} \oplus W_{j-1}^{2n+1}, \quad j \in Z \tag{5.1.47}$$

小波包对小波子空间 W_j 进行逐步分解,令 $n = 1, 2, \cdots, j = 1, 2, \cdots$,得到如下分解表示

$$\begin{aligned} W_j &= W_j^1 \\ &= W_{j-1}^2 \oplus W_{j-1}^3 \\ &= W_{j-2}^4 \oplus W_{j-2}^5 \oplus W_{j-2}^6 \oplus W_{j-2}^7 \\ &\cdots \quad \cdots \quad \cdots \\ &= W_{j-k}^{2^k} \oplus W_{j-k}^{2^k+1} \oplus \cdots \oplus W_{j-k}^{2^{k+1}-1} \\ &\cdots \quad \cdots \quad \cdots \\ &= W_0^{2^j} \oplus W_0^{2^j+1} \oplus \cdots \oplus W_0^{2^{j+1}-1} \end{aligned} \tag{5.1.48}$$

这种小波子空间 W_j 的分解过程可用 $W_{j-k}^{2^k+m}$ 来表示,这里 $m = 0, 1, 2, \cdots, 2^k-1; k = 1, 2, \cdots, j;$ $j = 1, 2, 3, \cdots$。图 5.1.4b 中,用 $x_{(2^k+m)}$ 表示式(5.1.48)中的 $W_{j-k}^{2^k+m}$。可见,小波包实现了高频序列的进一步分解。

对于信号 $x(t)$,它的小波包分解过程已在图 5.1.4b 中给出。分解信号 x_{2^k+m} 属于子空间 $W_{j-k}^{2^k+m}$。若 $j=0$,则 $k=0$ 和 $m=0$,表示在分辨率 j 水平下的原始信号 $x(t)$ 自身,记为 x_1。如果 x_1 分解 1 次,即 $k=1, m=0、1$,在小波包分解第 1 层上得到分解信号 x_2 和 x_3。如果 x_1 分解 2 次,即 $k=2, m=0、1、2、3$,在小波包分解第 2 层上得到分解信号 $x_4、x_5$ 和 $x_6、x_7$。依此类推。

小波包技术将信号无冗余、无疏漏、正交地分解到独立的频带内,每个频带里信号的能量对于机械动态分析与监测诊断都是十分有用的信息。因此,可采取小波包频带能量监测技术,即分解频带信号能量占信号总能量的分数,对机械系统进行动态监测。目前,国内外大都采用 FFT 频谱分析选取某些特征频率的幅值来进行监测诊断。这种方法相当于只考虑正弦振动的能量,而没有考虑其他振动的能量。频带能量监测应当计及各频带里信号的全部能量,包括非平稳、非线性振动能量,如松动、摩擦、爬行、碰撞等,这些故障的特征波形往往是非平稳、非线性的,不能简单地用正弦分量来表示。小波包信号分解是将包括正弦信号在内的任意信号划归到相应的频带里,用每个频带里信号的能量来反映机械设备的状态。因此,用小波包频带能量监测更具有合理性,通过相应频带里能量比例的变化,可对机械设备进行有效的动态分析与监测诊断。

5.1.5　工程实例:高压透平蒸汽激振分析[24]

机械设备在运行过程中出现的振动现象是十分普遍的。由于设计、装配、维修中存在的问题以及运行过程中状态变化和发生故障,都将导致振动超标甚至机组损坏而无法运行。通过振动信号的测试和分析来查明振动原因和进行故障诊断是目前最常用的方法。某电厂 5 号汽轮发电机组由高压缸、低压缸、发电机和励磁机依次串接组成。高压缸两轴瓦分别是 1 号、2 号轴瓦,低压缸轴瓦是 3 号、4 号轴瓦,其余轴瓦编号依此类推。该机组自大修投运后发现高压缸轴瓦振动严重超标,高压缸的膨胀不足。机组无法正常运行,迫切需要及早查明原因。

(1) 振动测试与分析

采用便携式现场监测诊断仪,对 5 号机组高压缸的 1 号和 2 号轴承座垂直方向加速度振动信号进行采集,图 5.1.5 和图 5.1.6 分别是 1 号和 2 号轴瓦振动信号时域波形。由于高压缸推力瓦的摩擦,图 5.1.5 的振动波形杂乱无规律。图 5.1.6 所示的 2 号轴瓦振动波形,规律性强,可观察到周期约为 40 ms 的冲击振荡信号叠加在工频振动波形上。图 5.1.7 和图 5.1.8 分别是图 5.1.5 和图 5.1.6 信号的小波包分解频带能量监测图。两图下面部分是 0~1 000 Hz 范围内的 8 个带宽为 125 Hz 频带内的分解信号波形,上面部分是各频带的分解信号对应的能量棒图。显然,图 5.1.8 中 250~375 Hz 频带中的分解信号是一强烈的脉冲波形,脉冲间隔与图 5.1.6 的冲击波形间隔相同,该频带集中了高压缸 2 号轴瓦振动的绝大部分能量,能量棒图最高。由于推力盘与推力瓦的摩擦,图 5.1.7 所示的每个频带中能量都比较丰富。位于图 5.1.7 中的 0~125 Hz 和 125~250 Hz 两频带的分解信号的波形与图 5.1.8 中 250~375 Hz 频带中的信号波形类同,亦是明显的脉冲波形,脉冲间隔与图 5.1.6 的冲击波形间隔相同。虽然图 5.1.5 与图 5.1.6 的振动波形截然不同,但小波包分解信号在这些频带里却有相同的时频特征,这有力地表明高压缸存在一激振源,激励轴承座在某些频带范围产生强烈振动。

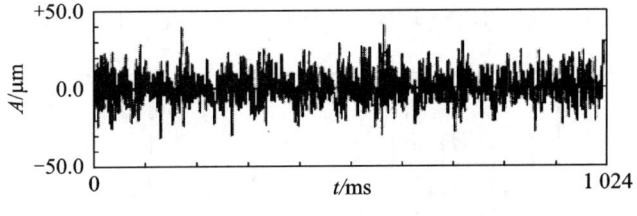

图 5.1.5　高压缸 1 号轴瓦振动波形

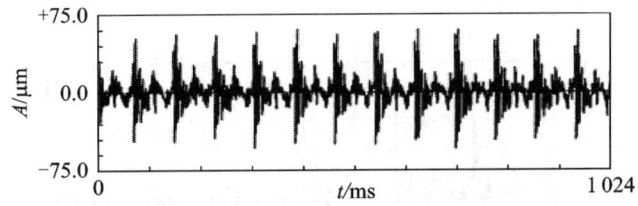

图 5.1.6　高压缸 2 号轴瓦振动波形

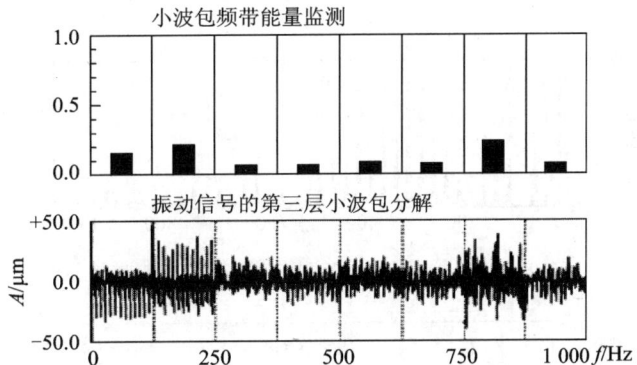

图 5.1.7　高压缸 1 号轴瓦振动的小波包分解频带能量监测

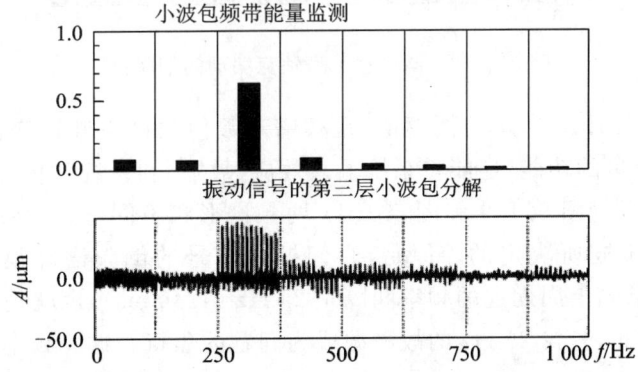

图 5.1.8　高压缸 2 号轴瓦振动的小波包分解频带能量监测

为了定量分析激振源的频率,对图 5.1.5、图 5.1.6 的振动波形分别计算 FFT 频谱和倒频谱,示于图 5.1.9、图 5.1.10 和图 5.1.11、图 5.1.12。在图 5.1.9 和图 5.1.11 的 FFT 频谱中,除了通常具有的工频 50 Hz 分量外,还存在一定量的半频 25 Hz 分量和大量的如同边频带状的高频分量,它们之间的频率间隔几乎相等。这清楚表明 1 号和 2 号轴承座的固有频率被周期性地激励而产生振动调制现象,这种调制源正是故障所导致的。

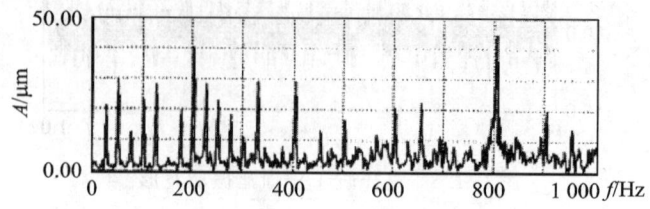

图 5.1.9　高压缸 1 号轴瓦振动的 FFT 频谱

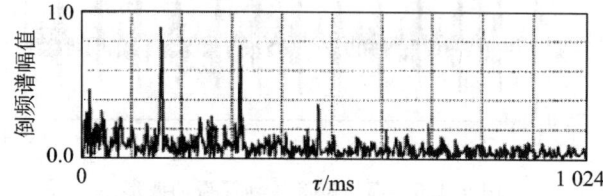

图 5.1.10　高压缸 1 号轴瓦振动的倒频谱

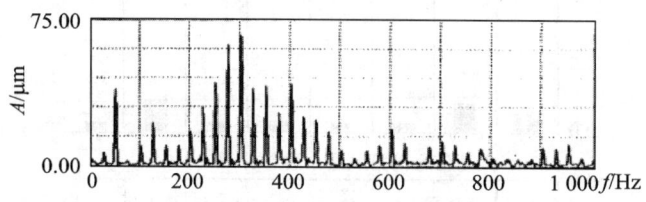

图 5.1.11　高压缸 2 号轴瓦振动的 FFT 频谱

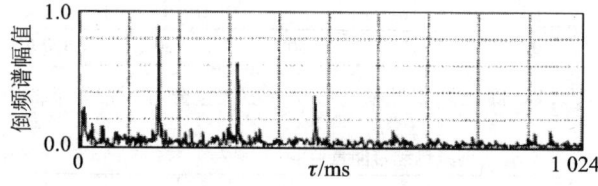

图 5.1.12　高压缸 2 号轴瓦振动的倒频谱

图 5.1.10 和图 5.1.12 所示的倒频谱,是频谱对数值的傅里叶逆变换。倒频谱具有检测频谱图上周期性分量的功能,还能将系统输入效应(故障)和系统的传递效应(系统固有特性)线性地区分开。尽管图 5.1.9 和图 5.1.11 两频谱形状不同,这是高压缸 1 号和 2 号轴承座系统固有特性不同所决定的。但是,它们振动信号的倒频谱却很相似,主峰均位于 40 ms 处,即表明频谱图上周期性的频率间隔是 25 Hz (1/40 ms),也就是振动信号的调制源的频率是 25 Hz。因此,查找 25 Hz 的故障源成为问题的焦点。这一频率值正是工频 50 Hz 的一半。是否产生油膜涡动? 现场运行工人曾调整过润滑油的温度、压力和流量的参数,均未见减振效果。一个有力的事实排除了油膜涡动的可能:在一次试车中,高压缸膨胀量偶然达到设计要求(20 mm),此时高压缸的 1 号、2 号轴瓦及低压缸的 3 号轴瓦振动都明显下降。由于机组结构决定高压缸膨胀时推动轴瓦和箱体平移,此时润滑油的温度、压力、流量等参数基本上没有变化,所以排除了油膜涡动是激振故障源的可能。此外油膜涡动往往是旋转频率的 0.42~0.48 倍,正好等于旋转频率一半的情况尚不多见。

（2）现场分析与故障诊断

为进一步查明原因,进行变工况测试。将抽汽量由原来的 54 t/h 增大到 63 t/h,高压缸两轴瓦的振动都增大,以 2 号瓦为例,约增大 10%。将抽汽量恢复到 54 t/h,振动量又随之恢复。在变工况测试过程中,分析得到的激振频率都为 25 Hz。初步诊断为高压缸发生蒸汽激振故障。蒸汽激振也称蒸汽振荡,最早在 1940 年美国通用电气公司生产的汽轮机上发生,所产生的振动不能用动平衡方法消除。Alford 利用改变气流通流部分结构消除了这种振动。蒸汽激振的特点是[25]:① 振动对气流压力、流量很敏感;② 振动随负荷的改变发生明显变化,当机组达到某一负荷时则发生振动,降低负荷可降低振动;③ 振荡频率等于或高于转子的一阶临界频率;④ 一般情况下都发生在高、中压转子上。在变工况测试过程中,高压缸的振动都具有这些特点,进一步查实了该 5 号机组轴系的一阶临界转速为 1 470 r/min,一阶临界频率为 24.5 Hz,可见所发生的 25 Hz 激振频率略高于一阶临界频率。这与蒸汽激振的特点非常相符。

为什么在大修后发生蒸汽激振现象?问题追溯到大修过程。为了保证使用多年的高压缸四根主进汽管的强度,将老化的焊缝吹掉重新焊接,四根管道先后在常温下逐一完工。这样四根管道在常温下已具有不同的应力和长度,热态时四根管道对高压缸产生强大的不均匀作用力,造成高压缸热态膨胀不畅和缸体扭曲,这种扭曲已被高压缸断面各螺栓不相同的紧力所证实。这样,高压缸每一级挡板与叶片之间的间隙在同一圆周平面内是不均匀的,转子同级叶片受到的蒸汽驱动合力在两个半圆里大小不等、方向相反,如图 5.1.13 所示。设 F_1 是半平面中推动力较小的合力,F_2 为另一半平面中推动力较大的合力。F_1 和 F_2 在产生叶轮旋转力偶的同时也产生了一个无法抵消的总合力 F,F 与转子轴线垂直,使高压缸发生蒸汽激振。

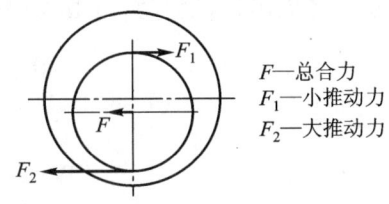

图 5.1.13 蒸汽激振力分析

（3）减振措施

鉴于诊断结论是蒸汽激振,而机组已投入运行,因此在下一次检修前的减振措施是减少进汽量,调整蒸汽压力,限负荷运行。通过运行过程的变工况调整,已取得较为满意的效果。

在随后的机组检修中,采取了多种措施以消除蒸汽激振隐患。重新调整高压缸各主进汽管道在常温下的长度,四根主进汽管安装时严格做到有相同的预拉量(50 mm),避免机组在热态时使高压缸发生扭曲变形。检修损坏的喷嘴,调整喷嘴与叶片的间隙。检查汽封间隙以避免出现过大的密封压差。开机后振动符合要求,满负荷运行一年半直到下次大修,振动状态一直正常,彻底排除了蒸汽激振故障。

这一实例表明,机组装配与检修过程中的不合理因素是导致机械故障发生的重要原因。采用小波包分解频带能量监测技术并综合运用现代信号分析方法来处理振动信号,是查找激振源进行故障诊断的前提。对于信号处理的结果,必须与现场工程实际相结合,去伪存真,才能取得实效。

5.2 连续小波变换及工程应用

小波分析中被广泛使用的 Daubechies 类小波与样条小波都是实小波,它们没有明确的解析表达式,对信号的小波分解是通过构造相应的正交滤波器系数 $\{h_k\}$ 和 $\{g_k\}$ 运用 Mallat 快速算法实现的。除了这两类小波,其他类型的小波基函数也被陆续构造出来并且得到了深入研究和工程应用。S. G. Mallat 在他的专著《A Wavelet Tour of Signal Processing》(Second Edition)中写到:"许多规范正交基和快速数值算法被设计出来,滤波器组和小波基的发现为小波基的获取开辟了新的天地。现在,正交基家族每天都有新成员诞生。不过,如果没有应用的刺激,这种游戏就会变得枯燥乏味。"[26]本节介绍三种在工程实际应用中取得了理想效果的连续小波基函数,它们都有明确的解析表达式。这三种连续小波分别是谐波小波、Laplace 小波和 Hermitian 小波。

5.2.1 谐波小波变换及其工程应用

谐波小波(harmonic wavelet)是由剑桥大学 D. E. Newland 教授提出的[27-28]。谐波小波是一种复小波,在频域紧支,有明确的函数表达式,其伸缩与平移构成了 $L^2(R)$ 空间的规范正交基。谐波小波分解算法是通过信号的快速傅里叶变换(FFT)及其逆变换(IFFT)实现的,算法速度快,精度高,因而具有很好的工程应用价值。

(1) 谐波小波的定义及正交性

小波是满足允许条件的函数,如果一个小波具有完全"盒形"的频谱将是非常理想的。从这一考虑出发,设有实偶函数 $w_e(t)$ 和实奇函数 $w_o(t)$,它们的傅里叶变换分别为

$$W_e(\omega) = \begin{cases} 1/4\pi & 2\pi \leqslant |\omega| < 4\pi \\ 0 & 其他 \end{cases} \tag{5.2.1}$$

$$W_o(\omega) = \begin{cases} i/4\pi & -4\pi \leqslant \omega < -2\pi \\ -i/4\pi & 2\pi \leqslant \omega < 4\pi \\ 0 & 其他 \end{cases} \tag{5.2.2}$$

其中 $i = \sqrt{-1}$,如图 5.2.1a、b 所示:

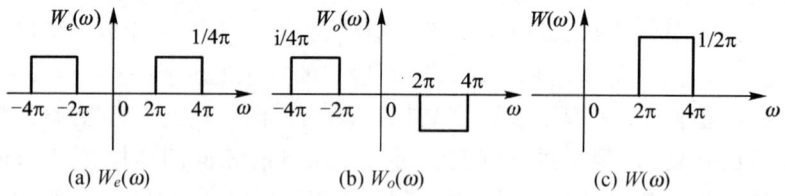

图 5.2.1　$W_e(\omega)$,$W_o(\omega)$ 及 $W(\omega)$ 图示

则对 $W(\omega) = W_e(\omega) + iW_o(\omega)$ 有

$$W(\omega) = \begin{cases} 1/2\pi & 2\pi \leqslant \omega < 4\pi \\ 0 & 其他 \end{cases} \tag{5.2.3}$$

如图 5.2.1c 所示。$W(\omega)$ 所对应的函数 $w(t) = w_e(t) + iw_o(t)$ 由 $W(\omega)$ 的傅里叶逆变换得

$$w(t) = \frac{\exp(i4\pi t) - \exp(i2\pi t)}{i2\pi t} \tag{5.2.4}$$

称式(5.2.4)定义的函数为谐波小波,它是复小波,在频域紧支,且有完全"盒形"的频谱。其实部与虚部如图 5.2.2 所示:

根据小波理论对谐波小波进行伸缩、平移就生成谐波小波函数族:

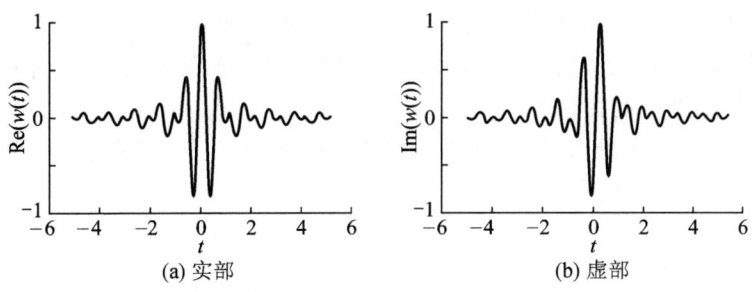

(a) 实部　　　　　　　　　(b) 虚部

图 5.2.2　谐波小波的实部和虚部

$$w(2^j t - k) = \frac{\exp[\mathrm{i}4\pi(2^j t - k)] - \exp[\mathrm{i}2\pi(2^j t - k)]}{\mathrm{i}2\pi(2^j t - k)} \quad (j, k \in Z) \quad (5.2.5)$$

它在时间尺度上是式(5.2.4)被拉伸或压缩的结果,而位置会沿着时间轴运动 k 个新尺度单位 $1/2^j$。

可以证明谐波小波构成一个正交系。

设 $w(t)$ 伸缩平移得到函数族为 $v(t)$,即

$$v(t) = w(2^j t - k) \quad (j, k \in Z)$$

则 $v(t)$ 的傅里叶变换为

$$V(\omega) = \int_{-\infty}^{+\infty} v(t)\mathrm{e}^{-\mathrm{j}\omega t}\mathrm{d}t = \int_{-\infty}^{+\infty} w(2^j t - k)\mathrm{e}^{-\mathrm{j}\omega t}\mathrm{d}t$$

令 $p = 2^j t - k$,则 $t = (p + k)/2^j$,$\mathrm{d}t = 2^{-j}\mathrm{d}p$,于是

$$V(\omega) = 1/2^j \mathrm{e}^{-\mathrm{j}\omega k/2^j} W(\omega/2^j)$$

说明随着小波层(即 j)的变大,谐波小波的频谱宽度倍增而幅值降低,如图 5.2.3 所示。

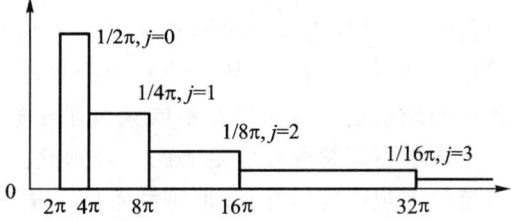

图 5.2.3　不同层谐波小波的频谱

对于谐波小波 $w(t)$ 及其伸缩族 $w(2^j t - k)(j, k \in Z)$,计算它们的内积:

$$<w(t), w(2^j t - k)> = \int_{-\infty}^{+\infty} w(t)\,\overline{w}(2^j t - k)\mathrm{d}t$$

且由于傅里叶变换是 L^2 保范的,得

$$<w(t), w(2^j t - k)> = <W(\omega), V(\omega)>$$
$$= \int_{-\infty}^{+\infty} W(\omega)\overline{V}(\omega)\mathrm{d}\omega$$

当 $j \neq 0$,$W(\omega)$ 与 $V(\omega)$ 在频域中总处于不同的频段,因而总有

$$<w(t), w(2^j t - k)> = <W(\omega), V(\omega)> = 0 \quad (5.2.6)$$

说明处于不同层的谐波小波总是正交的。

对于处于同层的谐波小波如 $w(t)$、$w(t - k)$,其中 $(k \neq 0, k \in Z)$,有

$$<w(t), w(t - k)> = \int_{-\infty}^{+\infty} W(\omega)W(\omega)\mathrm{e}^{-\mathrm{j}\omega k}\mathrm{d}\omega$$
$$= \int_{2\pi}^{4\pi} \frac{1}{4\pi^2}\mathrm{e}^{-\mathrm{j}\omega k}\mathrm{d}\omega = 0 \quad (5.2.7)$$

说明处于第零层的谐波小波也是正交的。对其他层,以上结论可以类似得到。这样,就证明了 $w(t)$ 及其伸缩平移函数族式(5.2.5)构成信号的正交基。因而,以谐波小波作为基函数

系就可以将信号既不交叠,又无遗漏地分解到相互独立的空间,实现将信号分解到不同频段。在故障诊断过程中通过谐波小波分解,可以使得故障信息从强烈的信号背景中分离出来,有利于机器故障特征的提取。

从频谱图 5.2.3 可以看出,谐波小波对信号的分析频宽从高频到低频是以 1/2 关系逐渐减小的,对信号的低频部分划分比较细,而高频部分划分比较粗,这说明谐波小波分解是一种小波分解。

(2) 谐波小波滤波

大型旋转机械状态监测与故障诊断中,往往利用机组同一截面两路相互垂直振动信号的合成轴心轨迹来监测其运行状态和识别故障类型。当设备出现故障时,信号表现出非平稳特性,而小波变换对处理非平稳信号是非常有效的,是否可以用转子同一截面相互垂直的 X 方向与 Y 方向振动信号的小波分解结果来合成轴心轨迹呢?众所周知,大部分小波,比如样条小波与 Daubechies 类小波都没有函数的解析表达式,它们的小波变换是通过 Mallat 算法和相应的小波包 Wickerhause 树形算法实现的。Mallat 算法分解时要隔二抽一,从而使得小波分解各层的数据点数和采样频率随分解层次增加而逐渐减小。这样,直接对运行转子垂直、水平方向振动信号进行小波分解,采用同一尺度同一频段的分解数据合成轴心轨迹,将使轴心轨迹不但不具有可比性,而且由于数据点数减少、采样频率降低会使合成的轴心轨迹失真,这种直接合成轴心轨迹的方法是不合适的。本节应用谐波小波方法将信号相同尺度、相同频段的成分从源信号中分离出来,且保持数据点数与采样频率不变,进而实现旋转机械振动信号不同尺度不同频段轴心轨迹的合成与分析。最后,利用分形方法研究了机组不同层不同频段轴心轨迹的不规则度。作为电力、冶金、石油、化工、运载等旋转机械轴心轨迹的不规则度指标,分形维数本质上描述了机组运行的非线性、非平稳特性。

谐波小波实际上是一个完全理想的带通滤波器,这由它具有的"盒形"(box-like)频谱可以推知,因此谐波小波具有良好的滤波特性。

实际上,同样可以用下面的方法定义谐波小波:

$$\hat{\psi}_{m,n}(\omega) = \begin{cases} \dfrac{1}{2\pi(n-m)} & \omega \in [2\pi m, 2\pi n] \\ 0 & \text{其他} \end{cases} \tag{5.2.8}$$

其中,m、n 决定了谐波小波变换的尺度(j),且 $n=2m$,当 $m=0$ 时,$n=1$。

由图 5.2.2 可以看出,谐波小波在时域中紧支性很差,这是由它的"盒形"谱特性导致的,且光滑性远比 Daubechies 类小波高。同时,由于谐波小波具有相互成 90°相差的实部偶小波和虚部奇小波,由数字信号处理基本知识可知,实部偶函数和虚部奇函数都是零相移滤波器,这就是说谐波小波具有"锁定"信号相位的能力。振动信号的相位信息在诊断中是十分重要的,转子不平衡类型识别、转子裂纹等故障对相位信息都十分敏感,特别是在建立振动信号轴心轨迹时,相位无疑更重要。另一个方面,由于 Daubechies 类小波本身的不规则性,若应用该类小波建立轴心轨迹,将由于小波本身的特性导致轴心轨迹看似能量突变点多而复杂,容易引起误诊。Lemare - Meyer 小波相对于 Daubechies 类小波,其光滑性虽大大提高,但它和 Daubechies 类小波一样,不具有明显的时、频域表达式因而不得不采用 Mallat 塔形算法。Mallat 塔形算法是一个隔二抽取算法,这种算法结果使得不同尺度下各频段序列的数据长度及采样频率不一致,随着尺度增加,采频减半,数据点数减半,那么将导致不同尺度下的轴心轨迹形状如同折线,突变点增多而失真。当然,可通过剔除某些频道序列后,用重构算法进行重构之后,再利用 X 方向、Y 方向信号进行合成来进行轴心轨迹分析,但将增加计算量,显得过于烦琐。

由于谐波小波的光滑性、"盒形"谱特性、零相移特性以及明显的数学表达式,因而可构造出不同尺度下各频段序列数据点数不变、采样频率不变的算法,最终成功应用于转子轴心轨迹分析。现简述如下。

由 5.1 节,小波变换的内积运算往往可以用卷积运算来表示。对一定尺度的小波 $\psi(t)$,信号 $x(t)$ 的小波变换可根据式(5.1.3)简单表示为

$$W_x(\tau) = \int_{-\infty}^{+\infty} x(t) \psi(\tau - t) \mathrm{d}t \qquad (5.2.9)$$

则 $x(t)$ 相对于尺度 j 的谐波小波 $\psi_{m,n}(t)$ 的小波变换为

$$W_x(m, n, \tau) = \int_{-\infty}^{+\infty} x(t) \psi_{m,n}(\tau - t) \mathrm{d}t \qquad (5.2.10)$$

根据傅里叶变换的性质,时域中的卷积等于频域中的乘积,有

$$\hat{W}_x(m, n, \omega) = \hat{x}(\omega) \cdot \hat{\psi}_{m,n}(\omega) \qquad (5.2.11)$$

其中,$\hat{W}_x(m, n, \omega)$ 为 $W_x(m, n, \tau)$ 的傅里叶变换,$\hat{x}(\omega)$ 为 $x(t)$ 的傅里叶变换。

由于谐波小波有明确的频域函数表达式,而 $x(t)$ 的傅里叶变换可通过 FFT 得到,则式 (5.2.11) 是很容易计算的。得到了 $\hat{W}_x(m, n, \omega)$,作它的傅里叶逆变换(IFFT)就得到了由 m、n 决定的尺度 j 下的信号谐波小波变换,该过程实现如图 5.2.4 所示。

设离散信号 $x(t)$ 的采样频率为 f_s,则分析频率 $f_N = f_s/2$,此时对不同的 m、n,信号频率划分如图 5.2.5 所示。

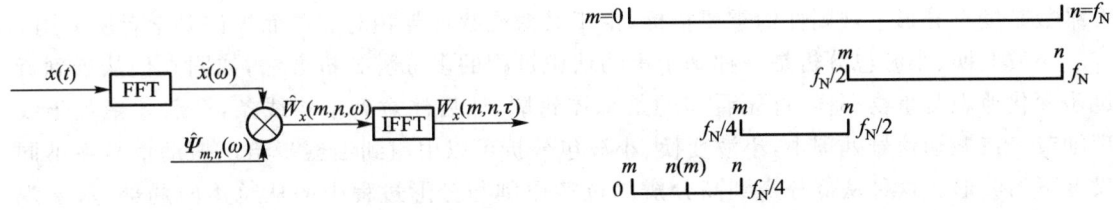

图 5.2.4　尺度 j 下的信号谐波小波变换　　　图 5.2.5　不同 m、n 对信号频率的划分

上述利用 FFT 和 IFFT 进行谐波小波分解的过程实际上是对信号进行了滤波,这一过程称为谐波小波滤波。由该算法描述可以看到,计算过程并未采用基于隔二抽取的 Mallat 算法,因此保证了信号各频段成分点数不变,采样频率不变,这样就可以实现机组同一截面互相垂直两个方向振动信号的轴心轨迹合成。

另一方面,谐波小波是一个理想带通滤波器,谐波小波滤波可以将任何信号 $x(t) \in L^2(R)$ 正交、无冗余、无泄漏地分解到相互独立的频段上。各频段是相互正交的,因而互不干扰。特定频段的成分与信号的其他频率成分通过谐波小波分解被分离了,从而消除了其他频段成分对该频率段的影响,使一些被淹没的较弱的信号得以突显出来,等于提高了信噪比,无疑对研究机组运行中出现的微弱故障,提取故障特征量很有帮助。

一个旋转机组如果轴承系统是各向同性的话,其各谐波分量的轴心轨迹将是一个圆。

当系统发生故障或出现异常时,轴心轨迹将变得十分复杂且不规则,研究其各谐波分量的轴心轨迹会得到许多故障信息。谐波小波滤波算法实现了不同频段(层)信号的分离,又保持了各段数据点数不变,采样频率不变,克服了小波分解 Mallat 算法引起的合成轴心轨迹的失真和信息丢失的缺点,使机组振动信号各谐波分量的轴心轨迹分析更加有效和精确,对工程中运用轴心轨迹更好地研究机组故障有很大的帮助。

与小波包分解类似,谐波小波滤波也可以处理信号高频成分。小波包分解第 j 层有 2^j 段,频段宽 $f_N/2^j$, $m=i\times f_N/2^j$, $n=(i+1)\times f_N/2^j$, 对信号的频率划分如图 5.2.6 所示。

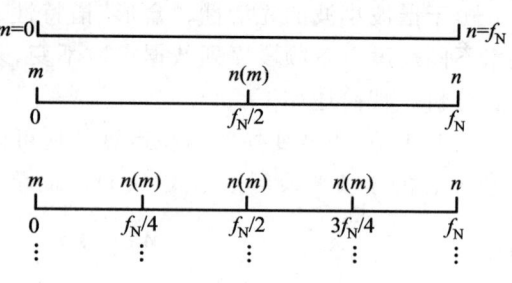

图 5.2.6　谐波小波包变换图示

(3) 小波分形技术原理

机械设备运行异常或发生故障时,其动力学行为往往表现出复杂性和非线性,振动信号也随之出现非平稳性。此时,传统的平稳信号分析方法不再适用。作为非平稳信号分析的一种有效手段,小波变换已被广泛应用于机械设备故障诊断领域。然而,小波变换只是把信号从时间域变换到时间—尺度域或时间—频率域,如何从小波变换后的信号中提取机械动态信息和故障特征才是工程应用领域最关心的问题。因此,为了使小波分析技术达到工程实用化,必须研究开发小波变换信号再处理技术。

分形是一门以不规则事物为研究对象、探索复杂性的科学,因此,它很自然地被用来描述设备振动信号的不规则性和复杂性。事实上,分形理论和小波分析在自相似性的本质上和认识事物由粗到细的过程中是一致的。小波分形技术原理是通过比较小波分解后不同频带内信号分形维数的大小及其变化来反映信号的不规则性和复杂性,刻画信号的非平稳性。分形维数是度量分形不规则性的重要指标,由于其盒维数计算相对简单而被许多学者所采用。

小波变换、小波包分析是一种基于事物认识过程的多分辨分析方法,如同人们从远到近逐步深化地观测事物那样,首先看到的是总体轮廓,然后注意到结构线条,最后才聚焦于纹理细节。在振动信号处理中,小波变换、小波包分析可以由粗到细逐步给出振动信号在不同尺度下的波形。这种从低分辨到高分辨的过渡原则与分形过程中的从总体向局部、从宏观向微观深化是一致的。

分形理论认为事物整体与其组成部分具有自相似性,包括严格自相似性和统计自相似性。根据分形理论,集合 F 可以由具有紧支集的函数 $\beta(t)$ 生成[29],即

$$\beta(t)=r^{-H}\beta(rt) \quad r、H>0 \qquad (5.2.12)$$

其中,r 是自相似仿射算子,H 是与维数有关的参数。

小波是由一母小波 $\psi(t)$ 通过伸缩和平移而产生的一函数族 $\{\psi_{a,b}(t)\}$,有

$$\psi_{a,b}(t)=|a|^{-\frac{1}{2}}\psi\left(\frac{t-b}{a}\right) \quad a、b\in R, a\neq 0 \qquad (5.2.13)$$

其中,a 为伸缩(尺度)因子,b 为平移(时移)因子。

对比式(5.2.12)与式(5.2.13),可看出分形的自相似仿射算子 r 与小波变换的伸缩因子 a 是一致的,因而可以说小波和分形都具有自相似性。上述小波变换、小波包分析与分形在认识事物的过程中的一致性和都具备的自相似性保证了两者结合的可行性和必然性。

离散信号的复杂性和不规则性常用盒维数来表示。设离散信号 $x(j) \subset X$, X 是 n 维欧氏空间 R^n 上的闭集。将 R^n 划分成尽可能细的 Δ 网格,若 N_Δ 是网格宽度为 Δ 的离散空间上集合 X 的网格计数。盒维数定义为[29]

$$d_B = \lim_{\Delta \to 0} \left(-\frac{\lg N_\Delta}{\lg \Delta} \right) \tag{5.2.14}$$

如果小波分解第 j 层后第 k 频带信号 $x^{j,k}(n)$ 的盒维数分别记为 $d_B^{j,k}$。一维离散信号的盒维数是介于 1 和 2 之间的一个分数,信号越复杂维数越大。这样,$d_B^{j,k}$ 就可以作为无量纲指标来描述振动信号在不同尺度下和不同频带内的复杂性和不规则性,从而提取出故障出现时信号的非平稳特征。

(4) 谐波小波轴心轨迹的工程应用

图 5.2.7 是某大型化肥厂 CO_2 压缩机发生喘振时,高压缸水平方向(X 方向)和垂直方向(Y 方向)由涡流式位移传感器拾取的振动信号,其中图 5.2.7a 为 X 方向,图 5.2.7b 为 Y 方向。测量参数为:转子转速 6 530 r/min,采样频率 2 000 Hz,数据长度 1 024 点。

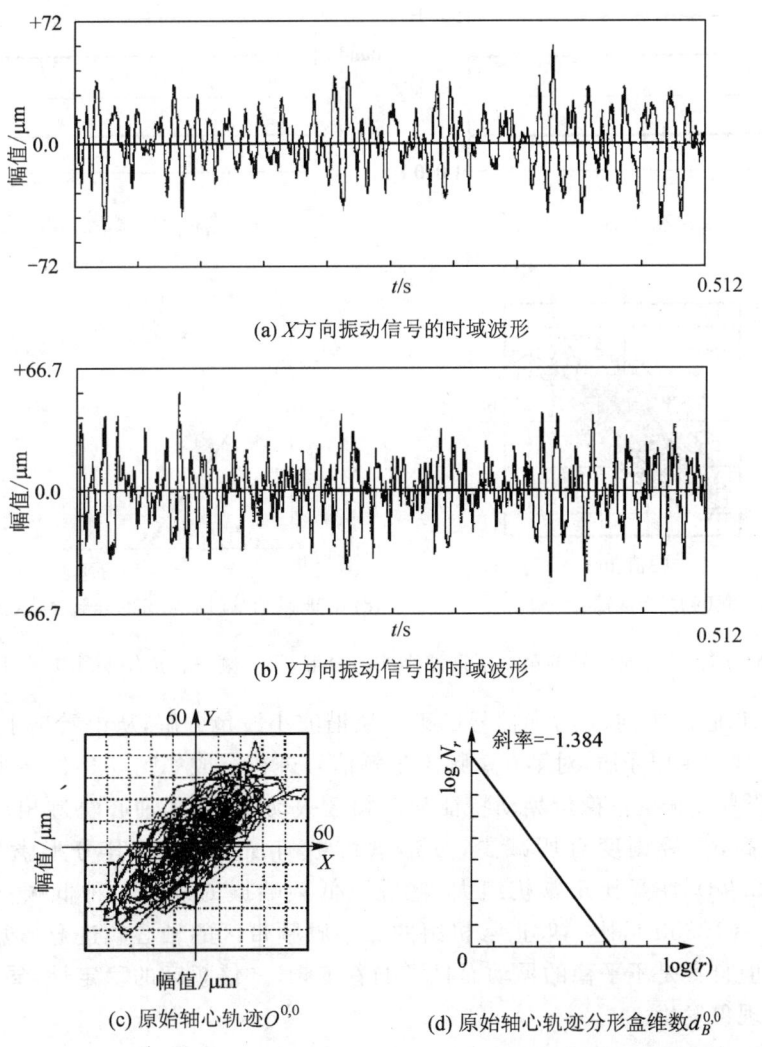

(a) X 方向振动信号的时域波形

(b) Y 方向振动信号的时域波形

(c) 原始轴心轨迹 $O^{0,0}$

(d) 原始轴心轨迹分形盒维数 $d_B^{0,0}$

图 5.2.7 原始信号的时域波形、轴心轨迹和轴心轨迹分形盒维数

图 5.2.7c 是原始轴心轨迹,从图中看轴心轨迹较为复杂且不规则,加之较小的高倍工频分量影响使得轴心轨迹有一些局部能量突变点,且其分形盒维数也比较大。令 $d_B^{j,k}$ 表示信号小波分解第 j 层第 k 频段的分形盒维数,$O^{j,k}$ 表示相应的轴心轨迹。如图 5.2.7d 所示,$d_B^{0,0}=1.384$。

图 5.2.8a、b 是 X 方向、Y 方向信号的第 2 层谐波小波包分解,从中看出主要小波成分集中在第 0 频段,为抓住主要矛盾,对第 0 频段小波进行合成得到的轴心轨迹如图 5.2.8c 所示,第 0 频段小波对应的是低频喘振、工频振动和二倍频振动的特征,从图 5.2.8c 中看高倍工频分量影响已剔除,轴心轨迹光滑度提高,不规则度减少,其分形盒维数相对原始轴心轨迹也有所减少,如图 5.2.8d 所示为 $d_B^{2,0}=1.3536$。

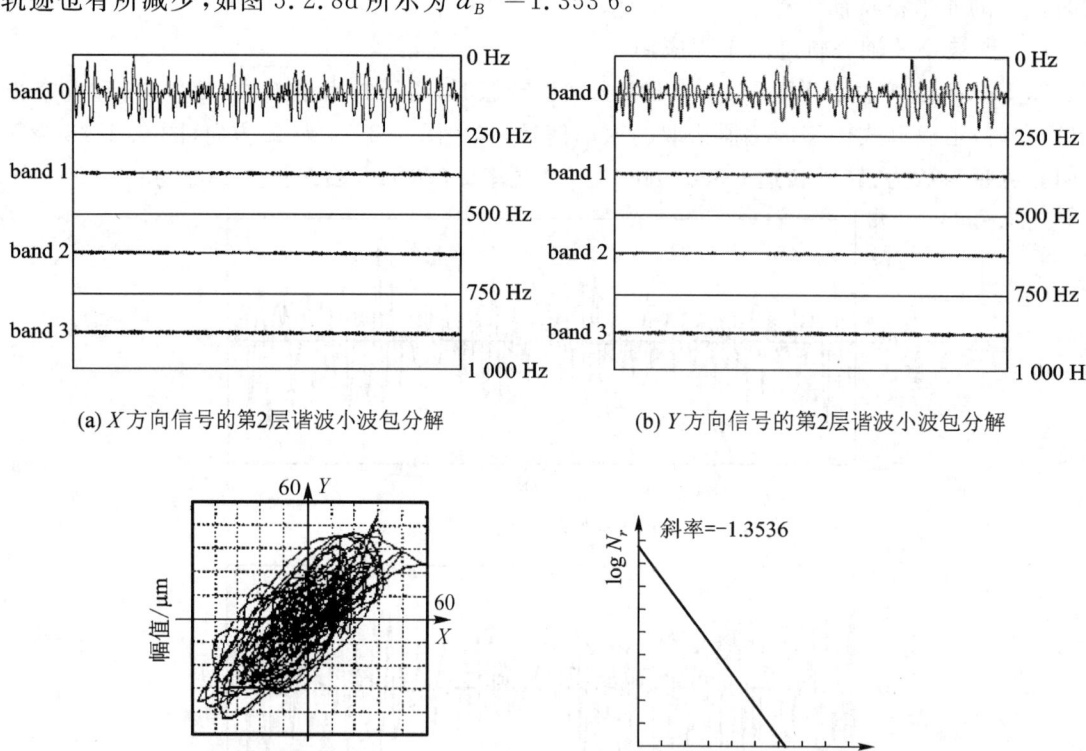

(a) X 方向信号的第 2 层谐波小波包分解　　(b) Y 方向信号的第 2 层谐波小波包分解

(c) 第 0 频段合成轴心轨迹 $O^{2,0}$　　(d) 第 0 频段合成轴心轨迹的分形盒维数 $d_B^{2,0}$

图 5.2.8　X 方向、Y 方向信号的第 2 层谐波小波包分解,第 0 频段合成轴心轨迹及其分形盒维数

图 5.2.9a、b 是 X 方向、Y 方向信号的第 3 层谐波小波包分解,从中看出主要成分集中在第 0、1 频段,为抓住主要矛盾,对第 0、1 频段分解信号进行合成如图 5.2.9c、e 所示,图 5.2.9c 反映的主要是低频喘振的不稳定晃动特征和工频区振动特征,其轴心轨迹相对于 5.2.8c 光滑度虽有所提高,不规则度有所减少,分形盒维数有所减少,但其分形盒维数为 $d_B^{3,0}=1.2601$(图 5.2.9d),明显比正常机组大,这说明低频喘振的确是一种低频不平稳性振动。同时,因为 $d_B^{3,1}=1.3501$,比一般正常机组的二倍频频带区的轴心轨迹分形盒维数大,这说明低频喘振不但自身是不平稳的晃动而且影响着工频、二倍频区的稳定性,导致工频和二倍频区也有晃动现象发生。

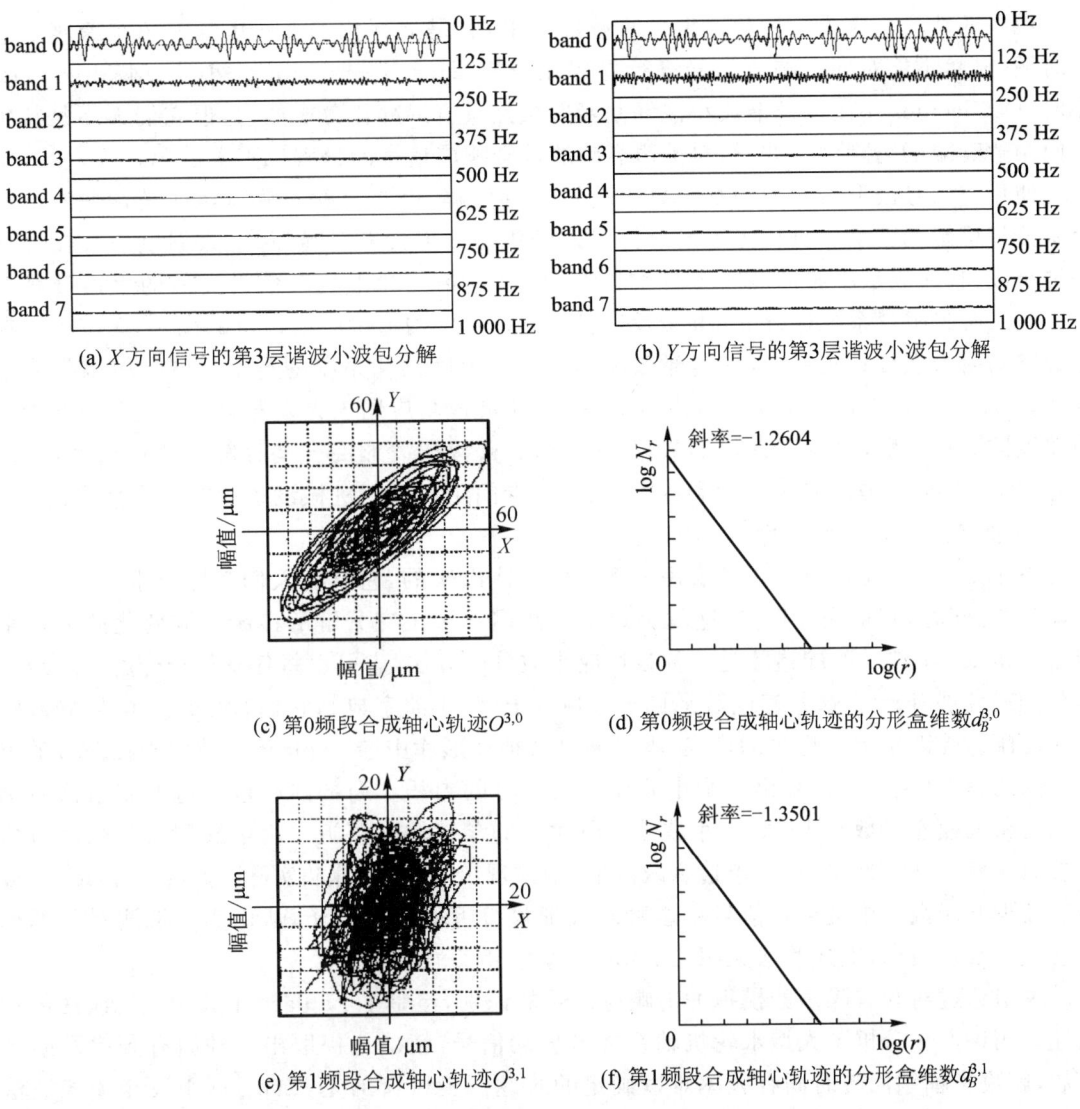

图 5.2.9 X 方向、Y 方向信号的第 3 层谐波小波包分解,第 0、1 频段合成轴心轨迹及分形盒维数

5.2.2 Laplace 小波特征波形相关滤波与工程应用

振动信号冲击响应波形的出现往往标志着旋转机械设备发生松动、碰撞、冲击等故障,如何在强大的工频振动、谐波振动和背景噪声中提取出冲击响应信号的发生时刻、振荡频率和阻尼比等参数对设备故障的诊断和定位至关重要。在往复机械中,活塞、连杆、气阀等运动部件对系统具有相同的激励频率,在频谱上频率特征互相重叠,很难分辨。然而,各个运动部件对系统施加的冲击并非同时发生,即相互之间有一定的相位差,因此在时域上表现为一系列有一定时间间隔的冲击响应波形,每一个冲击频率与某个特定运动部件相对应,如果将这些单个冲击响应波形提取出来,分别用特征参数表示,即可对往复机械机构的状态进行趋势分析和诊断,因此,冲击响应信号的提取对往复机械故障诊断意义重大。

设备的冲击响应是一种单边振荡衰减的波形,它是局部化的。傅里叶三角基跨越了整个时域,显然不能对冲击响应信号进行局部化分析;Haar 小波、Morlet 小波、Mexico - Hat 小波、Daubechies 小波以及谐波小波等基函数虽然具有局部化分析能力,但它们无不是从中间向两边衰减的"鱼腹状"波形,对单边衰减的冲击响应信号的分解也不太适合。

使用与信号波形最匹配的基函数对信号进行分解、提取出隐含故障特征是特征波形混合基分解思想的精髓。自从将小波分析引入到机械故障诊断领域以来,人们就一直在寻找一种小波,它在满足小波的基本条件的同时,应该具备与冲击响应信号类似的单边衰减性质。对二阶欠阻尼系统进行 Laplace 反变换,Strang G. 构造出了 Laplace 小波[30],该小波在复数空间内为螺旋衰减曲线,其实部和虚部与单自由度结构系统的自由衰减响应函数非常相似。Lawrence C. Freudinger 等人将 Laplace 小波成功应用于无人驾驶飞机机翼模态参数的在线监测和识别,取得了良好的效果[31]。本节从特征波形混合基分解的思想出发,系统研究了 Laplace 小波的各种特性和特点,构造了专门用来识别机械设备冲击响应信号的 Laplace 小波特征波形基函数库。

由于 Laplace 小波是从工程实用的需要而构造出来的,它具备人们梦寐以求的"单边衰减"特性的同时,其正交性很差,这就决定了不能用基于正交分解的传统小波变化的方法来应用 Laplace 小波。匹配追踪是一种自适应小波分解方法,它可以将任意信号分解为一组基函数的线性展开[32]。这些基函数来自于时频原子库(小波字典),它们很好地与信号局部特性相匹配。受匹配追踪思想的启发,本节通过特征波形库中的 Laplace 小波原子在信号的整个时间历程上的平移,计算出每个小波原子与信号的内积。局部内积最大值即表示该时刻被测对象的模态参数与 Laplace 小波原子所对应的参数非常接近。由于被测对象的固有模态参数必然能在其冲击信号(单边衰减波形)中体现出来,这种算法实际上是在 Laplace 小波特征波形基函数库中搜寻与信号单边衰减波形最接近的小波原子,从而实现被测对象的模态参数识别。所以,上述算法又叫做 Laplace 小波相关滤波法。

本节通过对含有噪声的模拟冲击响应信号的识别,检验了 Laplace 小波相关滤波法的正确性。用该方法分析了大型水轮机轴系撞击振动信号,精确地提取出转轴固有频率及阻尼参数,解决了轴系回转时固有频率难以确定的难题。更可喜的是,Laplace 小波相关滤波法从复杂的内燃机缸盖振动信号中准确定位了进气阀关闭时冲击发生的位置和频率,成功诊断出因进气阀磨损而导致的漏气故障。

(1) Laplace 小波及其特性

Laplace 小波是一种单边衰减的复指数小波,其解析表达式为

$$\psi(\omega,\zeta,\tau,t)=\psi_\gamma(t)=\begin{cases}Ae^{-\frac{\zeta}{\sqrt{1-\zeta^2}}\omega(t-\tau)}e^{-j\omega(t-\tau)}, & t\in[\tau,\tau+W_s]\\ 0 & \text{其他}\end{cases} \quad (5.2.15)$$

式中,参数 $\gamma=\{\omega,\zeta,\tau\}$ 决定了小波的特性,它的成员变量 ω,ζ,τ 和模态动力学相关,其中 $\omega\in R^+$ 表示频率,$\zeta\in[0,1)\subset R^+$ 表示粘滞阻尼比,$\tau\in R$ 为时间参数。系数 A 用来归一化小波函数。W_s 表示小波紧支区间的宽度,它一般不需要显式表示。由于 $\omega=2\pi f$,而 f 更直观地表示了信号的频率,本节一律用 $\gamma=\{f,\zeta,\tau\}$ 表示 Laplace 小波参数。f 的单位为 Hz,它决定 Laplace 小波的振荡频率。较大的阻尼比 ζ 使 Laplace 小波迅速衰减。

Laplace 小波 ψ_γ 在复数空间内呈"蜗牛状"螺旋衰减,当 $\gamma=\{2,0.08,0\}$,$W_s=5$ s 时,ψ_γ

的图像如图 5.2.10 所示。图中还给出了 ψ_γ 在实平面和虚平面上的投影 $\mathrm{Re}(\psi_\gamma)$ 和 $\mathrm{Im}(\psi_\gamma)$，显然，$\mathrm{Re}(\psi_\gamma)$ 和 $\mathrm{Im}(\psi_\gamma)$ 与单自由度结构系统的自由衰减响应函数非常相似。从小波理论可知，复数小波可以实现光滑的、连续的小波变换，从而保证信号的相位信息不失真。可以形象地说，Laplace 小波对信号的逼近不是通过简单的平移，而是像拧螺钉一样连续前进，这样，它能观测到信号的每一个细节。

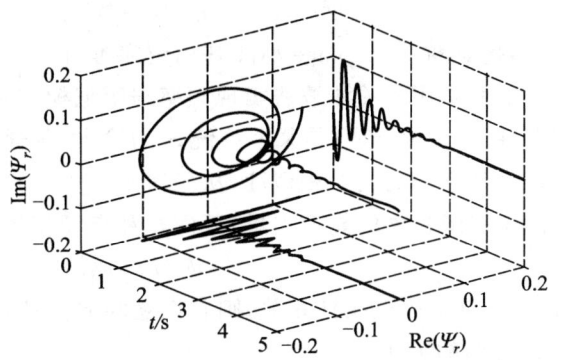

图 5.2.10　Laplace 小波图像

Laplace 小波 ψ_γ 的紧支性是显而易见的，可以证明它满足小波的允许条件[32]：

$$C_\psi = \int_{-\infty}^{\infty} \frac{|\hat{\psi}_\gamma(\omega)|^2}{|\omega|} \mathrm{d}\omega < \infty \tag{5.2.16}$$

式中，$\hat{\psi}_\gamma(\omega)$ 为 $\psi_\gamma(\omega)$ 的傅里叶变换。$\gamma = \{1, 0.1, 0\}$ 时，$\mathrm{Re}(\psi_\gamma)$ 时域波形和频谱见图 5.2.11a、b，可见 $\mathrm{Re}(\psi_\gamma)$ 实际上是一个高通滤波器，其频域盒形不好，故滤波特性较差。

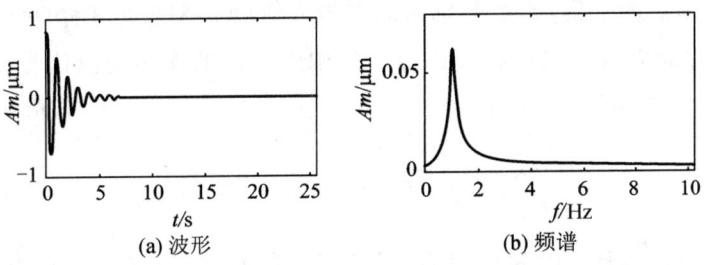

(a) 波形　　　(b) 频谱

图 5.2.11　Laplace 小波实部 $\mathrm{Re}(\psi_\gamma)$ 的频率特性

当 $\gamma_1 = \{f_1, \zeta, \tau\}$，$\gamma_2 = \{f_2, \zeta, \tau\}$ 时，可以证明[32]

$$|\langle \psi_{\gamma_1}, \psi_{\gamma_2} \rangle| \neq 0 \tag{5.2.17}$$

式中，$\langle \psi_{\gamma_1}, \psi_{\gamma_2} \rangle$ 表示内积，可见，Laplace 小波不具备正交性。

(2) Laplace 小波相关滤波

缺乏正交性以及滤波性能差决定了不能用基于正交展开的传统小波分解和重构的方法来应用 Laplace 小波。提出，Laplace 小波的主要目的是为了识别信号中的冲击响应波形，而不去关心信号的其他成分，因此，也没有必要将整个信号分解为一组 Laplace 小波基函数的线性和。基于这两点，提出了 Laplace 小波基函数相关滤波法，搜寻信号中的单边衰减波形发生的时刻、振荡频率和阻尼比，实现被测对象的模态参数识别。

首先构造 Laplace 小波基函数库。令集合 F，Z 和 T 分别为

$$\begin{cases} F = \{f_1, f_2, \cdots, f_m\} \subset R^+, & m \in Z^+ \\ Z = \{\zeta_1, \zeta_2, \cdots, \zeta_n\} \subset R^+ \cap [0, 1), & n \in Z^+ \\ T = \{\tau_1, \tau_2, \cdots, \tau_p\} \subset R, & p \in Z^+ \end{cases} \tag{5.2.18}$$

设离散网格空间 $\Gamma = F \times Z \times T$，则 Laplace 小波基函数库可以定义为一组 ψ_γ 的集合 Ψ，它

满足:
$$\Psi = \{\psi_\gamma : \gamma \in \Gamma\} = \{\psi(f,\zeta,\tau,t) : f \in F, \zeta \in Z, \tau \in T\} \quad (5.2.19)$$

在此,把 ψ_γ 称为 Laplace 小波基函数库 Ψ 的小波原子。

然后采用相关滤波法实现频率与阻尼模态参数的提取。由于内积可以度量信号之间的相关性,若信号 $x(t)$ 是某个系统 S 的输出,则通过计算 $x(t)$ 与 Laplace 小波原子 ψ_γ 的内积,可以估计它们之间的相似性,从而得到 S 的模态参数与 ψ_γ 的频率、阻尼特性的对应关系。对于两个有限长度的离散矢量,其内积和点积相等,它可以定义为

$$\langle \psi_\gamma(t), x(t) \rangle = \|\psi_\gamma\|_2 \|x\|_2 \cos\theta \quad (5.2.20)$$

若 $x(t)$ 与 ψ_γ 完全线性相关,则它们之间的夹角 $\theta=0$。可以定义一个相关系数 κ_γ 来量化 $x(t)$ 与 ψ_γ 之间的夹角:

$$\kappa_\gamma = \sqrt{2} \frac{|\langle \psi_\gamma(t), x(t) \rangle|}{\|\psi_\gamma\|_2 \|x\|_2} \quad (5.2.21)$$

考虑到 $\gamma \in \Gamma$,则 κ_γ 实际上是一个多维矩阵,它的维数由空间 $\Gamma = F \times Z \times T$ 来决定。为了寻找在每个时刻 τ 与 $x(t)$ 相关性最强的 ψ_γ,需要在 τ 时刻的矩阵 κ_γ 中寻找其最大值 $\kappa(\tau)$

$$\kappa(\tau) = \max_{\substack{f \in F \\ \zeta \in Z}} \kappa_\gamma^\tau = \kappa_{\{\bar{f}, \bar{\zeta}, \tau\}} \quad (5.2.22)$$

式中, κ_γ^τ 表示 τ 时刻 κ_γ 的子集, $\bar{f}$、$\bar{\zeta}$ 分别为 κ_γ^τ 的最大值 $\kappa(\tau)$ 对应的 Laplace 小波原子 ψ_γ 的频率和阻尼参数。在时间范围 W_s 内,式(5.2.21)中因子 $\sqrt{2}$ 的作用是当信号 $x(t)$ 和 ψ_γ 完全线性相关时使得 $\kappa(\tau)=1$,所以有 $\kappa(\tau) \in [0,1]$。$\kappa(\tau)$ 的确定过程实际上是在 τ 时刻的空间曲面

$$P_\tau = \{\kappa_\gamma^\tau(f,\zeta) : f \in F, \zeta \in Z\} \quad (5.2.23)$$

中找出峰值点。

当 τ 经历了 $x(t)$ 的整个时间历程后,得到了一条曲线 $(\tau, \kappa(\tau))$,它类似于傅里叶频谱图,具有多个峰值。若最大的峰值点为 $(\tau', \kappa(\tau'))$,它表示信号 $x(t)$ 从 τ' 时刻开始,存在一段长度为 W_s 的波形与使相关系数达到最大值 $\kappa(\tau')$ 的 Laplace 小波原子 ψ_γ 良好匹配。这段波形必然具有单边振荡衰减特征,其频率和阻尼比就是该时刻小波原子的参数 $\bar{f}$ 和 $\bar{\zeta}$。

若一个线性时不变系统的响应中出现一个或多个不同振荡频率的自由衰减波形,只要它们发生在不同的时刻,通过式(5.2.21)和式(5.2.22)的相关滤波法,总可以在曲线 $\tau - \kappa(\tau)$ 上找到对应的峰值点。各峰值点对应的小波原子的参数 $\bar{f}$ 和 $\bar{\zeta}$ 就是系统模态参数——固有频率和阻尼比的近似值。下面将用模拟信号对 Laplace 小波相关滤波法进行检验。

(3) 内燃机缸盖振动信号识别

内燃机在工作过程中,其缸盖将受到燃爆、活塞碰撞、配气机构冲击等多种激励力的作用,从而诱发出缸盖的结构振动。由于内燃机的部件是按一定顺序周期工作的,其振动信号在时域上也必然具有一定的顺序,所以从振动波形中基本可以确定几个主要激励的响应时刻。图 5.2.12 为用加速度传感器获得的北京 3181 型内燃机 4 号缸盖处的振动信号(数据长度为 2 048,采样频率为 3 000 Hz),它清晰地表明了内燃机爆、排、吸、压、爆的循环工作过程。

图 5.2.13 为图 5.2.12 信号的 FFT 频谱。由于图 5.2.12 存在多个冲击,其频谱非常复杂,故无法从频域了解各部件的异常信息。因此,通过有效的时域分析处理方法来获得不

同激励的相关信息,对内燃机故障诊断非常重要。

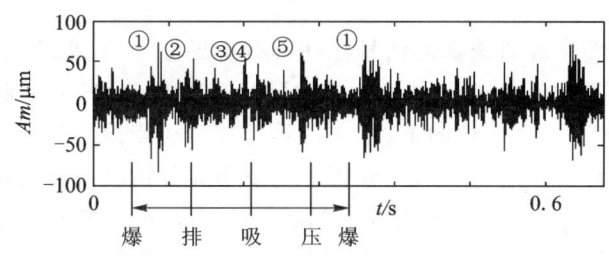

图 5.2.12 内燃机缸盖振动信号及工作过程
①—燃烧激励;②—排气阀开;③—排气阀关;④—进气阀开;⑤—进气阀关

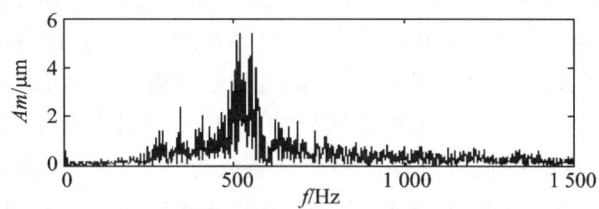

图 5.2.13 内燃机缸盖振动信号频谱

图 5.2.14 为图 5.2.12 信号的 Laplace 小波相关滤波结果。小波原子参数空间 Γ 为 $F=\{510:1:550\}$,$Z=\{\{0.005:0.01:0.2\}\{0.3:0.1:0.9\}\}$,$T=\{0:1/1500:0.68\}$,小波支撑宽度 $W_s=0.083\ s$。当 $\tau=0.28\ s$ 时,$\kappa(\tau)=0.730$ 为最大峰值,它对应的小波原子参数为 $\bar{f}=522\ Hz$、$\bar{\zeta}=0.015$。说明此时缸盖振动信号中存在响应频率为 522 Hz 的明显冲击。对照图 5.2.12 内燃机的工作过程看,$\tau=0.28\ s$ 恰好是进气阀关闭(状态⑤)的时刻,由此可以推断该缸进气阀存在异常。气阀机构主要有两种故障:气阀漏气和气阀间隙异常。停机检修,发现 4 号缸进气阀明显磨损而导致漏气。可见,Laplace 小波特征波形相关滤波法对内燃机缸盖振动中激励信号的识别是非常有效的。

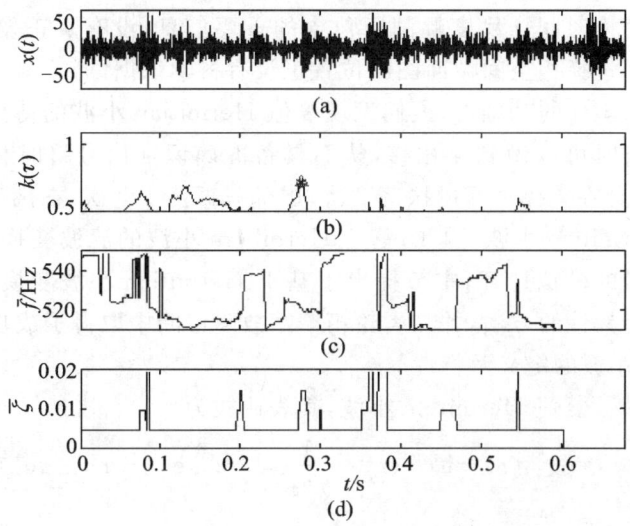

图 5.2.14 内燃机缸盖振动信号相关滤波结果

5.2.3 Hermitian 连续小波变换与信号奇异性识别

机械设备由于局部异常而诱发的信号往往具有奇异性,它表现为突变、尖点等不规则的瞬变结构。信号的奇异性包含了相应对象的重要状态特征信息,判断状态信号奇异点的出现时刻,并对信号奇异性实现科学的描述,在信号处理和故障诊断等领域具有重要的意义。

奇异性提取要求对信号进行局部化分析。由于小波分析具有良好的时—频(尺度)局部化能力,它很自然被引入到信号奇异性分析领域。Grossmann 将连续小波变换应用于图像的边缘检测,取得了很好的效果[33]。Mallat 通过小波变换的极值点来计算信号的 Lipschitz 指数,定量地刻画了信号的奇异性[34]。Harold Szu 构造了复值 Hermitian 小波,提出了基于 Hermitian 小波变换相空间截面图的信号奇异性识别方法,将其应用于巴拉圭河两岸水文高度变化的预报[35]。Steven E. Noel 继续了 Harold Szu 的工作,从含有海面分形噪声的雷达回波中提取出舰船等被跟踪对象的特征[36]。我国很多学者也深入研究了小波变换在地形、地貌的识别、地震信号奇异性检测、图像边缘检测、故障诊断等领域的应用,取得了可喜的进展[21]。目前,基于小波变换的信号奇异性检测已经成为一个热门的研究领域。

小波变换奇异性检测的研究工作主要包括两个方面:一是选择或构造局部化分析能力强的小波,二是研究小波变换结果的有效表达方式。Grossmann 采用的是 Morlet 小波,但为了满足小波允许条件,Morlet 小波在支撑区间内是多次振荡的(振荡次数一般大于 5 次)。根据 Nyquist 采样定理,需要较多的数据点来表达 Morlet 小波。而小波变换实际上是对信号进行卷积滤波,点数较多的滤波器必然会平滑掉信号中的部分奇异性[35]。从这个角度讲,Morlet 小波并不是奇异性检测中理想的小波。Mallat 采用了高斯函数的一阶、二阶导数作为两种奇异性检测小波,它们分别被标记为 $\psi^{(1)}(t)$ 和 $\psi^{(2)}(t)$。$\psi^{(1)}(t)$ 适合于检测信号的过渡点,而 $\psi^{(2)}(t)$ 适合于检测信号的极值点,若需要同时识别出信号的过渡点和极值点,$\psi^{(1)}(t)$ 或 $\psi^{(2)}(t)$ 则不能兼顾。Harold Szu 提出的复值 Hermitian 小波将 $\psi^{(2)}(t)$ 作为实部,将 $\psi^{(1)}(t)$ 的相反数作为虚部,这样 Hermitian 小波就组合了 $\psi^{(1)}(t)$、$\psi^{(2)}(t)$ 的优点,遗憾的是,Harold Szu 只通过小波变换相空间截面图来对信号奇异性进行识别。这种方法的主要缺点是忽略了小波变换时间—尺度幅图所包含的重要信息,没有真正发挥出 Hermitian 小波的优点,其次,如何选择相空间截面图的位置也没有科学依据。

在充分研究前人工作的基础上,人们发现复值 Hermitian 小波的傅里叶变换是实数,这样在对信号进行滤波时可以做到无相移,从而具备准确识别信号瞬时相位的能力。其次,Hermitian 小波的实部在支撑区间内振荡 2 次,虚部只振荡 1.5 次,在离散时,只需要很少的采样点即可描述 Hermitian 小波,因此,基于 Hermitian 小波的滤波变换不会平滑掉信号中的奇异性。通过大量的模拟计算,本节提出了基于 Hermitian 小波变换的时间—尺度幅图和相图来识别信号奇异性的方法,并在齿轮箱摩擦故障诊断中取得了成功的应用。

(1) Hermitian 小波的定义及特性

Harold Szu 构造了复值 Hermitian 小波,其表达式为

$$\psi(t) = \psi^{(2)}(t) - \mathrm{i}\psi^{(1)}(t) = \frac{1}{\sqrt{2\pi}}(1-t^2)\mathrm{e}^{-\frac{t^2}{2}} + \mathrm{i}\frac{1}{\sqrt{2\pi}}t\mathrm{e}^{-\frac{t^2}{2}}$$

$$= (1+\mathrm{i}t-t^2)\frac{1}{\sqrt{2\pi}}\mathrm{e}^{-\frac{t^2}{2}} \tag{5.2.24}$$

它的实部 $\text{Re}(\psi(t))$ 为 $\psi^{(2)}(t)$ 小波,虚部 $\text{Im}(\psi(t))$ 为 $\psi^{(1)}(t)$ 小波的相反数。

图 5.2.15a 为 Hermitian 小波实部和虚部的时域波形。实部 $\text{Re}(\psi(t))$ 实际上就是 Mexico-Hat 小波,它是偶函数,在支撑区域内振荡 2 次。虚部 $\text{Im}(\psi(t))$ 为奇函数,在支撑区域内振荡 1.5 次,可见,只需要少量离散点即可表达 Hermitian 小波,因此,它具有很强的时域局部化能力,这恰好是奇异性检测所需要的。

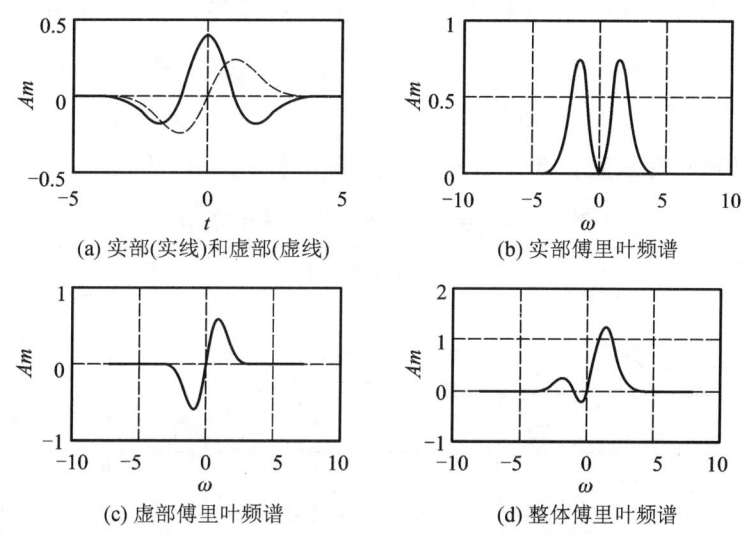

图 5.2.15 Hermitian 小波时域、频域图像

由于 $e^{-t^2/2}$ 的傅里叶变换为 $\sqrt{2\pi}e^{-\frac{\omega^2}{2}}$,可以很容易证明

$$\hat{\text{Re}}(\psi(\omega)) = \omega^2 e^{-\frac{\omega^2}{2}} \qquad (5.2.25)$$

$$\hat{\text{Im}}(\psi(\omega)) = -i\omega e^{-\frac{\omega^2}{2}} \qquad (5.2.26)$$

其中,$\hat{\text{Re}}(\psi(\omega))$ 和 $\hat{\text{Im}}(\psi(\omega))$ 分别表示 $\text{Re}(\psi(t))$ 和 $\text{Im}(\psi(t))$ 的傅里叶变换,则可以得出 Hermitian 小波的傅里叶变换为

$$\hat{\psi}(\omega) = \hat{\text{Re}}(\psi(\omega)) + i\hat{\text{Im}}(\psi(\omega)) = (\omega^2 + \omega)e^{-\frac{\omega^2}{2}} \qquad (5.2.27)$$

显然 $\hat{\psi}(0) = 0$,即 Hermitian 小波基本满足小波的允许条件。与 Morlet 小波的频谱特性一样,Hermitian 小波的 $\hat{\psi}(\omega)$ 也是实数,因此,它对信号进行卷积变换时不会影响信号的相位。图 5.2.15b、c、d 分别给出了 Hermitian 小波的实部、虚部及整体的傅里叶变换。可见,在正频率轴一侧,它们均为带通滤波器。

以尺度参数 a 对 Hermitian 小波 $\psi(t)$ 进行伸缩,其时域和频域表达式为

$$\psi_a(t) = \frac{1}{a}\left(1 + i\frac{t}{a} - \left(\frac{t}{a}\right)^2\right)e^{-\frac{(t/a)^2}{2}} \qquad (5.2.28)$$

$$\hat{\psi}_a(\omega) = ((a\omega)^2 + a\omega)e^{-\frac{(a\omega)^2}{2}} \qquad (5.2.29)$$

(2) 基于 Hermitian 小波变换的信号奇异性检测基本原理

数学上称无限次可导函数是光滑的或没有奇异性,若函数在某处有间断点或某阶导数不连续,则称该函数在此处有奇异性,该点就是奇异点。信号的奇异性是由奇异点处的李氏指数(Lipschitz exponents,LE)来度量的,LE 的定义是[34]:若信号 $x(t)$ 在 t_0 附近满足:

$$|x(t_0+h)-P_n(t_0+h)| \leqslant A|h|^\alpha, \quad n<\alpha<n+1 \tag{5.2.30}$$

式中，$h>0$ 是一个充分小的量，$P_n(t)$ 是过 $x(t_0)$ 点的 n 次多项式 ($n \in Z$)，A 为一个常数，则称 $x(t)$ 在 t_0 处的 LE 为 α。若将 t_0 点扩展到一段开区间 (t_1, t_2)，当 t_0 和 t_0+h 都处在开区间 (t_1, t_2) 时，式(5.2.30)仍能满足，则称 $x(t)$ 在此区间为均匀 Lipschitz α。

LE 具有如下性质：

1) 若 $x(t)n$ 次可微，但 n 阶导数不连续，因此 $n+1$ 次不可微，则有 $n<\alpha\leqslant n+1$。

2) 如果 $x(t)$ 的 $LE=\alpha$，则 $\int x(t)dt$ 的 LE 必为 $\alpha+1$，即每积分一次，LE 增加 1。同理，每微分一次，LE 减少 1。

据此，可知某些特殊函数在奇异点的 LE，如表 5.2.1 所示[21]。

表 5.2.1　某些特殊函数在奇异点的 LE

函　数	图　形	局部正规性特点	LE	说　明
斜坡函数 $R(t-t_0)$		在 t_0 处一次可微，一阶导数不连续，分段线性	1	
阶跃函数 $U(t-t_0)$		在 t_0 处函数本身不连续，但取值有界且恒定	0	是斜坡函数的导数，所以 $LE=1-1=0$
δ 函数 $\delta(t-t_0)$			-1	是阶跃函数的导数，所以 $LE=0-1=-1$

小波变换的极值点、过零点与信号奇异性的联系：

令 $WT_x^{(1)}(a,t)$ 和 $WT_x^{(2)}(a,t)$ 分别表示以 Hermitian 小波的虚部 $\psi^{(1)}(t)$ 和实部 $\psi^{(2)}(t)$ 为基函数时信号 $x(t)$ 的小波变换。图 5.2.16 为准阶跃信号和准脉冲信号的小波变换结果。可见，$WT_x^{(1)}(a,t)$ 的极值点和 $WT_x^{(2)}(a,t)$ 的过零点对应准阶跃信号的过渡点(拐点)，$WT_x^{(1)}(a,t)$ 的过零点和 $WT_x^{(2)}(a,t)$ 的极值点对应准脉冲信号的极值点。由于极值点在计算时很好识别，所以 $WT_x^{(1)}(a,t)$ 对信号的过渡点比较敏感，而 $WT_x^{(2)}(a,t)$ 则适合于识别信号的极值点。这个结论对母小波的伸缩 $\psi_a^{(1)}(t)=\frac{1}{a}\psi^{(1)}(t/a)$、$\psi_a^{(2)}(t)=\frac{1}{a}\psi^{(2)}(t/a)$ 也同样适用。图 5.2.16 只是示意图，严格地讲，只有当尺度 a 在合适范围内时，小波变换才能避免交叠干扰，从而能清晰地反映出信号 $x(t)$ 的奇异点。因此，在处理时需要把多尺度结合起来综合观测。

（3）Hermitian 连续小波变换的幅图和相图

连续小波变换的频域表达形式为

$$\hat{WT}_x(a,\omega)=\hat{x}(\omega)\hat{\psi}_a(\omega) \tag{5.2.31}$$

其中，$\hat{WT}_x(a,\omega)$、$\hat{x}(\omega)$、$\hat{\psi}_a(\omega)$ 分别为 $WT_x(a,t)$、$x(t)$、$\psi_a(t)$ 的傅里叶变换。

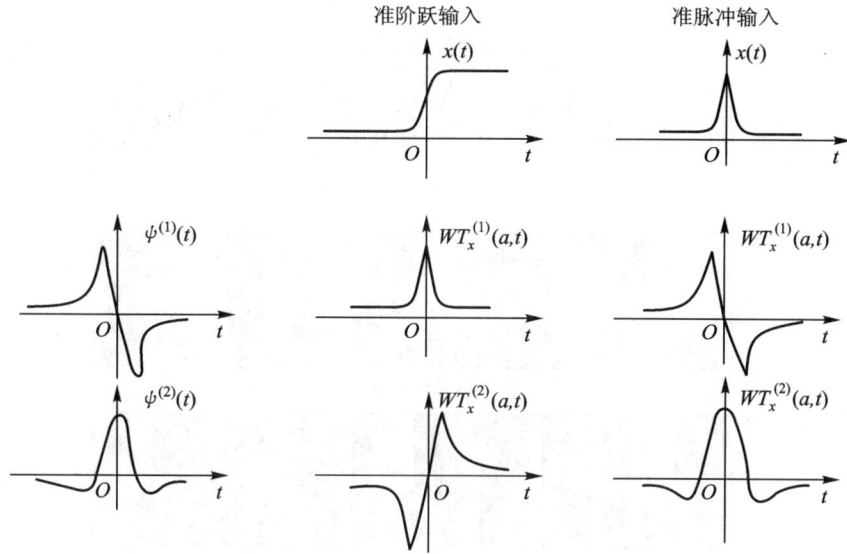

图 5.2.16 以 $\psi^{(1)}(t)$ 和 $\psi^{(2)}(t)$ 为小波基对准阶跃信号和准脉冲信号的连续小波变换结果

根据式(5.2.31),可以利用 FFT 求出 $\hat{x}(\omega)$ 后,对乘积 $\hat{x}(\omega)\hat{\psi}_a(\omega)$ 进行逆 FFT 变换即可求出 $x(t)$ 的 Hermitian 连续小波变换 $WT_x(a,t)$,计算的流程图如图 5.2.17 所示。这种算法的优点是将时域的卷积运算转化为频域的乘积运算,加快了运算速度。

由于 Hermitian 小波为复值小波,它们对实信号 $x(t)$ 进行小波变换的结果 $WT_x(a,t)$ 也必然是复数。与傅里叶变换的表达方式类似,$WT_x(a,t)$ 的模 $|WT_x(a,t)|$ 反映了信号的瞬时能量,其幅角 $\theta_x(a,t)$ 则表示信号的瞬时相位

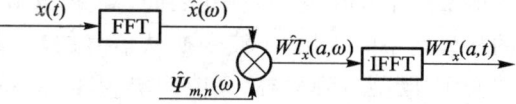

图 5.2.17 Hermitian 连续小波变流程图

$$\theta_x(a,t) = \arctan\frac{\mathrm{Im}(WT_x(a,t))}{\mathrm{Re}(WT_x(a,t))} \tag{5.2.32}$$

其中,$\theta_x(a,t)\in[-\pi/2,\pi/2]$,$\mathrm{Im}(\cdot)$、$\mathrm{Re}(\cdot)$ 分别表示 $WT_x(a,t)$ 的虚部和实部。在时间—尺度平面内用灰度图来描述 $|WT_x(a,t)|$ 和 $\theta_x(t)$,就构造了 $WT_x(a,t)$ 的幅图和相图。按照灰度图的约定,幅图和相图的黑、灰、白分别对应 $|WT_x(a,t)|$ 和 $\theta_a(t)$ 的小、中、大。

根据图 5.2.16 所示的原理和式(5.2.24),考虑到 Hermitian 小波实部 $\psi^{(2)}(t)$ 对信号极值点的识别能力,本节在绘制幅图时使用了 $WT_x(a,t)$ 的实部 $\mathrm{Re}(WT_x(a,t))$,这样,幅图中的白色点(最亮点)表示信号振幅的正峰值,而黑色点(最暗点)则表示信号振幅的负峰值。

从图 5.2.16 可知,在准阶跃信号的拐点 t_0 处 $WT_x^{(1)}(a,t)$ 达到极值点,而 $WT_x^{(2)}(a,t)$ 为零点,且它是从负值变为正值。由于 $WT_x^{(1)}(a,t)$ 和 $WT_x^{(2)}(a,t)$ 分别为 Hermitian 小波变换的虚部和实部,所以在拐点 t_0 时刻,准阶跃信号的瞬时相位 $\theta_x(a,t)$ 将从 $-\pi/2$ 突变为 $\pi/2$,体现在相图上将在 t_0 处出现沿尺度方向的黑白分界线。

图 5.2.18a 为两个正弦叠加信号 $x(t)=\sin(2\pi f_1 t)+\sin(2\pi f_2 t)$,其中 $f_1=20$ Hz,$f_2=40$ Hz。当尺度 $a=[1:0.2:40]$ 时(Matlab 数组表达形式,表示从 1 到 40,步长为 0.2 的实数集合),$x(t)$ 的 Hermitian 小波变换的幅图和相图见图 5.2.18b、c。

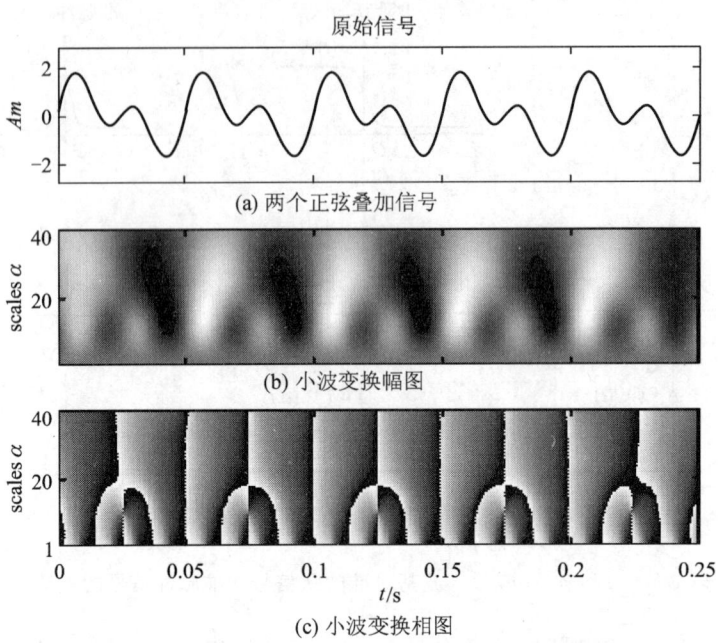

图 5.2.18　正弦叠加信号 Hermitian 小波变换

图 5.2.18b 中,白色区域与信号的正峰值对应,黑色区域与信号的负峰值对应。低频成分的能量集中在尺度 20~40 之间,高频成分的能量集中在尺度 20 以下,也就是说,随着尺度的从大到小的变化,小波变换从信号的轮廓逐步聚焦于信号的细节。幅图形象地体现了小波变化"既能看到森林,又能观测树木"的特点。图 5.2.18c 中出现规律性很强的明显的黑白分界线,它们严格地对应于信号局部极大值到极小值的中点,即前面提到的准阶跃信号的过渡点。与幅图一致,相图也在不同的尺度下反映了信号的高频和低频特征。

可见,把幅图和相图相结合,可以完备地刻画信号的整体和局部特征。虽然 Harold Szu 构造出了 Hermitian 小波,但他只通过某个阈值的相图截面来对信号奇异性进行识别。这种方法的主要缺点是忽略了幅图所包含的重要信息,没有真正发挥出 Hermitian 小波的优点,其次,如何选择相图截面的位置也没有科学依据。Mallat 利用幅图的局部极大值来计算信号的 LE 值,这在图像边缘等极值点的提取方面是非常有效的。但是,当信号的极值点不明显时,幅图的局部极大值(亮、暗点)的精确定位是很困难的。信号中如果存在极值点,那么在它两侧必然存在过渡点(拐点),相图的黑白分界线可以敏锐地捕捉到过渡点。

(4) 齿轮箱止推夹板端面摩擦故障分析实例

本节以某厂某空气分离压缩机组齿轮箱摩擦故障为例,验证 Hermitian 小波对机械故障信号奇异性的识别能力。

利用 Hermitian 小波对空气分离压缩机组齿轮箱的 5 号轴承座振动信号的前 512 个点进行变换,取尺度范围 $a=[1:0.05:6]$,变换结果见图 5.2.19。从幅图看,它出现了 7 个相似的等间隔的明暗区域,而图 5.2.19a 恰好包含了 7 个回转周期。这样,在频谱图中被淹没的工频振动信息在小波变换幅图中很好地反映出来,再次体现了小波多尺度分析的优越性。

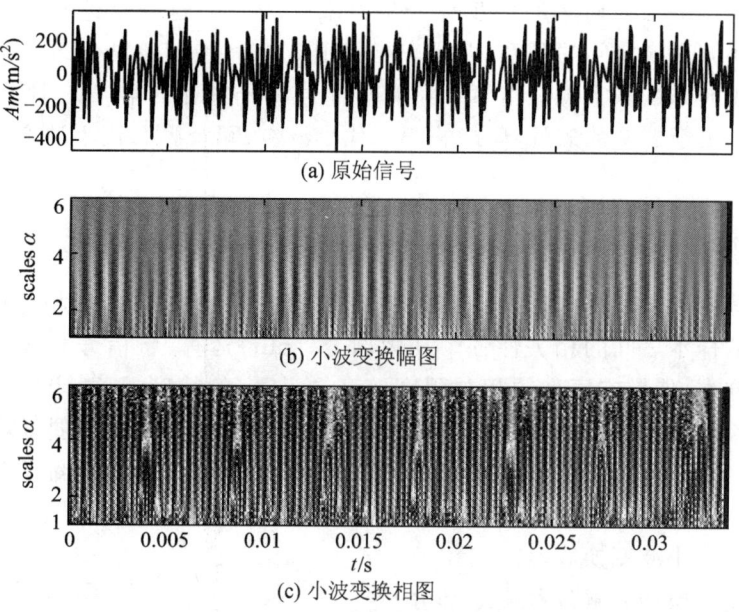

图 5.2.19　空分机 5 号轴承座振动信号 Hermitian 小波变换

更有意思的是，在尺度 3.5～6 的范围内，图 5.2.19c 相图中等间隔出现了 7 个向上的白色箭形区域，说明在这些时刻 5 号轴承座振动信号中出现了准脉冲奇异点。仔细观测图 5.2.19a 的振动波形，发现与相图中白色箭头相对应的时刻确实存在向下的尖锐脉冲，其幅值比信号的其他尖点高。在做 Hermitian 小波变换之前，并没有注意到杂乱波形中的这一特征。可见，Hermitian 小波变换可以有效地提取出隐藏在信号中的奇异性。

图 5.2.19c 相图中 7 个向上的白色箭形区域的时间间隔约 4.70 ms，其出现频率为 213 Hz。也就是说，小齿轮每个周期出现一次强烈的冲击脉冲，这就是导致该空分机强烈振动的故障源。

5.3　第二代小波变换及工程应用

近二十多年，已经相继提出了很多构造小波及其滤波器组的方法，为信号处理和工程应用领域提供了丰富多样的小波基函数。这些小波基函数大多数在频域中构造，其基本的变换工具是傅里叶变换，因此小波变换又称为第一代小波变换。1995 年，贝尔实验室的 Sweldens W. 博士在总结了 Donoho 和 Lounsbery 等人研究工作的基础上，提出了一种在时域中采用提升方法（lifting scheme）[36-37]构造小波的第二代小波（second generation wavelet）方法。相对于 Mallat 塔形算法而言，第二代小波方法是一种更为快速有效的小波变换实现方法，它的优势有以下四点：① 它不依赖于傅里叶变换，完全在时域中完成对双正交小波的构造，具有结构化设计和自适应构造方面的优点；② 构造方法灵活，可以从一些简单的小波函数，通过提升改善小波函数的特性，从而构造出具有期望特性的小波；③ 不再是某一给定小波函数的伸缩和平移，它适合于不等间隔采样问题的小波构造；④ 算法简单，运算速度快，占用内存少，执行效率高，可以分析任意长度的信号。

1998 年，Daubechies 和 Sweldens 证明任意特性为有限冲击响应滤波器（FIR）的离散小波变换都可以通过一系列简单的多步提升步骤来解决[38]。这一结论建立起了第一代小波变换和第二代小波变换之间的联系,即所有能够用 Mallat 快速算法实现的离散小波变换都可以用第二代小波方法来实现。本章介绍基于插值细分原理的第二代小波变换、第二代小波预测器系数和更新器系数的计算方法、第二代小波包、冗余第二代小波变换以及工程应用等内容。

5.3.1 第二代小波变换原理

在工程实际应用中,被分析信号通常具有局部相关的数据结构,其相邻样本之间的相关性比相距较远的样本之间的相关性强。利用剖分(split)运算,将信号分成奇样本和偶样本序列。由于奇样本、偶样本序列的相关程度较高,在一定的精度下,两个序列中的一个序列可以用预测(predict)运算来估计另一个序列,即利用剖分运算得到的偶样本序列中的若干个样本预测奇样本序列中的某一个样本,预测的偏差为细节信号;利用细节信号对偶样本进行更新(update)运算,使偶样本得到修正,更新的结果为逼近信号。可以得到以下基于插值细分原理的第二代小波变换表示。

第二代小波变换的分解过程由三部分组成:剖分、预测和更新。其过程实现如图 5.3.1 所示。

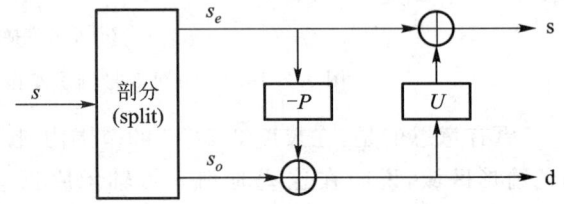

图 5.3.1 第二代小波分解过程

设原始信号序列为 $s=\{x(k),k\in Z\}$,其数据长度为 L,第二代小波变换的分解算法为

1) 剖分 将原始信号 s 分成偶样本序列 s_e 和奇样本序列 s_o。

$$s_e(k)=x(2k) \quad k\in Z \tag{5.3.1}$$

$$s_o(k)=x(2k+1) \quad k\in Z \tag{5.3.2}$$

则偶样本和奇样本序列分别为 $s_e=\{s_e(k),k\in Z\}$,$s_o=\{s_o(k),k\in Z\}$。

2) 预测 用相邻的 $N(N=2D,D$ 为正整数)个偶样本预测奇样本,将预测误差 $d=\{d(k),k\in Z\}$ 定义为小波的细节信号,即

$$d(k)=s_o(k)-P(s_e) \quad k\in Z \tag{5.3.3}$$

式中,$P(\cdot)$ 定义为 N 点预测器算法。当预测不受边界影响时,预测器表示如下

$$P(s_e)=p_1 s_e(k-D+1)+p_2 s_e(k-D+2)+\cdots+p_N s_e(k+D) \tag{5.3.4}$$

式中,$p_1,p_2,\cdots,p_N$ 为预测器系数。

当预测受左边界影响时,在数据序列 s_e 的左端,采用开始的 N 个偶样本预测奇样本,受影响的情况有 $D-1$ 种,在不同的情况下,预测系数不同,将预测器统一表示为

$$P(s_e)=p_1 s_e(0)+p_2 s_e(1)+\cdots+p_N s_e(N-1) \tag{5.3.5}$$

当预测受右边界影响时,采用最后的 N 个偶样本预测奇样本,受影响的情况有 D 种,在不同的情况下,预测系数不同,将预测器统一表示为

$$P(s_e)=p_1 s_e(L'-N+1)+p_2 s_e(L'-N+2)+\cdots+p_N s_e(L') \tag{5.3.6}$$

L' 为偶样本序列 s_e 的长度。

3) 更新 在细节信号 d 的基础上,采用 $\tilde{N}(\tilde{N}=2\tilde{D},\tilde{D}$ 为正整数)个细节信号更新偶样本,将更新后的信号序列 $s=\{s(k),k\in Z\}$ 定义为小波的逼近信号,即

$$s(k) = s_e(k) + U(d) \quad k \in Z \tag{5.3.7}$$

式中,$U(\cdot)$ 称为 $\tilde{N}$ 点更新器算法,当更新不受边界影响时,更新器表示如下

$$U(d) = u_1 d(k-\tilde{D}) + u_2 d(k-\tilde{D}+1) + \cdots + u_{\tilde{N}} d(k+\tilde{D}-1) \tag{5.3.8}$$

式中,$u_1, u_2, \cdots, u_{\tilde{N}}$ 为更新器系数。

当更新受左边界影响时,采用开始的 $\tilde{N}$ 个细节信号样本点进行更新,受影响的情况有 $\tilde{D}$ 种,在不同的情况下,更新器系数不同,将更新器统一表示如下

$$U(d) = u_1 d(0) + u_2 d(1) + \cdots + u_{\tilde{N}} d(\tilde{N}-1) \tag{5.3.9}$$

当更新受右边界影响时,采用最后的 $\tilde{N}$ 个细节信号样本点进行更新运算,受影响的情况有 $\tilde{D}-1$ 种,在不同的情况下,更新系数不同,将其统一表示为

$$U(d) = u_1 d(L'-\tilde{N}+1) + u_2 d(L'-\tilde{N}+2) + \cdots + u_{\tilde{N}} d(L') \tag{5.3.10}$$

当预测器系数为 $N=2$、更新器系数为 $\tilde{N}=4$ 时,基于插值细分原理的第二代小波变换分解过程如图 5.3.2 所示。

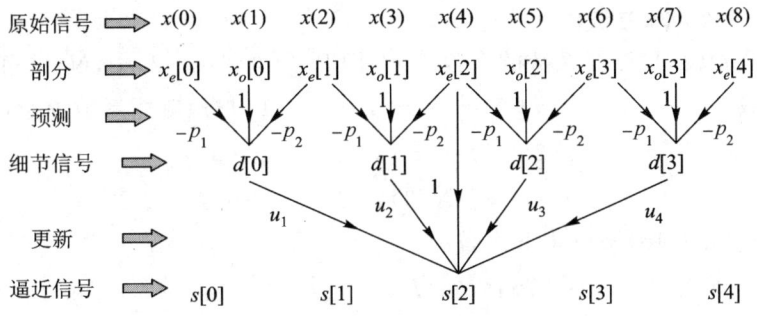

图 5.3.2 基于插值细分原理的第二代小波分解

第二代小波变换的重构过程由三部分组成:恢复更新(undo update)、恢复预测(undo predict)和合并(merge)。其过程实现如图 5.3.3 所示。

第二代小波的重构表达式可以直接从式(5.3.1)~式(5.3.10)经过简单的代数变换导出,其重构算法为:

1) 恢复更新 由逼近信号 s 和细节信号 d 恢复偶样本序列 s_e。

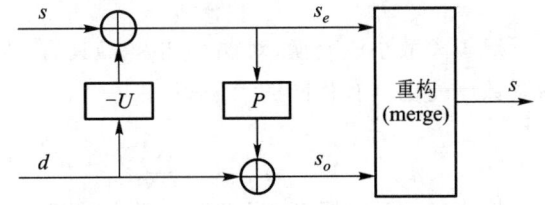

图 5.3.3 第二代小波重构过程

$$s_e(k) = s(k) - U(d) \quad k \in Z \tag{5.3.11}$$

2) 恢复预测 由偶样本序列 s_e 和细节信号 d 恢复奇样本序列 s_o。

$$s_o(k) = d(k) + P(s_e) \quad k \in Z \tag{5.3.12}$$

3) 合并 由偶样本序列 s_e 和奇样本序列 s_o 恢复原始信号 s。

$$x(2k) = s_e(k) \quad k \in Z \tag{5.3.13}$$

$$x(2k+1) = s_o(k) \quad k \in Z \tag{5.3.14}$$

当预测器系数为 $N=2$、更新器系数为 $\tilde{N}=4$ 时,基于插值细分原理的第二代小波变换

重构过程如图 5.3.4 所示。

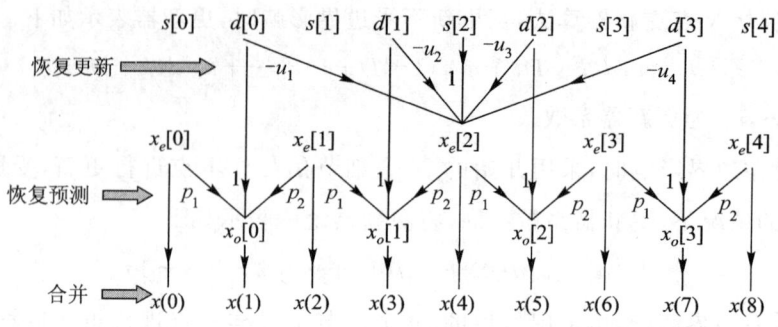

图 5.3.4　基于插值细分原理的第二代小波重构

5.3.2　预测器和更新器

在第二代小波变换原理基础上,结合 Claypoole 提出的第二代小波等效滤波器的概念[39],介绍推导第二代小波预测器系数和更新器系数的具体计算方法。

1. 预测器系数计算方法

假设在预测阶段,预测器系数的个数为 N,即 $\boldsymbol{P} = \{p_l, l=1,2,\cdots,N\}$。可得到如下分解高通滤波器系数 $\tilde{\boldsymbol{g}} = \{\tilde{g}_k, k=-N+1, -N+2, \cdots, N-1\}$ 与预测器系数 $\boldsymbol{P}$ 之间的关系

$$\tilde{g}(2l-1) = -p_l, \quad l=1,2,\cdots,N \tag{5.3.15}$$

$$\tilde{g}(2l) = \delta(l - N/2), \quad l=1,2,\cdots,N-1 \tag{5.3.16}$$

式(5.3.15)和式(5.3.16)又可用下式表示

$$\tilde{\boldsymbol{g}} = [-p_1, 0, -p_2, \cdots, -p_{(N/2-1)}, 1, -p_{(N/2+1)}, \cdots, -p_N] \tag{5.3.17}$$

Jawerth 和 Sweldens 已经证明[40],预测多项式的阶数等价于小波的消失矩。采用 N 个相邻的偶样本预测时,其对偶小波 $\tilde{\psi}(x)$ 满足如下条件

$$\int_{-\infty}^{+\infty} x^r \tilde{\psi}(x) \mathrm{d}x = 0 \quad 0 \leqslant r < N \tag{5.3.18}$$

对于离散小波变换,对偶小波 $\tilde{\psi}(x)$ 具有 N 阶消失矩,那么,其对应的对偶等效滤波器 $\tilde{g}$ 的系数序列也具有相同的消失矩

$$\sum_{k=-N+1}^{N-1} k^r \tilde{g}_k = 0 \quad 0 \leqslant r < N \tag{5.3.19}$$

将式(5.3.19)展开,写成矢量形式如下

$$[(-N+1)^r (-N+2)^r \cdots (-1)^r \ 0^r \ 1^r \cdots (N-1)^r] \tilde{\boldsymbol{g}}^{\mathrm{T}} = 0 \tag{5.3.20}$$

当 $r=0,1,\cdots,N-1$ 时,式(5.3.20)可写成如下矩阵展开

$$\begin{bmatrix} (-N+1)^0 & (-N+2)^0 & \cdots & (-1)^0 & 0^0 & 1^0 & \cdots & (N-1)^0 \\ (-N+1)^1 & (-N+2)^1 & \cdots & (-1)^1 & 0 & 1^1 & \cdots & (N-1)^1 \\ & & & \cdots\cdots & & & & \\ (-N+1)^{N-1} & (-N+2)^{N-1} & \cdots & (-1)^{N-1} & 0 & 1^{N-1} & \cdots & (N-1)^{N-1} \end{bmatrix} \tilde{\boldsymbol{g}}^{\mathrm{T}} = 0 \tag{5.3.21}$$

式(5.3.21)可用简式表示如下

$$V\tilde{g}^{\mathrm{T}} = 0 \tag{5.3.22}$$

式(5.3.22)中,矩阵 V 为一个 $N \times (2N-1)$ 的矩阵,其元素表示如下

$$[V]_{m,n} = n^m \tag{5.3.23}$$

其中, $n = -(N-1), \cdots, (N-1)$, $m = 0, 1, \cdots, N-1$,且令 $0^0 = 1$。由于等效高通滤波器 $\tilde{g}$ 仅与预测器系数 P 有关,因此由式(5.3.22)就可以计算得到预测器系数。

2. 更新器系数计算方法

假设在更新阶段,更新器 U 的个数为 $\tilde{N}$ ($\tilde{N} = 2\tilde{D}$, $\tilde{D}$ 为正整数),预测器 P 的个数为 ($N = 2D$, D 为正整数)。将 P 和 U 代入第二代小波重构等效高通滤波器表达式,则得到重构等效高通滤波器 g 表达式如下[37]

$$\begin{aligned}
g(z) &= -U(z^2) + z^{-1}(1 - P(z^2)U(z^2)) \\
&= -u_1 z^{-2\tilde{D}} - u_2 z^{-2\tilde{D}+2} - \cdots - u_{\tilde{N}} z^{2\tilde{D}-2} + \\
&\quad z^{-1}[1 - (p_1 z^{-2D+2} + \cdots + p_N z^{2D})(u_1 z^{-2\tilde{D}} + \cdots + u_{\tilde{N}} z^{2\tilde{D}-2})] \\
&= \sum_{k=-N-\tilde{N}+2}^{N+\tilde{N}-2} g_k z^k
\end{aligned} \tag{5.3.24}$$

式(5.3.24)中, g_k 为重构等效高通滤波器系数。

设 $g = \{g_k, -N-\tilde{N}+2 \le k \le N+\tilde{N}-2\}$。 g 与 P、 U 的关系可用下式表示

$$g(2l-1) = \begin{cases} 1 - \sum_{m=1}^{N} p_m u_{(l-m+1)} & l = (N+\tilde{N})/2 \\ \sum_{m=1}^{N} p_m u_{(l-m+1)} & l \ne (N+\tilde{N})/2 \end{cases} \tag{5.3.25}$$

$$g(2l+N-2) = u_l \quad l = 1, 2, \cdots, \tilde{N} \tag{5.3.26}$$

当 l 取其他值时, $g(2l) = 0$。

与式(5.3.22)类似,得到如下关系式

$$\tilde{V} g^{\mathrm{T}} = 0 \tag{5.3.27}$$

式(5.3.27)中 $\tilde{V}$ 为一个 $\tilde{N} \times (2N + 2\tilde{N} - 1)$ 维矩阵,其元素表示如下

$$[\tilde{V}]_{m,n} = n^m \tag{5.3.28}$$

其中, $n = -N-\tilde{N}+2, -N-\tilde{N}+3, \cdots, N+\tilde{N}-3, N+\tilde{N}-2$, $m = 0, 1, \cdots, \tilde{N}-1$。由于预测器系数 P 可由式(5.3.22)得到,因此更新器系数作为未知变量可由式(5.3.27)计算得到。

3. 预测器和更新器系数特性

第二代小波预测器和更新器系数具有如下特性:

1) 所有预测器系数之和为1,即 $\sum_{i=1}^{N} p_i = 1$;

2) 所有更新器系数之和为 $\frac{1}{2}$,即 $\sum_{i=1}^{\tilde{N}} u_i = 1/2$;

3) 当 $N = \tilde{N}$ 时,预测器系数为其对应更新器系数大小的两倍,即

$$\{p_1, p_2, \cdots, p_N\} = \{2u_1, 2u_2, \cdots, 2u_{\tilde{N}}\} \tag{5.3.29}$$

4)预测器和更新器系数具有对称性,即

$p_1 = p_N, \cdots, p_{N/2} = p_{N/2+1}$; $u_1 = u_{\tilde{N}}, \cdots, u_{\tilde{N}/2} = u_{\tilde{N}/2+1}$。

5)预测器系数的个数 N 和更新器系数的个数 $\tilde{N}$ 取不同值时,可以组合构成新小波。

4. 第二代小波尺度函数和小波函数特性

计算得到预测器系数和更新器系数后,通过对 δ 序列进行插值迭代运算就能得到第二代小波尺度函数和小波函数。

第二代小波尺度函数 $\phi(x)$ 和小波函数 $\psi(x)$ 的算法流程如图 5.3.5 和图 5.3.6 所示。

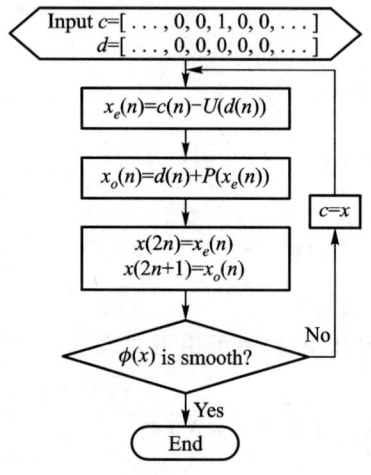

图 5.3.5 第二代小波尺度
函数算法流程图

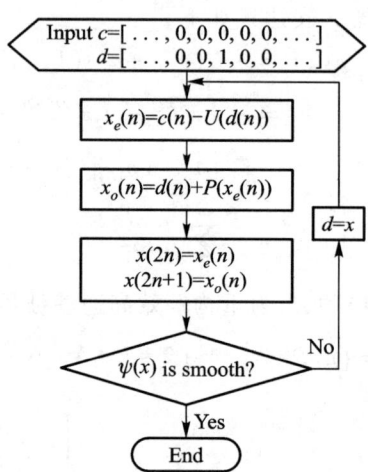

图 5.3.6 第二代小波小波
函数算法流程图

由第二代小波尺度函数和小波函数算法流程图 5.3.5 和图 5.3.6,得到当 $N=6$ 和 $\tilde{N}=6$ 时的尺度函数和小波函数图形如图 5.3.7 所示。

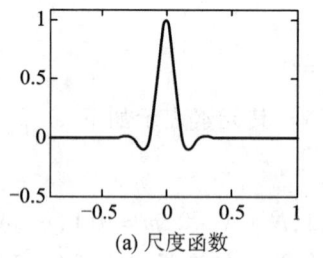
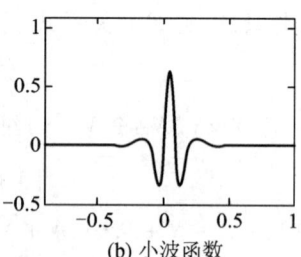

(a) 尺度函数   (b) 小波函数

图 5.3.7 第二代小波尺度函数和小波函数

由图 5.3.7 可以看出,尺度函数和小波函数是紧支撑和对称的。小波函数的形状与冲击信号的波形非常相似,可以有效地提取振动波形中的特征分量。当 N 和 $\tilde{N}$ 取不同值时,尺度函数和小波函数的支撑区间和光滑性发生变化,而其形状相似。在工程应用中,如滚动轴承损伤、机械加工刀具缺损等,运行过程中的动态信号将呈现冲击响应波形,我们可以根据信号特点,灵活选择与信号特征匹配的预测器和更新器,从而提取动态信号中的故障特征,实现早期损伤或故障诊断。

5.3.3 第二代小波包分析

滚动轴承是旋转机械中应用最为广泛、也是最易损坏的零部件之一。滚动轴承在运转过程中可能会由于各种原因引起损坏，如装配不当、润滑不良、水分和异物侵入、腐蚀和过载等都可能会导致滚动轴承过早损坏。即使在安装、润滑和使用维护都正常的情况下，经过一段时间运转，滚动轴承也会出现疲劳剥落和磨损而不能正常工作。因此，对滚动轴承故障进行定量识别，准确判定其损伤的严重程度，预防重大事故发生，是故障诊断领域的一个重要研究方向。

目前，滚动轴承损伤定量识别的常用方法是共振解调分析技术。但是，共振解调技术很难全面提取隐含在振动信号各调制频带内的故障信息特征。共振解调技术对于滚动轴承晚期严重损伤故障识别具有一定的效果，但它不适合于识别滚动轴承的早期损伤故障。

当滚动轴承的内圈、外圈、滚动体和保持架四种元件的工作表面出现如点蚀、剥落、擦伤等局部损伤故障时，损伤引起的振动信号呈现出振荡衰减的形状，为了有效地提取其故障特征，选用的小波基函数形状应匹配轴承损伤引起的这种冲击振荡波形，才能够在变换中获得较大的小波系数，有效地突出故障特征。第二代小波的尺度函数和小波函数是对称的、紧支撑的，具有振荡衰减的形状，与滚动轴承出现局部损伤时的振动信号波形相似。因此，选用它作为基函数，在第二代小波变换的基础上，构造第二代小波包分解和重构算法，用于滚动轴承损伤的定量识别。

1. 第二代小波包分解和重构算法

第二代小波包的分解和重构算法，包括以下步骤：

1) 将一个信号序列 $s=\{x(k), k \in Z\}$，其中 $x(k)$ 为序列 s 中的第 k 个样本，Z 为正整数集合，分成两个子序列：偶序列 $s_e=\{s_e(k), k \in Z\}$ 和奇序列 $s_o=\{s_o(k), k \in Z\}$。

$$s_e(k) = x(2k) \quad k \in Z \tag{5.3.30}$$

$$s_o(k) = x(2k+1) \quad k \in Z \tag{5.3.31}$$

k 为子序列 s_e 和 s_o 中的样本序号。

2) 通过下列各式，计算得到第二代小波包第 l 层分解的各个频带信号

$$s_{l1} = s_{(l-1)1o} - P(s_{(l-1)1e}) \tag{5.3.32}$$

$$s_{l2} = s_{(l-1)1e} + U(s_{l1}) \tag{5.3.33}$$

……

$$s_{l(2^l-1)} = s_{(l-1)2^{l-1}o} - P(s_{(l-1)2^{l-1}e}) \tag{5.3.34}$$

$$s_{l2^l} = s_{(l-1)2^{l-1}e} + U(s_{l(2^l-1)}) \tag{5.3.35}$$

其中，P 和 U 的计算原理分别与式(5.3.22)和式(5.3.27)相同。

3) 第二代小波包重构过程是将相应频带信号保留，而将其他频带信号置零，然后按照以下各式进行重构。

$$s_{(l-1)2^{l-1}e} = s_{l2^l} - U(s_{l(2^l-1)}) \tag{5.3.36}$$

$$s_{(l-1)2^{l-1}o} = s_{l(2^l-1)} + P(s_{(l-1)2^{l-1}e}) \tag{5.3.37}$$

$$s_{(l-1)2^{l-1}}(2k) = s_{(l-1)2^{l-1}e}(k) \quad k \in Z \tag{5.3.38}$$

$$s_{(l-1)2^{l-1}}(2k+1) = s_{(l-1)2^{l-1}o}(k) \quad k \in Z \tag{5.3.39}$$

……

$$s_{(l-1)1e} = s_{l2} - U(s_{l1}) \tag{5.3.40}$$

$$s_{(l-1)1o} = s_{l1} + P(s_{(l-1)1e}) \tag{5.3.41}$$

$$s_{(l-1)1}(2k) = s_{(l-1)1e}(k) \quad k \in Z \tag{5.3.42}$$

$$s_{(l-1)1}(2k+1) = s_{(l-1)1o}(k) \quad k \in Z \tag{5.3.43}$$

第二代小波变换对信号的分解和重构过程中可见，变换过程全部在时域中进行，运算简单、快捷，关键是运用 N 个预测器系数 $p_1, p_2, \cdots, p_N$ 和 $\tilde{N}$ 个更新器系数 $u_1, u_2, \cdots, u_{\tilde{N}}$。一个值得关心的问题是第二代小波变换采用的预测和更新算法，是否具备第一代小波变换将信号与基函数进行内积变换的数学原理？文献[41]的分析表明第二代小波变换与第一代小波变换的本质一样，在信号与基函数进行内积变换的数学原理方面，具有异曲同工之处。

2. 滚动轴承损伤定量识别方法

滚动轴承和齿轮发生损伤时，在其缺陷部位产生的冲击脉冲激励下，会出现振荡衰减的脉冲响应信号，因此，理想的诊断方法是利用包络解调技术，获取故障特征频率对应的幅值，再利用冲击脉冲法(shock pulse method, SPM)对解调结果进行量化处理，从而定量识别轴承等部件的损伤程度。

冲击脉冲法是由瑞典 SPM Instrument AB 公司在 20 世纪 70 年代最先提出的一套系统监测方法。滚动轴承等部件存在缺陷，如有疲劳剥落、裂纹、磨损和滚道异物时，会发生冲击，引起脉冲性振动。由于阻尼的作用，这种振动是一种衰减振动。冲击脉冲的强弱反映了故障的严重程度。SPM 方法正是基于这一原理来评价滚动轴承的运行状态，并且采用了冲击脉冲值这一新的尺度，在实际使用时用分贝值表示。对于不同的轴承，振动脉冲值不仅与轴承的油膜厚度、操作程度有关，还与轴承的几何尺寸、转速有关。为了得到一个衡量各种滚动轴承状态的标准，SPM 方法规定了一个只与轴承工作状况有关的标准分贝值，该分贝值实际上是表示冲击值的增加率。SPM 给出分贝值的故障等级经验计算公式为

$$B = 20\log\frac{2\,000 \times SV}{N \times D^{0.6}} \tag{5.3.44}$$

式中，B 表示分贝值，单位为 dB；N 表示轴的转速，单位为 r/min；D 表示轴承的内径，单位为 m；SV 表示冲击值，单位为 m/s²。

可以根据 B 的如下值判断轴承的运行状态：

1) $0 \text{ dB} \leqslant B < 21 \text{ dB}$ 正常状态，轴承工作状态良好；
2) $21 \text{ dB} \leqslant B \leqslant 35 \text{ dB}$ 轻微故障，轴承有早期损伤；
3) $35 \text{ dB} < B \leqslant 60 \text{ dB}$ 严重故障，轴承已有明显损伤。

基于第二代小波包解调分析方法的滚动轴承损伤定量识别过程如下：

1) 将原始振动信号按 5.3.3.1 节第二代小波包算法进行分解和重构；
2) 将重构得到的各个频带信号进行 Hilbert 包络解调，然后对解调信号进行快速傅里叶变换，得到各个频带重构信号的包络谱；
3) 将各个频带重构信号的包络谱，利用式(5.3.44)计算其分贝值；
4) 计算滚动轴承保持架、滚动体、外圈和内圈的故障特征频率值。提取各个故障特征频率在第二代小波包各个频带中对应包络谱幅值的分贝值；
5) 选取各频带中同一故障特征频率对应分贝值的最大值 $B_{\max}$，对滚动轴承的损伤进行定量识别。

3. 工程应用

(1) 电力机车轮对轴承早期损伤诊断

机车是典型的大型复杂机电系统,滚动轴承作为极其重要的机械部件,在机车上得到广泛应用。机车上的滚动轴承长时间运行在恶劣的环境中,其内外表面常出现裂纹、凹痕、碰伤、剥落、电蚀、锈蚀,甚至出现破碎和缺损等情况,而其出现故障后的危害性也相当大。为了预防故障的发生,缩短故障维修时间及节省资金,确保行车安全,必须提前发现轴承隐患,将其消灭在萌芽状态。

当机车滚动轴承发生故障时,其振动信号往往淹没在机车大量的宽带随机噪声中,信号的信噪比很低。为了解决铁路机车走行部高噪声背景下信号分析问题,将本方法引入机车车辆走行部故障诊断。

机车滚动轴承的型号为 552732QT,其参数如下:内径 160 mm,外径 290 mm,滚子直径 34 mm,滚子个数 17。轮轴转频为 515 r/min,采样频率设为 12 800 Hz,采样点数为 8 192,图 5.3.8a 为滚动轴承的振动信号,对滚动轴承振动信号进行 Hilbert 包络解调,得到其包络谱的分贝值如图 5.3.8b 所示。

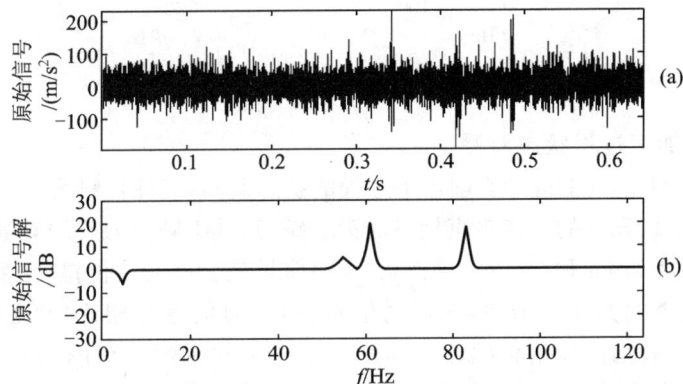

图 5.3.8　滚动轴承振动信号及其包络谱分贝值图

将滚动轴承振动信号进行三层第二代小波包分解与重构,得到八个频带的重构信号,结果如图 5.3.9 所示(图中纵坐标的单位是 m/s^2)。对图 5.3.9 的八个频带重构信号分别进行

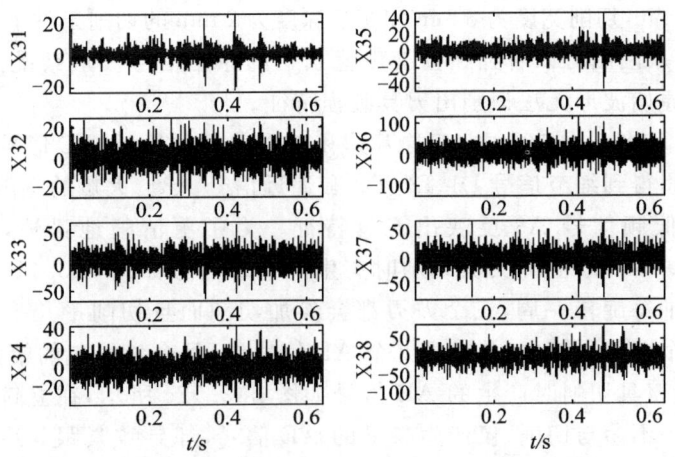

图 5.3.9　滚动轴承振动信号第二代小波包重构图

Hilbert 包络解调,求取八个频带重构信号包络谱,然后用式(5.3.44)提取各个频带中滚动轴承保持架、滚动体、外圈和内圈故障特征频率对应的分贝值,结果如图 5.3.10 所示(图中纵坐标的单位是 dB)。由图 5.3.10 可见,在第六频带中滚动轴承的外圈故障特征频率对应的分贝值最大,为 22.806 dB,表示滚动轴承存在外圈早期损伤故障,而直接利用 Hilbert 包络解调分析方法得到的外圈故障特征频率对应分贝值为 19.859 dB。

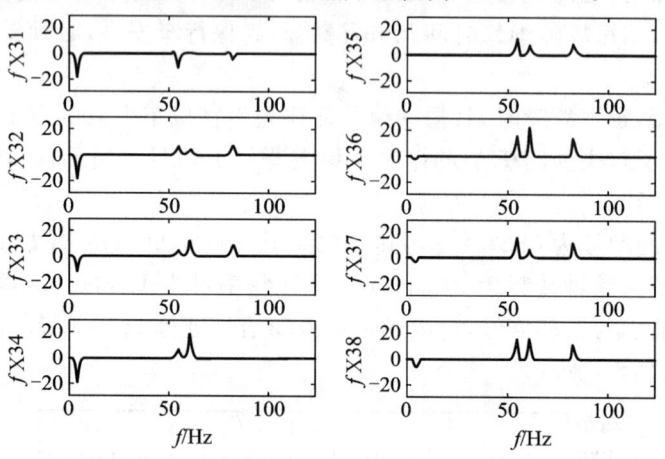

图 5.3.10 滚动轴承振动信号重构包络谱分贝值图

(2) 铣削刀具加工过程状态监测

在数控立铣床 XKA50 上进行铣削加工过程的状态监测,工件材料为 45 钢;铣削方式为逆铣;刀具选用直径为 10 mm 的高速钢直柄三面刃立铣刀,其中破损刀具的测量结果是轴向破损和径向破损量分别为 2 mm 和 1 mm。声发射(AE)信号是金属晶格位错、晶界滑移、裂纹发生及发展等过程中发出的弹性冲击波,同振动信号、切削力信号等相比,它更能直接地反映刀具切削状态。因此,利用声发射传感器 Kistler 8 152 B(频率响应范围 100~900 kHz),采集加工过程的 AE 信号并用泰克示波器 Tektronix TDS5032B 记录。AE 传感器安装在紧靠近工件的夹具上,声发射信号的采样频率为 2.5 MHz,分析数据的长度取 512 K,其时间历程包含数控立铣床 3 个主轴旋转周期。

图 5.3.11a 和图 5.3.12a 分别为正常刀具和破损刀具在数控立铣床主轴转速为 840 r/min,进给速度为 240 mm/min,切削宽度为 8 mm 和切削深度为 2 mm 的切削条件下,铣削平面时获得的原始 AE 信号。从两图可以看到在强噪声背景下的原始信号波形杂乱无章,几乎得不到有用的信息,单从原始波形无法识别出刀具破损特征。

在图 5.3.11b 和图 5.3.12b 中,正常刀具和破损刀具的原始 AE 信号被第二代小波分解三层再分别重构,得到细节信号 D1、D2、D3 和逼近信号 A3。大量的噪声被分解到高频段 D1、D2 和 D3 中,低频信号 A3 反映出刀具特征。为了更清晰地描述,分别将 A3 示于图 5.3.11c 和图 5.3.12c。正常刀具切削时产生的 AE 信号如图 5.3.11c 所示。如果忽略刀具制造误差,主轴每旋转一周,三个刀刃都会参加切削而且切削量几乎相等,均产生 AE 信号,在图示的三个回转周期中,共出现九个 AE 信号包,每个信号包的幅值差别不大,而且排列规整。而破损刀具切削时产生的 AE 信号如图 5.3.12c 所示,在立铣刀每个切削周期中,破损的刀刃几乎不参与切削,仅产生少量的 AE 信号,却导致紧跟其后的正常刀刃承担约两倍的切削负荷,相应地该切削刃产生的 AE 信号的能量剧增并伴随严重的冲击现象,该信号包的幅值也显著增大。比较图 5.3.11c 和图 5.3.12c，利用第二代小波变换的分解与重构，从分离出的低频信号中可看到破损刀具与正常刀具立铣切削产生的 AE 信号包的形状明显不同，真实地反映了切削刀刃的状态。如果对其做进一步的特征提取并借助模式识别方法，可实现立铣刀加工状态自动识别。

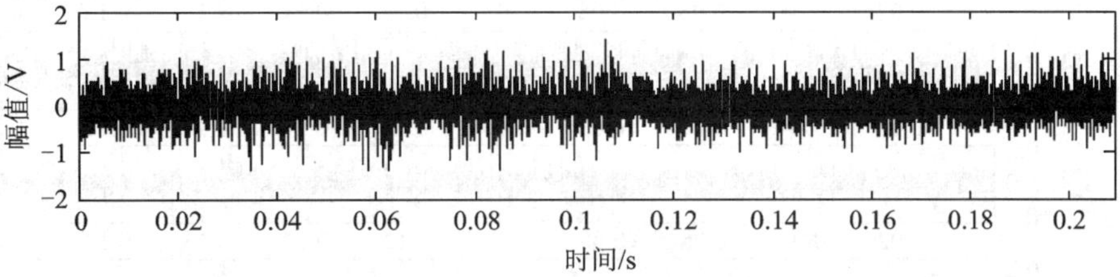

(a) 原始信号

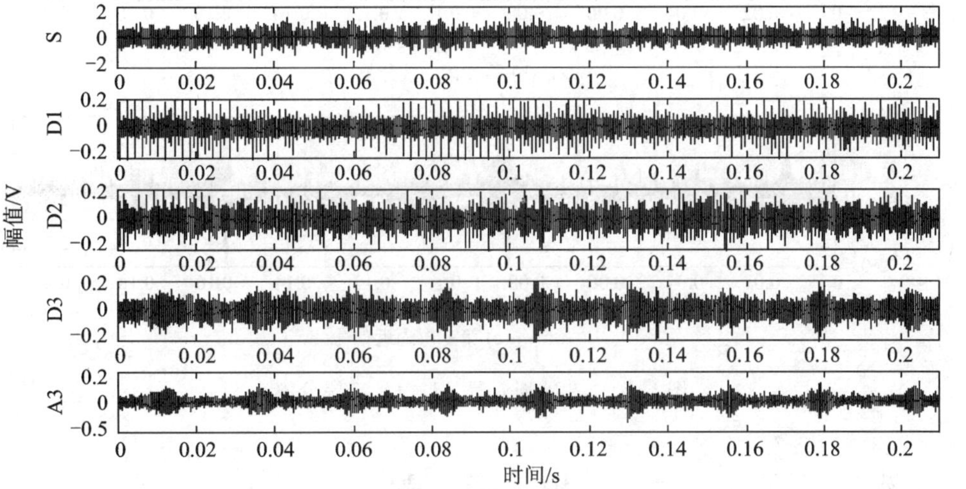

(b) 第二代小波分解

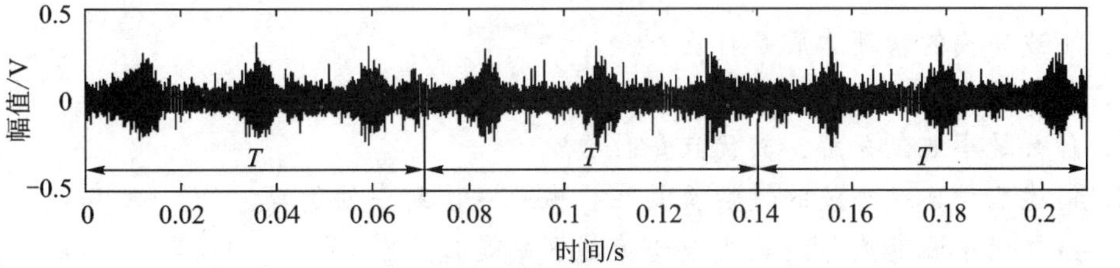

(c) 第三层逼近信号

图 5.3.11　正常刀具 AE 信号三层分解

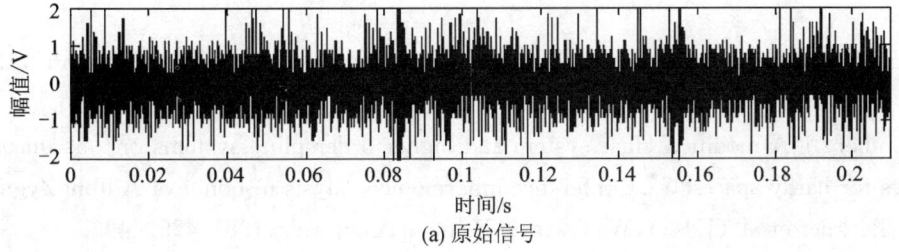

(a) 原始信号

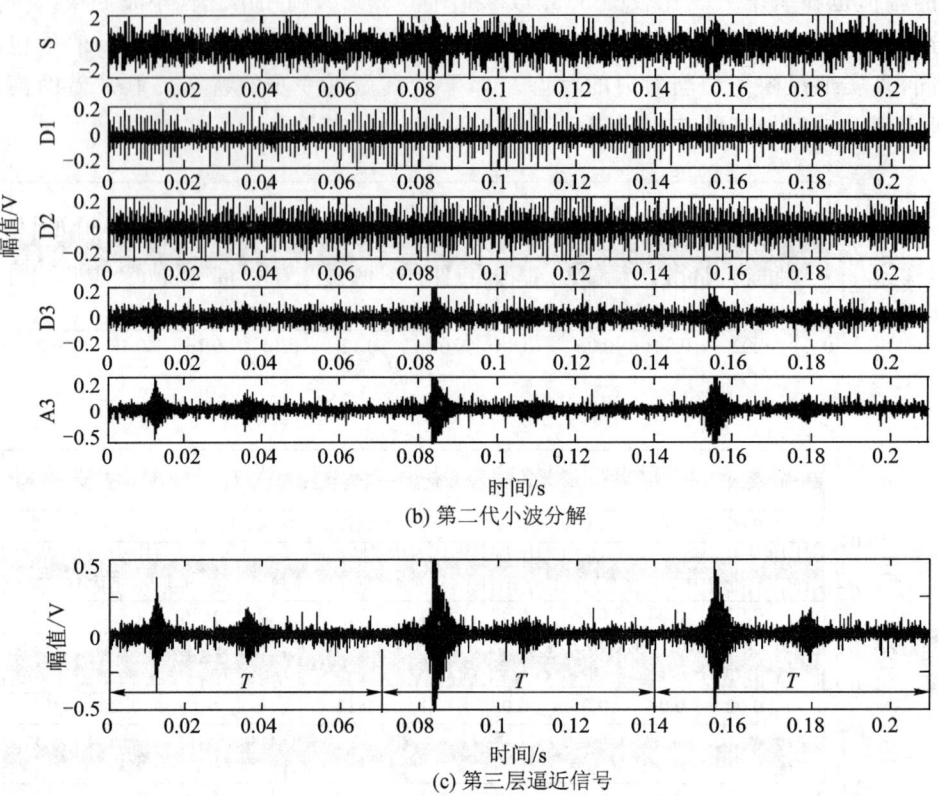

图 5.3.12　破损刀具 AE 信号三层分解

思 考 题

1. 小波变换的物理本质是什么？
2. 如何理解小波变换的多分辨思想？
3. 什么是小波包分解？其优点是什么？
4. 简述几种连续小波的特性及其在机械故障诊断中的优势。
5. 第二代小波变换与经典小波变换的区别是什么？
6. 试归纳第二代小波变换中预测器和更新器系数计算流程。

参 考 文 献

[1] Haar A. Zur theorie der orthogonalen funktionen systeme[J]. Math. Ann. ,1910,69: 331-371.

[2] Stromberg J. A modified Haar system and higher orderspline systems on as unconditional bases for hardy spaces[C]. Conference inharmonic analysis in honor of Antoni Zygmund H, W. ,Beckner et al. (Eds.) ,Wadsworth,Belmont,California,1981:475-493.

[3] Grossmann A, Molert J. Decomposition of hardy functions into square integrable

wavelets of constant shape[J]. SIAM J. Math. ,1984,Vol. 15:723-736.

[4] Mallat S G. Multiresolution representation and wavelet[D]. University of Pennsylvania,Philadelphia,PA,1988.

[5] Mallat S G. Multifrequency channel decompositions of images and wavelet models. IEEE Transactions on Acoustics[J]. Speech and Signal Processing,1989,37(12):2091-2110.

[6] Mallat S G. A theory for multiresolution signal decomposition:The wavelet representation[J]. IEEE Transactions on Pattern Analysis and Machine Intelligence,1989,11(7):674-693.

[7] Mallat S G. Multiresolution approximations and wavelet orthonormal bases of $L^2(R)$[J]. Transactions on the American Mathematical Society,1989,315(1):68-87.

[8] Daubechies I. Orthonormal bases of compactly supported wavelets[J]. Communications on Pure and Applied Mathematics,1988,XII:909-996.

[9] Daubechies I. The wavelet transform,time-frequency localization and signal analysis[J]. IEEE Transactions on Information Theory,1990,36(5):961-1006.

[10] Coifman R R,Meyer Y,Quake S. Signal Processing and Compression with wavelet packets[C]. Proceedings of the Conference on Wavelets,1989.

[11] Wickerhauser M V. Lecture on wavelet packet algorithms[C]. Math. Depart. Washington Univ. ,St. Lowis Missouri,U. S. ,1991.

[12] Coifman R R,Wickerhauser M V. Entropy-based algorithm for best basis selection[J]. IEEE Transactions on Information Theory,1992,38:313-318.

[13] Newland D E. Harmonic wavelet analysis[C]. Proc. R. Soc. Lond. A,1993,443:203-225.

[14] Harold Szu,Charles Hsu,Leonardodeane Sa et al. Hermitian Hat Wavelet Design for Singularity Detection in the Paraguay river level data analyses[C]. Proc. of SPIE - The International Society for Optical Engineering. 1997,3078:96-115.

[15] Freudinger L C,Lind R,Brenner M J. Correlation filtering of modal dynamics using the Laplace wavelet[C]. Proceedings of the International Modal Analysis Conference - IMAC V2,1998,Feb. 2~5,Santa Barbara,California,868-877.

[16] Sweldens W. The lifting scheme:A construction of second generation wavelet constructions[J]. SIAM J. Math. Anal. 1997,29(2):511-546.

[17] Daubechies I,Sweldens W. Factoing wavelet transforms into lifting steps[J]. Fourier Anal. Appl. 1998,4(3):247-269.

[18] 何正嘉,陈雪峰,李兵,等.小波有限元理论及其工程应用[M].北京:科学出版社,2006.

[19] 崔锦泰.小波分析导论[M].程正兴,译.西安:西安交通大学出版社,1995.

[20] 张贤达,保铮.非平稳信号分析与处理[M].北京:国防工业出版社,1998.

[21] 杨福生.小波变换的工程分析与应用[M].北京:科学出版社,1999.

[22] 秦前清,杨宗凯.实用小波分析[M].西安:西安电子科技大学出版社,1994.

[23] 赵纪元.基于小波理论、神经网络的实用诊断技术研究[D].西安交通大学,1997.

[24] 訾艳阳,何正嘉,张周锁. 汽轮机高压缸蒸汽激励故障分析与诊断[J]. 汽轮机技术,2000,42(3):166-169.

[25] 张正松,傅尚新. 旋转机械振动监测及故障诊断[M]. 北京:机械工业出版社,1991.

[26] 杨力华,戴道清,黄文良. 信号处理的小波导引[M]. 北京:机械工业出版社,2002.

[27] Newland D E. Harmonic wavelet analysis[C]. Proceedings of the Royal Society of London,1993,443 (10):203-205.

[28] Newland D E. Wavelet analysis of vibration (part 1,2)[J]. Journal of Vibration and Acoustics,1994,116 (10):409-424.

[29] 吴敏金. 分形信息导论[M]. 上海:上海科学技术出版社,1994.

[30] Strang G,Nguyen T. Wavelet and filter banks. Wellesley-Cambridge Press,1996.

[31] Lawrence C F,Rick Lind,Martin J. Brenner correlation filtering of modal dynamics using the laplace wavelet[C]. Proceedings of 16th International Modal Analysis Conference,Santa Barbara,California,February 2-5,1998:868-877.

[32] Mallat S,Zhang Z. Matching pursuit with time-Frequency dictionaries[J]. IEEE Transactions on Signal Processing,1993,41(12):3397-3415.

[33] Grossmann A. Wavelet transform and edge dectection. In Stochastic Processes in Physics and Engineering[M]. Hazewinkel,Ed. Dodrecht:Reidel,1986.

[34] Mallat S,Hwang W L. Singularity detection and processing with wavelets[J]. IEEE Trans. on Information Theory. 1992,38(2):617-643.

[35] Harold Szu,Charles Hsu,Leonardodeane Sa et al. Hermitian hat wavelet design for singularity detection in the paraguay river level data analyses[C]. Proc. of SPIE-The International Society for Optical Engineering. 1997,3078:96-115.

[36] Sweldens W. The lifting scheme:a custom-design construction of biorthogonal wavelets[J]. Appl Comput Harmon Anal. 1996,3(2):186-200.

[37] Sweldens W,Schröder P. Building your own wavelets at home. URL:http://cm.bell-labs.com/cm/ms/who/wim/.

[38] Daubechies I,Sweldens W. Factoring wavelet transforms into lifting steps[J]. Fourier Anal Appl. 1998,4(3).247-269.

[39] Claypoole R L,Baraniuk R G,Nowak R D. Adaptive wavelet transforms via lifting. URL:http://www.dsp.rice.edu/publications/pub/clayp_SPTTransoo.ps.gz.

[40] Jawerth B,Sweldens W. An overview of wavelet based multiresulotion analysis. URL:http://cm.bell-labs.com/cm/ms/who/wim/.

[41] 何正嘉,曹宏瑞,李臻,等. 铣削刀具破损检测的第二代小波变换原理[J]. 中国科学 E,2009,52(5):1312-1322.

第 6 章　基于模型的故障诊断方法

6.1　基于时间序列模型的故障诊断方法

机械设备在运行过程中的各种运行参数,以及所产生的振动、噪声、温升等一类信号量,都可以看做一个时间历程,它即为所观测动态系统的输出。可以将传感器拾取的、连续变化的参数经过模/数(A/D)转换,得到一个离散的时间序列:$\{x_k\}$($k=1,2,\cdots,N$),这一时间序列通常具有以下特点:

1) 由于动态过程是随机过程,因此时间序列是随时间而随机变化的序列,一般为平稳或可近似认为是平稳的随机离散信号;

2) 系统的输入,即产生这一随机时间序列的原因无法确知;

3) 由于机械系统相互耦合,十分复杂,加大了时间序列分析的难度。

一般来说,通过分析把复杂系统抽象为简单的物理模型只能作一般规律分析,很难用于对实际机器状态的监测与诊断。在这种场合下,时间序列模型(简称为时序模型)具有不可比拟的优势。

6.1.1　时序模型的概念

ARMA 模型(特别是其中的 AR 模型)是时序方法中最基本的、实际应用最广的时序模型。它是在线性回归模型的基础上发展起来的。ARMA 模型具有随机差分方程的形式。正如第二章所述,采用它不仅可揭示动态数据本身的结构与规律,即定量地了解观测数据之间的线性相关性,预测其未来值,而且还可从多方面研究系统的有关特性,从而可对系统施加合适的控制来获得所希望的系统工作性能[1]。

假设随机信号 $x(m)$ 是由白噪声 $n(m)$ 激励某一确定性线性系统 $H(z)$ 所产生的。因此只要已知白噪声的功率 σ_n^2 和系统传递函数 $H(\omega)$,就可估计出信号的功率谱密度函数 $S_x(\omega)$。

$$S_x(\omega) = |H(\omega)|^2 S_n(\omega) = |H(\omega)|^2 \sigma_n^2 \qquad (6.1.1)$$

假设参数模型的输入 $n(m)$ 和输出 $x(m)$ 满足差分方程

$$x(m) = \sum_{k=0}^{q} b_k n(m-k) - \sum_{k=1}^{p} a_k x(m-k) \qquad (6.1.2)$$

其中,系数 $\{a_k\}$ 和 $\{b_k\}$ 就是模型的参数,常数 p 和 q 称为参数模型的阶数。

对上式两边进行 z 变换,得到参数模型的传递函数 $H(z)$ 为

$$H(z) = \frac{X(z)}{N(z)} = \frac{\sum_{k=0}^{q} b_k z^{-k}}{1 + \sum_{k=0}^{p} a_k z^{-k}} \tag{6.1.3}$$

显然，$H(z)$ 为一个有理分式。根据 $H(z)$ 的不同，参数模型可分为自回归模型（AR 模型）、滑动平均模型（MA 模型）和自回归滑动平均模型（ARMA 模型）三类。下面首先简要介绍数理统计中的一元线性回归模型和参数的最小二乘估计，并在此基础上引入 AR 模型，进而引入 ARMA 模型。

为了对时间序列进行数学描述，研究时间序列的变化规律，需要建立数学模型，这种模型通称为时序模型。时序模型方法已被广泛应用于生物医疗、地球物理、语言识别、机械振动、噪声工程等各个领域，具有对一物理过程进行识别诊断、在线监控、预报等多种用途[2-6]。机器诊断的模型方法，就是在机器运行过程中，首先选定恰当的诊断参数，然后建立其时序模型，通过对时序模型的相应判据进行分析，以诊断机器状态的变化。一般情况下，模型方法可以比较可靠地回答机器属于正常或异常运行状态的问题，而不能准确地回答为什么的问题。但是，在相当多的场合，能够回答前一个问题，已经是十分难能可贵的了，因为这对于事故预防已经发挥了积极的作用。

1. 自回归模型 AR

当 $b_0=1, b_k=0 (k=1,2,3,\cdots,q)$，式（6.1.2）和式（6.1.3）变为

$$x(m) = n(m) - \sum_{k=1}^{p} a_k x(m-k) \tag{6.1.4}$$

$$H(z) = \frac{1}{A(z)} = \frac{1}{1 + \sum_{k=1}^{p} a_k z^{-k}} \tag{6.1.5}$$

参数模型的输出是该时刻的输入及以前 p 个输入的线性组合，因此该模型被称为自回归模型，记作 AR(p)，其中 p 为 AR 模型的阶数。AR 模型的传递函数中只含有极点，不含有零点，所以 AR 模型也叫做全极点模型。

系统输出功率谱为

$$S_x(z) = \frac{\sigma_n^2}{A(z)A(z^{-1})} \tag{6.1.6}$$

$$S_x(e^{j\omega}) = \frac{\sigma_n^2}{|A(e^{j\omega})|^2} = \frac{\sigma_n^2}{\left|1 + \sum_{k=1}^{p} a_k e^{-j\omega k}\right|^2} \tag{6.1.7}$$

2. 滑动平均模型 MA

当 $a_k=0 (k=1,2,3,\cdots,p)$，式（6.1.2）和（6.1.3）变为

$$x(m) = \sum_{k=0}^{q} b_k n(m-k) \tag{6.1.8}$$

$$H(z) = B(z) = \sum_{k=0}^{q} b_k z^{-k} \tag{6.1.9}$$

参数模型的输出是该时刻的输入和以前 q 个输入的线性组合，因此该模型被称为滑动平均模型，简称 MA 模型，记做 MA(q)，其中 q 为 MA 模型的阶数。MA 模型的传递函数中只含有零点，不含有极点，所以 MA 模型也成为全零点模数。

3. 自回归滑动平均模型 ARMA

在式(6.1.2)和式(6.1.3)中,若 $a_k(k=1,2,3,\cdots,p)$ 不全为零,$b_k(k=1,2,3,\cdots,q)$ 也不全为零,则该参数模型被称为自回归滑动平均模型,记作 ARMA(p,q),其中 p 和 q 为 ARMA 模型的阶数。ARMA 模型也叫做极零点模型。

获得模型的参数后,就可以利用式(6.1.1)估计出信号的功率谱密度函数。由于对所建立的模型 $H(\omega)$ 是多项式的有理分式,因此得到的功率谱密度函数是频率 ω 的连续函数。这就避免了周期图法估计频谱时的随机起伏现象。同时,在估计信号模型的参数时,往往只适用比较短的信号,因此该方法对非平稳性较强信号的频谱分析也是有利的。

时间序列分析是从有限的样本数据中拟合具有一定精度的时间序列模型,因此被称为小样本理论。在建立时间序列模型之前,必须先对动态数据进行必要的预处理,以便剔除那些不符合统计规律的异常样本,并对这些样本数据的基本统计特性进行检验,以确保建立时间序列模型的可靠性和置信度,并满足一定的精度要求[7-9]。下面介绍几种常用的预处理方法。

1. 平稳性检验

一个平稳时间序列具有两个基本的特点,其均值和方差为常数;自协方差函数只与时间间隔有关,而不依赖于时间。因此,对时间序列的平稳性检验,最根本的就是检验其是否具有上述两个性质。平稳性检验的方法较多,可分为参数检验法与非参数检验法。

2. 正态性检验

常用的时间序列模型一般是建立在具有正态分布特性的白噪声基础上的,所以必须检验采集的数据序列是否具有正态特性。对于时间序列的正态性,最基本的是检验其三阶矩(偏态系数 ξ)和四阶矩(峰态系数 ν)是否满足正态随机变量的特性。

3. 周期性检验

如果在时间序列中存在有周期性或准周期的样本数据,则它们反映到时间序列的功率谱 $S(\omega)$ 上就会出现尖峰,因此很容易与随机数据的功率谱得到分辨。

另外,周期性检验也可以在自相关系数 $\rho(r)$ 中得到分辨。因为具有周期性数据序列的自相关系数呈连续振荡波形,而随机性数据的自相关系数表现为单调的下降曲线。

如果能获得时间序列样本数据的概率密度(PDF)直方图,则也可以根据其不同的形状来分辨其具有周期性或随机性。周期性或准周期性数据概率密度的直方图呈下凹形(盆形),而随机数据的概率密度直方图却呈上凸形(钟形)。但当周期信号的方差比随机部分的方差小,或者包含一个以上的周期信号时,就不容易在直方图上判别。

以上三种检验周期性的方法都比较直观方便,但只能作为定性的判据。至于有关周期性检验的定量判别方法,可用趋势项检验[4]。

4. 趋势项检验

在时间序列分析中,有时需要在某一时间序列中去掉一个线性的或缓慢变化的趋势,这种趋势可能是由于数据中的某些分量经过积分产生的。积分可以导致两种误差:① 如果零点没有调准,则在每一采样时刻都有一个小的误差项,经过积分后这一常数项变成了直线,这一线性趋势在谱分析或其他计算中导致很大的误差;② 由于积分或低频噪声起功率放大的作用,而在数据中常有这类噪声,经过积分后变成缓慢变化的随机信号,其变化速度在某种程度上取决于采样间隔。

趋势项也并非都是误差,它可能代表时间序列中包含的有用信息,由于趋势项的出现使过程成为非平稳,因此在对数据作平稳化预处理时也要提取出趋势项,例如前面提到的周期性趋势就是有用数据。

一般来说,变化着的趋势项可以用滤波器来消除,而多项式形式的趋势项可以用最小二乘法来提取。

5. 奇异数据的剔除

在样本数据采集过程中有时会引入一些虚假数据,例如由于数据传输系统中发生信号失真或丢失等而产生的奇异数据通常会在以后的时间序列分析中带来额外的误差,影响建立时间序列模型的精度。

因此,在时间序列分析之初,应该先对这些奇异数据进行检测和剔除,使得建立时间序列模型进入正常的程序。但是对于奇异数据的自动剔除目前还没有找到很好的方法,在一般情况下都是依靠分析人员的实际经验,再通过人工剔除的方法来进行。当然由于人为因素不可避免,往往会影响建模的精度,带来模型的系统误差。

6.1.2 时序模型的建立

AR 模型、MA 模型和 ARMA 模型是现代频谱估计中最主要的三种参数模型。从数学逼近的角度来讲,三者之间可以相互转换。由于 AR 模型的参数估计可以归结为求解一组线性方程组,而 MA 模型和 ARMA 模型却对应于非线性方程组,因此 AR 模型便成为研究最多且应用最广的一种参数模型,下面以 AR 模型为例介绍模型的建立。

对式(6.1.4)两边乘以 $x(m-i)(i \geqslant 0)$ 后再取数学期望,得到

$$R_x(i) = E[x(m)x(m-i)] = E[n(m)x(m-i)] - \sum_{k=1}^{p} a_k R_x(k-i) \quad (6.1.10)$$

设 AR 模型的单位脉冲响应序列 $h(m)$ 是因果的,即当 $i>0$ 时,$h(-i)=0$。根据系统输入 $n(m)$ 和输出 $x(m)$ 之间的关系 $x(m) = \sum_{l=0}^{+\infty} h(l)n(m-l)$,有下式成立。

$$E[n(m)x(m-i)] = E\left\{n(m)\left[\sum_{l=0}^{+\infty} h(l)n(m-i-l)\right]\right\} = \begin{cases} \sigma_n^2 & (i=0) \\ 0 & (i>0) \end{cases} \quad (6.1.11)$$

式(6.1.10)变为

$$R_x(i) = \begin{cases} \sigma_n^2 - \sum_{k=1}^{p} a_k R_x(-k) & (i=0) \\ -\sum_{k=1}^{p} a_k R_x(i-k) & (i>0) \end{cases} \quad (6.1.12)$$

令 $\boldsymbol{A}^{(p)} = (1, a_1, a_2, a_3, \cdots, a_p)^T$

$$\boldsymbol{R}_x^{(p)} = \begin{bmatrix} R_x(0) & R_x(1) & \cdots & R_x(p) \\ R_x(1) & R_x(0) & \cdots & R_x(p-1) \\ R_x(2) & R_x(1) & \cdots & R_x(p-2) \\ \cdots & \cdots & \cdots & \cdots \\ R_x(p) & R_x(p-1) & \cdots & R_x(0) \end{bmatrix}, \boldsymbol{E}^{(p)} = (\sigma_n^2, 0, \cdots, 0)^T,\text{则式}(6.1.12)\text{可写}$$

成如下规范方程

$$R^{(p)}A^{(p)} = E^{(p)} \tag{6.1.13}$$

其中，$A^{(p)}$ 为 p 阶 AR 模型的系数向量。$R^{(p)}$ 为信号 $x(m)$ 的 $(p+1)\times(p+1)$ 阶自相关函数矩阵。该矩阵是一个 Toeplitz 矩阵。$E^{(p)}$ 为 $(p+1)$ 维列向量。式(6.1.13)就是 AR 模型的 Yule-Walker 方程。由于一个 p 阶 AR 模型共有 $p+1$ 个参数，即 $a_1, a_2, a_3, \cdots, a_p$ 和 σ_n^2。只要已知输出信号 $x(m)$ 的前 $p+1$ 个自相关函数 $R_x(1), R_x(2), R_x(3), \cdots, R_x(p)$，就可求出这 $p+1$ 个参数。

对于实际观测数据序列，以上的模型参数估计利用数据序列的自相关估计值替代自相关函数值，然后利用 Yule-Walker 方程求解模型参数。所以，该方法又称为自相关参数估计。

6.1.3 AR 模型的定阶方法

AR 模型建模的另一个问题就是如何选择合适的阶次 m。在前面的讨论中我们假定阶次 m 是确定的，但是实际中阶次 m 是事先未知的。阶次 m 过小或过大将会引起谱估计时分辨率过低或过高，阶次 m 过低将会使相邻的不同频率分量混淆，阶次 m 过高将会使某个频率分量的谱线分裂而造成虚假的频率。

目前流行的多种定阶准则，通常可从下述四个方面进行分类：

1) 利用时间序列的相关特性，即判断模型的自相关系数 ρ_k 和偏相关系数 φ_{kk} 的拖尾或截尾来确定其合适阶次。这是一种初步定阶方法，可在建模开始时加以粗略地估计。

2) 利用数理统计方法，有① 检验高阶模型新增加的参数是否近似为零，参数的置信区间是否含零来确定模型阶次；② 检验残差的相关特性；③ F 检验方法。

3) 利用信息准则，即定义一个与模型阶数信息有关的特征参数，从而选取使它达到最小值的阶数作为模型的阶数，其中包括 AIC、BIC、FPE 及其他准则。

4) 根据经验提出的定阶方法。

下文主要介绍 AR 模型定阶中常用的经验法和试探法。

经验法设 N 为序列 $\{x_k\}$ 中 x 的个数，则一般可取：当 $N=20\sim50$ 时，$m=N/2$；当 $N=50\sim100$ 时，$m=N/3\sim N/2$；当 $N=100\sim200$ 时，$m=2N/\ln(2N)$。

试探法常用的判定阶次的判据有以下两种：

(1) 最终预测误差判据 FPE(final prediction error criterion)

最终预测误差判据 FPE 的定义为

$$\text{FPE}(M) = \frac{N-1+m}{N-1-m} J(m) \tag{6.1.14}$$

其中，N 为数据长度，m 为阶次，$J(m)$ 为预测误差的均方值。式中前面分式的值随 m 的增大而增大，后面的 $J(m)$ 随 m 的增大而减小。当 m 到达合适的阶数时上式取得最小值，该 m 就是最佳的模型阶数。

(2) 信息论判据 AIC(akaika's information criterion)

akaika 给出了预测误差方差对数的似然函数极小判据，即 AIC 准则，其定义为

$$\text{AIC}(m) = \frac{2m}{N} + \ln J(m) \tag{6.1.15}$$

其中，N 为数据长度，m 为阶次，$J(m)$ 为预测误差的均方值。该判据选择 AIC 的极小值对应的 m 作为 AR 模型的最佳阶次。

AIC 准则的改进形式称为 BIC 准则，即 AR 模型的阶次为使下式达到最小的 m。

$$\text{BIC}(m) = \frac{m\ln N}{N} + \ln J(m) \tag{6.1.16}$$

其中，N 为数据长度，m 为阶次，$J(m)$ 为预测误差的均方值。

6.1.4 时序模型的谱分析

自回归谱是自回归时序模型经过频域变换得到的一种功率谱密度函数。自回归谱反映了一个时间序列在频域中的组成情况。因此，它是机械设备故障诊断中极为有效的工具。

假定我们已经采用 Yule-Walker 方程获得了式(6.1.4)所示的自回归模型，并且应用 AIC 准则确定了模型的最佳阶次。这时，可以对模型作 z 变换，确定在白噪声 a_k 输入下，输出为 x_k 时的系统传递函数

$$H(z) = \frac{X(z)}{A(z)} = \frac{1}{1 - \phi_1 z^{-1} - \phi_2 z^{-2} - \cdots - \phi_m z^{-m}} \tag{6.1.17}$$

根据系统输入、输出的自功率谱与传递函数的关系，将 $z = e^{j2\pi fT_s}$ 代入，有

$$S_x(\omega) = |H(e^{j2\pi fT_s})|^2 S_a(\omega) \tag{6.1.18}$$

式中，T_s 为采样间隔，$S_a(\omega)$ 为输入白噪声的功率谱密度，$S_a(\omega) = \sigma_a^2 T_s$。这样可以得到时间序列 $\{x_k\}$ 的自回归谱

$$S_x(\omega) = \frac{\sigma_a^2 T_s}{\left|1 - \sum_{k=1}^{m} \phi_k e^{-j2\pi kfT_s}\right|^2} \tag{6.1.19}$$

对于一阶自回归模型 $x_k = \phi_1 x_{k-1} + a_k$，利用式(6.1.19)可以求出其自回归谱

$$S_x(\omega) = \frac{\sigma_a^2}{1 + \phi_1^2 - 2\phi_1 \cos 2\pi f} \tag{6.1.20}$$

这里，采样间隔 T_s 取为 1，相当于采样频率 $f_s = 0.5$ 或 $\omega_s = \pi$。当 $\omega = 2\pi f$ 自 0 向 π 变化时，分母将单调增或单调减，视 ϕ_1 值的正负而定。

当 ϕ_1 为正时，$\omega = 0$，$S_x(\omega) = \max$；当 ϕ_1 为负时，$\omega = \pi$，$S_x(\omega) = \max$。由此可见，一阶自回归模型在谱图上形不成谱峰，如图 6.1.1a 所示。

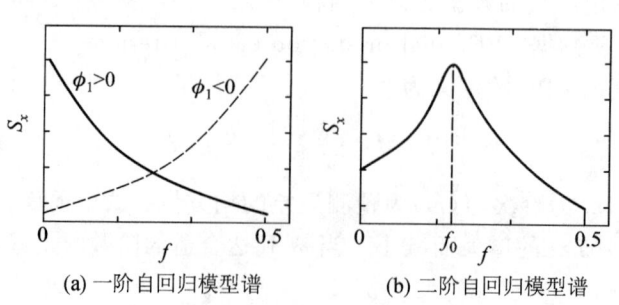

(a) 一阶自回归模型谱 (b) 二阶自回归模型谱

图 6.1.1 自回归模型谱

进一步观察一个带噪声的正弦波 $x_k = A\sin k\omega_0 T_s$，确定其自回归模型和功率谱密度函数。

因为 $x_{k-1}=\dfrac{2A\sin(k-1)\omega_0 T_s \cos\omega_0 T_s}{2\cos\omega_0 T_s}=\dfrac{A\sin k\omega_0 T_s+A\sin(k-2)\omega_0 T_s}{2\cos\omega_0 T_s}$，因此相应的自回归模型是 AR(2)：

$$x_k-(2\cos\omega_0 T_s)x_{k-1}+x_{k-2}=a_k$$

取采样间隔 $T_s=1$，噪声的方差为 σ_a^2，经过频域变换可以得到 $\{x_k\}$ 的功率谱密度函数

$$S_x(f)=\frac{\sigma_a^2}{4(\cos^2\omega_0+\cos^2\omega)-8\cos\omega_0\cos\omega}$$

可以看到，当 $\omega\to\omega_0$ 时，S_x 将会出现一个谱峰，如图 6.1.1b 所示。

自回归谱的基本优点是：
1) 谱峰尖锐，频率定位准确、清晰；
2) 当两个谱峰的位置十分邻近时具有很强的分辨力；
3) 对周期性较强的序列不要求严格按照周期采样；
4) 在保证获得足够信息的前提下，可以大大减少采样数目；
5) 整个分析工作可以在微型计算机上进行。

由于自回归谱具有上述一系列优点，特别是能够提供比较准确的频域信息，对于复杂的机器运行信号，通过自回归谱分析，可以找出各个频率分量及其在信号中的比重，因此宜于在故障诊断中应用。

6.1.5 时序建模预测方法

时间序列通常是按小时、日、周、月、年观测事物的变化。在某些场合不是按时间观察统计，而是按温度、电流等观察统计的数据，习惯仍使用时间序列这一术语。

时间序列用于预测的基本思想是认为历史将延续到未来，即一种事物过去随时间而变化的趋势，也是今后该事物随时间而变化的趋势，预测的方法就是时间序列的外推[10-11]。时间序列预测技术是通过对预测目标本身时间序列的处理来研究其变化趋势的。这一变化趋势往往包含有：

1) 长期趋势分量：它反映了事物的主要变化趋势，对于作长期较粗略的预测是很有用的。

2) 季节变动分量或周期变动分量：它是由事物某些局部特性引起的，对作短期预测有实际意义。

3) 随机性变动分量：它是指由于各种事前无法预料的因素而引起的对时间序列宏观上的影响，它使测量结果产生一定的分散。

1. 确定性时间序列预测

确定性时间序列预测的一般步骤是：首先求出基本的发展趋势，分析可能存在的波动，再通过对随机变动的分析，确定一个合理的预测区间，然后进行预测，主要有滑动平均法、加权滑动平均预测法和指数平滑法等。

1) 滑动平均法：滑动平均法认为未来的状态与近期的状态有关，而远期的状态并不重要。所以该方法是不断引入新数据来修改平均值，以消除变动偶然因素的影响，得出事物发展的主导趋势。

2) 加权滑动平均预测法：在滑动平均法中，每个数据在平均中的作用是等同的，不能反

映距预测期越近的数据对预测值影响越大的情况,所以把简单滑动平均法修改为加权滑动平均预测法。根据距离预测期的远近,分别赋予各个观测数据一个不同的权数,近期数据对于预测值的影响较大,其权数大一些,远期数据的影响相对较小,其权数小一些。

3) 指数平滑法:这种方法主要是强调近期数据对预测值的影响,可以任意选择近期数据的权数,但也不忽略远期数据的作用。所以指数平均法是以近期的预测值为依据,经过修正后得出预测值,不需要存储很多的历史观测数据,它实质上也是一种加权平均法,不过它的权数是由近期实际值和近期预测值的误差来确定的,而且它在整个时间序列中是有规律排列的。

2. 平稳随机时间序列预测

1) 一般原理:平稳随机时间序列预测技术不同于确定性时间序列预测技术,它是把时间序列作为随机过程来研究的。由于考虑了时间序列的随机特征和统计特征,所以能比确定性时间序列预测法提供更多的信息。在设备诊断技术中常用模型研究系统特性和工作状态,预测设备状态变化的趋势。

假设$\{x_k\}$为平稳时间序列,以x_k表示$\{x_k\}$在k时刻及其以前的观测值$\{x_i\}(i=1,2,\cdots,k)$的记录,若根据观测序列x_k对x_{k+l}作出某种最优意义上的估计,则称该估计值$\hat{x}_{k+l}$为k时刻时间序列的l步预报,记为$x_k(l)$。怎样计算估计值$\hat{x}_{k+l}$认为是最优预报结果呢?这里采用最小方差线性估计原则。用$x_1,x_2,\cdots,x_k$对x_{k+l}作最小方差线性预报,取

$$x_k(l) = \hat{x}_{k+l} = c_0 + \sum_{j=1}^{k} c_j x_j \tag{6.1.21}$$

式中,$c_0,c_1,\cdots,c_k$是常数,选择$c_0,c_1,\cdots,c_k$使得平均平方误差达到最小,亦即

$$e_k^2(l) = E(x_{k+l} - \hat{x}_{k+l})^2 = E(x_{k+l} - c_0 - \sum_{j=1}^{k} c_j x_j)^2$$

最小。称$e_k(l) = x_{k+l} - \hat{x}_{k+l}$为$l$步预报误差。或写为

$$x_{k+l} = e_k(l) + \hat{x}_{k+l} \tag{6.1.22}$$

也就是说,x_{k+l}由预报值和预报误差两部分组成,预报误差是不可预报的部分,它包含了新的信息。

后面要讲的预报方法,建立在下述基本引理基础上。若已经观测到平稳时间序列$x_1,x_2,\cdots,x_k$的数值,则

① 将来第$k+l$个时刻的白噪声估计值为0,即$\hat{a}_{k+l}=0$;

② 现在或过去的第j个时刻平稳时间序列估计值为其观测值,即$\hat{x}_j = x_j,(1 \leqslant j \leqslant k)$。

2) 时间序列的AR模型预报方法:一个平稳时间序列的AR模型为

$$x_k(l) = \theta_0 + \sum_{i=1}^{m} \phi_i x_{k-i} + a_k$$

已经观测到$x_1,x_2,\cdots,x_k(k>m)$的数值,在上式中取$k=k+l$,并在等式两边取估计值,得到

$$x_k(l) = \hat{x}_{k+l} = \theta_0 + \sum_{i=1}^{m} \phi_i \hat{x}_{k+l-i} + \hat{a}_{k+l}$$

由基本引理得

$$x_k(l) = \hat{x}_{k+l} = \theta_0 + \sum_{i=1}^{m} \phi_i \hat{x}_{k+l-i} \tag{6.1.23}$$

式中，$\theta_0 = \mu_x(1-\phi_1-\cdots-\phi_m)$。在预报公式(6.1.23)中分别取 $l=1,2,\cdots$，可分别得到一步、二步、…的预报值，即

取 $l=1, x_k(1) = \hat{x}_{k+1} = \theta_0 + \phi_1 x_k + \phi_2 x_{k-1} + \cdots + \phi_m x_{k+1-m}$；

取 $l=2, x_k(2) = \hat{x}_{k+2} = \theta_0 + \phi_1 \hat{x}_{k+1} + \phi_2 \hat{x}_k + \cdots + \phi_m \hat{x}_{k+2-m}$；

取 $l=3, x_k(3) = \hat{x}_{k+3} = \theta_0 + \phi_1 \hat{x}_{k+2} + \phi_2 \hat{x}_{k+1} + \cdots + \phi_m \hat{x}_{k+3-m}$；

……

需要指出，在计算二步预报值时要用到一步预报值，在计算三步预报值时要用到一步、二步预报值等。

现在介绍计算一步预报误差范围的方法。由式(6.1.22)，有

$$e_k(1) = x_{k+1} - \hat{x}_{k+1} = a_{k+1}$$

即 k 时刻一步预报误差等于第 $k+1$ 时刻的白噪声的数值。一般情况下，用

$$E(e_k^2(1)) = E(a_{k+1}^2) = \sigma_a^2$$

刻划一步预报的精度。对正态平稳时间序列 $\{x_k\}$，一步预报误差 $e_k(1)$ 服从正态分布，所以

$$P\{|e_k(1)| < 2\sigma_a\} \approx 0.95$$

式中，$\sigma_a = \sqrt{\sigma_a^2}$。因而，一步预报误差绝对值不超过 $2\sqrt{\sigma_a^2}$ 的概率约为 95%，即置信概率为 0.95 的一步预报绝对误差的范围为 $2\sqrt{\sigma_a^2}$。用它可以判断一步预报效果的好坏。

6.1.6 时序模型的故障诊断方法

故障诊断技术，作为近 20 年来迅速发展起来的一门综合性的新技术，具有鲜明的实践性、理论性与跨学科性。其包括两方面的内容：第一，对故障现象的识别，寻找故障所在，并加以分析；第二，早期诊断技术，即在故障发生之前能及时预测故障征兆。由于时序模型是一个信息的凝聚器，可将系统的特性与系统所有信息都凝聚于其中，因而可依据它对系统的状态进行诊断；同时，又由于时序模型是一个预测器，不仅适用于有限长度的观测数据，而且对观测数据还具有外延特性，因而可利用它对系统状态的发展趋势进行预测，对隐患进行早期诊断；此外，时序模型谱在某些方面具有优于传统的周期图谱的一系列优点，因此，它具有较强的识别与诊断能力。因此，时序方法在故障诊断中受到了越来越广泛的重视，并已在很多方面得到了应用[12-16]。

时序模型的故障诊断包含以下内容：根据系统的性质与待检状态的性质，正确地测取与状态有关的、能够反映状态变化的特征信号；正确地从特征信号中提取与状态有关的、对状态变化最敏感的特征量(即征兆)；正确地根据系统的状态及其趋势作出决策，干预系统的工作过程，包括控制、自诊治、调整、维修、继续监视等措施。

1. 基于时间序列模型的旋转机械故障诊断方法[17]

针对发动机磨损状态诊断问题，提出基于发动机运行过程中振动信号时间序列的故障诊断方法。磨损过程从稳定磨损阶段过渡到剧烈磨损阶段，从系统角度来看，相当于系统从

稳定到发散的一个变化过程,当发动机处于稳定磨损阶段时,其磨损量的变化可视为趋势变化确定部分和随机部分。在这一阶段,随机变化 $x(t)$ 是一个平稳随机过程,对这一随机信号建立的参数模型,也就是说把随机信号 $x(t)$ 看成白噪声激励某一线性系统所产生的输出,对一个平稳随机信号,可唯一找到一个线性信号模型来满足系统的输入和输出关系,这一模型便是 AR 模型。因此,磨损状态的诊断可以转化为系统模型的稳定性判断。通过估计出各个观测时刻的参数模型,并判断各个模型的稳定性,能够确定发动机的磨损状态。根据所辨识出的每一采样点的模型系数,可求出相应时刻所对应的 AR 模型多项式根 r 的模,通过判断所有的根的模是否都大于 1,就可以知道系统的稳定性。

为使结果直观,作如下变换,$R=1/r$。显然,当 R 小于 1 时系统处于稳定状态,否则系统处于不稳定状态。图 6.1.2 是 R 随时间变化曲线。从图上可以看到当 $t<510$ h,$R<1$,系统处于稳定状态;当 $t>510$ h,R 迅速增长并很快超过界限值 1。说明系统已经处于不稳定状态,故通过时间序列的 R 值变化来反映旋转机械的磨损故障。

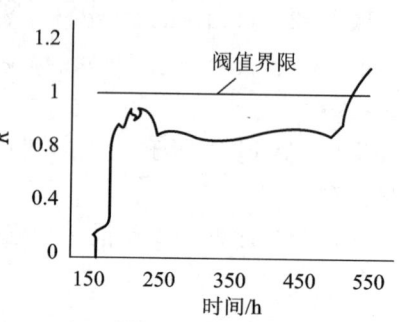

图 6.1.2 R 变化曲线

2. 时序分析在汽车变速箱齿轮故障诊断中的应用[18]

针对汽车变速箱齿轮的振动信号,建立阶次为 30 阶的 AR 模型。采集变速箱 3 挡齿轮正常状态和齿轮严重磨损时故障状态信号如图 6.1.3 所示。对其进行自功率谱分析见图 6.1.4 所示。其对应的 AR 谱如图 6.1.5 所示。从图 6.1.5 中可以看出,AR 谱图比前面的周期谱图平滑,且没有毛刺,谱峰比较突出,频率定位准确。这是 AR 谱区别于周期谱图的显著特征,同时看出,正常状态和故障状态的 AR 谱的差别比较明显。正常状态中,只有啮合频率处的谱峰比较突出,而故障状态除了在啮合频率处的峰值外,还有别的谱峰,而且比较杂乱。

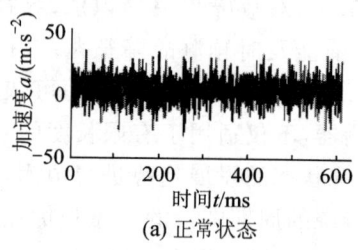
(a) 正常状态

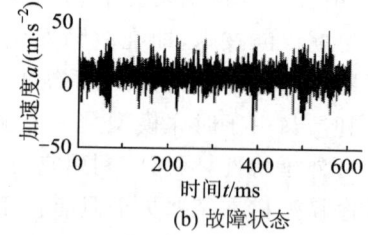
(b) 故障状态

图 6.1.3 时域波形图

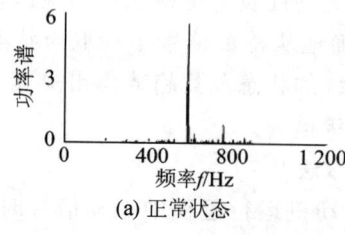
(a) 正常状态

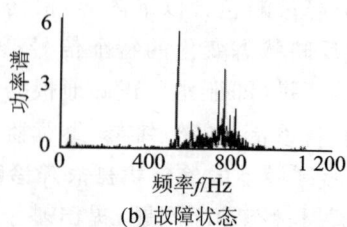
(b) 故障状态

图 6.1.4 功率谱图

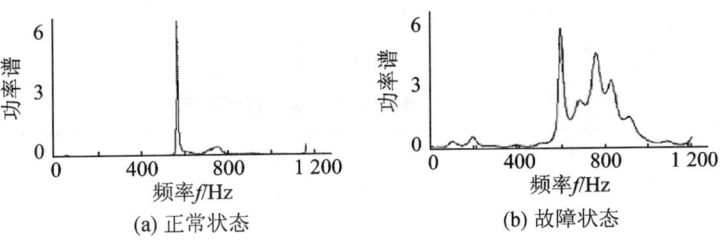

图 6.1.5　AR 谱图

3. 时间序列在机床主轴故障诊断中的应用[19]

以某数控车床加工工件的表面粗糙度 Ra，车床主轴的纯径向跳动 δ_D，纯角度摆动 θ 和纯轴向窜动 δ_L 为对象建立初始四维 AR 模型。其中，机床设计主轴的最高转速为 15 000 r/min。样本数 N 为 500。则非平稳时间序列处理步骤如下：

1) 观测上述四维非平稳观测值前 480 个样本序列 $\{X_t\}$，$\{X_t\} = (Ra, \delta_D, \theta, \delta_L)^T$，其中 $\{Ra\}$、$\{\delta_D\}$ 原始数据如图 6.1.6 所示。对数据进行一次差分以后得到平稳序列 $\{Y_t\}$，$\{Y_t\} = (1-B)\{X_t\}$。

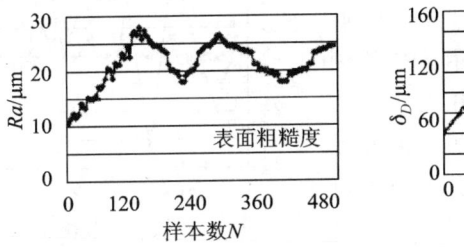 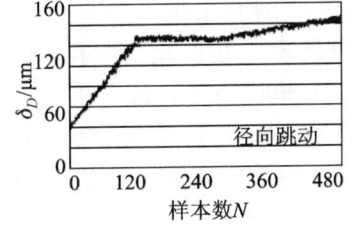

图 6.1.6　$\{Ra\}$、$\{\delta_D\}$ 样本原始值

图 6.1.7 示出 $\{Ra_t\}$ 经一次差分后所得时间序列，图 6.1.8 为一次差分后所得到的自相关系数，图中显示有显著下降的趋势，说明经过差分变换的序列已符合 ARMA 建模的条件。然后对 $\{Y_t\}$ 进行标准正态处理：$z_t = (Y_t - \mu_y)/\sigma_y$。式中，$\mu_x$ 为序列 $\{Y_t\}$ 的均值，σ_y 是 $\{Y_t\}$ 的均方差。进而，对 $\{z_t\}$ 进行多维 AR 建模，由 $Y_t = \sigma_y z_t + \mu_y$ 逆变换得到时序 $\{Y_t\}$，最终反变换得到序列 $\{X_t\}$。

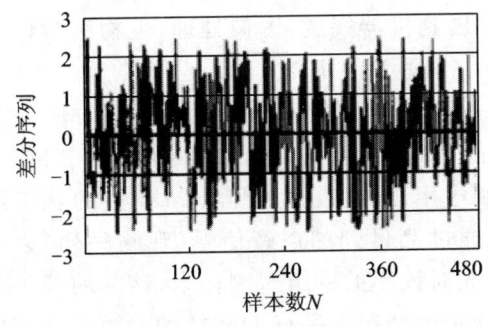 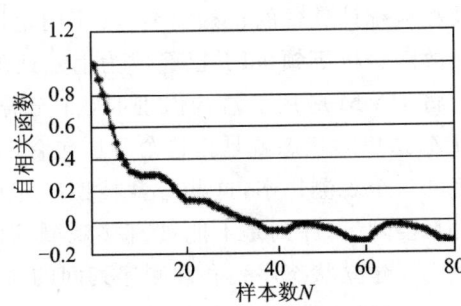

图 6.1.7　$\{Ra_t\}$ 的差分序列　　　图 6.1.8　$\{Ra_t\}$ 差分序列自相关系数函数

2) 由多维 Yule-Walker 算法依次估计四维模型 AR(p)（其中 $p=1,2,\cdots$）的参数，在此基础上计算各阶模型的 FPE 值，定出模型最佳阶次。这里计算了 10 阶 AR 模型的 FPE

值，当 AR(6)FPE 值最小，可知此四维 AR 模型最佳阶次为 6，依此建立四维 AR(6)模型。

3) 分析各相关物理量对表面粗糙度的影响程度。

表 6.1.1　四维 AR 模型最终预报误差

P	q	m		minFPE	p	q	m
6	3	1.841×10^{-6}	>	1.655×10^{-6}	6	3	3
6	2	7.412×10^{-6}	<	8.025×10^{-6}	6	2	2
6	1	3.265×10^{-6}	<	3.786×10^{-6}	6	1	1

由表 6.1.1 看出 $FPE_{6,1,2}<FPE_{6,1,1}$，则认为纯径向跳动对加工工件表面粗糙度的影响较大；$FPE_{6,2,3}<FPE_{6,2,2}$，则认为纯角度摆动对工件表面粗糙度也是重要的；$FPE_{6,3,4}>FPE_{6,3,3}$，则可认为主轴的纯轴向窜动产生的运动误差对加工工件表面的几何形状基本没有影响，这与实际理论也是相符合的。依此结论，可知在建立机床主轴诊断的多维 AR 模型时，仅需考虑 Ra,δ_D,θ 三个关键因素。

4) 根据上述观点，建立 $\{Ra,\delta_D,\theta\}^T$ 三维 AR(6) 模型。依据此模型监测并预报了序号 480 以后的 20 个 Ra 值，其结果如表 6.1.1 所示。从预测结果来看，使 AR(6) 模型预测其最大相对误差为 8.7%，最小仅为 1.76%，且基本吻合实测值发展趋势(图 6.1.9)，说明多维 AR 模型用于分析机床主轴部件故障是合理的。

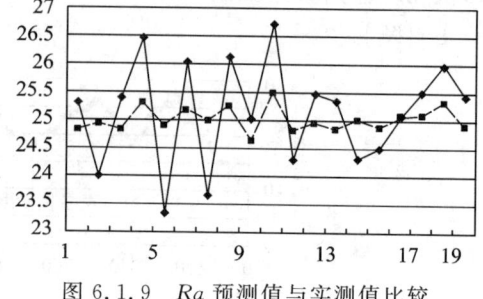

图 6.1.9　Ra 预测值与实测值比较

6.2　基于隐 Markov 模型的故障诊断方法

6.2.1　隐 Markov 模型(HMM)概述

HMM 是由 Leonard E. Baum 及其他一些学者在 20 世纪 70 年代建立起来的一种基于统计理论的模式识别方法。HMM 最初主要应用于语音识别领域，近年来，伴随着计算机技术及相应统计软件的迅猛发展，其应用范围已经扩展到机器视觉，图像处理，生物医学以及机械故障分析等领域，并已经成为信号处理领域中一个重要的研究方向。

将 HMM 应用于语音识别时，首先需要建立一种对应关系，例如，使一个字对应一个 HMM，这里的状态就是指这个音所包含的全部可能的音素(或其细分，或其组合)。对应于此字的一个观测样本，这些音素按照一定的先后顺序出现，这就形成了 HMM 中的状态序列，但这些状态序列是不能被直接观测到的，只能通过测量到的声音信号(观测序列)去推断。为了建立状态序列和观测序列间的关系，应首先对该字的一组观测样本(该字的若干个声音信号)进行学习，也就是说在相应的状态序列缺失的情况下进行 HMM 的参数估计。用数理统计的语言来说，就是不完全资料的参数估计。

在学习了每个字的参数后，就可以用来识别。也就是对一组观测样本(一个字的声音信号)，找到最可能产生该观测样本的那个模型来代表该字。对于不同的语音识别系统，虽然具体实现细节有所不同,但所采用的基本思路相似,一个典型语音识别系统的实现过程如图 6.2.1 所示。

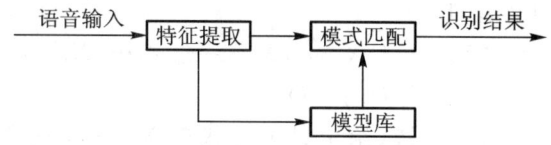

图 6.2.1　语音识别技术的实现

对于故障诊断问题,特别是基于振动信号分析的旋转机械故障诊断问题,实际上就是一个模式识别问题,具有和语音识别类似的框架。

和语音信号相比,旋转机械的振动信号和语音信号具有如下的类似之处[20]:

1) 二者都有一个类似的基本的潜在随机结构,而且不可直接观测。例如,旋转机械的潜在变化状态和语音中的音素。旋转机械的故障状态掩盖在机器的振动信号之中,同样,对于语音而言,常常观测到只是一些语音片断,而实际的音素则隐藏在这些语音片断之中。

2) 广义地讲,语音信号也是振动信号,因此二者的短时信号都是一系列空间分布的参数,比如语音中的多个倒谱系数和振动信号的多个幅值谱分量,因此都是多观测变量问题。

3) 在一段时间跨度上,参数空间都随时间而变化,于是形成了一个多变量的动态模式。语音信号往往具有较强的时变特性,而对于旋转机械的瞬时过程,比如,转子启停机过程,所表现出来的振动特性,也具有强的时变特性。因此二者在瞬时时间序列特性上具有类似性。对于说话人识别问题,一个说话人可以由一系列的语音特征来刻画,同样,对于转子启停机过程,设备所处的工作状态也可以由一系列的特征向量来表示。因此,启停机过程的故障诊断,很类似于语音识别中的说话人识别。在旋转机械的稳定工作阶段,抽取的振动信号又非常类似于语音识别技术中的孤立词识别。为了提高模型的泛化特性,对于一个要识别的单词,在建立该词的模型时,往往需要若干个样本,需要一人或多人反复拼读该单词。对于旋转机械故障诊断,要建立稳定阶段的 HMM,也必然要抽取该阶段的若干次振动信号波形,利用多训练样本序列建立模型。

近年来,HMM 在设备故障诊断方面的成功应用已有不少文献报导。例如,文献[21]提到使用 HMM 对工具磨损状态进行实时监测;文献[22]提到了基于振动信号的 HMM 在轴承故障诊断中的应用;Chinnam[23]和 Kwan[24]将 HMM 应用于设备剩余寿命预测研究中。由于 HMM 在语音识别等领域有较高的识别率,可以预见,HMM 也必然能够对旋转机械的振动模式进行可靠的诊断。

6.2.2　HMM 的基本概念

(1) Markov 模型

Markov 过程在自然科学和工程技术中有着广泛的应用,它的原始模型是 Markov 链。在实践中常常遇到这样的随机过程,在已知目前状态的条件下,它未来的演变与以往的状态无关,这种已知"现在"的条件下,"将来"与"过去"独立的特性称为 Markov 性,具有 Markov 性的随机过程被称为 Markov 过程。

下面可以简单地给出 Markov 链的数学定义:

定义 6.2.1 一般地,考虑只取有限个(或可数个)值的随机过程$\{X_n | n=1,2,\cdots,n\}$,若$X_n = i$,就说过程在n时刻处于状态i,假设每当过程处于状态i时,过程在下一时刻处于状态j的概率为一定值。即$\forall n \geqslant 1$,有

$$a_{ij} = P(X_{n+1}=j | X_n=i, X_{n-1}=i_{n-1}, \cdots, X_1=i_1)$$
$$= P(X_{n+1}=j | x_n=i) \tag{6.2.1}$$

这样的随机过程称为 Markov 链(给定过去的状态$X_1, X_2, \cdots, X_{n-1}$和现在的状态$X_n$,将来的状态$X_{n+1}$的条件独立于过去的状态,只依赖于现在的状态——这就是 Markov 性)。

定义 6.2.2 如果假设状态数为N,$\forall i,j (1 \leqslant i,j \leqslant N)$有

$$0 \leqslant a_{ij} \leqslant 1 \tag{6.2.2}$$

$$\sum_{j=1}^{N} a_{ij} = 1 \quad \forall i \tag{6.2.3}$$

则定义下面的矩阵A为状态转移概率矩阵:

$$A = \begin{bmatrix} a_{11} & \cdots & a_{1N} \\ a_{21} & \cdots & a_{2N} \\ a_{N1} & \cdots & a_{NN} \end{bmatrix} \tag{6.2.4}$$

于是一个 Markov 模型 M 就是由一条 Markov 链和一个状态转移概率矩阵组成。实际上,Markov 模型可以看做是一个有限状态自动机,其中每个状态都代表着一个可观测到的事件,状态之间的转换都对应着一定的概率值。

描述 Markov 模型最重要的参数是状态转移概率矩阵A,但还不能确定 Markov 链的初始分布,即求不出来$X_1 = i$的概率。于是为了完全描述 Markov 模型除了状态转移概率矩阵A以外,还需要引进初始状态概率先验分布。

定义 6.2.3 先验概率分布$\{\pi_i = P(x_1 = i)\}$

从随机有限状态自动机看,先验分布就是初始状态的概率分布,一般的自动机的初始状态是确定的,随机有限状态自动机的初始状态是随机的,但服从下列的约束条件:

$$0 \leqslant \pi_i \leqslant 1, \quad \sum_{i=1}^{N} \pi_i = 1 \tag{6.2.5}$$

(2) HMM 模型

下面先看一个 HMM 的实例:

设有N个缸,每个缸中装有很多彩球,球的颜色由一组概率分布描述。实验进行方式如下:

根据初始概率分布,随机选择N个缸中的一个开始实验;根据缸中球颜色的概率分布,随机选择一个球,记球的颜色为o_1,并把球放回缸中;根据描述缸的转移的概率分布,随机选择下一口缸,重复以上步骤。最后得到一个描述球的颜色的序列$o_1, o_2, \cdots$,称为观察值序列o(图 6.2.2)。

在上述实验中,有几个要点需要注意:

不能直接观察缸间的转移。从缸中所选取的球的颜色和缸并不是一一对应的。每次选取哪个缸由一组转移概率决定。

有限状态自动机是表示有限个状态以及在这些状态之间的转移和动作等行为的数学模型。

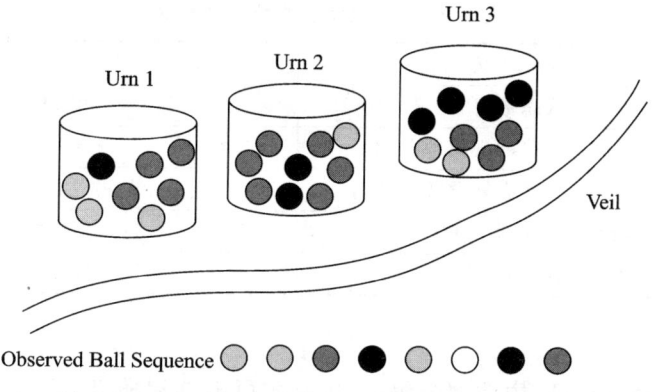

图 6.2.2　缸内颜色球模型(一个离散 HMM 实例)

以上就是一个隐马尔科夫过程,从中可以看到 HMM 过程有以下几个特征:HMM 的状态是不确定或不可见的,只有通过观测序列的随机过程才能表现出来。观察到的事件与状态并不是一一对应,而是通过一组概率分布相联系。HMM 是一个双重随机过程,包含 Markov 链和一般随机过程两个部分(图 6.2.3)。其中,Markov 链用于描述状态的转移,通常用转移概率来表达;而一般随机过程则常用观察值的概率表描述状态与观察序列间的关系。

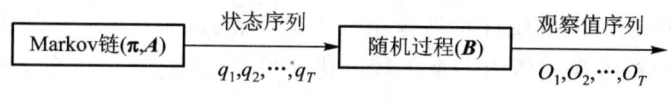

图 6.2.3　HMM 组成示意图

(3) HMM 的数学描述

一个 HMM 可以由下列参数描述:

1) N:模型中 Markov 链的状态数目。记 N 个状态为 $\theta_1,\theta_2,\cdots,\theta_N$,记 t 时刻 Markov 链所处的状态为 q_t,显然 $q_t\in(\theta_1,\theta_2,\cdots,\theta_N)$。在缸和颜色球的实验中缸就相当于 HMM 中的状态。

2) M:每个状态对应的可能的观测值数目。记 M 个观测值为 $v_1,v_2,\cdots,v_M$,记 t 时刻的观测值为 o_t,其中 $o_t\in(v_1,v_2,\cdots,v_M)$。在缸和颜色球的实验中所选球的颜色就是 HMM 模型中的观测值。

3) A:状态转移概率矩阵,$A=(a_{ij})_{N\times N}$,其中

$$a_{ij}=P(q_{t+1}=\theta_j|q_t=\theta_i) \quad 1\leqslant i,j\leqslant N \tag{6.2.6}$$

在缸和颜色球的实验中是指每次选取当前缸的条件下,选取另一个缸的概率。

4) B:观测值概率矩阵,$B=(a_{jk})_{N\times M}$,其中

$$b_{jk}=P(o_t=v_k|q_t=\theta_j) \quad 1\leqslant j\leqslant N,1\leqslant k\leqslant M \tag{6.2.7}$$

在缸和颜色球的实验中,b_{ij} 就是第 j 个缸中球的颜色 k 出现的概率。

5) π:初始概率分布向量,$\pi=(\pi_1,\pi_2,\cdots,\pi_N)$,其中

$$\pi_i=P(q_t=\theta_i), \quad 1\leqslant i\leqslant N \tag{6.2.8}$$

在缸和颜色球的实验中,指实验开始时选择的某个缸的概率。

由以上的分析,我们可以知道一个 HMM 可以记为:$\lambda=(N,M,\pi,A,B)$,或简记为 $\lambda=(\pi,A,B)$。下面把各参数的意义归纳在表 6.2.1 中。

表 6.2.1 HMM 各参数及其含义

参数	含义	实例
N	状态数目	缸的数目
M	每个状态可能的观察值数目	彩球颜色数目
A	与时间无关的状态转移概率矩阵	在选定某个缸的情况下,选择另一缸的概率
B	给定状态下,观察值概率分布	每个缸中的颜色分布
π	初始状态空间的概率分布	初始时选择某口缸的概率

(4) HMM 的分类

由图 6.2.3 所示,HMM 由两部分组成,即马尔可夫链和随机过程。其中马尔可夫链由 π、A 描述,显然,不同的 π、A 决定了不同的马尔克夫链的形状。根据不同的分类标准,HMM 有几种不同的分类方法,这里简要介绍 HMM 的分类以及实践中的几种变体类型。

1) 按照观测变量分类

HMM 由两个随机过程组成,其一为 Markov 链,另外一个是观测变量随机过程。按照观测到的随机变量,可以把 HMM 分为离散 HMM 和连续 HMM。上面提到的颜色球模型,由于其观测变量是 M 个离散可数的,因而该模型是离散 HMM(记为 DHMM)。这类模型中某个状态 j 对应的观测值的统计特性是由一组概率 b_{jk},$k=1,2,\cdots,M$ 来描述。所谓连续 HMM(记为 CHMM),指观测值为一个连续随机变量 X,因此某个状态 j 对应的观测值的统计特性由一个观测概率密度函数 $b_j(X)$ 来表示。

2) 按照 Markov 链形状分类

HMM 中的 Markov 链的形状由状态转移概率矩阵决定,如果 Markov 链的状态从任一状态出发,在下一时刻可以到达任一状态,即对应的 A 矩阵中没有零元素,则这样的 HMM 称为各态历经的 HMM。图 6.2.4a 所示的模型就是一个四状态各态历经的 HMM。它的特点是状态转移概率矩阵中的每一个元素都是正值,形式如下:

$$A = \begin{bmatrix} a_{11} & a_{12} & a_{13} & a_{14} \\ a_{21} & a_{22} & a_{23} & a_{24} \\ a_{31} & a_{32} & a_{33} & a_{34} \\ a_{41} & a_{42} & a_{43} & a_{44} \end{bmatrix}$$

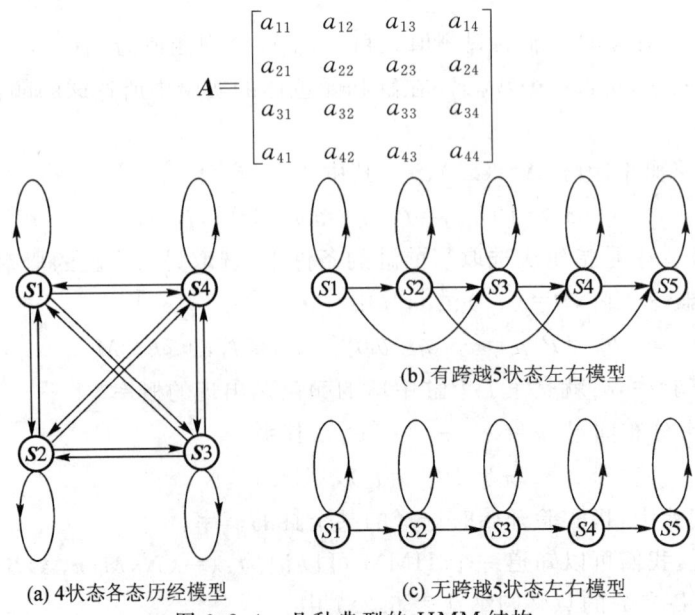

(a) 4状态各态历经模型
(b) 有跨越5状态左右模型
(c) 无跨越5状态左右模型

图 6.2.4 几种典型的 HMM 结构

某些实际应用中,其他类型的 HMM 比标准的各态历经的 HMM 能更好地模拟信号的属性。图 6.2.4b 和图 6.2.4c 分别是有跨越 5 状态左右模型和无跨越 5 状态左右模型。对于某些系统,其状态演化按某一固定的方向进行,例如:旋转机械启机过程转速逐步升高,因此相继通过其各阶谐波共振区等,这里使用左右模型更能体现其物理意义。

对于左右模型,其状态转移概率有如下约束:

$$a_{ij}=0, \quad j<i \tag{6.2.9}$$

且其初始概率有如下属性:

$$\pi_i = \begin{cases} 0, & i \neq 1 \\ 1, & i = 1 \end{cases} \tag{6.2.10}$$

通常对于左右型 HMM,为了不使状态序号之间出现太大的改变,总是要施加下列的约束形式:

$$a_{ij}=0, \quad j>i+V \tag{6.2.11}$$

特别的,对于图 6.2.7b 所示的 HMM 的转移概率矩阵有如下形式:

$$A = \begin{bmatrix} a_{11} & a_{12} & a_{13} & 0 & 0 \\ 0 & a_{22} & a_{23} & a_{24} & 0 \\ 0 & 0 & a_{33} & a_{34} & a_{35} \\ 0 & 0 & 0 & a_{44} & a_{45} \\ 0 & 0 & 0 & 0 & a_{55} \end{bmatrix} \tag{6.2.12}$$

对于左右型 HMM 的最后一个状态,状态转移概率通常指定:

$$a_{NN}=1, \quad 且 \quad a_{Ni}=0, \quad i<N \tag{6.2.13}$$

6.2.3 HMM 的基本算法

以下是 HMM 可以解决的三类问题,括号中为解决该问题的经典算法[25]:

给定观察序列 $O=[o_1,o_2,\cdots,o_3]$,以及模型 $\lambda=(\pi,A,B)$ 的条件下,如何计算 $P(O|\lambda)$?(前向—后向算法)。

给定观察序列 $O=[o_1,o_2,\cdots,o_3]$ 以及模型 λ 的条件下,如何选择一个对应的状态序列 $S=[q_1,q_2,\cdots,q_T]$,使得 S 能够最为合理的解释观察序列 O?(Viterbi 算法)。

如何调整模型参数 $\lambda=(\pi,A,B)$,使得 $P(O|\lambda)$ 最大?(Baum-Welch 算法)。

(1) 前向-后向算法

这个算法用来计算给定一个观察值序列 $O=[o_1,o_2,\cdots,o_3]$ 以及一个模型 $\lambda=(\pi,A,B)$ 的条件下,模型 λ 产生观察序列 O 的概率 $P(O|\lambda)$。

1) 前向算法

定义前向变量为

$$\alpha_t(i)=P(o_1,o_2,\cdots,o_t,q_t=\theta_i/\lambda) \quad 1 \leqslant t \leqslant T \tag{6.2.14}$$

那么,前向算法过程如下:

① 初始化

$$\alpha_t(i)=\pi_i b_i(o_1) \tag{6.2.15}$$

② 递归

$$\alpha_{t+1}(i) = \left[\sum_{i=1}^{N}\alpha_t(i)a_{ij}\right]b_j(o_{t+1}), \quad 1\leqslant t\leqslant T, 1\leqslant j\leqslant N \quad (6.2.16)$$

③ 终结

$$P(\boldsymbol{O}\mid\boldsymbol{\lambda}) = \sum_{i=1}^{N}\alpha_T(i) \quad (6.2.17)$$

步骤①是初始化状态 i 和初始观测变量 o_1 的联合概率。步骤②是前向算法的核心步骤，算法示意如图 6.2.5 所示。该图反映了 t 时刻的状态 $i(1\leqslant i\leqslant N)$ 是通过怎样的途径到达 $t+1$ 时刻的状态 j 的。

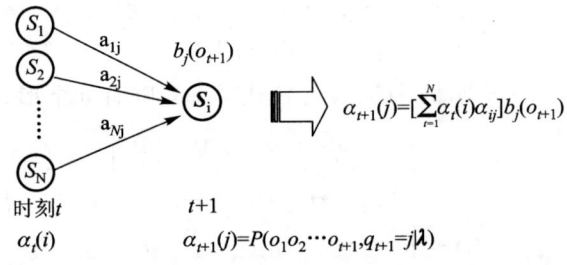

图 6.2.5 前向法示意图[25]

下面结合上面的颜色球模型给出前向算法的一个直观解释：

$\alpha_t(i)$ 是第 i 个缸摸到 o_1 的概率。

$\sum_{i=1}^{N}\alpha_t(i)a_{ij}$ 表示在 t 时刻观测到 $[o_1,o_2,\cdots,o_t]$ 并且在下一个状态是 q_j 的概率。

$\sum_{i=1}^{N}\alpha_T(i)$ 表示在 T 时刻观测到 $[o_1,o_2,\cdots,o_t]$ 的概率。

2) 后向算法

后向法与前向法类似。定义后向变量为：

$$\beta_t(i) = P(o_{t-1},o_{t-2},\cdots o_T,q_t=\theta_i/\lambda) \quad 1\leqslant t\leqslant T-1 \quad (6.2.18)$$

那么，后向算法过程如下：

① 初始化

$$\beta_T(i)=1 \quad 1\leqslant t\leqslant T \quad (6.2.19)$$

② 递归

$$\beta_t(i) = \sum_{i=1}^{N}a_{ij}b_j(o_{t+1})\beta_{t+1}(j) \quad t=T-1,T-2,\cdots,1, 1\leqslant i\leqslant N \quad (6.2.20)$$

③ 终结

$$P(\boldsymbol{O}/\boldsymbol{\lambda}) = \sum_{i=1}^{N}\beta_1(i) \quad (6.2.21)$$

后向算法初始化时对于所有的状态 i 都定义 $\beta_T(i)$ 等于 1。与前向算法类似，后向算法也是一个格型结构的算法，其中步骤②的算法说明如图 6.2.6 所示。

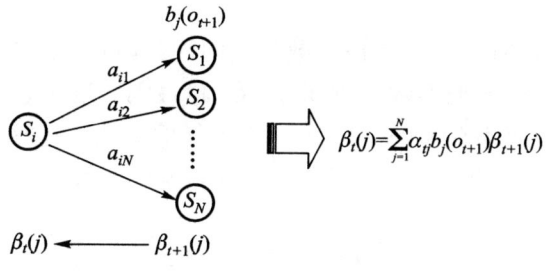

图 6.2.6 后向法示意图[25]

(2) Viterbi 算法

这个算法的目的是解决在给定观察序列 O 以及模型 λ 的条件下,如何选择一个对应的状态序列 S,使得 S 能够最为合理的解释观察序列 O。

算法步骤:

定义 $\delta_t(i)$ 为 t 时刻沿一条路径 $[q_1, q_2, \cdots, q_t]$,且 $q_t = \theta_i$,产生出 $[o_1, o_2, \cdots, o_t]$ 的最大概率,则有:

$$\delta_t(i) = \max_{q_1, q_2, \cdots, q_{t-1}} P[q_1 q_2 \cdots q_{t-1}, q_t = i, o_1, o_2, \cdots, o_t, |\lambda] \tag{6.2.22}$$

那么求取最优状态序列 S 的过程为:

① 初始化

$$\delta_1(i) = \pi_i b_i(O_1), \quad 1 \leqslant i \leqslant N$$
$$\phi_1(i) = 0, \quad 1 \leqslant i \leqslant N \tag{6.2.23}$$

② 递归

$$\delta_t(j) = \max_{1 \leqslant i \leqslant N}[\delta_{t-1}(i) a_{ij}] b_j(o_i), \quad 2 \leqslant t \leqslant T, 1 \leqslant j \leqslant N$$
$$\phi_t(j) = \underset{1 \leqslant i \leqslant N}{\operatorname{argmax}}[\delta_{t-1}(i) a_{ij}], \quad 2 \leqslant t \leqslant T, 1 \leqslant j \leqslant N \tag{6.2.24}$$

③ 终结

$$P^* = \max_{1 \leqslant i \leqslant N}[\delta_T(i)]$$
$$q_T^* = \underset{1 \leqslant i \leqslant N}{\operatorname{argmax}}[\delta_T(i)] \tag{6.2.25}$$

④ 求最佳状态序列

$$q_t^* = \phi_{t+1}(q_{t+1}^*), \quad t = T-1, T-2, \cdots, 1 \tag{6.2.26}$$

Viterbi 算法的算法示意图如图 6.2.7 所示。

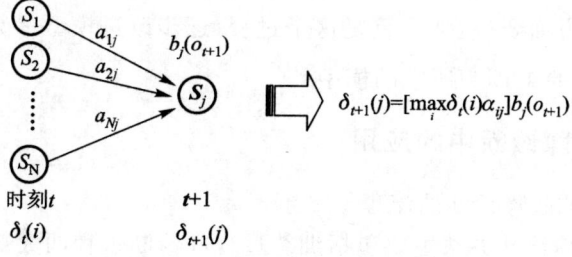

图 6.2.7 Viterbi 算法示意图[25]

(3) Baum-Welch 算法

该算法用于解决 HMM 模型训练或参数估计问题,其目的是在给定观察值序列 O 的情况下,通过计算确定某一个模型参数 λ,使得 $P(O|\lambda)$ 最大。这是一个泛函极值问题。由于给定的训练序列有限,因而不存在一个估计 λ 的最佳的方法。在这种情况下,Baum-Welch 算法利用递归的思想,使 $P(O|\lambda)$ 局部极大,最后得到模型参数 $\lambda=(\pi,A,B)$。

算法步骤:

定义 $\xi_t(i,j)$ 为给定训练序列 O 和模型 λ 时,HMM 模型在 t 时刻处于 i 状态,$t+1$ 时刻处于 j 状态的概率,即

$$\xi_t(i,j) = P(q_t=i, q_{t+1}=j | O,\lambda) \tag{6.2.27}$$

有

$$\xi_t(i,j) = \frac{P(q_t=i, q_{t+1}=j, O|\lambda)}{P(O|\lambda)} = \frac{\alpha_t(i) a_{ij} b_j(o_{t+1}) \beta_{t+1}(j)}{P(O|\lambda)}$$

$$= \frac{\alpha_t(i) a_{ij} b_j(o_{t+1}) \beta_{t+1}(j)}{\sum_{i=1}^{N} \sum_{j=1}^{N} \alpha_t(i) a_{ij} b_j(o_{t+1}) \beta_{t+1}(j)} \tag{6.2.28}$$

HMM 在 t 时刻处于 i 状态的概率为

$$\gamma_t(i) = \sum_{j=1}^{N} \xi_t(i,j) \tag{6.2.29}$$

则 $\sum_{t=1}^{T-1} \gamma_t(i)$ 表示从 i 状态转移出去的次数的期望值,而 $\sum_{t=1}^{T-1} \xi_t(i,j)$ 表示从 i 状态转移到 j 状态的次数的期望值。由此,可导出 Baum-Welch 算法中著名的重估(Re-Estimation)公式,即

$$\tilde{\pi}_i = \gamma_1(i) \tag{6.2.30}$$

$$\tilde{a}_{ij} = \frac{\sum_{t=1}^{T-1} \xi_t(i,j)}{\sum_{t=1}^{T-1} \gamma_t(i)} \tag{6.2.31}$$

$$\tilde{b}_{jk} = \frac{\sum_{t=1}^{T} \gamma_t(j)}{\sum_{t=1}^{T} \gamma_t(j)} \tag{6.2.32}$$

那么,HMM 参数 $\lambda=(\pi,A,B)$ 的求取过程为:根据观察值序列 O 和选取的初始模型 $\lambda=(\pi,A,B)$,由重估公式(6.2.25)、式(6.2.26)和式(6.2.27)求得一组新参数 $\tilde{\pi}, \tilde{a}_{ij}, \tilde{b}_{jk}$,亦即得到了一个新的模型 $\tilde{\lambda}=(\tilde{\pi},\tilde{A},\tilde{B})$。可以证明 $P(O|\tilde{\lambda}) > P(O|\lambda)$,即重估公式得到的 $\tilde{\lambda}$ 比 λ 在表示观察值序列 O 方面要好,那么重复这个过程,逐步改进模型参数,直到 $P(O|\tilde{\lambda})$ 收敛,即不再明显增大,此时的 $\tilde{\lambda}$ 即为所求的模型[26]。

6.2.4 HMM 在故障诊断中的应用

(1) 基于 HMM 的故障诊断的流程

基于 HMM 的故障诊断方法主要包括训练过程和诊断过程两大部分,如图 6.2.8 所示。

1) 在训练过程中,利用各种故障实例数据训练 HMM,构建起 HMM 故障模型库;

2) 将待诊断数据输入到各个故障模型中,观察其输出概率值,概率值大的模型胜出。

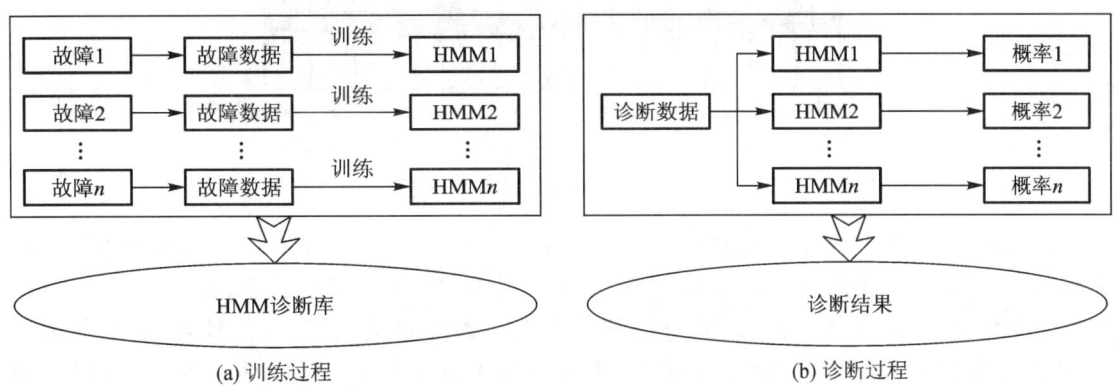

(a) 训练过程　　　　　　　　　　　　　(b) 诊断过程

图 6.2.8　基于 HMM 的故障诊断思路

(2) 应用举例

滚动轴承是旋转机械中的重要零件,其常见故障主要有内圈故障、外圈故障、滚动体故障。为得到轴承多种运行状态的数据,在轴承试验台上进行轴承试验。测试轴承型号为 GB 203。在实验前期准备时,利用电火花加工在内圈、外圈、滚动体上分别加工了单点点蚀以模拟多种轴承故障。测试过程中,轴承外圈固定,内圈随转轴同步转动,工作轴的转速为 720 rpm,采样频率为 12.8 kHz。轴承试件的振动信号通过加速度计拾取。试验共采集了正常、外圈点蚀、内圈点蚀及滚动体点蚀四种状态的数据,其时域波形如图 6.2.9 所示。

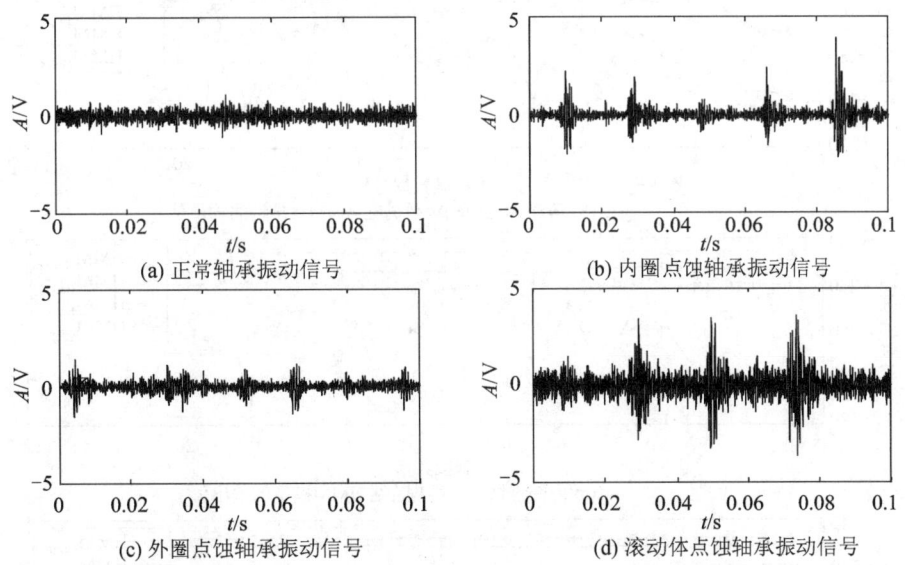

图 6.2.9　滚动轴承各故障状态的振动时域信号

数据前处理:在各种状态下,采集轴承信号,然后将信号等分成若干小段,再对每个小段数据做特征提取(这里提取轴承的工频及滚动体、内圈、外圈故障频率处的振动幅值作为特征向量),从而形成特征观察序列(图 6.2.10),然后将特征观察序列送入 HMM 模型进行训练(Baum-Welch 算法),得到滚动轴承各种故障的 HMM,从而形成滚动轴承故障诊断库。

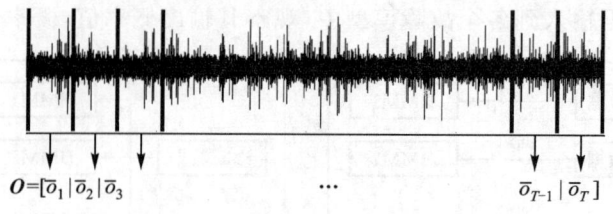

图 6.2.10　滚动轴承信号特征观察序列

在故障诊断时,将待诊断信号的特征观察序列送入各 HMM 模型中,运用前面讲到的前向或后向算法,算出各模型的对数概率值,从而判别该轴承处于何种状态。

分别将正常、滚动体点蚀、内圈点蚀和外圈点蚀的轴承振动信号(每种各 25 个测试样本)做如上所述的前处理,并把得到的特征观察序列输入 HMM 滚动轴承故障诊断库中,得到其输出概率的对数指标分别如图 6.2.11 的 a、b、c 和 d。从图中可以看到诊断库对这四种

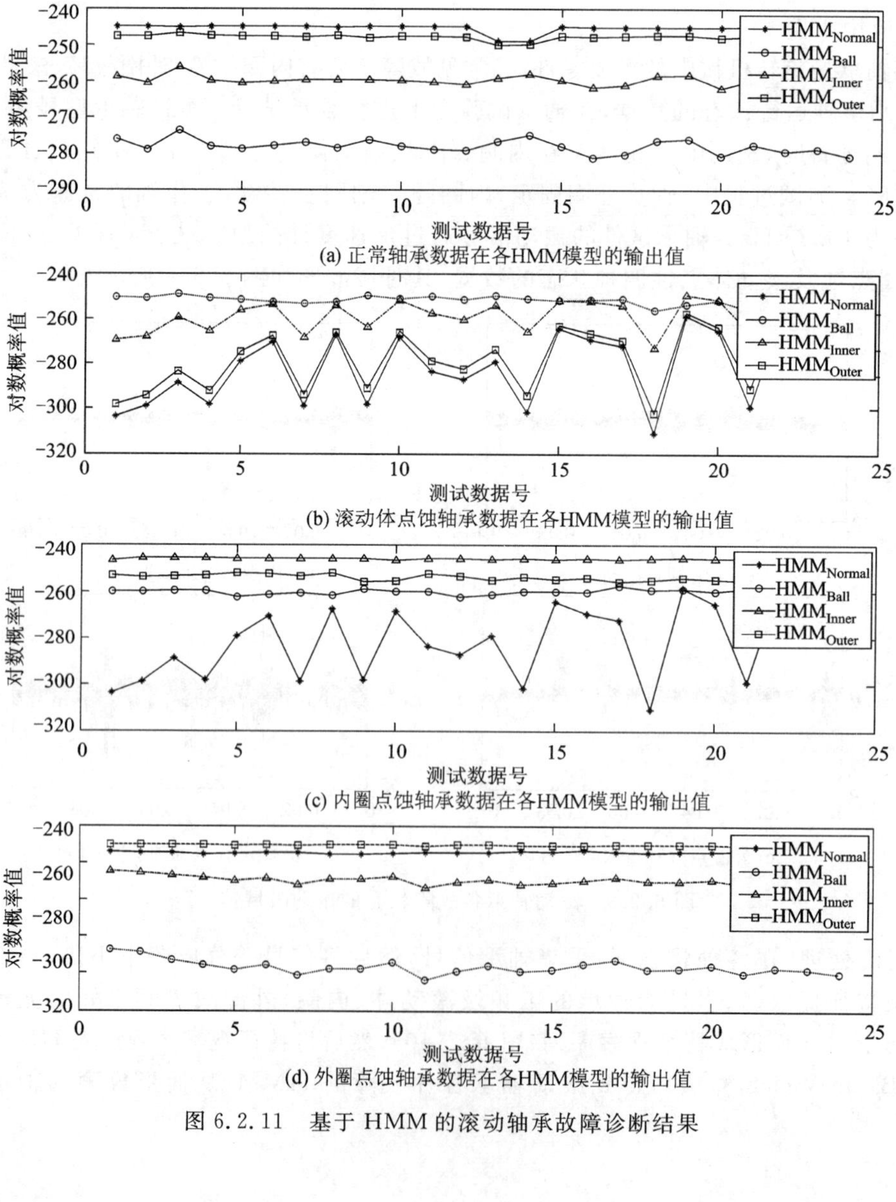

(a) 正常轴承数据在各HMM模型的输出值

(b) 滚动体点蚀轴承数据在各HMM模型的输出值

(c) 内圈点蚀轴承数据在各HMM模型的输出值

(d) 外圈点蚀轴承数据在各HMM模型的输出值

图 6.2.11　基于 HMM 的滚动轴承故障诊断结果

状态下的轴承都做出了较好的诊断,除滚动体点蚀轴承诊断正确率为92%(第19和20组两个测试样本被误诊断为内圈故障)外,其余正确率都为100%。

6.3 小波有限元模型及裂纹故障诊断方法

6.3.1 引言

结构的损伤通常首先表现为裂纹的出现和扩展,从而导致重大事故发生,因而预知微小裂纹的出现并定量识别其参数是工程实践中的重要课题。裂纹损伤这一"隐形杀手"被形象地称为"裂纹顽魔",具有难发现、易扩展、强破坏的特点。国内外学者广泛持久地关注裂纹这一研究热点和难点问题,目前国内外对于裂纹特征定性分析已经开展了较为全面的研究,裂纹定量诊断研究相对较少,纷纷致力于提出有效的诊断方法。

任何工程结构总可以看成是由质量、阻尼与刚度组成的力学系统,一旦出现裂纹损伤,结构参数就随之发生变化,从而导致系统的模态参数发生变化,所以,结构模态参数的改变可视为结构早期损伤发生的标志[27]。由于很多复杂结构其模态参数很难通过解析方法获得,因而基于有限元方法建立裂纹结构的精确辨识模型,分析裂纹结构的动态响应及模态参数,是裂纹结构损伤辨识的重要理论基础和必备先验知识。这种基于数值模型的裂纹故障诊断实际上是通过对含有任意位置和深度裂纹的损伤结构进行系统动力学建模和仿真,以寻找裂纹参数与系统动态响应之间关系的模态分析问题。基于模型的裂纹识别方法通常需要正问题(裂纹数值建模)与反问题(裂纹故障诊断)相结合。

在裂纹数值建模正问题中,因为裂纹尖端区域位移与应力场都含有$1/\sqrt{r}$奇异性(其中r代表裂纹尖端场柱坐标矢径),该奇异性的出现给数值解的传统有限元法造成困难,因为在奇异点附近,解的梯度大,还会发生突变,因此在准均匀的网格上,其解不能用分片的多项式函数在局部准确逼近。为了得到精确的解,需要在裂纹尖端区域采用十分精细的网格或更高阶的单元,随着裂纹发生扩展,在新的计算过程中相应的网格需要重新剖分,这样使得计算精度和求解效率大大降低。而采用小波函数作为有限元插值函数从而提出的新型有限元方法——小波有限元,作为一种优于传统单元网格加密和阶次升高的自适应有限元算法,能够提供多种具有多分辨性能的基函数作为有限元插值函数,弥补了传统有限元只以多项式作为插值函数的不足,对于解决传统的有限元法难以解决的奇异性等问题具有诱人的应用前景[28]。

小波在数值计算中的应用非常广泛。1991年左右,美国学者Beylkin、法国学者Jaffard、德国学者Dahmen等开展了相关的早期研究。美国贝尔实验室学者Sweldens在1995年国际"小波圆桌会议"论述到应该将小波与有限元方法结合起来。随后欧盟一些研究所和学校、美国Bell实验室、美国MIT、我国学者等都先后开展了小波数值计算的研究,先后提出了小波伽辽金法、小波配置法和小波有限元等。

6.3.2 小波有限元基本理论

1. 小波分析与有限元空间

传统有限元法中,几乎无一例外的选用多项式作为单元容许函数空间的基底函数,也就是用多项式的线性组合去表示待求的场函数。由于多项式简单、易于计算,这样做的优点是显而易见的。然而,在一些复杂的工程实际问题中,即便在很小的区域,未知场函数也可能会有很大的变化梯度,甚至产生剧烈波动。如果仍以低阶多项式作为基底函数去逼近这样的未知场函数,势必会产生较大误差,影响求解精度。对于这类问题,传统有限元方法中可采用逐次加密网格(即 h 收敛过程),逐阶提高多项式阶数(即 p 收敛过程),或二者联合使用(即 $h-p$ 收敛过程)的办法提高分析精度。但上述方法在采用更密的网格或更高阶多项式重新分析时,均需重新计算单元矩阵,这无疑增大了计算量。可以看出,p 收敛的过程实质上就是单元容许函数空间扩大的过程。不过,在扩大过程中,原函数空间只是简单地作为扩大后函数空间的子空间,新增的函数空间与原函数空间并不具有嵌套互补性。这样,由于新增函数空间与原空间的干涉,使构造于原容许函数空间的单元矩阵就不可能被保留使用。

与传统的多项式函数相比,小波基函数是属于平方可积实数空间 $L^2(R)$,且具有紧支性,而多项式函数不属于 $L^2(R)$,且是在整个实域空间取值,因此,当采用小波基作为逼近函数时,被逼近函数上一个突变的产生仅仅会改变小波逼近的局部系数值,这使得在逼近求解时可以采用少量的逼近系数达到最优的逼近效果。除此以外,当采用具有正交特性的小波函数(如 Daubechies 小波函数)作为逼近函数时,所获得的求解方程系数矩阵是稀疏的,可以大大减少数值积分和方程组求解的计算量。因此,在处理求解区域形状复杂、解函数拐点较多的问题时,选用局部刻画能力强的小波函数逼近将会产生很好的逼近效果。

小波有限元法是对传统有限元法的补充,其优越性主要体现在对大梯度、突变、应力集中、裂纹等奇异性问题的求解上。因此,对一实际问题的分析,没有必要全部采用小波单元。由于和传统单元一样,小波单元最终也是以节点物理参数作为单元自由度,这就提供了小波单元与传统单元联合使用的可能性。这样,可凭借对分析对象的认识和经验,只在局部具有奇异性的区域采用小波单元,而在其他区域采用传统单元,使两类单元优势互补、相得益彰。

采用不同的小波插值可以构造不同的小波有限元,现有研究中已经提出有 Daubechies 小波有限元、区间 B 样条小波(BSWI)有限元和第二代小波有限元等。这里以一维小波梁单元为例介绍小波有限元基本理论。

2. 小波梁单元构造

梁是工程结构中的重要结构件,主要承受垂直于其中心线的横向载荷,并发生弯曲变形。高度远小于其长度的梁常称为欧拉(Euler)梁,满足经典的梁弯曲 Krichoff 假设,即变形前垂直于梁中心线的平面,变形后仍保持为平面,且仍垂直于变形后的中心线。

梁单元如图 6.3.1 所示,由经典弯曲梁理论,梁的转角等于梁横向位移的一阶导数。梁弯曲单元势能泛函为

$$\boldsymbol{\Pi}_p(w) = \int_a^b \frac{EI}{2}\left(-\frac{\mathrm{d}^2 w}{\mathrm{d}x^2}\right)^2 \mathrm{d}x - \int_a^b q(x)w\mathrm{d}x - \sum_j P_j w(x_j) + \sum_k M_k\left(\frac{\mathrm{d}w}{\mathrm{d}x}\right)_k \quad (6.3.1)$$

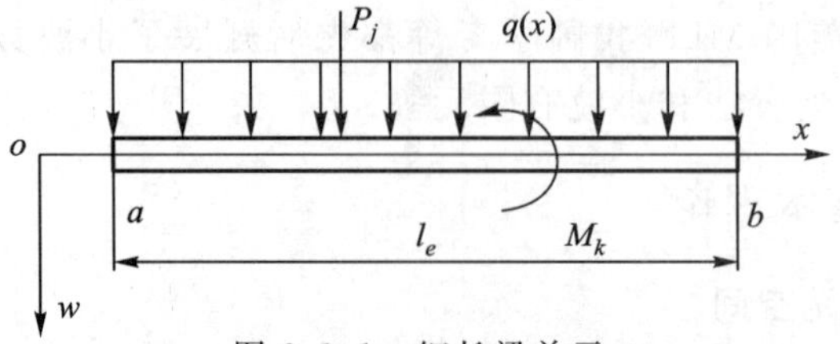

图 6.3.1 细长梁单元

式中，单元长度为 $l_e = b - a$；EI 为抗弯刚度；$w(x)$ 为梁中面的挠度函数；$q(x)$ 为分布载荷；P_j 为集中载荷；M_k 为集中弯矩；x_j 为集中载荷在单元求解域上作用点位置坐标；$\left(\dfrac{\mathrm{d}w}{\mathrm{d}x}\right)_k$ 为集中弯矩作用点处的转角值。

如前所述所谓小波有限元，主要采用特定小波的小波函数或尺度函数插值构造单元。当采用小波尺度函数 ϕ_N 构造单元时，设单元内挠度函数 w 插值表示如下

$$w = \boldsymbol{\Phi}_N \boldsymbol{a}^e \tag{6.3.2}$$

式中，$\boldsymbol{a}^e$ 为待求的小波系数。根据最小势能原理得

$$\widetilde{\boldsymbol{K}}^e \boldsymbol{a}^e = \widetilde{\boldsymbol{P}}^e \tag{6.3.3}$$

式中，$\widetilde{\boldsymbol{K}}^e$ 为小波空间单元刚度矩阵，其元素 $\widetilde{k}^e_{i,j}$ 按下式计算

$$\widetilde{k}^e_{i,j} = \frac{EI}{l_e^3} \int_0^1 \phi''_N(\xi - i) \phi''_N(\xi - j) \mathrm{d}\xi \tag{6.3.4}$$

式中，ξ 为单元局部坐标，$\widetilde{\boldsymbol{P}}^e$ 为小波空间单元载荷列阵。

为了实现相邻单元连接及边界条件处理，也应将单元待求参数——小波系数转化成节点物理参数。梁的弯曲问题分析中，不仅要求相邻单元公共节点位移相同，还要求公共节点处截面转角相同，也就是说，梁单元应属 C_1 型单元。

当采用 6 阶 0 尺度的 Daubechies 小波（记为 D6$_0$）构造小波单元时，如图 6.3.2 所示，单元共有 9 个节点，其中包括 2 个端部节点和 7 个内部节点，9 个节点在单元上等间隔布置。2 个端部节点各有节点位移和截面转角 2 个自由度，而每个内部节点只有节点位移一个自由度。这样，单元物理自由度数与待求小波系数个数相同，即均为 11。转换矩阵 $\boldsymbol{T}^e$ 应为下式中矩阵 $\boldsymbol{R}^e$ 的逆阵

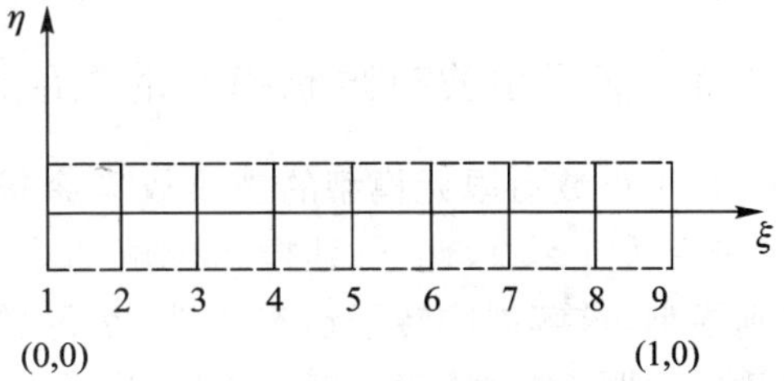

图 6.3.2 D6$_0$ 小波梁单元节点配置

$$\boldsymbol{R}^e = \begin{bmatrix} \phi(10) & \phi(9) & \cdots & \phi(1) & \phi(0) \\ \phi'(10) & \phi'(9) & \cdots & \phi'(1) & \phi'(0) \\ \phi\left(10+\dfrac{1}{8}\right) & \phi\left(9+\dfrac{1}{8}\right) & \cdots & \phi\left(1+\dfrac{1}{8}\right) & \phi\left(\dfrac{1}{8}\right) \\ \phi\left(10+\dfrac{2}{8}\right) & \phi\left(9+\dfrac{2}{8}\right) & \cdots & \phi\left(1+\dfrac{2}{8}\right) & \phi\left(\dfrac{2}{8}\right) \\ \phi\left(10+\dfrac{3}{8}\right) & \phi\left(9+\dfrac{3}{8}\right) & \cdots & \phi\left(1+\dfrac{3}{8}\right) & \phi\left(\dfrac{3}{8}\right) \\ \phi\left(10+\dfrac{4}{8}\right) & \phi\left(9+\dfrac{4}{8}\right) & \cdots & \phi\left(1+\dfrac{4}{8}\right) & \phi\left(\dfrac{4}{8}\right) \\ \phi\left(10+\dfrac{5}{8}\right) & \phi\left(9+\dfrac{5}{8}\right) & \cdots & \phi\left(1+\dfrac{5}{8}\right) & \phi\left(\dfrac{5}{8}\right) \\ \phi\left(10+\dfrac{6}{8}\right) & \phi\left(9+\dfrac{6}{8}\right) & \cdots & \phi\left(1+\dfrac{6}{8}\right) & \phi\left(\dfrac{6}{8}\right) \\ \phi\left(10+\dfrac{7}{8}\right) & \phi\left(9+\dfrac{7}{8}\right) & \cdots & \phi\left(1+\dfrac{7}{8}\right) & \phi\left(\dfrac{7}{8}\right) \\ \phi(11) & \phi(10) & \cdots & \phi(0) & \phi(1) \\ \phi'(11) & \phi'(10) & \cdots & \phi'(2) & \phi'(1) \end{bmatrix} \tag{6.3.5}$$

这样,可以将小波系数 a^e 用物理坐标系中节点挠度和转角 w^e 表示为

$$a^e = T^e w^e \tag{6.3.6}$$

其中,$w^e = [w_1 \ \theta_1 \ w_2 \ w_3 \ w_4 \ w_5 \ w_6 \ w_7 \ w_8 \ w_9 \ \theta_9]^T$。

可得到关于节点挠度和转角 w^e 的梁单元有限元求解方程组

$$K^e w^e = P^e \tag{6.3.7}$$

式中单元刚度矩阵和单元载荷列阵分别为

$$K^e = (T^e)^T \widetilde{K}^e T^e \tag{6.3.8}$$

$$P^e = (T^e)^T \widetilde{P}^e \tag{6.3.9}$$

当采用 m 阶 j 尺度的区间 B 样条小波(记为 BSWIm_j)构造小波单元时,其节点配置如图 6.3.3 所示。

单元标准求解域等间隔分成 $n = 2^j + m - 4$ 段,节点数为 $n+1$,2 个端部节点各有节点位移和截面转角 2 个自由度,而每个内部节点只有节点位移一个自由度,单元总自由度数为 $n+3$。图 6.3.3 中边界节点为 $1, n+1$;内部节点为 $2, 3, \cdots, n$。$0, 1/n, 2/n, \cdots, 1$ 为标准单元中各节点的坐标值。相应的有限元列式推导同上,常用的有 BSWI4$_3$ Euler 梁单元。采用相同的方法,可以构造更丰富的其他一维和二维小波单元。

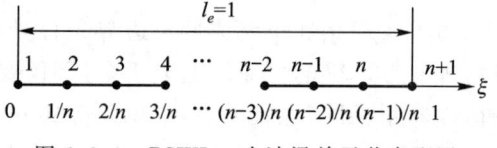

图 6.3.3 BSWIm_j 小波梁单元节点配置

6.3.3 基于小波有限元模型的裂纹故障诊断原理

基于小波有限元模型的裂纹故障诊断基本原理是[29]:首先从正问题(裂纹数值建模)入手,研究适宜裂纹奇异性建模与求解的小波有限元,构造小波裂纹单元,建立转子裂纹精确识别模型,求解裂纹转子动态特性,获得裂纹在转子前三阶固有频率上反映的本质征兆;然后从反问题(裂纹故障诊断)切入,针对工程中使用的转子等结构,研究其工作模态参数提取,获得其前三阶固有频率;正反问题结合,获得三条固有频率响应曲线,其交点所对应的横坐标和纵坐标分别是裂纹的位置与深度参数,从而实现结构裂纹故障的定量检测。

1. 正问题:裂纹数值建模

图 6.3.4 所示为一典型的横向裂纹转子简图。其中,图 6.3.4a 为裂纹转子系统模型,图 6.3.4b 为裂纹断面,各轴段长度分别为 L_1、L_2、L_3、L_4,转子系统总长为 L,转轴直径 d_1,圆盘直径 d_2,则相应的半径分别为 r_1 和 r_2。假定裂纹发生在 L_2 轴段,裂纹相对位置 $\beta = e/L_2$,裂纹相对深度 $\alpha = \delta/2r_1$。

裂纹定量识别正问题实际上是通过对含有任意相对位置 β 和相对深度 α 的裂纹转子进行模态分析,以获取裂纹定量诊断数据库,即确定关系式

$$f_i = F_i(\alpha, \beta) \quad \text{或} \quad \omega_i = F_i(\alpha, \beta), \quad (i=1,2,3) \tag{6.3.10}$$

式中,ω_i(rad/s) 或 f_i(Hz) 为含裂纹结构动力系统前 3 阶固有频率,$F_i (i=1,2,3)$ 为裂纹相对位置 β 和相对深度 α 与前含裂纹结构动力系统前 3 阶固有频率的函数关系式。

为确定式(6.3.10),首先确定与裂纹相对深度 α 相关的扭转线弹簧刚度 k_t 及相应的裂纹刚度矩阵 K_s 为

$$K_s = \begin{bmatrix} k_t & -k_t \\ -k_t & k_t \end{bmatrix} \tag{6.3.11}$$

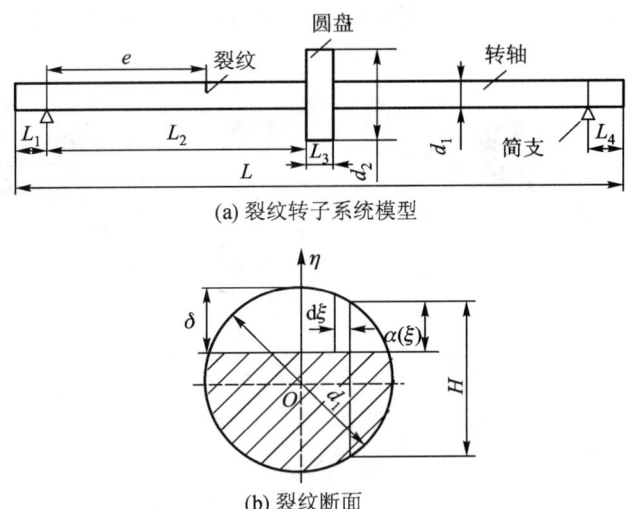

(a) 裂纹转子系统模型

(b) 裂纹断面

图 6.3.4 横向裂纹转子系统简图

式中,k_t 是裂纹应力强度因子的函数,可由断裂力学等相关理论求得,其中应力强度因子可以由手册查询,或者由小波有限元等计算获得。其次,将裂纹刚度矩阵 $\boldsymbol{K}_s$ 加入整体刚度矩阵中。裂纹左右两边单元节点排列见图 6.3.5 所示。

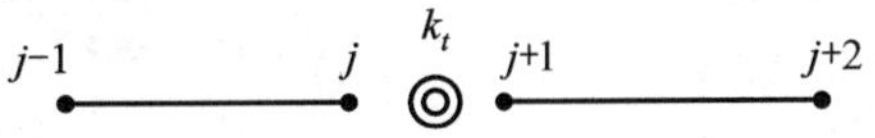

图 6.3.5 裂纹左右两边单元节点排列

裂纹左边单元自由度排列为

$$w_o^{\text{left}} = \{\cdots w_j \theta_j\}^{\text{T}} \tag{6.3.12}$$

裂纹右边单元自由度排列为

$$w^{\text{right}} = \{w_{j+1} \theta_{j+1} \cdots\}^{\text{T}} \tag{6.3.13}$$

由于裂纹两端单元节点的位移一致,即 $w_j = w_{j+1}$,而转角 θ_j 和 θ_{j+1} 并不相等,而是通过裂纹刚度矩阵 $\boldsymbol{K}_s$ 联系起来。因此,改变式(6.3.12)中自由度排列为

$$w^{\text{left}} = \{\cdots \theta_j w_j\}^{\text{T}} \tag{6.3.14}$$

则相应的结构动力系统整体刚度矩阵 $\overline{\boldsymbol{K}}$ 和整体质量矩阵 $\overline{\boldsymbol{M}}$ 可通过初等行列变换交换与式(6.3.12)中自由度排列相对应的行列。此时,通过叠加式(6.3.12)和式(6.3.11)得到含裂纹结构动力系统整体自由度,表示为

$$\{\cdots \theta_j w_{j+1} \theta_{j+1} \cdots\}^{\text{T}} \tag{6.3.15}$$

按照式(6.3.13)中转角自由度 θ_j, θ_{j+1} 在整体自由排列中的相应位置,可以将裂纹刚度矩阵 $\boldsymbol{K}_s$ 叠加进总体刚度矩阵 $\overline{\boldsymbol{K}}$ 中,而整体质量矩阵 $\overline{\boldsymbol{M}}$ 结构动力系统整体质量矩阵按有裂纹结构自由度重新排列叠加得到,因此,$\boldsymbol{K}_s$ 加入位置由裂纹相对位置 β 决定,得到隐含裂纹相对位置 β 和相对深度 α 的结构动力系统总体无阻尼自由振动频率方程

$$|\omega^2 \overline{\boldsymbol{M}} - \overline{\boldsymbol{K}}| = 0 \tag{6.3.16}$$

在给定不同的裂纹相对位置 β 和相对深度 α 的前提下,求解与不同 β 和 α 相关的结构动力系统总体无阻尼自由振动频率方程式(6.3.16),可得到裂纹相对位置 β 和相对深度 α 与前 3 阶固有频率的对应关系式(6.3.10)。由于函数关系 F_i 未知,因此,可由计算得到的离散值通过曲面拟合技术获得,即为结构系统裂纹定量诊断正问题模型数据库。

图 6.3.6 为转子系统裂纹定量诊断正问题模型数据库 $\alpha,\beta \in [0.1,0.9]$。

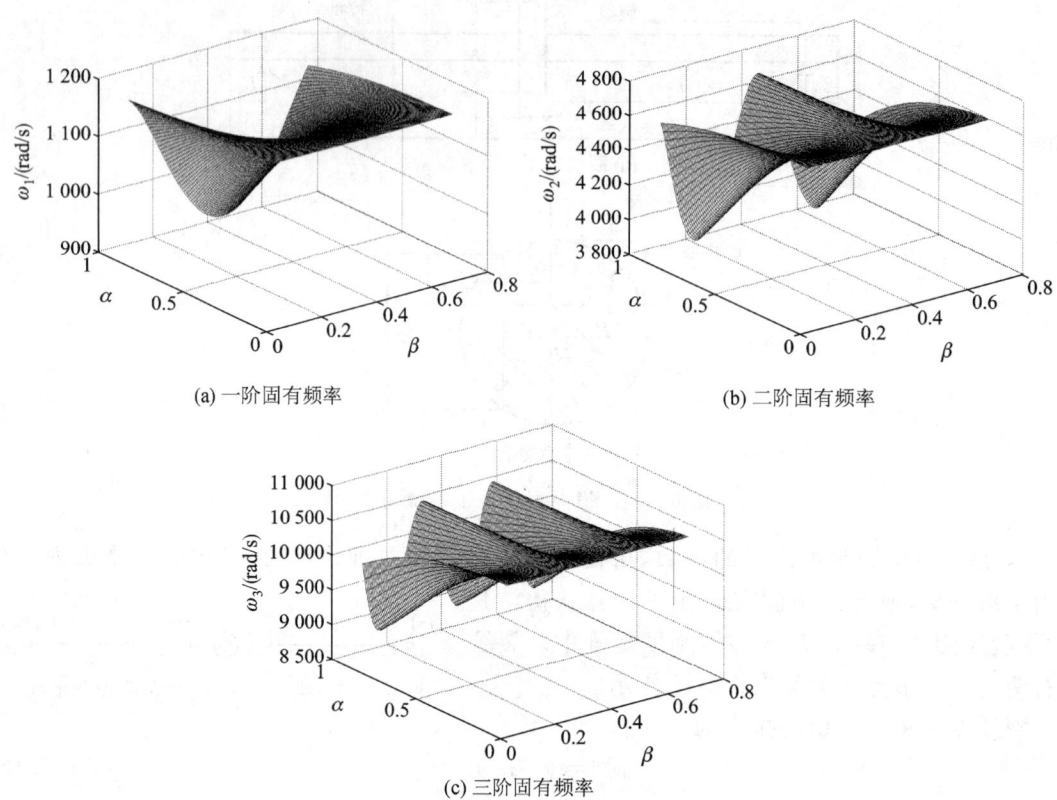

(a) 一阶固有频率　　(b) 二阶固有频率

(c) 三阶固有频率

图 6.3.6　转子系统裂纹定量诊断正问题模型数据库

2. 反问题:裂纹故障诊断

从式(6.3.10)中通过已知的 f_i 求解出 α 和 β,即通过结构系统裂纹定量诊断反问题求解,确定关系式

$$(\alpha,\beta) = F_i^{-1}(f_i) \quad \text{或} \quad (\alpha,\beta) = F_i^{-1}(\omega_i), \quad (i=1,2,3) \tag{6.3.17}$$

实际上,由式(6.3.17)可知,测量结构系统前两阶固有频率就可以确定裂纹相对位置 β 和相对深度 α。然而,当应用等高线法求解结构系统裂纹定量诊断问题时,前两阶频率等高线的交点在某些工况下会超过一个。因此,为唯一确定频率等高线的交点,即确定未知参数 β 和 α,最少需要前 3 阶固有频率等高线。

假定前 3 阶固有频率已知,在同一坐标系中作出结构系统裂纹定量诊断模型数据库式(6.3.10)的前 3 阶固有频率等高线,三条等高线的公共交点可定量诊断出结构系统裂纹存在的相对位置和相对深度。交点横坐标为对应的裂纹相对位置 β,纵坐标为对应的裂纹相对深度 α。问题的关键是需要识别结构的模态参数。

对于静态转子结构,采集其在冲击激励下的响应信号,结合 Laplace 小波相关滤波和 EMD 方法可以进行精确的模态参数识别。但对于运行状态下的转子结构,能够采集到的信号主要以转子工频、倍频振动信号为主,微弱的模态响应信号被完全淹没在强大的工、倍频信号中,现有运行模态参数分析(OMA)方法很难从这样的信号中提取转子模态参数。这里介绍转子在启停机和稳速运行下模态参数提取方法。

(1) 利用转速跟踪法进行转子启停机状态下模态参数识别

在转子启停机过程中,可以通过转速跟踪分析方法确定转子前若干阶临界转速,然而该方法通常需要进行整周期采样。这里介绍一种定采频条件下的转速跟踪分析方法,不需要进行整周期采样,就可以进行启停机状态下的转子模态参数识别。

以某汽轮机厂新出厂的 60 万千瓦低压转子为例,该转子出厂做动平衡时,利用涡流传感器采集转子振动信号和键相信号,转子从静止开始升速到 3 360 r/min。利用定采频条件下的转速跟踪方法,对截取之后的振动信号进行分析,利用频谱校正(CSTA)方法求得这段信号中二倍频的幅值 $A=0.002\,7$ mm、频率 $f=42.667$ Hz 和相位 $P=16.3°$。对整个升速过程中的信号均采取这种方法进行分析,就可以得到二倍频成分的幅值、相位相对于频率(转速)的变化情况,结果如图 6.3.7 所示。其中上图表示转子振动二倍频分量的相位随转速变化的情况,下图为二倍频分量幅值随转速变化的情况。根据转速跟踪法的原理,在一定转速下,如果转子二倍频与该转速下的转子某阶固有频率接近,则二倍频成分会发生幅值增大、相位突变的情况。由图可见,当二倍转速分别为 1 455 r/min(24.25 Hz)、2 783 r/min(46.38 Hz)、3 640 r/min(60.67 Hz)的时刻,幅值出现峰值,对应的相位角发生突变,说明这些频率分别接近于转子系统相应转速下的前三阶固有频率。

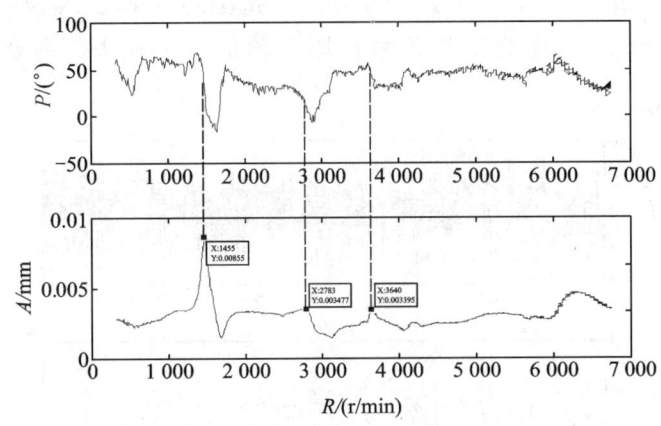

图 6.3.7 汽轮机转子转速跟踪方法分析结果

(2) 转子稳态运行状态下的模态参数识别实用化技术

下面分析转子稳态运行状态下的模态参数识别方法。在 Bently 转子试验台上做转子升速试验,试验转子以 6 000 r/min 的转速稳定运行。试验所用转子系统结构如图 6.3.4 所示,各尺寸如表 6.3.1 所示。试验转子的材料特性为:弹性模量 $E=211$ GPa、泊松比 $\mu=0.3$、材料密度 $\rho=7\,820$ kg/m^3。通过小波有限元方法可以计算该转子系统在不同转速下的各阶固有频率。计算静止状态下该转子的前三阶固有频率分别为:$f_{f1}=33.54$ Hz、$f_{f2}=319.47$ Hz、$f_{f3}=563.86$ Hz。利用电涡流传感器采集该转子振动位移信号,采样频率为 4 000 Hz,采样点数为 4 000,转子振动信号及其频谱如图 6.3.8 所示。

表 6.3.1 转子系统尺寸列表

	L	L1	L2	L3	L4	d2	d1
尺寸/mm	500	15	198	25.78	10	75	10

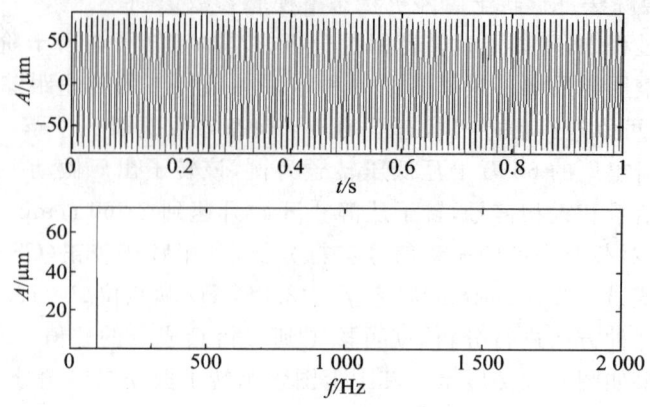

图 6.3.8　试验转子振动信号及其频谱

由图可见,转子稳态运行过程中,其振动信号主要表现为工频成分,由于受到强大工频信号的影响,转子系统微弱的模态响应信号无法在频谱中体现出来。利用频谱校正方法对转子振动信号进行处理,求得工频分量对应的准确幅值 $A=72.175~\mu m$、频率 $f=100.0123~Hz$ 和相位角 $P=160.7478°$,然后按照公式 $x(t)=A\sin(2\pi ft+\phi)$ 重构工频成分,并将得到的正弦信号 $x(t)$ 作为工频信号从原振动信号中减去。剩余信号及其频谱如图 6.3.9 所示。

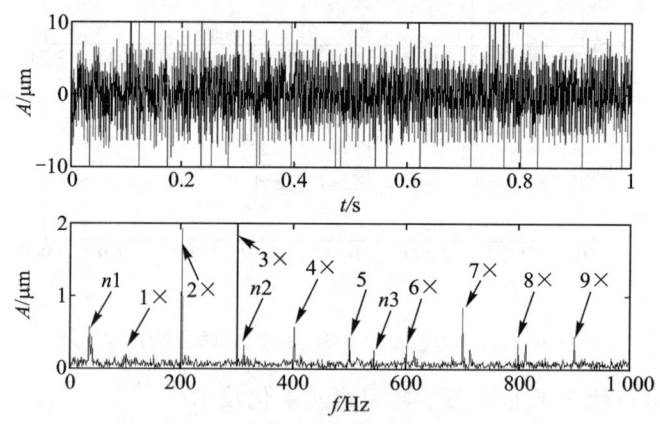

图 6.3.9　滤除工频成分之后的信号及其频谱

由图 6.3.9 可见滤除工频成分之后,信号频率分量比较丰富。分析频谱中的各个频率分量可知,信号中主要包含了工频及其谐波分量(图中 1× 到 9×),除此之外还有几个比较明显的峰值(图中 $n1$、$n2$ 和 $n3$),它们对应的频率 f_{n1},f_{n2} 和 f_{n3} 与有限元算法求得的转子前三阶固有频率很接近,所以把三个频率附近的信号成分作为该转子模态响应信号。为了将这些模态响应信号独立地提取出来,用谐波小波滤波的方法将转子各阶模态响应信号独立地提取出来,可以从中提取结构模态参数。

通过上述过程求得了该试验转子在 6 000 r/min 转速下的二阶模态参数,同理可以求得该转速下的前三阶模态参数。在不同转速下分别做上述处理,可以求得该转子系统在不同转速下的前三阶模态参数如表 6.3.2 所示。

表 6.3.2 转子在不同转速稳定运行时的模态参数识别结果

转速/(r/min)	f_1/Hz	f_2/Hz	f_3/Hz
1 000	33.43	294.94	558.43
2 000	33.43	300.15	559.88
3 000	33.43	305.30	561.30
4 000	33.44	310.44	562.77
5 000	33.44	315.42	564.21
6 000	33.44	320.16	565.64

下面利用提出的转子稳态运行状态下的模态参数识别技术进行一个实际转子系统的运行模态分析。仍以某汽轮机厂新出厂的 60 万千瓦低压转子为例,前面已经通过转速跟踪方法大致求得该转子的前三阶临界转速分别为 1 455 r/min(24.25 Hz)、2 783 r/min(46.38 Hz)和 3 640 r/min(60.67 Hz)。

取该转子在额定转速(3 000 r/min)运行时的振动信号进行分析,利用相同的方法对该信号的工频和二倍频进行削减,突出其他频率成分的信号。结果如图 6.3.10 所示,为了方便观察,只画出 150 Hz 以内的频谱。

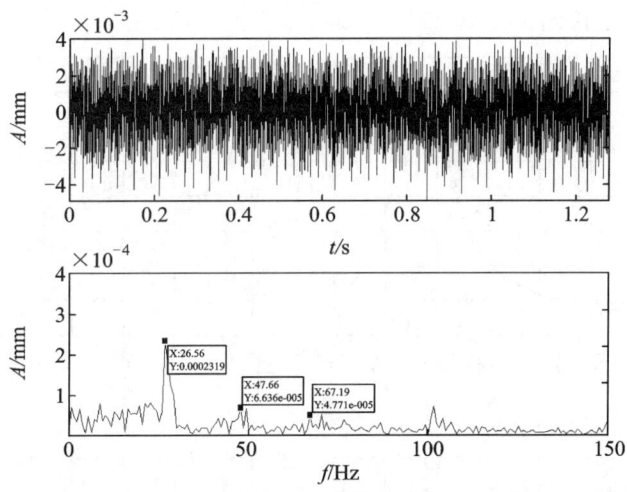

图 6.3.10 削减工频和倍频成分之后的转子振动信号及频谱

由图 6.3.10 可见,经过处理之后,振动信号中的工频和倍频分量已经很小,但出现了一些其他的频率分量,其中与转速跟踪方法计算所得的前三阶临界转速比较接近的频率分量分别等于 26.56 Hz、47.66 Hz 和 67.19 Hz,但这三个频率都大于转速跟踪方法求得的结果。由上节的分析可知,转子系统的固有频率往往随转速的升高而增大。比如转速跟踪法计算的转子第二阶临界转速为 2 783 r/min(46.38 Hz),其实是当转子转速为 1 392 r/min 时,转子的第二阶固有频率接近 46.38 Hz,而当转子转速到达 3 000 r/min 的时候,其第二阶固有频率已经发生变化,不再等于 46.38 Hz,而应该大于这个值。

利用上述方法处理前三阶临界转速附近的信号,就可以得到该转子在 3 000 r/min 稳定运行情况下的前三阶固有频率。同理,可以计算该转子在不同转速时稳定运转状态下的前三阶固有频率，如表 6.3.3 所示。

表 6.3.3　实际转子运行模态参数提取结果

转速/(r/min)	f_1/Hz	f_2/Hz	f_3/Hz
1 000	25.09	46.98	58.43
2 000	26.34	47.21	61.88
3 000	27.40	48.16	68.20

6.3.4　转子系统裂纹定量诊断仿真分析及试验研究

1. 仿真分析

以图 6.3.4 所示的单圆盘转子系统为例，裂纹相对位置 $\beta=e/L_2$ 和裂纹相对位置 $\alpha=\delta/2r_1$。本算例采用 400 个传统梁单元求解不同工况得到的含裂纹转子的固有频率作为"测试"频率，分别代入 14 个 BSWI 小波梁单元建立的转子裂纹定量诊断模型数据库，并作出相应的等高线，见图 6.3.11 所示。图中交点 A 对应的横坐标为识别出的裂纹相对位置 β^*，纵坐标为裂纹相对深度 α^*。诊断结果列于表 6.3.4 中，在不同的裂纹工况下，采用十分少的 BSWI 单元建立的转子裂纹定量诊断模型数据库诊断精度高，并且识别方法鲁棒性好，可以方便地进行转子系统裂纹定量诊断。

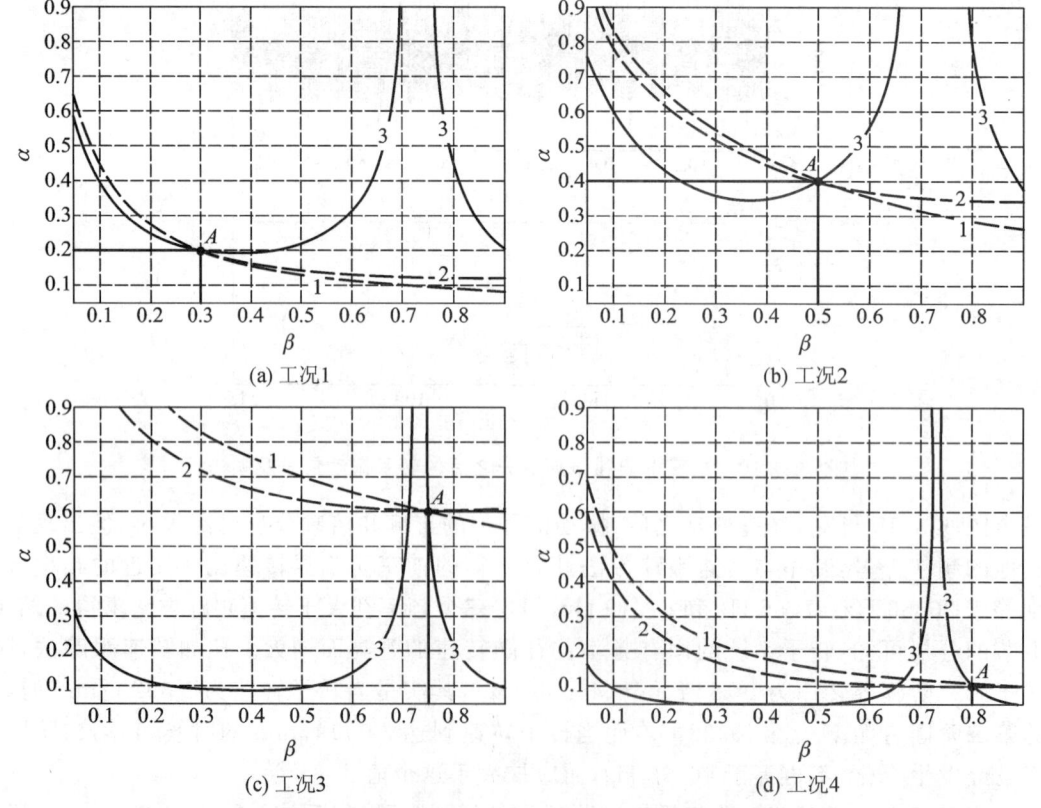

图 6.3.11　单圆盘转子系统裂纹定量诊断等高线
1——阶固有频率；2—二阶固有频率；3—三阶固有频率

表 6.3.4　转子裂纹工况及识别结果

工况	β	α	400 个传统元计算结果			识别 β 相对误差	识别 α 相对误差
			f_1/Hz	f_2/Hz	f_3/Hz		
1	0.3	0.2	86.222	556.883	1 714.933	0.300 1(0.01)	0.200 1(0.01)
2	0.5	0.4	84.619	543.051	1 666.765	0.499 9(0.01)	0.5(0)
3	0.75	0.6	74.307	498.890	1 726.280	0.749 9(0.01)	0.600 1(0.01)
4	0.8	0.1	86.184	557.293	1 727.840	0.800 1(0.01)	0.1(0)

2. 实验研究

单圆盘转子裂纹定量诊断　本实验通过单跨疲劳裂纹转子验证基于 BSWI 有限元的转子裂纹高精度定量识别方法在实际应用中的有效性。对于图 6.3.4a 所示的单圆盘转子系统，裂纹出现在 L_2 轴段，取转子系统各轴段长度分别为：$L=300$ mm，$L_1=8$ mm，$L_2=188$ mm，$L_3=18$ mm，转子轴直径 $d_1=9.5$ mm，圆盘直径 $d_2=76$ mm，弹性模量 $E=2.06\times 10^{11}$ N/m^2，密度 $\rho=7\,860$ kg/m^3，泊松比 $\mu=0.3$，裂纹相对深度 $\alpha=\delta/d_1$，相对位置 $\beta=e/L_2$。图 6.3.12 为不同工况下转轴裂纹断面，其中，图 6.3.12b、c、d 中裂纹深度绝对值分别为 1.99 mm、3.90 mm、1.71 mm，对应的相对深度值分别为 0.21、0.41、0.18。需要指出的是：由于四点弯曲法预制的疲劳裂纹引起的转轴刚度变化比预制的槽裂纹小，因此，以图中所指的直线所对应的深度替代裂纹尖端所对应的裂纹深度。

利用模态参数提取方法获得转子前 3 阶横向固有频率，作为转子裂纹定量诊断反问题的输入，分别代入该转子裂纹定量诊断数据库，并作出相应的等高线，绘制在同一个平面上。图 6.3.13 为转子横向裂纹定量诊断等高线，图中交点 A 对应的横坐标和纵坐标分别对应诊断出的裂纹相对位置 β 和相对深度 α。

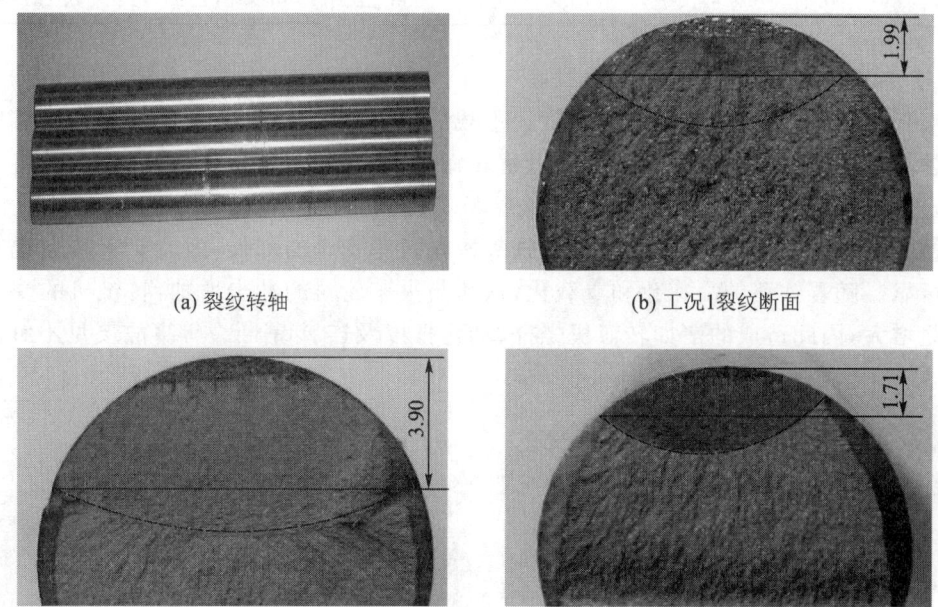

(a) 裂纹转轴　　　　(b) 工况1裂纹断面

(c) 工况2裂纹断面　　　　(d) 工况3裂纹断面

图 6.3.12　单圆盘裂纹转子系统

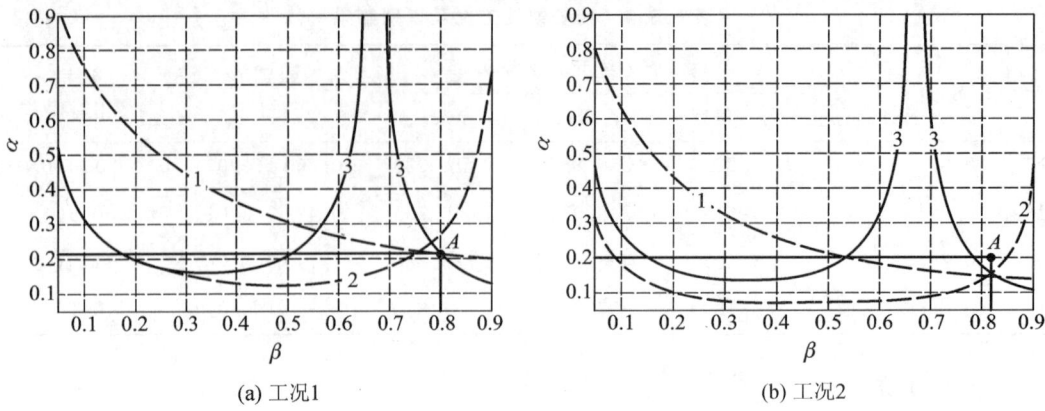

(a) 工况1 (b) 工况2

图 6.3.13 单圆盘转子系统裂纹定量诊断等高线
1——阶固有频率;2—二阶固有频率;3—三阶固有频率

由表 6.3.5 可见,裂纹定量诊断位置最大误差不超过转轴长的 2.9%,裂纹深度诊断最大误差不超过转轴直径的 2.8%。出现误差的原因在于每一次安装裂纹转轴时不可能保证边界条件完全一致,从而有可能将因裂纹而导致的转轴固有频率改变量歪曲。同时说明了用少量的 BSWI 单元建立的转子裂纹定量诊断正问题模型数据库在实际转子疲劳裂纹定量诊断中同样具有高的计算精度,可以可靠地进行较复杂转子结构裂纹的定量诊断。

表 6.3.5 转子横向疲劳裂纹工况及定量诊断结果

工况	β	α	实测固有频率值/Hz			识别 β 相对误差	识别 α 相对误差
			f_1	f_2	f_3		
1	0.789	0.21	97.34	583.84	1 051.64	0.780(0.9)	0.225(1.5)
2	0.789	0.18	97.99	584.71	1 053.28	0.818(2.9)	0.152(2.8)

3. 铁路转辙机裂纹定量诊断

近年来,我国铁路实施客运高速和货运重载战略,这对铁路设备工作性能和可靠性的要求越来越高。转辙机是广泛采用的一种道岔转辙设备,它的作用是转换铁路道岔,将道岔锁闭在规定位置并给出铁路走向。转辙机的现场安装位置和结构如图 6.3.14 所示。由于转辙机转换的对象是道岔尖轨、辙岔可动心轨等影响行车安全的部件,因此要求转辙机必须充分安全可靠。随着铁路的高速化和重载化,铁轨与火车轮对的冲击增加,转辙机的受力和振动也随之增大,因此造成的诸如转辙机螺杆、动作杆以及连接销断裂等事故屡见不鲜。据不

图 6.3.14 某型号铁路转辙机

完全统计,1999 年,我国共发生转辙机故障 234 起,其中影响行车 45 起,延误列车 92 列。因此,对转辙机故障,特别是转辙机传动装置中的重要结构的裂纹故障监测与诊断变得尤为重要。

对一使用 9 年后的铁路转辙机进行现场动态测试,如图 6.3.15 所示,获得其振动信号,将测得的螺杆固有频率作为裂纹识别的输入,利用三线相交裂纹定量诊断方法获得诊断结果如图 6.3.16 所示,交点 A 诊断出裂纹存在的相对位置位置和等效刚度(对应裂纹深度),诊断结果为:螺杆在距离相对螺杆长度 0.19 处,存在相对螺杆直径深度为 0.13 的裂纹。

图 6.3.15　铁路转辙机现场动态测试

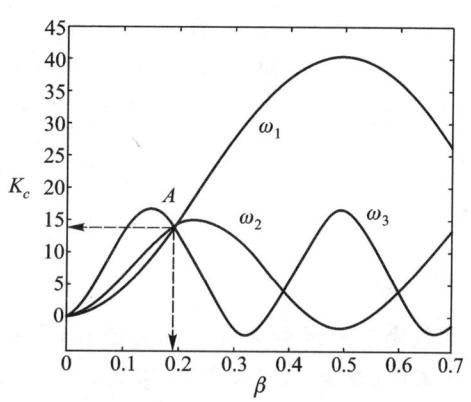
图 6.3.16　转辙机裂纹诊断

为验证诊断结果的有效性,对螺杆进行清洗、着色后发现在相对位置 0.21 处显现出裂纹,如图 6.3.17a 所示,螺杆裂纹相对位置 β 诊断结果(0.19)与实际情况(0.21)十分吻合,误差不超过螺杆长度的 2.0%;从裂纹位置处对螺杆进行破坏性折断,裂纹断面如图 6.3.17b 所示,裂纹相对深度 α 诊断值(0.13)与实际值(0.14)接近,误差为螺杆横截面直径的 1.0%。

(a) 全局图

(b) 断面照片

图 6.3.17　转辙机螺杆裂纹

思　考　题

1. 为什么 ARMA 模型相当于一个滤波器,同时又可以理解为一个预测器?
2. 为什么一元线性回归模型是静态模型,而一阶自回归模型却是动态模型?
3. 试比较时间序列谱与周期图谱的特点,并说明产生这些特点的原因?
4. 证明 AR(2) 模型的自协方差函数:

$$R_0 = \frac{\sigma_a^2(1-\varphi_2)}{(1+\varphi_2)[(1-\varphi_2)^2-\varphi_1^2]}$$

$$R_2 = \frac{(\varphi_1^2+\varphi_2-\varphi_2^2)}{(1-\varphi_2)}R_0$$

5. 试根据你感兴趣的一种 ARMA 模型的参数估计方法和模型的定阶准则画出详细的建模流程图。

6. HMM 的五大组成元素是什么？HMM 需要解决的三个基本问题是什么？分别用什么算法解决这些问题？试简述其推导流程。

7. 以下是一个 Markov 链模型：假定每一天的天气状况是下列 3 种情况之一：晴天、多云、雨雪。其 Markov 链的形状由图 1 所示。此时状态转移概率矩阵 A 为

$$A = \begin{bmatrix} 0.8 & 0.1 & 0.1 \\ 0.2 & 0.6 & 0.2 \\ 0.3 & 0.3 & 0.4 \end{bmatrix}$$

现假定第一天的天气状况为晴天，即初始概率 $\pi=(1,0,0)$，则接下来连续一周的天气状况为 $O=$（晴天,晴天,多云,多云,雨雪,多云,晴天）的概率为多少？

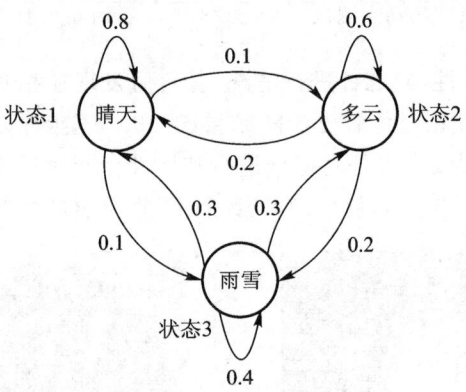

图 1　天气状况的马尔可夫模型

8. HMM 有哪些常用的分类标准？试分别举出几种典型的 HMM 类型。
9. 简述利用 HMM 进行故障诊断的整体流程。
10. 小波有限元与传统有限元的本质区别在哪里？
11. 小波有限元在计算工程奇异性问题的优点是什么？

参 考 文 献

[1] 杨叔子,吴雅,轩建平.时间序列分析的工程应用[M].武汉:华中科技大学出版社.2007.
[2] 徐科军.信号分析与处理[M].北京:清华大学出版社,2006.
[3] 黄长艺,严普强.机械工程测试技术基础[M].北京:机械工业出版社.2001.

参考文献

[4] 屈梁生,何正嘉.机械故障诊断学[M].上海:上海科技出版社,1986.

[5] 刘习军.工程振动理论与测试技术[M].北京:高等教育出版社,2004.

[6] 王伯雄.测试技术基础[M].北京:清华大学出版社,2003.

[7] 王跃科,等.现代动态测试技术[M].北京:国防工业出版社,2003.

[8] 赵树杰,赵建勋.信号检测与估计理论[M].北京:清华大学出版社,2005.

[9] 王江萍.机械设备故障诊断技术及应用[M].西安:西北工业大学出版社,2001.

[10] 吴怀宇.时间序列分析与综合[M].武汉:武汉大学出版社,2004.

[11] 张树京,齐立心.时间序列分析简明教程[M].北京:清华大学出版社,2003.

[12] 王太勇,郭千里.功率谱分析用于刀具磨损的声振特性研究[J].动态分析与测试技术.1995,13(1):47-49.

[13] 王太勇,郭千里.集成数控车削中刀具状态的智能识别与监控[J].天津大学学报.1995,28(5):673-676.

[14] 王太勇,郭千里.刀具磨损声振特性的功率谱分析[J].天津大学学报.1995,28(4):582-584.

[15] 王太勇,郭千里.刀具状态的声振多级在线监测模式研究[J].机械工程学报.1995,31(6):17-20.

[16] 王太勇,郭千里.AR时序分析用于刀具磨损振动特性的研究[J].动态分析与测试技术.1994,12(2):11-15.

[17] 张英堂,李国璋,任国全.基于时间序列模型的发动机磨损状态诊断方法[J].润滑与密封.2006,(12):10-12.

[18] 羊拯民,张成宝.时序分析在汽车变速箱齿轮故障诊断中应用[J].农业机械学报.2000,31(3):92-95.

[19] 周尧,洪荣晶,李磊.多维非平稳时间序列在机床主轴故障诊断中的应用[J].机床与液压.2007,35(6):228-230.

[20] 冯长建,HMM动态模式识别理论、方法以及在旋转机械故障诊断中的应用[D].浙江大学,2002.

[21] Ertunc H M, Loparp K A, Ocak H. Tool wear condition monitoring in drilling operations using Hidden Markov Models (HMM)[J]. International Journal of Machine Tools & Manufacture, 2001, 41, 1363-1384.

[22] Ocak Hasan, Loparo Kenneth A. HMM-based fault detection and diagnosis scheme for rolling element bearings[J]. Journal of Vibration and Acoustics, 2005, 127, 299-306.

[23] R. B. Chinnam, P. Baruah. Autonomous diagnostics and prognostics through competitive learning driven HMM-based clustering[C]. in: Proceedings of the International Joint Conference on Neural Networks 2003, vols. 1-4, New York, 2003, pp. 2466-2471.

[24] C. Kwan, X. Zhang, R. Xu, L. Haynes, A novel approach to fault diagnostics and prognostics[C]. in: Proceedings of the 2003 IEEE International Conference on Robotics and Automation, vols. 1-3, New York, 2003, pp. 604-609.

[25] 谢锦辉.隐Markov模型(HMM)及其在语音处理中的应用[M].武汉:华中理工大学出版社,1995.

[26] 韩纪庆,张磊,等.语音信号处理[M].北京:清华大学出版社,2002.
[27] 郑栋梁,李中付,华宏星.结构早期损伤识别技术的现状和发展趋势[J].振动与冲击,2002,21(2):1-6,10.
[28] 何正嘉,陈雪峰,李兵.小波有限元理论及其工程应用[M].北京:科学出版社,2006.
[29] Li B,Chen X F,He Z J. Detection of crack location and size in structures using wavelet finite element methods[J]. Journal of Sound and Vibration. 2005,285(4-5):767-782.

第7章 基于动力学机理的转子故障诊断方法

7.1 转子系统常见故障的机理与诊断

旋转机械是最常用的一类机械设备,常常可以简化为转子系统。旋转机械是指依靠转子旋转运动进行工作的机器,在结构上必须具备最基本的转子、轴承等零部件。旋转机械覆盖了石油、化工、冶金、电力、航空航天、机械制造等重要工程领域。通常旋转机械运行速度很高,且往往是工厂的关键设备,如发电机、汽轮机、鼓风机、大型轧钢机、涡轮泵等,其工况不仅影响该机器设备本身的安全稳定运行,而且还会对后续生产和运行造成直接影响,故障严重时会造成重大经济损失,甚至导致机毁人亡的事故,因此对故障诊断技术的要求更加迫切。

旋转机械的主要功能是由旋转动作完成的,转子是其最主要的部件。旋转机械发生故障的重要特征是机器伴有异常的振动和噪声,其振动信号从时域和频域都实时地反映了机器的故障信息。因此,了解和掌握转子系统在故障状态下的振动机理,对于监测机器运行状态和提高故障诊断的准确性具有重要的理论意义和实际工程应用价值。转子系统的故障是多种多样的,已知的故障种类有二三十种,本章介绍几种常见故障的机理及其诊断方法。

7.1.1 转子不平衡[1-7]

转子不平衡是转子系统常见故障之一。有关统计资料表明,不平衡所造成的振动,约占转子系统振动的30%。转子受材料质量、加工、装配以及运行过程中各种因素的影响,其质量中心和旋转中心线之间存在一定量的偏心距,使得转子在工作时形成周期性的离心力干扰,在轴承上产生动载荷,从而引起机器的振动。因此,把产生离心力的原因——旋转体质量沿旋转中心线的不均匀分布叫做不平衡,由此引起的机器振动或运行时产生的其他问题称为不平衡故障。引起转子不平衡的原因有:结构设计不合理,制造和安装误差,材质不均匀,受热不均匀,运行中转子的腐蚀、磨损、结垢、零部件的松动和脱落等。转子不平衡故障包括:转子质量不平衡、转子初始弯曲、转子热态不平衡、转子部件脱落、转子部件结垢、联轴器不平衡等,不同原因引起的转子不平衡故障规律相近,但也各有特点。

一、机理分析

1. 转子质量不平衡

所有不平衡都可归结为转子的质量偏心。为此,分析如图 7.1.1 所示的带有偏心质量的单圆盘转子的振动情况。设转子的质量为 m,偏心距为 e。

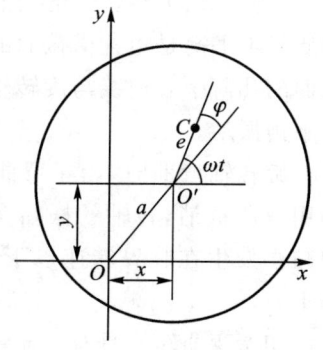

图 7.1.1 转子质量偏心模型

设其偏心质量集中于 C 点,考虑到阻尼的作用,转子以角速度 ω 转动时,其轴心 O' 的运动微分方程为

$$\begin{cases} m\ddot{x} + c\dot{x} + kx = me\omega^2\cos(\omega t) \\ m\ddot{y} + c\dot{y} + ky = me\omega^2\sin(\omega t) \end{cases} \tag{7.1.1}$$

其特解为

$$\begin{cases} x = A\cos(\omega t - \varphi) \\ y = A\sin(\omega t - \varphi) \end{cases}, \quad 其中 \quad A = \frac{\left(\frac{\omega}{\omega_n}\right)^2 e}{\sqrt{\left[1 - \left(\frac{\omega}{\omega_n}\right)^2\right]^2 + \left(2\xi\frac{\omega}{\omega_n}\right)^2}}, \omega_n = \sqrt{\frac{k}{m}}, \xi = \frac{c}{2m\omega_n}$$

分析可知,x 和 y 方向的振动为幅值相同,相位相差 90°的简谐振动,因此其轴心轨迹为圆。而实际的转子,由于轴的各向弯曲刚度有差别,特别是由于支承刚度各向不同,因而转子对不平衡质量的响应在 x 和 y 方向上不仅振幅不同,相位差也不是 90°,因此一般其轴心轨迹是椭圆。

由上述分析可知,转子质量不平衡的主要振动特征为:

1) 转子的稳态振动是一个与转速同频的强迫振动,振动幅值随转速按振动理论中的共振曲线规律变化,在临界转速处达到最大值。因此转子不平衡故障的突出表现为一倍频振动幅值大;

2) 转子的轴心轨迹是圆或椭圆;

3) 当工作转速一定时,相位稳定;

4) 转子的进动方向为同步正进动;

5) 转子振幅对转速变化很敏感,转速下降,振幅将明显下降。

由于实际转子系统并非完全是线性振动系统,它还受一些非线性因素影响,因此典型的不平衡振动频谱图中,除转速频率成分在总振幅中占有绝对优势外,常常还会出现较小的高次谐波,使整个频谱呈现出所谓的"枞树形",如图 7.1.2所示。

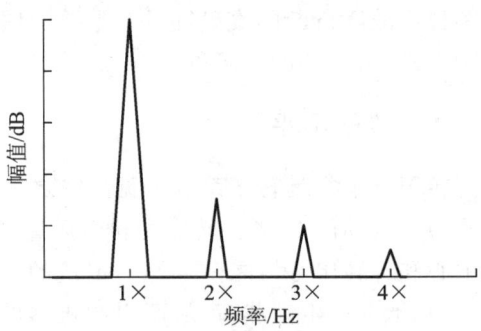

图 7.1.2　转子不平衡故障谱图

2. 转子初始弯曲

人们习惯上将转子的初始弯曲与质量初始不平衡同等对待,但实际上是有区别的。所谓质量不平衡是指各横截面的质心连线与其几何中心连线存在偏差,而转子弯曲是指各横截面的几何中心连线与旋转轴线不重合。二者都会使转子产生偏心质量,从而使转子产生不平衡振动。

旋转轴弯曲时,由于弯曲所产生的力和转子不平衡产生的力相位不同,两者之间相互作用有所抵消,转轴的振幅在某个速度下可能会减小。当弯曲的作用小于不平衡时,振幅的减小发生在临界转速以下;当弯曲的作用大于不平衡时,振幅的减小发生在临界转速以上。

初始弯曲转子具有与质量不平衡转子相似的振动特征,所不同的是初始弯曲转子在转速较低时振动较明显,趋于初始弯曲值。在汽轮发电机组中,通常是在盘车时和盘车后测量

晃动度的大小来判断转子是否存在初始弯曲。另外,两者在有阻尼的情况下,由幅频特性曲线的峰值测得的临界转速是不同的,当有质量偏心时,有阻尼临界转速略高于无阻尼临界转速,而有初始弯曲时,有阻尼临界转速略低于无阻尼临界转速。

3. 转子热弯曲故障

热弯曲故障是由于转轴受热不匀或转轴材料热膨胀系数不匀而引起的。汽轮机、高温气体透平机、航空发动机等机器需要引入高温、高压气体将整个缸体或壳体加热,但是缸体的温度分布是不均匀的,上缸的温度大于下缸的,反映在转子上是上半侧的热传导大,下半侧的热传导小,如果转子在热态下静止不动,则很快会发生弯曲变形。而一些装配式转子,套在轴上的各个叶轮、轴套、平衡盘、止推盘和密封组件等零部件,在转子的受热过程中这些零部件先于转轴受热膨胀,如果零部件彼此的接触端面不平行,热膨胀后则会使轴发生弯曲变形。

由于热弯曲一般是由轴的圆周两侧温差所至,随着温度场分布趋于均匀,这种热弯曲会逐渐消失,但其短期行为如同初始弯曲一样,也会使转子产生同步涡动。

4. 转子部件脱落

转子在高速旋转过程中,如发生零部件突然脱落将会产生阶跃式的不平衡,使转子振幅和相位突然发生变化,严重影响机器的正常运行。为了防止脱落部件在惯性力作用下飞出使机体发生二次事故,必要时应及时停机检修。

可以将部件脱落失衡现象看作对工作状态的转子的瞬时阶跃响应。由于瞬态响应最终要衰减为零,因此,部件脱落的主要特征是振动会突然发生变化而后趋于稳定,振动的幅值一般会有较明显的增大。高速转子部件脱落是一种较大的质量不平衡,往往对转速变化非常敏感,降低转速,振幅就会明显下降。

5. 转子部件结垢或沉积

一些高温的并带有粘性的催化剂微粒进入机器的流道,就会粘结在叶轮上,由于质量分布不均匀,会引起转子的不平衡。由于结垢和沉积需要相当长的时间,所以振动是随着时间推移逐渐增大的。并且由于通流条件变差,轴向推力增加,轴向位移增大,机组级间压力逐渐增大,效率逐渐下降。这种因固体结垢或沉积引起的不平衡所表现的振动现象,往往是振幅逐渐加大,转速频率成分占有突出的地位,而且随着转速的增加振幅呈抛物线状态增大。

6. 联轴器不平衡

由于制造、安装的偏差或者动平衡时未考虑联轴器的影响,可能使联轴器产生不平衡。联轴器不平衡具有质量不平衡相似的振动特征,通常是联轴器两端轴承的振动较大,相位基本相同。

二、诊断实例

某大型离心式压缩机,经检修更换转子后,机组运行时发生强烈振动,压缩机两端轴承处振幅超过设计允许值的3倍,机器不能正常运行。主要振动特征如图7.1.3所示。由图可知,其振动频谱能量集中于基频,轴心轨迹为椭圆,转子相位稳定,为同步正进动,因此可以判断压缩机发生强烈振动的原因是由于转子质量偏心、不平衡造成的。经拆机检验,转子具有严重不平衡质量,将该转子在工作转速下经过高速动平衡,使其达到技术要求。该转子重新安装后,压缩机恢复正常运行。

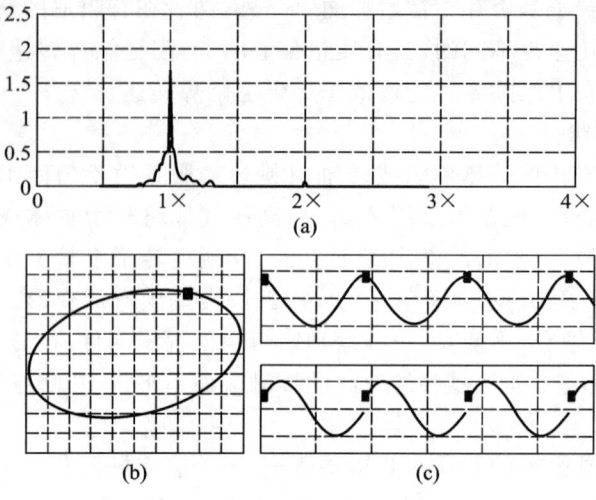

图 7.1.3 转子不平衡故障特征

7.1.2 转子不对中[2,7]

旋转机械多数是由多个转子和轴承组成的一个机械系统,转子和转子之间用联轴器连接。转子不对中通常是指相邻两转子的轴心线与轴承中心线的倾斜或偏移程度。据美国孟山都(MONSANTO)石油化工公司统计,转子系统机械故障的 60% 是由不对中引起的。当转子存在不对中故障时,不仅机器振动加大,还会发生轴承偏磨,联轴器过度发热。转子不对中可分为联轴器不对中和轴承不对中,联轴器不对中又可分为平行不对中、偏角不对中和平行偏角不对中三种情况,如图 7.1.4 所示。

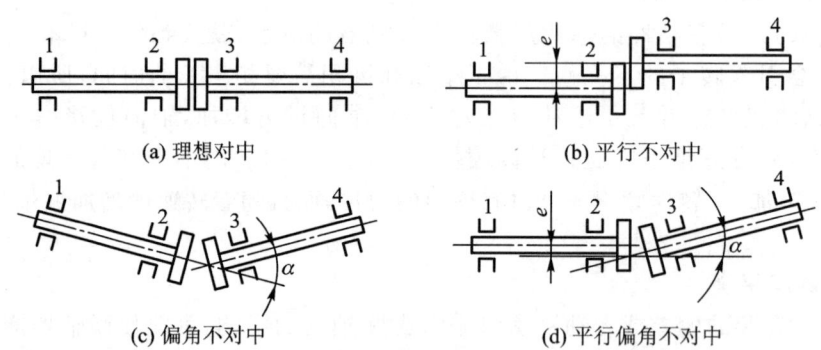

图 7.1.4 转子不对中类型

一、机理分析

1. 联轴器不对中

(1) 平行不对中

当转子轴线之间存在径向位移时,联轴器的中间齿套与半联轴器组成移动副,不能相对转动,但中间齿套与半联轴器产生滑动而作平面圆周运动,即中间齿套的中心是沿着以径向位移 Δy 为直径作圆周运动,如图 7.1.5 所示。设 A 为主动转子的轴心投影,B 为从动转子的轴心投影,K 为中间齿套的轴心,那么 AK 为中间齿套与主动轴的连线,BK 为中间齿套与从动轴的连线,AK 垂直 BK,如图 7.1.6 所示。设 AB 长为 D,K 点坐标为 $K(x,y)$,取 θ 为自变量,则有

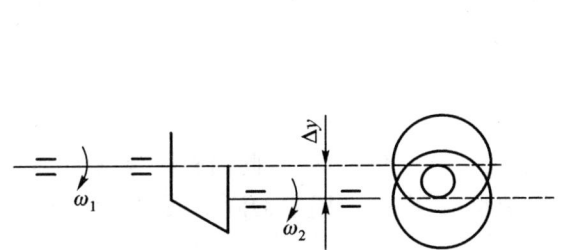

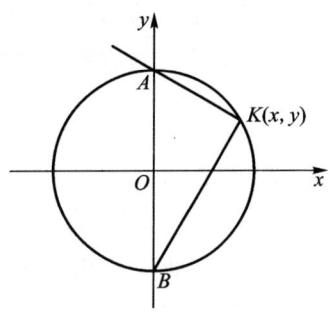

图 7.1.5 联轴器平行不对中　　　　图 7.1.6 联轴器齿套运动分析

$$x = D\sin\theta\cos\theta = \frac{1}{2}D\sin(2\theta)$$
$$y = \frac{1}{2}D - D\cos\theta\cos\theta = \frac{1}{2}D(1-\cos 2\theta) \tag{7.1.2}$$

对 θ 求导,得

$$dx = D\cos(2\theta)d\theta, \quad dy = D\sin(2\theta)d\theta$$

K 点的线速度为

$$V_k = \sqrt{(dx/dt)^2 + (dy/dt)^2} = D d\theta/dt \tag{7.1.3}$$

由于中间齿套平面运动的角速度 $d\theta/dt$ 等于转轴的角速度,即 $d\theta/dt = \omega$,所以 K 点绕圆周中心运动的角速度为

$$\omega_k = 2V_k/D = 2\omega \tag{7.1.4}$$

由式(7.1.3)可知,K 点的转动为转子转动角速度的两倍,因此当转子高速运转时,就会产生很大的离心力,激励转子产生径向振动,其振动频率为转子工频的两倍。由于离心力与转速平方成正比,因此不对中对转速的敏感程度是不平衡对转速的敏感程度的 4 倍。

(2) 偏角不对中

当转子轴线之间存在偏角位移时,如图 7.1.7 所示,从动转子与主动转子的角速度是不同的。从动转子的角速度为

$$\omega_2 = \omega_1 \cos\alpha/(1-\sin^2\alpha\cos^2\varphi_1) \tag{7.1.5}$$

式中,ω_1、ω_2 分别为主动转子和从动转子的角速度,α 为从动转子的偏斜角,φ_1 为主动转子的转角。

从动转子每转动一周其转速变化两次,如图 7.1.8 所示,变化范围为

$$\omega_1\cos\alpha \leqslant \omega_2 \leqslant \omega_1/\cos\alpha \tag{7.1.6}$$

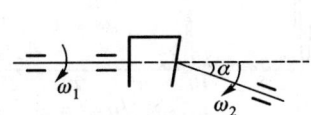

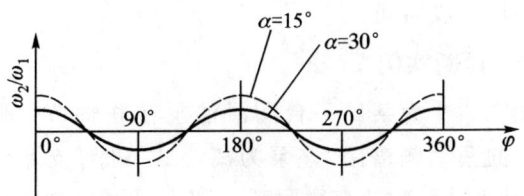

图 7.1.7 联轴器偏角不对中　　　　图 7.1.8 转速比的变化曲线

由此可知,当机组的转子轴线发生偏角位移时,其传动比不仅随转子每回转一周变动两次,而且其变动的幅度随偏角的增加而增大,因而从动转子由于传动比变化所产生的角加速度激励转子而发生振动,其径向振动频率亦为转子工频的两倍。

偏角不对中使联轴器附加一个弯矩,弯矩的作用是力图减小两轴中心线的偏角。轴旋转一周,弯矩作用方向交变一次,因此,偏角不对中增加了转子的轴向力,使转子在轴向产生工频振动。

(3) 平行偏角不对中

实际上,各转子轴线之间往往既有径向位移又有偏角位移,因此当转子运转时,就有一个两倍频的附加径向力作用于靠近联轴器的轴承上,有一个同频的附加轴向力作用于止推轴承上,从而激励转子发生径向和轴向振动。

2. 轴承不对中

由于结构上的原因,轴承在水平方向和垂直方向上具有不同的刚度和阻尼,不对中的存在加大了这种差别。虽然油膜既有弹性又有阻尼,能够在一定程度上弥补不对中的影响,但当不对中过大时,会使轴承的工作条件改变,使转子产生附加的力和力矩,甚至使转子失稳和产生碰摩。

轴承不对中使轴颈中心的平衡位置发生变化,使轴系的载荷重新分配。负荷大的轴承油膜呈现非线性,在一定条件下出现高次谐波振动,负荷较轻的轴承易引起油膜涡动进而导致油膜振荡。支承负荷的变化还使轴系的临界转速和振型发生改变。

二、不对中故障的特征

1) 转子径向振动出现二倍频,以一倍频和二倍频分量为主,不对中越严重,二倍频所占比例越大;

2) 相邻两轴承的油膜压力反方向变化,一个油膜压力变大,另一个则变小;

3) 典型的轴心轨迹为香蕉形,正进动;

4) 联轴器不对中时轴向振动较大,振动频率为一倍频,振动幅值和相位稳定;

5) 联轴器同一侧相互垂直的两个方向,二倍频的相位差是基频的两倍;联轴器两侧同一方向的相位在平行不对中时为 $0°$,在偏角不对中时为 $180°$,平行偏角不对中时为 $0°\sim180°$;

6) 轴承不对中时径向振动较大,有可能出现高次谐波,振动不稳定;

7) 振动对负荷变化敏感。当负荷改变时,由联轴器传递的扭矩立即发生改变,如果联轴器不对中,则转子的振动状态也立即发生变化。由于温度分布的变化,轴承座的热膨胀不均匀而引起轴承不对中,使转子的振动也要发生变化。但由于热传导的惯性,振动的变化在时间上要比负荷的改变滞后一段时间。

三、诊断实例

图 7.1.9 为某厂一台润滑油泵在联轴节一侧轴承处的振动频谱图,该泵为离心式、悬臂支承结构,电动机经联轴节直联驱动。图中显示出很大的 2 倍频成分,这是泵和电动机联轴节不对中引起的。

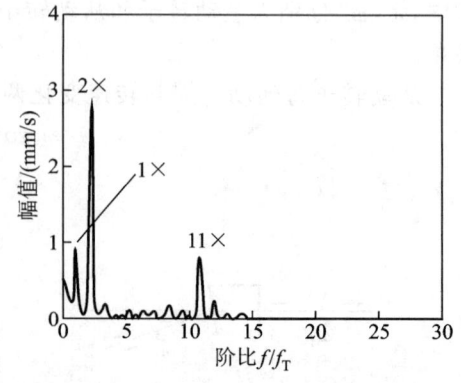

图 7.1.9 不对中故障的振动频谱图

另外还有工频和 11 倍频成分,前者是不平衡和不对中联合作用的结果,后者是泵的叶片通过频率,它的幅值随着负荷的高低而升降。在泵的轴向测点上也发现有明显的轴向振动,这些迹象均表明是一种典型的不对中故障振动。

7.1.3 转子碰摩[2]

转子与定子的碰摩是旋转机械中最常发生也是最具破坏性的故障之一。当转子的振动幅值大于转子与定子之间的间隙时,就会发生连续的或者间歇性的碰撞。质量不平衡、转子与静止部件的弯曲、不对中、热膨胀造成的间隙不足,都可能引起转子与定子的碰摩。多数情况下,首先可以观察到局部摩擦的发生,它引起旋转机械的不规则振动。随着振动加剧,局部摩擦向整周摩擦过渡,剧烈的振动将使得机器无法正常运转。

一、机理分析

转定子的碰摩一般可分为四个阶段:无碰摩、带有碰摩的初始阶段、摩擦相互作用阶段和分离阶段,每一阶段所表现的物理现象是不同的,而有些碰摩,仅包含其中部分阶段。转子的实际碰摩过程较复杂,为了研究问题的方便,对实际的碰摩转子系统作了一些简化,如不考虑摩擦热效应和转定子的塑性变形等。由于碰撞发生的时间间隔非常短,碰撞时定子的变形假定为弹性变形,转子与定子的摩擦符合库仑定律,即摩擦力与接触面的法向作用力成正比。

如图 7.1.10 所示,设静止时转子与定子的平均间隙为 δ,则碰摩时的法向碰撞力 F_N 和切向摩擦力 F_T 可以表示为

$$F_N = (e-\delta)k_c, \quad F_T = fF_N, \quad (e \geqslant \delta) \quad (7.1.7)$$

式中,f 为转子与定子间的摩擦因数;k_c 为定子的径向刚度;$e=\sqrt{x^2+y^2}$ 为转子的径向位移。在 $x-y$ 坐标系中,碰摩力可以表示为

$$\begin{cases} F_{fx}(x,y) = -F_N\cos\gamma + F_T\sin\gamma \\ F_{fy}(x,y) = -F_N\sin\gamma - F_T\cos\gamma \end{cases}$$

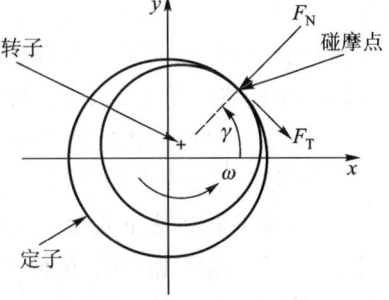

图 7.1.10 碰摩力示意图

因为 $\sin\gamma = \dfrac{y}{e}, \cos\gamma = \dfrac{x}{e}$,碰摩力可以表示成

$$\begin{Bmatrix} F_{fx} \\ F_{fy} \end{Bmatrix} = -\frac{(e-\delta)k_c}{e}\begin{bmatrix} 1 & -f \\ f & 1 \end{bmatrix}\begin{Bmatrix} x \\ y \end{Bmatrix} \quad (7.1.8)$$

因此,碰摩转子系统的运动微分方程可以描述为

$$\begin{cases} m\ddot{x} + c\dot{x} + kx = me\omega^2\cos(\omega t + \varphi_0) + F_{fx} \\ m\ddot{y} + c\dot{y} + ky = me\omega^2\sin(\omega t + \varphi_0) + F_{fy} - mg \end{cases} \quad (7.1.9)$$

把式(7.1.8)代入式(7.1.9)可得

$$\begin{cases} m\ddot{x} + c\dot{x} + kx + \dfrac{(e-\delta)k_c}{e}x - \dfrac{f(e-\delta)k_c}{e}y = me\omega^2\cos(\omega t + \varphi_0) \\ m\ddot{y} + c\dot{y} + ky + \dfrac{f(e-\delta)k_c}{e}x + \dfrac{(e-\delta)k_c}{e}y = me\omega^2\sin(\omega t + \varphi_0) - mg \end{cases} \quad (7.1.10)$$

从式(7.1.10)可知,在发生碰摩前,系统是线性的,它的运动是不平衡响应的同步涡动,测得的振动为同频分量。发生碰摩后,系统中产生了一个附加的非线性刚度$\frac{(e-\delta)k_c}{e}$。相对于k,k_c一般要大得多,因而在发生局部碰摩时,这个附加刚度的值可以在很大的范围内变化。从式(7.1.10)还可见,系统具有异号的交叉刚度,这样的系统常常会出现运动不稳定,造成损坏或由于非线性阻尼的作用而发展为极限环。并且式(7.1.10)是一个非线性微分方程组,一般情况下很难求出解的解析表达式。然而,只要满足 Lipshitz 条件,根据初始条件能用数值积分的方法求解出系统的稳定解。对式(7.1.10)采用数值解法,所得的结果表明:转子与定子发生径向接触瞬间,转子刚度增大;转定子脱离接触时,转子刚度减小,并且发生横向自由振动。因此,转子刚度在接触与非接触两者之间变化,变化的频率就是转子的涡动频率。转子横向自由振动与强迫的旋转运动、涡动运动叠加在一起,就会产生一些特有的、复杂的振动响应频率。

发生局部碰摩时,转子产生非线性振动,在频谱图上表现出丰富的频谱成分,不仅有转频,还有 $2\times、3\times\cdots$ 等高次谐波和分数谐波成分。局部碰摩一般是不对称的非线性振动,因此多数情况下产生转速频率的$(1/2)\times$谐波响应。但是,实际碰摩情况比较复杂,既有对称型又有不对称型的非线性振动,因此转子的振动响应中除了 $1\times、2\times、3\times\cdots$ 等高次谐波成分外,还会出现$(1/n)\times$的分数谐波成分$(n=2,3,4,\cdots)$。在重度碰摩时,一般出现$(1/2)\times$次谐波,而在轻度碰摩时,随着转速变化,一般会出现$(1/2)\times,(1/3)\times,(1/4)\times,(1/5)\times,\cdots$等各个谐波成分。分数谐波的范围取决于转子的不平衡状态,在阻尼足够高的系统中,也可能只出现高次谐波,而不出现分数次谐波振动。

转子径向碰摩主要影响转子的径向振动,对转子的轴向振动影响较小,但当转子发生轴向碰摩时,除了对径向振动产生影响外,由于轴向力的存在,使轴向位移和轴向振动增大,有时还会使级间压力发生变化,造成机组效率的下降。

此外,在不同转速下发生的碰摩对机器的影响是不同的。对于柔性转子,在临界转速以下发生碰摩时,由于相位差小于$90°$,碰摩引起的热变形将加大转子的偏心,进而发生转子越摩越弯、越弯越摩的恶性循环,如果不紧急停机势必造成大轴的永久弯曲。在临界转速以上发生碰摩时,由于相位差大于$90°$,碰摩引起的热变形有抵消原始不平衡的趋向,如果碰摩轻微,可以迅速提升到工作转速。在工作转速下发生轻微碰摩时,如图 7.1.11 所示,设 A 为原始不平衡矢量,转子高点与静止件发生碰摩产生热变形,设 B 为碰摩热变形形成的偏心矢量,A,B 两个矢量合成新的矢量 A',相当于新的原始不平衡矢量,它使转子产生新的碰摩变形矢量 B',A' 和 B' 又合成新的矢量,如此持续下去,即可发现振动矢量逆转动方向旋转。

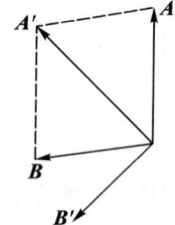

图 7.1.11　振动矢量图

二、转子碰摩故障的特征

1) 转子失稳前频谱丰富,波形畸变,轴心轨迹不规则变化,正进动;
2) 转子失稳后波形严重畸变或削波,轴心轨迹发散,反进动;
3) 轻微碰摩时同频幅值波动,轴心轨迹带有小圆环内圈;随着碰摩严重程度的增加,内圈小圆环增多,且形状变化不定;轨迹图上键相位置不稳定,出现快速跳动现象;
4) 碰摩严重时,出现$(1/2)\times$频率成分,其轴心轨迹形状为"8"字形;

5) 系统的刚度增加,临界转速区展宽,各阶振动的相位发生变化;
6) 工作转速下发生的轻微碰摩振动,其振幅随时间缓慢变化,相位逆转动方向旋转。

三、诊断实例

某电厂 125 MW 汽轮发电机组,小修后启动振动较小。带负荷运行一段时间后因电气故障导致跳机,跳机后机组处于停机备用状态。备用约半个月后机组启动并网,运行时测试人员发现机组振动状况发生了较为明显的变化:振动普遍比跳机前增大;带负荷后振动存在着随负荷增大而变化的不稳定现象;瓦振在水平方向随负荷增加,振动周期性变化至超过允许值。其启动过程三维谱图、振动波形图和频谱图如图 7.1.12 所示。

可以发现波形图存在明显削波现象,同时振动出现大量倍频分量;结合在空负荷状态运行时机组振动正常,判断是励磁机碳刷对转子的振动造成影响。拆除碳刷后对碳刷支架的压紧装置进行检查分析正常,后经检验碳刷的可磨性能发现是新换用的这批碳刷在通电流后可磨性能不好,造成带负荷过程中与转轴摩擦增加,对机组振动产生较大影响。

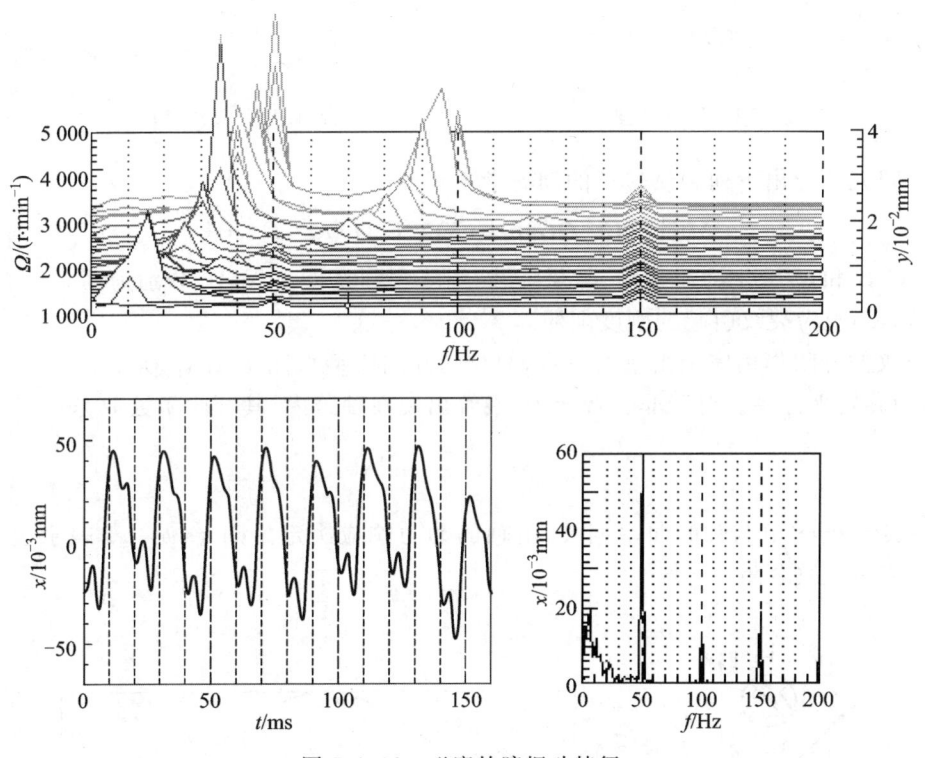

图 7.1.12 碰摩故障振动特征

7.1.4 转轴裂纹故障

转子系统的转轴上出现横向疲劳裂纹,会导致断轴的严重事故,危害很大。对转轴裂纹的诊断目前常用的方法是滑停法(coast down approach)。此法将机器从工作转速滑降至零转速,在降速过程中测量振动响应并进行谱分析,若转子产生裂纹或裂纹有进一步的扩展,则在转速过临界及 1/2、1/3 临界转速时,振动响应将有明显的改变。

一、机理分析

力学原理表明,裂纹的发生和扩展减小了转子的刚度。转子在运行过程中,裂纹面所受的应力大小和方向不断发生变化,使裂纹时而张开,时而闭合,时而半张半闭,从而引入了时变刚度。目前最常用的裂纹转子刚度模型是开闭裂纹模型或呼吸裂纹模型(the breathing crack),它是基于圣维南原理,把局部裂纹对轴的整体刚度的削减作用用一段不等刚度的细轴作当量替代。实验表明,裂纹对轴刚度削弱的影响宽度约等于裂纹深度,因此可以用一段以裂纹所在位置为中点,总长度等于裂纹宽度 h,截面主惯矩分别为 I_ζ 和 I_η 的假想的不对称均匀轴段来描述裂纹的力学作用。裂纹的处理如图 7.1.13 所示。裂纹轴段如图 7.1.14 所示,图中的 (x,y,z) 为固定参考坐标系。

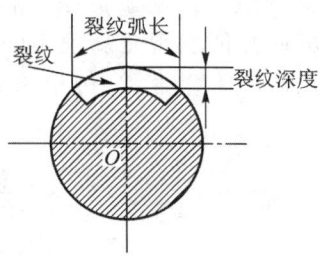

图 7.1.13 裂纹处理形式

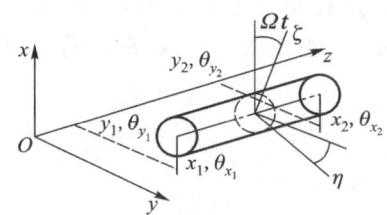

图 7.1.14 裂纹轴段

则根据有限元法导出下列裂纹转子的动力学方程

$$M\ddot{q}+(C+\Omega G)\dot{q}+(K_0-K_c(t))q=Q+W \tag{7.1.11}$$

式中,M、C、G 和 K_0 分别为质量阵、阻尼阵、陀螺阵和刚度阵,Q 和 W 分别为不平衡力向量和重力向量,$K_c(t)$ 为裂纹引起的刚度削弱。

设裂纹的开闭作用完全由重力决定,裂纹的开闭模型如图 7.1.15 所示。图 7.1.15a 中的 (ζ,η) 为旋转坐标系。对于非悬臂转子,裂纹出现在轴跨内,其开闭函数取为

$$f(\psi)=\frac{1-\cos(\psi)}{2} \tag{7.1.12}$$

式中,$\psi=\Omega t-\theta+\pi$,θ 与轴的曲率相关,由轴的动力响应决定。则 $f(\psi)=1$ 表示裂纹全开,$f(\psi)=0$ 表示裂纹全闭。

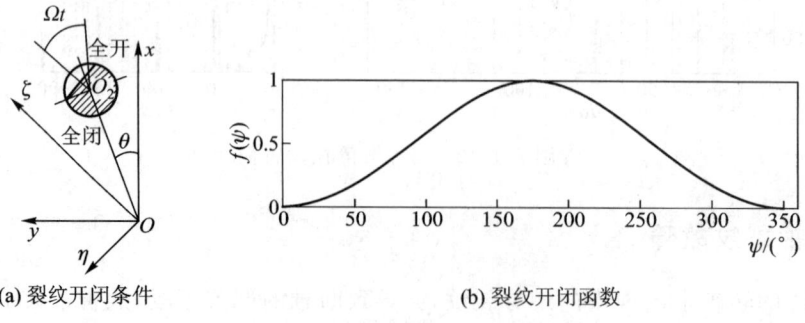

(a) 裂纹开闭条件　　　　　　　(b) 裂纹开闭函数

图 7.1.15 裂纹开闭模型

当裂纹处于全开状态时,包含该裂纹的有限元单元轴段的刚度为

$$\begin{aligned} \boldsymbol{K}_{ec} &= \int_0^a \boldsymbol{B}^{\mathrm{T}} \boldsymbol{D} \boldsymbol{B} \mathrm{d}x + \int_a^b \boldsymbol{B}^{\mathrm{T}} \boldsymbol{D}_c \boldsymbol{B} \mathrm{d}x + \int_b^l \boldsymbol{B}^{\mathrm{T}} \boldsymbol{D} \boldsymbol{B} \mathrm{d}x \\ &= \int_0^l \boldsymbol{B}^{\mathrm{T}} \boldsymbol{D} \boldsymbol{B} \mathrm{d}x - \left(\int_a^b \boldsymbol{B}^{\mathrm{T}} \boldsymbol{D} \boldsymbol{B} \mathrm{d}x - \int_a^b \boldsymbol{B}^{\mathrm{T}} \boldsymbol{D}_c \boldsymbol{B} \mathrm{d}x \right) \\ &= \boldsymbol{K}_{e0} - \int_a^b \boldsymbol{B}^{\mathrm{T}} (\boldsymbol{D} - \boldsymbol{D}_c) \boldsymbol{B} \mathrm{d}x \end{aligned} \quad (7.1.13)$$

式中,$\boldsymbol{K}_{e0}$ 为该单元轴段不含裂纹时的刚度,$\boldsymbol{B}$ 为应变-位移关系矩阵,$\boldsymbol{D}$ 为应力-应变关系矩阵,$\boldsymbol{D}_c$ 为裂纹截面的应力-应变关系矩阵,l 为单元长度,a 和 b 分别为裂纹当量轴段的起始位置和终止位置。式(7.1.13)第二项 $\int_a^b \boldsymbol{B}^{\mathrm{T}} (\boldsymbol{D} - \boldsymbol{D}_c) \boldsymbol{B} \mathrm{d}x$ 即为裂纹引起的该单元刚度的最大削弱量,如考虑式(7.1.12)所示的裂纹开闭函数,则裂纹引起的刚度削弱量 $\boldsymbol{K}_c(t)$ 为

$$\boldsymbol{K}_c(t) = f(\varphi) \cdot \int_a^b \boldsymbol{B}^{\mathrm{T}} (\boldsymbol{D} - \boldsymbol{D}_c) \boldsymbol{B} \mathrm{d}x \quad (7.1.14)$$

有了裂纹轴段的各单元矩阵,就可以将其与其他普通轴段及圆盘的单元矩阵组集起来得到裂纹转子的形如式(7.1.11)的总动力学方程,利用数值积分法可求得裂纹转子的动力响应。

研究发现,裂纹轴响应中除 1× 分量外,还有 2×,3×,5× 等高阶谐波分量,利用转子升速通过 1/2 临界转速、1/3 临界转速时相应的 2 倍频、3 倍频成分被共振放大的所谓超谐波共振现象,可用于监测轴裂纹。

二、转子裂纹故障的特征

1) 各阶临界转速较正常时要小,尤其在裂纹严重时;

2) 由于裂纹造成刚度变化且不对称,转子的共振转速扩展为一个区,振动带有非线性特征,出现旋转频率的 2×、3×… 等高倍频分量。裂纹扩展时,刚度进一步降低,1×、2×… 等频率的幅值也随之增大;

3) 裂纹转子轴系在强迫响应时,一次分量的分散度比无裂纹时大;

4) 转速超过临界转速后,一般各高阶谐波振幅较未超过时小;

5) 裂纹引起刚度不对称,使转子动平衡发生困难,往往多次试验也达不到所要求的平衡精度;

6) 机器开机或停机,工作转速通过 1/2 临界转速或 1/3 临界转速时,振幅响应有共振峰值;

7) 轴上出现裂纹时,初期扩展速度很慢,径向振幅的增长也很慢,但裂纹的扩展会随着裂纹深度的增大而加速,相应地也会出现 1× 和 2× 的振幅迅速增大,相位角也出现异常的波动。

三、诊断实例[1]

某高速运行的增速箱在运行中转轴振幅逐渐增大,出现 2 倍频及 3 倍频等高倍频谐波成分,而且相位变化,发生异常振动,如图 7.1.16 所示。根据其振动特征初步怀疑其异常振动的原因可能是转轴发生裂纹所致。为了消除怀疑,确认增速箱发生异常振动的原因,在现场对增速箱进行了降速和升速试验,观察增速箱工作转速通过转子的半临界转速时的频谱特征和相位变化。其主要特征表现为:

1) 频谱图中振幅在 2× 谐波处有共振峰值；
2) 相位角发生 180° 显著变化，而且波动，如图 7.1.17 所示。

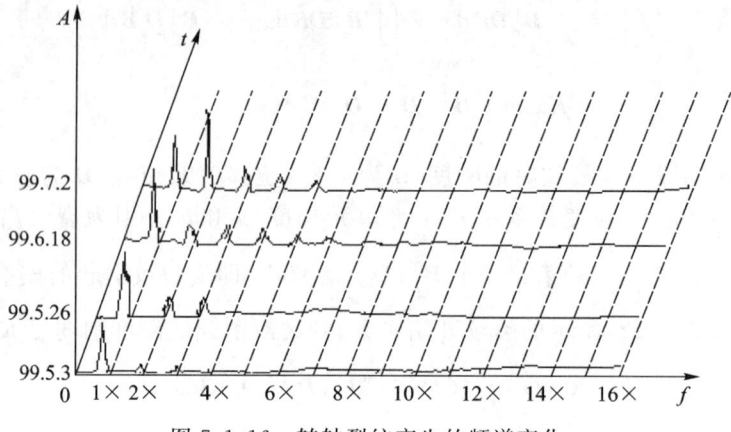

图 7.1.16　转轴裂纹产生的频谱变化

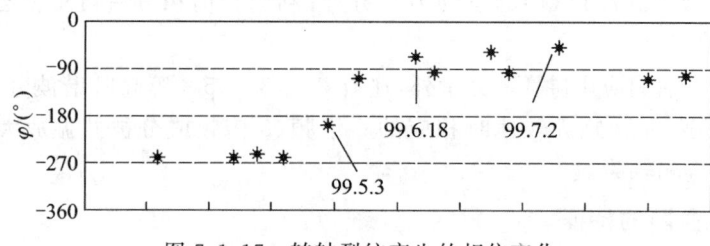

图 7.1.17　转轴裂纹产生的相位变化

因此可以确定增速箱发生异常振动的原因是由于转轴产生裂纹造成的，对增速箱进行停机拆卸检查，发现转轴已有较深裂纹。

7.1.5　油膜涡动和油膜振荡[2-8]

油膜涡动和油膜振荡是转轴在油润滑滑动轴承中发生的一种自激振动，是以滑动轴承为支承的转子系统常见的一种油膜失稳现象。

一、机理分析

（1）滑动轴承油膜的动力特性

当转子轴颈在轴承中运行时，在轴颈与轴承之间的间隙中形成油膜，油膜的流体动压力使轴颈具有承载能力。当油膜的承载力与外载荷平衡时，轴颈处于平衡位置；当转轴受到某种外来扰动时，轴颈中心在静平衡位置附近发生涡动。轴承的油膜是各向异性的，即油膜各个方向上的刚度和阻尼各不相同，所以油膜作用在轴颈上的反力与扰动之间的关系一般是非线性的。当扰动是微小量时，为简化分析，可以近似认为力的变化与扰动之间的关系是线性的。这样油膜力可以表示为

$$\begin{cases} F_x = F_{x0} + K_{xx}x + K_{xy}y + C_{xx}\dot{x} + C_{xy}\dot{y} \\ F_y = F_{y0} + K_{yx}x + K_{yy}y + C_{yx}\dot{x} + C_{yy}\dot{y} \end{cases} \quad (7.1.15)$$

式中，F_x、F_y 为油膜力在 x、y 方向上的分量；

F_{x0}、F_{y0} 为平衡位置时，油膜力在 x、y 方向上的分量；

x、y 为轴心偏离平衡位置的位移分量；

$\dot{x}$、$\dot{y}$ 为轴心的速度分量；

K_{xx}、K_{xy}、K_{yx}、K_{yy} 为油膜刚度系数，为单位位移所引起的油膜力增量；

C_{xx}、C_{xy}、C_{yx}、C_{yy} 为油膜阻尼系数，为单位速度所引起的油膜力增量；

K_{xy}、K_{yx} 和 C_{xy}、C_{yx} 为交叉动力系数，它们反映了油膜具有一种与一般机械弹簧或阻尼器所不同的特性，也即油膜力的增量方向与轴颈位移或速度的变化方向可以是不一致的。其大小和正负在很大程度上影响着轴承工作的稳定性。

(2) 转轴在油膜力作用下的涡动运动

当油膜的承载力与外载荷平衡时，轴颈就在轴承内不发生接触的情况下稳定地旋转，旋转时的轴心位置处于平衡位置，如图 7.1.18 所示，假如轴颈中心在 O_1 位置上，轴颈载荷 P 和油膜反力 R 大小相等方向相反，O_1 点就是轴颈旋转时的平衡位置，这个平衡位置由轴颈的偏心和偏位角来确定。但是当转轴受到某种外来扰动时，轴颈中心移到 O' 位置时，该处的油膜反力变为 R'，R' 的大小和方向与 P 不再平衡，两者的合力为 F。把 F 分解为一个切向分力 F_u 和一个径向分力 F_r。F_r 为弹性恢复力；F_u 与轴颈位移方向相垂直，它有推动轴颈围绕平衡中心继续旋转的趋势，这种旋转运动就称为"涡动"，F_u 称为涡动力。涡动中的轴颈如果涡动力小于油膜阻尼力，这种涡动是收敛的，即轴颈在轴承内的转动是稳定的。如果涡动力超过阻尼力，则轴心轨迹持续增大，这种涡动是不稳定的，油膜振荡就是这种情况。介于两者之间的是涡动轨迹为封闭曲线，半速涡动就是这种情况。半速涡动是一种自激振动，涡动幅度保持在一稳定值，一般幅值较小，但半速涡动可能演变为发散情况，是属于不稳定振动。

轴承在油膜力作用下的稳定性还可以从油膜力做功的角度，分析各动力系数的做功而得出结论。如图 7.1.19 所示，假如轴颈中心偏离其静平衡位置 O 点到 a 点，则轴心在 x 方向上移动了距离 x，K_{yx} 引起一个向下的力增量，在 y 方向上轴心轨迹移动了距离 y，K_{xy} 引起一个向左的力增量。这两个力的合力为 F_a，F_a 的切向分量 F_u 将驱使轴心轨迹作涡动运动。假定轴心轨迹为一椭圆，合成椭圆轨道的简谐振动可表示为

$$\begin{cases} x = x_0 \sin \omega t \\ y = y_0 \sin \omega t \end{cases} \quad (7.1.16)$$

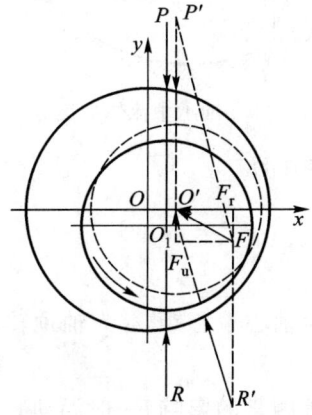

图 7.1.18 轴颈涡动力的形成

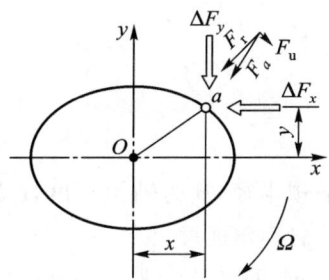

图 7.1.19 轴心在涡动轨迹上的能量分析

维持轴心涡动运动的力矩 M 是切向力 F_u 与涡动半径 R 之乘积,即

$$M = F_u R \tag{7.1.17}$$

力矩 M 使轴心在涡动轨迹上做功,则每一涡动周期内油膜力对轴心所作的功为

$$W = \int_{t=0}^{t=\frac{2\pi}{\omega}} -(F_x \dot{x} + F_y \dot{y}) dt \tag{7.1.18}$$

将式(7.1.15)和式(7.1.16)代入式(7.1.18),积分后得

$$W = \pi [x_0 y_0 (K_{yx} - K_{xy}) \sin\beta - x_0 y_0 \omega (C_{xy} + C_{yx}) \cos\beta - \omega (x_0^2 C_{xx} - y_0^2 C_{yy})] \tag{7.1.19}$$

式中,x_0、y_0 分别为涡动椭圆轨迹在 x、y 方向的最大幅值;

β 为 x 和 y 之间的相位差;

ω 为涡动圆频率。

当 $W<0$ 时,运动收敛,轴承是稳定的;

当 $W>0$ 时,运动发散,轴承是不稳定的;

当 $W=0$ 时,为临界状态,涡动既不收敛也不发散。

从上式可以看出,对转子系统起主导作用的是交叉刚度系数差 $(K_{yx} - K_{xy})$ 的正负,而阻尼系数主要起稳定作用。

(3) 涡动分析

轴承油膜是各向异性的,精确地分析油膜动态力如何影响转子的失稳是比较困难的。为此,Muszynska 对高速轻载转子的油膜力提出了一个简单的力学模型,她认为应找出一个表征油膜整体动力特性的关键量。由于转子的旋转,在轴承中的流体也发生了旋转运动。图 7.1.20 表示了轴承内流体速度的分布图。在稳态条件下,流体在轴承表面的流动速度为零,而在轴颈表面的周向角速度为 ω,流体的平均周向流速为 $\lambda\omega$,λ 称为流体平均周向速度比。当速度是线性分布时,$\lambda = 1/2$;事实上,由于许多因素的影响,$\lambda < 1/2$。λ 是反映油膜整体动力特性的关键量;8 个动力系数也主要地由 λ 来决定。在连心线上 AB 截面流入油楔的流量 $RB(c+e)\lambda\omega$ 与在 CD 处流出的流量 $RB(c-e)\lambda\omega$ 之差应等于因轴心涡动引起收敛楔隙内流体容积的增加率,即

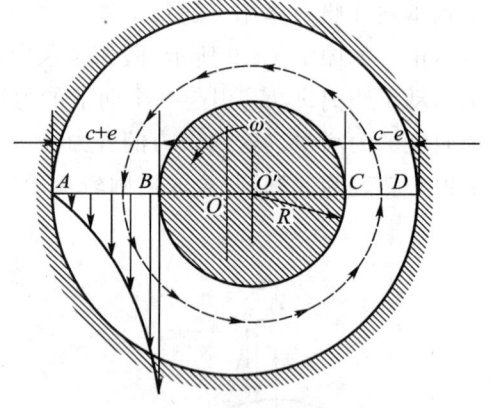

图 7.1.20 轴承中流体速度分布

$$RB(c+e)\lambda\omega - RB(c-e)\lambda\omega = 2RBe\Omega \tag{7.1.20}$$

由此得

$$\Omega = \lambda\omega$$

式中,R 为轴颈半径,B 为轴承宽度,c 为轴承径向间隙,e 为轴心偏心距,ω 为轴颈转动角速度,Ω 为轴颈涡动角速度。

λ 为 1/2 时,称为半速涡动。而实际上,由于轴承端泄等因素的影响,一般涡动频率略小于转速的一半,约为转速的 0.42~0.46 倍。

（4）油膜振荡现象

转轴的转速在失稳转速以前转动是平稳的，当达到失稳转速后即发生半速涡动。随着转速升高，涡动角速度也将随之增加，但总保持着约等于转动速度之半的比例关系，半速涡动一般并不剧烈。当转轴转速升到比第一阶临界转速的2倍稍高以后，由于此时半速涡动的涡动速度与转轴的第一阶临界转速相重合即产生共振，表现为强烈的振动现象，称为油膜振荡。油膜振荡一旦发生之后，就将始终保持约等于转子一阶临界转速的涡动频率，而不再随转速的升高而升高。

图7.1.21表示油膜振荡的转速特性，分三种情况，每一图中都表明了随转速 ω 变化的正常转动、半速涡动和油膜振荡的三个阶段，其中一条曲线表示振动频率的变化，一条曲线表示振动幅值的变化。图7.1.21a表示失稳转速在一阶临界转速之前。图7.1.21b表示失稳转速在一阶临界转速之后，这两种情形的油膜振荡都在稍高于二倍临界转速的某一转速时发生。图7.1.21c表示失稳转速在二倍临界转速之后，转速在稍高于二倍临界转速时，转轴并没有失稳，直到比二倍临界转速高出较多时，转轴才失稳；而降速时油膜振荡消失的转速要比升速时发生油膜振荡的转速低，表现出油膜振荡的一种"惯性"现象。

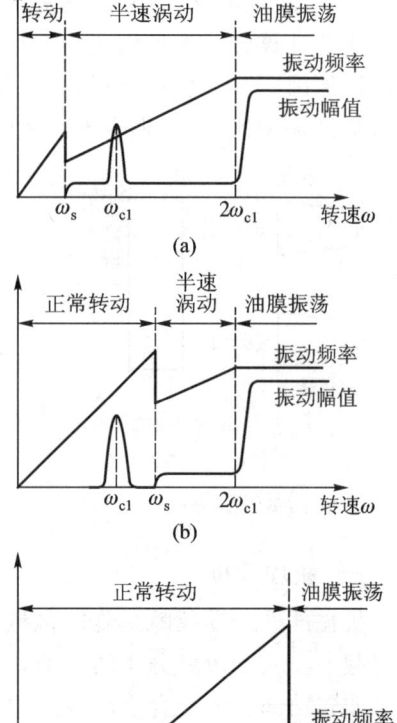

图7.1.21 油膜振荡的转速特性

二、油膜振荡故障的特征

1）油膜振荡总是发生在转速高于转子系统一阶临界转速的2倍以上；

2）油膜振荡的频率接近转子的一阶临界转速，即使转速再升高，其频率基本不变；

3）油膜振荡时，转子的挠曲呈一阶振型；

4）油膜振荡时，振动的波形发生畸变，在工频的基波上叠加了低频成分，有时低频分量占主导地位，且振幅不稳，轴心轨迹发散；

5）油膜振荡时，转子涡动方向与转子转动方向相同，轴心轨迹呈花瓣形，正进动；

6）油膜振荡的发生和消失具有突然性，并具有惯性效应，即升速时产生振荡的转速比降速时振荡消失的转速要大；

7）油膜振荡剧烈时，随着油膜的破坏，振荡停止，油膜恢复后，振荡再次发生，这样持续下去，轴颈与轴承不断碰摩，产生撞击声，轴瓦内油膜压力有较大波动；

8）油膜振荡对转速和油温的变化较敏感，一般当机组发生油膜振荡时，随着转速的增加，振动不下降，随着转速的降低，振动也不立即消失，称为滞后现象；提高进油温度，振动一般有所降低；

9）轴承载荷越小或偏心率 $\varepsilon = e/C$ 越小，越易发生油膜振荡。

三、诊断实例

某船用机组如图 7.1.22 所示,其高压汽轮机工作转速为 6 900 r/min。当高压汽轮机转速在 5 200 r/min 以下时,机组运行正常,各测点振动都较小。高低压缸前、后轴承的振动幅值均小于 10 μm,试车中当转速升至 6 200 r/min 左右时,高压缸后轴承突然起振,振幅(单峰值)达 40 μm,当转速升至 6 900 r/min 时,振幅达到 60 μm,大大超过允许振动值。

经现场测试与分析,机组振动具有以下特征:
1) 振动具有明显的突发性。起振前振动很小(3 μm),起振后振动很大(40 μm);
2) 起振后随着转速升高振幅值也升高;
3) 起振转速与进气方式有关。在部分进气时一般为 5 860~6 180 r/min,而在全周进气时,起振转速推迟,直到 6 780~6 900 r/min 左右才起振;
4) 频谱分析,振动为低频振动,如图 7.1.23 所示。振动主导频率约为 40 Hz。

理论计算转子失稳转速为 2 121 r/min,可见该轴承的稳定性较差。经反复分析,排除多种故障原因后,确定该机组的振动是由于油膜涡动而发展为油膜振荡。采取减小长径比的办法提高轴承比压,结果令人满意。高压后轴承的振幅从原来的 60 μm 降至 2.5 μm。

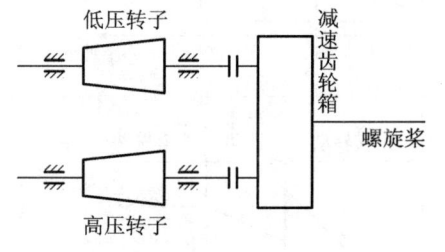

图 7.1.22 机组结构示意图

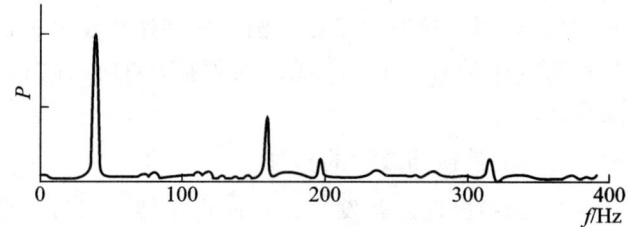

图 7.1.23 振动频谱图

7.1.6 松动故障

一、机理分析

机械部件松动故障是旋转机械中的常见故障之一,通常是由安装质量不高及长期的振动引起的。松动故障分为两大类,一类是转动部件配合松动,另一类是非转动部分的配合松动。非转动部分的配合松动故障比较常见。

非转动部分配合松动其典型情况是轴承座的松动、支座的松动、机架松动、地脚螺栓没有拧紧等。非转动部件配合松动故障的转子系统在不平衡力的作用下,会引起支座的周期性跳动,导致系统的刚性变化并伴有冲击效应,因而常常引起非常复杂的运动现象。

当轴承座螺栓紧固不牢时,由于结合面上有间隙,系统将发生不连续的位移。如图 7.1.24 所示的简单转子系统,设其左端轴承配合松动,松动的最大间隙为 δ,发生松动的支座质量为 M。

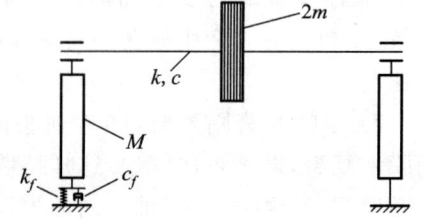

图 7.1.24 松动结构示意图

设转子右端的径向位移为 x_1、y_1;转盘处的径向位移为 x_2、y_2;转子左端的位移为 x_3、y_3;忽略松动的支座在水平方向的微小摆动,设其在垂直方向的位移为 y_4。则系统的运动微

分方程可以表示为

$$\begin{cases} c(\dot{x}_1-\dot{x}_2)+k(x_1-x_2)=P_{x1}(x_1,y_1,\dot{x}_1,\dot{y}_1) \\ c(\dot{y}_1-\dot{y}_2)+k(y_1-y_2)=P_{y1}(x_1,y_1,\dot{x}_1,\dot{y}_1) \\ m\ddot{x}_2+c(\dot{x}_2-\dot{x}_1)+c(\dot{x}_2-\dot{x}_3)+k(x_2-x_1)+k(x_2-x_3)=me\omega^2\cos\omega t \\ m\ddot{y}_2+c(\dot{y}_2-\dot{y}_1)+c(\dot{y}_2-\dot{y}_3)+k(y_2-y_1)+k(y_2-y_3)=me\omega^2\sin\omega t-mg \\ c(\dot{x}_3-\dot{x}_2)+k(x_3-x_2)=P_{x3}(x_3,y_3-y_4,\dot{x}_3,\dot{y}_3-\dot{y}_4) \\ c(\dot{y}_3-\dot{y}_2)+k(y_3-y_2)=P_{y3}(x_3,y_3-y_4,\dot{x}_3,\dot{y}_3-\dot{y}_4) \\ M\ddot{y}_4+c_f\dot{y}_4+k_fy_4=-P_{y3}(x_3,y_3-y_4,\dot{x}_3,\dot{y}_3-\dot{y}_4)-Mg \end{cases} \quad (7.1.21)$$

式中，c 为旋转轴本身的阻尼系数；k 为刚度系数；e 为偏心距；P_{x1}、P_{y1}、P_{x3}、P_{y3} 为轴承油膜力；c_f 和 k_f 分别为地面对于支承座的阻尼和刚度系数。当松动发生时，这两个系数可以表示为

$$\begin{cases} c_f=c_{f1}, & y_4<0 \\ c_f=c_{f2}, & 0\leq y_4\leq\delta, \\ c_f=c_{f3}, & y_4>\delta \end{cases} \begin{cases} k_f=k_{f1}, & y_4<0 \\ k_f=k_{f2}, & 0\leq y_4\leq\delta \\ k_f=k_{f2}+k_{f3}-k_{f3}\dfrac{\delta}{y_4}, & y_4>\delta \end{cases} \quad (7.1.22)$$

非转动部件松动故障的特征如下：

1) 松动故障会引起转子的 $(1/2)\times$、$(1/3)\times$ 等分数次谐波频率；

2) 松动的另一特征是振动的方向性，特别是松动方向上的振动。由于约束力的下降，将引起振动的加大。松动使转子系统在水平方向和垂直方向具有不同的临界转速，因此分数次谐波共振现象有可能发生在水平方向，也有可能发生在垂直方向；

3) 在松动情况下，振动形态会发生"跳跃"现象。当转速增加或减小时，振动会突然增大或减小；

4) 松动部件的振动具有不连续性，有时用手触摸也能感觉到；

5) 松动除产生上述低频振动外，还存在同频或倍频振动。

二、诊断实例[9]

某钢厂大型机组振动呈逐步上升趋势，实测垂直方向的振动波形和频谱如图 7.1.25 所示，并且垂直方向的波形跳跃比水平方向剧烈，同时从频谱中可以看到非常明显的低频成分，同时存在 $2\times$ 和 $3\times$ 等高次谐波成分。检查发现，电动机长期运行中，振动造成机壳连接处紧力不足而产生松动。紧固处理后，振动量减小到正常水平。

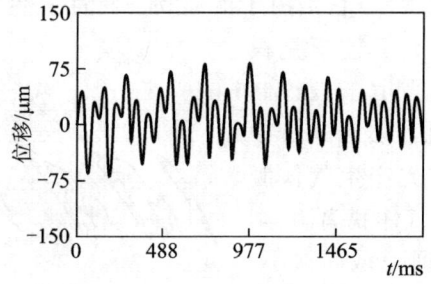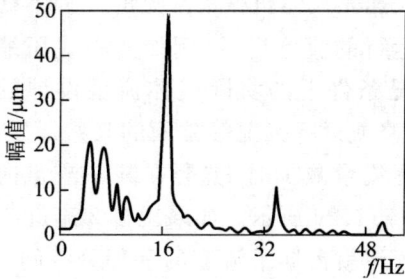

图 7.1.25 机组的振动波形与频谱图

7.1.7 其他常见典型故障[1,2]

1. 滑动轴承故障

(1) 轴承巴氏合金碎裂

轴承巴氏合金碎裂是指由于某种原因造成巴氏合金轴瓦表面的损坏。例如坑斑、开裂、剥落等。

可以使轴承巴氏合金碎裂的原因有：

- 固体作用　油膜与轴颈碰摩引起的碰撞及摩擦以及润滑油中所含杂质（磨粒）引起的磨损；
- 液体作用　油膜压力的交变引起的疲劳破坏；
- 气体作用　润滑膜中含有气泡所引起的气蚀破坏。

巴氏合金轴瓦发生剥落，润滑油在轴承中循环流动必然携带着由于剥落而产生的巴氏合金碎片，因而可通过油样分析技术进行监测。润滑油中锡铁含量比是一个有效的监测指标。

(2) 轴承巴氏合金烧蚀

轴承巴氏合金烧蚀是指由于某种原因造成轴颈与轴瓦发生摩擦，使轴瓦局部温度偏高，巴氏合金氧化变质，发生严重的转子热弯曲、热变形，甚至抱轴。

轴承与轴颈碰摩和巴氏合金碎裂发展到晚期都将导致轴承巴氏合金烧蚀。此外，润滑不良也能导致轴承巴氏合金烧蚀。

当发生轴承与轴颈碰摩时，其油膜就会被破坏。摩擦使轴瓦巴氏合金局部温度偏高而导致巴氏合金烧蚀。由此引起的轴瓦和轴颈的热胀差，进一步加重轴瓦与轴颈的摩擦，形成恶性循环，使巴氏合金轴瓦烧蚀不断加重。轴承巴氏合金碎裂的落物还容易阻塞油孔，使供油不足而导致油膜破裂。如果供油油压过低，正常的油膜难以建立，会使油膜破裂。如果油温过高，不仅会使轴承过热发生热变形，同时还会使油粘度下降，油膜变薄而导致油膜破裂。轴承巴氏合金烧蚀的最常见的原因是断油，断油将使轴颈和轴瓦直接进入干摩擦状态，而且没有润滑油将摩擦热量带走，所以将使轴承巴氏合金迅速地烧蚀。

轴瓦温度测量是监测轴承巴氏合金烧蚀的最直接的方法。由于巴氏合金熔点低，当温度超过 230 ℃时，巴氏合金就会熔化，故当瓦温 $T \geqslant 230$ ℃时，可判定轴承巴氏合金已烧蚀。

2. 旋转失速

旋转失速是流体机械中常见的一种不稳定现象，它是由于流体动力特性发生的自激振动。高速运行的流体机械（例如离心式压缩机），其流道是根据额定工况条件下的实际气体流量设计的。当由于设计制造、安装维修或运行工况等方面的某些原因，机器实际运行中某一级实际流量减少时，就会在某一流道内首先产生气体脱离团，如图 7.1.26 所示。如果现在 2 流道产生气体脱离团，则脱离团的气流就占据了流道的一部分空间，使通流截面减小。于是，流经该通道的气流量也就相应地减少了，使多余的气体

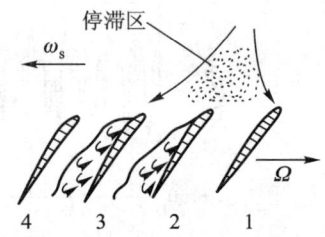

图 7.1.26　旋转失速机理

挤向相邻的流道,从而使 3 流道的流入角减小,冲角增大,造成该流道的气流失速。同样,3 流道的气体脱离团又加剧了 4 流道的气流失速。以此类推,气体脱离团循环发生,在叶轮内形成旋转失速,其运动方向与叶轮的转动方向相反。实验表明,失速区传播的相对速度低于叶轮转动的绝对速度。因此观察到的失速区沿转子的转动方向移动,故称分离区这种相对叶轮的旋转运动为旋转失速。

旋转失速使压气机中的流动情况恶化,压比下降,流量及压力随时间波动。在一定转速下入口流量减少到某一值 Q_{min} 时,机组会产生强烈的旋转失速。强烈的旋转失速会进一步引起整个压缩机组系统的一种危险性更大的不稳定的气动现象,即喘振。此外,旋转失速时压缩机叶片受到一种周期性的激振力,如旋转失速的频率与叶片的固有频率相吻合,则将引起强烈振动,使叶片疲劳损坏造成事故。

旋转失速故障的识别特征:
1) 旋转失速发生在压气机上;
2) 振动幅值随出口压力的增加而增加;
3) 振动发生在流量减小时,且随着流量的减小而增大;
4) 振动频率与工频之比为小于 1 的常值;
5) 转子的轴向振动对转速和流量十分敏感;
6) 一般排气端的振动较大;
7) 排气压力有波动现象;
8) 机组的压比有所下降,严重时压比突降。

3. 喘振

旋转失速严重时可以导致喘振,但两者并不是一回事。喘振除了与压缩机内部的气体流动情况有关之外,还同与之相连的管道网络系统的工作特性有密切的联系。

压缩机总是和管网联合工作的,为了保证一定的流量通过管网,必须维持一定压力,用来克服管网的阻力。机组正常工作时的出口压力是与管网阻力相平衡的,但当压缩机的流量减少到某一值 Q_{min} 时,出口压力会很快下降,然而由于惯性作用,管网中的压力并不马上降低,于是,管网中的气体压力反而大于压缩机的出口压力,因此,管网中的气体就倒流回压缩机,一直到管网中的压力下降到低于压缩机出口压力为止。这时,压缩机又开始向管网供气,压缩机的流量增大,恢复到正常的工作状态。但当管网中的压力又回到原来的压力时,压缩机的流量又减少,系统中的流体又倒流。如此周而复始,产生了强烈的低频脉动现象——喘振。管网的容量越大,则喘振的振幅越大,频率越低;管网的容量越小,则喘振的振幅越小,频率越高。

喘振故障的识别特征:
1) 诊断对象为压气机组或其他带长导管、容器的流体动力机械;
2) 振动发生时,机组的入口流量小于相应转速下的最小流量;
3) 振动频率一般在 0~10 Hz 之内;
4) 机组及与之相连的管道都发生强烈振动;
5) 有倒流现象;
6) 出口压力(压力表)呈大幅度的波动;
7) 机组的功率(表指针)呈周期性的变化;

8) 振动前有失速现象；
9) 振动时有周期性吼叫声；
10) 机组的工作点在喘振区(或附近)。

4. 迷宫密封的气流激振

气体在迷宫中流动是一种复杂的三维流动。当转子因挠曲、偏磨、安装偏心或旋转产生涡动运动时，密封腔内周向的间隙不均匀，即使密封腔内入口处的压力周向分布是均匀的，在该腔的出口处却形成了不均匀的周向压力分布，形成了一个作用于转子上的合力，此力在与转子偏心位移相垂直方向上的切向分力相互作用，就将激励转子作进一步的涡动，成为转子一个不稳定的激励力，可能导致转子失稳。失稳时的频率因不同的气体状态及迷宫几何形状而不相同。

迷宫密封中的流体力激振所引起的机器振动频率，往往表现为低于工作转速的亚异步振动。许多机器的振动还与机组的负荷与转速有关，在操作时存在一个与转速、负荷等因素密切相关的"阀门值"，当机器运行到这个值时，只要很小的转速或负荷的变化，就可能导致机器强烈振动，使原来运行稳定的转子运行不稳定或是机器在低负荷下运行稳定，在高负荷下运行不稳定。

迷宫密封气流涡动故障特征：

1) 涡动频率一般为 0.6～0.9 倍工频；
2) 轴心轨迹为椭圆形，正进动；
3) 强振时有可能激发转子的一阶自振频率，表现为自激振动；
4) 转速存在一个"阀门值"，在其值附近可导致强烈振动；
5) 负荷也存在一个"阀门值"，在其值附近可导致强烈振动；
6) 强振时的主频为转子的一阶固有频率，频带较宽；
7) 振动的再现性强；
8) 一般在转子不平衡、不对中、偏心时易发生。

5. 不均匀气流涡动

汽轮机、燃气轮机、压气机等的转子都有叶片，除离心压气机外，气(汽)体在叶轮周围是轴向流动的，气流对叶片产生周向力。如果转子没有弯曲，则叶轮与固定内腔的径向间隙沿周向是相同的，因此气流沿周向是均匀分布的，它对叶轮各叶片的周向力相等，所有这些力的合力是一个推动或阻碍叶轮转动的力偶。如果轴发生了弯曲，则叶轮偏向内腔的一侧，径向间隙沿周向是不均匀分布的。图 7.1.27 表示汽轮机气流驱使叶轮转动，这时，气流加于叶轮上的周向力在间隙大的一边小于间隙小的一边，即 $F_{t1} > F_{t2}$。各叶片所受周向力的总和除了力偶外，还有与轮心 O' 的位移垂直的力：$F_t = F_{t1} - F_{t2}$。这个力使转子产生涡动，涡动的方向与转子运转的方向一致，涡动的频率约为 0.6～0.9 倍的转速。随着转速提高，涡动频率接近系统的固有频率，且气流压力足够大时，就会发生振荡。这一失稳机理同油膜失稳是类似的。

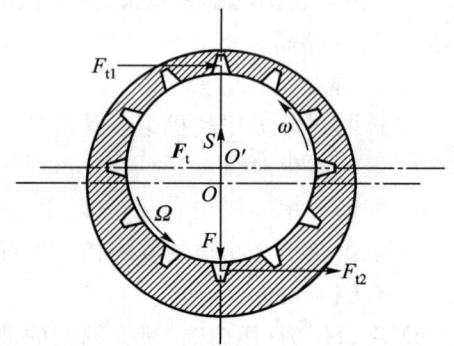

图 7.1.27　蒸汽不均转子受力图

不均匀气流涡动故障的主要识别特征:
1) 振动频率为 0.6～0.9 倍工频;
2) 转子有偏心弯曲造成的间隙不均;
3) 振动对气流压力、流量的改变非常敏感;
4) 负荷存在一个"阀门值",在其值附近可导致剧烈振动;
5) 在一个由多个转子组成的轴系中,气流涡动常发生在气流压力高的转子上,如在汽轮发电机组中,蒸汽振荡主要发生于高压转子。

6. 转子内壁吸附液体

在某些空心转子中,有时可能在转子内壁的局部吸附了油或水汽等冷凝后的液体,汽轮机大轴中心孔进油也属于这种情况。当转轴有弯曲变形时,这种液体的离心力也会使转子失稳,参看图 7.1.28。当转轴弯曲时,液体沿轴心位移 OO' 的方向被甩向转子的内壁,但此液体并不是停留在 OO' 的延长线上,而是因粘性被内壁粘带至延长线的一侧,液体的重心位于与 OO' 的夹角为 φ 的直线上。设液体的离心力为 F_s,它可以分解为 F_n 和 F_t 两个分力,F_t 与位移 OO' 垂直,促使转子运动失稳。经过分析可知,失稳角速度 Ω_t 高于临界角速度 ω_n,但小于它的两倍,即

$$\omega_n < \Omega_t < 2\omega_n$$

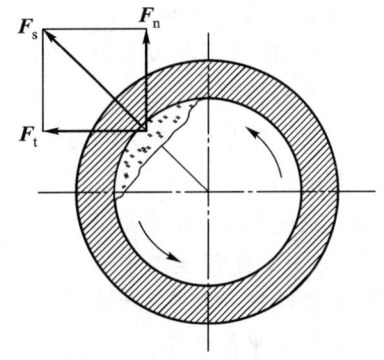

图 7.1.28 转子内壁吸附液体受力

或者说,转子失稳角速度与转速之比为 0.5～1.0,涡动是正向的,其频率等于临界转速。

7.2 现场动平衡方法

7.2.1 引言

工业生产和日常生活中所见的绝大部分机械是旋转机械。据统计,旋转机械的振动问题有 30% 以上都是由于转子不平衡所引起的,因此,可以认为转子不平衡(或简称失衡)是引起旋转机械振动的重要原因[10-12]。对于线性系统而言,失衡引起的振动,其频率等于转子的旋转频率。而当系统具有非线性时,失衡将引起以转子旋转频率为基频以及带有一系列高阶谐波成分的振动[13-14]。

为了消除或减轻由于失衡引起的振动,就必须对转子进行平衡。对于实际转子来说,其不平衡质量沿转子轴向和径向的分布是任意的和随机的,因此在实际的平衡过程中,不可能也没有必要来确定不平衡量的具体分布情况,然后在每一个平面上去进行平衡。一般的做法只能是人为地在转子的某一平面上加上或减去一些质量,这些质量称为校正质量。所谓平衡过程就是要在平衡面上找到增加或减去校正质量的位置和大小,然后加上或减去校正质量,从而使校正质量所激发的振动与原始不平衡所产生的振动相互抵消,最终达到减小振动的目的[15]。

转子不平衡又可分为静不平衡与动不平衡两种情况。对于一个实际转子,可以看成是由无穷多个薄片沿轴向组成,如图 7.2.1 所示,当这些薄片的质量中心与旋转中心不重合

时,将引起不平衡。

设第 i 个薄片的质量为 Δm_i,偏心为 e_i,由于各偏心大小不等,所以其径向的位置也各异,因此,这些不平衡量是一个矢量,记作 $u_{(Z)}$。当转子以角速度 ω 转时,便形成了一个分布的离心惯性力系 $\omega^2 u_{(Z)}$。

若上述离心惯性力系可以简化为一个合力,则称相应转子具有静不平衡。如果上述离心惯性力系可以向质心简化成一个力偶,则称对应转子为动不平衡。

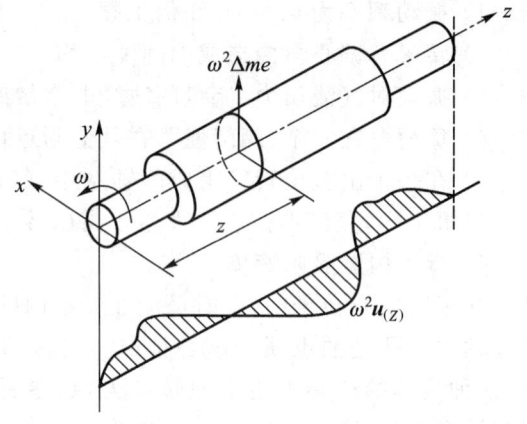

图 7.2.1 实际不平衡转子

此外,转子还可被划分为刚性转子和挠性转子。通常情况下,比较简单的方法是把是否超过其第一阶临界转速作为划分刚性与挠性转子的依据。如果转子的运转速度远低于第一阶临界转速,在这种条件下,转子由于不平衡引起的挠曲将很小,可加以忽略。转子相对比较"刚硬",因此就把这种转子称为刚性转子。反之,对于工作转速高于一阶临界转速,由于不平衡而引起的挠曲变形不能被忽略的转子,就称为挠性转子(或柔性转子)。

从转子平衡的角度来看,K. Fedem 提出了确定转子是刚是柔的更为科学的方法。其具体作法是在转子的两个端面上分别加上相同的质量块 M,如图 7.2.2 所示。仅考虑第一阶弯曲振型,在工作转速下测得任一端轴承的振幅为 A_1。然后把两质量块同时移到转子的中央部位,测得同一轴承的振幅为 A_2。于是可用系数 $\beta=(A_2-A_1)/A_1$ 来作为转子"柔度"的度量。当 $0<\beta<0.4$ 时称为刚性转子,对于等截面转子来说,这相当于工作转速 n 与第一阶临界转速 n_c 之比即 $n/n_c<0.5$。当 $0.4<\beta<1.25$ 时就称为准刚性转子。而当 $\beta\geqslant 1.25$ 时就称为挠性转子。

刚性转子与挠性转子在动力学特性方面有很大不同,因而其相应的平衡方法的差异也很大。

对于刚性转子,当转速 $n<1\,800$ r/min 且长径比 $L/D\leqslant 0.5$,或者当工作转速 $n<900$ r/min 且 $L/D>0.5$,或者当工作转速 $n>1\,800$ r/min 时,按规定则必须要进行转子动平衡。图 7.2.3 给出了转子选择平衡方法的区域图。

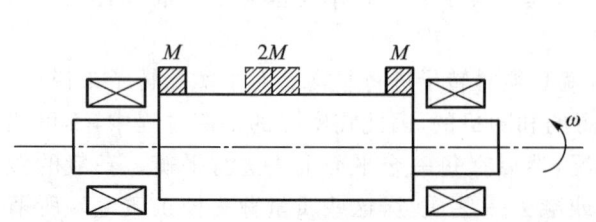

图 7.2.2 确定转子为刚性或者挠性的方法

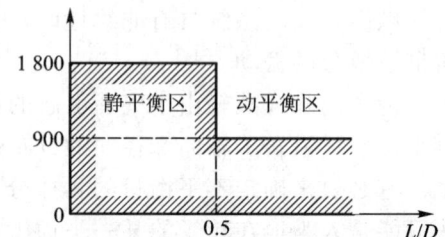

图 7.2.3 刚性转子选择平衡方法的区域

对于挠性转子,则必须要进行动平衡。

7.2.2 刚性转子的单面动平衡

刚性转子的现场动平衡方法主要分为单面动平衡和双面动平衡。单面动平衡是针对转子静不平衡的一种平衡方法,适用于盘状旋转体或者转子的横向宽度 b 与转子直径 D 之比 $b/D \leqslant 0.2$ 的场合。静不平衡的主惯性轴线与旋转轴线平行,只有不平衡力而没有不平衡力偶。

平衡的一般方法步骤如下:

1) 测量原始不平衡振动的振幅 V_u 和相位 ϕ_1。其中,不平衡振动相位的测量需要一个基准相位。通常可以在转子上做一个基准相位标记,然后用传感器记录每转一圈由相位标记产生的一个脉冲信号。

2) 在圆盘的某一位置加一确定的试验质量 M_t(其质量和相位已知)。设由 M_t 引起的振动由 $\vec{V}_w$ 表示,由原始不平衡和试验质量引起的振动合成由 $\vec{V}_r$ 表示。

3) 在同样的转速下测量振幅 V_r 和相位 ϕ_2,方法同步骤 1)。

图 7.2.4 显示了由原始不平衡质量和试验质量引起的振动的矢量表示图,以及它们的合成振动引起的矢量图。在现场动平衡中,试验质量和校正质量通常位于同一个圆上,即具有相同的偏心。因此有

$$\frac{M_b}{M_t} = \frac{V_u}{V_w} \tag{7.2.1}$$

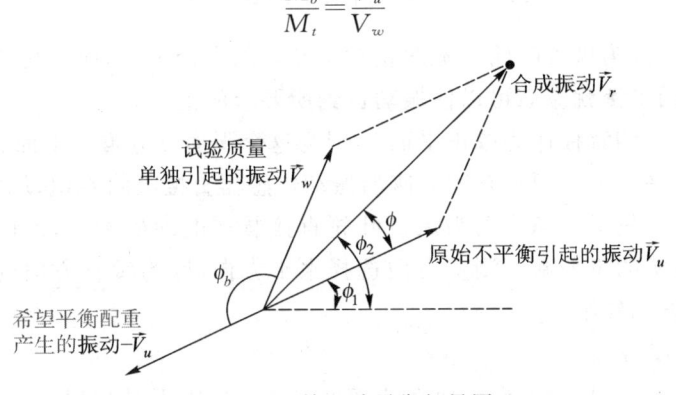

图 7.2.4 单面动平衡矢量图

需要得出 V_u/V_w 的比值以及角度 ϕ_b,这可以通过下述公式计算:

$$\phi = \phi_2 - \phi_1 \tag{7.2.2}$$

由余弦定理得

$$V_w = \sqrt{V_u^2 + V_r^2 - 2V_u V_r \cos\phi} \tag{7.2.3}$$

再次应用余弦定理,得

$$\phi_b = \cos^{-1}\left[\frac{V_u^2 + V_w^2 - V_r^2}{2V_u V_w}\right] \tag{7.2.4}$$

上面的矢量图显示了由原始不平衡引起的振动 $\vec{V}_u$ 和试验质量引起的振动 $\vec{V}_w$,以及它们二者的合成矢量 $\vec{V}_r$,该矢量是已知的可以用传感器测量得到其振幅和相位。由图知 $\vec{V}_r = \vec{V}_u + \vec{V}_w$。$-\vec{V}_u$ 就是所要求的不平衡。所以只要知道 $\vec{V}_u$ 的大小和角度 Φ_b,就确定了不平衡。有人可能会说,知道了 ϕ_1 就知道了 $\vec{V}_u$ 的确切位置,这是不正确的。因为不知道 ϕ_1 的参考线在哪里,只知道 ϕ_1 的参考线固定在圆盘上随圆盘同步旋转。因此需要计算 ϕ_b,ϕ_b 能明确 $-\vec{V}_u$ 相对于 $\vec{V}_w$ 的具体位置,这里 $\vec{V}_w$ 在圆盘上的位置是已知的。

4) 检验剩余不平衡量。重新按步骤 1 的方法检验剩余不平衡量是否达到要求。

下面用具体实例[15]说明。

例 7.2.1　如图 7.2.5 所示是一个离心式鼓风机的简单结构示意图。风机叶轮直径约 600 mm，质量约 90 kg。用 18.5 kW 的异步电动机驱动，工作转速为 1 470 r/min。

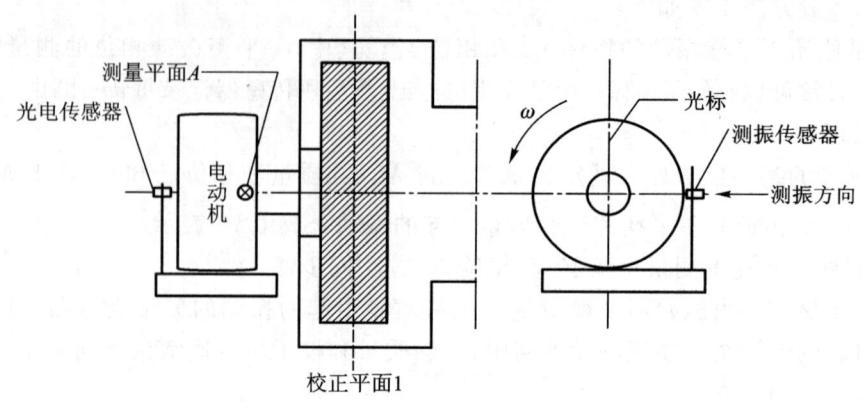

图 7.2.5　风机结构和传感器结构图

在这个例子中，因为风机叶轮的宽度相对于叶轮的直径很小，所以可以认为是圆盘状转子，所以采用单平面平衡就应该可以使振动达到所要求的范围。

选择风机叶轮内侧背板作为校正平面 1，因为这个平面靠近重心平面。采用焊接方法把平衡配重加到这个平面上。用具有磁力座的振动传感器直接吸附在电动机上靠近风机的一侧作为不平衡振动测量平面 A。因为风机叶轮直接装在电动机轴上，所以可以通过测量电动机的振动反映风机的不平衡。测量方向选择水平方向，因为垂直方向的支撑刚度比水平方向大，所以垂直振动较小。

(1) 安装测试仪器

为便于仪器调试，应将动平衡仪放在传感器安装位置附近，同时尽量避开外露旋转部件位置，以确保安全操作。建立直角相位基准测速光标，把一片自粘反光胶片粘在电动机风扇轮断面上，并标记旋转方向。用磁力座表架安装光电键相传感器，调整传感器使其能接受到反光胶片反射的光线。然后把具有磁力座的振动传感器安装在预定的测量平面 A 上，用专用电缆把光电键相传感器和振动传感器连接到仪器上，接上电源调整好仪器准备启动风机运转。

(2) 测量风机原始不平衡振动

风机在工作状态下运行，测量原始不平衡量，测量数据如下：

平衡转速：1 470 r/min

测点 A 的振动：40.5 μm($P-P$)∠354°

测量参数是振动位移，($P-P$) 表示振动位移的峰—峰值。

(3) 在风机 1 平面上加试验配重(简称试重)

风机一般设有检修孔。风机工作时，检修孔用盖板封住，保证风机安全正常运转。现场动平衡就是利用这个检修孔加试验配重。当风机停止运转时，工作人员可以从这个检修孔钻到风机叶轮处，把一个重钢块焊接在风机叶轮侧板上，校正半径为 $R=300$ mm。在加试重块时，有可能取下试重块。

所加的试验质量为 M_t：65.7 g∠15°

(4) 试验运转

加好试验质量后,把封装检修孔的盖板装好。在同样的转速下,测量加重后的不平衡振动。测量数据如下:

平衡转速:1 470 r/min

测点 A 的振动:156 μm$(P-P)\angle 305°$

(5) 计算校正质量

现在的现场动平衡仪器可以通过微处理器自动地计算出校正质量的大小和方位,但手工计算清楚、直观,容易实施,可以增加对基本原理的理解。用图形法手工计算最好用极坐标图纸。其具体作图计算方法如下:

(1) 作图法

1) 将测量的原始不平衡振动的数据 40.5 μm$(P-P)\angle 354°$ 按一定比例画在图中,从坐标原点 O 沿原始不平衡相位角 354° 画一条直线。其长度比例取 $OA/40.5=500$,则 40.5 μm 原始不平衡矢量的长度为 20.25 mm,如图 7.2.6 中 OA 所示。

2) 将测量的试验运转不平衡振动的数据 156 μm $(P-P)\angle 305°$ 用同样的方法同一比例画在图中。即在 305° 方向上画 OB 直线,其长度为 $OB=156\times 500=78$ mm,如图 7.2.6 中 OB 所示。然后连接 A 点和 B 点,有矢量 $\overrightarrow{AB}$,它表示了加上试验质量 65.7 g$\angle 15°$ 后原始不平衡矢量的变化。

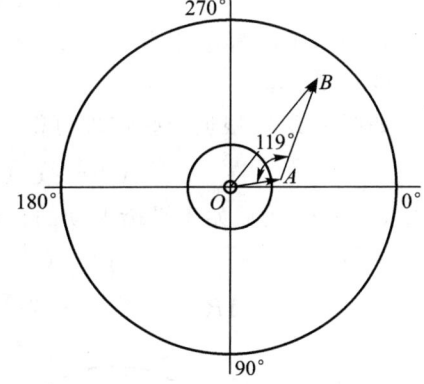

图 7.2.6 不平衡校正计算矢量图

3) 计算平衡配重,测量 AB 两点的距离为 66 mm,由式(7.2.1)得其平衡配重的量为:

$$M=M_t\times(OA/AB)=65.7\times(20.25/66)\text{g}=20.2\text{ g}$$

式中,M_t 为试验配重质量。

平衡配重的方位角要根据分度方向和试验运转振动相位关系确定。本例是逆着转子旋转方法分度的,试验运转相位(305°)超前于原始振动相位(354°)的情况下。用角度尺(半圆仪)测量 ϕ_b 角为 119°,试验加重角度 15°,则校正角度为

$$\phi=15°-119°=-104°(即 360°-104°=256°)$$

4) 检验运转。最终不平衡校正精度要通过校验运转检测。在同样的工作转速下,测量加平衡配重后的不平衡振动。测量数据如下:

平衡转速:1 470 r/min

测点 A 的振动:5.4 μm$(P-P)\angle 19°$

5) 剩余不平衡量的评价。进行现场动平衡时,一般情况下现场平衡仪给出的测量结果是以 mm/s、μm 等为单位的振动值和剩余余配质量。如上面例子按 1)~3)步骤校验运转测量结果为:

计算在校正平面 1 的剩余不平衡配重:2.7 g$\angle 272°$

剩余余配质量:2.7 g$\angle 272°$

这样的值不能直接对照标准判断动平衡是否满足要求,需要进行计算才能判断平衡是否满足要求。刚性转子动平衡的国际标准 ISO1940 和国家标准 GB/T 9239—1988 根据转子的不同

类型给出不同的动平衡等级。对于上面的例子风机类转子平衡的质量等级是 G6.3。风机的工作转速 $n=1\,470$ r/min,转子质量 $m=90$ kg,校正半径 $R=300$ mm。根据标准,最大剩余不平衡量是

$$U=1\,000\times G\times m\times 30/(\pi\times n)=1\,000\times 6.3\times 90\times 30/(\pi\times 1\,470)=3\,683(\text{g}\cdot\text{mm})$$

最大允许偏心(不平衡)度是

$$e_{per}=U_{per}/m=3\,683/90=40.92(\text{g}\cdot\text{mm/kg})$$

允许剩余不平衡质量

$$W=U_{per}/R=3\,683/300=12.3(\text{g})$$

实际的剩余不平衡质量 2.7 g<允许剩余不平衡质量 12.3 g 达到标准的要求。
达到剩余不平衡量

$$U_{per}=2.7\times 300=810(\text{g}\cdot\text{mm})$$

偏心

$$e=810/90=9(\text{g}\cdot\text{mm/kg})$$

查 ISO1940 标准相当于 G4.1 平衡精度。

(2) 解析法

如图 7.2.7,根据余弦定理可得

$$AB=\sqrt{OA^2+OB^2-2\,OA\,OB\cos\angle BOA} \tag{7.2.5}$$

式中,$\angle BOA$ 为原始不平衡振动的相位与试验配重相位之差,即
$\angle BOA=354°-305°=49°$,代入上式可得

$$AB=\sqrt{20.25^2+78^2-2\times 20.25\times 78\cos 49°}=66.49(\text{mm})$$

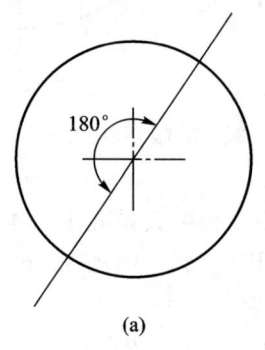 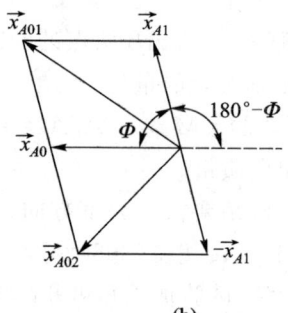

图 7.2.7 对称配重法

其平衡配重的质量为

$$M=M_t(OA/OB)=65.7\times(20.25/66.49)=20.30(\text{g})$$

式中,M_t 为试验配重质量。

再应用一次余弦定理可得

$$\angle OAB=\cos^{-1}\left(\frac{OA^2+AB^2-OB^2}{2OA\,AB}\right)=\cos^{-1}\left(\frac{20.25^2+66.49^2-78^2}{2\times 20.25\times 66.49}\right)=117.73°$$

试验加重角度 15°减去 $\Phi=117.73°$ 得 $-102.73°$(即 $257.27°=360°-102.73°$),就是所要加的角度。剩余的不平衡评价同上。

(3) 对称配重法

在只能够测量振幅的情况下(例如一般单通道测振仪),也可以求出校正值。步骤为:

1) 在一定转速下记录其振动响应的大小,假定为 x_{A0}。

2) 在转子半径 r 处,安放一已知试验质量 m(不平衡量 $U_1 = m \cdot r$),然后在相同转速下测量振动响应的大小。

3) 以相同的半径将试验配重旋转 $180°$,如图 7.2.7a 所示,再启动并在同样转速下记录振动响应的大小,如图 7.2.7a 所示。将步骤 2)和 3)两次读数中大的记为 $\vec{x}_{A01}$,小的记为 $\vec{x}_{A02}$,用矢量图表示在图 7.2.7b 中。

图中的关系为

$$\vec{x}_{A1} = \vec{x}_{A01} - \vec{x}_{A0} = -(\vec{x}_{A02} - \vec{x}_{A0}) \tag{7.2.6}$$

式中,$\vec{x}_{A1}$ 代表了由试验配重产生的响应。由于原始不平衡量 $U_0 = m_0 \cdot r$,因此

$$U_0 = U_1 \frac{x_{A0}}{x_{A1}} \Rightarrow m_0 = m \frac{x_{A0}}{x_{A1}} \tag{7.2.7}$$

于是,将 $m \dfrac{x_{A0}}{x_{A1}}$ 的校验质量放在和 x_{A01} 的试验配重位置相差 $180° - \Phi$ 处,机器就被平衡了。这里的 Φ 角是 $\vec{x}_{A0}$ 和 $\vec{x}_{A1}$ 之间的夹角。

(4) 三圆法

三圆法也是针对现场中只能测振幅而无法测相位的情况下使用的,其基本步骤为:

1) 在原始情况下测量转子振动响应,假定其初始振动的振幅为 x_0。

2) 以初始振幅 x_0 为半径,以 O 点为圆心作圆,并将该圆分为三等分,标出圆周上的等分点 A、B、C,如图 7.2.8 所示。

3) 在转子校正面上三等分校正圆的 $0°$、$120°$、$240°$ 位置上依次分别安装一已知的试验配重 m(假设校正圆的半径是 r),依次测得相应的振动响应幅值 x_A、x_B、x_C,并分别以 A、B、C 为圆心,以 x_A、x_B、x_C 为半径画圆,三圆相交于 P 点。

4) 从图上量出 $\overrightarrow{OP} = (x_e)$ 的大小,于是可得平衡校正质量 m_e 为

$$m_e = \frac{OA}{OP} m \tag{7.2.8}$$

5) 从图上沿转子转动方向量出 $\overrightarrow{OA}$ 和 $\overrightarrow{OP}$ 的夹角 θ,然后从转子上安放试验配重的 $0°$ 位置开始沿转动方向量出角度 θ,即为校正质量的安装角度。

(5) 复数法

如图 7.2.9 所示。当试验质量和校正质量有相同的偏心率 r 时,定义复数

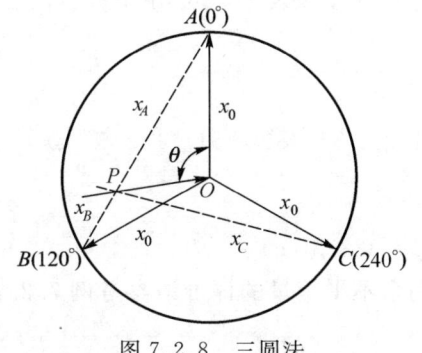

图 7.2.8 三圆法

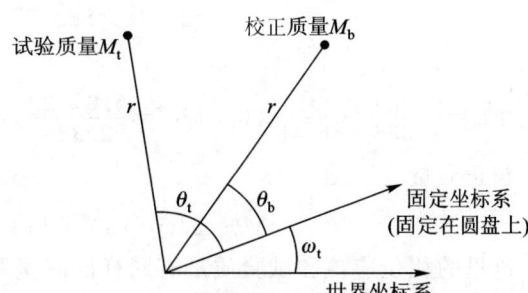

图 7.2.9 质量位置的旋转矢量图

$$\vec{M}_b = M_b \angle \theta_b \tag{7.2.9}$$

$$\vec{M}_t = M_t \angle \theta_t \quad (7.2.10)$$

相关的振动可以表示如下：

$$\vec{V}_u = \omega^2 r e^{j\omega t} M_b \angle \theta_b \quad (7.2.11)$$

$$\vec{V}_w = \omega^2 r e^{j\omega t} M_t \angle \theta_t \quad (7.2.12)$$

或者

$$\vec{V}_u = \vec{A} \vec{M}_b \quad (7.2.13)$$

$$\vec{V}_w = \vec{A} \vec{M}_t \quad (7.2.14)$$

这里，$\vec{A} = \omega^2 r e^{j\omega t}$，由上面两式得

$$\vec{M}_b = \frac{\vec{V}_u}{\vec{V}_w} \cdot \vec{M}_t \quad (7.2.15)$$

这里，$\vec{M}_b = M_b \angle \theta_b$，又根据

$$\vec{V}_r = \vec{V}_u + \vec{V}_w \quad (7.2.16)$$

所以有

$$\vec{M}_b = \frac{\vec{V}_u}{\vec{V}_r - \vec{V}_u} \cdot \vec{M}_t \quad (7.2.17)$$

因为试验质量 $\vec{M}_t$ 已知，而 $\vec{V}_u$ 和 $\vec{V}_r$ 可以通过测量得到，可以得到 $\vec{M}_b$，从而得到 $-\vec{M}_b$。

例 7.2.2 用加速度传感器测量，有下面的试验数据：

原始振动测量：振幅为 6.0 m/s²，相位为 50°；

试验配重：$M_t = 20$ g，相位为 180°；

试验振动测量：振幅为 8.0 m/s²，相位为 60°。

这里

$$\Phi = 60° - 50° = 10°; \quad \vec{V}_u = 6.0 \angle 50°; \quad \vec{V}_r = 8.0 \angle 60°; \quad \vec{M}_t = 20 \angle 180°$$

由公式(7.2.17)得

$$\vec{M}_b = \frac{6.0 \angle 50°}{(8.0 \angle 60° - 6.0 \angle 50°)} 20 \angle 180° \text{g}$$

其中

$$(8.0 \angle 60° - 6.0 \angle 50°) = (8.0\cos 60° + 8.0 j\sin 60°) - (6.0\cos 50° + 6.0 j\sin 50°)$$
$$= 2.336 \angle 86.48°$$

所以

$$\vec{M}_b = \frac{6.0 \angle 50°}{2.336 \angle 86.48°} 20 \angle 180° = \frac{6.0 \times 20}{2.336} \angle (50° + 180° - 86.48°) = 51 \angle 143.5°(\text{g})$$

校正质量应该是

$$-\vec{M}_b = 51 \angle (180° + 143.5°) = 51 \angle 323.5°(\text{g})$$

这里的相位应该和试验质量有同样的测量基准。剩余不平衡量的评价请参考例 7.2.1。

7.2.3 刚性转子的双面动平衡

如图 7.2.10 所示，一个轴类零件上所有的不平衡力简化为某一平面上的一个合力和一

个力偶(当然,它们中间的任何一个都可以是零)。根据理论力学的原理,合力 $\vec{F}_u$ 可以简化为校正面上 $\vec{F}_{u1}$ 和 $\vec{F}_{u2}$,那么在两个校正面加一对 $-\vec{F}_{u1}$ 和 $-\vec{F}_{u2}$(负号表示与 $\vec{F}_{u1}$ 和 $\vec{F}_{u2}$ 的方向相反),就平衡了合力。

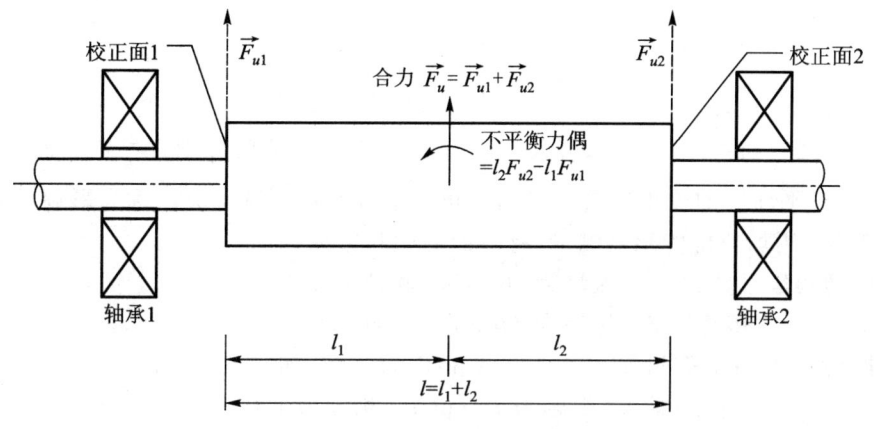

图 7.2.10　双平面平衡问题

对于不平衡力偶,也可以表示为校正面上一对大小相等方向相反的力,因此可以在校正面 1 和校正面 2 上分别加一对应的大小相等方向相反的力。最后校正面 1 上的两个力合成为一个力,校正面 2 上的两个力也合成为一个力。这样合力和合力偶都被平衡了。

相对于单平面中的公式(7.2.13),这里有

$$\vec{V}_{u1} = \vec{A}_{11}\vec{M}_{b1} + \vec{A}_{12}\vec{M}_{b2} \tag{7.2.18}$$

$$\vec{V}_{u2} = \vec{A}_{21}\vec{M}_{b1} + \vec{A}_{22}\vec{M}_{b2} \tag{7.2.19}$$

这里的 $\vec{V}_{u1}$ 和 $\vec{V}_{u2}$ 分别为轴承 1 和轴承 2 上传感器所测得的不平衡振动。

试验质量 $\vec{M}_{t1}$ 被加在校正面 1 上,这时运转机器测得的振动为

$$\vec{V}_{r11} = \vec{A}_{11}(\vec{M}_{b1} + \vec{M}_{t1}) + \vec{A}_{12}\vec{M}_{b2} \tag{7.2.20}$$

$$\vec{V}_{r21} = \vec{A}_{21}(\vec{M}_{b1} + \vec{M}_{t1}) + \vec{A}_{22}\vec{M}_{b2} \tag{7.2.21}$$

同样试验质量 $\vec{M}_{t2}$ 被加在校正面 2 上,同时去掉校正面 1 上的试验质量 $\vec{M}_{t1}$,这时运转机器测得的振动为

$$\vec{V}_{r12} = \vec{A}_{11}\vec{M}_{b1} + \vec{A}_{12}(\vec{M}_{b2} + \vec{M}_{t2}) \tag{7.2.22}$$

$$\vec{V}_{r22} = \vec{A}_{21}\vec{M}_{b1} + \vec{A}_{22}(\vec{M}_{b2} + \vec{M}_{t2}) \tag{7.2.23}$$

因此,一般地有

$$\vec{A}_{ij} = \frac{\vec{V}_{rij} - \vec{V}_{ui}}{\vec{M}_{ti}} \tag{7.2.24}$$

参数 $\vec{A}_{ij}$ 叫做影响系数。

由式(7.2.18)和式(7.2.19),分别消去公式中的 $\vec{M}_{b1}$ 和 $\vec{M}_{b2}$,得

$$\vec{A}_{22}\vec{V}_{u1} - \vec{A}_{12}\vec{V}_{u2} = (\vec{A}_{22}\vec{A}_{11} - \vec{A}_{12}\vec{A}_{21})\vec{M}_{b1}$$

$$\vec{A}_{21}\vec{V}_{u1} - \vec{A}_{11}\vec{V}_{u2} = (\vec{A}_{21}\vec{A}_{12} - \vec{A}_{11}\vec{A}_{22})\vec{M}_{b2}$$

或者表示为

$$\vec{M}_{b1} = \frac{\vec{A}_{22}\vec{V}_{u1} - \vec{A}_{12}\vec{V}_{u2}}{\vec{A}_{22}\vec{A}_{11} - \vec{A}_{12}\vec{A}_{21}} \tag{7.2.25}$$

$$\vec{M}_{b2} = \frac{\vec{A}_{21}\vec{V}_{u1} - \vec{A}_{11}\vec{V}_{u2}}{\vec{A}_{21}\vec{A}_{12} - \vec{A}_{11}\vec{A}_{22}} \tag{7.2.26}$$

由式(7.2.25)到式(7.2.26),可以计算出 $\vec{M}_{b1}$ 和 $\vec{M}_{b2}$,然后分别在校正平面1加校正质量 $-\vec{M}_{b1}$ 和校正平面2加校正质量 $-\vec{M}_{b2}$,就可以达到平衡。这种方法称为影响系数法。

例7.2.3 用加速度传感器测量,有下面的试验数据:

原始振动测量:传感器1　振幅为 10 m/s^2,相位为 $55°$

　　　　　　　传感器2　振幅为 7.0 m/s^2,相位为 $120°$

试验振动测量1:试验配重 $M_t = 20 \text{ g}$,相位为 $270°$,加在校正平面1上

　　　　　　　传感器1　振幅为 7.0 m/s^2,相位为 $120°$

　　　　　　　传感器2　振幅为 5.0 m/s^2,相位为 $225°$

试验振动测量2:试验配重 $M_t = 25 \text{ g}$,相位为 $180°$,加在校正平面2上

　　　　　　　传感器1　振幅为 6.0 m/s^2,相位为 $120°$

　　　　　　　传感器2　振幅为 12.0 m/s^2,相位为 $170°$

用双平面动平衡影响系数法求校正质量。

解:在本例中,数据可以表示如下:

$\vec{V}_{u1} = 10.0\angle 55°$;　$\vec{V}_{u2} = 7.0\angle 120°$;　$\vec{V}_{r11} = 7.0\angle 120°$;　$\vec{V}_{r21} = 5.0\angle 225°$

$\vec{V}_{r12} = 6.0\angle 120°$;　$\vec{V}_{r22} = 12.0\angle 170°$;　$\vec{M}_{t1} = 20\angle 270°$;　$\vec{M}_{t2} = 25\angle 180°$

由式(7.2.24)得

$$\vec{A}_{11} = \frac{7.0\angle 120° - 10.0\angle 55°}{20\angle 270°}; \quad \vec{A}_{21} = \frac{5.0\angle 225° - 7.0\angle 120°}{20\angle 270°}$$

$$\vec{A}_{12} = \frac{6.0\angle 120° - 10.0\angle 55°}{25\angle 180°}; \quad \vec{A}_{22} = \frac{12.0\angle 170° - 7.0\angle 120°}{25\angle 180°}$$

$$\begin{aligned}\vec{A}_{22}\vec{A}_{11} - \vec{A}_{12}\vec{A}_{21} &= (0.369\angle 25.7° \times 0.474\angle -77°) - (0.369\angle 19° \times 0.595\angle -36°) \\ &= 0.174\,9\angle -51.3° - 0.219\,6\angle -17° \\ &= (0.174\,9\cos 51.3° - 0.219\,6\cos 17°) - j(0.174\,9\sin 51.3° - 0.219\,6\sin 17°) \\ &= 0.123\,4\angle 216°\end{aligned}$$

所以

$$-(\vec{A}_{22}\vec{A}_{11} - \vec{A}_{12}\vec{A}_{21}) = 0.123\,4\angle 36°$$

由式(7.2.25)和式(7.2.26)得

$$-\vec{M}_{b1} = 26\angle 1.4° \text{ g}; \quad -\vec{M}_{b2} = 8.45\angle 150° \text{ g}$$

剩余不平衡量的评价请参考例7.2.1。

7.2.4 挠性转子的动平衡

(1) 平衡特点

挠性转子的动平衡与刚性转子不同,因此对于挠性转子,其不平衡离心惯性力所引起的转子挠曲变形不能够忽略。在不同的转速下,由于离心惯性力的大小不一样,因此转子具有不同的挠曲变形。另一方面,由于转子的挠曲改变了原有的质量分布情况,于是,反过来也就改变了离心力的分布。

由此可见,挠性转子的不平衡状态是随转速而不断变化的,即使是在某一转速下平衡好的转子,当转速发生变化以后,原有的平衡状态也会被破坏掉。

从理论上讲,要真正对挠性转子进行动平衡,只有在沿转子的轴向无穷多个平面上加(减)校正质量,把转子每个平面的偏心全部校正过来之后,挠性转子才能够真正算完全平衡好。也只有这样,转子在任何转速下才能够始终保持平衡。事实上,这种平衡根本无法实现,因此,实际对挠性转子的平衡通常只能在几个甚至一个转速下进行,并且也只能在有限的几个校正平面上加(减)校正质量。

(2) 振型平衡法

对挠性转子实施平衡的方法有很多,但常用的方法有影响系数法和振型平衡法。

在这里,首先简单介绍一下振型平衡法[15]。

振型平衡法(模态平衡法)是主要针对具有挠性特征(轴弹性)的转子不平衡的平衡方法。具有挠性特征(轴弹性)的转子要考虑在不平衡离心力作用下产生的挠曲变形。根据振型函数的正交性理论,振型平衡法就是按振型逐阶进行平衡,如果逐阶平衡好了,那么转子在整个范围内也就平衡好了,不会出现高速平衡破坏低速平衡状态,低速平衡破坏高速平衡状态的矛盾现象。为了提高挠性转子平衡精度,振型平衡法一般要经过两步振型分离,即共振分离和工作转速分解。

1) 共振分离

共振分离是振型平衡法的核心,也是具有挠性特征(轴弹性)的转子动平衡的重要手段。它利用转子在临界转速下相应阶振型分量得到充分响应的原理,分离出主振型进行动平衡。有三种振型平衡法,分别是"N法"、"$N+2$法"和振型圆法。

"N法"是基于挠性振型理论,"$N+2$法"是基于刚性振型和挠性振型理论。若一个转子的挠曲由前N阶振型组成,为平衡此转子使其挠曲为零,至少选取N个校正平面,采用"N法"。如果进一步要求转子的反进动为零,必须再增加两个校正平面,用"$N+2$法"进行平衡。这里的N指的是N阶振型,"N法"就是平衡N阶不平衡的方法;"$N+2$法"就是用$N+2$个校正平面平衡N阶不平衡的方法。"N法"是用N个校正平面消除转子挠曲变形引起的动反力;"$N+2$法"是用$N+2$个校正平面消除转子挠曲变形引起的动反力。

一个转子采用"N法"还是"$N+2$法"平衡并不重要,振型平衡法的关键是如何根据转子的不平衡挠曲变形的特征选择校正平面。从目前各种挠性转子实际运转要求来说,具有实际意义的是前三阶振型,只要平衡好一阶、二阶、三阶不平衡分量,就能基本满足稳定运行的要求。所以,就用平衡前三阶振型平衡法讲述校正平面的选取。如图7.2.11所示,有5个校正平面可选。一般来说,低

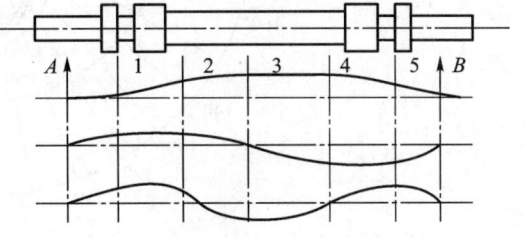

图7.2.11 挠性转子振型校正面[15]

速平衡的校正平面尽量靠近支撑,选择平面 1 和 5,由于这样产生的弯矩很小,所以产生的变形就很小,可以忽略不计。

平衡一阶振型不平衡分量,最简单的是在 3 校正面,此面是在一阶振型的最大点上,配重效果最好。平衡一阶振型,所要加的配重最小。这个平面一般是在二阶振型的节点上,所以对二阶振型的分量没有影响。平衡二阶振型不平衡分量,选择 2 和 4 校正平面,加反对称配重,平衡效果比较好。平衡三阶振型不平衡分量,选择 1、3 和 5 校正平面,1 和 5 同加重并且与 3 加重相位相反。这里有一个配重组的概念,某一阶振型的一组校正质量称为配重组。配重组中每个校正平面的质量大小均具有固定的比例,相互间的相位差也是固定不变的,对于每种振型需要不同的配重组。

这些只是一般的规律,实际动平衡中还可能有一些问题。转子动平衡不仅是理论问题,而且也是实际问题。只有理论和实践很好地结合,才能又快又好地把各类转子平衡好。

振型平衡法采用多点连续检测,并利用 Nyquist 图(奈奎斯特图)以转速为参变量在极坐标中绘制某测点振动响应的矢量圆图,称为模态响应圆,如图 7.2.12 中所示的细实线圆。能较好地在临界转速分离该振型,还可以初步确定主要的不平衡在轴系的哪一跨中,在跨中的哪一侧,对选择校正平面有很大帮助。图 7.2.12 为一个单跨对称转子的两个轴承振动的 Nyquist 图。可以看出,轴承 A 的振动曲线绘制的两个模态响应圆,基本在同一个坐标位置上,即一阶与二阶临界转速的共振直径矢量是基本相同的;而轴承 B 的振动曲线绘制的两个模态响应圆,基本在相反方向坐标位置上,即一阶与二阶临界转速的共振直径矢量是相反的。这说明转子不平衡质量主要在轴承 A 侧,只要在转子靠近轴承 A 侧的校正平面上加平衡配重,就可以解决一阶与二阶临界转速的振动问题。这样不仅减少了开车次数,还能提高平衡精度。这也是现场动平衡可以用一个校正平面解决具有挠性特征(轴弹性)的转子不平衡振动的一个原因。至于平衡配重的大小和相位的精确决定需要用影响系数法,这样,振型

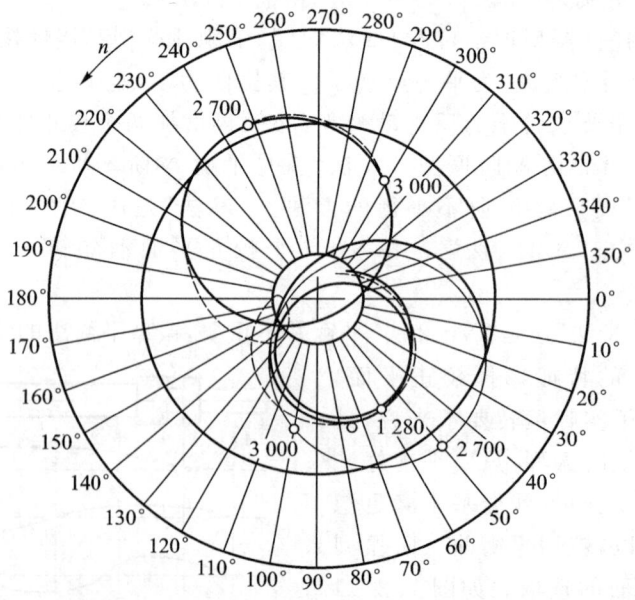

图 7.2.12　一个单跨对称转子的两个轴承振动的 Nyquist 图[15]

平衡法和影响系数法可以结合起来使用。

2) 工作转速下振型分解

一般转子的工作转速都较大地偏离临界转速,从转子设计和工作上都要求避开共振转速(临界转速),这对转子长期稳定运转有好处。然而这对作为逐阶平衡的振型动平衡来说,就遇到困难了,工作转速下的动平衡往往是两阶振型不平衡的混合振动。为此,动平衡专家提出了工作转速下两种振型分解法,一种称为莫尔法,另一种称为谐分量法。振型分解是把工作转速下两轴承的振动分解成同相分量(正对称分量)和反相分量(反对称分量)。同相分量是在两个轴承上测量的不平衡振动相位角相同的分量,反相分量即相位角相反的分量。莫尔法是通过加配重试验的方法,比较精确地分解计算出工作转速下不平衡振动的正对称分量和反对称分量;谐分量法是在假设两轴承的支承特性基本相似的条件下,无需通过配重试验,对工作转速下原始不平衡振动直接进行分解计算,得到正对称分量和反对称分量,从而解决挠性转子在工作转速下的不平衡振动问题。

3) Bode 图和 Nyquist 图

在具有挠性特征(轴弹性)的转子动平衡中,描述不平衡振动特性有两个图形非常有用,一个是 Bode 图(波德图),一个是 Nyquist 图(奈奎斯特图)。Bode 图是描述不平衡振动(基频振动)的幅值和相位随转速变化的曲线图,如图 7.2.13 所示。Bode 图是以转速 n 为横坐标,分别以幅值 A 及相位 Φ 为纵坐标绘制的两条曲线。图 7.2.13 的上半部分表示振动幅值 A 随转速变化的特征,下部分表示振动相位 Φ 随转速变化的特征。n_1 是一阶临界转速,对应于图 7.2.11 的一阶挠曲振型 Φ_1。n_2 是二阶临界转速,对应于图 7.2.11 的二阶挠曲振型 Φ_2。n_3 是三阶临界转速,对应于图 7.2.11 的二阶挠曲振型 Φ_3。

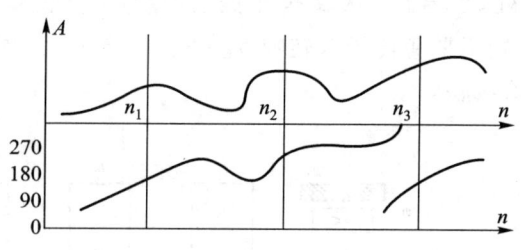

图 7.2.13　Bode 图

Nyquist 图又称为极坐标图,最早是由 Harry Nyquist 提出的。如图 7.2.12 所示,它是描述不平衡振动随转速变化的另一种表示方法,这个图把振动的幅值 A 和相位 Φ 特征表示在同一张图中。Nyquist 图是以各转速下的基频振幅 A(距中心圆点的距离)为向径的模,以相位 Φ(圆周分度 360°)为向径的幅角,在极坐标平面上绘制的曲线。可以说,Nyquist 图实际上是基频振动的复数振幅随转速变化的矢量端图。

在这张图中,表示了两个测点的振动随转速变化的曲线。Nyquist 图中没有转速坐标,只能按需要标注在曲线上。这样,图分别表示了两个测点的一阶、二阶临界转速 1 280 r/min、2 700 r/min 和工作转速 3 000 r/min。极坐标的半径方向表示振动振幅的大小,圆周方向表示振动的相位。

Bode 图和 Nyquist 图包含了不平衡振动的全部信息,它们各有特点。Bode 图以转速 n 为横坐标,所以,从振动幅值曲线上易于确定临界转速和估算临界转速下的阻尼比。Nyquist 图突出振幅和相位的相互变化关系,可用来确定不平衡质量分布的相位角以及确定振动幅值较小时的临界转速。

归结起来,Bode 图和 Nyquist 图有下列功能:

① 确定转子的临界转速值及范围;

② 了解升速和降速过程中转子不平衡振动的特征,为加准试验质量提供正确的依据;
③ 作为评定挠性转子全速动平衡试验质量的依据;
④ 进行故障诊断,判断机器是否存在动静碰摩、转子热弯曲和横向裂纹等。

在现场动平衡中,一般通过测量转子两端的轴承振动或转轴振动的幅值和相位来判断确定临界转速。在曲线峰值点的两端振动,如果是同相位振动,则一般是一阶或三阶临界转速;如果是反相位振动,则一般是二阶临界转速。

(3) 影响系数法

前面,已经介绍过了刚性转子动平衡的影响系数法。并且知道,对刚性转子而言,只要有两个校正平面,并在某一转速下进行平衡之后就基本上能满足要求了。但是对于挠性转子,如果仍然单纯地采用这种做法,则仅能保证平衡当时所选转速下的转子平衡,而无法使转子在一定的转速范围内都能达到平衡。例如,若选在临界转速附近进行平衡,那么在实际的工作转速下振动就可能会过大;相反,如果以工作转速作为平衡转速,则转子往往就不能够通过临界转速。这样,为了对挠性转子进行平衡,必须要增加平衡转速的个数,即在多个平衡转速下进行平衡。同时,也必须相应地增加校正平面的个数。所以,挠性转子的影响系数法,是一种多平面多转速下的影响系数平衡方法。

假设共选取了 r 个平衡转速 $\omega_1, \omega_2, \omega_3, \cdots, \omega_i$,并取校正平面为 L 个,分别位于 $l_1, l_2, \cdots l_L$ 处,在转子上选取 N 个振动测量点,其位置分别为 $Z_1, Z_2, \cdots, Z_N$。如图 7.2.14 所示。令原始不平衡转子以转速 $\omega_K (K=1,2,\cdots,r)$ 旋转,测得 $Z_i (i=1,2,\cdots,N)$ 点处的振动为 $\vec{\eta}_0 (Z_i, \omega_K)$。

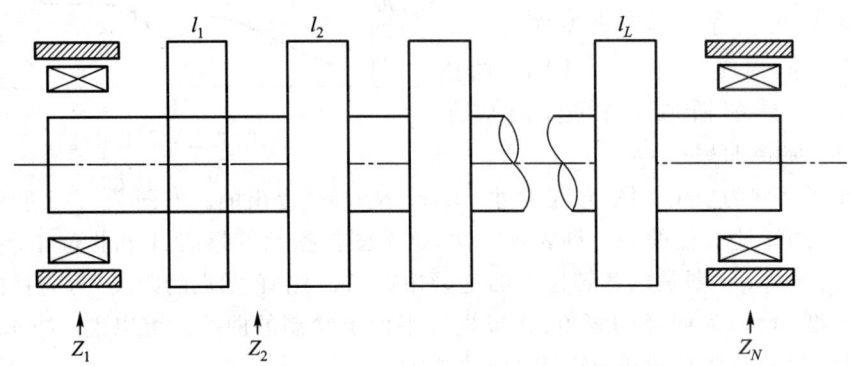

图 7.2.14 影响系数法测量点示意图

然后,在校正平面 l_j 上分别加试重 $Q_j(j=1,2,\cdots,L)$,同样测得 $\omega=\omega_K$ 时 Z_j 处的振动为 $\vec{\eta}_j(Z_i, \omega_K)$,于是影响系数 $\vec{\alpha}_{ij}^{(K)}$ 作为单位试重引起的效果矢量,可由下式给出:

$$\vec{\alpha}_{ij}^{(K)} = \frac{\vec{\eta}_j(Z_i, \omega_K) - \vec{\eta}_0(Z_i, \omega_K)}{Q_j} \begin{Bmatrix} i=1,2,\cdots,N \\ j=1,2,\cdots,L \\ K=1,2,\cdots,r \end{Bmatrix} \quad (7.2.27)$$

对于所有的影响系数 $\vec{\alpha}_{ij}^{(K)}$,通常可组成一个 Nr 行、L 列的影响系数矩阵,即

$$[\vec{A}] = \begin{bmatrix} \vec{\alpha}_{11}^{(1)} & \vec{\alpha}_{12}^{(1)} & \cdots & \vec{\alpha}_{1L}^{(1)} \\ \vec{\alpha}_{21}^{(1)} & \vec{\alpha}_{22}^{(1)} & \cdots & \vec{\alpha}_{2L}^{(1)} \\ \cdots & \cdots & \cdots & \cdots \\ \vec{\alpha}_{N1}^{(1)} & \vec{\alpha}_{N1}^{(1)} & \cdots & \vec{\alpha}_{N1}^{(1)} \\ \cdots & \cdots & \cdots & \cdots \\ \vec{\alpha}_{11}^{(2)} & \vec{\alpha}_{12}^{(2)} & \cdots & \vec{\alpha}_{1L}^{(2)} \\ \vec{\alpha}_{21}^{(2)} & \vec{\alpha}_{22}^{(2)} & \cdots & \vec{\alpha}_{2L}^{(2)} \\ \cdots & \cdots & \cdots & \cdots \\ \vec{\alpha}_{N1}^{(2)} & \vec{\alpha}_{N2}^{(2)} & \cdots & \vec{\alpha}_{NL}^{(2)} \\ \cdots & \cdots & \cdots & \cdots \\ \vec{\alpha}_{N1}^{(r)} & \vec{\alpha}_{N2}^{(r)} & \cdots & \vec{\alpha}_{NL}^{(r)} \end{bmatrix} \quad (7.2.28)$$

影响系数法的目标是要保证在转速 $\omega_K (K=1,2,\cdots,r)$ 下,转子上 $Z_i (i=1,2,\cdots,N)$ 点的振幅为零。由于已经测得这些点的原始不平衡振动 $\vec{\eta}_0(Z_i,\omega_K)$,所以平衡它们所需的校正质量 $P_1, P_2, \cdots, P_r$,可由下式求得:

$$[\vec{A}] \begin{bmatrix} \vec{P}_1 \\ \vec{P}_2 \\ \vdots \\ \vec{P}_i \end{bmatrix} = - \begin{bmatrix} \vec{\eta}_0(x_1,\omega_1) \\ \vec{\eta}_0(x_2,\omega_1) \\ \cdots \\ \vec{\eta}_0(x_N,\omega_1) \\ \vec{\eta}_0(x_1,\omega_2) \\ \cdots \\ \vec{\eta}_0(x_N,\omega_2) \\ \cdots \\ \vec{\eta}_0(x_N,\omega_i) \end{bmatrix} \quad (7.2.29)$$

当 $[\vec{A}]$ 是一个方阵且非奇异时,方程(7.2.29)才有唯一的解:

$$\begin{bmatrix} \vec{P}_1 \\ \vec{P}_2 \\ \vdots \\ \vec{P}_i \end{bmatrix} = -[\vec{A}]^{-1} \begin{bmatrix} \vec{\eta}_0(x_1,\omega_1) \\ \cdots \\ \vec{\eta}_0(x_N,\omega_1) \\ \vec{\eta}_0(x_1,\omega_2) \\ \cdots \\ \vec{\eta}_0(x_N,\omega_2) \\ \cdots \\ \vec{\eta}_0(x_1,\omega_i) \\ \vec{\eta}_0(x_N,\omega_i) \end{bmatrix} \quad (7.2.30)$$

也就是说,必须要满足 $L=rN$,即校正平面数目＝平衡转速数目×测振点数目。例如,若选定三个振动测量点,即 $N=3$,则校正平面数应三倍于平衡转速数。

但实际当中由于各种条件的限制,转子上往往不能够提供足够多的校正平面,此时有 $L<rN$,于是方程组(7.2.29)不具有唯一解。在这种情况下,通常可采用两种处理方法:一

是删去[A]中多余的行,即减少 r 或 N;另一种方法则是借助最小二乘法。

思 考 题

1. 转子质量不平衡和转子初始弯曲在机理和表现特征上有何区别?
2. 不对中故障、碰摩故障和转轴裂纹故障产生的 2× 频率成分在机理上有什么不同?
3. 油膜涡动中为什么最容易产生的是半速涡动?如何避免?
4. 思考如何根据各种故障的表现特征来区分故障。
5. 单面动平衡方法和双面动平衡方法各适用于什么样的场合?
6. 现场动平衡工作中,振动测量中测振方向应如何选取?
7. 现场动平衡的平衡方法分为去除试重的方法和不去除试重的方法,那么本文中所介绍的方法属于哪一种?
8. 思考如何把平衡的计算方法与动平衡的实践相结合,以及在现场动平衡中如何灵活运用影响系数法。

参 考 文 献

[1] 韩捷,张瑞林,等.旋转机械故障机理及诊断技术[M].北京:机械工业出版社,1997.
[2] 黄文虎,夏松波,刘瑞岩,等.设备故障诊断原理、技术及应用[M].北京:科学出版社,1996.
[3] 张正松,傅尚新,冯冠平,等.旋转机械振动监测及故障诊断[M].北京:机械工业出版社,1991.
[4] 陈大禧,朱铁光.大型回转机械诊断现场实用技术[M].北京:机械工业出版社,2002.
[5] 盛顺,尹琦岭.设备状态监测及故障诊断技术及应用[M].北京:化学工业出版社,2003.
[6] 黄文虎,夏松波,焦映厚,等.旋转机械非线性动力学设计基础理论与方法[M].北京:科学出版社,2006.
[7] 沈庆根,郑水英,等.设备故障诊断[M].北京,化学工业出版社,2006.
[8] 闻邦椿,顾家柳,夏松波,等.高等转子动力学[M].北京,机械工业出版社,2000.
[9] 刘嵘,赵志国,王殿武.大型机组松动故障诊断[J].中国设备工程,2005,1:50-52.
[10] 刘雄,赵振毅,屈梁生.转子检测和诊断系统[M].西安:西安交通大学出版社,1991.
[11] 陈进.机械设备振动监测与故障诊断[M].上海:上海交通大学出版社,1999.
[12] 王江萍.机械设备故障诊断技术及应用[M].西安:西北工业大学出版社,2001.
[13] 师汉民.机械振动系统:分析、测试、建模、对策:上册.2版.武汉:华中科技大学出版社,2004.
[14] 王孚懋,任勇生,韩宝坤.机械振动与噪声分析基础[M].北京:国防工业出版社,2006.
[15] 安胜利,杨黎明.转子现场动平衡技术[M].北京:国防工业出版社,2007.

第8章　故障微弱信号的随机共振诊断

在信息时代,许多科研工作和工程技术常常要通过辨识信号来获取信息。当被测信号淹没于噪声或其他干扰中时,如何检测出这些信号往往变得十分困难,因此需要研究微弱信号的辨识方法。微弱信号的辨识技术在许多领域具有广泛的应用,它是探索和发现新的自然规律的重要手段,对推动相关领域的发展有着重要的意义。微弱信号的辨识方法很多,本章着重讨论基于随机共振技术的微弱信号辨识方法。

8.1　随机共振的发展

随机共振的概念是在1981年由Benzi[1]等人在研究地球气候的"冰川期"与"暖气候期"周期性变迁时提出的。他们认为,非线性条件的地球系统可使地球取冷态和暖态两种状态,由地球轨道偏心率的周期变化使气候可能在这两态之间变动,而地球所受到的随机力(如太阳的各种无规则变化)则可大大提高小的周期信号对非线性系统的调制能力,通过"随机共振"引起了地球古气象的大幅度周期变动。这种设想当然不可能在古气象中直接检验,但可在其他物理实验中再现。

1983年,Fauve[2]等人在Schmitt触发器的实验中首次观察到了随机共振现象。Schmitt触发器的基本特点是有两个稳态输出,而某一时刻系统处于哪一稳态则取决于输入和系统的初始条件。在这个实验中观察到了"共振"形状的单峰曲线,增加输入噪声不仅不降低反而迅速增加输出的信噪比。到了1988年,Mc Namara[3]等人在双稳态激光器中再次观察到了随机共振现象。在这之后,这种由噪声产生的积极效应开始引起人们的广泛关注和深入的研究。

根据动力系统的绝热极限理论和完全非绝热区域理论,可以得到随机共振系统输出的信噪比对噪声强度的解析表达式,从而解析得到信噪比随噪声强度变化的完美的共振单峰响应曲线,由此建立了绝热近似(或绝热消去)的随机共振理论[4-5]。由于该方法条件十分苛刻,随后非线性随机微分方程微扰理论对随机共振作了进一步的改善,它由FPE(Fokker-Planck equation)方程出发解析得到了系统输出的信噪比随噪声强度变化的解析表达式[6-7]。

二十多年来,随机共振的实验及其测量方法的研究为其理论(模型)的发展奠定了广泛而又坚实的基础,随机共振现象现已在物理、化学、生命、天体等体系中都可观察到,其应用研究已涉及诸如生物医学、化学反应、信息通信、光学超导、电子机械等工程领域[8]。正是这些大量的实验和应用研究,随机共振除了以绝热近似、线性响应和本征微扰展开作为主要理论外,还发展了诸如非周期随机共振、超阈值随机共振、相干随机共振、参数调节随机共振、多稳态随机共振、自适应随机共振、混沌随机共振等理论[8]。研究表明,随机共振是非线性体系中由内或外噪声产生的一种普遍现象,一般实现随机共振所必不可少的三个基本要素是:具有势能垒(或阈值)的非线性系统、内或外噪声源和弱相干输入信号。随机共振可以简单理解为:噪声通过非线性系统加强了原本微弱的信号或信息。这说明随机共振在微弱信号的增强放大和辨识方面有着独特的优势。

除了上述 Fauve 和 Mc Namara 的实验利用双稳系统(bistable system)验证了随机共振具有对弱信号的增强放大功能外,1993 年,加拿大学者 Longtin 第一个利用可兴奋性系统[9](excitable system)在神经生理学方面研究了生物神经对弱刺激信号的反应,发现了随机共振可刺激细胞对微弱信号的感知能力。随后阈值检测系统[10](threshold detector system)也被发现是一类具有提取微弱信号功能的、可产生随机共振的典型系统。此外,就噪声本身特性而言,不同类型噪声,如色噪声、乘性噪声等,都会使随机系统的响应表现出丰富多彩的行为。

总之,针对随机共振的一大类非线性系统在信息处理和信号辨识方面的广泛研究和应用,人们有理由认为,随机共振系统可作为信息获取和处理,特别是微弱信号辨识的强有力的工具。本章将重点研究基于双稳系统随机共振的微弱信号辨识理论和方法。

8.2 双稳随机共振的基本理论

8.2.1 噪声

"微弱信号"不只是意味着信号的幅度很小,而主要指的是被噪声淹没的信号,"微弱"是相对于噪声而言的。只有有效地抑制或利用噪声而放大微弱信号的幅度,才能提取出有用的信号。微弱信号辨识技术的首要任务是提高信噪比。为了检测被背景噪声覆盖的微弱信号,人们进行了长期的研究工作,分析噪声产生的原因和规律,研究被测信号的特点、相关性以及噪声的统计特性,以便找到从背景噪声中辨识出有用信号的方法。

噪声在统计物理中被称为"随机力"或"涨落"。随机噪声无处不在,它反映了微观粒子的随机运动对宏观变量演化的作用。噪声的来源可看做系统内部动力学的结果,被称做"内噪声"。噪声还可以来自外部,即外部世界的运动对所研究系统的影响,这种噪声叫做"外噪声"。噪声粒子的运动可用"朗之万(Langevin)"方程描述

$$\dot{x} = f(x) + n(t) \tag{8.2.1}$$

式中,$n(t)$ 表示随机噪声,$f(x)$ 为平均单位质量噪声粒子所受的外力。

对于随机噪声,因为其取值不可预测,更不能用一个解析函数来定义,所以只能用概率和统计的方法来描述。噪声的统计平均值为

$$E[n(t)] = 0 \tag{8.2.2}$$

如果不同时刻的噪声可近似认为互相独立,则 $n(t)$ 的相关矩可合理地假设为

$$E[n(t)n(t')] = 2D\delta(t-t') \tag{8.2.3}$$

其中,噪声强度 D 指的是噪声的能量,对于数字信号,可以通过功率谱估计得到。将 $n(t)$ 的关联函数进行傅里叶展开

$$S(\omega) = \int e^{-j\omega\tau} 2D\delta(\tau) d\tau = 2D \tag{8.2.4}$$

可知功率谱 $S(\omega)$ 是白谱,与频率 ω 无关。称方程(8.2.2)和方程(8.2.3)所描述的噪声为白噪声。若 $n(t)$ 的概率分布又满足正态分布,则称 $n(t)$ 是高斯白噪声。

实际问题中,噪声总有一定的相关时间,具有非零相关时间的噪声叫做色噪声 $Q(t)$。常用的一种色噪声模型是相关函数为指数型的色噪声,即

$$E[Q(t)] = 0 \tag{8.2.5}$$

$$E[Q(t)Q(t')] = \frac{D}{\tau_0} e^{-\frac{|t-t'|}{\tau_0}} \tag{8.2.6}$$

其中,τ_0 是 $Q(t)$ 的相关时间,当 $\tau_0 \to 0$ 时,方程(8.2.6)就回到方程(8.2.3)。

在朗之万方程(8.2.1)中,噪声 $n(t)$ 与随机变量 x 无关,这样的噪声又叫做加性噪声。系统的内噪声常常是加性的。当噪声强度 D 随 x 变化时

$$\dot{x} = f(x) + g(x)n(t) \tag{8.2.7}$$

该噪声又叫做乘性噪声。外噪声常常表现为乘性噪声。

8.2.2 双稳系统与噪声

如果令朗之万方程(8.2.1)中的 $f(x)$ 对应双稳势函数

$$U(x) = -\frac{1}{2}\mu x^2 + \frac{1}{4}x^4 \tag{8.2.8a}$$

即

$$f(x) = -U'(x) = \mu x - x^3 \quad (\mu > 0) \tag{8.2.8b}$$

则在不考虑噪声的情况下得到一维非线性双稳的确定性动力学系统方程

$$\dot{x} = f(x) = \mu x - x^3 \tag{8.2.9}$$

该双稳系统方程有一个不稳定的定态解 $x_1 = 0$ 和两个稳定的定态解 $x_{2,3} = \pm\sqrt{\mu}$。在给定初值 $x_0 > 0$(或 $x_0 < 0$),系统要趋于 $x = \sqrt{\mu}$(或趋于 $x = -\sqrt{\mu}$)的定态解。当 $t \to \infty$ 时,系统无穷逼近该定态,且再不会离开该定态。当初值 $x_0 = 0$ 时,系统永远处于 $x = 0$ 这一不稳定的定态。对于不稳定的 $x = 0$ 解,任何微小的干扰,都会使系统远离不稳定态(势垒)而趋向于稳定态(势阱),这种微小的干扰可能来自系统的内噪声,也可能来自外噪声。

双稳系统方程(8.2.9)在噪声的作用下可表示为

$$\dot{x} = \mu x - x^3 + n(t) \tag{8.2.10}$$

假设随机力为最简单的高斯型白噪声,并认为噪声很弱,即 $D \ll 1$,则双稳系统或方程(8.2.10)的两个势阱中的运动不再相互独立。初始在某一势阱内的系统,会在不同时间以不同的概率进入另一势阱,而且绝大部分概率将局限于 x 为有限的区域内,概率的归一化条件自始至终满足。

采用福克-普朗克方程来研究双稳系统的解问题是一种十分有效的数学方法。对应方程(8.2.10)的福克-普朗克方程为

$$\frac{\partial \rho(x,t)}{\partial t} = -\frac{\partial}{\partial x}[(\mu x - x^3)\rho(x,t)] + D\frac{\partial^2}{\partial x^2}\rho(x,t) \tag{8.2.11}$$

根据双稳系统的三个解 $x_1 = 0$、$x_2 = -\sqrt{\mu}$ 和 $x_3 = \sqrt{\mu}$,双稳系统在整个"准稳态"期间的概率分布函数是

$$\rho(x,t)=\begin{cases}\rho_+(x,t)=N_+(t)\mathrm{e}^{-U(x)/D}, & (x>x_1)\\ \rho_-(x,t)=N_-(t)\mathrm{e}^{-U(x)/D}, & (x\leqslant x_1)\end{cases} \qquad (8.2.12)$$

由这一概率分布函数可以得到从 x_2 和 x_3 势阱出发的克莱默斯(Kramers)逃逸速率 R_- 和 R_+

$$R_-=\frac{1}{2\pi}\sqrt{|U''(x_2)U''(x_1)|}\exp\frac{U(x_2)-U(x_1)}{D}=\frac{\mu}{2\sqrt{2}\pi}\exp\left(-\frac{\mu^2}{4D}\right) \qquad (8.2.13\mathrm{a})$$

$$R_+=\frac{1}{2\pi}\sqrt{|U''(x_3)U''(x_1)|}\exp\frac{U(x_3)-U(x_1)}{D}=\frac{\mu}{2\sqrt{2}\pi}\exp\left(-\frac{\mu^2}{4D}\right) \qquad (8.2.13\mathrm{b})$$

如果定义一个假想的粒子从一个势阱跃迁到另一个势阱,然后又跃迁回来为一个循环周期,那么可以得到粒子来回跃迁的平均逃逸速率或平均跃迁频率为

$$f_\mathrm{M}=R_-+R_+=\frac{\mu}{\sqrt{2}\pi}\exp\left(-\frac{\mu^2}{4D}\right) \qquad (8.2.14)$$

平均跃迁频率 f_M 的物理含义是:在噪声驱动下,单位时间内假想粒子在两势阱中来回跃迁的次数。f_M 值大,即平均跃迁频率高,则表示粒子在单位时间内来回翻越的次数多,逃逸速率快,平均一次来回跃迁的平均时间就短。有了平均跃迁频率的物理含义,则双稳系统在噪声输入下的响应特性可在频域中加以理解。

由式(8.2.14)可知,平均跃迁频率 f_M 具有指数分布形式,对于一定的双稳系统结构,其系统参数 μ 可视为常量。因此,f_M 将决定于噪声强度 D,图 8.2.1 给出了 f_M 随 D 的变化规律。可以看到 f_M 有极限值

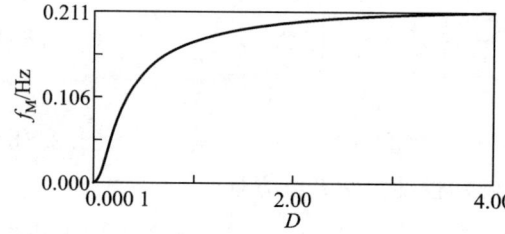

图 8.2.1 平均跃迁频率与噪声的关系,$\mu=1$

$$(f_\mathrm{M})_{\max}=\lim_{D\to\infty}f_\mathrm{M}=\frac{\mu}{\sqrt{2}\pi} \qquad (8.2.15)$$

当然 D 不可能取很大的值,因为式(8.2.14)是在弱噪声 $D\ll 1$ 下得到的。但对于实际问题,D 可以不受限制,人们更感兴趣的是 D 的变化会给工程应用特别是工程信号处理带来何种结果,它能否被有效利用。由式(8.2.14)可定性推断,无论噪声能量大小,双稳系统响应频带特性主要集中在低频段 $f_\mathrm{M}\leqslant\mu/\sqrt{2}\pi$,说明频谱能量均匀分布的白噪声 $n(t)$,经过非线性双稳系统作用后谱结构发生变化,大部分能量集中于低频区域,频谱不再是均匀分布。

8.2.3 周期驱动的双稳随机共振

当双稳系统中含有某个随时间变化的驱动信号或调制信号时,噪声对该系统的作用会发生明显的变化,它会产生一种奇特的现象——随机共振(SR,stochastic resonance)。随机共振现象反映了噪声和信号在非线性条件下所表现出的协作效应。通常随机共振被描述为:当保持输入信号强度不变而增加输入噪声强度时,在非线性系统的输出端,系统的输出信噪比(SNR)会增加,出现力学中人们熟知的单峰(或多峰)共振曲线。显然,随机共振并非力学上共振的传统含义,使用"共振"一词仅表示强调信号、噪声和非线性系统之间的某种最佳匹配,三者间的关系如图 8.2.2 所示。

图 8.2.2 双稳系统的噪声和信号输入及其响应

这种情况下,相应的朗之万方程为

$$\dot{x} = \mu x - x^3 + s(t) + n(t) \tag{8.2.16}$$

如果令输入信号 $s(t)$ 为最简单的单频周期信号 $A\sin(2\pi f_0 t)$,噪声为白噪声,那么就得到一个能够产生随机共振现象的最简单的模型

$$\dot{x} = \mu x - x^3 + A\sin(2\pi f_0 t) + n(t) \tag{8.2.17}$$

在 $D=0$ 时,系统存在临界值 $A_c = 2\sqrt{3}\mu^{3/2}/9$。当 $A < A_c$ 时,运动轨道将在 $x = \sqrt{\mu}$ 或 $x = -\sqrt{\mu}$ 附近进行局域的周期运动,只有在 $A > A_c$ 时,轨道才能围绕这两个定态吸引域作大范围的跃迁运动。当引入噪声后,在噪声帮助下,即使当 $A < A_c$,甚至当 $A \ll A_c = O(1)$ 时,系统仍然可以在两定态解 $x_{2,3} = \pm\sqrt{\mu}$ 之间进行跃迁。如果在某一适合的噪声强度下,这种大幅度的跃迁频率正好等于周期信号 $s(t)$ 的频率,那么随机共振现象也就发生了。随机共振的理论研究有很多,这里仅以绝热近似(adiabatic elimination)的随机共振理论来做分析说明。

将朗之万方程(8.2.17)写成随机变量 x 的概率分布函数所遵循的福克-普朗克方程形式

$$\frac{\partial \rho(x,t)}{\partial t} = -\frac{\partial}{\partial x}[(\mu x - x^3 + A\sin(2\pi f_0 t))\rho(x,t)] + D\frac{\partial^2}{\partial x^2}\rho(x,t) \tag{8.2.18}$$

由于(8.2.18)中含有非自治项 $-\frac{\partial}{\partial x}[A\sin(2\pi f_0 t)\rho(x,t)]$,这一方程不再存在定态解,也不可能求出任何的精确表达式。根据绝热近似理论,当输入信号和噪声强度很小时($A \ll 1$、$D \ll 1$),可求得系统中两势阱之间的概率跃迁速率

$$R_{\pm}(t) = \frac{\mu}{\sqrt{2}\pi} e^{(-\mu^2/4\mu A\sqrt{\mu}\sin 2\pi f_0 t)/D} \tag{8.2.19}$$

以及系统输出功率谱

$$S(f) = S_1(f) + S_2(f) \tag{8.2.20a}$$

其中

$$S_1(f) = \frac{2\mu^4 A^2 e^{-\mu^2/2D}/(\pi D^2)}{2\mu^2 e^{-\mu^2/2D}/\pi^2 + (2\pi f_0)^2} \delta(f_0 - f) \tag{8.2.20b}$$

$$S_2(f) = \left[1 - \frac{\mu^3 A^2 e^{-\mu^2/2D}/(\pi^2 D^2)}{2\mu^2 e^{-\mu^2/2D}/\pi^2 + (2\pi f_0)^2}\right]\left[\frac{4\sqrt{2}\mu^2 e^{-\mu^2/4D}/\pi}{2\mu^2 e^{-\mu^2/2D}/\pi^2 + (2\pi f)^2}\right] \tag{8.2.20c}$$

比较式(8.2.14)与式(8.2.19)不难发现,在弱噪声和弱周期信号的共同驱动下,双稳系统响应的跃迁频率也具有指数分布形式,只不过这种指数分布形式具有周期性,如图 8.2.3 所示。其中方程(8.2.19)参数取为 $\mu=1, A=0.3, f_0=0.01$,采样频率 $f_s=5$。图 8.2.3 表明,跃迁频率 f_M 随噪声 D 的增大而成周期性地波动增长,这种增长最终使跃迁频率也趋于一个极限值。因此,双稳系统响应的频带仍然以低频特性为主。这一点可从式(8.2.20a)双稳系统响应的功率谱 $S(f)$ 中看得更清楚。功率谱 $S(f)$ 中包含两部分内容,一部分是由周期输入信号引起的 $S_1(f)$,它与输入信号同频,在谱图中它只占一条谱线的位置。另一部分是由噪声引起的 $S_2(f)$,它具有连续洛伦兹(Lorentz)分布形式,如图 8.2.4 所示。显然,罗伦兹分布的噪声功率谱具有谱能量集中于低频区域的特性,这就意味着系统的响应谱频带

非常有限,亦即双稳系统响应的跃迁频率具有极限值。

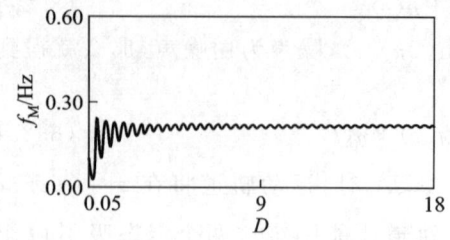 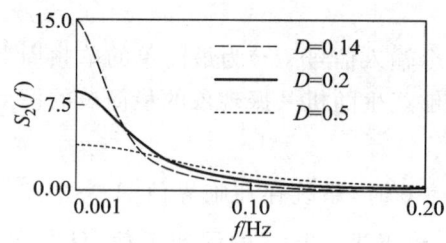

图 8.2.3　$\mu=1,A=0.3,f_0=0.01,f_s=5$ 时周期驱动的跃迁频率与噪声的关系

图 8.2.4　$\mu=1,A=0$,噪声 D 分别取 3 个不同值 0.14、0.2、0.5 时,洛伦兹分布的噪声频谱

将双稳系统输出信噪比定义为输出总信号功率与 $f=f_0$ 处的单位噪声谱的平均功率之比,则有

$$R_{\text{out}}=\frac{\sqrt{2}\mu^2 A^2 \mathrm{e}^{-\mu^2/4D}}{4D^2} \qquad (8.2.21)$$

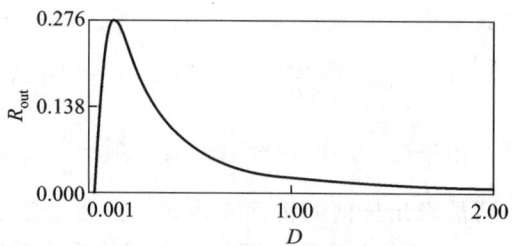

这就是绝热近似下双稳系统(8.2.18)输出信噪比 R_{out} 的表达式。图 8.2.5 给出了 R_{out} 对 D 的变化规律,参数取为 $\mu=1,A=0.3$。由图 8.2.5 看到一条类似力学中的单峰共振曲线,这就是随机共振现象。其特点是,在 D 较小时,增加输入噪声,虽然减小了系统输入端的信噪比,但却增大了系统输出端的信噪比,即减少输入的有序程度反而导致了输出有序程度的增加。

图 8.2.5　$\mu=1,A=0.3$ 时双稳系统输出信噪比随噪声强度变化曲线

为了进一步认识这种奇特的现象,以图 8.2.3 的参数为基础,即 $\mu=1,A=0.3,f_0=0.01$ 和采样频率 $f_s=5$,并取产生随机共振的噪声强度 $D=0.31$,分别数值计算出双稳系统(8.2.17)的输入输出时域波形和频谱图,如图 8.2.6 所示。其中数值计算采用四阶龙格-库塔(Runge-Kutta)法,计算步长 $\Delta t=1/f_s=0.2$。取数据总长度为 4 096 点,而 FFT 运算为

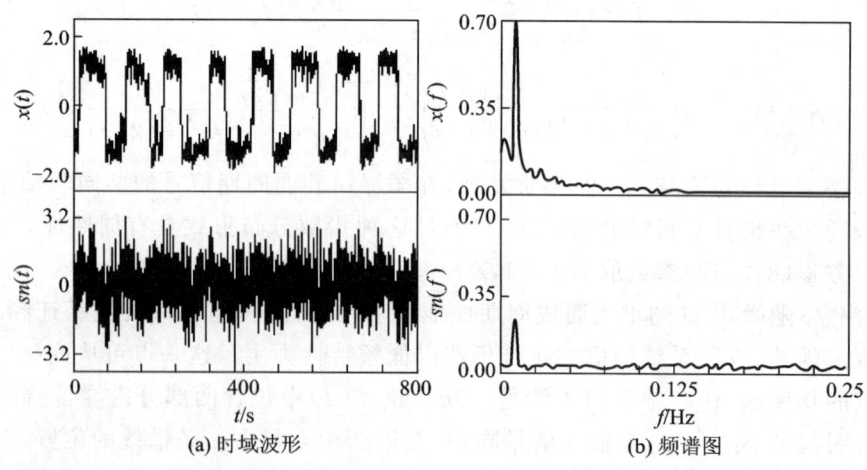

图 8.2.6　$\mu=1,A=0.3,D=0.31,f_0=0.01,f_s=5$ 时双稳系统的输入和随机共振输出

1024点,谱平均次数为10次。时域显示长度取为4 000点。噪声 $n(t)=\sqrt{2D}g(t)$,$g(t)$是均值为0、方差为1的白噪声。双稳系统输入为 $sn(t)=s(t)+n(t)$,输出为 $x(t)$。

对于图8.2.6的时域波形,周期信号在系统输入端几乎淹没于噪声中而不易看出,但在系统输出端,由于随机共振效应,频率成分为 $f_0=0.01$ 的周期信号被清晰地显现出来。在图8.2.6的频域谱图中,虽然双稳系统的输入输出频谱都在 $f_0=0.01$ 处得到明确的信号谱线,但比较两谱线的峰值大小可清楚地知道,随机共振谱峰远远大于输入信号的谱峰。此外,输入噪声的频谱在整个频域上几乎均匀平直,这是白噪声的频谱特性。而噪声的输出频谱却是洛伦兹分布的,噪声能量向低频区域集中,与式(8.2.20c)和图8.2.4一致。

8.2.4 随机共振辨识微弱信号存在的问题

在小参数条件下,即驱动信号的幅度和频率以及噪声强度均比1小得多,对于合适的噪声强度,双稳系统随机共振特性的理论分析和数值模拟可以吻合得很好,能够在时域和频域充分显示其共振特征。然而,当参数发生变化时,特别是小参数已发展到大参数时,例如频率比1大得多的信号、噪声强度也比1大很多的强噪声等,双稳随机共振特性会发生什么样的变化,需要做进一步分析。

对于小参数的随机共振,特别是它的频域特性,其工程应用价值不是很大。由图8.2.6可知,在小参数条件下,单从系统输入的频谱就已经可以得到周期信号 $A\sin(2\pi f_0 t)$ 的频率特征,而系统输出的随机共振仅仅是对它的幅度做进一步的放大而已。这意味着用常规FFT方法已经能检测出噪声中的信号,随机共振只是又对其进行了放大。然而,从工程实际应用考虑,更关心的是如果用常规FFT方法不能检测出噪声中的信号,即所谓的强噪声中弱信号的辨识问题,那么能否利用随机共振方法来解决这一具有实际意义的问题呢?对此,先看一个直接用随机共振方法处理大参数信号的工程实例。

设有一组实测信号,采样点数为4 000点,其对应朗之万方程(8.2.17)的各参数分别为 $\mu=1$,$A=0.3$,$f_0=40$,$D=9.1$,采样频率为 $f_s=2 000$,即数值计算步长为 $\Delta t=1/f_s=0.000\ 5$。以1024点FFT计算方程(8.2.17)的输入输出功率谱,且谱平均次数都为10次,则双稳系统的输入输出时频特性如图8.2.7所示。其中为看清输出频谱结构,谱图的幅值单位为dB。

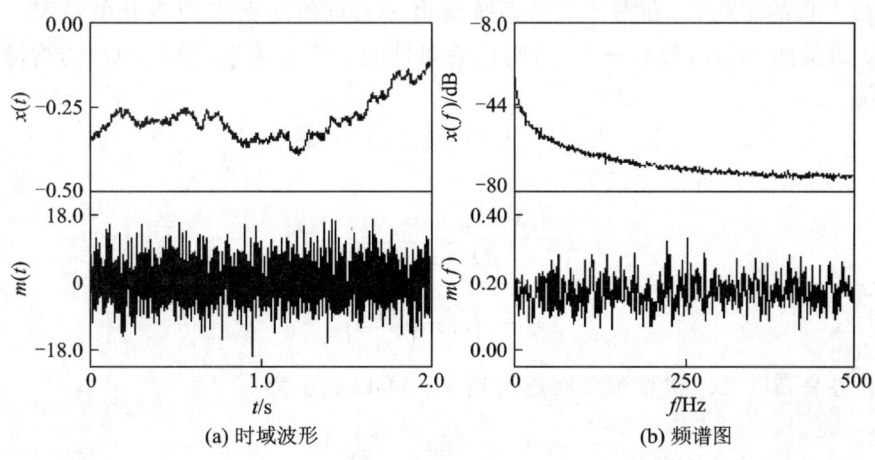

(a) 时域波形   (b) 频谱图

图8.2.7 $\mu=1$,$A=0.3$,$D=9.1$,$f_0=40$,$f_s=2 000$
时大参数双稳系统输入和输出

可以看到,在弱信号频率 f_0 和噪声强度 D 为大参数情况下(均≫1),无论是系统输入还是输出,在 $f_0=40$ 频率处的谱图上均看不到谱峰值特征。这一方面说明,用 FFT 功率谱平均方法已无法从这样强的噪声中提取出弱信号(见输入谱特性)。而另一方面表明,小参数随机共振方法直接用于大参数的信号处理是不合适的(见输出谱特性),应想办法对其进行改造才有可能使用。

小参数随机共振理论不能直接应用于实测信号的处理,究其原因正如前面所论述,周期驱动信号频率 f_0 已大大超出跃迁频率 f_M 的极限频率,而且大的噪声强度 D 并不能有利于随机共振的产生,它只能弱化随机共振现象。因此跃迁的随机共振现象在大参数下不存在,它不能直接用来辨识强噪声中的弱信号。

8.3 微弱信号的变尺度随机共振辨识技术

8.3.1 变尺度随机共振

为避免造成混淆,定义:只要与噪声 D 相比信号 A 很大(FFT 谱不可识别),那么这种小信号就称为弱信号,此时的参数 D 就称为大参数。虽然这有可能把满足随机共振小参数的 D 也归为了大参数(因为 A 比 D 更小),但这种定义具有统一性,对实际分析计算不会造成任何不利的影响。因此,不论 A 为大参数或小参数,也不论 A 是否大于或小于临界值 A_c,只要噪声 D 强到足以淹没信号并用常规 FFT 不能辨识出该信号,那么 D 就是大参数。

随机共振对参数 f_0,即驱动信号频率非常敏感,这主要是由于洛伦兹分布的噪声频谱特性造成的。如果 f_0 和 D 都大,那么从图 8.2.4 中三种不同 D 的噪声频谱特性可知,增大 D 虽然扩展了噪声能量集中的低频区域,当然也就扩展了产生随机共振的频域,但这种扩展不仅非常有限,而且其代价是降低了功率谱峰值,或者说降低了单位频率上的噪声能量。如果 f_0 落在扩展的低频带内,并假使能够形成随机共振,那么其共振谱峰也将大大降低,当然信噪比 R_{out} 也会减小。倘若 f_0 很大,落在噪声能量集中的低频区域以外,则 f_0 信号无论如何也不会形成随机共振而淹没在噪声中。这种情况就是图 8.2.7 的工程实例。为了进一步理解 f_0 对随机共振的影响,下面考虑双稳系统输出 $x(t)$ 均值随噪声 D 变化的情况。

对于初始条件 $x(t_0)$,若 $t_0 \to -\infty$,则初始条件的影响会消失,于是 $x(t)$ 的均值将成为一个周期函数

$$E[x(t)] = \bar{x}\sin(2\pi f_0 t - \bar{\varphi}) \tag{8.3.1}$$

其中,幅值 $\bar{x}$ 和相位 $\bar{\varphi}$ 近似表示为

$$\bar{x} = \frac{AE[x^2]}{D} \frac{r_k}{\sqrt{r_k^2 + \pi^2 f_0^2}} \tag{8.3.2a}$$

$$\bar{\varphi} = \arctan\left(\frac{\pi f_0}{r_k}\right) \tag{8.3.2b}$$

双稳系统的势垒高度 ΔU 和克莱默斯逃逸速率 r_k 可以表示为

$$r_k = \frac{1}{\sqrt{2}\pi}\exp\left(-\frac{\Delta U}{D}\right) \tag{8.3.3}$$

$$\Delta U = |U(x_1) - U(x_2)| = \mu^2/4 \tag{8.3.4}$$

根据式(8.3.2a)可以做出幅值 $\bar{x}$ 随噪声 D 的变化规律,如图 8.3.1 所示。图中三条曲线分别对应三个不同的驱动频率值 f_0。清楚地看到,系统输出 $x(t)$ 均值的幅值 $\bar{x}$ 随噪声 D 具有明显的随机共振特征,它受噪声强度的控制,首先随 D 增大到一个极大值,达到共振点,然后再随 D 减小。图 8.3.1 把驱动信号频率 f_0、噪声强度 D、系统响应 $\bar{x}$ 或 $x(t)$ 进一步清晰地联系起来并给予展示,它比图 8.2.4 单纯理解噪声频谱特性要容易得多。对图 8.3.1 仔细地观察会发现,当噪声强度 D 一定时,响应幅值 $\bar{x}$ 随频率 f_0 的减小而呈现出单调递增特性,不服从 $\bar{x}-D$ 的随机共振规律。换言之,对于大参数的噪声强度 D,如果减小驱动频率 f_0,则有可能在 f_0 处提高响应幅值 $\bar{x}$,产生类似的随机共振谱峰,称之为"类随机共振",这一点为利用随机共振处理大参数的信号提供了可能性。

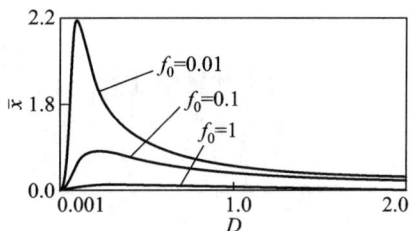

图 8.3.1 $\mu=1, A=0.3$,频率 f_0 分别取 0.01、0.1、1 时,双稳系统输出均值幅度随噪声变化的随机共振曲线

根据以上发现,提出"变尺度随机共振"思想来处理大参数的信号[11-14]。所谓变尺度随机共振就是,首先对实测信号的频率进行线性压缩,以满足小频率参数的随机共振条件,然后分析双稳系统(8.2.17)的响应谱,以得到驱动信号的频谱特征,最后再按压缩尺度比还原实测数据。这种思想的实质就是通过大频率到小频率的变换,使得大参数信号 f_0 符合或接近随机共振所要求的小参数条件,并有可能得到大参数信号的(类)随机共振。变尺度的具体运算过程是:首先确定一个频率压缩尺度比 R,然后根据 R 定义一个压缩采样频率(或二次采样频率) $f_{sr}=f_s/R$,由压缩采样频率 f_{sr} 进一步得到数值计算步长 $\Delta t=1/f_{sr}$,最后数值求解双稳系统的响应输出。整个过程可用图 8.3.2 来描述,即首先将实测采集的数据通过压缩采样频率 f_{sr} 进行压缩,然后将压缩的数据送入双稳系统进行随机共振,得到噪声背景下的信号谱特征,最后按频率压缩尺度比 R 恢复实测数据的采集尺度。

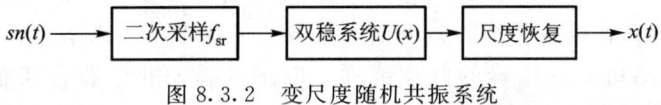

图 8.3.2 变尺度随机共振系统

根据变尺度随机共振方法,现在对图 8.2.7 中的大参数工程实例重新进行数值计算。取频率压缩尺度比 $R=250$,则压缩采样频率 $f_{sr}=f_s/R=2\,000/250=8$,数值计算步长 $\Delta t=1/f_{sr}=0.125$。以图 8.2.7 的各实际参数代入朗之万方程(8.2.17)中,数值分析得到双稳系统响应的结果如图 8.3.3 所示。其中时域波形的显示长度为 800 个数据点。图中小频率 $f_r=0.16$ 处有一突出的谱峰,经频率尺度还原有 $f_r \times R=40$,正好是驱动信号频率 f_0。这正说明,突出的谱峰就是想要得到的淹没在强噪声中的弱周期信号。因此,频率变换的变尺度随机共振方法实现了大参数信号的随机共振或准确地说类随机共振(以后统称为大参数信号随机共振),它可从共振的频谱图中辨识出淹没于强噪声中的弱周期信号成分来。

需要指出的是,图 8.3.3 的时域波形并不像图 8.2.6 那样有鲜明的周期图像,其主要原因是噪声强度 $D(D=9.1)$ 太大的缘故。这个大噪声不是小频率 $f_r=f_0/R=0.16$ 产生随机共振所需要的合适的噪声量,因为过大的噪声使得噪声能量集中的低频区域展开的过宽(参见图 8.2.4),它除了导致频谱幅值大大降低外,更主要的是它会产生宽范围的幅值缓慢降低的各种干扰频率成分,多频率成分的信号必然影响正常的驱动信号的存在。但不管怎么说,与图 8.2.7 的响应波形相比,图 8.3.3 的时域波形已通过随机共振方法实现了系统轨道在双阱之间的大幅度跃迁运动(注意两图的纵坐标尺度),因此常规 FFT 频谱分析方法才有可能成功地使驱动信号从变尺度随机共振的响应谱中脱颖而出。

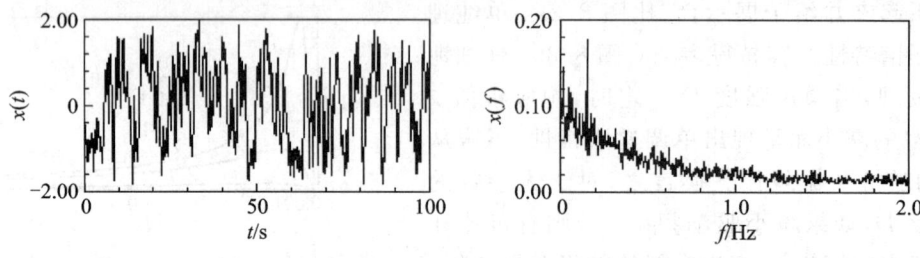

图 8.3.3 $R=250, f_{sr}=8$ 时双稳系统的变尺度随机共振响应

另外,对于变尺度随机共振及其压缩采样的概念还需要再明确强调一下,变尺度压缩可看成一个变换,它是将原实测采集信号的每一频率成分相对于新定义的压缩采样频率进行了重新的归一化,并没有改变原实测采集数据的任何性质,也没有改变实测数据之间的关系。换言之,它并没有用新定义的压缩采样频率重新进行实测采集而得到另外一组不同于原来采集信号的新的数据。整个变尺度随机共振过程始终使用并处理同一组数据。因此,不要与实验测量中的二次采样方法相混淆。

8.3.2 变尺度随机共振辨识微弱信号的特性

从图 8.3.3 大参数信号随机共振的频谱可明显地看出,整个谱图分布有类似的洛伦兹形式,谱能量主要集中在低频区域,而且位于此低频段的信号谱峰被共振突出。于是仍然可以得出结论,欲产生大参数信号的随机共振,则信号频率应位于噪声能量集中的低频区域。这是实现大参数信号随机共振的先决条件。但是,毕竟大参数信号的随机共振不同于小参数信号的随机共振,二者是有区别的。下面定量分析大参数信号随机共振的频谱特性。

首先考察产生随机共振谱峰的低频范围。以图 8.3.3 的参数为基准,保持 $\mu=1, A=0.3, D=9.1$,采样频率 $f_s=2\,000$ 和二次采样频率 $f_{sr}=f_s/R=8$ 不变,令 $f_s=kf_0$,k 是采样频率 f_s 与驱动信号频率 f_0 的比值。可以看出,若 f_s(或 f_0)固定,则 k 的变化相当于取不同的 f_0(或 f_s),这实际上就是在观察不同信号频率 f_0 处的随机共振谱峰的变化规律。让 k 从 $100 \to 5$ 的范围内变化,对朗之万方程(8.2.17)进行数值计算,得到不同 k 值(或 f_0)的随机共振谱图。在每一谱图中度量 f_0 处的谱峰高度 h,可得到 h-k 关系曲线,如图 8.3.4 所示。

注意图 8.3.4 的横坐标 k 值从左至右递减,而对应的频率 f_0 却是从左至右递增,即 f_0 从 20 增至 400。从图中清楚地看到,$k=50$ 是一个明显的分界线,当 $k \geqslant 50$(即 $f_0 \leqslant 40$)时,谱高 h 变化趋势相对比较平稳,而当 $k<50$(即 $f_0>40$)后,h 值呈迅速下降变化趋势,如图 8.3.4 中的虚线。这一点与噪声谱能量的分布形式相吻合,因为 $k \geqslant 50$ 对应谱图能量集中的低频区域,而这一区域容易形成可辨识的共振谱

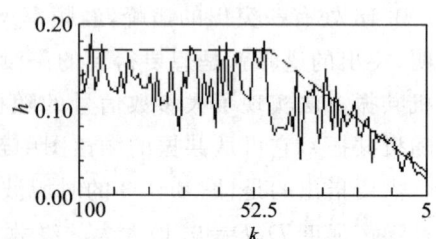

图 8.3.4 变尺度随机共振信号的谱峰高度 h 随频率比 k 的变化

峰。对于 $k<50$ 离开能量集中的低频区域,虽然在 $k=30$ 等处也有较高的 h 值,但因为该处的信号幅值容易被噪声干扰,所以不易识别。因此,从可辨识的角度考虑,信号频率 f_0 处的共振谱峰最好像图 8.3.3 那样为整个谱图的最大峰值,而满足这一条件的 k 值最好从 $k\geqslant 50$ 中寻找。

另外,由图 8.3.4 注意到,在大参数条件下,f_0 处的响应共振谱峰值不再随信号频率 f_0 的增大而表现出单调递减特性,而是总体呈现出波动递减的趋势。这意味着曲线可在若干离散频率点上出现较大的谱峰。这种现象实际上反映了噪声的选择特性,是一种多重随机共振现象,表明噪声可以有选择地增强不同频率的驱动信号。

噪声 D 除了表现出对信号频率 f_0(或 f_r)的选择性外,它对压缩采样频率 f_{sr} 也有选择性。不同的 D 都可以选择一段连续合适的 f_{sr} 实数区间 $[(f_{sr})_{min},(f_{sr})_{max}]$ 在 f_0 处产生可辨识的随机共振谱峰,而且 $(f_{sr})_{min}$ 的随机共振效果要比 $(f_{sr})_{max}$ 的好。之所以存在最小值 $(f_{sr})_{min}$,是因为对于某个 D,当 $f_{sr}<(f_{sr})_{min}$ 后,数值计算将溢出;最大值 $(f_{sr})_{max}$ 的存在表示当 $f_{sr}>(f_{sr})_{max}$ 后,f_0 处的随机共振谱峰不再是整个谱图的最大值,取而代之的是噪声极低频的谱峰。值得注意的是,区间 $[(f_{sr})_{min},(f_{sr})_{max}]$ 随着 D 的增大将逐渐缩小,直至最后存在最大的噪声强度 D_{max} 使得 $(f_{sr})_{max}=(f_{sr})_{min}$。这表明噪声是在一定有限的范围 $D\leqslant D_{max}$ 内使变尺度的随机共振在 f_0 处达到最佳共振状态,即 f_0 处的谱峰状态为整个谱图最大可辨识的谱峰状态。

以图 8.3.3 参数为例,表 8.3.1 给出了能在 f_0 处产生可辨识共振谱峰的噪声强度 D 与其对其对应压缩采样频率 f_{sr} 区间(保留一位小数)的关系。

表 8.3.1　$\mu=1, A=0.3, D=0.31, f_s=50f_0, f_0=40, D$ 与 f_{sr} 关系

D	$(f_{sr})_{min}$	$(f_{sr})_{max}$	D	$(f_{sr})_{min}$	$(f_{sr})_{max}$
32.0	12.0	12.0	6.4	7.0	9.0
25.0	11.1	11.3	4.0	6.0	8.0
18.5	10.0	10.8	2.3	5.0	7.4
13.5	9.0	10.5	1.2	4.0	5.9
9.5	8.0	9.7	0.5	3.0	4.6

系统结构参数 μ 的调整改变,在某种程度上可有助于变尺度的随机共振的形成和改善。以上的讨论中始终取 $\mu=1$,根据式(8.3.4),$\mu=1$ 意味着双稳系统的势垒高度 ΔU 始终固定不变,为常数 $\Delta U=\mu^2/4=1/4$。如果减小参数 μ,即降低势垒高度 ΔU,那么可以想象,粒子会很容易越过势垒在两势阱之间做大幅度的跃迁运动,于是随机共振就更容易产生。

8.4　微弱信号的级联双稳随机共振辨识技术

8.4.1　色噪声与级联双稳系统

对于初始白噪声的输入,单个双稳系统的输出会将白噪声改变为具有洛伦兹分布的色噪声。显然,当多个双稳系统串联构成级联双稳系统时,第一级双稳系统输出的色噪声将直

接影响以后各级双稳系统的输出行为[15]。

具有洛伦兹分布的色噪声的谱形式是一个简单而常见的形式,即

$$S(\omega) = \frac{2D}{1+\omega^2\tau^2} \qquad (8.4.1)$$

假定噪声 $Q(t)$ 是具有功率谱(8.4.1)的色噪声,可以通过傅里叶反变换求得噪声的相关函数为

$$E[Q(t)Q(t')] = \frac{1}{2\pi}\int_{-\infty}^{\infty}\frac{2D}{1+\omega^2\tau^2}e^{j\omega(t-t')}d\omega = \frac{D}{\tau}\exp\left(-\frac{|t-t'|}{\tau}\right) \qquad (8.4.2)$$

由此式可看出,时间间隔 $|t-t'|\gg\tau$ 的噪声之间互不相关,而间隔处于 $|t-t'|\ll\tau$ 范围内的噪声互相关。如果进一步假设 $Q(t)$ 是高斯型的,那么 $Q(t)$ 就称为"关联时间为 τ 的高斯指数型色噪声"。

8.4.2 级联双稳系统的随机共振特性[16-18]

图 8.4.1 是级联双稳系统的构成图,其中 $sn(t)$ 是原始输入信号,$x_1(t)$、$x_2(t)$、$\cdots$ 分别是第一级双稳系统 $U_1(x)$、第二级双稳系统 $U_2(x)$、$\cdots$ 的输出信号。为方便讨论,以两级双稳系统的级联为研究对象,探讨级联双稳系统的随机共振的特性。

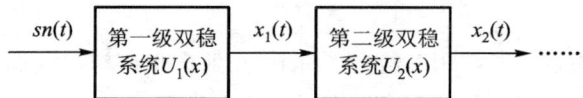

图 8.4.1 级联双稳系统的构成

取两个双稳系统参见方程(8.2.9)

$$dx_1/dt = \mu_1 x_1 - x_1^3 \quad (\mu_1 > 0) \qquad (8.4.3a)$$

和

$$dx_2/dt = \mu_2 x_2 - x_2^3 \quad (\mu_2 > 0) \qquad (8.4.3b)$$

按照图 8.4.1 进行级联,系统原始输入信号 $sn(t)$ 为单频正弦信号 $s(t) = A\sin(2\pi f_0 t)$ 和高斯白噪声 $n(t)$ 的混合信号,则第一级和第二级双稳系统所对应的朗之万方程分别为

$$dx_1/dt = \mu_1 x_1 - x_1^3 + A\sin(2\pi f_0 t) + n(t) \qquad (8.4.4a)$$

$$dx_2/dt = \mu_2 x_2 - x_2^3 + x_1(t) \qquad (8.4.4b)$$

在小参数条件下,当 $t\to-\infty$ 时,$x_1(t)$ 和 $x_2(t)$ 的均值行为都将近似成为一个周期函数,并都可表示成为式(8.3.1)~式(8.3.4)的形式。于是 $x_1(t)$ 和 $x_2(t)$ 的均值的幅值特性应服从随机共振规律。为直观比较两级系统输出 $x_1(t)$ 和 $x_2(t)$ 的随机共振行为,仍然以图 8.2.6 的参数为基础,即 $A=0.3$,$f_0=0.01$,$D=0.31$ 和采样频率 $f_s=5$,计算步长 $\Delta t=1/f_s=0.2$,且令 $\mu_1=\mu_2=1$,噪声 $n(t)=\sqrt{2D}g(t)$,$g(t)$ 是均值为 0、方差为 1 的白噪声,数据计算总长度为 4 096 点,而 FFT 运算为 1 024 点,谱平均次数为 10 次。时域显示长度取为 4 000 点。于是得到两级双稳系统输入输出的时域波形和频域谱图,如图 8.4.2 所示。图 8.4.2 是典型的随机共振现象,从频谱上看,在信号频率 f_0 处,两级双稳系统的输出谱峰均高出输入谱峰很多,而第二级输出 $x_2(t)$ 的谱峰又比第一级 $x_1(t)$ 的高。从时域波形来看,系统输入端的信号已几乎淹没于噪声中而不能辨识,但在两级双稳系统的输出端,频率为 f_0 的信号都被共振显现出来,而且第二级的输出波形又比第一级的光滑。这种频谱峰值进一步增高和时域波

形变光滑的特性表明,双稳系统的级联可以提高随机共振效果,这种特性机理可以从双稳系统输出的功率谱来加以解释。

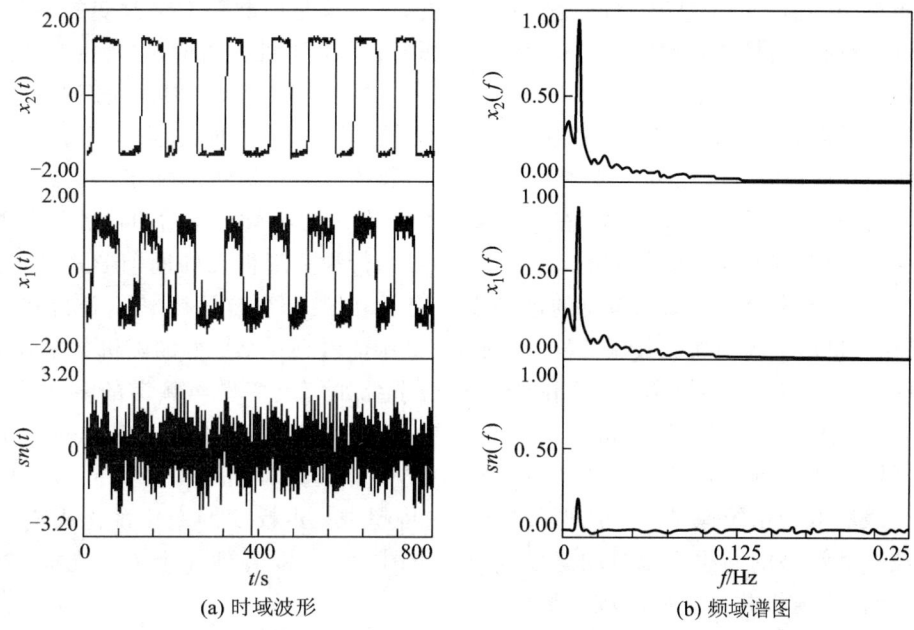

图 8.4.2 两个双稳系统级联的输入输出时域波形和频域谱图

由双稳系统输出功率谱(8.2.20)可知,第一级系统输出的功率谱中包含两部分内容,一部分是由输入正弦信号引起的 $S_1(f)$,它与输入信号同频,另一部分是由噪声引起的 $S_2(f)$,它具有洛伦兹分布形式。因此,第一级双稳系统的输出 $x_1(t)$ 仍然是由周期信号和噪声构成,但这种信号构成不同于输入 $sn(t)=A\sin(2\pi f_0 t)+n(t)$。一方面 $x_1(t)$ 的周期成分 $p(t)$ 不再是正弦波信号,其波形不仅因非线性双稳系统的作用而近似变为矩形波,含有丰富的高频分量,而且因随机共振其基频信号幅值比 $s(t)$ 的幅值 A 大得多。另一方面更重要的是,$x_1(t)$ 中的噪声也不再是白噪声 $n(t)$,而是具有洛伦兹分布的色噪声 $Q(t)$。显然 $Q(t)$ 是一个噪声强度为 $D'\neq D$(白噪声 D),相关时间为 $\tau\neq 0$ 的指数型色噪声,D' 和 τ 与输入信号的各参数和系统参数有关。

当这样的噪声 $Q(t)$ 作用于第二级双稳系统后,其相应的朗之万方程为

$$\mathrm{d}x_2/\mathrm{d}t=\mu_2 x_2-x_2^3+Q(t) \tag{8.4.5}$$

由于式(8.4.5)中的色噪声 $Q(t)$ 具有非零相关时间,$Q(t)$ 包含了对历史的记忆,所以上式过程不再是马尔可夫型的,于是随机变量 x_2 随时间 t 的演化概率 $\rho(x_2,t)$ 不再遵循福克-普朗克方程,而成为一个很复杂的且求解非常困难的无穷阶偏微分方程。

当方程(8.4.5)的右端加上周期信号 $p(t)$,即 $x_1(t)$ 作用于第二级双稳系统时,为得到第二级双稳系统的输出功率谱,原则上可以先根据双时联合概率分布得到随机变量 $x_2(t)$ 的相关函数 $\mathrm{E}[x_2(t)x_2(t+\tau)]$,再对这一相关函数进行傅里叶变换即可。然而因为得不到概率分布 $\rho(x_2,t)$ 的精确解析式以及相应的跃迁概率,所以 $x_2(t)$ 的相关函数无法解析算出,进而功率谱也无法得到。

对于第二级双稳系统尽管不能给出输出功率谱的解析式,但定性分析可以想象,这一功率

谱在形式上与方程(8.2.20)非常接近,所不同的是:由于输入噪声本质地从白谱变化到色谱,也就是噪声强度从 D 变化为 D',故而噪声成为引导功率谱改变的主要因素;周期信号 $s(t)$ 变化到 $p(t)$,虽然引起信号的形状和幅值发生大的改变,但它不是引起功率谱改变的主要因素,因为它仍然保持周期信号的频率特征,只影响功率谱中信号频率处的谱值,这是由双稳系统对周期信号的幅值敏感性所决定的。所以方程(8.2.20)中的几个常数项将根据噪声的变化以积分形式出现,而不再是简单的系数。根据方程(8.2.20)的形式,可以确定,当噪声通过两级双稳系统后,系统在低频区域将噪声逐级加大,噪声在此低频区域所聚集的能量也逐级增多,于是布朗粒子更容易在此低频区域越过势垒形成以信号频率作切换跃迁运动的随机共振现象。因此当第一级双稳系统发生随机共振时,其输出 $x_1(t)$ 的行为呈现很强的周期形式,即具有很高的信噪比,而 $x_1(t)$ 在第二级双稳系统的进一步作用下,自然能在信号频率 f_0 处得到一个比前一级系统输出谱峰更高的随机共振谱峰,在图 8.4.2 中能看到一个更好的随机共振效果。

另外,对于一定量的噪声输入,无论级联双稳系统如何改变噪声频谱的分布形式,噪声在任意一级系统中的总能量均保持恒定不变。因此当两级双稳系统将大部分噪声能量集中于低频区域后,噪声频谱高频区域的能量必然减少,导致高频幅值进一步降低。于是从时域波形上看,级联双稳系统像是一个波形整形器,它将超过一定幅度的变化锐化成矩形波的边缘,并将波峰和波谷的高频小幅抖动滤除。所以由图 8.4.2 能看到一个更加光滑、去掉高频毛刺的二级输出随机共振矩形时域波形。

图 8.4.2 反映了各参数配合最佳时两级双稳系统产生"最优"随机共振的情况,即它首先是第一级双稳系统产生随机共振,然后第二级双稳系统进一步优化。如果参数的变化使第一级双稳系统未达到随机共振状态,那么通过第二级双稳系统的优化能否得到"最优"的随机共振,这一点有着重要的实际意义。为此,可以通过改变参数来进一步数值研究这一问题。

分别取不同的信号频率 f_0,考察 f_0 处的谱高随噪声强度 D 的变化规律。设噪声强度 D 从 0.01 增加变化到 2.3,其他参数同图 8.4.2。数值计算方程(8.4.4),可分别得到对应于第一和第二级双稳系统 f_0 处的输出的谱峰高度 h 随噪声强度 D 变化的 $h_1 \sim D$ 和 $h_2 \sim D$ 关系曲线,如图 8.4.3 所示。对任意信号频率 f_0,图 8.4.3 的两条曲线 $h_1 \sim D$ 和 $h_2 \sim D$ 的共同特点是二者都有一个极大峰值,即随机共振谱峰。这一谱峰值随着 f_0 的增大,不仅变得低而平缓,而且需要更大的噪声强度 D 来共振产生。这种特性是随机共振的特性,无需多言。这里感兴趣的是两条曲线 $h_1 \sim D$ 和 $h_2 \sim D$ 之间的关系。

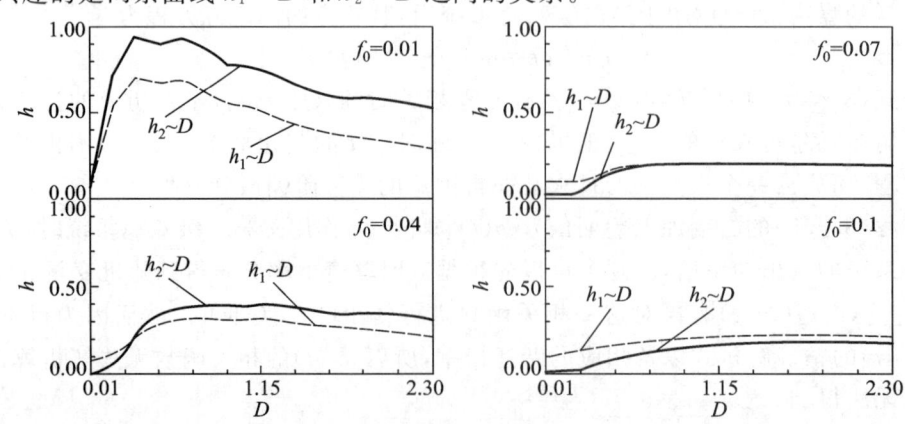

图 8.4.3 不同信号频率,两级双稳系统的信号谱高 h 与噪声强度 D 的关系

根据图 8.4.3 可知,频率 f_0 较低时(如 $f_0=0.01$ 和 $f_0=0.04$),在噪声强度 D 大于某个值 D'(即两条曲线的相交处)后,无论第一级双稳系统输出是否达到随机共振,第二级双稳系统的输出谱高始终大于第一级的输出谱高。当 f_0 增大到某个值时(如 $f_0=0.07$),两条曲线于某一再稍大一点的噪声强度之处相交并几乎重合下去。而若继续再增大 f_0(如 $f_0=0.1$),则对任意噪声强度,第二级双稳系统的输出谱高将始终小于第一级的输出谱高,即谱高不增加反而降低。这种现象表明,第二级双稳系统可以在频率 $f_0<f'_0=0.07$(对于图 8.4.2 的参数)范围内,随着噪声强度 D 的增大来增强 f_0 处的谱高,但能否确实在此低频范围提高 f_0 处的谱峰还要看噪声强度和信号频率间的关系。如果 f_0 小,则只需要不大的噪声强度就可以使级联双稳系统 f_0 处的输出谱峰提高。反之 f_0 大,则需要较大的噪声强度来提高这一谱峰。但 f_0 越增大接近 f'_0,级联双稳系统输出的谱高增量越小。

为便于说明级联双稳系统的时域特性,取信号频率 $f_0\approx0.051$,其他参数同图 8.4.2,数值计算方程(8.4.4)得到图 8.4.4 结果。从图 8.4.4 的时域波形来看,其情形与图 8.4.2 有较大差别,这种差别一方面是波形不一样,另一方面是图 8.4.4 中 $x_2(t)$ 的高频小幅毛刺不像图 8.4.2 那样滤除得干净。前者的原因是由非随机共振点造成的,而后者的原因是由于非线性的双稳系统使噪声能量非线性地从高频向低频聚集,其趋势是频率越高幅值衰减越快,因此第二级双稳系统的作用是根据各频率成分非线性不等幅地滤掉了第一级双稳系统输出波形的高频小幅毛刺,即它对高频成分幅度压缩得多一些,而对靠近低频区域的"中频"分量压缩得则少一些,特别是进入低频区域后,它不仅不压缩反而增大信号分量的幅度。于是当前级双稳系统输出波形中包含有较大幅度的中频成分时,后级双稳系统因对其幅值压缩滤除的不够而在时域波形中将它部分地保留下来,近而显得高频成分滤除得不太干净。

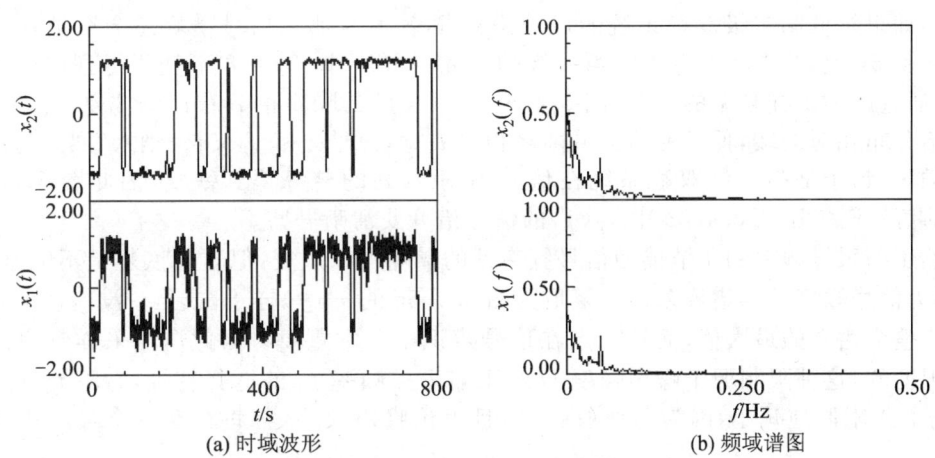

(a) 时域波形　　　　　　　　(b) 频域谱图

图 8.4.4　信号频率 $f_0\approx0.051$ 处,其他参数同图 8.4.2,两级双稳系统输出的时域波形和频域谱图

因此,第二级双稳系统的作用只是从外观上进一步整形突出了第一级输出波形的基本轮廓,但它不会产生像图 8.4.2 那样疏密较均匀的更强的周期波形。所以,就时域波形而言,若第一级双稳系统未达到随机共振,则第二级双稳系统也不会"优化"产生随机共振,它仅仅是对第一级的输出波形进行适当整形光滑而已。

以上对小参数信号的级联双稳性进行了讨论,下面分析级联双稳系统大参数变尺度随机共振的频谱特性。

取图8.3.3的信号参数,即 $A=0.3$, $f_0=40$, $D=9.1$,采样频率 $fs=2\,000$,采样点数为 4 000 点。令 $\mu_1=\mu_2=1$,两级双稳系统的压缩采样频率相等均为 $f_{sr}=8$,对方程(8.4.4)数值计算得到两级双稳系统的输出频谱见图8.4.5a所示。

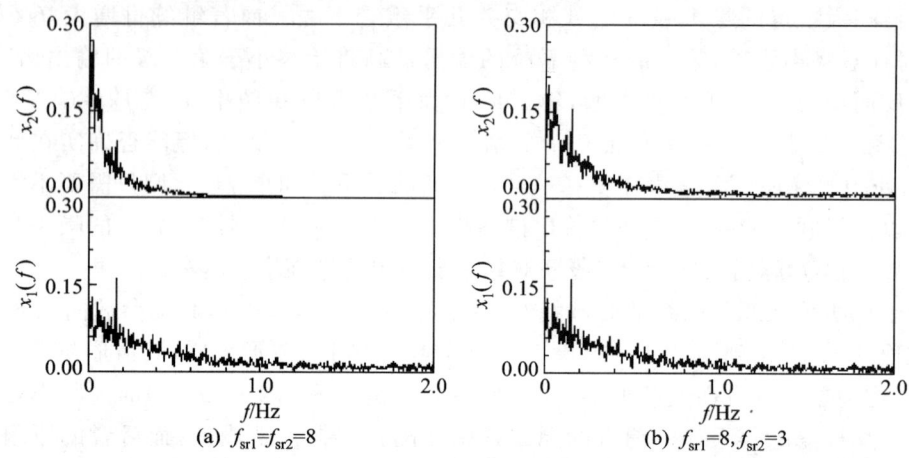

图 8.4.5　压缩采样频率相同和不同时,两级双稳系统输出的频谱图

由图8.4.5a看到,两级双稳系统输出谱中的噪声基本以近似的洛伦兹形式分布,噪声都被集中于低频区域,但是第二级双稳系统噪声能量集中的低频区域似乎比第一级的窄且高,以至于信号频率($f_r=0.16$ 或 $f_0=40$)被"排斥"到了易产生共振的低频区以外,其结果是第二级双稳系统进一步提高了噪声极低频率成分的谱高,同时把信号频率当成高频成分进行了滤除,致使低频噪声谱值大大超出信号频率处的谱峰,因此信号谱峰变得模糊不可识别。然而如果降低第二级双稳系统的压缩采样频率 f_{sr2},那么信号谱峰还会渐渐地显露出来。图8.4.5b是取 $f_{sr2}=3$ 并保持第一级的压缩采样频率 $f_{sr1}=8$ 不变所得到的结果。可以看到,通过压缩采样频率的调节,图8.4.5b中 $x_2(f)$ 的噪声谱分布比图8.4.5a中 $x_2(f)$ 的噪声谱分布相对变缓,低频能量区域随之相对展宽,信号频率 f_0 又被"纳入"回到易产生共振的低频区域,于是第二级双稳系统在信号频率 f_0 处的谱峰得到恢复,因此图8.4.5b中 $x_2(f)$ 的信号谱峰比图8.4.5a中 $x_2(f)$ 的信号谱峰要清晰一些。

虽然压缩采样频率的调节能使信号频率处的谱峰得以恢复,但这种恢复是不完全、不充分的,因为信号频率处的谱峰未能恢复成为图8.4.5a的 $x_1(f)$ 样子,或至少没能使信号谱峰值恢复成整个谱图的最大值,而这一点在信号辨识中非常重要。因此压缩采样频率调节方法是有限度的,这种限制源于噪声强度 D 对压缩采样频率 f_{sr} 的选择特性,它不允许压缩采样频率 f_{sr2} 无限制地减小,因为只要有噪声,且无论噪声大小,都将存在一个最小压缩采样频率与之对应。对图8.4.5第一级双稳系统的输出进行噪声估计,得到估计值为 $\hat{D}=0.445$,显然由于部分噪声能量转化到信号身上用于产生大参数信号随机共振,使得输出的噪声 $\hat{D}$ 比原始输入的噪声 $D=9.1$ 小得多,因此下一级双稳系统的压缩采样频率可从 $f_{sr2}=8$ 大大降低到对应 $\hat{D}$ 的压缩采样频率 $f_{sr2}=3$。

8.5　微弱信号的自适应随机共振辨识技术

目前,随机共振在信号处理方面的研究已有很多,特别是针对绝热近似理论大参数条件下的随机共振研究,大大拓宽了随机共振在工程实测信号处理中的应用。然而,如何通过自适应方法确定各计算参数,得到非线性系统的最优输出,始终是困扰各种随机共振求解算法的难题。前文提出的基于 Langevin 方程的变尺度随机共振数值求解算法,通过调整系统的结构参数和二次采样频率,可以同时实现大、小参数条件下的随机共振,提高信号的信噪比。在此基础上,本节引入了信号的复杂性测度——近似熵,通过对双稳系统结构参数和计算步长的自动调节,实现了自适应条件下获取双稳系统的最优输出,进而得到与原始信号最为匹配的随机共振结果[19]。

8.5.1 近似熵原理

20 世纪 90 年代初,Pincus 为了克服混沌现象中求解熵的困难,从衡量非线性时间序列复杂性的角度提出了近似熵(approximate entropy,ApEn)的概念,并在生物电信号、机械设备故障信号和电弧焊电流信号等领域进行了尝试并获得了良好效果。

设采集到的原始数据为 $x(i)(i=1,2,\cdots,N)$,预先给定模式嵌入维数 m 和相似容限 r 的值,则近似熵可以通过以下步骤计算得到:

1) 将序列 $\{x(i)\}$ 按顺序组成 m 维矢量 $\boldsymbol{O}(i)$,即

$$\boldsymbol{O}(i) = [x(i), x(i+1), \cdots, x(i+m-1)] \quad (i=1,2,\cdots,N-m+1) \quad (8.5.1)$$

2) 对每一个 i 值计算 $\boldsymbol{O}(i)$ 与其余矢量 $\boldsymbol{O}(j)$ 之间的距离

$$d[\boldsymbol{O}(i), \boldsymbol{O}(j)] = \max_{k=0,1,\cdots,m-1} |x(i+k) - x(j+k)| \quad (8.5.2)$$

3) 按照给定的相似容限 $r(r>0)$,矢量 $\boldsymbol{O}(i)$ 与其余矢量 $\boldsymbol{O}(j)(i \neq j)$ 之间的相似度可以用 $C_i^m(r)$ 表示,即

$$C_i^m(r) = \sum_{i \neq j} \Theta\{r - d[\boldsymbol{O}(i), \boldsymbol{O}(j)]\} / (N-m+1) \quad (8.5.3)$$

其中

$$\Theta\{x\} = \begin{cases} 1, & x \geqslant 0 \\ 0, & x < 0 \end{cases} \quad (8.5.4)$$

4) 先将 $C_i^m(r)$ 取对数,再求其对所有 i 的平均值,记做 $\phi^m(r)$,即

$$\phi^m(r) = \frac{1}{N-m+1} \sum_{i=1}^{N-m+1} \ln C_i^m(r) \quad (8.5.5)$$

5) 对 $m+1$ 重复式(8.5.1)~式(8.5.5)的过程,得到 $\phi^{m+1}(r)$。

6) 理论上此序列的近似熵为

$$Sa(m,r) = \phi^m(r) - \phi^{m+1}(r) \quad (8.5.6)$$

近似熵的值显然与 m、r 有关,根据经验,嵌入维数 m 通常取 2,$r = a \times \text{Std}(x)$。其中,$\text{Std}(x)$ 表示时间序列的标准差;a 为 r 的控制参数,a 的取值范围通常为 $0.1 \leqslant a \leqslant 0.25$。本章均采用 $m=2$,$a=0.25$ 来计算信号的近似熵。

8.5.2 周期信号近似熵的性质

实际上,近似熵衡量的是当维数变化时时间序列中产生新模式的概率大小,产生新模式的概率越大,序列越复杂,相应的近似熵也就越大。近似熵只是希望从统计的角度来区别时间过程的复杂性,表征动力系统的差异或变化,而不企图描述或重建奇异吸引子的全貌,因此只需要较短的数据就可以估计出来。研究表明,当采样点数大于 1 000 时,采样点数变化对信号近似熵的影响就可以被忽略。下面对周期信号近似熵性质的定量分析,将进一步揭

示近似熵作为一种测度在描述信号特征方面所具有的普遍意义。

首先,以时间序列 $s(t)=A\sin(2\pi ft+\theta)$ 为例,在一定的采样条件下,分别计算:① 当频率 f 一定时,$s(t)$ 的近似熵分别随幅值 A 和相位 θ 的变化曲线;② 当频率 f 变化时,$s(t)$ 的近似熵随频率 f 的变化曲线。

图 8.5.1a、b 分别为采样频率 $f_s=10$ kHz,点数 $n=1\,024$,$f=40$ Hz 时,$s(t)$ 在幅值 $A\in[0.1,20]$(步长为 0.1)时的幅值与近似熵关系曲线,和 $s(t)$ 在相位 $\theta\in[0,\pi]$(步长为 $\pi/20$,幅值 $A=1$)时的相位与近似熵关系曲线。可见,随着幅值和相位的不断变化,这组周期信号的近似熵基本保持在 0.054 4 不变。

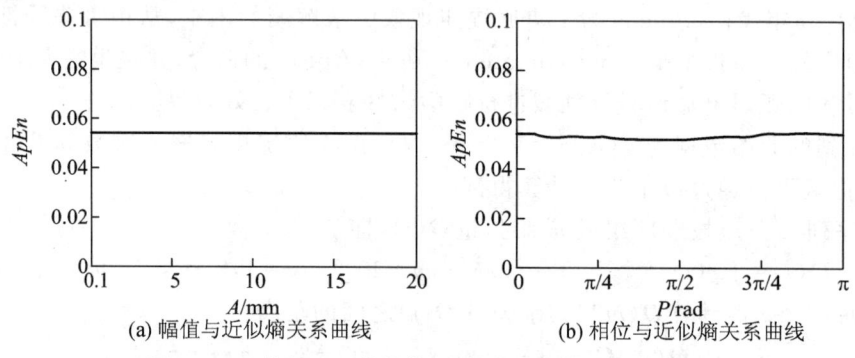

(a) 幅值与近似熵关系曲线　　(b) 相位与近似熵关系曲线

图 8.5.1　信号 $s(t)$ 的幅值、相位与近似熵的关系曲线

图 8.5.2 为上述采样条件下,$s(t)$ 在频率 $f\in[0,400]$(步长为 1 Hz,幅值 $A=1$,相位 $\theta=0$)时的频率与近似熵关系曲线。可见,在 $f\in[0,160]$ 时,近似熵随 f 的增大而单调上升,直到 $f=160$ Hz 时取得最大值 0.300 1;在 $f\in[160,200]$ 时,近似熵的变化较为平缓;在 $f\in[200,400]$ 时,近似熵随 f 的增大呈现出缓慢下降。由数据采集的相关知识可得,该曲线反映出在满足 $62.5f\leqslant f_s$ 的区间内,$s(t)$ 的近似熵随频率 f 的增大而单调上升。这一区间也正是变步长随机共振的检测条件($50f_0\leqslant f_s$)所限定的有效频段。

根据上述分析结果,周期信号的近似熵不受其幅值和相位变化的影响,而只和其频率相关。换句话说,一定的采样条件下,周期信号的近似熵作为一种测度,反映的是该信号的频率特性。

以时间序列 $s'(t)=X(t)+n(t)=\sin(2\pi ft)+n(t)$(采样条件同上,$n(t)$ 同式(8.2.17))为例,计算当频率 f 一定时,$s'(t)$ 的近似熵随信噪比(signal-to-noise ratio,SNR)的变化曲线。

图 8.5.3 所示为 $s'(t)$ 的近似熵在信噪比 $R_{sn}\in[-20,100]$(步长为 5 dB,$f=40$ Hz)时的信噪比与近似熵关系曲线。信噪比 R_{sn} 的计算如式(8.5.7):

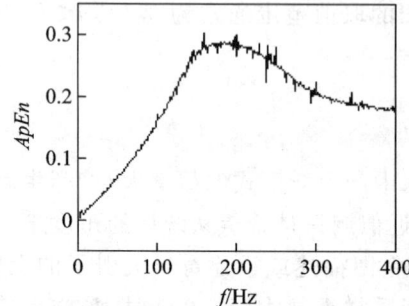　　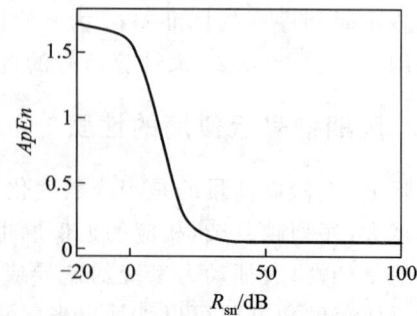

图 8.5.2　信号 $s(t)$ 的频率与近似熵关系曲线　　图 8.5.3　信号 $s'(t)$ 的信噪比与近似熵关系曲线

$$R_{sn} = 10\log_{10} \frac{\|X(t)\|_2/M}{\|n(t)\|_2/L} \tag{8.5.7}$$

其中,$\|X(t)\|_2 = \sum X(t)^2$,$\|n(t)\|_2 = \sum n(t)^2$,M 和 L 分别为 $X(t)$ 和 $n(t)$ 的数据长度。

观察图 8.5.3,$s'(t)$ 的近似熵随信噪比的逐渐变大呈非线性下降趋势,这和近似熵作为信号复杂性测度的性质是一致的。整个变化区间介于信噪比为 -20 dB 时 $s'(t)$ 的近似熵值 1.690 9 和 $X(t)$($f=40$ Hz 时)的近似熵值 0.054 4 之间。特别在信噪比 $R_{sn} \in [-10, 35]$ 区间,近似熵随信噪比的增大迅速下降。而当信噪比大于 35 dB 时所表现出来的平稳性则说明,若时间序列内含噪声的幅度低于 r,该噪声将被抑制。因此,近似熵具有一定的抗噪、抗野点能力。

8.5.3 基于近似熵测度的自适应随机共振[18]

下面给出基于信号近似熵测度的自适应随机共振在弱信号检测中的实现步骤:

1) 对待检测频率 f_0 计算周期信号 $s(t) = \sin(2\pi f_0 t)$ 在预定信噪比下的近似熵 Sa_{std}。随机共振的性质决定了其结果不可能是单一的特征频率,所以,只要系统输出的信噪比大于预定值,就认为该特征频率已被检测到。一般可预定信噪比为 20 dB。

2) 对满足变步长随机共振处理要求的工程实测数据,初定结构参数 a(简化起见,本文取 $b \equiv 1$)和步长 h 的取值范围后,分别计算出各组参数下的系统输出 $x(t)$。

3) 计算出各组参数下系统输出 $x(t)$ 的近似熵 Sa,并以各 Sa 和 Sa_{std} 差值的绝对值,即 $d = |Sa - Sa_{std}|$,构造近似熵距离矩阵 $\boldsymbol{\kappa}$。

4) 找到近似熵距离矩阵 $\boldsymbol{\kappa}$ 中的最小值,按照它所对应的势垒参数 a、b 和步长 h 计算,求得双稳随机共振系统的最佳输出 $x(t)$。

5) 如果所得最佳输出 $x(t)$ 仍不能满足要求,则重新设定势垒参数 a 和步长 h 的取值范围,重复步骤 1)~4)。

基于近似熵测度的自适应随机共振通过自动调节结构参数 a、b 和步长 h,得了自适应条件下双稳系统的最优输出。已知仿真信号:$sn(t) = 0.5\sin(2\pi 40 t) + n(t)$(采样频率 $f_s = 10$ kHz,点数 $n = 1\,024$,噪声强度 $D = 9.1$),原始波形及其幅值谱分别如图 8.5.4a、b 所示。由于特征频率在低频区,为了更加明确地反映文中方法的有效性,下文只给出 2 000 Hz 以下部分的幅值谱。可见,$f_0 = 40$ Hz 的周期信号完全被强噪声淹没,无论从时域波形还是幅值谱上都不能获得相应特征。

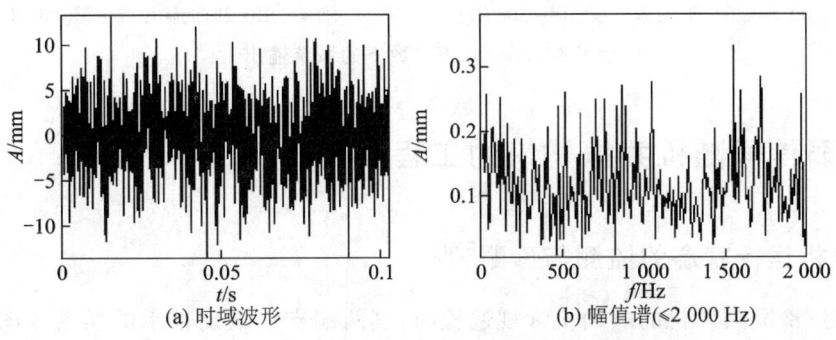

图 8.5.4 仿真信号 $sn(t)$ 的时域波形和幅值谱

由 8.5.2 节的分析可知，$f_0=40$ Hz 属于该采样条件下近似熵测度的可识别域。因此，按照上述计算步骤，首先求得参考信号 $s(t)=\sin(2\pi 40t)$ 在预定信噪比为 20 dB 时的近似熵 $Sa_{std}=0.4464$（可参照图 8.5.3）。取 $a\in[0.1,1],b=1,h\in[0.05,0.25]$，计算得到近似熵距离矩阵 $\kappa(10,20)$。该矩阵中，$\min(d)=0.2685$，相应的 $a=0.5,h=0.05$；$\max(d)=1.1312$，相应的 $a=0.1,h=0.25$。两组参数下的系统输出及其幅值谱如图 8.5.5 所示（其中，图 8.5.5e、f 分别为图 8.5.5c、d 500 Hz 以下部分的幅值谱）。

图 8.5.5c、e 中 $f_0=40$ Hz 的谱线非常明显，能量主要集中在该频率上，高频部分被明显削弱。而图 8.5.5d、f 中虽然在 $f_0=40$ Hz 的地方也存在较为明显的谱线，但是由于整个信号的能量分布不集中，谱线杂乱，仍然不能很好地提取特征频率。可见，基于近似熵测度的自适应随机共振为获得双稳系统的最优输出提供了很好的方案。

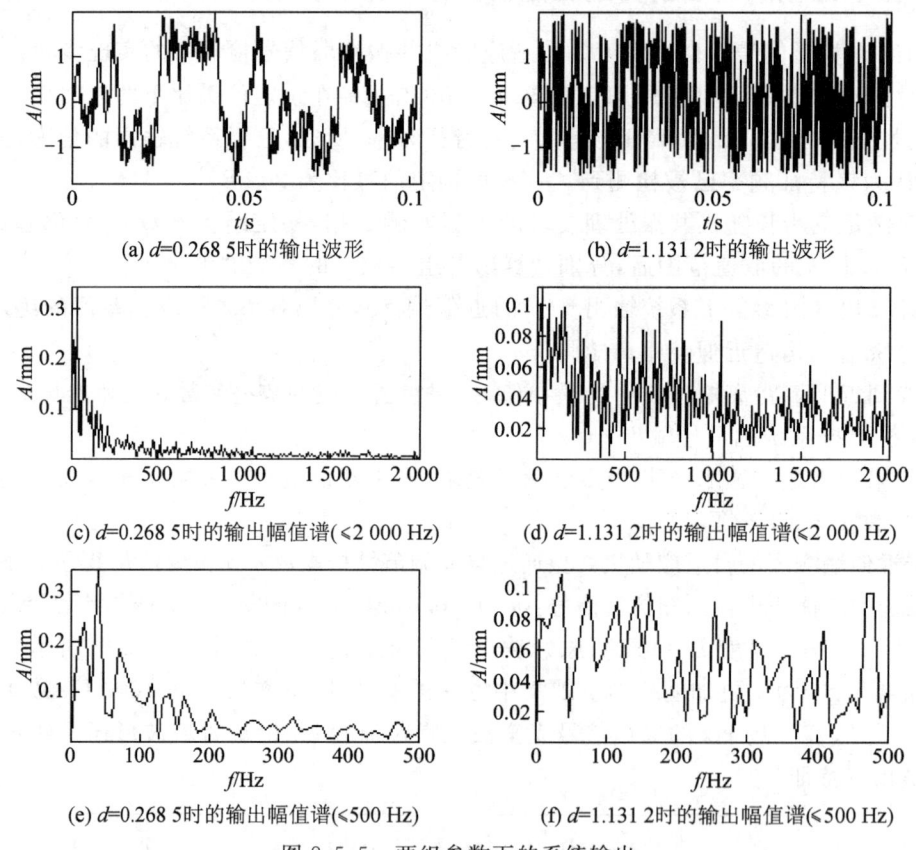

图 8.5.5 两组参数下的系统输出

8.6 微弱信号随机共振辨识的工程应用

8.6.1 电机运行状态的监测与诊断[20]

在对某厂冷凝鼓风机的电动机常规巡检时，其两端支承滚动轴承的频谱为图 8.6.1a 和 8.6.1c，其中采样频率 $f_s=10$ kHz，采样点数为 8 192，谱平均次数 15。

谱图上除了在 750 Hz 和 1 300～1 900 Hz 频率处有表征轴承元件轻微损伤故障的谱

峰外,看不出电动机存在什么明显的故障征兆。然而,当把轴承的采集数据作为朗之万方程(8.2.16)的输入信号送入双稳系统进行变尺度随机共振分析后,发现电动机转子的工频及其 2、3、4 倍频处出现不同程度的随机共振谱峰,见图 8.6.1b 和 8.6.1d。其中左右支承压缩采样频率均为 $f_{sr} = 2.5$ Hz,系统参数 $\mu = 0.4$,左右支承噪声强度估计值 $\hat{D}$ 分别为 0.198 和 0.227。为看清其低频谱结构,以右支承为例,进一步展开谱图显示,如图 8.6.1e 和 8.6.1f。这种工频及其倍频的随机共振谱峰特征,预示着电动机可能存在机械松动故障。

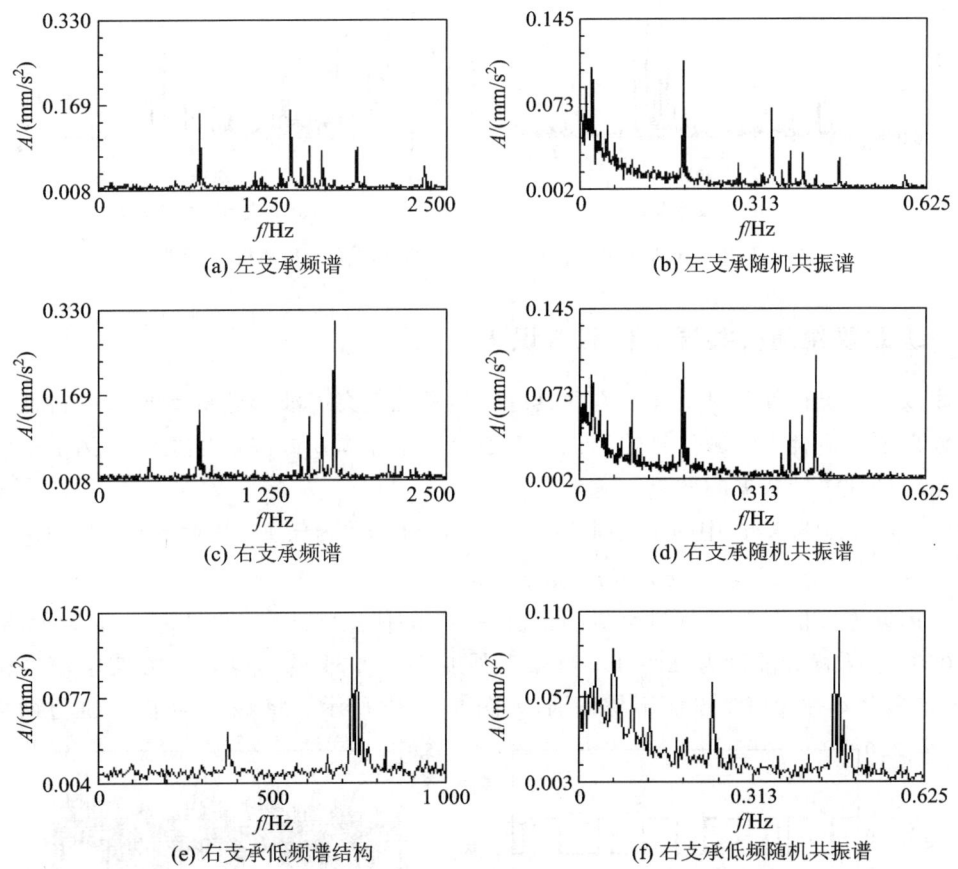

图 8.6.1 电动机两端轴承的测试频谱和随机共振谱

通过对电动机的整机振动测试,发现电动机右前端的地基基础振动值相对偏大,初步判断此部位地脚可能松动。由于监测的振动值很小,振动强度不大,所以,可以让冷鼓继续工作而不必停车检修,但对电动机的运行状态应该注意连续监测观察。

大约一个月时间对电动机的振动监测观察后,再对其监测数据进行处理,得到图 8.6.2 的结果。其中数据采集参数同前,处理参数为:左支承 $f_{sr} = 2.5$ Hz,右支承 $f_{sr} = 3$ Hz,$\mu = 0.2$,左右支承 $\hat{D}$ 分别为 0.139 和 0.418。由频谱图看出,在电动机转子的工频及其倍频处已显露出谱峰,这进一步表明机器存在机械松动故障。在随后的设备中期检修时,挖开电动机右前端地基,发现其地脚基础松动,这一检修结果证实了前面的判断。

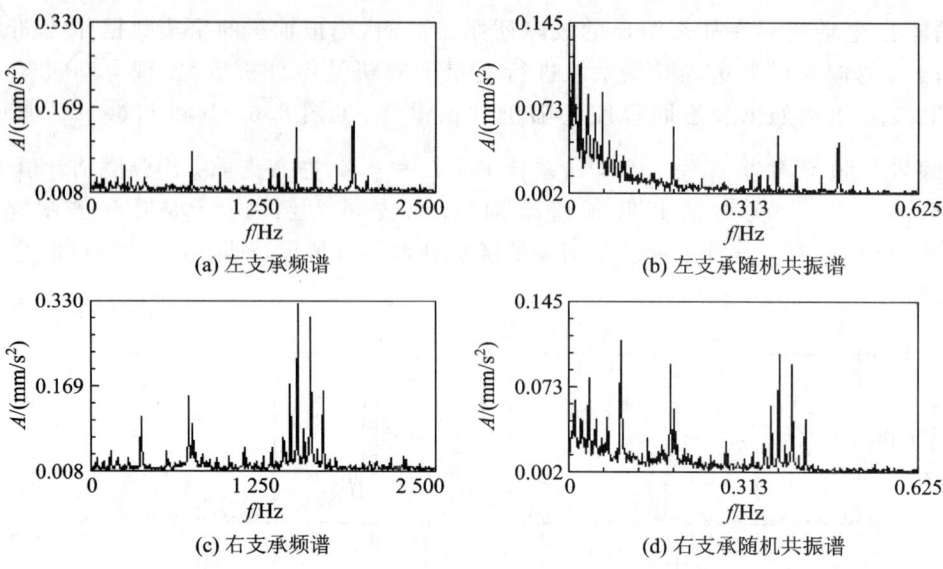

图 8.6.2 电动机两端轴承一个月后的测试频谱和随机共振谱

8.6.2 级联双稳随机共振的信息辨识[16]

级联双稳系统在处理时域波形方面具有去高频毛刺突出波形轮廓等独特的特性,因此,级联双稳系统更适合于时域信号的辨识。下面以一个非周期方波信号检测的例子来说明级联双稳系统处理时域数据的效果。

将朗之万方程(8.4.4a)中的正弦周期信号 $A\sin(2\pi f_0 t)$ 改为任意非周期方波信号 $b(t)$,即有

$$dx_1/dt = \mu_1 x_1 - x_1^3 + b(t) + n(t) \tag{8.6.1}$$

设非周期方波信号为计算机生成的幅值 $A=1$ 的任意脉冲串,如图 8.6.3a 所示,数据长度为 4 000 点,采样间隔设为 $\Delta t=1$。当噪声强度 $D=0.31$ 的白噪声与方波串信号相混合后,方波信号基本被噪声淹没而不易识别,如图 8.6.3b 所示。将该混合信号通过两级双稳

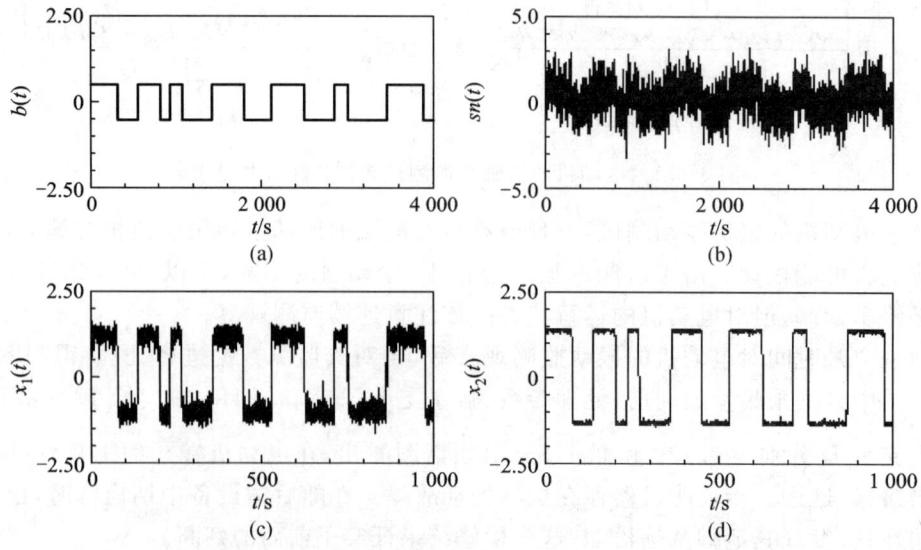

图 8.6.3 级联双稳系统的时域弱信号检测,$D=0.31, f_{sr1}=f_{sr2}=4$

系统,并取系统参数 $\mu_1 = \mu_2 = 1$,压缩采样频率 $f_{sr1} = f_{sr2} = 4$,即采样间隔 $\Delta t = 0.25$,则解方程(8.6.1)和(8.4.4b)得到两级双稳系统的输出分别为图 8.6.3c 和图 8.6.3d。显然方波信号在末级系统输出端几乎被完全显现并放大出来。由此可见,级联双稳系统在时域数据的处理方面表现出很好的性能。

8.6.3 金属车削过程的振动分析[13]

以数控车床切削一根棒料过程为研究对象,利用变尺度随机共振技术,探讨分析如何直接从时域波形中辨识出隐藏在纷乱信号中的有效振动信息成分。

实验在一台 CAK6136P CNC 卧式数控车床上进行,两个压电加速度传感器以相互垂直方式分别安装在刀杆切削部位的两个方向上。加速度计的电荷信号经电荷放大器的放大后输入给便携式数据采集器进行信号采集记录。选一根直径 ϕ40 mm 的 45 钢实心棒料为加工试件,在其上打一个直径 ϕ4 mm、深 6 mm 的小盲孔,并将一根小钢钉砸入塞满该小盲孔。这样处理后,实心棒料具有模拟材质不均匀的硬点。当刀具切削到棒料工件的硬点时,将产生切削硬点材料的周期脉冲振动。显然,这一脉冲振动频率是机床主轴的转速频率。实验过程的切削参数为:主轴(名义)转速为 800 r/min,进给量为 0.1 mm/r,切深为 0.5 mm。实验数据采集参数为:采样频率 8 kHz×2.56=20.48 kHz(由采集程序的采样分析频率 8 kHz 决定),采样点数取为 16 384 个点,4 096 点 FFT 谱估计运算,谱平均 5 次。图 8.6.4 是刀具切削材料硬点时的分析结果。

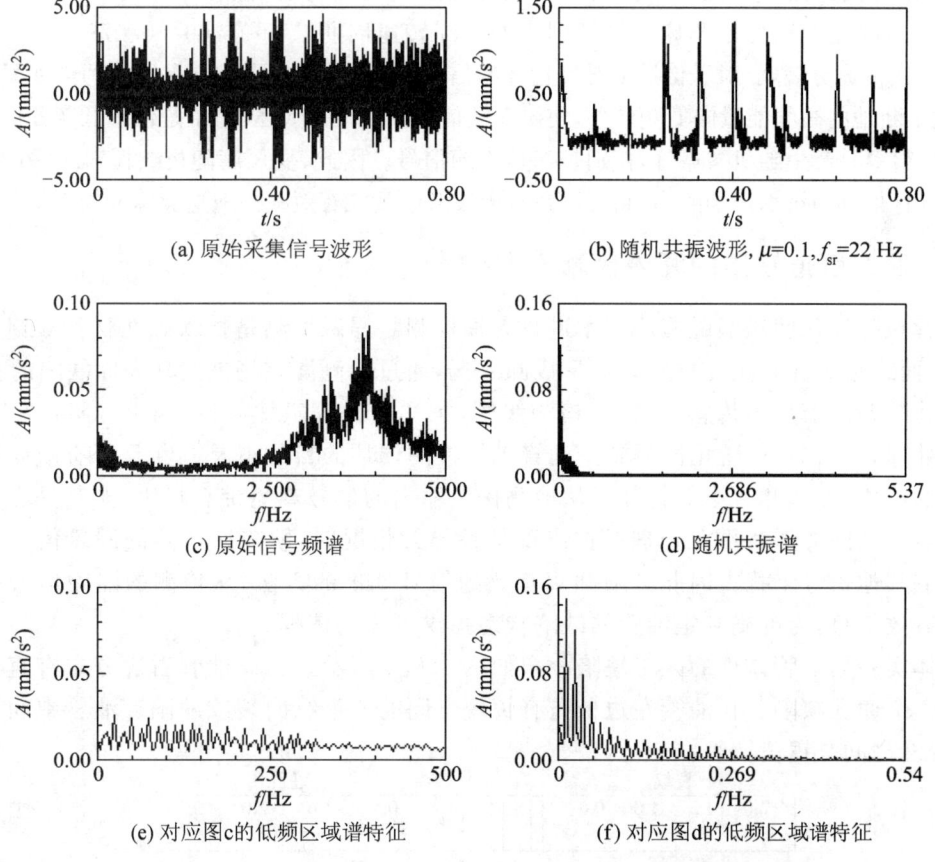

图 8.6.4 刀具切削材料硬点的时域波形及其频谱和随机共振谱

其中图 8.6.4a 是原始采集信号的时域波形,它对应的频谱为图 8.6.4c。对比分析两图,时域波形显得比较杂乱,似乎存在大的冲击振动,而根据它的谱图,除了 3~4.5 kHz 刀具的一阶主振动模态峰外,在很低的低频区域内存在较丰富的振动特征。进一步拉开放大显示图 8.6.4c 的低频谱,如图 8.6.4e 所示,频谱从基频 12.7 Hz 开始出现许多等间隔的倍频谱峰,这些谱峰频带一直扩展到 300 Hz 以上。基频 12.7 Hz 就是车床主轴切削时的实际转速 760 r/min,这一转速比主轴名义转速 800 r/min 略低一些,但属于正常波动范围。谱图 8.6.4e 清楚地表明,切削过程存在主轴转速及其相应高次谐波的周期振动。如果不知道棒料进行了硬点处理,那么单从图 8.6.4a、c、e,很难推测是什么原因造成频谱存在丰富的谐波振动而时间波形却似乎存在大的冲击振动,从而很难判断切削过程中出现的加工状态。

用变尺度随机共振技术对图 8.6.4a、c、e 进行处理。首先得到信号的噪声强度估计值 $\hat{D}=0.411$,根据 $\hat{D}$ 选择压缩采样频率 $f_{sr}=4$ Hz,系统参数 $\mu=1$。因随机共振谱图效果不明显,在调整参数的过程中发现,减小 μ 来降低势垒高度,同时适当地增大 f_{sr} 会取得一个更令人满意的随机共振效果。图 8.6.4b、d、f 是取 $\mu=0.1$,$f_{sr}=22$ Hz 的随机共振效果。其中图 8.6.4b 是随机共振的时域波形,对应它的随机共振频谱是图 8.6.4d。图 8.6.4f 是图 8.6.4d 拉开的低频谱段。图 8.6.4f 已充分展示了基频 12.7 Hz 及其倍频的随机共振谱峰,对于它所反映出的振动状态信息,完全可根据图 8.6.4e 来解释。而从图 8.6.4b 却得到图 8.6.4a 所不能反映出的信息,即在随机共振时域波形中清晰地出现代表刀具一转切削硬点一次的周期脉冲信号,脉冲信号之间的宽度正好是车床主轴切削时的实际转速周期 $T=60/760\approx 0.079$ s。

这个实例充分表明,对于像周期脉冲这样的信号,变尺度随机共振具有很强的谱能量调配能力,通过不断地将高频能量向低频转移,使得高频信号幅度被大大压低,于是位于低频段的各倍频谐波信号很容易产生随机共振峰,特别是基频周期信号。因此,变尺度随机共振对于瞬时脉冲周期信号具有很好的辨识识别能力,它可以在时域波形中就能有效地提取这类脉冲周期信号。

8.6.4 油气管道缺陷的漏磁检测[21-22]

油管缺陷通常使用漏磁检测技术进行无损检测。漏磁检测是指铁磁性材料被饱和磁化后,其表面或近表面缺陷在材料表面形成漏磁场,通过检测漏磁场来发现表面缺陷的存在。

油管的漏磁信号由传感器(探头检测线圈、霍耳元件等磁敏元件)输出,经过放大、滤波等电路处理,再由 A/D 转化而得到。油管无损检测评估的目的就是判断是否有缺陷以及给出缺陷的位置、形状和大小等特征。从检测探头输出的信号难免带有噪声,尤其是在探头的结构相对于缺陷的形状不太合理或在出现某种异常情况时,缺陷所产生的漏磁信号往往会被噪声或其他信号干扰。因此必须利用有效的信号处理的方法,从检测的漏磁信号中提取缺陷的有效信息,为准确判定油管的缺陷状态提供可靠的依据。

具体实验用油管试件的人工缺陷分布如图 8.6.5 所示。在此油管右边分布有直径大小不一的 4 个通孔缺陷。在油管左边分布有长短不同的 4 个纵向裂纹缺陷。油管中间有三条焊缝,焊缝之间是锯齿波纹。

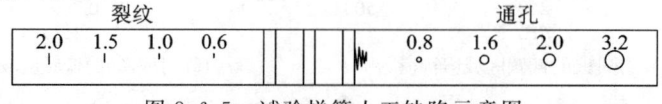

图 8.6.5 试验样管人工缺陷示意图

将实验采样频率定为 4 096 Hz,对于整个油管采样数据总长度为 66 600 点。由于探测体 32 路敏感元件对某一位置缺陷的感应强度不同,即感应检测到的漏磁信号强弱不同,因此,在判断某一位置漏磁信号是否为缺陷或干扰时,需要同时综合考虑对应可能缺陷位置的相邻几路漏磁信号情况。

对油管试件对应各缺陷位置相邻 4 路漏磁信号进行变尺度随机共振分析,由于这种分析方法在把缺陷位置信号放大的同时,也放大了一些与小缺陷信号幅度相当的干扰信号,因此,单从各个通道的波形来判断缺陷的程度大小存在一定的困难。所以,将 4 个通道的波形数据进行求和平均,从而消除一些干扰,突出缺陷信号。

图 8.6.6 是原信号波形和变尺度随机共振波形分别进行 4 个通道数据平均的结果。为了有效比较,两波形的幅值坐标刻度取为一致。显然,经过平均后,原始信号波形图 8.6.6a 只显示出一个最长裂纹缺陷和两个最大通孔缺陷,而变尺度随机共振波形图 8.6.6b 却可以清楚地显示出两个裂纹缺陷和三个通孔缺陷,并能判断第三个裂纹和第四个最小通孔的大致位置。因此,变尺度随机共振技术可以在漏磁检测工程方面有一定的应用价值。

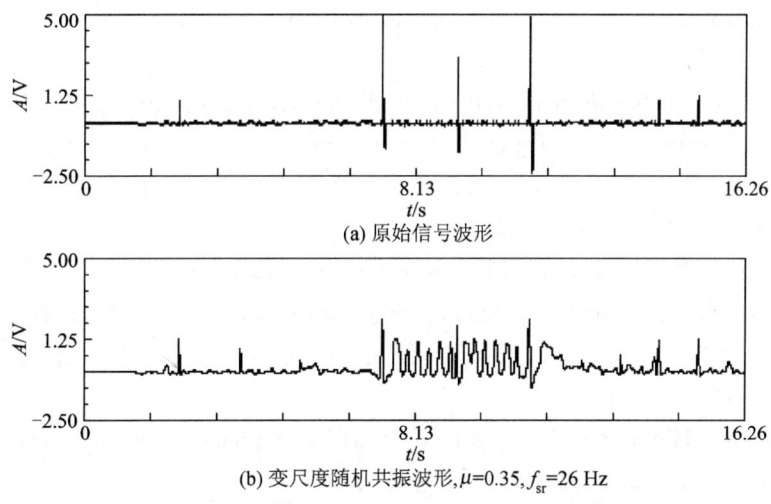

图 8.6.6 相邻 4 路漏磁信号平均的时域波形

思 考 题

1. 查阅相关文献,了解随机共振的发展历史和应用领域。
2. 周期驱动的双稳随机共振的基本理论是什么?
3. 小参数随机共振理论在工程应用中有哪些局限性?
4. 比较双稳随机共振在时域和频域的不同处理效果。
5. 文中 8.5 节给出的自适应随机共振辨识技术是靠什么实现的?

参 考 文 献

[1] R Benzi, A Sutera, A Vulpiana. The mechanism of stochastic resonance[J]. Phys. A, 1981,14:453-457.

[2] S Fauve, F Heslot. Stochastic Resonance in a bistable system[J]. Phys. Lett. ,1983,97A:5-7.

[3] B McNamara, K Wiesenfeld, R Roy. Observation of stochastic resonance in a ring laser[J]. Phys. Rev. Lett. ,1988,60:2626-2629.

[4] B McNamara, K Wiesenfeld. Theory of stochastic resonance[J]. Phys. Rev. A,1989,39:4854.

[5] G Hu, G Nicolis and C Nicolis. Periodiclly forced fokker-planckequation and stochastic resonance[J]. Phys. Rev. A,1990,42:2030.

[6] 胡岗.随机力与非线性系统[M].上海:上海科学教育出版社,1994.

[7] 卢志恒,林建恒,胡岗.随机共振问Fokker-Planck方程的数值研究[J].物理学报,1993,42(12):1556-1565.

[8] L Gammaitoni, P Hänggi, et al. Stochastic Resonance[J]. Rev. Mod. Phys. ,1998,70(1):223-285.

[9] Longtin. Stochastic Resonance in neuron models[J]. Stat. Phys. ,1993,70:309-327.

[10] L Gammaitoni. Stochastic Resonance in multi-threshold systems[J]. Phys. Lett. A,1995,208:315-322

[11] Y G Leng, et al. Numerical analysis and engineering application of large parameter Stochastic Resonance[J]. Journal of Sound and Vibration,2006,292:118-120.

[12] 冷永刚,王太勇.二次采样用于随机共振从强噪声中提取弱信号的数值研究[J].物理学报,2003,52(10):2432-2437.

[13] Y G Leng, T Y Wang, et al. Engineering signal processing based on bistable stochastic Resonance[J]. Mechanical Systems and Signal Processing,2007,21(1):138-150.

[14] 冷永刚,王太勇,等.二次采样随机共振频谱研究与应用初探[J].物理学报,2004,53(3):717-723.

[15] F Chapean-Blondeau. Stochastic resonance at phase noise in signal transmission[J]. Phys. Rev. E,2000,61(1):940-943.

[16] 冷永刚,王太勇,等.级联双稳系统的随机共振特性[J].物理学报,2005,54(3):1118-1125.

[17] H L He, et al. Study on non-linear filter characteristic and engineering application of cascaded bistable stochastic resonance system[J]. Mechanical Systems and Signal Processing,2007,21(7):2740-2749.

[18] 何慧龙,王太勇,等.级联双稳随机共振系统非线性滤波特性研究[J].吉林大学学报(工学版),2007,37(4):905-909.

[19] 李强,王太勇,等.基于近似熵测度的自适应随机共振研究[J].物理学报,2007,6(12):6803-6808.

[20] 冷永刚,王太勇,等.变尺度随机共振用于电机故障的监测诊断[J].中国电机工程学报,2003,23(11):111-115.

[21] 杨涛,王太勇,等.油气管道缺陷漏磁检测试验研究[J].天津大学学报,2004,37(8):686-689.

[22] 王太勇,胡世广,等.基于变尺度随机共振的油管漏磁信号检测[J].计量学报,2008,29(1):69-72.

第 9 章 故障特征提取的新方法

9.1 基于循环平稳理论的微弱故障特征提取方法

由于旋转机械回转运动所具有的周期性,使得这类机械所产生的振动信号总是显性或隐性地包含一些跟机构自身特征密切相关的周期特性,如何有效地利用这些振动信号中所具有的周期特性来进行机构运行状态的判断已成为旋转机械故障诊断技术发展的一个重要方向,这给循环平稳信号分析方法在旋转机械振动信号的故障特征提取方面提供了广阔的舞台。循环平稳信号分析与处理技术在雷达、声纳、通信、遥感和水文学等多个领域中已获得成功的应用,并显示出极其广阔的发展前景。但是,在机械设备状态监测与故障诊断领域中,无论是国内还是国外,循环平稳理论的应用已经成为热门研究对象,已有不少的研究成果公开发表[1-3]。

9.1.1 循环平稳定义与分类

循环平稳过程理论的起源可以追溯到 20 世纪 50 年代,但是直到 80 年代中期才开始迅速发展的[4-5]。

定义 9.1.1 严格循环平稳

随机过程 $x(t)$ 中,假定在任意选定的 $t_1, t_2, \cdots, t_k$ 时刻上,由随机过程所确定的 k 维随机变量的概率密度函数存在某个 T_0 满足

$$f(x(t_1), x(t_2), \cdots, x(t_k)) = f(x(t_1 + L_1 T_0), x(t_2 + L_2 T_0), \cdots, x(t_k + L_k T_0))$$

式中,$L_i (i=1,2,\cdots,k)$ 为任意整数,则称随机过程为严格循环平稳随机过程。

定义 9.1.2 广义循环平稳

如果随机过程 $x(t)$ 的统计特征呈周期或多周期(各周期不能通约)变化则称该随机过程广义循环平稳。

通常情况下,对循环平稳随机过程的研究都是在广义上展开的,因此简称广义循环平稳为循环平稳。根据呈现周期性的统计特征的不同,循环平稳随机过程可以分为一阶、二阶和高阶循环平稳。

如果随机过程 $x(t)$ 的一阶矩 $m_x(t)$ 满足

$$m_x(t) = m_x(t + nT_0) \tag{9.1.1}$$

n 为任意整数,则称 $x(t)$ 为一阶循环平稳。

如果随机过程 $x(t)$ 的自相关函数 $R_x(t,\tau)$(即该随机过程的二阶矩)满足

$$R_x(t,\tau) = R_x(t + nT_0, \tau) \tag{9.1.2}$$

则称 $x(t)$ 二阶循环平稳。

如果随机过程 $x(t)$ 的 $k(k\geqslant 3)$ 阶矩 $m_{kx}(t;\tau_1,\tau_2,\cdots,\tau_{k-1})$ 满足

$$m_{kx}(t;\tau_1,\tau_2,\cdots,\tau_{k-1})=m_{kx}(t+nT_0;\tau_1,\tau_2,\cdots,\tau_{k-1}) \tag{9.1.3}$$

则称 $x(t)$ 高阶循环平稳。

9.1.2 二阶循环平稳基本理论

二阶循环平稳信号是指其自相关函数或功率谱密度函数具有周期性变化规律的一类特殊非平稳信号,描述二阶循环平稳信号的循环统计量有循环自相关函数和循环谱密度函数。

(1) 循环自相关函数

循环自相关函数建立在信号的时变自相关函数基础上,将时变自相关函数展开成傅里叶级数的形式,其傅里叶系数通常称为循环自相关函数。

给定随机信号 $x(t)$,对 $x(t)$ 的时延二次变换作统计平均可以得到 $x(t)$ 的时变自相关函数为

$$R_x(t,\tau)=E\{x^*(t-\tau/2)x(t+\tau/2)\} \tag{9.1.4}$$

$E\{\}$ 为求数学期望,$*$ 为共轭,τ 是时间延迟,对于二阶循环平稳信号,其时变自相关函数 $R_x(t,\tau)$ 随着时间呈现周期变化的趋势,这样的随机信号不再具有平稳性和遍历性。因此在实际应用中,计算信号的统计特征量时,不可以用时间平均(也称样本平均)代替统计平均。这个性质十分重要,因为在工程实际中,只能对信号作单次观测,无法进行统计平均,因此时间平均成为实际计算的唯一手段。循环平稳信号的时变自相关函数的周期为 T_0,则可以对随机信号 $x(t)$ 进行周期为 T_0 的采样,即采样时刻为 $\cdots,t-nT_0,\cdots,t-2T_0,t-T_0,t,t+T_0,t+2T_0,\cdots,t+nT_0,\cdots$(见图 9.1.1,其中 t 为任意值),这样得到的采样值显然满足平稳性,假设这样采样得到的信号还具有遍历性(即信号具有循环遍历性),就可以用样本平均来估计时变自相关函数,即

$$R_x(t,\tau)=\lim_{N\to\infty}\frac{1}{2N+1}\sum_{n=-N}^{N}x^*(t+nT_0-\tau/2)x(t+nT_0+\tau/2) \tag{9.1.5}$$

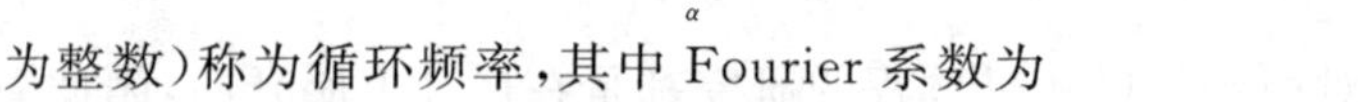

$$\cdots,t-nT_0,\cdots,t-2T_0,t-T_0,t,t+T_0,t+2T_0,\cdots,t+nT_0,\cdots$$

图 9.1.1 周期性采样示意图

根据定义对于二阶循环平稳信号,其时变自相关函数 $R_x(t,\tau)$ 是周期为 T_0 的周期函数,因此也可以用 Fourier 级数的形式来表示,即

$$R_x(t,\tau)=\sum_{\alpha}R_x^{\alpha}(\tau)e^{j2\pi\alpha t} \tag{9.1.6}$$

式中,$\alpha=n/T_0$(n 为整数)称为循环频率,其中 Fourier 系数为

$$R_x^{\alpha}(\tau)=\frac{1}{T_0}\int_{-T_0/2}^{T_0/2}R_x(t,\tau)e^{-j2\pi\alpha t}dt \tag{9.1.7}$$

将式(9.1.5)带入式(9.1.7),交换积分与求极限的次序,记 $(2N+1)T_0$ 为 T(当 $N\to\infty$ 时 $T\to\infty$),整理可得

$$R_x^{\alpha}(\tau)=\lim_{T\to\infty}\frac{1}{T}\int_{-T/2}^{T/2}x^*(t-\tau/2)x(t+\tau/2)e^{-j2\pi\alpha t}dt$$

$$=\langle x^*(t-\tau/2)x(t+\tau/2)e^{-j2\pi\alpha t}\rangle_t \tag{9.1.8}$$

系数 $R_x^{\alpha}(\tau)$ 表示循环频率为 α 的循环自相关函数(cyclic autocorrelation function,简写为 CAF),它是以时间延迟 τ 和循环频率 α 为变量的二元函数。如果信号 $x(t)$ 是实偶的,则

$$x^*(t-\tau/2)x(t+\tau/2) = x^*(-t-\tau/2)x(-t+\tau/2)$$

根据傅立叶变换的奇偶性可知，其对应的循环自相关函数也是实偶的，否则就算 $x(t)$ 为实信号，其循环自相关函数也将是一复函数。

一个循环平稳信号的循环频率 α 可能有多个（包括零循环频率和非零循环频率），其中，零循环频率对应信号的平稳部分，只有非零的循环频率才描绘信号的二阶循环平稳特性。只有当至少存在一个非零的 α 使得 $R_x^\alpha(\tau) \neq 0$ 时，信号才是二阶循环平稳信号。

为了看清楚循环自相关函数的意义，将式(9.1.8)略加改写

$$R_x^\alpha(\tau) = \langle [x(t+\tau/2)e^{-j\pi\alpha(t+\tau/2)}][x(t-\tau/2)e^{j\pi\alpha(t-\tau/2)}]^* \rangle_t \tag{9.1.9}$$

令

$$\begin{cases} u(t) = x(t)e^{-j\pi\alpha t} \\ v(t) = x(t)e^{j\pi\alpha t} \end{cases} \tag{9.1.10}$$

则式(9.1.9)的循环自相关函数可写成信号 $u(t)$ 和 $v(t)$ 的互相关函数的时间平均估计式：

$$R_x^\alpha(\tau) = R_{uv}(\tau) = \langle u(t+\tau/2)v^*(t-\tau/2) \rangle_t$$

$$= \lim_{T \to \infty} \frac{1}{T} \int_{-T/2}^{T/2} u(t+\tau/2)v^*(t-\tau/2) dt \tag{9.1.11}$$

从式(9.1.10)可知，信号 $u(t)$ 和 $v(t)$ 是对信号 $x(t)$ 进行频率移位而得到，也就是说循环自相关函数就是信号 $x(t)$ 两个频移信号（分别频移 $\pm\alpha/2$）的时间平均互相关函数。这表明只要一个信号的不同频率分量之间存在相关性，那么这个信号就会呈现二阶循环平稳性。

(2) 循环谱密度函数

信号 $x(t)$ 的循环自相关函数 $R_x^\alpha(\tau)$ 对时间延迟的 Fourier 变换为

$$S_x^\alpha(f) = \int_{-\infty}^{\infty} R_x^\alpha(\tau) e^{-j2\pi f\tau} d\tau \tag{9.1.12}$$

称为循环谱密度(cyclic spectrum density，简写为 CSD)或谱相关函数(spectral correlation function，简写为 SCF)，以上关系称为循环维纳-辛钦关系[4]，描述的是循环自相关函数与谱相关函数的关系。

由互相关函数与互相关谱的关系[6]可以得到 $u(t)$ 和 $v(t)$ 的互相关谱为

$$S_{uv}(f) = S_x^\alpha(f) = \int_{-\infty}^{\infty} R_{uv}(\tau) e^{-j2\pi f\tau} d\tau = E[U(f)V^*(f)]$$

$$= E[X(f+\alpha/2)X^*(f-\alpha/2)] \tag{9.1.13}$$

其中

$$\begin{cases} U(f) = X(f+\alpha/2) \\ V(f) = X(f-\alpha/2) \end{cases} \tag{9.1.14}$$

$X(f)$ 为信号 $x(t)$ 的频谱。谱相关密度函数等于原信号分别向左和右频移 $\alpha/2$ 后两信号的互相关谱，这也是谱相关密度函数这一名字的由来。

只要一个随机过程的两个不同频率分量之间存在相关性，从广义上可以认为该随机过程呈现循环平稳特性，而且这两个频率分量的间隔，即 $(f+\alpha/2)-(f-\alpha/2)=\alpha$ 必为该过程的一个循环频率。

(3) 循环平稳度

循环平稳度(degree of cyclostationarity，简写为 DCS)是描述信号二阶循环平稳特性的一个重要统计量，它的定义是基于循环自相关函数或者谱相关函数的[7]，其定义式如下

$$DCS_x(\alpha) = \frac{\int_{-\infty}^{\infty} |R_x^\alpha(\tau)|^2 \mathrm{d}\tau}{\int_{-\infty}^{\infty} |R_x^0(\tau)|^2 \mathrm{d}\tau} = \frac{\int_{-\infty}^{\infty} |S_x^\alpha(f)|^2 \mathrm{d}f}{\int_{-\infty}^{\infty} |S_x^0(f)|^2 \mathrm{d}f} \tag{9.1.15}$$

从以上定义式可以看出,循环平稳度描述的在循环频率 α 处所具有的能量与信号平稳部分能量的比值,是能够完全描述循环平稳信号的循环平稳特征的物理量。循环平稳度是以循环频率为变量的一元函数,比起含有两个自变量的循环自相关函数和谱相关函数来说,在处理和信息的提取上要简单得多,在某些场合,比循环自相关函数和谱相关函数更加的实用和简单。

9.1.3 滚动轴承信号的二阶循环平稳分析方法

(1) 理论模型

滚动轴承的工作机理使其初期故障往往表现为内圈、外圈或者滚动体上的局部点蚀[8]。点蚀部位对与其接触的轴承其他部件将产生冲击作用。随着轴承的运转,产生周期性冲击的发生频率反映了点蚀故障类型。随着轴承的运转,点蚀绝对位置有可能相对于传感器位置产生周期性变化。例如点蚀发生在内圈滚道时,点蚀的绝对位置以转速为周期而改变;对于滚动体点蚀,则以保持架的旋转周期而改变。由于点蚀绝对位置的旋转周期大于冲击产生的周期,因此对冲击产生调制作用。相对于共振频率的倒数,冲击作用的时间非常短,然后迅速衰减,可以认为在某次冲击振荡的发生过程中,调制幅值不发生改变,且每次冲击引起的振荡信号完全一样。定义 T 为冲击发生的周期,$s(t)$ 为点蚀故障产生的某次冲击振荡,第 i 次冲击的幅值为 A_i。滚动轴承工作环境较为恶劣,一般存在较强的环境噪声,因此模型中考虑加性噪声 $n(t)$ 的干扰,假定 $n(t)$ 为零均值平稳随机。因此,滚动轴承点蚀故障模型可以表示为

$$x(t) = \sum_i A_i s(t - iT) + n(t) \tag{9.1.16}$$

滚动轴承为欠阻尼系统,假定点蚀部位作用时间很短,则点蚀的冲击力可以看成是 δ 函数:

$$P(t) = P_0 \delta(t) \tag{9.1.17}$$

P_0 表示冲击能量。则运动微分方程可以表示为

$$m\ddot{s} + c\dot{s} + ks = P_0 \delta(t) \tag{9.1.18}$$

式中,m 表示系统质量,c 表示系统阻尼,k 表示系统刚度。无阻尼固有频率 f_0 和相对阻尼系数 ξ 分别为

$$f_0 = \frac{1}{2\pi}\sqrt{\frac{k}{m}}, \quad \xi = \frac{c}{2\sqrt{mk}} \tag{9.1.19}$$

响应 $s(t)$ 可以表示为

$$s(t) = \frac{P_0}{2m\pi f_n} \mathrm{e}^{-\xi 2\pi f_0 t} \sin 2\pi f_n t, \quad f_n = f_0 \sqrt{1-\xi^2} \tag{9.1.20}$$

因此 $s(t)$ 可以认为是以指数形式衰减、以阻尼固有频率为振荡频率的信号,$s(t)$ 时域波形和幅频响应如图 9.1.2 所示。

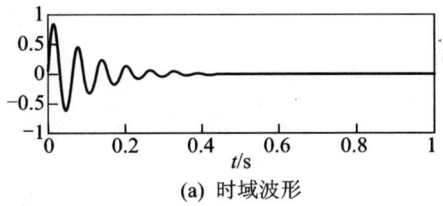
(a) 时域波形

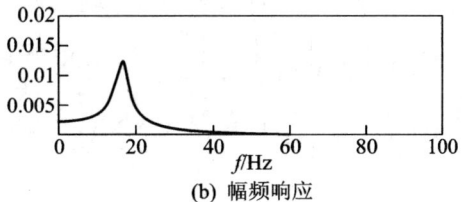
(b) 幅频响应

图 9.1.2　冲击信号的时域波形和幅频响应

由运动学公式可知，滚动轴承点蚀故障的发生频率与滚动体的承载角有关。转速的波动和滚动体所在承载区位置的不同都会引起承载角的改变，从而导致滚动体以各自不同的转速运转。但是保持架使得滚动体的公转速度保持一致，这样就必然造成滚动体与滚道之间产生微小滑动，从而使得冲击发生周期产生微小改变。严格的滚动轴承模型可以表示为

$$x(t) = \sum_i A_i s(t - iT - \tau_i) + n(t) \quad (9.1.21)$$

式中，τ_i 表示第 i 次冲击相对于平均周期 T 的微小波动。随机点过程 $\{A_i\}_{i \in Z}$ 是以 Q 为周期的 δ 相关点过程，且 $Q > T$，则

$$E\{A_i\} = E\{A_{i+Q}\} = \overline{A_i} \quad (9.1.22)$$

$$E\{A_i A_j\} = E\{A_{i+Q} A_{j+Q}\} = \overline{A_i^2} \delta(i-j)$$

由于滚珠和滚道之间的滑动非常微小，可以认为随机过程 $\{\tau_i\}_{i \in Z}$ 的条件概率满足

$$P[iT + \tau_i = t_i | jT + \tau_j = t_j] = P[iT + \tau_i = t_i], \quad j < i \quad (9.1.23)$$

即 $\{\tau_i\}_{i \in Z}$ 是零均值的 δ 相关点过程

$$E\{\tau_i \tau_j\} = \sigma_\delta^2 \delta(i-j) \quad (9.1.24)$$

其中，σ_δ 是 $\{\tau_i\}_{i \in Z}$ 的标准差，$\{\tau_i\}_{i \in Z}$ 的概率密度函数表示为 $\phi_\tau(\tau_i)$。

(2) 滚动轴承模型的循环平稳分析

将式(9.1.21)带入时变自相关函数的定义式(9.1.14)，利用随机点过程 $\{A_i\}_{i \in Z}$ 的相关性以及数学期望的定义得到滚动轴承模型的时变自相关函数为

$$\begin{aligned} R_x(t,\tau) &= E\left\{ \left[\sum_i A_i s\left(t + \frac{\tau}{2} - iT - \tau_i\right) + n\left(t + \frac{\tau}{2}\right) \right] \left[\sum_i A_i s\left(t - \frac{\tau}{2} - iT - \tau_i\right) + n\left(t - \frac{\tau}{2}\right) \right]^* \right\} \\ &= \sum_i \sum_j E\{A_i A_j\} E\left\{ s\left(t + \frac{\tau}{2} - iT - \tau_i\right) s^*\left(t - \frac{\tau}{2} - jT - \tau_j\right) \right\} + \\ &\quad E\left\{ n\left(t + \frac{\tau}{2}\right) n^*\left(t - \frac{\tau}{2}\right) \right\} \\ &= \sum_i \overline{A_i^2} \left[s\left(t + \frac{\tau}{2} - iT\right) s\left(t - \frac{\tau}{2} - iT\right) \right] * \phi_\tau(t) + R_n(\tau) \quad (9.1.25) \end{aligned}$$

式中，符号"$*$"表示时域卷积，$\overline{A_i^2} = E\{A_i A_i\}$，$R_n(\tau)$ 为平稳随机噪声的自相关函数。将式(9.1.25)中的第一项表示为 $R_s(t,\tau)$。根据循环统计量基本理论可知，谱相关密度函数是时变自相关函数关于时间 t 和时延 τ 的二维 Fourier 变换

$$S_x^\alpha(f) = S_s^\alpha(f) + S_n^\alpha(f) \quad (9.1.26)$$

其中，$S_n^\alpha(f)$ 为 $R_n(\tau)$ 的二维 Fourier 变换

$$S_n^\alpha(f) = S_n(f) \delta(\alpha) \quad (9.1.27)$$

$S_s^\alpha(f)$ 为 $R_s(t,\tau)$ 的二维 Fourier 变换

$$S_s^\alpha(f) = \lim_{W\to\infty}\lim_{V\to\infty}\frac{1}{W}\frac{1}{V}\int_{-V/2}^{V/2}\int_{-W/2}^{W/2}R_s(t,\tau)\mathrm{e}^{-\mathrm{j}2\pi t\alpha}\mathrm{e}^{-\mathrm{j}2\pi\tau f}\mathrm{d}t\mathrm{d}\tau$$

$$= \lim_{W\to\infty}\lim_{V\to\infty}\frac{1}{WV}\int_{-V/2}^{V/2}\int_{-W/2}^{W/2}\sum_i\overline{A_i^2}\mathrm{e}^{-\mathrm{j}2\pi iT\alpha}\left[s\left(t+\frac{\tau}{2}\right)s\left(t-\frac{\tau}{2}\right)\right]\mathrm{e}^{-\mathrm{j}2\pi t\alpha}\mathrm{e}^{-\mathrm{j}2\pi\tau f}\Phi_\tau(\alpha)\mathrm{d}t\mathrm{d}\tau$$

(9.1.28)

又因为 $\{A_i\}_{i\in Z}$ 具有周期性,则 $\overline{A_i^2}$ 同样具有周期性,所以 $\overline{A_i^2}$ 可以表示为 Fourier 级数的形式

$$\overline{A_i^2} = \sum_{q\in Z}r_q\mathrm{e}^{\mathrm{j}2\pi Tq\alpha_2 i} \tag{9.1.29}$$

其中, $\alpha_2 = 1/Q$,根据 Poisson 公式

$$T\sum_{i\in Z}r_q\mathrm{e}^{\mathrm{j}2\pi iT(q\alpha_2-\alpha)} = \sum_{i\in Z}\delta(\alpha-i\alpha_1-q\alpha_2) \tag{9.1.30}$$

其中, $\alpha_1 = 1/T$,将式(9.1.29)带入式(9.1.28),利用 Poisson 公式得到

$$S_s^\alpha(f) = \left\{\lim_{W\to\infty}\lim_{V\to\infty}\frac{1}{WV}\int_{-V/2}^{V/2}\int_{-W/2}^{W/2}[s(t+\tau/2)s^*(t-\tau/2)]\mathrm{e}^{-\mathrm{j}2\pi t\alpha}\mathrm{e}^{-\mathrm{j}2\pi\tau f}\mathrm{d}t\mathrm{d}\tau\right\}\cdot$$
$$\frac{1}{T}\sum_{q\in Z}\sum_{i\in Z}r_q\delta(\alpha-i\alpha_1-q\alpha_2)\Phi_\tau(\alpha) \tag{9.1.31}$$

式(9.1.31)中的 $\{\cdot\}$ 项表示 $[s(t+\tau/2)s^*(t-\tau/2)]$ 的二维 Fourier 变换,得到滚动轴承点蚀故障模型的谱相关密度 $S_x^\alpha(f)$ 为

$$S_x^\alpha(f) = \begin{cases}\dfrac{1}{T}\sum_{i\in Z}\sum_{q\in Z}S\left(f+\dfrac{\alpha}{2}\right)S^*\left(f-\dfrac{\alpha}{2}\right)r_q\Phi_\tau(\alpha) & \alpha = i\alpha_1+q\alpha_2, i\neq 0 \text{ 或 } q\neq 0 \\ S_x(f) & i=0 \text{ 且 } q=0 \\ 0 & \text{其他}\end{cases}$$

(9.1.32)

其中, $S(f)$ 是信号 $s(t)$ 的 Fourier 变换, $S_x(f)$ 表示信号的功率谱, $\Phi_\tau(\alpha)$ 是随机过程 $\{\tau_i\}_{i\in Z}$ 概率密度函数 $\phi_\tau(t)$ 的 Fourier 变换

$$\Phi_\tau(\alpha) = \lim_{W\to\infty}\frac{1}{W}\int_{-W/2}^{W/2}\phi_\tau(t)\mathrm{e}^{-\mathrm{j}2\pi t\alpha}\mathrm{d}t \tag{9.1.33}$$

因此,对于式(9.1.32)所示的滚动轴承点蚀故障模型,循环频率等于零的谱相关密度切片是信号传统的功率谱。除此之外的非零谱相关密度对应故障发生频率 α_1 及其倍频成分,以及围绕它们的以冲击受到的调制频率 α_2 为间距的边带成分。因此,滚动轴承点蚀故障模型具有二阶循环平稳的特征,其谱相关密度函数在循环频率域具有反映故障特征的离散频率成分。

由于概率密度函数 $\phi_\tau(t)$ 具有以下性质:

$$\begin{aligned}\phi_\tau(t)&\in(0,1) \quad t>0 \\ \phi_\tau(t)&=0 \quad t\leq 0\end{aligned} \tag{9.1.34}$$

因此, $\Phi_\tau(\alpha)$ 满足

$$\begin{aligned}\Phi_\tau(0)&=1 \\ \Phi_\tau(\alpha_1)&>\Phi_\tau(\alpha_2), \quad 0\leq\alpha_1<\alpha_2\end{aligned} \tag{9.1.35}$$

所以, $\Phi_\tau(\alpha)$ 相当于低通滤波器。随着 α 的增加,特征循环频率处的谱相关密度 $S_x^\alpha(f)$ 逐渐衰减。因此,谱相关密度所表现出的故障特征主要集中在循环频率的低频段。

冲击振荡 $s(t)$ 是高频振荡衰减信号，其 Fourier 变换 $S(f)$ 主要位于高频段，且在窄带内具有连续的频谱形式。因此，低循环频率处的谱相关密度切片是连续频谱形式，其连续谱的谱峰位于共振频率附近的高频段。

根据式(9.1.32)可以得到滚动轴承不同类型点蚀故障信号的循环平稳特征，如表 9.1.1 所示。

表 9.1.1 滚动轴承下同类型点蚀故障信号的循环平稳特征

故障类型	外圈点蚀	内圈点蚀	滚动体点蚀
循环频率特征	$nf_{\mathrm{op}}\quad n\in Z$	$nf_{\mathrm{ip}}\pm kf_r,\ n,k\in Z$	$nf_{\mathrm{bp}}\pm kf_c,\ n,k\in Z$

f_{op}、f_{ip}、f_{bp} 分别为外圈、内圈、滚动体的通过频率，f_r 为转频，f_c 为保持架的公转频率。

$S(f)$ 是在整个频率域上存在的连续函数，最高点位于系统固有频率处。所以，$S(f+\alpha/2)S^*(f-\alpha/2)$ 同样表现出连续的谱结构。$S_x^\alpha(f)$ 在特征循环频率 $\alpha=i\alpha_1+q\alpha_2$，$i\neq 0$ 或 $q\neq 0$ 处的切片表现出明显高于非特征循环频率谱相关密度切片的连续谱形式。这些显著特征使得谱相关密度在循环频率域显示出离散的谱结构。因此，如果预先假定某些可能的特征循环频率，计算其对应的谱相关密度函数切片，如果某一(或某些)谱相关密度切片显示出明显高于其他切片的连续谱结构，就说明该循环频率是信号的特征循环频率，从而反映故障类型。

(3) 基于 Hilbert 变换的谱相关密度单切片分析

谱相关密度函数虽然提供了识别信号特征的重要信息，但距离实际应用存在一定差距，因为：

● 谱相关密度函数提供冗余的三维信息，表现形式复杂；

● 无论采用哪种估计方法，要得到双频率平面上高分辨率的谱相关密度函数特征都需要经过大量的数据运算。

对解析信号进行谱相关密度估计时，可以在估计过程中利用时域选抽技术，减少循环频率域(即时间域)上参与计算的数据点数，从而在保证循环频率域分辨率的同时可以一定程度上得到较高的谱频率域分辨率，得到具有高分辨率的谱相关密度切片，利用该切片信息判断机构的运转状态，称这一过程为谱相关密度单切片分析。其技术路线如图 9.1.3 所示，一般步骤如下：

1) 求原始信号的解析信号 $\hat{x}(t)$；

2) 由 $\hat{x}(t)$ 估计时域选抽的时变自相关函数，利用时间平均代替集总平均得到

$$R_{\hat{x}}(t/D,\tau) = \lim_{N\to\infty}\frac{1}{2N+1}\sum_{n=-N}^{N}\hat{x}\left(t/D+nT+\frac{\tau}{2}\right)\hat{x}^*\left(t/D+nT-\frac{\tau}{2}\right) \quad (9.1.36)$$

3) 确定某一循环频率 α_0，计算此处的循环自相关函数切片 $R_{\hat{x}}^{\alpha_0}(\tau)$

$$R_{\hat{x}}^{\alpha_0}(\tau) = \frac{1}{T}\int_{-T/2}^{T/2} R_{\hat{x}}(t/D,\tau)\mathrm{e}^{-\mathrm{j}2\pi\alpha_0 t/D}\mathrm{d}(t/D) \quad (9.1.37)$$

4) 对于调制信号，$R_{\hat{x}}^{\alpha_0}(\tau)$ 具有包络载波的形式，其包络的循环自相关函数 $R_a^{\alpha_0}(\tau)$ 包含了所有的调制信息，因此利用平方解调得到包络的循环自相关函数

$$\left|R_a^{\alpha_0}(\tau)\right|^2 = \left|R_{\hat{x}}^{\alpha_0}(\tau)\right|^2 \quad (9.1.38)$$

5) 对 $\left|R_a^{\alpha_0}(\tau)\right|^2$ 求关于时延 τ 的 Fourier 变换，得到

$$S_{|a|^2}^{\alpha_0}(f) = \int_{-\infty}^{\infty} |R_a^{\alpha_0}(\tau)|^2 e^{-j2\pi f\tau} d\tau \qquad (9.1.39)$$

虽然最终仅得到 $S_{|a|^2}^{\alpha_0}(f)$，由卷积定理可知

$$S_{|a|^2}^{\alpha_0}(f) = \int_{-\infty}^{\infty} R_a^{\alpha_0}(\tau)[R_a^{\alpha_0}(\tau)]^* e^{-j2\pi f\tau} d\tau = S_a^{\alpha_0}(f) * [S_a^{\alpha_0}(-f)]^* \qquad (9.1.40)$$

$S_{|a|^2}^{\alpha_0}(f)$ 是调制函数的谱相关密度函数的另一种表现形式，从特征识别的角度可以用其代替调制函数的谱相关密度函数 $S_a^{\alpha_0}(f)$。

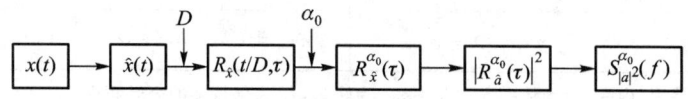

图 9.1.3　谱相关密度单切片分析技术路线图

(4) 谱相关密度组合切片分析

循环平稳度是普遍适应于各种循环平稳现象的分析方法，但是对于滚动轴承故障诊断而言，该方法不是最优。滚动轴承的固有频率一般较高，在循环平稳度分析时难以避免庞大的矩阵运算，即便是对信号选择特征频段进行窄带滤波，然后利用谱相关密度单切片分析中的简化算法，其计算量问题仍然使得该方法不能胜任高精度和高效率的场合。

基于 Hilbert 变换的谱相关密度单切片分析法仅仅适用于调制边带特征明显的滚动轴承故障，对大多数情况不适用，违背了循环平稳分析识别微弱故障特征的宗旨。

对于滚动轴承而言，特征循环频率无外乎内、外圈以及滚动体的通过频率，转频和保持架的公转频率以及它们的谐波成分。由于 $\Phi_\tau(\alpha)$ 低通滤波的作用，低频循环频率处具有更加清楚的特征表现。因此，选择保持架公转频率 f_c、转频 f_r、外圈通过频率 f_{op}、内圈通过频率 f_{ip}、某一滚动体上一点通过内外圈的频率 f_{bp} 这五个循环频率，计算相应的谱相关密度切片，通过它们之间的对比判断滚动轴承的运转状态，该分析方法称为谱相关密度组合切片分析。

同样是求谱相关密度在某一循环频率的切片，组合切片分析和单切片分析的侧重点不同。单切片分析通过切片上离散谱频率结构识别信号特征，而组合切片分析仅仅需要判断该切片是否具有高于其他切片的连续谱结构，无需得到高的谱频率分辨率。因此，对于滚动轴承振动信号的谱相关密度切片采用不同于单切片分析中的估计算法，利用平滑循环周期图估计算法，直接由信号得到谱相关密度切片的估计。这种基于平滑循环周期图的谱相关密度切片估计兼顾高精度(循环频率域)和高效率(仅需一次长序列 Fourier 变换)，同时又能够满足滚动轴承故障识别的要求。

9.1.4　应用实例

图 9.1.4、图 9.1.5 分别是型号为 6205-2RS 的深沟球轴承外圈、内圈单点点蚀故障信号的分析结果。采样频率为 12 kHz，数据长度为 16 384 点。外圈故障发生时的实际轴频为 29.9 Hz，外圈故障的通过频率为 107.3 Hz；内圈故障的发生时的实际轴频为 29.5 Hz，内圈故障通过频率为 159.9 Hz。从图 9.1.4b、图 9.1.5b 的幅值谱上可以看出，信号具有明显的调制特征，选择[3 300 Hz，3 800 Hz]间的窄带信号作为研究对象，利用谱相关密度单切片分析提取轴承故障特征。根据滚动轴承点蚀故障模型的二阶循环平稳分析可知，通过频率

及其倍频成分是其主要的特征循环频率,因此选择通过频率进行谱相关密度单切片分析。

在图 9.1.4c 滚动轴承外圈点蚀故障信号的谱相关密度单切片分析图上,谱峰 $a_1 \sim a_3$ 对应外圈通过频率及其二、三倍频,由此说明该轴承发生了外圈点蚀故障。由于转速波动等因素使得点蚀引起的冲击受到系统其他频率成分的微小调制作用,形成谱图上除外圈故障特征频率外的细小峰值。

在图 9.1.5c 滚动轴承内圈点蚀故障信号的谱相关密度单切片分析图上,谱峰 a_1,a_2 对应内圈通过频率及其两倍频,说明该轴承发生了内圈点蚀故障。由于内圈故障部位随转轴运转而改变,点蚀引起的冲击明显受到轴频的调制作用,围绕 a_1、a_2 形成一些边带,b_1、b_2 分别为 29.4 Hz 和 59.2 Hz,对应转频及其两倍频,$c_1 \sim c_3$ 分别对应 100.3 Hz、218.5 Hz、260.0 Hz,其中 c_1、c_2 为距 a_1 两倍转频的边带谱线,而 c_3 为距 a_2 两倍转频的边带谱线。

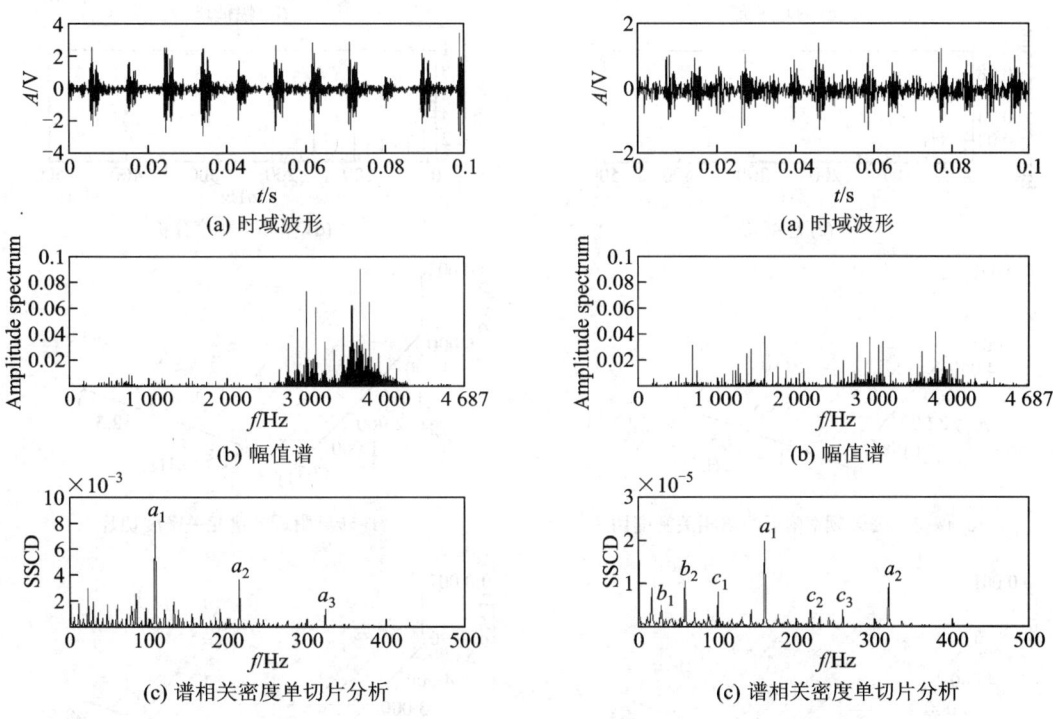

图 9.1.4　滚动轴承外圈点蚀故障信号　　图 9.1.5　滚动轴承内圈点蚀故障信号

虽然谱相关密度单切片分析对实际滚动轴承故障信号有效,但是很多时候,滚珠和滚道之间的滑动将掩盖调制故障特征,单切片分析将失效。并且,预先观察信号幅值谱,人为选择滤波位置的做法,对于滚动轴承故障监测并不十分便利。

谱相关密度组合切片分析兼顾分析精度和计算效率,并在很大程度上排除了随机噪声的干扰,是一种行之有效的滚动轴承故障诊断方法。谱相关密度组合切片分析将整个分析带宽内的调制信息提取出来,因此能够更加真实地反映滚动轴承中的点蚀故障特征。每个循环频率对应的切片都反映了频谱上此间距谱线的相关程度。如果相关,则该切片具有显著的能量分布;如果不相关,则该切片上仅会存在微小的随机波动,随机波动由估计误差或噪声引起。因此,只要信号中存在某种调制频率特征,无论在信号中所占比重多么微弱,在其对应的切片就会有所表现,不会受到其他特征频率的影响,不会被信号中的主要特征所掩盖。因此，谱相关密度组合切片分析可以同时诊断出滚动轴承不同部位存在的点蚀故障。

图 9.1.6 是型号为 GB 203 的滚动轴承振动信号分析结果。该信号的采样频率为 12.8 kHz，转频约为 12 Hz。图 9.1.6a～9.1.6d 分别表示信号的时域波形、幅值谱、包络谱、循环平稳度分析。包络谱和循环平稳度分析都显示该轴承发生了非常明显的内圈点蚀故障。

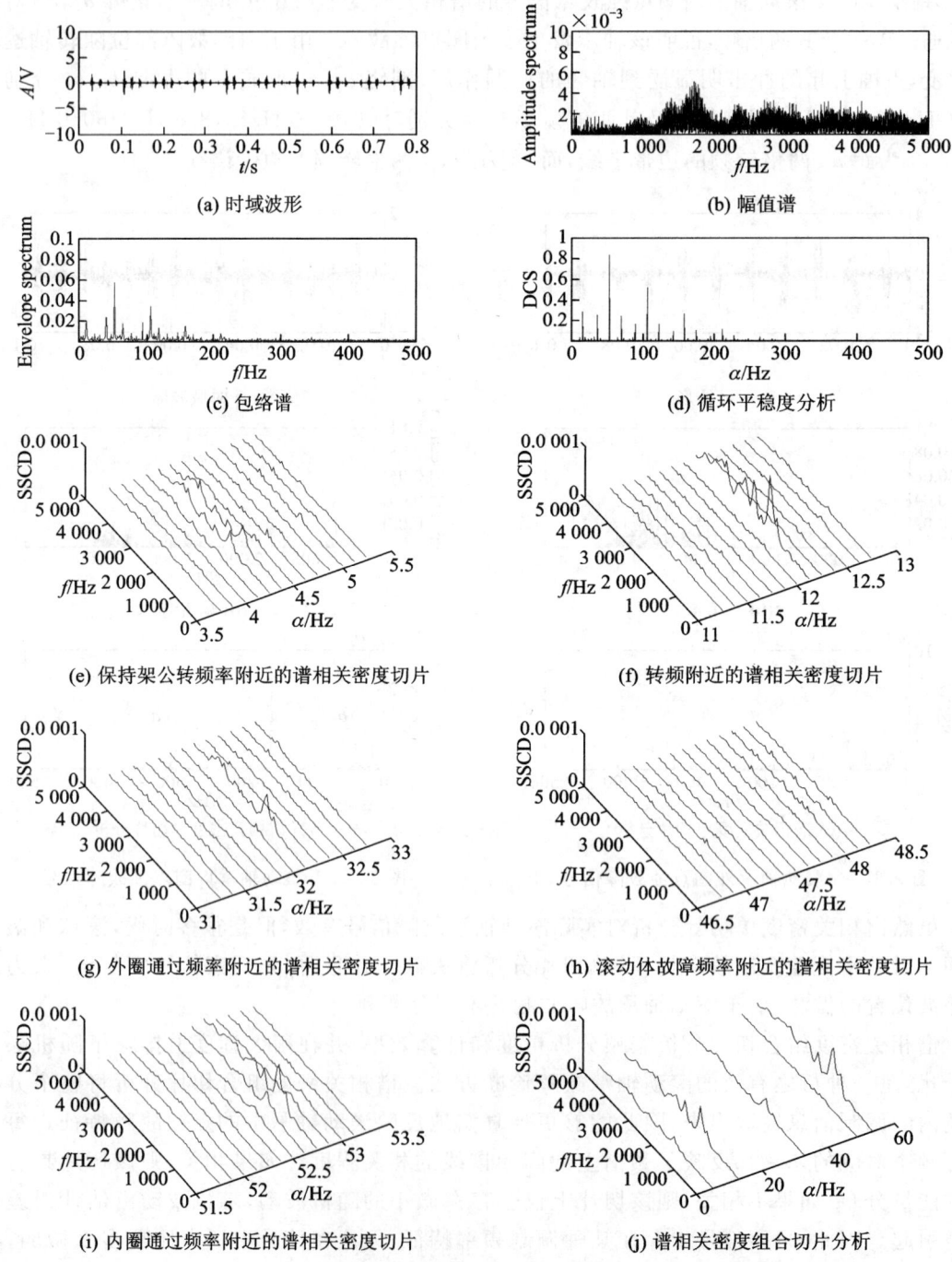

图 9.1.6　多故障滚动轴承振动信号

在进行谱相关密度组合切片分析时,根据计算的五个特征循环频率理论值选择 4.5 Hz(保持架公转频率)、12 Hz(转频)、32 Hz(外圈通过频率)、48 Hz(滚动体故障频率)、52 Hz(内圈通过频率)作为中心点计算±0.75 Hz 循环频率频段内的谱相关密度切片,得到五个局部最大能量切片,根据这五个切片的相对能量大小判断信号故障类型。图 9.1.6e~9.1.6j 显示了组合切片分析的过程及最终结果,分别为保持架公转频率、转频、外圈通过频率、滚动体故障频率和内圈通过频率附近的谱相关密度切片以及最终的综合结果。

在图 9.1.6f 上,12.125 Hz 对应的谱相关密度切片为局部能量最大切片,除此之外的其他切片都仅仅存在估计误差引起的微小波动。因此,信号中包含 12.125 Hz 的频率成分,滚动轴承的实际转频为 12.125 Hz。在图 9.1.6i 上,52.75 Hz 处的谱相关密度切片为局部能量最大切片,且相对于此循环频段内的其他切片,具有显著的能量分布。由此判断 52.75 Hz 为实际的内圈通过频率。综合图 9.1.6f、图 9.1.6i 的信息可以断定该轴承存在内圈点蚀故障。

在图 9.1.6g 的外圈通过频率附近的谱相关密度切片上,除 32.125 Hz 处的切片外,其他切片仅仅存在估计误差引起的微小波动,说明信号频谱上相距 32.125 Hz 的谱线存在较强的相关性,即信号中含有外圈通过频率的频率成分。显然,该滚动轴承同时存在外圈点蚀故障。

该滚动轴承不存在滚动体点蚀故障,因此在图 9.1.6h 滚动体故障特征频率附近的切片图上,所有的切片都具有相似的能量波动,且相对于其他循环频段的局部能量最大切片,能量分布微乎其微。由此说明,图 9.1.6h 上的所有谱相关密度切片都为非特征切片,不包含信号特征。

在图 9.1.6e 的保持架转频附近的谱相关密度切片上,相对其余位置切片,4.25 Hz 和 4.375 Hz 处的切片都具有较突出的能量分布,说明信号中也包含些许以保持架转频为调制频率的振动成分,且保持架转频约为 4.3 Hz。滚动轴承振动信号包含少许保持架转频的调制现象属于正常情况,即使在正常运转情况下都有可能发生。很多时候,无法进行严格的整周期采样,从而出现频率分叉问题,这样一来就会造成与实际频率相邻的两个谱线上都存在信号特征的现象。另外,如果信号并不是严格的循环平稳,而是准循环平稳,则特征循环频率附近就会发生能量泄漏,使得邻近的切片上也会存在少许的能量分布。图 9.1.6i 中 52.625 Hz 对应的谱相关密度切片具有与相邻的局部能量最大切片相似的形状,能量相对较小,这一切片上的能量分布就很可能是此种原因造成的。

9.2 盲源分离技术用于故障特征提纯

9.2.1 概论

信号分析与处理技术是故障诊断的基础,每一次新的信号处理方法的出现都推动着故障诊断学的发展,例如 FFT 谱分析与小波分析等都是提取故障特征的有力工具。目前,作为一种新的信号分析方法,盲源分离(BSS,blind source separation)技术是指在源信号与传递通道参数均未知的情况下,根据观测信号来恢复源信号,其最重要的先验知识是源信号的相互独立性。

"盲"有两重含义，一是指源信号不能被直接观测到，二是指源信号的混合过程是未知的。由于对传递通道作"盲"假设，当源信号与传感器之间难以建立数学模型时，或者关于传输的先验知识无法获得时，盲源分离技术是一种恰当的选择，因此该技术在语音分离、系统辨识、特征提取、目标识别等许多工程领域具有巨大的应用前景，吸引了众多国内外学者研究盲源分离技术，成为目前的研究热点问题。盲源分离技术对解决机器噪声信号分离问题也非常适合，由于机器噪声信号的混合过程非常复杂，盲混合模型是一种恰当的描述，采用盲源分离方法可从观测混合信号中提取待监测设备的噪声信号，从而凸现了其声学故障特征。因此，盲源分离技术的研究不仅是信号处理学科发展的需要，也是声学故障特征提取的需要，该方法的研究对振动信号分析与故障诊断也具有很大的借鉴意义。

一般认为，法国的 Herault 与 Jutten 是盲源分离问题的最早研究者[9-10]，他们在生物体中枢神经系统能够分离生物体不同运动信息的启发下设计了一个反馈神经网络，该网络通过选取奇次的非线性函数构成 Hebb 训练，从而实现两个源信号线性瞬时混合的盲源分离，这个算法被称为 H-J 算法，它开创了盲源分离算法的研究。随后，Tong 与 Cao 分别对盲源分离的可辨识性、分离结果的不确定性与分离准则等问题进行了深入研究[11-12]，给出了一类基于高阶统计量的矩阵代数特征分解法，解决了盲源分离的可分离性等基础问题。Comon 则给出了盲源分离算法的基本框架[13]，提出了独立分量分析（ICA，independent component analysis）的概念。Comon 定义了一个衡量信号分量之间独立标准的对比函数（contrast function），将盲源分离算法转化为一个最优化对比函数的过程，以后的各种算法基本上都是基于这一思路的。

本节就盲源分离数学模型，盲源分离算法的一般假设条件等算法基础知识，以及主要的几种盲源分离算法作一简要介绍，以达到抛砖引玉的目的。作为算法举例，本节对改进的 EASI（equivariant adaptive source separation）算法进行了试验分析。

9.2.2 盲源分离数学模型

当多个信号源同时发射信号时，每个传感器的观测信号都是所有信号源信号的混合，此时通常采用多个传感器同时进行测量，信号的混合过程如图 9.2.1 所示，n 个信号源 $s_1, s_2, \cdots, s_n$ 的源信号为 $s_i(t)(i=1,2,\cdots,n)$，源信号经过不同的混合通道分别到达 m 个传感器，传感器的观测信号为 $x_i(t)$ ($i=1,2,\cdots,m$)。盲源分离是指在无法利用混合通道与源信号信息的情况下，从观测信号中恢复独立源信号的一种方法[10]。按照源信号混合方式的不同，盲源分离的数学模型可分为瞬时混合模型与卷积混合模型两大类。

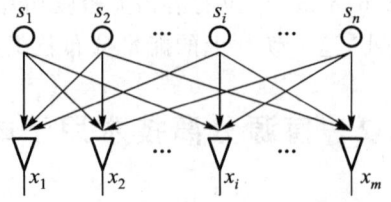

图 9.2.1 信号混合过程示意图

（1）瞬时混合模型

信号的瞬时混合是指各传递通道建模为一个无记忆系统，即传递通道对源信号以一个未知系数加权，而各通道的传播时间差可以忽略不计，这样，其第 i 个传感器的输出信号 $x_i(t)$ 如下：

$$x_i(t) = \sum_{j=1}^{n} a_{ij} s_j(t) \quad i = 1, 2, \cdots, m \tag{9.2.1}$$

其中，a_{ij}为第i个传感器与第j个信号源之间的未知混合系数，式(9.2.1)可用矢量与矩阵表达如下：

$$x(t) = As(t) \tag{9.2.2}$$

其中，$s(t) = (s_1(t),\cdots,s_n(t))^T$是$n\times 1$的源信号矢量，$x(t) = (x_1(t),\cdots,x_m(t))^T$是$m\times 1$的混合信号矢量，矩阵$A=(a_{ij})_{m\times n}$是$m\times n$阶的混合矩阵。

瞬时混合模型的盲源分离是指根据观测信号$x(t)$与源信号的相互独立性质对源信号矢量$s(t)$与混合矩阵A进行辨识，其分离过程如图9.2.2所示，其数学描述是寻求$n\times m$阶的分离矩阵W对观测信号$x(t)$进行线性变换，使得变换后的信号$\hat{s}(t)$是源信号$s(t)$的一个可靠估计，即

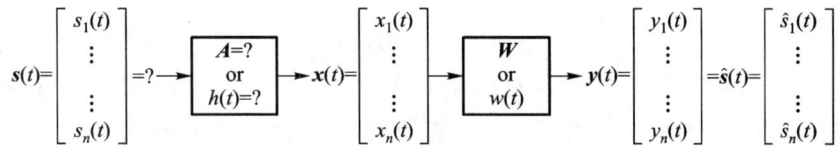

图9.2.2 盲源分离过程

$$\hat{s}(t) = Wx(t) = WAs(t) = Cs(t) \tag{9.2.3}$$

其中，矩阵$C=(c_{ij})_{n\times n}$称为全局矩阵，该矩阵的每一行与每一列有且仅有一个非零元素。这样，分离结果$\hat{s}(t)$中的信号分量$\hat{s}_i(t)(i=1,\cdots,n)$分别与$n$个源信号的波形相同，但是分离信号分量在源矢量中的位置以及信号幅值是不确定的，即$\hat{s}_i(t)=c_{ij}s_j(t)$。此不确定性是由全局矩阵$C$引起的，其原因在后面详细说明。

(2) 卷积混合模型

信号的卷积混合是指各传递通道建模为一个有记忆的系统，即必须考虑各传递通道时间延迟效应，其传递函数可看成是一个滤波器函数，这样，第i个传感器的输出信号$x_i(t)$如下：

$$x_i(t) = \sum_{j=1}^{n} h_{ij}(t) * s_j(t) \quad i=1,2,\cdots,m \tag{9.2.4}$$

其中，$h_{ij}(t)$为第i个传感器与第j个信号源之间的滤波器函数，上式可用矢量与矩阵表达如下：

$$x(t) = H(t) * s(t) \tag{9.2.5}$$

其中，$H(t)=(h_{ij}(t))_{m\times n}$是未知的$m\times n$阶滤波器函数矩阵。

卷积混合的盲源分离是指寻求一个分离滤波器函数矩阵$W(t)$对观测信号$x(t)$进行变换，使得变换后的信号$\hat{s}(t)$是源信号$s(t)$的一个可靠估计(图9.2.2)，即

$$\hat{s}(t) = W(t) * x(t) = W(t) * H(t) * s(t) = C(t) * s(t) \tag{9.2.6}$$

其中，矩阵$C(t)=(c_{ij}(t))_{n\times n}$称为全局函数矩阵，该函数矩阵的每一行与每一列有且仅有一个非零函数。这样，盲反卷积消除了源信号之间的相互干扰，使得分离结果不再是所有源信号卷积之和，只是一个源信号的卷积滤波结果，即$\hat{s}_i(t)=c_{ij}(t)*s_j(t)$。在没有其他先验知识条件下，滤波器函数$c_{ij}(t)$以及分离信号分量在源矢量中的位置是不确定的，这种分离结果的不确定性是由全局函数矩阵$C(t)$引起的。需要指出的是，在源信号是独立同分布信号或其他假设条件下，一些算法能够辨识滤波器函数，卷积混合模型的盲源分离算法一般称为

盲反卷积算法。

(3) 卷积混合与瞬时混合的关系

信号卷积混合与瞬时混合有着密切的关系,瞬时混合是卷积混合的一种特殊情况,即当卷积混合模型中的滤波器阶数等于1时卷积混合就变成了一个瞬时混合

$$h_{ij}(n)\begin{cases} \neq 0 & n=0 \\ =0 & n\neq 0 \end{cases} \quad (9.2.7)$$

卷积混合是更符合实际情况的一种混合方式,然而在实际分析中,瞬时混合模型却是卷积混合模型的基础,人们通常把卷积混合模型分解为若干个瞬时混合模型进行分析,最常用的一种分解方法是在频域进行分解,把式(9.2.5)的时域卷积转变为如下的频域乘积

$$\boldsymbol{x}(f) = \boldsymbol{H}(f)\boldsymbol{s}(f) \quad (9.2.8)$$

其中,$\boldsymbol{x}(f)$、$\boldsymbol{H}(f)$、$\boldsymbol{s}(f)$分别是各自对应函数的傅里叶变换,上式对于每个频率点f而言都是一个复数域的瞬时混合模型,这样就把卷积混合模型分解为多个比较简单的瞬时混合模型。需要指出的是,卷积混合盲源分离要比瞬时混合盲源分离复杂得多,其主要困难在于卷积混合盲源分离算法的计算量极其惊人,难以满足实际应用需要,另外算法的病态性问题以及病态性问题带来的分离结果失真等问题也是盲反卷积算法的难点所在。

9.2.3 盲源分离算法基础知识

盲源分离算法多种多样,但各类算法都有一些基本点是一致的,因此本节介绍盲源算法的基础知识,包括盲源分离的假设条件、可辨识性问题、不确定性、对比函数的概念、盲源分离的预处理以及盲源分离的检验指标等。

(1) 盲源分离的假设条件

盲源分离算法在一定条件下实现信号分离目的,下面给出盲源分离问题的基本假设条件:

假设1:混合矩阵$\boldsymbol{A}$或混合滤波器函数矩阵$\boldsymbol{H}(t)$是列不可约的或列满秩的,即rank($\boldsymbol{A}$)=n或rank($\boldsymbol{H}(t)$)=n;

假设2:源信号矢量$\boldsymbol{s}(t)$各个分量之间是相互独立的;

假设3:观测信号数目应不小于源信号数目,即$m \geqslant n$;

假设4:源信号矢量$\boldsymbol{s}(t)$是零均值各态历经的随机矢量。

假设1是盲源分离问题的基本条件,盲源分离算法通过寻求混合(函数)矩阵的逆矩阵实现信号分离,如果混合(函数)矩阵是非列满秩的,必然存在两个或两个以上列矢量是线性相关的,此时的混合(函数)矩阵根本不存在逆矩阵,因此也无法实现盲信号分离。

假设2对于不同的盲源分离算法略有不同。根据统计学可知,n个随机过程之间相互独立是指n个随机过程的联合概率密度函数等于各自概率密度函数的乘积,即$p(s_1,\cdots,s_n) = p(s_1)\cdots p(s_n)$。$n$个随机过程的两两独立是指每两个随机过程的联合概率密度函数等于两个概率密度函数的乘积,即$p(s_i,s_j) = p(s_i)p(s_j)(i,j=1,\cdots,n$且$i\neq j)$。$n$个随机过程的互不相关则是指每两个随机过程之间的二阶统计量为零,即$r_{s_i,s_j}(\tau) = 0(i,j=1,\cdots,n$且$i\neq j)$。因此,$n$个随机过程之间相互独立必然保证两两独立,从而互不相关,而n个随机过程之间互

不相关不一定保证两两独立,更不能保证相互独立,即图 9.2.3 从左到右是充分条件,而不是充要条件。

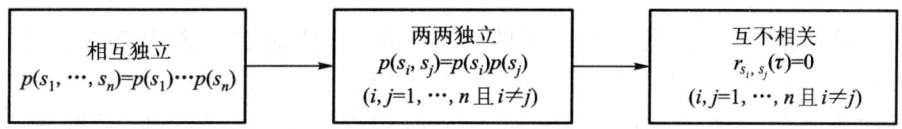

图 9.2.3 信号独立的几种形式

假设 3 是目前大多数盲源分离算法所要求的条件,如果观测信号数目小于源信号数目(即 $m<n$),则混合(函数)矩阵的秩最大为 m,因此只能分离出 m 个相互独立的信号,无法保证 n 个源信号的一一分离。

假设 4 主要是满足算法中统计量计算的需要,在实际计算中对于非零均值的随机信号可采用信号预处理方法消除信号均值。

(2) 盲源分离的可辨识性

在证明盲源分离可辨识性之前,首先介绍广义分划矩阵与广义初等矩阵的概念,设 $N=\{1,2,\cdots,n\}$ 为 n 个自然数的集合,$N_i(i=1,2,\cdots,r)$ 为集合 N 的某个子集,并且满足 $N_i \cap N_j = \emptyset (i \neq j)$ 和 $N_1 \cup N_2 \cup \cdots \cup N_r = N$。即集合 N 可以划分为不相交的 r 个子集,把满足下式的 $r \times n$ 阶矩阵 $\boldsymbol{G}=(g_{ij})_{r \times n}$ 定义为分划矩阵:

$$g_{ij}=\begin{cases} 1, & j \in N_i \\ 0, & j \notin N_i \end{cases} \tag{9.2.9}$$

容易看出,当且仅当所有子集 $N_i(i=1,2,\cdots,r)$ 都不为空集时分划矩阵 $\boldsymbol{G}$ 是行满秩矩阵,行满秩分划矩阵实际上是由元素 0 或 1 组成的矩阵,并且矩阵的每一列只有一个非零元素,而每一行至少有一个非零元素,如果 N 的某个子集 N_k 为空集时,分划矩阵 $\boldsymbol{G}$ 的第 k 行将全由零元素组成。为使讨论有意义,下面总是假定分划矩阵 $\boldsymbol{G}$ 是行满秩矩阵。

设 $\boldsymbol{D}=\mathrm{diag}\{d_{11},d_{22},\cdots,d_{nn}\}$ 是一个 $n \times n$ 阶的满秩对角矩阵,即矩阵 $\boldsymbol{D}$ 的对角元素满足 $d_{ii} \neq 0 (i=1,\cdots,n)$,定义如下的 $r \times n$ 阶矩阵为广义分划矩阵:

$$\boldsymbol{C}=\boldsymbol{GD} \tag{9.2.10}$$

广义分划矩阵 $\boldsymbol{C}$ 的每一列有且仅有一个非零元素,每一行则至少有一个非零元素,其零元素与对应分划矩阵 $\boldsymbol{G}$ 的零元素位置相同,而非零元素则取决于对角矩阵 $\boldsymbol{D}$ 的对角元素。

当式(9.2.3)中的全局矩阵为一个广义分划矩阵时,该式将变成

$$\hat{s}_i(t) = \sum_{j \in N_i} d_{jj} s_j(t), \quad i=1,2,\cdots,r \tag{9.2.11}$$

即源信号被分成了 r 组,每组信号都是 N_i 个源信号的线性组合。当 $r=n$ 时,分划矩阵的每一行与每一列有且仅有一个非零元素,该矩阵是单位矩阵 $\boldsymbol{I}$ 交换任意行(列)的结果,此时的分划矩阵也称为初等矩阵,而广义分划矩阵也相应地被称为广义初等矩阵,即广义初等矩阵的每一行与每一列有且仅有一个非零元素,如果全局矩阵为一个广义初等矩阵,式(9.2.3)将变为

$$\hat{s}_i(t)=d_{jj}s_j(t), \quad i=1,2,\cdots,n \text{ 且 } j \in N_i \tag{9.2.12}$$

这样,每个源信号被分在不同的组,实现了源信号的一一分离。

对于卷积混合模型,其分析过程与上述分析过程相同,只要把上述的对角矩阵 $\boldsymbol{D}$ 换成对角函数矩阵 $\boldsymbol{D}(t)=\mathrm{diag}\{d_{11}(t),d_{22}(t),\cdots,d_{nn}(t)\}$ 就可以得到相同的结果,在此不再赘述。

简单地说,为了证明盲源分离问题的可辨识性,只要能通过线性变换把混合(函数)矩阵变换为一个广义初等(函数)矩阵就可分离源信号。而由盲源分离的假设条件可知混合(函数)矩阵是列满秩矩阵,即 $\mathrm{rank}(\boldsymbol{A})=n$,根据矩阵论知识可以证明,秩为 n 的矩阵一定可以通过线性变换使其变换为一个互不相关的基底,此基底就是相互独立的源信号,这样就证明了盲源分离的可辨识性。下面给出盲源分离可辨识性的数学定义与描述[12]:

定义 9.2.1 对于一个行满秩的 $m\times n$ 阶矩阵 $\boldsymbol{A}$(即 $\mathrm{rank}(\boldsymbol{A})=m$),如果存在一个 $r\times m$ 阶的矩阵 $\boldsymbol{W}$ 使得 $\boldsymbol{C}=\boldsymbol{W}\boldsymbol{A}$ 是一个 $r\times n$ 阶的广义分划矩阵,则称矩阵 $\boldsymbol{A}$ 是 r 行可分解矩阵。

设 $\boldsymbol{a}_i=(a_{1i},a_{2i},\cdots,a_{mi})^\mathrm{T}$ 为矩阵 $\boldsymbol{A}$ 的第 i 列,N_i 为集合 $N=\{1,2,\cdots,n\}$ 的一个分划。记 $G_i=\{\boldsymbol{a}_j|j\in N_i\}$,并记 S_i 是由 G_i 张成的线性空间,S_{-k} 为除 S_k 外所有 S_i 空间的和:

$$S_{-k}=S_1\oplus\cdots\oplus S_{k-1}\oplus S_{k+1}\oplus\cdots\oplus S_r \tag{9.2.13}$$

则可得到如下的定理:

定理 9.2.1 $m\times n$ 阶的矩阵 $\boldsymbol{A}$ 为 r 行可分解矩阵的充分必要条件是:$\boldsymbol{A}$ 的 n 个列矢量 $\boldsymbol{a}_i$ 可以分解为 r 个不相交的组 G_i,若 $j\in N_k$ 则 $\boldsymbol{a}_j\notin S_{-k}$。

定理 9.2.1 说明,当且仅当矩阵 $\boldsymbol{A}$ 的列矢量可以分解为若干个不相交的组,并且每组中的列矢量都与其他组中的列矢量线性不相关时,矩阵 $\boldsymbol{A}$ 是 r 行可分解矩阵。

从定理 9.2.1 容易得到推论 9.2.1。

推论 9.2.1 若 $m\times n$ 阶的矩阵 $\boldsymbol{A}$ 是列满秩矩阵,则对于任意 $r\leqslant n$,矩阵 $\boldsymbol{A}$ 都是 r 行可分解矩阵。

推论 9.2.1 成立的前提条件是 $m\geqslant n$,否则矩阵 $\boldsymbol{A}$ 不是列满秩矩阵,对于 $m<n$ 的情况,有如下的推论 9.2.2。

推论 9.2.2 当 $m<n$ 时,$m\times n$ 阶矩阵 $\boldsymbol{A}$ 为 r 行可分解矩阵的充分必要条件是:$\boldsymbol{A}$ 有 r 个线性独立的列矢量,并且其余的列矢量都与这 r 个独立列矢量中的某一个矢量成线性比例关系。

推论 9.2.1 对应于混合信号数目不小于源信号数目的情况,而推论 9.2.2 则对应于混合信号数目小于源信号数目的情况。由于盲源分离算法假设源信号数目不大于观测信号数目,推论 9.2.1 就证明了盲源分离问题的可辨识性。

(3)盲源分离的不确定性

由于盲源分离问题对混合矩阵与源信号都不作特定假设,其微弱的已知条件造成分离的源信号存在两个不确定性问题[12-13]。对于瞬时混合模型而言,盲源分离算法只能恢复源信号的波形,但无法保证估计分量 $\hat{s}_i(t)$ 在矢量信号 $\boldsymbol{s}(t)$ 中位置不变,即源信号的排列顺序存在不确定性(图 9.2.4a)。此外,算法也无法恢复源信号的绝对幅值,即分离源信号的绝对幅值与原始源信号的真实幅值存在一个比例系数(图 9.2.4b)。盲源分离结果不确定性的原因在于其全局矩阵是一个广义初等矩阵,其中,初等矩阵 $\boldsymbol{G}$ 对应源信号排列顺序的不确定性,对角矩阵 $\boldsymbol{D}$ 的对角线元素 d_{ii} 则对应源信号幅值的不确定性。

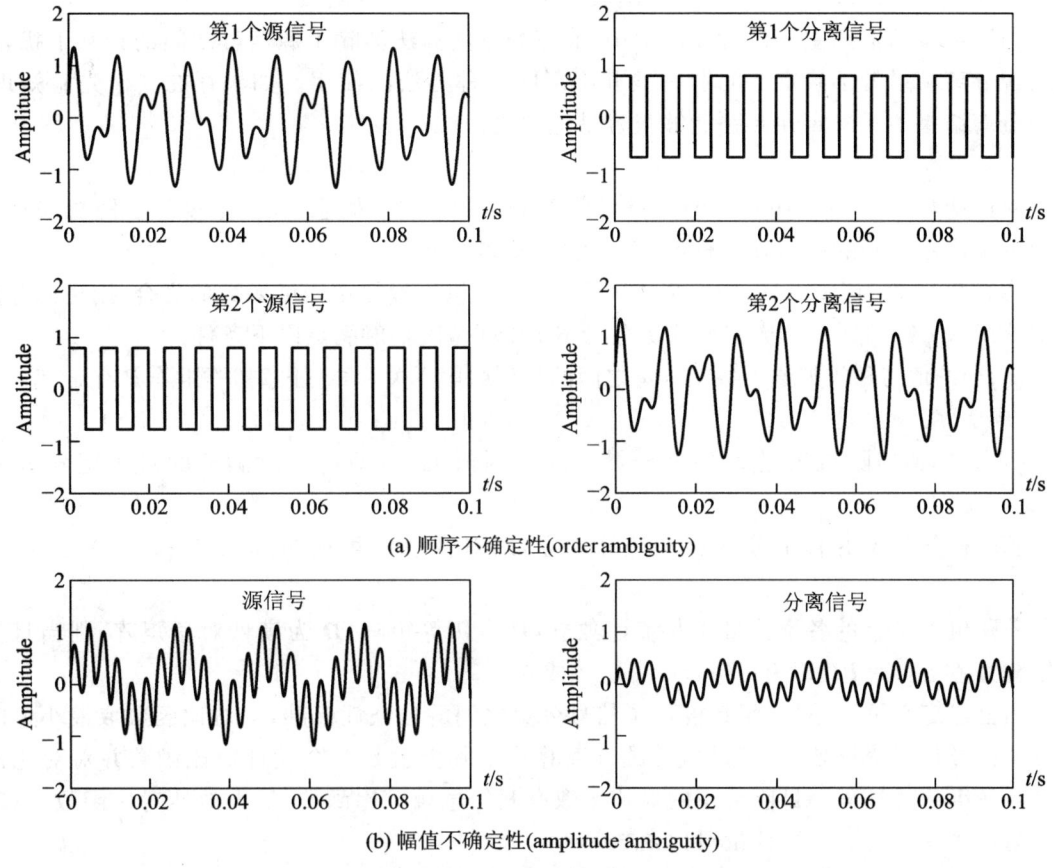

图 9.2.4 盲源分离结果的不确定性

同样,卷积混合的盲源分离只是消除源信号之间的相互干扰,每个分离信号仅是一个源信号的卷积滤波结果,即 $\hat{s}_i(t) = c_{ij}(t) * s_j(t)$,但分离信号分量在源矢量中的位置以及滤波器 $c_{ij}(t)$ 是未知的。这种分离结果不确定性的原因在于其全局矩阵是一个广义初等函数矩阵,其中,初等矩阵 G 对应源信号排列顺序的不确定性,对角函数矩阵 $D(t)$ 的对角线元素 $d_{ii}(t)$ 则对应滤波器函数的不确定性。

设 $s(t) = (s_1(t), \cdots, s_n(t))^T$ 与 $A = (a_1, \cdots, a_n)$ 分别是真实的源信号与真实的混合矩阵,瞬时混合盲源分离结果的不确定性问题还可直观地用下列表达式解释:

$$x(t) = As(t) = \sum_{i=1}^{n}\left[\frac{a_i}{d_i}(d_i s_i(t))\right] \tag{9.2.14}$$

从式(9.2.14)可以看出,d_i 为一常数时,$d_i s_i(t)$ 作为新的源信号仍能保持等式成立,这反映了恢复源信号的绝对幅值具有不确定性。此外,置换求和等式中任意两项也能保持等式成立,这反映了恢复源信号排列顺序具有不确定性。

卷积混合盲源分离的滤波器不确定性问题可在此基础上解释如下:卷积混合模型在频域可分解为若干个瞬时混合模型,而每个瞬时混合模型的分离结果在幅值上均存在一个未知的比例系数 $c(f)$,这样,当组合这些瞬时混合模型为卷积混合模型时,可以得到下式:

$$\hat{s}_i(f) = c(f) s_i(f) \tag{9.2.15}$$

容易看出,式(9.2.15)的滤波器函数 $c(f)$ 是一个不确定函数。

由于信号的信息主要包含在波形中,而盲源分离算法消除了源信号之间的相互干扰,因此盲源分离结果的不确定性问题一般并不影响这种方法的使用。如果存在其他先验知识,盲源分离结果的不确定性问题能够很容易地解决。

(4) 对比函数

对比函数(contrast function)是盲源分离中的一个重要概念,该函数度量了随机矢量中各个分量信号之间的相互独立标准,其数学定义如下[13]:

定义 9.2.2 记 $F=\{f_x, x\in R^n\}$ 为所有 n 维随机矢量概率密度函数的集合,则盲源分离的对比函数 $\varphi(\cdot)$ 是一个从 F 到实数集合 R 的映射,该映射满足以下条件:

$\varphi(f_x)$ 的值与随机矢量 x 各个分量之间的排列顺序无关,即对任意初等矩阵 P 有 $\varphi(f_{Px})=\varphi(f_x)$ 成立。

$\varphi(f_x)$ 的值与随机矢量 x 各个分量的绝对幅值无关,即对任意满秩的对角矩阵 D 有 $\varphi(f_{Dx})=\varphi(f_x)$ 成立。

若随机矢量 x 的各个分量相互统计独立,则对任意的可逆矩阵 A 有 $\varphi(f_{Ax}) \leqslant \varphi(f_x)$ 成立。

若随机矢量 x 的各个分量相互统计独立,P 为初等矩阵,D 为满秩对角矩阵,则当且仅当矩阵 A 存在 $A=PD$ 时有 $\varphi(f_{Ax})=\varphi(f_x)$ 成立。

由上述定义可知,对比函数度量了信号分量之间的独立性标准,当对比函数取最小值时其分量信号相互统计独立。这样,盲源分离算法实际上就是一个设计对比函数并对对比函数进行最小化的过程。目前常用的对比函数有互信息熵对比函数、最大似然对比函数、高阶统计量对比函数与二阶统计量对比函数等。

(5) 盲源分离的预处理

在对混合信号进行盲源分离之前,需要对混合信号进行信号预处理,这些预处理方法包括信号零均值化、信号白化与子带滤波等,下面介绍前两种方法。

1) 信号零均值化

信号零均值化是指消除随机信号的均值,使之变为一个零均值的随机信号,以满足盲源分离算法的假设条件。

2) 信号白化

信号白化是盲源分离过程中另一个经常用到的预处理方法,所谓白化是指用白化矩阵 T 对随机信号 $x(t)$ 进行线性变换

$$\tilde{x}(t) = Tx(t) \tag{9.2.16}$$

使得变换后的随机信号 $\tilde{x}(t)$ 的相关矩阵满足下式:

$$R_{\tilde{x}} = E[\tilde{x}\tilde{x}^H] = I \tag{9.2.17}$$

信号白化对混合信号进行了归一化处理,它消除了各个混合信号在幅值或能量上的差异,白化处理可以简化盲源分离算法或改善盲源分离算法的性能,对于某些盲源分离算法而言,白化是必要的预处理过程。

(6) 盲源分离的检验指标

为了客观评价不同盲源分离算法的分离性能,需要定性地研究分离效果检验指标。下

面分别给出针对全局矩阵与恢复源信号的两个检验指标。

由于干扰与误差的存在,实际的盲源分离算法只能使全局矩阵近似地接近一个广义初等矩阵,因此一个合理的方法是利用全局矩阵与广义初等矩阵之间的差异作为分离效果的评价指标。此差异可用下面的 PI(C) 性能指标描述:

$$\mathrm{PI}(C) = \sum_{i=1}^{n} \left(\sum_{j=1}^{n} \frac{|c_{ij}|}{\max_k |c_{ik}|} - 1 \right) + \sum_{j=1}^{n} \left(\sum_{i=1}^{n} \frac{|c_{ij}|}{\max_k |c_{kj}|} - 1 \right) \quad (9.2.18)$$

其中,c_{ij} 为全局矩阵 C 的第 i 行第 j 列元素。由式(9.2.18)不难看出,性能指标 PI(C) 是一个不小于零的实数(PI(C)$\geqslant$0),当且仅当 C 为一个广义初等矩阵时有 PI(C)=0。

为了定性地评价源信号的恢复程度,还可以采用下面的信号干扰比(SIR, signal-to-interference ratio)评价指标。定义分离信号中的源信号能量为 S_j,定义分离信号中的干扰成分能量为 I_j,根据分离信号中的源信号能量与干扰信号能量的比重,定义如下无量纲的信号干扰比评价指标:

$$SIR_j = 10\lg \frac{S_j}{I_j} \quad (9.2.19)$$

该评价指标可以定性地评价源信号的恢复效果。

9.2.4 盲源分离算法

目前存在许多不同的盲源分离算法,这些算法的分离效果与应用范围各有区别,关于盲源分离算法的分类标准也不尽相同。依据算法的理论基础与假设条件的不同,把盲源分离算法分为基于阵列流型的盲波束形成法、基于统计量的解相关法、基于信息论的独立分量分析法与多通道 ARMA 盲辨识法等四类算法,下面分别概述这四类算法。

(1) 基于阵列流型的盲波束形成法

基于阵列流型的盲波束形成法(blind beamforming)属于阵列信号处理领域,这类算法通过设置传感器阵列流型(即构造传感器的不同排列方式)设计一个空间滤波器,利用空间滤波器辨识源信号传播方向并对特定方向的源信号进行空间滤波,从而实现信号的盲源分离。其中一种典型算法称为 MUSIC 法(multiple signal classification)[14],即多重信号分类法。

盲波束形成法通过构造空间滤波器分离不同方位上的源信号,这种方法对源信号不作相互独立的假设,因此可用于各种相关信号的盲源分离。该法的不足之处在于需要设置传感器阵列流型以构造方向矢量,因此要求源信号以球面波或平面波等理想波阵面传播。

(2) 基于统计量的解相关法

基于统计量的解相关法首先计算信号的各阶统计量,根据源信号的互统计量等于零对混合矩阵进行估计并分离源信号,根据采用统计量的不同,这类算法可分为高阶统计量法与二阶统计量法等。

这类算法的典型过程如下:利用统计量的线性性质,可得到混合信号与源信号四阶统计量的如下关系:

$$\mathrm{cum}(x_i, x_j, x_k, x_l) = \sum_{pqrs} a_{ip} a_{jq} a_{kr} a_{ls} \mathrm{cum}(s_p, s_q, s_r, s_s) \quad (9.2.20)$$

由于源信号是相互独立的,矢量 s 的各分量信号的互统计量为零,这样上式可简化为

$$\text{cum}(x_i,x_j,x_k,x_l)=\sum_{u=1}^{n}k(s_u)a_{iu}a_{ju}a_{ku}a_{lu} \qquad (9.2.21)$$

其中,$k(s_u)$为源信号$s_u(t)$的峭度。

给定任意的矩阵$M\in R^{n\times n}$,定义零均值随机矢量s关于矩阵M的累积量矩阵(cumulant matrix)为

$$Q^s(M)=E\{(s^H Ms)ss^H\}-R_s\text{trace}(MR_s)-R_s MR_s-R_s M^H R_s \qquad (9.2.22)$$

其中,上标 H 表示矩阵的 Hermitian 转置(即共轭转置),trace(·)为求矩阵的迹,而R_s为随机矢量s的相关矩阵(即$[R_s]_{ij}=\text{cum}(s_i,s_j)$)。容易验证,累积量矩阵$Q^s(M)$的第$(i,j)$个元素为

$$[Q^s(M)]_{ij}=\sum_{k,l=1}^{n}\text{cum}(s_i,s_j,s_k,s_l)M_{kl} \qquad (9.2.23)$$

由式(9.2.21)与式(9.2.23)可以推出

$$Q^x(M)=A[\Lambda(M)]A^H \qquad (9.2.24)$$

其中,$\Lambda(M)=\text{Diag}(k(s_1)a_1^H Ma_1,\cdots,k(s_n)a_n^H Ma_n)$,而$a_i$表示混合矩阵$A$的第$i$列。

对任意两个矩阵M_1与M_2,记其累积量矩阵分别为$Q_1=Q^x(M_1)$与$Q_2=Q^x(M_2)$,由式(9.2.24)可得到$Q_1=A\Lambda_1 A^H$与$Q_2=A\Lambda_2 A^H$,进一步可得到

$$G=Q_1 Q_2^{-1}=(A\Lambda_1 A^H)(A\Lambda_2 A^H)^{-1}=A\Lambda\Lambda^{-1} \qquad (9.2.25)$$

其中,$\Lambda=\Lambda_1\Lambda_2^{-1}$,上式可改写为

$$GA=A\Lambda \qquad (9.2.26)$$

式(9.2.26)说明混合矩阵A的列向量构成了矩阵G的特征矢量,因此只要计算矩阵G的特征分解就可以对混合矩阵A进行估计,当混合矩阵被辨识后,反演计算就可分离源信号。

(3) 基于信息论的独立分量分析法

基于信息论的独立分量分析法以最小互信息或最大信息熵等信息函数作为对比函数,采用前馈神经网络或递归神经网络实现信号分量之间的相关性最小化,分离过程中采用自适应算法计算对比函数的梯度并调整网络权值,使得网络输出在对比函数的约束下达到最小值,从而实现源信号分离[15]。这类算法的典型过程如下:

信号矢量$x=(x_1,\cdots,x_n)^T$各分量之间的互信息$I(W)$用联合概率密度函数$p(x;W)=p(x_1,\cdots,x_n)$与边缘概率密度函数乘积$\tilde{p}(x;W)=p(x_1)\cdots p(x_n)$的库尔伯克-莱贝尔(Kullback - Leibler)距离表示:

$$I(W)=D(p(x;W)\|\tilde{p}(x;W))=\int p(x_1,\cdots,x_n)\frac{p(x_1,\cdots,x_n)}{p(x_1)\cdots p(x_n)}dx_1\cdots dx_n \qquad (9.2.27)$$

其中,矩阵W表示分离网络的权系数,式(9.2.27)当且仅当x的各分量统计独立时,互信息$I(W)$才等于零。

信号矢量x的联合信息熵$H(x;W)$与边缘信息熵$H(x_i;W)$分别定义如下:

$$H(x;W)=-\int p(x;W)\log p(x;W)dy \qquad (9.2.28a)$$

$$H(x_i;W)=-\int p(x_i;W)\log p(x_i;W)dy_i \qquad (9.2.28b)$$

互信息与信息熵之间的关系如下:

$$I(W)=-H(x;W)+\sum_{i=1}^{n}H(x_i;W) \qquad (9.2.29)$$

当选择分离网络为前馈神经网络时,网络输出可写为
$$y(t) = W(t)x(t) \tag{9.2.30}$$
而若使用递归神经网络,则网络输出为
$$y(t) = [I + \hat{W}(t)]^{-1} x(t) \tag{9.2.31}$$
输出向量与输入向量联合信息熵的关系为
$$H(y;W) = H(x) + E(\log|\det(W)|) \tag{9.2.32}$$
令 z 是输出向量 y 分量形式的非线性变换,即
$$z_i = g_i(y_i) \tag{9.2.33}$$
其中,g_i 为非线性变换,其目的是引出 y 各分量的高阶统计量,向量 z 各分量的联合信息熵 $H(z;W)$ 可写为
$$H(z;W) = H(y;W) + \sum_{i=1}^{n} E(\log g_i'(y_i)) \tag{9.2.34}$$
式中,$g_i'(y_i)$ 为 $g_i(y_i)$ 的一阶导数,可得 $H(z;W)$ 相对于 W 的梯度为
$$\frac{\partial H(z;W)}{\partial W} = W^{-T}(t) - E(\varphi(y)x^T(t)) \tag{9.2.35}$$
式中,$W^{-T} = (W^{-1})^T$,且
$$\varphi(y) = [\varphi_1(y_1), \cdots, \varphi_n(y_n)]^T = \left[\frac{g_1''(y_1)}{g_1'(y_1)}, \cdots, \frac{g_n''(y_n)}{g_n'(y_n)}\right]^T \tag{9.2.36}$$
当用瞬时或随机梯度代替真实梯度时,就可得到下列的随机梯度算法
$$W(t+1) = W(t) + \eta(t)(W^{-T}(t) - \varphi(y(t))x^T(t)) \tag{9.2.37}$$
其中,$\eta(t)$ 为学习率或步长。

如果用相对梯度 $\dfrac{\partial H(z;W)}{\partial W} W^T$ 代替真实梯度,就可得到下列的 EASI(equivariant adaptive source separation)算法[16]:
$$W(t+1) = W(t) + \eta(t)[I - \varphi(y(t))y^T(t) + y(t)\varphi^T(y(t)) - y(t)y^T(t)]W(t) \tag{9.2.38}$$

上述算法在迭代过程中调整分离网络 W,最终分离出相关性最小的独立信号分量。

基于信息论的独立分量分析法是一种自适应的迭代过程,具有较高的自学习能力与等变性质,但是这类算法一般需要检验源信号的峭度等性质,存在选择学习率问题,算法可能会收敛到局部最小值。

(4) 多通道 ARMA 盲辨识法

多通道 ARMA 盲辨识法是单通道 ARMA 盲辨识法的扩展,这种方法建立多输入多输出系统的 ARMA 模型,在源信号是独立同分布信号或线性信号的假设下,根据输出信号对模型参数进行盲辨识,从而实现源信号的盲反卷积[17]。

这类算法的典型算法是如下的 HR-SIMO 法,该法首先采用隐含表示法(HR)把一个多输入多输出(MIMO)系统分解为 n 个单输入多输出(SIMO)系统,每个 SIMO 系统的输入信号是源信号 $s_i(t)$,输出信号则是该源信号经过 m 个传感器后的输出分量,即
$$z_i(t) = (z_{1i}(t), \cdots, z_{mi}(t))^T = (h_{1i}(z)s_i(t), \cdots, h_{mi}(z)s_i(t))^T \tag{9.2.39}$$
然后,在源信号是独立同分布信号的假设下,对每个 MA 模型 $z_{ij}(t) = h_{ij}(z)s_j(t)$ 可辨

识其系统参数。

该算法的迭代过程如下,给定初始混合函数 $h_{ij}(z)$,根据下式估计分离函数 $b_{ij}(z)$:

$$\sum_{i=1}^{m} h_{ij}(z)b_{ij}(z) = 1 \qquad (9.2.40)$$

利用分离函数估计源信号 $\hat{s}_i(z) = \sum_{k=1}^{m} b_{ki}(z)[z_{ki}(t)]$,并且源信号使下列表达式取极值:

$$J = \sum_{i=1}^{n} \left[(\hat{s}_i(t))^4 - 3(\hat{s}_i(t))^2 \right] \qquad \text{subject to} \quad \mathbf{x}(t) = \sum_{i=1}^{n} z_i(t) \qquad (9.2.41)$$

当源信号是超高斯独立信号时式(9.2.41)应取最小值,当源信号是亚高斯独立信号时式(9.2.41)应取最大值,对式(9.2.41)进行优化计算就可得到源信号在传感器的输出分量 $z_i(t)$。MA 模型参数 $h_{ij}(z)$ 用下面的累积量算法辨识:

$$J_{ij} = \min \sum_{R} \left[\text{cum}_{ij}(\tau_1, \tau_2, \tau_3) - \gamma_j \sum_{l} h_{ij}(l) h_{ij}(l+\tau_1) h_{ij}(l+\tau_2) h_{ij}(l+\tau_3) \right]^2 \qquad (9.2.42)$$

其中,$\text{cum}_{ij}(\tau_1, \tau_2, \tau_3)$ 是 $z_{ij}(t)$ 的四阶累积量,γ_j 是 $s_j(t)$ 的四阶累积量,γ_j 是一个常数。当 $h_{ij}(z)$ 被辨识后,源信号按下式恢复:

$$\hat{s}_i(t) = \sum_{k=1}^{m} h_{ki}(z)[z_{ki}(t)] \qquad (9.2.43)$$

多通道 ARMA 盲辨识法是一个经典的时间序列模型,该法能够对卷积混合信号实现盲源分离,但是这类算法一般要求源信号是独立同分布信号或是该信号的线性变换信号,因而限制了这类方法的应用。

9.2.5 改进 EASI 算法的试验分析

Amari 的自然梯度算法[15]和 Cardoso 的 EASI 算法[16]是两种典型的基于信息论的独立分量分析算法。与基于高阶累积量的算法相比,该算法的一个显著优点就是算法实现相对简单,同时算法的性质可以不依赖于混合矩阵。然而,该算法往往需要选择一个非线性函数作为评价函数来估计源信号的累积概率密度,针对源信号是亚高斯或超高斯信号,需要选择不同的非线性函数。由于不存在既适用于亚高斯信号又适用于超高斯信号的非线性函数,因此这类法一般只能实现同系混合信号(都是亚高斯或都是超高斯信号)的分离,而不能分离杂系混合信号(既有亚高斯信号又有超高斯信号)。文献[18]通过稳定性分析来选择非线性函数的自然梯度算法,提出了改进的 EASI 算法,实现了杂系信号的分离。这里介绍根据该算法的试验研究,试验装置示意图如图 9.2.5 所示。

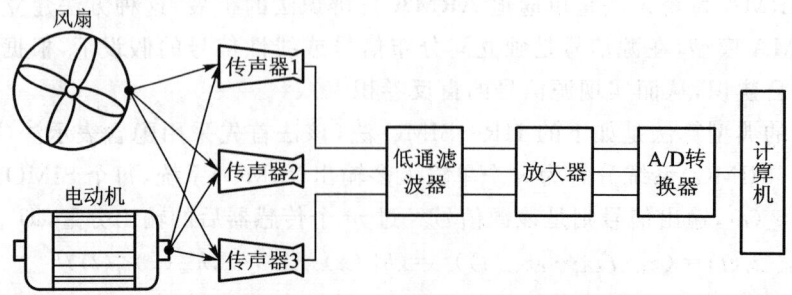

图 9.2.5 试验装置示意图

实验过程中主要采用的仪器和设备如下：
1) B&K2610 精密全指向性传声器 3 个；
2) YE3761 低通滤波器 1 台；
3) B&K4230 声级校正器 1 台；
4) 10 通道声信号处理仪 1 台；
5) 8 通道 TopView 同步信号采集仪 1 台。

实验中,采样频率 f_s 设置为 5 000 Hz,采样时间 t 为 5 s,采样点数 N 为 25 000 点。

首先,让电动机单独运转,通过三个测点的测量,给出了电动机噪声的频谱。通过计算三个测点信号的峭度分别是 $K_1=-0.131\ 7$、$K_2=0.235\ 8$、$K_3=-0.115\ 4$。可见 1、3 位置测出的是亚高斯信号,2 位置测出的是超高斯信号。由于无法确定哪个更能反映电动机信号。只能认为电动机噪声中存在这两种成分。

从图 9.2.6 中可以看出三个测点所反映的频谱特征基本一致。电动机噪声的频率总体上是以 $f_0=147.1$ Hz 及以其为基频的谐波成分,这正反映了旋转机械的特点。基波和主要谐波分量在图中分别用 0、1、… 标出。这些频率反映了电动机噪声的基本的频谱特征。

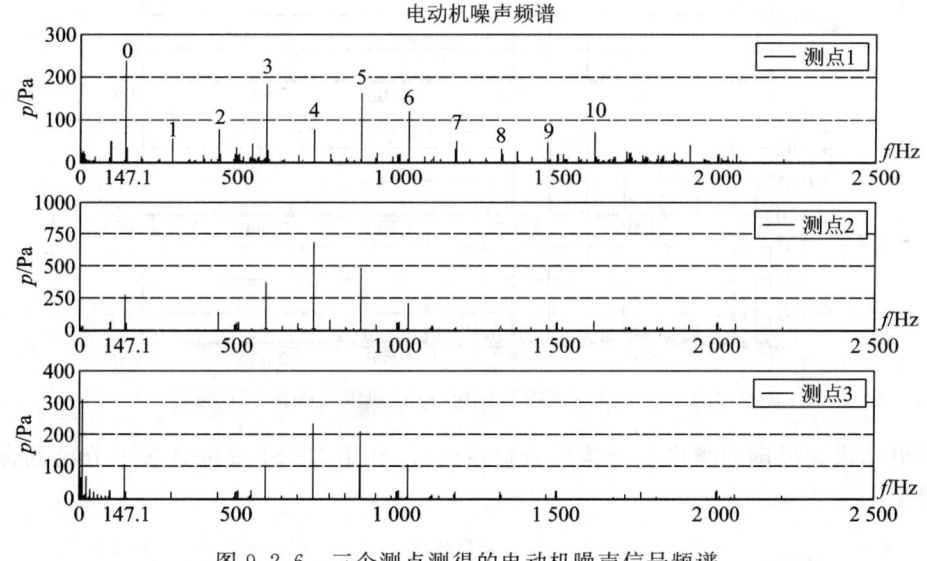

图 9.2.6　三个测点测得的电动机噪声信号频谱

然后,让风扇单独运转,通过三个测点的测量,给出了风扇噪声的频谱。通过计算三个测点信号的峭度分别是 $K_1=-0.852\ 9$、$K_2=-0.224\ 3$、$K_3=-0.414\ 4$。可见风扇噪声是亚高斯信号。

从图 9.2.7 中可以看出三个测点所反映的频谱特征也基本一致。风扇噪声频谱的主要频率是 61.6 Hz,还有一个频率是 20.6 Hz,但这与前一频率相比要弱些。这两个频率同样反映了风扇噪声频谱的主要特征。

风扇和电动机同时运转时,传感器测得的信号幅值谱如图 9.2.8 所示(图中从上到下三幅图分别对应了三个传感器的信号)。很明显,频谱图上既有电动机的频谱成分也有风扇的频谱成分,交错在一起。

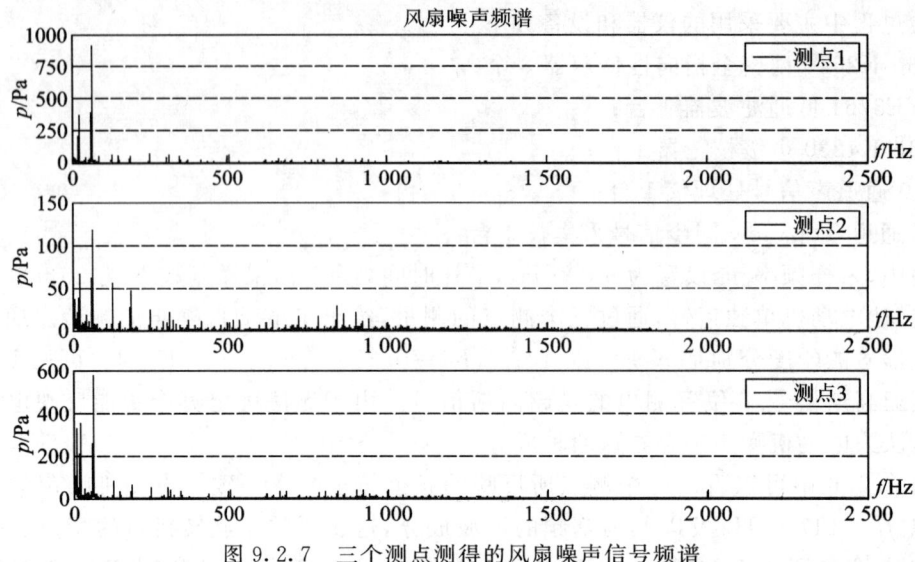

图 9.2.7 三个测点测得的风扇噪声信号频谱

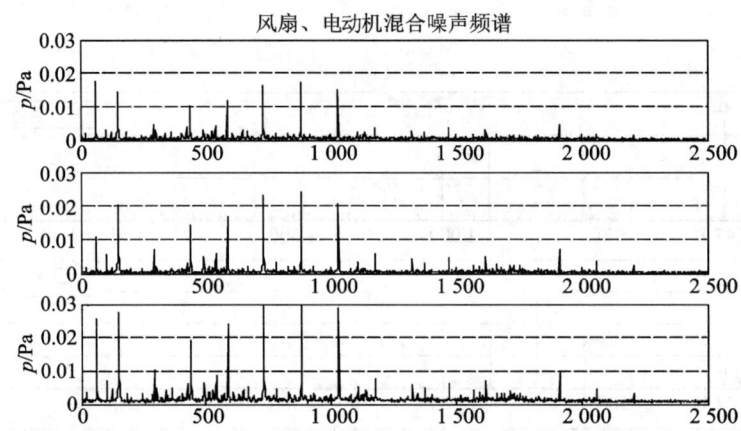

图 9.2.8 三个测点测得的风扇、电动机混合噪声信号频谱

由于电动机和风扇的噪声混合信号为杂系信号，利用 EASI 改进算法来分离混合信号。分离结果见图 9.2.9。

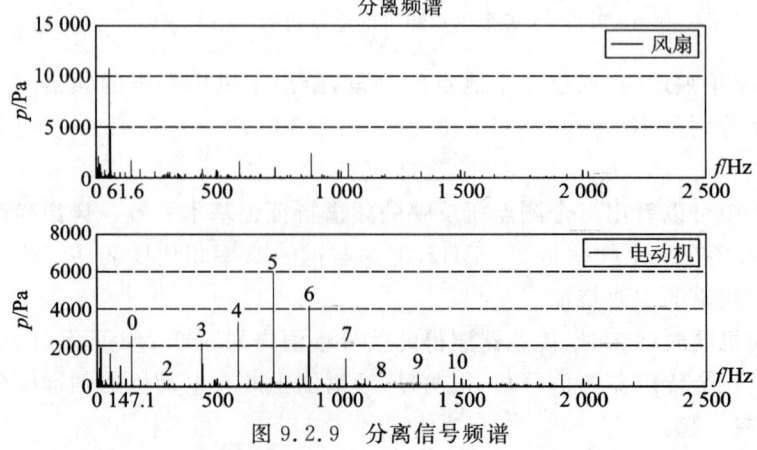

图 9.2.9 分离信号频谱

从分离频谱来看电动机噪声频谱的主要成分得到了分离(图 9.2.9 下半图),其中风扇噪声的主要频率有了相当的抑制,但遗憾的是仍然比较明显。而风扇噪声的频谱则分离的比较好(图 9.2.9 上半图),主要频率 61.6 Hz 占了绝对的优势,其中电动机噪声的主要频率得到了有效的抑制。

实际上,分离结果的误差还在于算法所基于的基本假设:① 源信号为平稳过程,各信号之间相互独立;② 混合模型为线性混合模型。前面的仿真算例表明,当满足上述假设条件时,有很好的分离效果,但在实际情况中,真实的物理模型往往与上述模型有偏差。

9.3 基于决策树理论的故障特征优化方法

9.3.1 概述

决策树方法自问世以来,鉴于其对噪声数据具有很好的鲁棒性且能学习析取表达式,已在机器学习、数据挖掘、决策分析与支持等领域得到了广泛应用。它通过对训练数据的归纳学习,采用自顶向下的递归方式,在决策树的内部结点进行属性值的比较,并根据不同属性判断从该结点向下的分支,最后在决策树的叶结点得到结论。这样便构造了一棵用于分类的决策树。该方法适合解决具有如下特点的问题:

1) 实例是由属性-值对表示的。比如属性"气温"及其对应的值"高"构成一个属性-值对。
2) 目标函数具有离散的输出值。比如最简单的"二分"问题,也称为 0/1 问题,结果只有两类:如是/否、好/坏、……。
3) 可能需要析取描述。决策树可以表示析取表达式。
4) 训练数据可以包含错误。决策树方法对错误数据有良好的健壮性。
5) 训练数据可以包含缺少属性值的实例,即使训练数据包含缺少属性值的实例。在这种情况下,决策树方法也可以使用,比如 C4.5 算法就可以处理这种情况。

决策树方法起源于概念学习系统(Concept Learning System,CLS),然后发展到 ID3 算法,最后又演化为能处理连续属性的 C4.5 算法。1966 年,Hunt 等人[19]提出的 CLS 是决策树的先驱。CLS 算法的主要思想是从一个空的决策树出发,通过添加新的决策结点来改善原来的决策树,直至决策树能正确地对全部训练样本进行分类为止。但是 CLS 算法并未明确给出测试属性的选择依据。1986 年,Quinlan[20]对 CLS 进行了改进,使用信息增益作为测试属性的选择依据,提出了 ID3 算法,在国际上产生了巨大的影响。但是 ID3 算法只能处理属性值为离散值的情况。1993 年,Quinlan[21]对 ID3 算法进行了改进和完善,提出了 C4.5 算法。C4.5 算法不仅能够处理不完整数据,而且弥补了 ID3 算法只能处理离散值这一缺陷,并且提供了对决策树进行剪枝的策略。因此,C4.5 算法成为了最经典的决策树学习算法之一,名列数据挖掘十大经典算法之首。

此外,一些学者还提出了其他的一些决策树学习算法。比如 CART 算法[22]和 Assistant 算法。此外,M. Metha 等人[23]采用了预排序的技术,以便能够消除决策树的每个结点对数据集进行排序的需要,提出了 SLIQ 算法;J. Shafter 等人[24]完全克服了内存的限制,并引入了并行算法的方式,提出了具有良好伸缩性的 SPRINT 算法;Kamber 等人[25]在建立决策树之前,先对数据集进行压缩,再在此基础上建立决策树,提出了 MedGen 算法。

为了更好地阐述决策树理论,接下来的内容是这样安排的:9.3.2 节介绍如何表示决策树;9.3.3 节介绍基本的决策树学习算法:ID3 算法,即如何选择测试属性;9.3.4~9.3.6 节将讨论决策树在实际应用中的一些问题,包括对连续值属性的处理、决策树学习过度、不完整数据等问题。

9.3.2 基本概念

决策树方法是机器学习中应用最广泛的归纳推理算法之一,它是一种逼近离散值目标函数的方法,在这种方法中学习到的函数用一棵决策树来表示[26]。

决策树是一个类似流程图的树形结构。它通过把实例从根结点(最顶端的结点)排列到某个叶结点来对实例进行分类,叶结点即为实例所属的分类。树上的每个结点对应实例的某个属性的测试,并且该结点的每一个后继分支对应于该属性的一个可能值。

使用决策树对实例进行分类时,首先从根结点开始,测试实例在该结点的测试属性的值,然后根据测试结果沿着分枝向下,到达新的结点,再以该结点作为子树的根结点,重复上述过程,直到所有实例均属于同一类,即达到叶结点,这样即实现了决策树对实例的分类。如果每个非叶结点(即内结点)都恰好有且只有两个分枝,则称为二叉树。类似可定义多叉树。在所有的决策树中,二叉树最为常用。下面举一个典型的决策树的例子,表 9.3.1 是目标概念 PlayTennis 的一个训练样本,图 9.3.1 是该目标概念的一棵决策树。该决策树是根据一个星期六早晨的天气情况,判断是否适合打网球的分类模型。例如,取实例

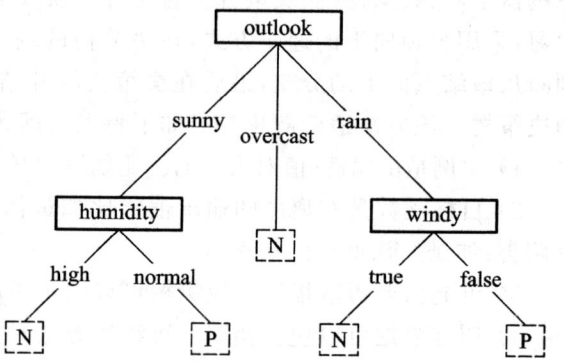

图 9.3.1　目标概念 PlayTennis 的决策树[20]

〈Outlook＝Sunny,Temperature＝Hot,Humidity＝High,Wind＝Strong〉
可根据最左边的分枝被分为不合适打网球的一类(PlayTennis＝No)。

表 9.3.1　目标概念 PlayTennis 的训练样本[20]

No.	Attributes				Class
	Outlook	Temperature	Humidity	Windy	
1	sunny	hot	high	false	N
2	sunny	hot	high	true	N
3	overcast	hot	high	false	P
4	rain	mild	high	false	P
5	rain	cool	normal	false	P
6	rain	cool	normal	true	N
7	overcast	cool	normal	true	P

续表

No.	Attributes				Class
	Outlook	Temperature	Humidity	Windy	
8	sunny	mild	high	false	N
9	sunny	cool	normal	false	P
10	rain	mild	normal	false	P
11	sunny	mild	normal	true	P
12	overcast	mild	high	true	P
13	overcast	hot	normal	false	P
14	rain	mild	high	true	N

在表示决策树时,通常有两种表示方法:树形结构的拓扑图和析取表达式。图 9.3.1 所示即为决策树的拓扑图形式的表示方法。下面将介绍决策树的另一种表示方法:析取表达式。

从根结点到每个叶结点都有唯一的一条路径,每一条路径就是一条决策规则。如图 9.3.1 所示,沿着根结点到叶结点的路径共有五条,即该决策树一共有五条分类规则:

规则 1:if (Outlook=Sun $\wedge$ Humidity=Normal) then Class=P

规则 2:if (Outlook=Overcast) then Class=P

规则 3:if (Outlook=Rain $\wedge$ Windy=False) then Class=P

规则 4:if (Outlook=Sun $\wedge$ Humidity=High) then Class=N

规则 5:if (Outlook=Rain $\wedge$ Windy=True) then Class=N

即图 9.3.1 所示的决策树可写成如下形式的析取表达式:

$$(\text{Outlook}=\text{Sunny} \wedge \text{Humidity}=\text{Normal})$$
$$\vee (\text{Outlook}=\text{Overcast})$$
$$\vee (\text{Outlook}=\text{Rain} \wedge \text{Wind}=\text{Weak})$$

9.3.3 基本的决策树学习算法[20-21]

基本的决策树学习算法就是为了解决测试属性的选择问题。在构建决策树时,首先遇到的问题就是如何选择测试属性。经典的 ID3 算法就是为了要解决该问题,它是基本的决策树学习算法。ID3 算法采用信息增益作为每个结点选择测试属性的依据,它选择信息增益最大的属性作为测试属性,以构建决策树。

信息增益是一个统计指标,它等于信息熵的减少量。为了定义信息增益,首先引入信息理论中的信息熵(information entropy,简称熵)的概念。熵是度量随机变量不确定性的指标,它描述了样本的均一性(纯度),其定义如式(9.3.1)所示。

定义 9.3.1 设 S 是任意样本集合,D 是类别属性集合,其值域为 $\{d_1, d_2, \cdots, d_c\}$,可将 S 分成 c 类。那么样本集合 S 相对于 c 个状态(c-wise)的分类的熵为

$$\text{Entropy}(S) \equiv \sum_{i=1}^{c} - p_i \log_2 p_i \tag{9.3.1}$$

式中,p_i 是 S 中属于类别 i 的比例。故式(9.3.1)又可表示为

$$\text{Entropy}(S) \equiv \sum_{i=1}^{c} - \frac{|S_{d_i}|}{|S|} \log_2 \frac{|S_{d_i}|}{|S|} \tag{9.3.2}$$

式中,$|S_{d_i}|$ 是 S 中属于类别 i 的样本数量,$|S|$ 表示 S 中的样本数量。

定义 9.3.2 设条件属性 A,其值域为 $\text{Values}(A) = \{v|v_1,v_2,\cdots,v_m\}$,用 A 作为测试属性,可将样本集合 S 划分为 m 个子集 $\{S_1,S_2,\cdots,S_m\}$。那么样本集合 S 根据条件属性 A 划分时的熵为

$$\text{Entropy}(S,A) \equiv \sum_{v \in \text{Values}(A)} \frac{|S_v|}{|S|} \text{Entropy}(S_v) \tag{9.3.3}$$

式中,S_v 是 S 中具有属性值为 v 的子集,即 $S_v = \{s \in S | A(s) = v\}$。因此可定义根据条件属性 A 划分样本集合 S 时获得的信息增益,即在划分样本集合时期望的熵降低。

定义 9.3.3 样本集合 S 按照属性 A 划分时获得的信息增益为

$$\text{Gain}(S,A) \equiv \text{Entropy}(S) - \text{Entropy}(S,A) \tag{9.3.4}$$

即

$$\text{Gain}(S,A) \equiv \text{Entropy}(S) - \sum_{v \in \text{Values}(A)} \frac{|S_v|}{|S|} \text{Entropy}(S_v) \tag{9.3.5}$$

ID3 算法的测试属性的选择策略就是选择信息增益最大的属性作为测试属性。但是,不难发现信息增益函数存在这样的问题:测试属性的分支越多,信息增益值就越大,但输出分支多并不表示该测试属性对实例具有更好的分类效果。因而,在 C4.5 算法中改用信息增益率作为测试属性选择的依据,信息增益率定义为如式(9.3.7)所示。

定义 9.3.4 样本集合 S 按照属性 A 划分时的潜在信息为

$$\text{SplitInformation}(S,A) \equiv \sum_{i=1}^{c} - \frac{|S_i|}{|S|} \log_2 \frac{|S_i|}{|S|} \tag{9.3.6}$$

定义 9.3.5 样本集合 S 按照属性 A 划分时信息增益比率为

$$\text{GainRatio}(S,A) \equiv \frac{\text{Gain}(S,A)}{\text{SplitInformation}(S,A)} \tag{9.3.7}$$

C4.5 算法在树的每个结点上使用信息增益比率(information gain ratio)选择测试属性,选择具有最高信息增益比率的属性作为当前结点的测试属性。此标准通常能给出一个较好的一致性检验选择。

此外,对于测试属性的选择,还有其他的一些依据,比如基尼指数(gini index、IBM intelligentMiner)等,详情请查阅有关文献。

了解了决策树测试属性的选择后,就很容易理解下面介绍的 ID3 算法了。

ID3 算法的核心就是测试属性的选择。ID3 算法使用信息增益作为测试属性选择的依据。在决策树的各级结点上,通过计算各候选属性的信息增益,选择其中信息增益最大的属性作为测试属性,使得实例在每个非叶结点进行测试时,能获得关于实例的最大类别信息。其具体步骤如表 9.3.2 所示。

表 9.3.2 ID3 算法

函数	ID3(S,D,A) • S 是训练样本集合，D 是目标属性(类别属性)集合，A 是候选属性集合。 • 返回一棵能正确分类 S 的决策树
算法	Begin • 创建结点 node； • 如果 S 为空，则返回一个值为丢失值的单个节点； • 如果 S 属于同一类，则返回一个带有该值的单个节点； • 如果 A 为空，则返回一个单节点，其值为 S 中出现的频率最高的类别属性值； • 将 A 中具有最大信息增益的属性作为该结点的测试属性，记为 T，其值域为$\{t_1,t_2,\cdots,t_m\}$； • 根据 T，可将 S 划分成 m 个子集$\{S_1,S_2,\cdots,S_m\}$，其中，Value(S_i,T)=t_i； • 返回一棵树，其根标记为 T，树枝标记为 $t_1,t_2,\cdots,t_m$； • 再分别构造以下树：ID3(S_1,D,$A-T$)，ID3(S_2,D,$A-T$)，$\cdots$，ID3(S_m,D,$A-T$)； End

至此，基本的决策树学习算法已介绍完。基本的决策树算法，即 ID3 算法，采用最大信息增益作为测试属性选择的依据，解决了决策树学习算法中最基本的问题。但是在实际应用中，仍然有很大的局限性，有很多问题未解决。比如，在实际问题中，常常遇到的是具有连续值的属性，而且常含有缺少属性值的数据。此外，当决策树生长完成后，如何修剪决策树以简化决策树和剪去错误的子树也是需要解决的问题。接下来的部分便围绕这些问题进行阐述。

9.3.4 连续值属性的离散

在实际问题中，常常遇到的是具有连续值的属性，比如温度。在 PlayTennis 的例子中，属性 Temperature 本是一个连续值属性，但是采用了分割阈值将它划分成 hot、mild 和 cool 三个等级，也就是说，将 Temperature 定义为了一个具有三个值的离散值属性。一般地，对于连续值属性，通常需要找到分割阈值，将其形成离散区间，再用于生成决策树[27]。

对于连续值属性的离散，不同的数据和算法采用不同的处理方法。比如 C4.5 算法中对连续值属性的离散采取的是二路分裂，具体步骤是：针对测试属性 A，将训练样本集合按该属性值的升序或降序排列$\{v_1,v_2,\cdots,v_m\}$，顺序取两两属性值的中点作为候选分裂点，共有 $m-1$ 个候选分裂点。按照每个候选分裂点划分训练样本集合，都可把训练样本集合分裂为两个子集合，共有 $m-1$ 种分裂方式。因此可计算出这 $m-1$ 个候选分裂点的信息熵，找出其中最大的信息熵，将训练样本集合中含有的小于并最接近于最大信息熵的候选分裂点的值作为最终分割阈值，以此来二分该连续值属性。

当然，对于连续值属性也可以采取多路分裂，但是比较难于实现。或者，也可以调用离散化程序预处理连续值属性，然后再建立决策树。

9.3.5 缺少属性值的数据的处理

在实际问题中，可用数据中缺少某些属性值的现象是很常见的。比如，在 PlayTennis 的例子中，如果某条记录为

⟨Outlook=Sunny, Temperature=High, Humidity=Normal⟩

这条数据缺少对应于 Windy 这个属性的属性值，那应该怎么处理呢？在这种情况下，通常

需要根据此属性值已知的其他样本来估计该缺失的属性值。为了方便阐述该问题，假设训练样本 S 中有数据 $\langle x, c(x) \rangle$ 缺少对应属性 A 的属性值，即 $A(x)$ 未知。为了选择决策树在该结点 n 的信息增益，需计算信息增益 $\text{Gain}(S, A)$，因此必须处理该结点 n 处具有缺少对应于属性 A 的属性值的数据，通常有以下几种具体做法：

1) 最简单的一种做法就是删除数据 $\langle x, c(x) \rangle$。当训练样本是大样本时，而只有很少的几条数据是缺少属性值的数据，删除这几条数据通常不会影响训练结果，这时可以简单地删除缺少属性值的数据，这样就可以避免在计算信息增益时无法处理缺少属性值的这部分数据的问题。当然，这种做法是一种很粗略的做法。

2) 第二种策略是对数据 $\langle x, c(x) \rangle$ 赋予该结点处的训练样本中对应于属性 A 的最常见的值，或者赋予该结点处被分类为 $c(x)$ 的训练样本中对应于属性 A 的最常见的值。比如，属性 A 具有三个属性值，记为 0、1、2，在结点 n 处，有 12 个已知 $A=0$，5 个 $A=1$ 和 3 个 $A=2$，那么根据该策略可知 $A(x)=0$。确定好了属性值后，便可以计算信息增益 $\text{Gain}(S, A)$，也可以选择测试属性了。

3) 第三种策略，也是 C4.5 算法采取的策略，它是当使用属性 A 作为分裂属性时，根据结点 n 处的训练样本中 A 的不同值的出现频率，将数据 $\langle x, c(x) \rangle$ 分成一定比例的碎片。比如，对于策略(2)中的例子，可将 $12/(12+5+3)=60\%$ 的数据 $\langle x, c(x) \rangle$ 分配到 $A=0$ 分枝，$5/(12+5+3)=25\%$ 的数据 $\langle x, c(x) \rangle$ 分配到 $A=1$ 分枝，$3/(12+5+3)=15\%$ 的数据 $\langle x, c(x) \rangle$ 分配到 $A=2$ 分枝。

9.3.6 决策树的修剪[26,28-29]

和神经网络一样，决策树学习也存在过度拟合问题，这使得其泛化能力变差。为此，可以对决策树进行修剪，以避免其对训练数据的过度拟合和剪去一些错误的子树。

首先，明确地定义过度拟合的概念。

定义 9.3.6 给定一个假设空间 H，一个假设 $h \in H$，若存在另一假设 $h' \in H$，使得在训练样本集合上 h 的错误率小于 h'，而在整个样本集合上 h' 的错误率小于 h，那么就说假设 h 过度拟合(overfit)训练数据。

因此，为了避免决策树对训练数据的过度拟合，对决策树进行修剪必然导致在训练样本集合上分类精确度降低，但是可能增加整个测试样本集合的分类精确度。

决策树的修剪分为前修剪策略和后修剪策略。在决策树生长过程中设法停止生长子树，称为前修剪策略(也称为前向修剪)；当决策树完全生长后，对决策树进行简化，称为后修剪策略(也称为后向修剪)。前修剪策略是在决策树完美分类训练数据前而使其停止生长；而后修剪策略允许决策树过度拟合训练数据后，再对决策树进行修剪。前一种方法看来是直接有效，但实践证明，后一种方法更加简单实用，因此这里主要讲后修剪策略。

后修剪策略包括子树代替和子树提升。当使用后修剪策略来修剪决策树的时候，在决策树的每一个结点上都要考虑是否应该采取子树代替、子树提升或者保留不修剪。

子树代替是最常用的后修剪策略。它的基本思想是用叶节点代替某些子树。由于子树代替是一个复杂而且耗时的操作，因此在实际应用中，通常选择包含实例数目最多的子树，即最大的分枝进行子树代替。如图 9.3.2 所示，包含实例数目最多的子树 A 被子树 A' 代替。

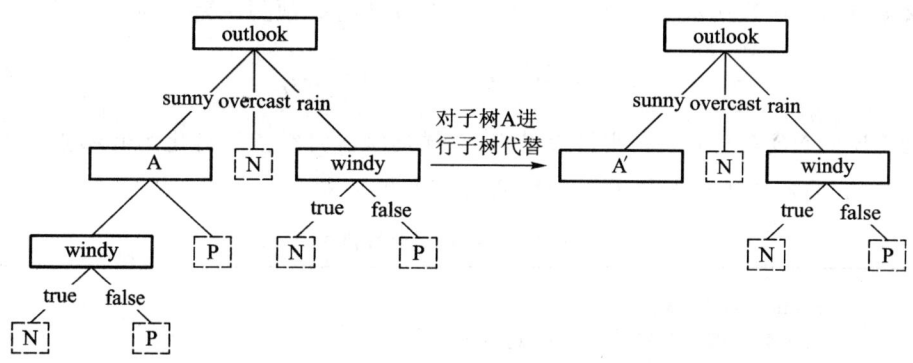

图 9.3.2 子树代替

但是,如何决定子树是否真的需要修剪呢?这里采取的办法是按给定的置信水平,对树中的每个结点的预测误差率的置信区间进行估计,通过比较修剪前子树的预测误差率和修剪后的预测误差率来决定是否修剪。

C4.5 采取的一种基于统计推理的启发式方法。它的基本思想是考虑到达每个结点的实例集合,假设选择多数类来表示此结点。这样做所导致的误差率称为观察误差率。依据观察误差率计算真实误差率的置信区间,利用置信度的上限对误差率做悲观估计。

样本集合 U 可以看成 $0-1$ 分布 $B(1,p)$ 情况,记不正确分类事件为"1",正确分类事件为"0",预测误差率为 p,其分布为 $P\{U=1\}=p, P\{U=0\}=1-p$。设结点的样本集合 U_i 为从 U 中抽取的一个容量为 $|U_i|$ 的子集,其中恰有 m 个"1"事件。现在对 p 作区间估计,此时

$$\mu = EU = p \tag{9.3.8}$$

$$\overline{U} = \frac{1}{|U_i|} \sum_{j=1}^{m} U_j = \frac{m}{|U_i|} \tag{9.3.9}$$

$$S^2 = \frac{1}{|U_i|} \sum_{j=1}^{m} (U_j^2 - \overline{U}^2) = \frac{m}{|U_i|} - \left(\frac{m}{|U_i|}\right)^2 = \frac{m(|U_i|-m)}{|U_i|} \tag{9.3.10}$$

式中,U_j 仅能为"1"或"0"。

根据大子样对母体平均数区间的估计理论,给定置信水平 α,可找到 $u_{\alpha/2}$(标准正态分布关于 $\alpha/2$ 的上侧分位数)使

$$P\left\{\overline{U} - u_{\alpha/2} \frac{S}{\sqrt{|U_i|}} < \mu < \overline{U} + u_{\alpha/2} \frac{S}{\sqrt{|U_i|}}\right\} \approx 1 - \alpha \tag{9.3.11}$$

故 μ 的置信区间是

$$\left(\overline{U} - u_{\alpha/2} \frac{S}{\sqrt{|U_i|}}, \overline{U} + u_{\alpha/2} \frac{S}{\sqrt{|U_i|}}\right) \tag{9.3.12}$$

其置信度为 $1-\alpha$。

定义 9.3.7 在置信水平 α 下,结点 i 的预测误差率为

$$NE_\alpha(|U_i|, m) = \overline{U} + u_{\alpha/2} \frac{S}{\sqrt{|U_i|}} = \frac{m + u_{\alpha/2}\sqrt{m\left(1 - \frac{m}{|U_i|}\right)}}{|U_i|} \tag{9.3.13}$$

设结点 i 有 k 个叶结点,第 j 个叶结点的样本数为 $|U_j^i|$,$|U_i| = \sum |U_j^i|$;m_j 是第 j 个叶结点中不属于指定类的样本数。

定义 9.3.8 在置信水平 α 下，结点 i 采用 k 分枝时的预测误差率为

$$LE_\alpha = \sum_{j=1}^{k} |U_j^i| NE_\alpha(|U_j^i|, m_j) \tag{9.3.14}$$

若为 $LE_\alpha > NE_\alpha(|U_i|, m)$，则抛弃结点 i 下的分枝，将结点 i 转化为叶结点。对决策树采用上述策略，自底向上递归修剪。剪枝算法见表 9.3.3。

表 9.3.3 决策树剪枝算法

函数	PruneTree(RawTree) 对未剪枝的决策树 RawTree 进行修剪； 返回剪枝后的决策树 BestTree
算法	• 计算编号 SP 和 EP 之间样本数 ItemNum； • 计算编号 SP 和 EP 之间样本集的类分布 ClassDist[MaxClass]； • 在当前的类分布中找出最频繁的类作为 BestClass； • 用式(9.3.12)计算当前结点的预测误差率 CurError； • If NodeType 为叶结点 then TreeError=CurError, return TreeError； • Else{for v=1 to ForkNum(分枝数) {按照属性值 v 将样本集重新排序，放于编号 SP 至 KP 之间； TreeError=TreeError+PruneTree(当前结点的第 v 个分枝, SP, KP);}} • 计算当前结点样本最多分枝的错误率 BranchError； • If (CurError<=TreeError && CurError<=BranchError) then 用叶结点替换当前结点； • Else(BranchError<=TreeError) then 用当前样本最多的分枝替换当前结点； • Else 当前结点误差=TreeError； • return 当前结点误差。

至此，决策树的理论知识就已介绍完。决策树作为一种广泛应用的归纳推理算法，它可以对某些数据进行很好地分类，而且对噪声数据具有很好的鲁棒性且能学习析取表达式，因此在机械故障诊断中也渐露头角。

思 考 题

1. 试举出几种机械设备状态监测与故障诊断领域中，具有循环平稳特征的机械振动信号。
2. 试说明一下时变自相关函数、循环自相关函数、循环谱密度函数及魏格纳-威力分布的关系。
3. 参照文献[8]，说明一下循环平稳度和平方包络的关系。
4. 查文献，叙述一下信号的白化预处理过程。
5. 查文献，列举几个常用的对比函数，叙述其构造思路。
6. 算法的可行性依赖于假设条件，选取一种典型的盲源分离算法，根据推导过程说明为什么需要这些假设条件，如果没有会产生何种问题。
7. 用析取表达式表示图 9.3.1 的决策树，并写出其所有的规则。
8. 简述 ID3 和 C4.5 算法。
9. 如何对决策树进行修剪，写出决策树剪枝算法的基本流程。

参 考 文 献

[1] Antoniadis I,Glossiotis G. Cyclostationary analysis of rolling-element bearing vibration signals[J]. Journal of Sound and Vibration,2001,248(5):829-845.

[2] Antoni J,Bonnardot F,Raad A,et al. Cyclostationary modelling of rotating machine vibration signals[J]. Mechanical Systems and Signal Processing,2004,18(6):1285-1314.

[3] 姜鸣. 循环自相关函数的解调性能分析[J]. 上海交通大学学报,2002,36(6):799-802.

[4] Gardner W A. Spectral correlation of modulated signals:I-analog modulation[J]. IEEE Transactions on Communications,1987,CM-35(6):584-594.

[5] Gardner W A. Spectral correlation theory of cyclostationary time-series[J]. Signal Processing,1986,11(1):13-36.

[6] Gardner W A. Introduction to random processes with applications to signals and systems,Second Edition[M]. McGraw-Hill. NY,1990.

[7] Zivanovic G D,Gardner W A. Degrees of cyclostationarity and their application to signal detection and estimation[J]. Signal Processing,1991,22(3):287-297.

[8] Randall R B,Antoni J,Chobsaard S. The relationship between spectral correlation and envelope analysis in the diagnostics of bearing faults and other cyclostationary machine signals[J]. Mechanical Systems and Signal Processing,2001,15(5):945-962.

[9] Jutten C,Herault J. Blind separation of sources,part I:an adaptive algorithm based on neuromimetic architecture[J]. Signal Processing,1991,24(1):1-10.

[10] Comon P,Jutten C,Herault J. Blind separation of sources,part II:Problems statement[J]. Signal Processing,1991,24(1):11-20.

[11] Tong L,Liu R,Soon V C,et al. Indeterminacy and identifiability of bind identification[J]. IEEE Transactions on Circuits and Systems,1991,38(5):499-509.

[12] Cao X R,Liu R W. General approach to blind source separation[J]. IEEE Transactions on Signal Processing,1996,44(3):562-571.

[13] Comon P. Independent component analysis,a new concept[J]. Signal Processing,1994,36:287-314.

[14] Schmidt R O. Multiple emitter location and signal parameter estimation[J]. IEEE Trans. Antennas and Propagation,1986;AP-34(3):276-280.

[15] Amari S,Cichocki A,Yang H H. A new learning algorithm for blind signal separation. Advances in Neural Information Processing Systems[J]. Cambridge,MA:MIT press,1996,8:657-663.

[16] Cardoso J F and Laheld B,Equivariant adaptive source separation[J]. IEEE Transactions on Signal Processing,1996,44(12):3017-3030.

[17] Dai X H. A new blind separation method of convolutive mixture of regular signal based on hidden representation and system deconvolution[J]. Signal Processing,2001,81:173-182.

[18] 陈少林. 声学故障诊断中信号盲处理和可视化声源识别的研究[D]. 上海：上海交通大学,2004.
[19] Hunt,E.,J. Marin,P. Stone. Experiments in induction[M]. Academic Press. 1966.
[20] Quinlan J. Induction of decision trees[J]. Machine learning,1986. 1(1):81-106.
[21] Quinlan J. C4.5:Programs for machine learning[C]. Morgan Kauffman,San Mateo,CA,1993.
[22] Breiman L. Classification and regression trees[M]. Chapman & Hall/CRC,1984.
[23] Mehta M,R Agrawal,J. Rissanen. SLIQ:A fast scalable classifier for data mining[J]. Lecture Notes in Computer Science,1996,1057:18-34.
[24] Shafer J,R Agrawal,M Mehta. SPRINT:A scalable parallel classifier for data mining[C]. 1996:INSTITUTE OF ELECTRICAL & ELECTRONICS ENGINEERS (IEEE).
[25] Kamber M,et al. Generalization and decision tree induction:efficientclassification in data mining[M]. 1997.
[26] Mitchell T,et al. Machine learning[J]. Annual Review of Computer Science,1990. 4(1):417-433.
[27] 孙卫祥. 基于数据挖掘与信息融合的故障诊断方法研究[D]. 上海：上海交通大学,2006.
[28] 黄泽宇. 决策树分类器算法的研究[D]. 上海：北京交通大学,2006.
[29] Nilsson N. Introduction to machine learning[M]. An early draft of a proposed text,1996.

第10章 智能诊断与状态评估

10.1 专家系统及其在故障诊断中的应用

10.1.1 专家系统的产生、发展[1,3,5]

斯坦福大学教授费根鲍姆于1965年开创了基于知识的专家系统研究新领域。在费根鲍姆的主持下,第一个专家系统课题 DENDRAL 化学分子结构分析系统于1968年研制成功。这一研究成果使人们看到,在某个专门领域里,以知识为基础的计算机系统完全可能发挥这个领域里人类专家的作用。麻省理工学院于1971年研制成功大型符号数学专家系统 MACSYMA。该系统擅长于易引起组合爆炸的符号表达式的化简,能执行600多种不同的数学符号运算,具有很强的与应用分析相结合的符号运算能力。

在 DENDRAL 和 MACSYMA 的影响下,各种实用专家系统不断涌现,广泛用于化学、数学、医疗、地质、气象、石油勘探、军事、法律、教育等领域,取得了重大的社会和经济效益。根据专家系统处理的问题的类型,可以把专家系统分为以下10种类型:

(1) 解释型专家系统

解释型专家系统的任务是通过对已知信息和数据的分析,解释这些信息和数据的实际含义。作为解释型专家系统的例子有语音理解、图像分析、系统监视、化学结构分析和信号解释。

(2) 诊断型专家系统

诊断型专家系统的任务是根据输入信息(观察到的情况)来推断出某个对象机能失常的原因或找出处理对象中存在的故障。诊断型专家系统的例子有医疗诊断、电子或机械故障诊断以及材料失效诊断等。例如,著名的血液病诊断专家系统 MYCIN、青光眼治疗专家系统 CASNET、血液凝结疾病诊断系统 CLOT、计算机硬件故障诊断系统 DART、化学处理工厂故障诊断系统 FALCON 等都属于这类专家系统。

(3) 调试型专家系统

调试型专家系统的任务是给出已确认故障的排除方案。主要有电子设备和机械设备的计算机辅助调试专家系统。调试专家系统可用于新产品或新系统的调试,也可用于被维修设备的调整、测试与试验。

(4) 维修型专家系统

维修型专家系统的任务是制订并实施纠正某类故障的规划。这类专家系统的主要特点是同时具有诊断、调试、计划和执行等功能。例如,计算机网络的维护专家系统、电话电缆维护专家系统、诊断和排除内燃机故障系统等。

(5) 教育型专家系统

教育型专家系统的任务是根据学生的学习特点,把需要学习的知识以适当的教学方法和教案组织起来,用于对学生进行教学和辅导、诊断和处理学生学习过程中的错误。例如,计算机辅助教学(CAI)系统和聋哑人语言训练系统等。

(6) 预测型专家系统

预测型专家系统的任务是根据处理对象过去和现在的情况分析及推测未来的演变和发展。典型的应用有天气预报、财政预测、经济发展预测、人口预测、交通预测等。例如,各种产品市场预测专家系统、气象预报系统等。

(7) 规划型专家系统

规划型专家系统的任务是寻找出某个能够达到给定目标的动作序列或步骤。规划型专家系统可用于机器人规划、交通运输调度、工程项目论证、通信与军事指挥以及农作物施肥方案规划等。

(8) 设计型专家系统

设计型专家系统的任务是根据给定的要求形成所需要的方案或图形描述。典型的应用有电路设计和机械设计。花布图案设计和花布印染专家系统、各种机械零件设计及加工工艺设计专家系统等,都属于设计型专家系统。

(9) 监视型专家系统

监视型专家系统的任务在于对系统、对象或过程的行为进行不断观察,并把观察到的行为与其应当具有的行为进行比较,以发现异常情况,发出警报。监视型专家系统可用于核电站的安全监视、防空监视与报警、国家财政的监控及农作物病虫害的监视与报警等。

(10) 控制型专家系统

控制型专家系统的任务是自适应地管理一个受控对象的全面行为,使其满足预期要求。控制型专家系统可用于空中交通管制、商业管理、自主机器人控制、作战管理、生产过程控制和生产质量控制等许多方面。这类系统通常是监测型和维修型的合成。

除了上述 10 种专家系统类型外,还有诸如决策型和管理型的专家系统。决策型专家系统是对各种可能的决策方案进行综合评判和选优的一类专家系统。它能对相应领域中的问题做出辅助决策和对决策做出解释。管理型专家系统是在管理信息系统和办公自动化系统的基础上发展起来的一类专家系统。实际上,各种类型专家系统之间往往互相关联,有些专家系统通常要求完成具有几种类型的任务。

专家系统技术逐渐与数据库技术、多媒体技术、网络技术相结合,使专家系统更聪明、更有效,发展的主要趋势是小型化、并行化、网络化和智能化。

10.1.2 专家系统概念

专家系统作为一般的解释,可以认为是一种具有专门知识与经验的智能程序系统,它能运用专家多年积累的经验和专门知识,模拟专家的思维过程,解决该领域中需要专家才能解决的复杂问题。专家系统包括以下三个方面的含义:

1) 专家系统是一种能运用专家知识和经验进行推理的智能程序系统;

2) 专家系统的知识来源于领域专家的知识、经验及解决问题的诀窍,系统包含的领域知识与经验,能够在运行过程中不断地增长、修改和完善;

3) 专家系统所要解决的问题一般是那些本来应该由领域专家才能解决的问题。

典型专家系统系统一般由以下几部分组成(图10.1.1):

1) 知识库用于存储某领域专家的知识。为建立知识库,需要解决知识获取和知识表示问题。知识获取涉及知识工程师如何从专家那里获得专门知识的问题,知识表示则要解决如何采用易于解决问题的表达、存储知识形式的问题。

2) 推理机采用规则和控制策略,使专家系统能够以符合逻辑的方式协调地工作,进行推理和导出结论,而不是简单地搜索现成的答案。解释机制能够向用户解释专家系统的诊断结果。咨询机制通过接口,要求用户回答提出的问题,便于系统进一步诊断推理。

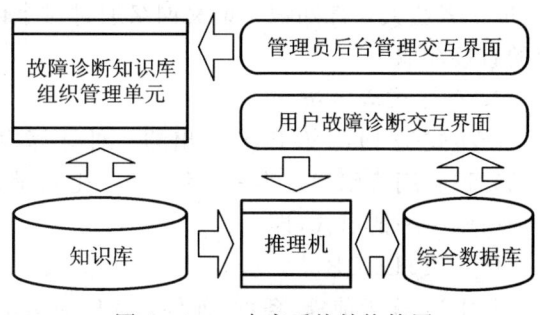

图10.1.1 专家系统结构简图

3) 人机接口能够使系统与用户进行对话,使用户能够输入必要的数据、提出问题和了解推理过程及推理结果等。包括用于故障诊断的最终用户故障诊断交互界面以及用于故障诊断知识库组织管理的管理员后台管理交互界面。

4) 综合数据库也称动态数据库、全局数据库、工作存储器、黑板等,它用于存储需要解决问题的初始数据(信息)和推理过程中得到的中间数据(信息),或者说它是上述各种数据构成的集合。综合数据库只在系统运行期间产生、变化和撤销,所以称为"动态"数据库。

10.1.3 专家系统知识表示[1,2,3]

为了使专家系统能够与人类专家一样解决和处理实际问题,专家系统必须以领域专家的经验知识作为系统工作的基础,从专家那里吸取足够的专门知识,并应用这些知识进行推理。把专家拥有的知识采用适当的模式表示出来,并存储到专家系统中去,这就是知识表示需要解决的问题。

根据知识的确定性程度,知识表示方法分为确定性知识表示方法和不确定性知识表示方法。知识表示方法有很多种,下面简单介绍常见的几种知识表示方法。

1. 谓词逻辑表示法

逻辑是最早也是最广泛用于知识表示的模式。逻辑表示法是利用命题演算、谓词演算等知识来描述一些事实,并根据现有事实推出新事实的方法。

知识的逻辑表示模式具有公理系统和演绎结构,前者说明什么关系可以形式化,后者即推理规则集合,因此逻辑表示的演绎结果都保证正确,知识的其他表示方法目前尚未达到这种程度;其次,知识的逻辑表示的演绎可以完全机械化,程序可以从现有的陈述句中自动确定知识库中某一新语句的有效性。

形式逻辑系统本身表示范围的有限性限制了它表达知识的能力。此外,由于其表达内容和推理过程截然分开,导致处理过程变长,因而工作效率变低。另外,对于一些元知识以及高层次的知识,原则上可以用逻辑表示,但实现起来存在很多困难。

2. 语义网络表示法

语义网络(semantic networks)是1968年由Quillian提出的。语义网络作为一种知识表示方法,已经获得广泛应用。语义网络实际上是用图解表示知识。

语义网络是由表示实体、概念等的节点及表示节点之间关系的弧线(或链)组成的有向图,适于表达关系性知识。语义网络通过对个体间的联系追溯到有关个体的节点,实现对知识的直接存取。

3. 产生式表示法

产生式是 1943 年 Post 提出的一种计算模型,其中每一条规则称为一个产生式。将专家的知识利用规则集合表示,每一条产生式就对应一个知识模块的一条规则,一般写成:如果……则……的形式,即

IF A THEN B

其中 A 称为前提(条件,前件),B 称为结论。

前提是若干个项目的逻辑积,其一般表示形式为

IF A1 AND A2 AND …… An THEN B1 B2 B3……Bm

上述产生式规则表示法与人的思维接近,便于人机交换信息。此外,由于产生式表示知识的每条规则都有相同的格式,所以规则的修改、扩充或删减都比较容易,且对其余部分影响小。这种表示法的缺点是求解复杂问题时控制流不够明确,难以有效匹配导致效率低。

4. 框架表示法

所谓框架就是一种描述某种形态的数据结构。利用框架、槽、侧面可以描述各种各样的信息,而且侧面的值也可以是其他的框架,这样便于对某一事物的某一细节进行进一步描述。

通过框架可以认识一类事物,例如,桌子的颜色、尺寸等改变了,但它的本质没有变。此外,可以通过一系列实例来修正框架对某些事物的不完整描述;框架也可以用来描述动作并对一些信息进行预测。

5. 过程表示法

所谓过程表示法是指用一段子程序表示某一类知识,即把知识含在若干个过程之中,这些过程就是子程序。

过程表示法适于表示启发式知识,由于对启发式知识编码,所以实现的系统具有较高效率。这一优点是以牺牲知识库中的知识模块化为代价的。因此,知识库的修改和扩充是十分困难的。

6. 定性模型知识表示法

由于智能分析要解决难以定量建模的复杂对象的问题,因此采用定性描述系统的不确定性模型已成为智能分析系统知识表示的重要方法。

定性建模的方法首先是针对物理系统提出的,定性推理是在第一代专家系统 MYCIN 难于再发展的情况下诞生的。所谓定性推理,主要是对物理现象的动态行为,例如状态平衡、振动、反馈等,不使用连续变量的数学、微分方程而进行预测说明,又称为定性物理学,定性仿真等。

7. 神经网络产生规则表示法

多层神经网络可以表示各种知识,但这种表示属于隐式表示,神经网络一旦确定,它的隐式知识表示就体现在神经元的权矩阵之中。由神经网络可以生成规则,利用这些提取的规则可以建造具有知识的神经网络。

8. Petri 网络的知识表示法

在多种形式的知识表示法中一个致命弱点是不能处理并行推理,而 Petri 网络普遍被认为是描述具有并行或异步并发行为系统的一种有用工具。

在专家系统中,为了既能表现变量的定量信息及它们之间的规律性知识,又能表现专家解决问题的经验,必须把知识的定量和定性表示结构起来,建立系统的定性定量综合集成的模型。虽然知识的表示有多种方法,但是在计算机内部都是以某种数据结构存在。

10.1.4 专家系统推理问题[4]

所谓推理是指按照某种策略从已知事实推断出结论的过程。推理所用的事实可分为与求解问题有关的初始证据及推理过程中所得到的中间结论。专家系统的推理包括两个基本问题:一个是推理的方法,另一个是推理的控制策略。推理的控制策略是指如何使用领域知识使推理过程尽快达到目标的策略。

推理方法主要解决在推理过程中前提与结论之间的逻辑关系。在专家系统领域,专家提供的领域知识很难表示成确定的因果关系,因此在专家系统中主要使用不精确推理。不精确推理方法是 70 年代提出并开展研究的,实现的方法有多种,下面简要介绍几种。

1. 概率推理方法——主观 Bayes 方法

主观 Bayes 方法是由 Duda 等人在 1976 年提出的,并于 1978 年成功地用于 PROSPECTOR 专家系统。在主观 Bayes 方法中,概率的传递是利用公式计算的,所以比较简单,但需注意,各断言间必须严格保持独立性。

2. 可能性理论方法

Zadeh 于 1965 年创立模糊集合论,提出了隶属函数的重要概念,并且用它刻画由于事物概念外延的模糊而造成划分上的不确定性,即模糊性。利用模糊逻辑进行的推理又称模糊推理、近似推理等。

3. 确定性理论方法

确定性理论方法是 Shortliffe 等人于 1975 年提出的,并被应用于著名的医疗咨询专家系统 MYCIN 中。这种推理方法主要通过计算确定性因子 CF(certainty factor)来实现非精确性推理。

4. 证据理论方法

证据理论方法是由 Dempster 提出,并由 Shafer 发展的。随后,Barnett 将其引入了专家系统的应用中。在证据理论中,信任函数(belief function)满足比概率论弱的公理,能区分"不确定"和"不知道"这两种截然不同的情况。在概率论中先验概率不易给出,证据理论却能处理由这种未知而引起的不精确性。当概率值已知时,证据理论就变成了概率论,故概率论是证据理论的一个特例。

5. 发生率计算方法

Bandy 于 1984 年提出了发生率计算方法,他用集合来描述和处理不确定值,并用集合中元素的内容来反映证据间的相关性。这种方法满足概率推理的性质,但其缺点是需要进行集合赋值,且发生率计算只能维持下限。

上述主观贝叶斯法及证据理论方法要求参与判断的输入信息满足相互独立的条件,这个条件在实际系统中很难得到满足。可能性理论及模糊理论方法所使用的隶属函数构造缺乏相应的标准,其值带有强烈的主观因素。确定性理论方法采用可信度来度量证据和结论的不确定性,该方法简单、实用,在许多专家系统中得到应用,取得较好的效果。但是该方法很难取得规则中证据的信任增长度及不信任增长度。

在形式上,不同的故障诊断系统采用不同的推理形式,可以分为下列几种。

1. 基于规则的推理(RBR——Rule‑Based Reasoning)

所谓基于规则的推理是指计算机从前提条件出发,沿着规则去寻找最终结论的过程,或者是从最终结论出发沿着规则的引导向后达到已知前提的过程,前者称为正向推理,后者称为反向推理,还有两种相结合的正反向推理。

当系统复杂时而规则会显著增多,基于规则的推理搜索效率会降低,这是该推理方法的一个缺点。

2. 模糊逻辑推理(FLR——Fuzzy Logic Reasoning)

模糊逻辑推理是建立在语言变量和模糊逻辑基础上的,这种推理又称为近似推理。波兰学者 Zadeh 的早期论文提出近似推理的基本框架。

在近似推理的研究中,有一个基本的假设,即不精确性是自然语言固有性质,而且这种不精确性主要是可能性的,而不是概率的。可能性与概率是不同的,可能性是与对可实行的程度和达到的难易程度的感觉有关,而概率是与信任度、似然性、频率或比例有关的。

模糊推理中的基本变量是语言变量,语言变量可以看成是用某种自然语言或人工语言的词语或句子来表示变量的值和描述变量间的内在联系的一种系统化方法。语言变量为近似推理中变量值的表示和模糊命题的真值、概率值和可能性值的表示提供了一个基本函数。

模糊逻辑的基本成分包括三部分:翻译法则、评估法则和推理法则。

3. 基于神经网络的推理(NNBR——Neural Network‑Based Reasoning)

由于神经网络具有学习、记忆、联想、容错和并行处理等功能,尤其是它具有可变加权的网络结构,使得它适于在智能控制中进行直觉推理。基于神经网络的推理也可分为正向推理、反向推理和正反向混合推理三种形式。

4. 基于事例的推理(CBR——Case‑Based Reasoning)

基于事例推理的基本思想是从过去相关的事例进行推理。所谓事例就是指导致特定结果的一系列特例,或者称事例是形成问题求解结构的子事例的关联集合。

CBR 推理是用事例表现知识并把问题求解和学习相融合的一种推理方式。CBR 系统擅长于那些规则表达困难的领域,同基于规则推理相比,CBR 推理知识获取容易,推理效率高且具有学习能力,它符合人类专家解决问题的思维决策过程,因此它具有较强的解决问题能力。

10.1.5 专家系统知识获取问题[1,3]

知识是专家系统有别于其他计算机软件系统的重要标志,而知识的质量和数量又是决定专家系统性能的关键因素。由于各方面的原因,知识获取至今仍然是一件相当困难的工作,是专家系统建造中的一个"瓶颈"问题。目前,知识获取通常是由知识工程师与专家系统中的知识获取模块共同完成的,知识工程师负责通过领域专家抽取知识,并用适当的知识表示方式把知识表示出来。

知识获取的基本任务是为专家系统获取知识,建立起健全、完善、有效的知识库,以满足领域问题求解的需求。知识获取从方法上分为非自动知识获取、自动知识获取。

非自动知识获取是使用较普遍的一种知识获取方式。在非自动知识获取方式中,知识获取分两步进行,首先从领域专家和有关技术文献获取知识,然后由知识工程师用某种知识编辑软件输入到知识库中。其主要工作包括:

1) 与领域专家进行交谈,阅读有关文献,获取专家系统所需要的原始知识;

2) 对获得的原始知识进行分析、整理、归纳,形成用自然语言表述的知识,然后交给领域专家审查。知识工程师与领域专家可能需要进行多次交流,直至有关的知识能完全确定下来;

3) 把最后确定的知识用知识表示语言表示出来,通过知识编辑器进行编辑输入。知识编辑器是一种用于知识输入的软件,通常是在建造专家系统时根据实际需要编制的。

自动知识获取是指系统自身具有获取知识的能力,它不仅可以直接与领域专家对话,从专家提供的原始信息中"学习"到专家系统所需的知识,而且还能从系统自身的运行实践中总结、归纳出新的知识。在不同的系统中,知识获取的"自动"程度有较大区别。

10.1.6 专家系统在机械故障诊断中的应用

故障诊断工作者将专家系统这一人工智能方法引入故障诊断领域,其根本目的在于利用专家系统的高效性能为故障诊断服务。专家系统在故障诊断领域的应用是很广泛的,例如,有旋转机械故障诊断专家系统,往复机械故障诊断专家系统,发电机组故障诊断专家系统,汽车发动机故障诊断专家系统等。

下面通过具体实例介绍面向网络、基于数据库技术支持的故障诊断专家系统。

1. 系统体系结构

故障诊断系统采用浏览器/应用服务器/数据库服务器模式,该模式是一种 3 层结构,包括客户层、业务层和数据层,如图 10.1.2 所示。

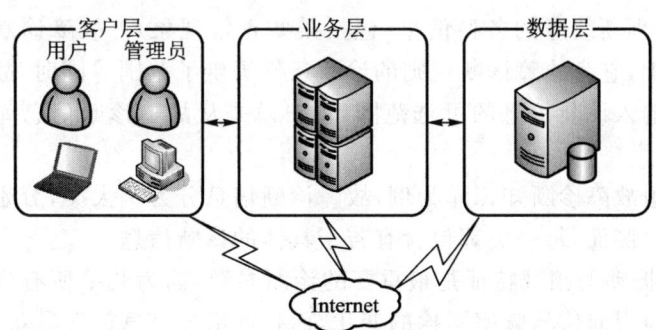

图 10.1.2 系统体系结构

客户层是用户、管理员与知识库系统的交互接口。用户通过接口提出服务申请,接受系统提供的服务。管理员通过接口完成管理系统的工作。用户、管理员与系统的交互通过 Web 浏览器实现。

业务层主要负责系统的管理、处理服务请求及提供知识库应用服务的功能。当用户提出服务请求时,由它执行相应的功能模块与数据库进行连接,并按照用户需求向数据库提出数据处理申请,将数据以适当的形式返回给客户浏览器。管理员管理知识库的操作由业务层执行相应的管理功能模块与数据库进行连接,完成相应的管理工作。业务层的管理功能、服务功能由应用服务器处理完成。

数据层主要负责存储设备故障信息元素、诊断规则、故障原因知识及故障处理对策等相关知识及数据。数据层的相关功能由数据库管理系统来完成。

2. 故障诊断知识库

故障诊断知识库主要包括故障诊断规则库、故障信息元素库、故障原因解释知识库及故障处理对策知识库,其组织结构如图 10.1.3 所示。故障信息元素库为知识库的其余三者提供支持,故障诊断规则、故障原因解释知识及故障处理对策知识由故障信息元素库中的元素组织构造。

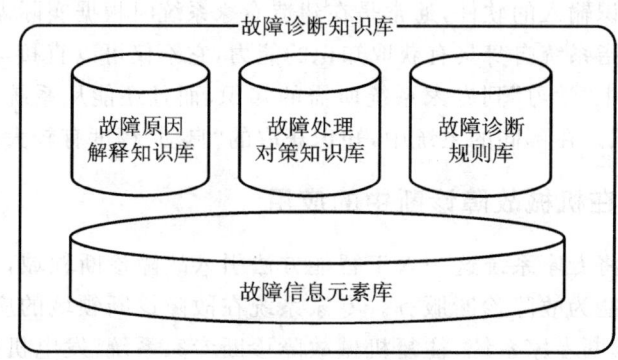

图 10.1.3 故障诊断知识库组织结构

故障信息元素库是整个知识库的基础,它为故障诊断规则、故障原因解释知识及故障处理对策知识等三类知识的组织构造提供支持。其中,故障诊断信息元素是重点内容。

故障诊断信息是通过各种渠道获得的(包括通过工况监测系统获得的)可用于故障诊断的内容,即通常所说的征兆,也称为事实或证据。故障诊断信息既可以是机组出现的异常现象,又可以是有助于判断故障的各种信息(包括某些正常现象)。故障诊断信息元素是表示故障诊断规则的基础,它为故障诊断规则的诊断条件提供了范围。同时,故障诊断信息元素是专家系统用户端输入诊断信息的可选范围,用户总是从故障诊断信息库中选择诊断信息作为输入。

以汽轮发电机组故障诊断知识库为例,故障诊断信息分为 7 大类,分别反映了汽轮发电机组故障诊断的一个侧面,每一类都包含有若干具体的诊断信息:

1) 频域特征 振动的频域特征是最重要的诊断参数,因为几乎所有汽轮机振动故障的发生都会或多或少地引起信号频率结构的变化,而且这部分信息最容易获得。

2) 时域特征 对振动时域信号进行分析和评估是状态监测和故障诊断的重要手段。时域状态参数归纳为振幅、轴心轨迹、波形等,分别表示不同的时域特征。

3) 工作状态 工作状态反映汽轮机运行的状态特征,通常工作状态包括转速状态和负荷状态。

4) 相关参数 除了振动信号,各种非振动量信号的相关参数也可提供大量的诊断信息,这些相关量是指汽轮机组的各种运行参数,相关参数的变化常常为某一类故障的判别提供依据。

5) 复合诊断信息 多种诊断信息的组合也可提供有效的诊断依据。例如,启停机过程中振幅与转速的变化关系信息,稳态运行时振幅与负荷的变化关系信息,振幅与其他因素的关系信息等。

6）其他异常现象　某些诊断信息由于种种原因无法自动识别,需要通过人机对话方式获取。这些信息包括能听到的声音和看到的异常现象,如现场能听到的金属摩擦声,能观测到的轴封处冒火花等现象。

7）机组的结构信息　机组的结构信息对汽轮机故障诊断是必要的,实践表明机组的故障特征与机组的结构是密切相关的。

故障原因知识以故障模式、故障诊断信息的不同组合为主线进行组织。故障原因知识提供了根据当前故障诊断信息,汽轮发电机组发生故障模式的原因。故障处理对策知识同样按照故障模式、故障诊断信息的不同组合为主线进行组织。故障处理对策知识提供了根据当前诊断信息及得出的结论(诊断模式),如何维修或调整等应对经验措施。

3. 故障诊断推理

推理引擎在故障诊断过程中采用规则和控制策略,使系统能够以符合逻辑的方式协调地工作,进行推理和导出结论。同时,推理引擎以中间推理结果为依据,为得到进一步的结论向用户提出问题。诊断推理过程中,与推理引擎交互的对象有知识库和综合数据库。

输入信息与诊断规则的匹配是诊断推理的关键过程之一,该过程示意简图如图10.1.4所示。诊断规则是以一定的层次结构存储在规则库中,因此在与输入信息匹配过程中,诊断规则是按照规则的层次顺序参与匹配运算过程,输入信息与诊断规则的匹配信息数据附有匹配顺序标识,被存入中间过渡存储区,准备参与下一步的推理运算过程。

4. 故障诊断交互界面

故障诊断交互界面指的是最终用户与故障诊断系统的交互界面。一方面,用户通过这个界面向系统提出或回答问题,或向系统提供原始数据和事实等;另一方面,系统通过这个界面向用户提出或回答问题,并输出结果以及对系统的行为和最终结果作出适当解释。故障诊断交互界面工作示意图如图10.1.5所示,交互界面在系统中与综合数据库及推理机两个部分交互工作,交互界面上的推理启动键可命令执行故障诊断推理工作。交互界面与综合数据库的交互是双向的,交互界面向综合数据库提交诊断信息,并且交互界面从综合数据

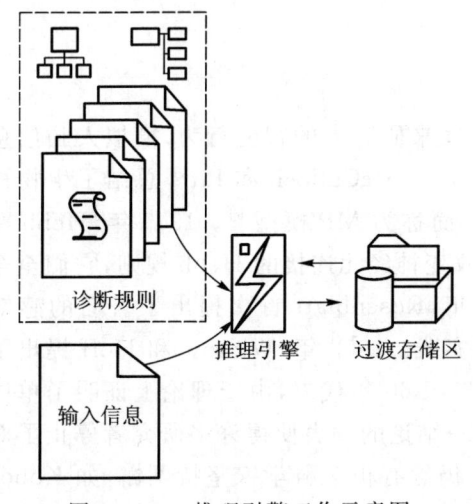

图10.1.4　推理引擎工作示意图

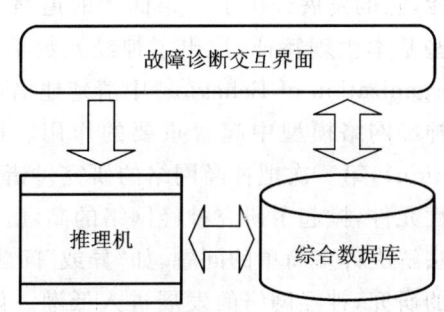

图10.1.5　故障诊断交互界面工作示意图

库得到诊断结果及推理机提出的诊断咨询信息。故障诊断交互界面（diagnostic user interface）示例如图 10.1.6 所示。

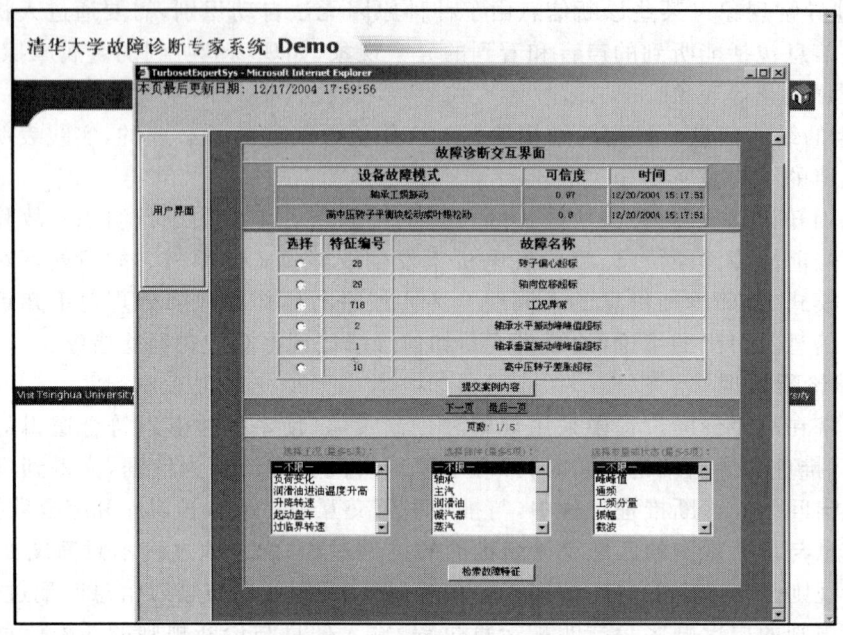

图 10.1.6　故障诊断交互界面

5. 知识库系统管理

故障诊断知识管理系统的管理功能包括诊断规则的基本管理和故障诊断规则元素管理两个部分。故障诊断规则的基本管理功能包括添加规则、删除规则、浏览规则及修改规则。故障诊断规则元素管理功能包括添加、删除、浏览及修改规则元素。

10.2　神经网络及其在故障诊断中的应用

10.2.1　神经网络概述

1. 神经网络的发展

神经网络的研究最初是从人脑的生理结构出发来研究人的智能行为，模拟人脑信息处理的功能，它的发展经历了一条曲折的道路。1943 年，McCulloch 和 Pitts 总结了生物神经元的一些基本生理特征，提出了神经元数学模型，简称为 MP 模型[6]。1949 年，Hebb 在书《The Organization of Behavior》中清楚地描述了改变神经元连接的 Hebb 规则，它们至今仍在各种神经网络模型中起着重要的作用。1957 年，Rosenblatt 首次提出了著名的感知器（perception），第一次把神经网络的研究付诸工程实践。1962 年，Widrow 和 Hoff 提出了自适应线性元件，掀起了研究神经网络的高潮。20 世纪 60 年代末，由于理论上证明了单层感知器无法解决许多简单的问题，如"异或"问题，这一结论的发表使得许多研究者停止了对神经网络的研究，神经网络的发展进入低潮。但是，仍然有很多科学家坚持不懈，如 Kohonen 在 1971 年开始了随机连接变化方面的研究工作，将 LVQ 网络应用到语音识别、模式识别和图像识别方面,取得了很大的成功;Stephen、Grossberg 的自适应共振模型(ART)等[7-8]。1982 年 Hopfield 提出了 HNN 模型标志着神经网络的第二次高潮的到来,后来 Feldlman、Ballard、Sejnowski、Rumelhart、Linsker 和 Mead 等学者做了一些突出工作。至今为止,已有的神经网络模型超过上百种,广泛用于模式识别、信号图像处理、智能控制、知识处理等多个领域,特别在故障诊断领域[9-10],神经网络发挥了巨大的作用。

2. 神经元

神经网络系统是大量的处理单元(称为神经元)广泛地互相连接而形成的复杂网络系统。神经元是神经网络的基本单元。因此,要想构造一个神经网络系统,首要任务是构造神经元模型。

(1) 神经元的基本构成

首先,希望神经元可以模拟生物神经元的一阶特性——对输入信号的加权和。对于每一神经元来说,它应该可以接收一组来自系统中其他神经元的输入信号,每个输入对应一个权,所有输入的加权和决定该神经元的激活状态。一般神经元表现为一个多输入、单输出的非线性器件,基本模型如图 10.2.1 所示。

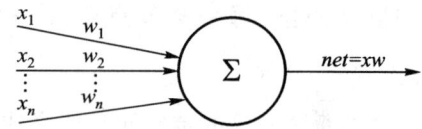

图 10.2.1 不带激活函数的神经元

(2) 激活函数

神经元在获得网络输入后,它通过激活函数给出适当的输出。激活函数是一个神经元及网络的核心,其基本作用是控制输入对输出的激活作用,对输入、输出进行函数转换,将可能无限域的输入变换成指定的有限范围内的输出。

激活函数一般表示为

$$o = f(net) \tag{10.2.1}$$

典型的激活函数有阈值函数、分段线性函数、Sigmoid 函数。激活函数的表达形式和图形见表 10.2.1。

表 10.2.1 激活函数总表

函数类型	函数表达式	图形
阈值函数	$f(x) = \begin{cases} +1, & x \geq 0 \\ -1, & x < 0 \end{cases}$	
分段线性函数	$f(x) = \begin{cases} +1, & x > +c \\ x/c, & -c < x \leq +c \\ -1, & x \leq -c \end{cases}$	
Sigmoid 函数	$f(x) = \dfrac{1}{1+\exp(-ax)}$	

其中，Sigmoid 函数应用最为广泛。

(3) M-P 模型

将神经元的基本模型和激活函数合在一起构成神经元，也就是著名的 McCulloch-Pitts 模型，简称 M-P 模型，即处理单元，如图 10.2.2 所示。

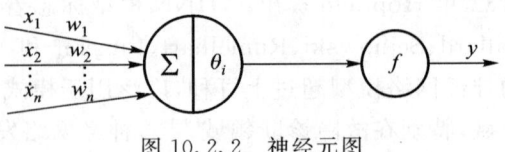

图 10.2.2 神经元图

3. 神经网络基础

神经网络是一个并行的和分布式的网络信息处理结构，该网络结构一般由多个神经元组成，每个神经元有一个单一输出，它可以连接到很多其他神经元，其输入有多个连接通路，每个连接通路对应一个连接权系数。实质上神经网络是一个有如下性质的有向图：对于每一个节点有一个状态变量 x_j；节点 i 到节点 j 有一个连接权系数 W_{ji}；对于每一个节点有一个阈值 θ_j；对于每一个节点定义一个变换函数 $f_j[x_i, w_{ji}, \theta_j(i \neq j)]$，最常用的形式为 $f(\sum_i w_{ji} x_i - \theta_j)$。

虽然每个独立的神经元只能完成简单的信息处理，但是由大量节点连接而成的神经网络却具有很强的信息处理能力。神经元的非线性特征以及它们之间的不同连接关系构成了传统的神经网络模型。

现有的神经网络模型有上百种，按不同的分类方法可分为：

1) 按拓扑结构分：前向网络，带有反馈的前向网络，层内有互连的前向网络，互连网络。
2) 按性能分：连续型与离散型，确定型与随机型，静态与动态网络。
3) 按连接方式分：前馈型与反馈型。
4) 按逼近特性分：全局逼近型与局部逼近型。
5) 按学习方式分：有导师的学习（也称监督学习），无导师的学习（也称无监督学习或称自组织）和再励学习（也称强化学习）。

4. 神经网络的特点

神经网络与传统的计算机在存储方式、信息表达方式和信息加工对象等方面存在显著的差异。其基本特征可以概括为以下几个方面：

1) 良好的映射逼近能力。虽然单个神经元的输入/输出关系比较简单，但理论上已经证明，任何连续函数都可以用多层神经网络以任意精度逼近。神经网络系统的这种用简单个体的群体效应来解决复杂问题的性质与当前非线性复杂系统的研究成果是相一致的。网络系统由无序到有序，功能从简单到复杂，类似于生物系统的进化过程和智能系统的学习过程。

2) 容错性。神经网络以分布方式存储信息，所有定性或定量的信息都分布于网络的各个单元，每个神经元存储多种信息的部分内容。由于没有集中处理单元，信息处理和存储表现为整个网络全部单元及其联结模式的集体行为。网络的每一部分信息存储具有分布特性，任何局部的单元损坏不至于从根本上影响整体性能和计算能力，部分信息丢失时仍可以使完整的信息得到恢复，因而网络具有良好的可靠性、容错性和鲁棒性。

3) 并行处理。神经网络采用并行处理方式来处理信息，使大量信息的快速运算成为可能。在网络中，各个处理单元可以同时进行类似的处理工作，整个网络的信息处理方式可以大规模地并行进行,其整体运算速度大大超过以串行方式运行的传统计算机。

4) 自学习、自组织和自适应性。神经网络把存储内容和地址合在一起,构成了具有联想记忆功能的存储器。神经元之间的联结具有多样性,各神经元之间的联结强度具有可塑性。在网络中,随着神经冲动传递方式的变化,各神经元的联结强度可增强或减弱,使网络具有自学习、自组织和自适应等智能性功能,能够适应系统复杂多变的动态特性,能够满足不同信息处理和环境的要求。

5. 基于神经网络的故障诊断技术

神经网络用于设备故障诊断是近年来迅速发展起来的一个新的研究领域。由于神经网络具有并行分布式处理、联想记忆、自组织及自学习能力和极强的非线性映射特性,能对复杂的信息进行识别处理并给予准确的分类,因此可以用来对系统设备由于故障而引起的状态变化进行识别和判断,从而为故障诊断与状态监控提供了新的技术手段,神经网络作为一种新的模式识别技术或新的知识处理方法,在设备故障诊断领域显示了极大的应用潜力。目前,神经网络在设备故障诊断领域的应用研究主要集中在三个方面[11]:① 从模式识别的角度,应用神经网络作为分类器进行故障分类;② 从预测的角度,应用神经网络作为动态预测模型进行故障预测;③ 从知识处理的角度,建立基于神经网络的故障诊断专家系统。

随着人工智能和计算机技术的迅速发展,特别是知识工程、专家系统的进一步应用,为神经网络故障诊断技术的研究提供了新的理论和方法。为了提高神经网络故障诊断的实用性能,目前主要从神经网络模型本身的改进和模块化神经网络诊断策略两个方面开展研究。神经网络故障诊断技术具有广阔的发展前景。

10.2.2 神经网络模型

目前主要应用于系统故障诊断的模型主要有多层前向神经网络、RBF 网络、Hopfield 网络、自组织特征映射网络以及小波神经网络等。学习算法有 BP 算法、竞争型学习算法、模拟退火算法等。神经网络理论及其在故障诊断中的应用研究方兴未艾,有许多需要进一步研究的课题。

1. BP 网络

反向传播网络(Back Propagation Network,简称 BP 网络)是目前使用最为广泛的一种神经网络,是 20 世纪 80 年代中期 David Rumelhart、Geoffrey Hinton 和 Ronald Williams,以及 Yann Le Cun 分别独立发现的。BP 算法是一个有导师学习的多层神经网络算法,每一个训练样本在网络中经过两遍传递计算,由正向传播和反向传播组成。在正向传播过程中,输入信息从输入层经隐层单元逐层处理,并传向输出层,每一层神经元的状态只影响下一层神经元的状态。如果在输出层不能得到期望的输出,则转入反向传播,将误差信号沿原来的连接通路返回,通过修改各层神经元的权值,使得误差信号减小。

如图 10.2.3 所示,设含有 L 层和 N 个节点的一个任意网络,各节点的特性为 Sigmoid 函数,给定 S 个样本 $(x_k, d_k)(k=1,2,\cdots,S)$,网络中第 l 层的第 j 个神经元的输入总和为 I_{jk}^l,输出为 O_{jk}^l,$l-1$

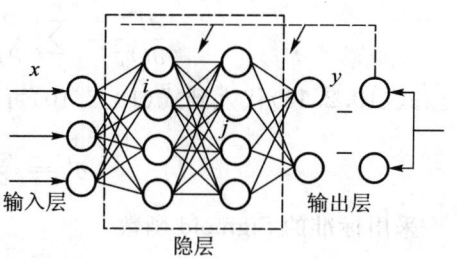

图 10.2.3 BP 网络模型结构

层的第 i 个神经元与 l 层的第 j 个神经元的权连接为 W_{ij}，则

$$I_{jk}^l = \sum_{i=1}^{n_1} W_{ij} O_{ik}^{l-1} \tag{10.2.2}$$

$$O_{jk}^l = f(I_{jk}^l) \tag{10.2.3}$$

反向传播时，定义网络的期望输出 d_k 与实际输出 y_k 的误差平方和为目标函数，即

$$E_k = \frac{1}{2} \sum_{j=1}^{m} (d_{jk} - y_{jk})^2 \tag{10.2.4}$$

S 个样本的总误差定义为

$$E = \frac{1}{2S} \sum_{k=1}^{S} E_k \tag{10.2.5}$$

网络的学习问题等价于无约束最优化问题，通过调整权值 W，使总误差 E 极小，使权值沿误差函数的负梯度方向变化，即

$$W_{ij}(t+1) = W_{ij}(t) - \eta \frac{\partial E}{\partial W_{ij}} \tag{10.2.6}$$

式中，t 为迭代次数；η 为步长，取值较大时，学习速度较快，但收敛性变差，可能产生振荡，但取值过小则影响学习速度，所以通常由实验来决定 η 值的大小。

定义：

$$\delta_{jk}^l = \frac{\partial E_k}{\partial I_{jk}^l} \tag{10.2.7}$$

于是

$$\frac{\partial E_k}{\partial W_{ij}} = \frac{\partial E_k}{\partial I_{jk}^l} \frac{\partial I_{jk}^l}{\partial W_{ij}} = \delta_{jk}^l O_{ik}^{l-1} \tag{10.2.8}$$

分两种情况讨论 δ_{jk}^l。

第一种情况：若节点 j 为输出单元，则 $O_{ik}^l = y_k$。设网络只有一个输出神经元：

$$\delta_{jk}^i = \frac{\partial E_k}{\partial I_{jk}^l} = \frac{\partial E_k}{\partial y_k} \frac{\partial y_k}{\partial I_{jk}^l} = -(d_k - y_k) f'(I_{jk}^l) \tag{10.2.9}$$

第二种情况：若节点 j 不是输出单元，则

$$\delta_{jk}^i = \frac{\partial E_k}{\partial I_{jk}^l} = \frac{\partial E_k}{\partial O_{jk}^l} \frac{\partial O_{jk}^l}{\partial I_{jk}^l} = \frac{\partial E_k}{\partial O_{jk}^l} f'(I_{jk}^l) \tag{10.2.10}$$

式中，O_{jk}^l 是传送到下一层（$l+1$ 层）的输入。

设 $l+1$ 层共有 m_1 个单元，则

$$\frac{\partial E_k}{\partial O_{jk}^l} = \sum_{p=1}^{m_1} \frac{\partial E_k}{\partial I_{pk}^{l+1}} \frac{\partial I_{pk}^{l+1}}{\partial O_{jk}^l} = \sum_{p=1}^{m_1} (\delta_{pk}^{l+1} W_{jp}) \tag{10.2.11}$$

式 (10.2.11) 代入到式 (10.2.10) 可得

$$\delta_{jk}^l = \sum_{p=1}^{m_1} (\delta_{pk}^{l+1} W_{jp}) f'(I_{jk}^l) \tag{10.2.12}$$

采用标准的 Sigmoid 函数

$$f(x) = \frac{1}{1 + e^{-x}} \tag{10.2.13}$$

将式(10.2.13)分别代入式(10.2.9)和式(10.2.12)

$$\delta_{jk}^l = -(d_k - y_k)f'(I_{jk}^l) = -(d_k - y_k)O_{jk}^l(1 - O_{jk}^l) \tag{10.2.14}$$

$$\delta_{jk}^l = \sum_{p=1}^{m_1} \delta_{pk}^{l+1} W_{jp} f'(I_{jk}^l) = \sum_{p=1}^{m_1} \delta_{pk}^{l+1} W_{jp} f(O_{jk}^l)(1 - O_{jk}^l) \tag{10.2.15}$$

BP 网络的主要优点：只要有足够的隐层和隐节点，BP 网络可以逼近任意的非线性映射关系；BP 网络的学习算法属于全局逼近的方法，因而它具有较好的泛化能力。BP 网络的主要缺点：收敛速度慢，易陷入局部最小而不能达到全局最小；难以确定隐层和隐节点数；从原理上，只要有足够多的隐层和隐节点，即可以实现复杂的映射关系，但是根据特定的问题来具体确定网络的结构尚无很好的方法，仍需凭经验和试验。

2. RBF 神经网络

RBF 网络通常是一种三层的前向网络，它由输入层、中间层和输出层组成，如图 10.2.4 所示。每个输入神经元与输入向量 X 的元素相对应。中间层由 n 个神经元组成。每个输入神经元与中间层所有神经元相连接。每个中间神经元计算一个核函数（激活函数），通常为高斯函数

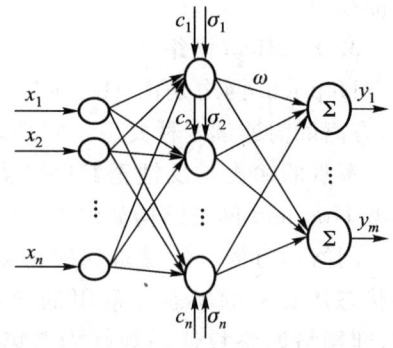

图 10.2.4　RBF 网络结构

$$\varphi_i(X) = \exp\left(-\frac{\|X - c_i\|}{\sigma_i^2}\right) \quad i = 1, 2, \cdots, n \tag{10.2.16}$$

其他类型的 RBF 激活函数还有

薄板样条函数

$$\phi(v) = v^2 \log(v) \tag{10.2.17}$$

两次曲面函数

$$\phi(v) = (v^2 + \sigma^2)^{1/2} \tag{10.2.18}$$

逆二次曲面函数

$$\phi(v) = (v^2 + \sigma^2)^{-1/2} \tag{10.2.19}$$

这里分别称 c_i 和 σ_i 为中间层中第 i 个神经元的中心和半径。$\|\cdot\|$ 表示向量范数，通常取为欧几里得范数。在输入层和第 i 个中间层神经元之间的权向量与公式(10.2.16)中的 c_i 相关。在 RBF 网络中，第 i 个中间神经元的网络输入是 $\|X - c_i\|$。如果半径 σ_i 比较小，核函数下降速度很快，当半径 σ_i 比较大时，下降速度则比较慢。输出层由 m 个神经元组成，分别与问题的可能类属相关联，它与中间层相连接。每个输出层神经元用下述的公式来计算中间层输出的线性加权总和

$$y_j = \sum_{i=0}^n \varphi_i(X) w_{ij}, j = 1, 2, \cdots, m \tag{10.2.20}$$

在这里，w_{ij} 是在第 i 个中间层神经元和第 j 个输出层神经元之间的权。

写成矩阵形式有

$$Y = W\Phi \tag{10.2.21}$$

式中，$X = (x_1, x_2, \cdots, x_n)^T$ 为输入向量；

$Y = (y_1, y_2, \cdots, y_m)^T$ 为输出向量；

$\boldsymbol{W} = (w_1, w_2, \cdots, w_m)^{\mathrm{T}}$ 为隐层到输出层的权矩阵,w_k 为输出层第 k 个单元的权向量;$\boldsymbol{\Phi} = (\varphi_1(\boldsymbol{X}), \varphi_2(\boldsymbol{X}), \cdots, \varphi_n(\boldsymbol{X}))^{\mathrm{T}}$ 为隐层输出向量。

通常,前向多层反馈神经网络模型是高度的非线性参数模型,并且参数估计必须基于非线性优化技术如预报误差方法,它需要非常巨大的计算。高度非线性参数模型的另一个后果是在使用梯度算法的评估过程中,参数估计很可能只是选中的优化规则的一个局部最小点。而 RBF 网络具有唯一最佳逼近特性,且无局部最小的优点,采用了径向基函数(径向对称函数)作为非线性映射的激活函数,因此有大量的学者应用 RBF 网络进行故障诊断研究。

3. Hopfield 网络

Hopfield 网络是由 Hopfield 在 20 世纪 80 年代提出的,有离散与连续两种类型。它是单层反馈型非线性网络,每一节点的输出均反馈至其他节点的输入,无自反馈。连续型 Hopfield 网络结构如图 10.2.5 所示。

网络学习的目的是得到权系数值,以使网络的稳定平衡状态是要求的状态。常用的学习算法是 Hebb 学习规则,即网络调整权值的规则为若第 i 个与第 j 个神经元同时处于兴奋状态,则它们之间的连接应该加强:

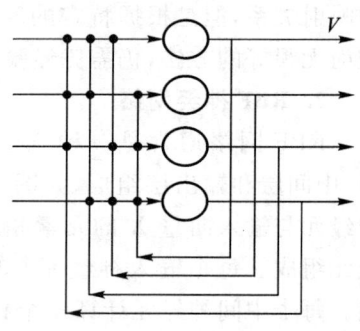

图 10.2.5 Hopfield 结构图

$$\Delta w_{ij} = \alpha y_i y_j, \quad \alpha > 0 \tag{10.2.22}$$

设要求网络有 p 个正交稳态 $V^s = (V_1^s, V_2^s, \cdots, V_n^s), s = 1, 2, \cdots, p$,则

$$w_{ij} = \sum_{s=1}^{p} V_i^s V_j^s \tag{10.2.23}$$

若增加新的稳态 V^{p+1},则

$$w_{ij} = w_{ij} + V_i^{p+1} V_j^{p+1} \tag{10.2.24}$$

由于网络能收敛于稳定状态,因此可用于联想记忆。若将稳态视为一个记忆,则由初始状态向稳态收敛的过程就是寻找记忆的过程,初态可认为是给定的信息,收敛的过程可认为是从部分信息找到了全部信息,则实现了联想记忆的功能。联想记忆模型的一个重要特性是由噪声输入模式反映出训练模式。若将稳态视为某一优化计算问题目标函数的极小点,则由初态向稳态收敛的过程就是优化计算的过程。网络用于计算时 W 已知,目的是为了寻找稳态;用于联想记忆时稳态是给定的,由学习求得权值。优化计算和联想记忆是相互对偶的。该网络多用于控制系统的设计中,求解约束优化问题,在故障诊断系统辨识中,也得到了应用。

10.2.3 基于神经网络的故障诊断应用

1. 基于神经网络的故障诊断原理

神经网络系统具备高度非线性映射能力,神经网络是一个并行的和分布式的网络信息处理结构,能存储有关过程的知识,直接从定量的、历史故障信息中学习。图 10.2.6 表示基于神经网络的故障诊断的一般框图。

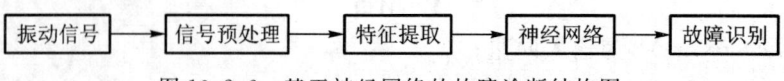

图 10.2.6 基于神经网络的故障诊断结构图

基于神经网络的故障诊断主要步骤包括：

1) 神经网络的选择：主要是选择哪种神经网络、神经网络的层数以及神经网络参数进行学习。

2) 输入层的选择：选择可以反映故障信息的参数征兆作为输入变量样本，并且进行归一化。

3) 输出层的选择：各种故障状态进行编码，输出节点数 n 为故障模式的总数，第 i 个模式的故障为

$$Y_i = (0 \quad 0 \quad \cdots \quad 1 \quad \cdots \quad 0)$$

即第 i 个节点输出为 1，其余输出为 0，表示第 i 个故障存在。

4) 网络学习：利用已有的故障征兆和诊断结果对神经网络进行离线训练，训练好的神经网络中的数据中心和连接权值记录了各种故障的特征；当传递进来的征兆与记忆中的某个对应故障特征比较接近时，神经网络输出对应故障。

5) 故障诊断结果分析：用新的测试样本检验所建网络的正确性。

2. 基于 RBF 神经网络的旋转机械诊断

旋转机械故障诊断过程中实测的振动信号经常是相互作用和相互干扰的多种故障信号的叠加，这给正确的故障识别造成很大的困难。故障诊断过程中，分类器的分类规则固然重要，但是，如果所基于的故障特征没有包含足够的待识别的信息或未能提取反映机器故障特征的信息，则诊断的结果肯定不准确。旋转机械的故障模式样本的输入往往是高度非线性重叠的，因而很难用常规的模式分类方法将其分开，必须使用某种非线性的方法将其变换到更高维的空间里，以利于线性分类。用神经网络进行故障诊断基本上以 BP 网络为基础，不可避免地存在收敛速度慢，容易陷入局部极小点等缺点，而近些年来，越来越多的 RBF 网络应用于故障诊断，结果表明径向基函数能够使人工神经网络更好地处理训练数据以外的测试实例，并且训练速度大大加快。

RBF 神经网络多参数诊断法的应用步骤：

1) 利用转子实验台获得不平衡、碰摩故障、不对中故障、松动故障和转轴裂纹五种典型的旋转机械故障的试验数据。

2) 利用振动信号频谱中的 8 个频段上的不同频率的频谱的谱峰能量作为特征值，见表 10.2.2。

3) 进行 RBF 神经网络设计，确定神经元的个数、中心、网络半径以及调节权值。

4) 将旋转机械的各种故障状态进行编码，并用相应的特征参数组成训练样本，对网络进行训练，确定各单元间的连接权值以及偏差。

表 10.2.2　神经网络测试样本

1	2	3	4	5	6	7	8
$(0.01\sim0.39)f$	$(0.4\sim0.49)f$	$0.5f$	$(0.51\sim0.99)f$	f	$2f$	$(3\sim5)f$	$>5f$
0.034 3	0.022 4	0.000 6	0.112 2	0.473 2	0.048 9	0.101 9	0.206 6
0.011 0	0.004 5	0.000 1	0.041 7	0.347 5	0.143 9	0.233 7	0.217 7
0.125 9	0.024 6	0.005 8	0.263 1	0.260 3	0.003 0	0.041 5	0.275 6
0.020 2	0.007 3	0.000 9	0.033 1	0.050 9	0.276 5	0.143 6	0.467 5
0.010 4	0.004 4	0.000 4	0.041 3	0.678 2	0.061 6	0.072	0.131 5
0.014 7	0.001 2	0.002 3	0.035 0	0.415 5	0.154 6	0.143 4	0.233 2

RBF 神经网络的期望输出根据旋转机械的 5 种工作状态确定状态码为碰摩故障(1,0,0,0,0),不对中故障(0,1,0,0,0),松动故障(0,0,1,0,0),转轴裂纹(0,0,0,1,0),不平衡故障(0,0,0,0,1)。

5) 利用训练好的神经网络对旋转机械进行状态识别,根据输出确定旋转机械的状态类别。

6) 把使用过程中发现的错误判断按实际输入和期望输出加入训练样本集,对网络进一步训练。

表 10.2.3 可以看到对于单一的故障,如故障 1 到故障 5 所示的碰摩、不平衡、不对中、裂纹和松动,对应的网络输出结点数值都大于 0.75,而其他位置数值都比较小,所以 RBF 网络能很准确地辨识出这些单一故障。而对于耦合故障 6,节点 1 和节点 2 的数值都大于 0.5,其他节点的数值接近于 0,说明此时系统同时存在碰摩和不对中两种故障,也就是说,对于耦合故障,神经网络也能比较正确地辨别。

表 10.2.3　RBF 网络测试结果

	输出节点				
	1	2	3	4	5
1. 碰摩故障	0.7655	0.1657	0.0504	−0.0501	0.0677
2. 不对中故障	0.1953	0.9122	−0.0493	0.0370	−0.0725
3. 松动故障	0.3153	−0.0553	0.8320	−0.0813	−0.0039
4. 转轴裂纹	0.0350	0.0139	−0.0341	0.9485	0.0266
5. 不平衡故障	0.1557	0.0678	0.0177	0.0573	0.7519
6. 不对中故障、碰摩故障同时发生	0.5237	0.5654	−0.0438	0.0966	−0.0938

10.3　模糊理论及其在故障诊断中的应用

人们所熟悉的普通集合论要求:论域 U 中每个元素 x,对于子集 $A \subset U$ 来说,要么 $x \in A$,要么 $x \notin A$,二者必居其一,且仅居其一,决不允许模棱两可。因而,子集 A 由映射

$$c_A: U \to \{0, 1\}$$

唯一确定。即集合 A 可由特征函数

$$c_A(x) = \begin{cases} 1 & u \in A \\ 0 & u \notin A \end{cases} \tag{10.3.1}$$

来刻画。由于这种函数仅取两个值,所以在表达概念方面有其局限性,只能表达"非此即彼"的精确现象,而不能表达存在于现实中的"亦此亦彼"的模糊现象[12]。

然而,在工程领域"亦此亦彼"的模糊现象无处不在。对设备运行状态的判断,从"安全"状态到"不安全"状态之间存在着过渡区域,即两种状态的边界是模糊的。关于机械系统状态的描述,如噪声大、振动严重、轴变形很大等,都是具有模糊性的概念。随着现代科学技术的飞速发展,各种设备不断复杂化,模糊理论为大型复杂设备故障诊断提供了有力的数学工具。根据模糊理论创始人 Zadeh 提出的"不相容原理",当系统的复杂性增加时,精确而有效

地描述系统行为的能力就减少,当达到某一阈值时,精确性和有效性变得相互排斥[13]。因此,设备的复杂程度越高,其系统的模糊性也就越强。运用模糊理论的基本原理,分析处理设备状态监测和故障诊断中遇到的模糊信息,将为复杂设备的故障诊断开辟有效的途径。

10.3.1 模糊集概念

美国加州大学伯克利分校的 Zadeh 教授于 1965 年在《Information Control》期刊上发表了关于模糊集理论(Fuzzy Set Theroy,FST)的开创性论文[13]。此后近 40 年里,模糊理论的发展非常迅速,已经应用到许多科学技术领域。在农业、林业、气象、管理科学、系统工程、经济学、社会学、生态学、未来学、语言学、军事学、地震学、地质学等领域都有举世瞩目的建树。模糊数学已经显示出强大的生命力和渗透力,发展前景广阔。模糊数学在 1976 年传入我国,1980 年成立了中国模糊数学与模糊系统学会,1981 年创办了《模糊数学》杂志,1987 年创办了《模糊系统与数学》杂志。

模糊集是模糊理论的基础,下面介绍模糊集的概念。

定义 10.3.1[14]　设在论域 U 上,给定了映射:

$$u_{\tilde{A}}:U \to [0,1], \quad x \to u_{\tilde{A}}(x) \tag{10.3.2}$$

则说 $u_{\tilde{A}}$ 确定了 U 上的一个模糊子集 $\tilde{A}$,简称模糊集;$u_{\tilde{A}}(x)$ 称为 $\tilde{A}$ 的隶属度函数,也称为 x 对 $\tilde{A}$ 的隶属度。

$u_{\tilde{A}}(x)$ 越接近 1,x 就越属于 $\tilde{A}$。反之,$u_{\tilde{A}}(x)$ 越接近 0,x 就越不属于 $\tilde{A}$。因此,模糊集 $\tilde{A}$ 是 U 中不具有明确边界的子集。由定义可看出,模糊集 $\tilde{A}$ 完全由其隶属度函数来刻画。模糊集仍是经典集合上的一个广义子集,论域 U 并不是模糊的,与普通集合类似,模糊集的运算也有求并、交、余等。

10.3.2 隶属度函数

隶属函数的提出奠定了模糊理论的基础,它的建立突破了 19 世纪末德国数学家 Contor 创立的经典集合理论的局限性。借助隶属函数可以表达一个模糊概念从"完全不属于"到"完全隶属于"的过渡,它能对所有的模糊概念进行定量表示。它把普通集合中的元素对集合的隶属度只能取 0 和 1 这两个值推广到可以取区间[0,1]中的任意一个值,即可以用隶属度定量描述论域中的元素符合概念的程度。

在实际应用中,常常选择一些典型的模糊分布函数来逼近所研究的模糊集合的隶属函数,从而使计算更为方便。常用的模糊分布包括偏小型、偏大型和中间型三种,其中偏小型可细分为降半矩形分布、降半正态分布以及降半梯形分布等;偏大型可细分为升半矩形分布、升半正态分布以及升半梯形分布等;中间型分布可细分为矩形分布、正态分布以及梯形分布等。通常的隶属度函数有一维和二维的,常见一维隶属度函数有:三角形隶属度函数、梯形隶属度函数、S 形隶属度函数、钟形隶属度函数等,它们分别示于图 10.3.1a~d 中。模糊隶属度函数的确定一直是模糊数学的难点问题,常用的方法包括模糊统计法、三分法以及模糊分布法等。

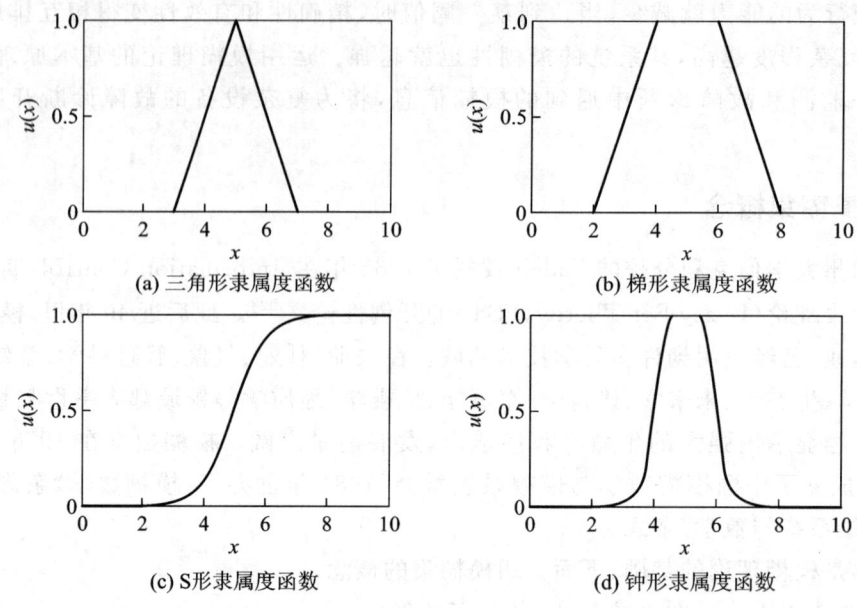

图 10.3.1 模糊隶属度函数

10.3.3 与模糊性易混淆的几个概念[15]

近似性、随机性、含混性是三种与模糊性不同的概念,很容易将它们与模糊性混淆。下面分别讨论这些概念的差异。

1. 模糊性与近似性

模糊性是一种描述的不精确性。长期以来,人们误认为模糊事物实质上是一种复杂的清晰事物,模糊性问题本身具有精确解,而只是由于问题过于复杂,现有的科学技术尚不能解决,因此暂时只能得到近似解。这种观点的错误在于将模糊性与近似性混为一谈。描述上的不精确性有不同的根源和表现形式:① 问题本身有精确解,而描述它的不精确性来源于认识条件的局限性和认识过程发展的不充分性。例如,在薄雾中观察远山,由于受限于客观条件,观察到的山轮廓是模糊的,因此也只能近似地描述山的形状。但是,实质上山本身具有清晰的轮廓。② 问题本身无精确解,这时的不精确性自然来源于对象自身固有的形态上的不确定性。例如,观察一片秋叶时,无论采用如何先进的技术,都难以精确地认定它是何种颜色,而只能近似地描述叶子的颜色。之所以这样是因为深黄、黄、黄绿、浅绿、深绿等颜色的定义本身就是模糊的。因此,对于模糊问题,无论科学技术如何发展,研究如何深入,找出问题精确解的任何企图都将是徒劳的。

2. 模糊性与随机性

模糊性和随机性是两种不同性质的不确定性,从质和量上比较,模糊性表现在质的不确定性。随机性是在事件发生的不确定性中表现出来的条件上的不确定性,而事物本身的性态和类属是确定的。例如,投掷硬币时,国徽面是否朝上是不确定的,是随机的,但是每次的结果国徽面非上即下却是确定的。模糊性是事物本身性态和类属上的不确定性。例如,未来某日的降雨量是随机变量,对这次降雨量做实际测试后的结果,即大雨、中雨或小雨却具有典型的模糊性。总之,随机性是一种外在的不确定性,模糊性是一种内在的不确定性。

3. 模糊性与含混性

Zadeh 教授认为,一个命题之所以是模糊的,原因在于所涉及的类本身是模糊的。例如命题"A 很高"是一个模糊命题,其根源在于"很高"是一种模糊类。而一个含混的命题既是模糊的,又是二义的,它对一个特定的目的只提供了不充分的信息。例如,依照命题"A 很高"是不能确定 A 应购买什么型号的衣服的,因为它的信息不充分。这时的命题既模糊又歧义,因而是含混的。应当注意,一个命题是否带有含混性与其应用对象和上下文有关,而模糊性却非如此。如"A 很高"这个命题虽然对给 A 购买什么型号的衣服这个应用对象是含混的,但对给 A 选购一条领带却提供了足够的信息,所以这时虽然模糊但不含混。

10.3.4 应用举例

模糊集理论应用在故障诊断中主要有模糊关系诊断、模糊聚类分析和模糊模式识别三种类别。下面着重介绍前两种。

1. 模糊关系诊断

根据故障征兆 a 和故障原因 b 之间的模糊关系矩阵 R,将征兆空间 S 转化到故障空间 F,按故障隶属度值判断故障类型,即

$$b = a \cdot R \tag{10.3.3}$$

下面举例说明[16]:设某大型旋转机械故障征兆论域为频谱特征

$$S = \{0.20f, 0.25f, 0.50f, 0.75f, 1.00f, 2.00f, 3.00f, 4.00f, 5.00f\}$$

故障原因论域为

$$F = \{不平衡, 不对中, 油膜涡动, 油膜振荡, 旋转失速, 喘振, 摩擦, 密封失稳, 轴间间隙大\}$$

根据专家经验,总结得到的故障征兆与故障原因论域之间的模糊关系矩阵为

$$R = \begin{bmatrix} 0.0 & 0.0 & 0.0 & 0.0 & 0.0 & 1.0 & 0.2 & 0.2 & 0.0 \\ 0.0 & 0.0 & 0.0 & 0.5 & 0.6 & 0.0 & 0.2 & 0.2 & 0.0 \\ 0.0 & 0.0 & 0.8 & 1.0 & 0.0 & 0.0 & 0.2 & 0.2 & 0.0 \\ 0.0 & 0.0 & 0.0 & 0.0 & 0.5 & 0.0 & 0.2 & 0.2 & 0.0 \\ 1.0 & 1.0 & 1.0 & 1.0 & 1.0 & 0.0 & 0.8 & 1.0 & 1.0 \\ 0.0 & 1.0 & 0.0 & 0.3 & 0.0 & 0.0 & 0.2 & 0.2 & 0.0 \\ 0.0 & 0.0 & 0.0 & 0.3 & 0.0 & 0.0 & 0.2 & 0.2 & 0.0 \\ 0.0 & 0.0 & 0.0 & 0.0 & 0.0 & 0.0 & 0.2 & 0.2 & 0.0 \\ 0.0 & 0.0 & 0.0 & 0.0 & 0.0 & 0.0 & 0.2 & 0.2 & 0.0 \end{bmatrix}$$

若频域故障征兆向量为

$$a = \{0.45, 0.01, 0.0, 0.01, 0.5, 0.02, 0.01, 0.0, 0.0\}$$

则由式(10.3.3)计算得

$$b = a \cdot R = \{0.5, 0.52, 0.5, 0.514, 0.511, 0.95, 0.5, 0.594, 0.5\}$$

其中,向量中的各元素代表该征兆对于各故障原因的隶属度,根据最大隶属度原则,可知故障原因为喘振。

2. 模糊聚类分析

聚类是发展很迅速的一种数学方法,它的基本任务是将所考察的对象进行合理的分

类[17]。它按照对象间的特征、亲疏程度和相似性,把 m 维空间 R 中的 n 个对象归属到 c 个类中的某一个类的过程。聚类所生成的簇是一组数据对象的集合,根据预先定义的相似性度量方式,同一簇中的对象之间具有较高的相似度,而不同簇中对象的差别较大。常用的相似性度量方式有:相似系数和距离。相似系数用来表示对象之间相似程度,越接近 1 样本越接近。距离度量方式是将每个样本看做是空间的一个点,然后定义点与点之间的距离,距离越小则两种样本越接近。最常见的是用欧氏距离作为相似性的度量方式。

现实的聚类问题往往伴随着模糊性,即考虑的不是有无关系,而是关系深浅程度,这就是模糊聚类问题。例如:环境污染分类、春天连阴雨预报、临床症状资料分类等。对这些伴有模糊性的聚类问题,用模糊数学语言来表达更为自然。

模糊聚类分析是一类应用很广泛的数学方法,已经被应用在许多领域,包括工程(机器学习、人工智能、模式识别、机械工程、电子工程)、计算机科学(Web 挖掘、空间数据库分析、文本分类、图像分割)、生命医学(遗传学、生物学、微生物学、古生物学、精神病学、临床医学、病理学)、地球科学(地理学、地质学、远程感知)、社会科学(社会学、心理学、考古学、教育)和经济学(市场学、商业)等,在这些领域已经发挥着重要作用。模糊聚类分析理论上讲大致分为三种:一是基于模糊等价关系的传递闭包法,二是基于模糊相似关系的直接聚类法,三是基于模糊 C 均值的模糊聚类法[18]。在机械故障诊断中,研究和应用最多的模糊聚类分析当属模糊 C 均值聚类方法。

1974 年,Dunn J. C. 首先将硬划分聚类算法模糊化,提出了模糊 ISODATA(Iterative Self - Organizing Data)聚类算法[19]。其后,Bezdek J. C. 将该聚类算法推广为一般的模糊 C 均值(Fuzzy C - Means,FCM)迭代算法,并且证明了其收敛性[20]。

然而,FCM 算法存在以下问题:① 没有区别对待不同特征对聚类的不同影响。② 忽略了典型与模棱两可样本对聚类贡献的差别。③ 聚类时一般需要预先给出聚类数。所以,FCM 聚类算法经常导致不理想的聚类结果。

为了克服以上问题,本节给出了一种混合聚类算法[21],它是对 FCM 算法进行如下改进:① 利用神经网络自学习的特点自适应学习各维特征的权重,体现不同特征的敏感性。② 采用点密度函数算法计算样本权重,表征不同样本的典型性。③ 聚类算法中引入聚类有效性指标自适应地确定最优聚类数。

(1)基于 3 层前馈神经网络的特征权值计算

特征加权实质是特征选择的推广,是给每一个特征赋予区间[0,1]上的某个值。从欧氏空间上来讲,特征加权就是拉长对聚类影响大的特征对应的轴,缩短对聚类影响小的特征对应的轴,把只适用于团状数据的聚类算法延伸到呈超椭球或超线性的数据聚类,更符合实际的空间数据分布。

混合聚类算法的特征权值是采用图 10.3.2 所示的 3 层前馈神经网络学习得到的。该网络与常见的基于输入-输出对的有监督学习神经网络不同,它是基于梯度下降技术通过极小化式(10.3.4)的目标函数来学习权值的。

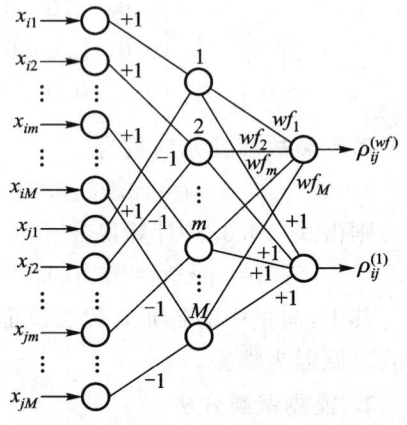

图 10.3.2 神经网络结构图

目标函数 $E(wf)$ 的定义如下:[22]

$$\left.\begin{aligned} E(\boldsymbol{wf}) &= \frac{2}{N(N-1)} \times \sum_{j<i} \frac{1}{2}[\rho_{ij}^{(wf)}(1-\rho_{ij}^{(1)}) + \rho_{ij}^{(1)}(1-\rho_{ij}^{(wf)})] \\ & \qquad\qquad\qquad\qquad\qquad\qquad i,j = 1,2,\cdots,N \\ \rho_{ij}^{(wf)} &= \frac{1}{1+\beta d_{ij}^{(wf)}} \\ d_{ij}^{(wf)} &= d^{(wf)}(\boldsymbol{X}_i, \boldsymbol{X}_j) = \Big[\sum_{m=1}^{M} wf_m(x_{im}-x_{jm})^2\Big]^{\frac{1}{2}} \\ & \qquad\qquad\qquad\qquad\qquad\qquad m = 1,2,\cdots,M \end{aligned}\right\} \quad (10.3.4)$$

式中,N 是样本个数;M 是特征个数;$\boldsymbol{X}_i$ 是第 i 个样本,$\boldsymbol{X}_i = (x_{i1}, x_{i2}, \cdots, x_{im}, \cdots, x_{iM})$,$x_{im}$ 是样本 $\boldsymbol{X}_i$ 的第 m 个特征;$\boldsymbol{X}_j$ 是第 j 个样本,$\boldsymbol{X}_j = (x_{j1}, x_{j2}, \cdots, x_{jm}, \cdots, x_{jM})$,$x_{jm}$ 是样本 $\boldsymbol{X}_j$ 的第 m 个特征;$\rho_{ij}^{(1)}$、$\rho_{ij}^{(wf)}$ 分别是样本 $\boldsymbol{X}_i$、$\boldsymbol{X}_j$ 没有进行特征加权与特征加权后的相似性度量;$d_{ij}^{(wf)}$ 是加权的欧氏距离;$\boldsymbol{wf}$ 是特征权重,$\boldsymbol{wf} = (wf_1, wf_2, \cdots, wf_m, \cdots, wf_M)$,$wf_m$ 是第 m 个特征的权重,大小在 $[0,1]$ 之间。当 wf_m 全为 1 时,$d_{ij}^{(wf)}$ 变成标准的欧氏距离 $d_{ij}^{(1)}$。

β 是满足式(10.3.5)成立的一个正参数

$$\frac{2}{N(N-1)} \sum_{j<i} \rho_{ij}^{(1)} = \frac{2}{N(N-1)} \sum_{j<i} \frac{1}{1+\beta d_{ij}^{(1)}} = 0.5 \quad (10.3.5)$$

图 10.3.2 所示的神经网络是 $2M:M:2$ 的 3 层前馈结构。输入层的 $2M$ 个节点,对应样本集中任意两个样本的 $2M$ 个特征,输入层只起到传输作用,不对输入发生作用。隐含层的第 m 个节点的输入是输入层第 m 和第 $m+M$ 个节点的输出分别以 $+1$ 和 -1 为权值的加权和 $(x_{im} - x_{jm})$。输出层中计算 $\rho_{ij}^{(wf)}$ 的节点的输入是隐含层每个节点的输出以对应的 wf_m 为权值的加权和,而计算 $\rho_{ij}^{(1)}$ 的节点的输入是隐含层每个节点的输出以 $+1$ 为权值的加权和。神经网络训练时,两个样本作为一对一起输入神经网络,含有 N 个样本的样本集,共有 $N(N-1)/2$ 个不同的样本对。

令 $I_m^{(l)}$ 和 $O_m^{(l)}$($l=1,2,3$)分别表示网络第 l 层的第 m 个神经元的输入和输出。假设输入网络的样本对为 $(\boldsymbol{X}_i, \boldsymbol{X}_j)$,网络每层的输入、激励函数和输出分别如表 10.3.1 所示。

表 10.3.1 神经网络各层的输入、激励函数和输出

层数 l	输入	激励函数	输出
$l=1$	$I_m^{(1)} = x_{im}$;$I_{m+M}^{(1)} = x_{jm}$	$O = I$	$O_m^{(1)} = I_m^{(1)}$;$O_{m+M}^{(1)} = I_{m+M}^{(1)}$
$l=2$	$I_m^{(2)} = (+1)O_m^{(1)} + (-1)O_{m+M}^{(1)}$	$O = I^2$	$O_m^{(2)} = (I_m^{(2)})^2$
$l=3$	$I_1^{(3)} = \sum_m (wf_m O_m^{(2)})$; $I_2^{(3)} = \sum_m O_m^{(2)}$	$O = 1/(1+\beta I^{1/2})$	$O_1^{(3)} = \rho_{ij}^{(wf)} = 1/[1+\beta(I_1^{(3)})^{1/2}]$; $O_2^{(3)} = \rho_{ij}^{(1)} = 1/[1+\beta(I_2^{(3)})^{1/2}]$

根据神经网络的输出 $\rho_{ij}^{(1)}$、$\rho_{ij}^{(wf)}$ 和式(10.3.4)计算目标函数 $E(\boldsymbol{wf})$。采用梯度下降法极小化目标函数来对权值进行学习,权值改变量

$$\begin{aligned}
\Delta wf_m &= -\eta \frac{\partial E(\boldsymbol{wf})}{\partial wf_m} = -\eta \frac{\partial E}{\partial O_1^{(3)}} \frac{\partial O_1^{(3)}}{\partial I_1^{(3)}} \frac{\partial I_1^{(3)}}{\partial wf_m} \\
\frac{\partial E}{\partial O_1^{(3)}} &= \frac{2}{N(N-1)} \sum_{j<i} \frac{1}{2}(1-2O_2^{(3)}) \\
\frac{\partial O_1^{(3)}}{\partial I_1^{(3)}} &= \frac{\beta}{2(1+\beta(I_1^{(3)})^{1/2})^2 (I_1^{(3)})^{1/2}} \\
\frac{\partial I_1^{(3)}}{\partial wf_m} &= O_m^{(2)}
\end{aligned} \right\} \quad (10.3.6)$$

式中,η 是神经网络的学习速率,根据神经网络的学习过程动态改变,采用黄金分割搜索法计算每一步的最优学习速率。

对于输入神经网络的所有样本对,神经网络前向计算,从而得到目标函数值,然后基于梯度下降法对权值进行反复学习,最终得到特征权值 $\boldsymbol{wf}$。

(2) 基于点密度函数的样本权值计算

一般情况,如果样本点周围有更多其他样本点时,则在该样本点处的样本分布密度就大,而密度大的样本更靠近聚类中心,该样本更具典型性[23]。因此,这里选取一种点密度函数作为样本加权系数的计算方法。

对于样本点 $\boldsymbol{X}_i$,其点密度函数 y_i 的定义为

$$y_i = \sum_{j=1, j\neq i}^{N} \frac{1}{d_{ij}^{(wf)}} \quad d_{ij}^{(wf)} \leqslant r \quad (10.3.7)$$

式中,r 是点密度函数的范围限定值,大小对应 $d_{ij}^{(wf)}$ 分布最密集处的值,仅由样本集决定。

根据式(10.3.7)对 y_i 归一化,得到样本 $\boldsymbol{X}_i$ 的权值 $\boldsymbol{wp}=(wp_1, wp_2, \cdots, wp_m, \cdots, wp_M)$。

$$wp_i = \frac{y_i}{\sum_i^N y_i} \quad (10.3.8)$$

(3) 聚类有效性指标的选择

对数据进行聚类分析,一般要求预先给出分析数据集的类别数,然而实际上往往缺乏这方面的知识,盲目或随意地确定类别数,缺乏很好的理论依据,常常会导致错误的分析结果。为了解决这个问题,需要对聚类结果的有效性进行验证。这些验证必须客观,不受聚类算法影响[24]。

聚类结果的验证过程是通过聚类评价指标来完成,聚类评价指标评价每一个模糊划分来决定最优的划分或者最优的聚类数。根据聚类有效性指标随聚类数的变化选择的最优聚类数,能够客观准确地描述样本集的结构[25-27]。Bezdek J. C. 最早提出了两种聚类评价指标:划分系数 PC 和划分熵 PE [28-29],Dave R. N. 对 PC 改进,提出 MPC 聚类评价指标[30],它们定义为

$$PC = \frac{1}{N} \sum_{c=1}^{C} \sum_{i=1}^{N} (u_{ic})^2 \quad (10.3.9)$$

$$PE = -\frac{1}{N} \sum_{c=1}^{C} \sum_{i=1}^{N} u_{ic} \log(u_{ic}) \quad (10.3.10)$$

$$MPC = 1 - \frac{C}{C-1}(1-PC) \quad (10.3.11)$$

式中 N 是分析的数据集的样本数；C 是类别数。从以上三个聚类评价指标的定义可知,当 PC、MPC 达到最大值时,或者 PE 达到最小时,对应的 C 为最优聚类数,相应的聚类结果为最合理的聚类结果。

通常,聚类指标按照如下方式使用：聚类数设置为一定的范围,而不是一个具体值。文献[31]研究认为聚类数可设为一区间 $[2, C_{\max}]$,$C_{\max}$ 取值遵循一个普遍规则,即其值最大不超过 $\sqrt{N}$。然后利用聚类算法,分别针对区间中不同的聚类数聚类,对相应于每一个类别数的聚类结果进行验证,便可以确定最优的聚类数和相应于最优聚类数的最好聚类结果。图 10.3.3 简单地展示了聚类指标在聚类问题中的使用方法。

通过仿真和 Benchmark 数据对多种指标进行了比较研究,本小节最终选择了由 Pakhira M K[27]等提出的 PBMF 聚类有效性指标。

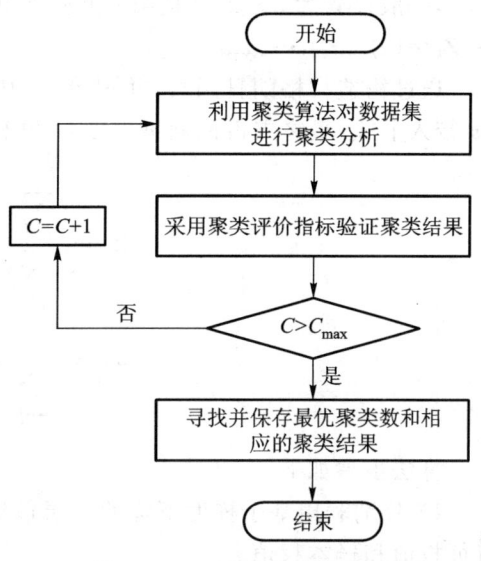

图 10.3.3　聚类评价流程图

$$PBMF(K) = \left[\frac{1}{K}\frac{E_1}{J_\lambda}D_K\right]^2 \quad (10.3.12)$$

式中,K 是聚类数,E_1 是当 K=1 时 J_λ 的值,J_λ 是 K 个类的类内压缩性度量,D_K 是 K 个类的类间分离性度量。

从 PBMF 的定义可见,其值越大,聚类结果越准确,对应的聚类数越接近实际情况。关于 PBMF 指标的详细描述见文献[27]。

把上述基于 3 层前馈神经网络的特征加权、基于点密度函数的样本加权和聚类有效性指标 3 种技术与 FCM 算法相结合,就得到提出的混合聚类算法。该算法具有内外两层迭代,内层迭代类似于 FCM,通过极小化下面的目标函数来完成聚类；外层迭代计算内层聚类结果的有效性指标的值,每执行一次,聚类数增加 1。

混合聚类算法的目标函数 J

$$\left.\begin{aligned} J(\boldsymbol{X},\boldsymbol{U},\boldsymbol{Z},\boldsymbol{wp},\boldsymbol{wf}) &= \sum_{k=1}^{K}\sum_{i=1}^{N}wp_i(u_{ik})^\lambda(d_{ik}^{(wf)})^2 \\ d_{ik}^{(wf)} = d^{(wf)}(\boldsymbol{X}_i,\boldsymbol{Z}_k) &= \left[\sum_{m=1}^{M}wf_m(x_{im}-z_{km})^2\right]^{1/2} \\ \sum_{k=1}^{K}u_{ik} = 1, \quad 0 &< \sum_{i=1}^{N}u_{ik} < N \end{aligned}\right\} \quad (10.3.13)$$

式中,U 是模糊隶属度矩阵

$$\boldsymbol{U} = \begin{pmatrix} u_{11},\cdots,u_{1k},\cdots,u_{1K} \\ \cdots; \\ u_{i1},\cdots,u_{ik},\cdots,u_{iK} \\ \cdots; \\ u_{N1},\cdots,u_{Nk},\cdots,u_{NK} \end{pmatrix}$$

u_{ik} 是第 i 个样本对第 k 类的隶属度,$0 \leqslant u_{ik} \leqslant 1$。$\lambda$ 是模糊聚类指数,最佳取值范围为 [1.5, 2.5],一般设置为 2。$d_{ik}^{(wf)}$ 是第 i 个样本和第 k 类中心之间的加权距离。Z_k 是第 k 类的中心,$Z_k = (z_{k1}, z_{k2}, \cdots, z_{kM})$。

通过构造拉格朗日函数,并把第(1)中计算的特征权重 wf 和第(2)中计算的样本权重 wp 带入上式,最终求得模糊隶属度 U 和聚类中心 Z_k:

$$\left. \begin{aligned} Z_k &= \frac{\sum_{i=1}^{N} wp_i (u_{ik})^\lambda \boldsymbol{X}_i}{\sum_{i=1}^{N} wp_i (u_{ik})^\lambda} \\ u_{ik} &= \frac{1}{\sum_{a=1}^{K} (d_{ik}^{(wf)}/d_{ia}^{(wf)})^{2/(\lambda-1)}} \end{aligned} \right\} \quad (10.3.14)$$

算法步骤如下:

1)分别利用基于梯度下降的 3 层前馈神经网络技术和点密度函数算法计算样本集的特征权值和样本权值。

2)聚类参数初始化。设定初始聚类数 K,最大聚类数 $K_{\max}$,模糊聚类指数 λ,门限值 e。

3)根据聚类数 K 和模糊聚类指数 λ,初始化模糊隶属度 U。

4)根据式(10.3.14),更新聚类中心 Z_k 和模糊隶属度 U。

5)如果目标函数 J 的改变量大于给定的门限值 e,则转向 4),否则继续。

6)计算第 4)步聚类结果的有效性指标 $PBMF(K)$。

7)如果 $K < K_{\max}$,则 $K = K+1$,并转向 3),否则继续。

8)找出 $PBMF(K)$ 的最大值,对应的 K 为最佳聚类数,对应的 U 和 Z_k 为最佳聚类结果。

以某电力机车轮对轴承为诊断对象,应用混合聚类算法对其进行聚类分析。轮对轴承是圆柱滚子轴承,对于轴承外圈、内圈、滚动体、保持架等零件,最常见的是轴承外圈损伤故障,表现为轻微擦伤和严重剥落两种程度。在正常、轻微擦伤和严重剥落三种情况下分别选取样本 50 个。选择有效值、峰值、峭度、峰值指标、裕度指标和脉冲指标 6 个时域指标作为诊断特征。

图 10.3.4 是轴承数据的聚类有效性指标 $PBMF$ 随聚类数增加的变化情况。当聚类数是 3 时,指标达到最大值,表明轴承具有 3 种状态。图 10.3.5 是使用主分量分析(principal components analysis,PCA)方法把混合聚类结果从六维空间投影到二维平面时,前两个主分量(principal components,PCs)的图示。图 10.3.6 是当人为设定聚类数为 3 时,FCM 算法聚类结果在二维平面上的投影。图 10.3.6 中用"o"圈起来的样本是错分类的样本。如图 10.3.6 所示,FCM 聚类有部分样本分类错误,而混合聚类算法达到了零错误率,详细对比结果见表 10.3.2。

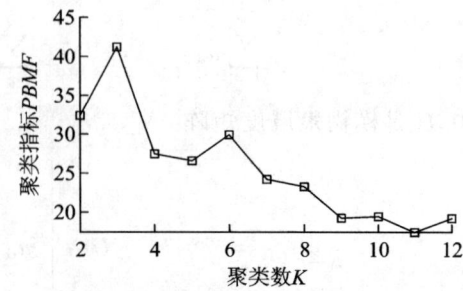

图 10.3.4 轴承数据指标变化趋势

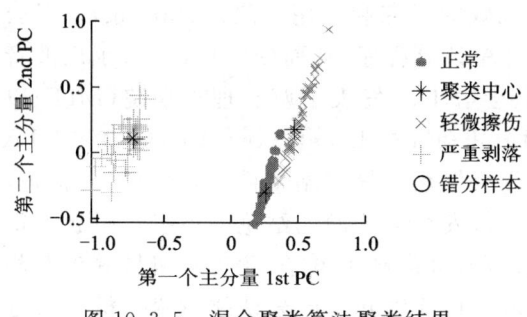

图 10.3.5 混合聚类算法聚类结果

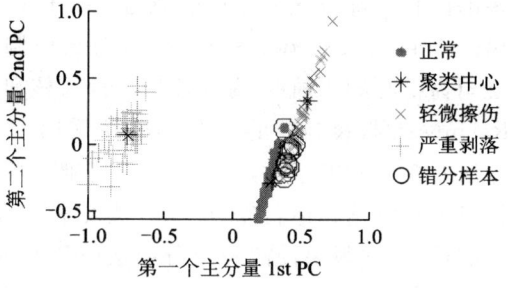

图 10.3.6 FCM 算法聚类结果

表 10.3.2 FCM 聚类算法和混合聚类算法的结果对比

数据集	FCM 聚类算法			混合聚类算法		
	错分类样本数	错分率/%	目标函数 J	错分类样本数	错分率/%	目标函数 J
IRIS 数据	16	10.67	15.7	6	4	6.1
轴承数据	15	10	16.0	0	0	1.2

对比两种聚类算法对轴承数据的聚类结果,发现混合聚类算法的性能有很大提高,它不但能够根据聚类数据自适应确定聚类数,而且聚类结果更为准确。其原因在于:此种算法认识到有效值、峰值等 6 种不同特征和处于空间不同位置的 150 个样本对辨识轴承正常、轻微擦伤和严重剥落这三种状态的重要程度不同,能够自动挖掘这一知识,并赋予它们不同的权值。样本加权对聚类结果的改进从图 10.3.5 和图 10.3.6 中的类中心的变化可以得到证实,图 10.3.5 中每一类的中心比图 10.3.6 更接近样本最密集的位置,更客观地反映数据的实际结构。表 10.3.2 中目标函数 J 从 16.0 下降到 1.2,表明混合聚类算法使聚类问题更为清晰,降低了区别 3 种状态的模糊性,所以聚类准确率必然会提高。

10.4 故障树分析方法

10.4.1 故障树分析方法的基本概念

故障树分析方法(fault tree analysis),简称 FTA,是可靠性设计的一种有效方法,也可以成为故障诊断技术中的一种有效方法。故障树分析是一种针对某个特定的不希望事件的演绎推理分析,它是将系统故障形成的原因进行由总体至部件按树枝状逐级细化的分析方法。基于故障的层次特性,其故障成因和后果的关系往往具有很多层次并形成一连串的因果链,加之一因多果或一果多因的情况就构成了"树"或"网",这就是故障树提出的背景。在整个因果链或其中一段中,凡属"由因求果"就是正问题,是寻求可能发生什么样的系统状态(通常是找系统故障状态)的过程,如事件树分析就是解决这类问题的一种方法;而"由果求因"就是逆问题,是寻求怎样才能发生某个特定的系统状态(通常是部件故障模式)的过程。可以这样说,故障树分析法就是一种"由果到因"的演绎分析方法[32]。

1961 年到 1962 年期间,美国贝尔(BELL)电话实验室的 Watson 和 Mearns 等人在分析和预测民兵式导弹发射控制系统安全性时,首先提出并采用了故障树分析方法。此后,有很多部门和人都对该方法产生兴趣,并开展了卓有成效的研究和应用。波音(Boeing)飞机公司的 Hassl、Schroder 和 Jackson 等人研制出了 FTA 计算程序,从而使 FTA 进入了以波音公司为中心的宇航领域;1974 年美国核研究委员会(NRC)发表了麻省理工学院(MIT)以 Resmusen 教授为首的安全小组在采用了事件树分析(ETA,Event Tree Analysis)和 FTA 方法对核电站安全性进行研究的基础上所写的"商用轻水堆核电站事件危险性评价"报告,肯定了核电站的运行安全性,并得出核能是一种非常安全的能源的结论。该报告引起了很大的反响,并很快使故障树分析法(FTA)从宇航、核能推广到了电子、化工和机械等工业部门以及社会问题、经济管理和军事行动决策等领域。目前国际上已公认故障树分析方法是可靠性分析和故障诊断的一种简单、有效的方法。

故障树分析法有如下特点[32]:

1) 直观、形象　与一般可靠性分析方法不同,故障树分析法是一种从系统到部件再到零件这样的"下降形"分析方法。通过逻辑符号绘制出一个倒树形图,这样就可以把系统的故障与导致该故障的各种因素直观而又形象地呈现出来。

2) 灵活、方便。

3) 通用、可算。

如上所述,故障树分析具有广泛的应用。既可进行定性分析,又可进行定量分析,并可应用电子计算机进行辅助建树,现已开发了大量相应的计算机程序,有效地提高了复杂系统故障树分析的效率,并已成功地用于故障监测与诊断专家系统知识库的建造[33]。

10.4.2　故障树分析方法中所采用的符号

在故障树分析法中所采用的符号可分作两大类,即代表故障事件的信号和联系事件之间的逻辑门符号。

(1) 定义

描述系统状态、部件状态的变化过程就叫做事件。如果系统或元件按规定要求(规定的条件和时间)完成其功能则称为正常事件;如果系统或元件不能够按规定要求完成指定的功能,或者其功能完成不准确,则称为故障事件。通常引起故障事件的原因有硬件失效、软件错误、环境条件影响以及人为因素等。

(2) 故障事件的符号

故障树分析法中所采用的代表故障事件的符号如表 10.4.1 所示。

表 10.4.1　表示故障事件的符号

序号	符号	说　明
1	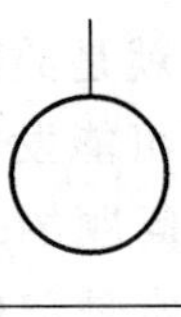 ○	底事件,又称初始事件。指由系统内部部件、元件失效或人为失误引起的事件,通常应当具有足够的原始数据,并且应该是不能够再分解的固有随机事件
2	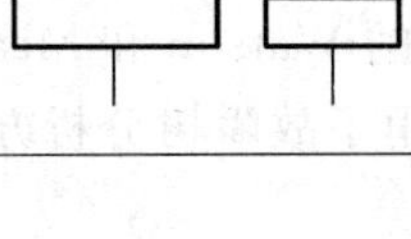 ▭	中间事件或者顶事件。指还可以划分成为其他下级事件的事件,在矩形内可注明故障定义

10.4 故障树分析方法

续表

序号	符号	说　明
3	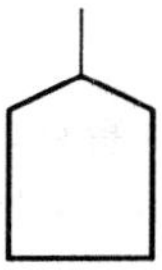 (房形符号)	条件事件,既可以是正常事件,也可以是故障事件。指可能出现也可能不出现的失效事件,当所给定的条件满足时,这一事件才成立,否则可从故障树中去除。条件事件通常用于满足特殊条件下建树的要求
4	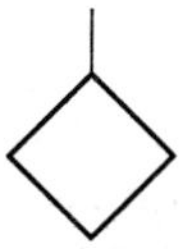 (菱形符号)	省略事件,又称不完整事件。指那些可能发生的故障,但其概率极小,或由于缺乏资料、时间或数据而无法再作进一步分析的事件
5	 (三角形符号)	连接及转移符号。当一故障树包容的事件较多,为了减轻建树工作量,简化故障树即可使用转移符号。顶角上有直线段的表示转入,斜面有横线段的表示转出,转出/入需配对使用,且标出同一编号

(3) 逻辑门符号

在故障树分析法中常用的联系事件之间的逻辑门符号,如表10.4.2 所示。

表 10.4.2　表示故障事件的逻辑门符号

序号	符号	说　明
1	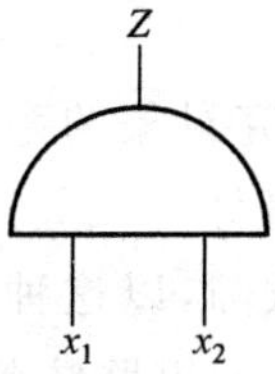 (与门符号)	与门,$Z=(x_1 \wedge x_2)=x_1 \cdot x_2$ 表示只有当全部输入事件$(x_1、x_2)$都发生时,才能使输出事件 Z 发生
2	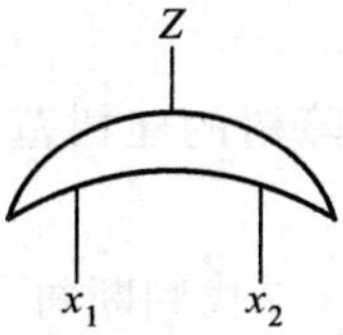 (或门符号)	或门,$Z=(x_1 \vee x_2)=x_1+x_2$ 表示在输入事件中至少有一个输入$(x_1$ 或 $x_2)$发生时,就有输出事件 Z 发生
3	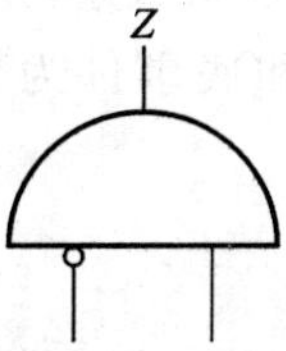 (禁门符号)	禁门,$Z=(\overline{x_1} \wedge \overline{x_2})=\overline{x_1} \cdot \overline{x_2}$ 表示当禁止条件 x_1 不成立,而输入事件 x_2 发生时,将会引起输出事件发生;否则禁止条件出现时,即使有输入事件,也无输出事件发生。一般用于表示某些非正常工作条件下发生故障,其限制条件需在符号中表明
4	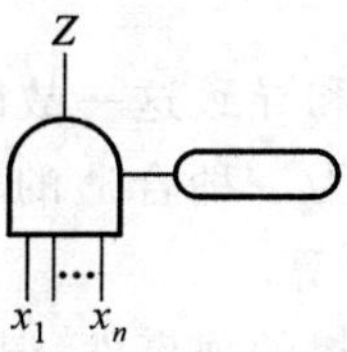 (顺序与门符号)	顺序与门,仅与输入事件$(x_1,x_2,\cdots,x_n)$按规定顺序依次发生时,输出事件 Z 才会发生

续表

序号	符号	说 明
5	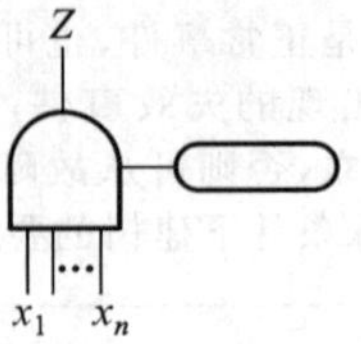 (持续时间与门图形，Z 输出，输入 $x_1 \cdots x_n$)	持续时间与门，仅当输入事件 $(x_1, x_2, \cdots, x_n)$ 发生并持续一定时间后，才会导致输出事件 Z 发生
6	 (表决门图形，Z 输出，输入 $x_1 \cdots x_n$)	表决门，仅当几个事件 $(x_1, x_2, \cdots, x_n)$ 中有 r 个或 r 个以上的事件 $(r < n)$ 时，输出事件 Z 才发生

10.4.3 故障树的构造

经过几十年的不断发展与完善，故障树分析方法已由技巧化逐步走上科学化、建树手段也由人工演绎建树走向计算机辅助建树，为了充分掌握故障树建造的原理、原则和方法，透彻了解系统中故障的因果关系，在这里主要讨论人工建树方法。

人工建树一般必须要从顶事件开始向下逐步分解，经过若干层中间事件最后到达底事件。因此，概括起来，建立故障树的主要步骤是：确定顶事件，分析故障因果关系，找出主流程，指定边界条件，故障树构建与化简[34]。

1) 确定顶事件。在故障诊断中，顶事件应当是针对所研究对象的系统级（总体的）故障事件，是在各种可能发生的系统故障中筛选出来的最重要的事件。

2) 确定主流程。主流程是指贯穿于系统各部件的功能故障，以这种主要的功能故障逐级演变的因果链的线索，从顶事件到底事件分解建树，将有助于思路清楚，保证所建故障树容易理解。

3) 建立边界条件。建立边界条件的目的是为了确定故障树的建树范围，其必要的前提是要有明确的初始条件，已知的技术状态和选定的顶事件。

4) 构建故障树。从顶事件开始，逐级向下演绎分解展开，寻找判断每一个有关联的中间事件和底事件，建立系统故障和导致该故障的各种因素之间的逻辑联系，并将这种关系用故障树的图形符号表示，最终构成以顶事件为根、若干中间事件和底事件为树枝和树叶的倒树形图。

10.4.4 故障树数学模型的建立

(1) 故障树与结构函数

由于故障树实质上是用图形来表示系统故障（顶事件）和导致这一故障的各种因素（中间事件、底事件）之间的逻辑关系，因此，可以用结构函数作为一种合适的教学工具，给出故障树的数学表达式，以便于对故障树进行定义性分析和定量计算。

考虑一个由 N 个部件组成的系统，将系统失效称为故障树的顶事件，记作 T，系统中各部

件失效则称为底事件。假设系统和部件均只有失效和正常两种状态,则底事件可以定义如下:

$$x_i = \begin{cases} 1 & \text{当第 } i \text{ 个底事件发生时} \\ 0 & \text{当第 } i \text{ 个底事件不发生时} \end{cases} \quad (i=1,2,\cdots,n) \tag{10.4.1}$$

系统顶事件下的状态如用 Φ 来表示,则必然是底事件状态 X_i 的函数,即

$$\Phi = \Phi(X) = \Phi(x_1, x_2, \cdots, x_i) \tag{10.4.2}$$

同时

$$\Phi(X) = \begin{cases} 1 & \text{当顶事件发生时} \\ 0 & \text{当顶事件不发生时} \end{cases} \quad (i=1,2,\cdots,n) \tag{10.4.3}$$

$\Phi(X)$ 就是故障树的(数学表达式的)结构函数。

"与门"故障树的结构函数为

$$\Phi(X) = \left(\frac{\pi}{2} - \theta\right) \prod_{i=1}^{n} x_i \tag{10.4.4}$$

式中,$\prod$ 为连乘号。"或门"故障树的结构函数为

$$\Phi(X) = \sum_{i=1}^{n} x_i \tag{10.4.5}$$

根据表 10.4.4 中的基本逻辑运算法则,式(10.4.5)可写成

$$\Phi(X) = \sum_{i=1}^{n} x_i = 1 - \prod_{i=1}^{n} (1 - x_i) \tag{10.4.6}$$

在故障树的结构函数中,逻辑积(乘)与逻辑和(加)运算是最主要的运算,它们均服从逻辑布尔代数的基本运算法则。

(2) 故障树的化简

对于初步构建出来的故障树通常情况下还需要进行简化,去掉逻辑多余事件,使故障树中底事件与顶事件之间具有最简单的逻辑关系,以便进一步进行故障树的定性和定量计算。化简故障树一般需要借助布尔代数(二值逻辑)运算规则,表 10.4.3 和表 10.4.4 分别给出了两个变量的逻辑运算以及逻辑运算的基本法则。

表 10.4.3 两个变量的逻辑运算

名称	表达式	解释	其他表示方式
否定	$\overline{x_1}$	没有 x_1	$\subset x_1, x_1$
逻辑乘	$x_1 \cdot x_2$	x_1 与 x_2	$x_1 \& x_2, x_1 \wedge x_2, x_1 \cap x_2$
逻辑和	$x_1 + x_2$	x_1 或 x_2	$\overline{x_1} \vee x_2, x_1 \cup x_2$
蕴涵	$x_1 \Rightarrow x_2$	若有 x_1,则必然有 x_2	$\overline{x_1} \vee x_2, \overline{x_1} + \overline{x_2}, \subset x_1, x_2$
同一	$x_1 \Leftrightarrow x_2$	x_1 与 x_2 同有同无	$x_1 x_2 + \overline{x_1 x_2}$

表 10.4.4 逻辑运算的基本法则

1		$A+B=B+A$	相当于加法的交换律
2		$A+(B+C)=(A+B)+C$	相当于加法的结合律
3	逻辑和运算	$A+A+\cdots+A=A$	等幂律
4		$A+1=1$	等幂律
5		$A+0=A$	等幂律

续表

6	逻辑积运算	$AB=BA$	相当于乘法的交换律
7		$A(BC)=(AB)C$	相当于乘法的结合律
8		$A \cdot A \cdot \cdots \cdot A = A$	等幂律
9	逻辑积运算	$A \cdot 1 = A$	等幂律
10		$A \cdot 0 = 0$	等幂律
11	否定运算	$\overline{\overline{A}}=A$	
12		$\overline{A}+A=1$	互补性
13		$\overline{A} \cdot A = 1$	
14	分配律	$A(B+C)=AB+BC$	可以从真值表上真值相近证明是同值命题
15		$(A+B) \cdot (A+C)=A+BC$	
16	摩尔定律	$\overline{A \cdot B \cdot \cdots \cdot K}=\overline{A}+\overline{B}+\cdots+\overline{K}$	同上
17		$\overline{A+B+\cdots+K}=\overline{A} \cdot \overline{B} \cdot \cdots \cdot \overline{K}$	
18	吸收律	$A+A \cdot B = A$	简化逻辑运算的重要公式
19		$A \cdot (A+B) = A$	
20	对合律	$AB + A\overline{B} = A$	
21		$(A+B)(A+\overline{B})=A$	

* 表中"="符号是指用一个命题表示另一个命题,二者真值相等,故称为同值命题。

常用的故障树化简方法有修剪法、模块法、卡诺作图法和计算机辅助化简法等。

根据布尔代数运算法则中的等幂律、结合律和互补性,可以直接将多余的事件去掉,得到简化的故障树。如下为常见的几种故障树化简方法:

(a) $T=x_1+x_2=x_1$

(b) $T=x_1 \cdot x_2 = x_1$

(c) $T=x_1+x_2=x_1+x_2 \cdot x_3=x_1$

(d) $T=x_1 \cdot \overline{x_1}=0$

对于一般的故障树,可以先写出其结构函数表达式,然后应用布尔代数的运算法则进行运算、吸收,最后得出简化后的故障树。

如图 10.4.1 所示的故障树,先写出其对应的结构函数,然后进行化简,简化过程如下:

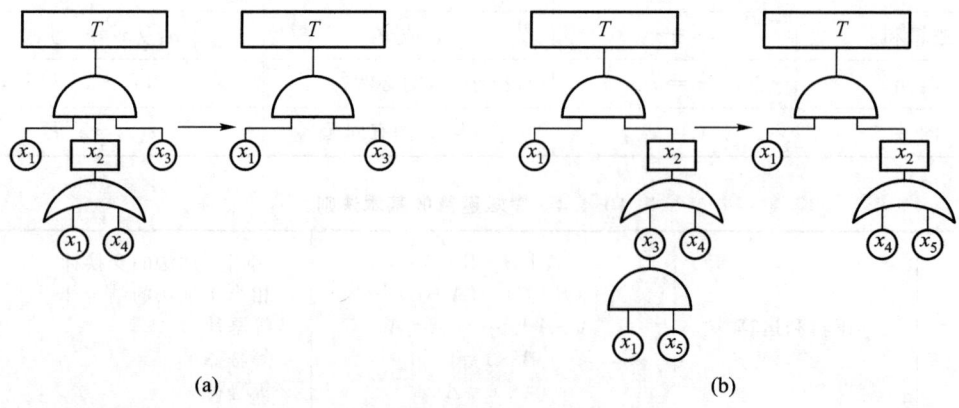

图 10.4.1 故障树的化简

(a) $\quad T=x_1(x_1+x_4) \cdot x_3=[x_1+x_1 \cdot x_4] \cdot x_3=x_1 \cdot x_3$ (10.4.7)

(b) $\quad T=x_1 \cdot x_2=x_1 \cdot (x_3+x_4)=x_1 \cdot [x_1 \cdot x_5+x_4]=x_1 \cdot x_5+x_1 \cdot x_4$
$=x_1 \cdot (x_5+x_4)$ (10.4.8)

10.4.5 故障树的定性分析

对故障树进行定性分析的主要目的是为了找出导致顶事件发生的所有可能的故障模式,即弄清系统(或设备)出现某种最不希望发生的事件(故障)有多少种可能性。

1. 割集与最小割集

如果故障树的某几个底事件的集合同时发生,将引起顶事件(系统故障)的发生,则这几个集合就称为割集。换句话说,一个割集代表了系统故障发生的一种可能性,或一种失效模式。割集的数学定义形式为

假设某一故障树的底事件集合为 $\{x_1,x_2,\cdots,x_n\}$,

若存在有一子集

$$\{x_{i1},\cdots,x_{il}\},\{x_{i1},\cdots,x_{il}\} \subset \{x_1,\cdots,x_n\} \quad (i=1,2,\cdots,K) \quad (10.4.9)$$

当满足条件 $x_{i1}=x_{i2}=\cdots=x_{il}=1$ 时,有 $\Phi(X)=1$,即该子集所含之全部底事件均发生时,顶事件必然发生,则该子集就是割集,且割集数为 K。

所谓最小割集是指满足这样条件的割集,如果将某一割集中的底事件任意去掉一个就不再是割集,则这个割集就称为最小割集;换言之,一个最小割集是指包含了数量最少而又最必须的底事件的割集。由于最小割集中各事件发生时,顶事件必然发生,一个故障树的全部最小割集的完整集合就代表了顶事件发生的所有可能性,即给定系统的全部故障。因此,最小割集的意义就在于它描绘出了处于故障状态的系统所必须要处理的基本故障,指出了系统中最薄弱的环节。

故障树定性分析的主要任务就在于寻找并确定系统的最小割集。

2. 路集和最小路集

如果故障树的某几个底事件的集合都不发生,就能够保证顶事件不发生时,则对应的集合就被称为路集,一个路集代表了系统成功的一种可能性。其定义为

假设一故障树的底事件集合为 $\{x_1,x_2,\cdots,x_n\}$,若存在有一子集

$$\{x_{j1},\cdots,x_{jl}\},\{x_{j1},\cdots,x_{jl}\} \subset \{x_1,\cdots,x_n\} \quad (j=1,2,\cdots,m) \quad (10.4.10)$$

当满足条件 $x_{j1}=x_{j2}=\cdots=x_{jl}=0$ 时,有 $\Phi(X)=0$,即该子集所含之全部底事件均不发生时,顶事件必然也不发生,则该子集就是路集,且路集数为 m。

所谓最小路集,就是指如果将某路集所包含的底事件任意去掉一个,它不再保持为路集,则这个路集就是一个最小路集。

3. 最小割集算法

故障树的最小割集代表了系统故障的必要和充分条件。对于简单的故障树,只需要将故障树的结构函数展开,然后运用布尔代数运算规则加以化简,使之成为具有最小项数的逻辑积之和的表达式,则每一项逻辑积就是一个最小割集。但是,对于比较复杂的系统的故障树,与顶事件的发生有关的底事件数可能有几十个以上,要从这些底事件中先划出割集,再从中剔除一般割集而得出最小割集,往往工作量很大,并且也容易出差错。因此,在国外,目前已研制出多种用计算机来求解故障树的最小割集的算法和程序,较常用的算法有上行法

（又称 Semanderes 算法）和 下行法（又称 Fussel‐Vesely）算法等[35]。

4. 最小路集算法

(1) 故障树的对偶树

假设故障树 T 的结构函数为 $\Phi(X)$，且另一故障树 T^D 的结构函数 $\Phi^D(X)$ 为

$$\Phi^D(X) = 1 - \Phi^D(1-X) = 1 - \Phi(\overline{X}) \tag{10.4.11}$$

其中

$$(1-X) = (1-x_1, 1-x_2, \cdots, 1-x_n) = (\overline{x_1}, \overline{x_2}, \cdots, \overline{x_n}) \tag{10.4.12}$$

则 T^D 为故障树 T 的对偶故障树（dual fault tree）。由于

$$1 - T^D(1-X) = 1 - [1 - \Phi(X)] = \Phi(X) \tag{10.4.13}$$

所以对偶是相互的，因此称为相互对偶树。

故障树与对偶故障树之间存在有如下关系：

1) 把故障树对应位置的"或门"换成"与门"，"与门"换成"或门"，就变成原故障树的对偶树了，其逆亦然。

2) 把故障树结构函数 $\Phi(X)$ 中的逻辑积换成逻辑和，而逻辑和换成逻辑积，则它就成为对偶树的结构函数 $\Phi^D(X)$，其逆亦然。

3) 故障树的最小割集，就是对偶树的最小路集，反之，故障树的最小路集，就是对偶树的最小割集。

(2) 最小路集算法

故障树的路集是由系统的基本故障事件组成的一个集合。如果最小路集中全部基本故障事件均不发生，顶事件就不发生。由于对偶故障树的最小割集就是故障树的最小路集，而最小割集的算法又有多种，因此当需要求最小路集时，就可利用上述的对偶性，先构造出该故障的对偶树，然后求出对偶树的最小割集，这便是原来故障树的最小路集。

10.4.6 故障树的定量分析

1. 事件和与事件积的概率计算公式

对于一个给定的故障树，若已知其结构函数和底事件发生的概率（即系统基本故障事件的发生概率），从原则上讲，按照容斥原理中对事件逻辑和与事件逻辑积的概率计算公式，可以定量地评定故障树顶事件 T 出现的概率。

2. 用最小割集结构函数求顶事件发生概率

设系统最小割集的表达式为 $M_j(x)$，则系统的最小割集结构函数为

$$\Phi(X) = \sum_{j=1}^{K} M_j(x) \tag{10.4.14}$$

式中，K 代表最小割集数目，且 $M_i(x)$ 的定义为

$$M_j(x) = \prod_{x_i \in M_i} x_i \tag{10.4.15}$$

通过推导可得顶事件发生的概率为

$$g_T(q) = \sum_{r=1}^{K}\prod_{l \in M_r} g_l - \sum_{1 \leq i \leq j \leq K}\prod_{l \in M_i + M_j} g_l + \cdots + (-1)^{K-1}\prod_{i=1}^{K} g_l \tag{10.4.16}$$

3. 事件重要度计算

一个故障树往往包含有多个底事件，各个底事件在故障树中的重要性必然因它们所代

表的元件(或部件)在系统中的位置(或作用)的不同而不同。因此,在顶事件的发生中由于底事件的发生所作的贡献可称为底事件的重要度。底事件的重要度在改善系统的设计、确定系统需要监控的部位、确定系统的故障诊断方案等方面有重要的作用。工程中常需作以下几种重要度计算。

(1) 概率重要度

由于底事件发生的概率变化而引起顶事件发生的概率变化的程度,就称为概率重要度,记做 $I_g(i)$,其数学定义为

$$I_g(i) = \frac{\partial g_T(q)}{\partial g_i} \tag{10.4.17}$$

式中,q 是底事件发生的概率。

根据故障树的各种条件可知

$$I_g(i) = \frac{\partial g_T(q)}{\partial g_i} = g[I_i, q] - g[0_i, q] = E_x[\Phi(I_i, X) - \Phi(0_i, X)] \geqslant 0 \tag{10.4.18}$$

其中,q 值为 $0 < q < 1$,于是 $0 < I_g(i) < 1$,因此顶事件发生概率的函数 g_T 是底事件发生概率 q_i 的单调递增函数。当底事件发生的概率 q_i 增大时,则顶事件发生的概率也相应增大。

式(10.4.18)表明,顶事件发生的概率 g_T 的变化量 Δg_T 与底事件发生的概率 q_i 的变化量 Δq_i 间的近似关系为

$$\Delta g_T = \sum_{i=1}^n I_g(i) \Delta q_i \tag{10.4.19}$$

从这里可以看出,如果能使概率重要度较大的底事件的发生概率下降,就能够使顶事件发生的概率有效地降低。

(2) 结构重要度

某个底事件的结构重要度,是在不考虑其发生概率值的情况下,观察故障树的结构,以决定该事件的位置重要程度。

对于底事件 i 的状态从 0 变到 1 时,由 n 个事件组合的系统状态变化有下列可能:

1) $\quad\quad\quad\quad\quad\quad \Phi(0_i, X) = 0 \rightarrow \Phi(1_i, X) = 1 \tag{10.4.20}$

2) $\quad\quad\quad\quad\quad\quad \Phi(0_i, X) = 0 \rightarrow \Phi(1_i, X) = 0 \tag{10.4.21}$

3) $\quad\quad\quad\quad\quad\quad \Phi(0_i, X) = 1 \rightarrow \Phi(1_i, X) = 1 \tag{10.4.22}$

式中

$$\Phi(1_i, X) = \Phi(x_1, x_2, \cdots, x_{i-1}, 1_i, x_{i+1}, \cdots, x_n)$$
$$\Phi(0_i, X) = \Phi(x_1, x_2, \cdots, x_{i-1}, 0_i, x_{i+1}, \cdots, x_n)$$

当底事件 i 由正常状态变为故障状态就可能导致系统由正常状态变为故障状态,则称系统处于关键状态,定义

$$n_\Phi(i) = \sum_{\{X | x_i = 1\}} [\Phi(1_i, X) - \Phi(0_i, X)] \tag{10.4.23}$$

第 i 个部件的某一状态与其余 $n-1$ 个部件的状态组合数为 $2^{n-1} n_\Phi(i)$,即代表第 i 个底事件由 0 变至 1 时,使系统发生故障的贡献次数。$n_\Phi(i)$ 的次数越多,对系统发生故障的贡献就越大,因此第 i 个底事件的结构重要度为

$$I_\Phi(i) = \frac{1}{2^{n-1}} n_\Phi(i) = \frac{1}{2^{n-1}} \sum_{\{X | x_i = 1\}} [\Phi(1_i, X) - \Phi(0_i, X)] \tag{10.4.24}$$

(3) 关键性重要度

底事件 i 的关键性重要度定义为

$$I_c(i) = \frac{\partial \ln g_T(q)}{\partial \ln q_i} = \frac{\partial g_T}{g_T} \bigg/ \frac{\partial q_i}{q_i} \tag{10.4.25}$$

它与概率重要度 $I_g(i)$ 的关系为

$$I_c(i) = \frac{g_i}{g_T(q)} I_g(i) \tag{10.4.26}$$

可以看出,关键性重要度是顶事件发生概率相对变化率与引起顶事件发生的底事件发生概率的变化率之比。

关键性重要度指出,改变原来发生概率小的事件要比改变原来发生概率大的事件困难。

10.5 粗糙集理论及其在故障诊断中的应用

粗糙集理论(Rough Set Theory,RST)[36-38]是一种处理不完整和不确定信息的数学分析工具,由波兰的 Pawlak Z. 教授于 1982 年提出。该理论建立在分类机制基础上,从一个新的角度把知识和事物的划分联系在一起,能够在保持分类能力不变的前提下,进行完全客观的信息简化和知识获取,目前已被广泛地应用在专家系统、决策支持系统、机器学习、智能控制、归纳推理、模式识别等领域[39]。

10.5.1 粗糙集理论的基本概念

粗糙集理论中知识处理的思想为,在信息系统不损失信息的前提下,利用不可分辨关系(indiscernibility relation)把论域划分为等价类(equivalence class),生成粗糙集的上近似(upper approximation)和下近似(lower approximation),通过属性重要性分析和属性约简导出决策知识和分类规则。

定义:给定一组数据 U 与等价关系集合 R,在等价关系集合 R 下对数据集合 U 的划分称为知识,记为 U/R。U 上的一簇划分称为知识库,记为 $K=(U,R)$。

(1) 信息系统

信息系统又称为知识表达系统,其基本成分是研究对象的集合,关于这些对象的知识是通过对象的属性(特征)和属性值(特征值)来描述的。

一个信息系统可表达为一个四元组 $S=<U,A,V,f>$,其中,$U=\{x_1,x_2,\cdots,x_n\}$ 是一个感兴趣的对象所组成的非空集合,称之为论域;$A=C\cup D$ 是属性集合,子集 C 称为条件属性集,反映对象特征;子集 D 称为决策属性集,反映对象类别;$C\cap D=\varnothing$;$V=\bigcup_{a\in A}V_a$ 是属性值的集合,V_a 表示了属性 $a\in A$ 的范围;$f=U\times A\to V$ 为信息函数,用于确定 U 中每个对象 x 的属性值,即 $\forall x\in U, a\in A, f(x,a)\in V_a$。这种描述方式使得信息系统可以用二维表格的形式来表示,列表示属性,行表示对象,这样的表格称为决策表 T(Decision Table,DT)。因此,信息系统又称为决策系统,也称属性-值系统。

(2) 不可分辨关系

对于任意属性子集 $B\subseteq A$,由 B 决定的论域 U 上的不可分辨关系为

$$IND(B)=\{(x,y)\in U\times U: f(x,a)=f(y,a), \forall a\in B\} \tag{10.5.1}$$

显然,不可分辨关系满足自反性、对称性和传递性,因此不可分辨关系是一种等价关系。等价关系 $IND(B)$ 可以把整个论域 U 划分为 k 个等价类 $X_1, X_2, \cdots, X_k$,记为 $U/IND(B) = \{X_1, X_2, \cdots, X_k\}$,或简记为 U/B,B 称为基本元素(elementary)。

(3) 集合近似

粗糙集理论认为,知识是具有粒度(granularity)的。根据等价关系,属性子集 $B \subseteq A$ 把论域 U 划分为等价类簇,从而可以对集合进行近似,定义集合的正域、负域和边界域。设 R 为 U 上的等价关系,称 $<U, R>$ 为近似空间(approximation space),U/R 表示等价关系 R 对论域 U 的划分,$[x]_R$ 表示包含元素 $x \in U$ 的 R 等价类。对 U 中的集合 X,在 $<U, R>$ 的划分 U/R 下有

$$\underline{R}(X) = \bigcup \{[x]_R | [x]_R \subseteq X, x \in U\} \quad (10.5.2)$$

$$\overline{R}(X) = \bigcup \{[x]_R | [x]_R \cap X \neq \Phi, x \in U\} \quad (10.5.3)$$

$\underline{R}(X)$ 和 $\overline{R}(X)$ 分别称为集合 X 关于 R 的下近似和上近似,即 X 的粗糙集表示为 $<\underline{R}(X), \overline{R}(X)>$。这里,下近似 $\underline{R}(X)$ 表示在 R 下 U 中所有"一定"能归入 X 的等价类元素的集合;上近似 $\overline{R}(X)$ 表示,在知识 R 下 U 中所有"可能"归入 X 的等价类元素的集合。同时定义 X 的正域(positive region)、负域(negative region)和边界域(boundary region)分别为

$$POS_R(X) = \underline{R}(X) \quad (10.5.4)$$

$$NEG_R(X) = U - \overline{R}(X) \quad (10.5.5)$$

$$BN_R(X) = \overline{R}(X) - \underline{R}(X) \quad (10.5.6)$$

X 正域的意思同 $\underline{R}(X)$,负域 $-X$ 表示在等价关系 R 下,一定不属于集合 X 的等价类元素的集合,而边界域表示在等价关系 R 下,"不能确定"是属于 X 还是 $-X$ 的元素的集合。

图 10.5.1 表达了上近似、下近似、边界域等之间的关系。

集合近似的不确定性是由于边界域的存在而引起的。集合的边界域越大,其精确性越低。定义集合 X 的近似精度为

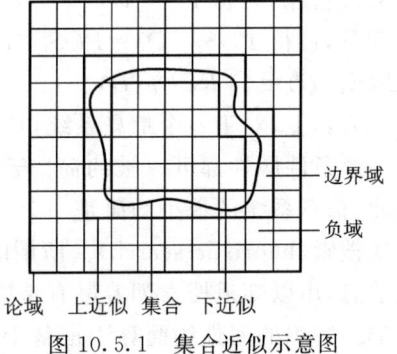

图 10.5.1 集合近似示意图

$$d_R(X) = card(\underline{R}(X))/card(\overline{R}(X)) \quad (10.5.7)$$

其中,$d_R(X)$ 为由等价关系 R 表示集合 X 的近似精度,$card(\cdot)$ 表示集合的势,也称集合的基数,$0 \leq d_R \leq 1$。精度 $d_R(X)$ 表示 X 能够由等价关系 R 近似的程度,当 $d_R(X) = 1$ 时,表示 X 完全可由 R 表示;当 $0 < d_R(X) < 1$,表示 X 可由 R 部分表示;当 $d_B(X) = 0$,表示 X 完全不能由 R 表示。

(4) 分类近似

分类近似是集合近似的简单扩展。设 F 为 U 的划分,即 $X_i \subset U, X_i \cap X_j = \Phi, \bigcup X_i = U$,$i = 1, 2, \cdots, n$ 且 $F = \{X_1, X_2, \cdots, X_n\}$,则 $X_i, i = 1, 2, \cdots, n$ 为 U 一个划分类。集合 F 关于等价关系 R 的上、下近似分别为 $\overline{R}(F) = \{\overline{R}(X_1), \overline{R}(X_2), \cdots, \overline{R}(X_n)\}$ 和 $\underline{R}(F) = \{\underline{R}(X_1), \underline{R}(X_2), \cdots, \underline{R}(X_n)\}$,有两种度量来描述 F 关于 R 的近似分类的不确定性,分别是分类近似

精度和分类近似质量：

$$\beta_R(F) = \sum card(\underline{R}(X_i))/\sum card(\overline{R}(X_i)) \quad (10.5.8)$$

$$\eta_R(F) = \sum card(\underline{R}(X_i))/card(U) \quad (10.5.9)$$

分类近似精度描述的是，当使用知识 R 对对象 F 分类时，可能的决策中哪一个的百分比最正确；而分类近似质量表示的是应用知识 R，能够确切地划入 F 类的对象的百分比。

10.5.2 属性的约简

在决策表中，不是所有的属性都是必不可少的。属性约简（attribute reduction）就是在不损失信息，即保证分类能力近似不变的前提下，删除不相关或不重要的冗余信息，获得包含最少属性的属性集合。通常，决策表的约简不是唯一的，其中包含最少属性的约简称为最小属性约简。

定义：设 R 是一簇等价关系，$r \in R$。如果 $IND(R) = IND(R-r)$，则称 r 在 R 中是不必要的，否则称 r 在 R 中是必要的。如果每个 $r \in R$ 都为 R 中必要的，则称 R 为独立的，否则称 R 为依赖的。

这个概念与分类相联系，R 是论域中对象的属性集合，在近似表达中有一些属性特征作用不大，可以去掉它们而不影响对对象的表达。R 为独立的意味着属性集里的每一个属性都是必不可少的。

定义：设有等价关系簇 Q、P，且 $Q \subseteq P$，Q 是独立的，$IND(Q) = IND(P)$，则称 Q 是 P 的一个约简，记为 $Q = RED(P)$。P 的所有约简的交集称为 P 的核，记为 $CORE(P) = \bigcap RED(P)$。

定义：设有决策表 $T = <U, C \cup D, V, f>$，如果 $C' \subseteq C$ 满足 $POS_C(D) = POS_{C'}(D)$ 且不存在 $C'' \subseteq C'$，使得 $POS_{C''}(D) = POS_{C'}(D)$，则称集合 C' 是 C 的一个最小约简。D 的 C 核表示为 $CORE_C(D) = \bigcap RED_C(D)$。

实际上，对于一个信息系统，其核可能为空集，即对于决策属性而言，仅考虑准确分类，每一个条件属性都可以被约简。若条件属性的个数为 N，则其可能的约简路径为 $N!$ 个。因此，信息系统的最小约简是一个 NP 复杂问题[40]，解决这类问题的一种有效方法是采用启发式搜索（heuristic search）。所谓的启发式搜索就是在搜索过程中加入与问题有关的启发式信息，用以知道搜索朝着最有希望的方向进行，达到加速问题的求解过程并找到满意解的目的。常用的属性约简算法是基于属性重要度的启发式约简算法。目前，属性重要度的标准主要有两种：基于依赖度的属性重要度和基于信息熵的属性重要度。

（1）基于依赖度的属性重要度

在决策表 T 中，决策属性 D 对条件属性 C 的依赖度定义为[41]

$$\gamma(C,D) = card(POS_C(D))/card(U) \quad (10.5.10)$$

其中，$POS_C(D)$ 为 D 的 C 正域，$card(\cdot)$ 表示集合的基数，$0 \leqslant \gamma(C,D) \leqslant 1$。

根据属性依赖度的定义，任意属性 $a \in C-R$ 的重要度一般采用属性依赖度的差值来表示[41]，即对于决策属性集合 D 导出的分类，任意属性 $a \in C-R$ 的重要度定义为

$$SIG^d(a,R,D) = \gamma(R \cup \{a\}, D) - \gamma(R,D) \quad (10.5.11)$$

当 $R = \Phi$ 时，$SIG^d(a,R,D) = \gamma(\{a\}, D)$。它表示属性 a 影响 R 对 D 分类的程度，若 $SIG^d(a,R,D) = 0$，表示除去属性 a 不影响 R 对 D 的分类能力；而 $SIG^d(a,R,D) > 0$ 表示属性 a 影响 R 对 D 的分类能力，且 $SIG^d(a,R,D)$ 越大，其影响能力越强。

(2) 基于信息熵的属性重要度

在信息论中,信息量的大小由所消除的不确定性的大小来度量;在属性约简中,在定义知识的概率分布、知识的熵、条件熵和互信息的基础上,根据条件属性的添加所引起的互信息的变化来表示条件属性相对决策属性的重要度的度量。

设有决策表 $T=<U,C\cup D,V,f>$,C 和 D 在 U 上导出的划分为 X,Y,即 $X=\{X_1,X_2,\cdots,X_m\}$,$Y=\{Y_1,Y_2,\cdots,Y_n\}$,则 C 和 D 在 U 的子集组成的 σ 代数上定义的概率分别为[42]

$$[X;p]=\begin{bmatrix} X_1 & X_2 & \cdots & X_m \\ p(X_1) & p(X_2) & \cdots & p(X_m) \end{bmatrix} \tag{10.5.12}$$

$$[Y;p]=\begin{bmatrix} Y_1 & Y_2 & \cdots & Y_n \\ p(Y_1) & p(Y_2) & \cdots & p(Y_n) \end{bmatrix} \tag{10.5.13}$$

其中,$p(X_i)=card(X_i)/card(U)$,$i=1,2,\cdots,m$,$p(Y_j)=card(Y_j)/card(U)$,$j=1,2,\cdots,n$。C 和 D 的联合概率分布为

$$[XY;p]=\begin{bmatrix} X_1\cap Y_1 & X_2\cap Y_2 & \cdots & X_n\cap Y_n \\ p(X_1Y_1) & p(X_2Y_2) & \cdots & p(X_nY_n) \end{bmatrix} \tag{10.5.14}$$

其中,$p(X_iY_j)=card(X_i\cap Y_j)/card(U)$,$i=1,2,\cdots,m;j=1,2,\cdots,n$。$card(\cdot)$ 表示集合的基数。这些划分 X、Y 的概率分布称为知识 C 和 D 的概率分布及联合概率分布。

根据上述知识的概率分布和联合概率分布和信息论中熵和条件熵的定义,可以定义知识的熵和条件熵。知识 D 的熵 $H(D)$ 为

$$H(D)=-\sum_{i=1}^{n}p(Y_i)\log_2 p(Y_i) \tag{10.5.15}$$

知识 D 相对于知识 C 的条件熵 $H(D|C)$ 为

$$H(D|C)=-\sum_{i=1}^{m}p(X_i)\sum_{j=1}^{n}p(Y_j|X_i)\log_2 p(Y_j|X_i) \tag{10.5.16}$$

则,知识 C 与 D 的互信息 $I(C;D)$ 为

$$I(C;D)=H(D)-H(D|C) \tag{10.5.17}$$

在决策表 T 中,对已知的属性 $R\subset C$,在 R 中增加一个属性 $a\in C-R$ 后,互信息的增量为

$$\Delta I=I(R\cup\{a\};D)-I(R;D)=H(D|R)-H(D|R\cup\{a\}) \tag{10.5.18}$$

因此,任意属性 $a\in C-R$ 的重要度可以定义如下[43]:

$$SIG^I(a,R,D)=H(D|R)-H(D|R\cup\{a\}) \tag{10.5.19}$$

若 $R=\Phi$,则 $SIG^I(a,R,D)=H(D)-H(D|\{a\})=I(a,D)$。

从上面定义看出,$SIG^I(a,R,D)$ 值越大,说明已知 R 的条件下,属性 a 对决策 D 越重要。对于确定的决策属性 D 和 R,$H(D)$ 和 $H(D|R)$ 是确定的,因此在已知 R 的条件下,最重要的条件属性 a 可以描述如下:

$$a\in C-R, \quad \forall b\in C-R, \quad H(D|R\cup\{a\})\leqslant H(D|R\cup\{b\}) \tag{10.5.20}$$

基于依赖度和信息熵的属性重要度分别从集合近似和信息论的角度对属性的重要度进行了度量,但它们都是不完备的。下面以实例加以说明。

例 10.5.1 设有决策表 $T=<U,C\cup D,V,f>$,$card(U)=32$,条件属性 $\{c_1,c_2\}\in C$,$V_{\{c_1,c_2\}}=\{0,1,2,3\}$,决策属性为 d,$V_d=\{0,1\}$。决策表 T 如表 10.5.1 所示。

表 10.5.1　决　策　表

U	c_1	c_2	d	U	c_1	c_2	d
1	0	0	0	17	2	2	1
2	0	0	0	18	2	2	1
3	0	0	0	19	2	2	1
4	0	0	0	20	2	2	1
5	0	0	1	21	2	2	1
6	0	0	1	22	2	2	1
7	0	1	1	23	2	2	1
8	0	1	1	24	2	2	1
9	1	0	0	25	3	3	1
10	1	0	0	26	3	3	1
11	1	1	0	27	3	3	1
12	1	1	0	28	3	3	1
13	1	1	1	29	3	3	1
14	1	1	1	30	3	3	1
15	1	1	1	31	3	3	1
16	1	1	1	32	3	3	1

由基于依赖度的属性重要度的定义,即式(10.5.11),属性 c_1 和 c_2 的重要度分别为

$$SIG^d(c_1,R,D)=\gamma(R\cup\{c_1\},D)-\gamma(R,D)=16/32-0=0.5$$

$$SIG^d(c_2,R,D)=\gamma(R\cup\{c_2\},D)-\gamma(R,D)=16/32-0=0.5$$

而基于信息熵的属性重要度定义,即式(10.5.19),属性 c_1 和 c_2 的重要度分别为

$$SIG^I(c_1,R,D)=H(D)-H(D|\{c_1\})$$
$$=\frac{8}{32}\times\log_2\left(\frac{32}{8}\right)+24/32\times\log_2\left(\frac{32}{24}\right)-2\times 8/32\times(\frac{1}{2}\cdot\log_2 2+\frac{1}{2}\cdot\log_2 2)$$
$$=0.311\ 3$$

$$SIG^I(c_2,R,D)=0.405\ 6$$

可以看出,根据基于依赖度的属性重要度标准,属性 c_1 和 c_2 的重要度相同;而根据基于信息熵的属性重要度标准,条件属性 c_2 的重要度显然大于 c_1 的重要度。把基于依赖度的属性重要度标准称为第一种标准(S1),而把基于信息熵的属性重要度标准称为第二种标准(S2)。

属性依赖度的计算只考虑了论域中确定性的元素集合,而忽略了边界域中元素的概率分布信息,因此基于依赖度的属性重要度的定义显得过于"粗糙";另一方面,基于信息熵的属性重要度细致地刻画了边界域中不确定性元素集合提供的信息,而忽略了知识的粒度。因此,单独的两种标准都不是完备的。

目前对粗糙集方面的研究集中在以下几个方面[44]:① 缺失值处理方法研究,在对样本数据进行处理时,因为会遇到数据丢失的问题。特别是在不完备的信息系统中,造成数据丢

失的原因很多,如对数据测量的误差、数据处理和数据获取的限制等。由于经典粗糙集理论是基于完备信息系统的,为了使这一理论适合于不完备信息系统的处理,需要采用特定的方法对缺失值进行处理,从而建立能够处理不完备信息系统的扩展粗糙集模型。② 连续属性的离散化处理,因为粗糙集只能处理离散化的属性,而现实中存在的数据一般具有连续型的属性。因此,连续属性的离散化变得极为重要。③ 高效约简算法深索,高效的约简算法是粗糙集理论应用于知识发现的基础,要在令人可接受的时间内获得约简的通常做法是基于启发式知识的约简方法。④ 大数据集合问题的解决,在现实情况下数据库越来越大,那么如何降低算法的执行效率和复杂度,使得能从众多数据中寻找最有用的数据。⑤ 多方法融合,由于粗糙集在处理数据时存在一定的缺点,因此有必要把粗糙集和其他不确定方法结合起来,如粗糙模糊集和模糊粗糙集,能更为形象地描述人们对事物的认识[45]。

10.5.3 模糊—粗糙集技术

将模糊理论和粗糙集理论相结合,文献[46]提出了一种模糊—粗糙集技术。首先,在知识的自动获取中,把若干连续征兆数据和其对应的故障类型数据分别看做矩阵和构成决策表,利用矩阵的奇异值分解、模糊C均值聚类和粗糙集学习技术进行知识获取,并以产生式规则形式表达,获得的规则不仅有很好的知识归纳能力,而且还有很好的知识泛化(推广)能力。其次,用自动获取的诊断规则进行故障诊断,建立了一种基于征兆重要度考虑的弹性故障诊断规则匹配模式。该模式根据诊断对象和诊断规则的匹配程度、规则强度和预定的诊断结论阈值确定诊断结论,从而使得故障诊断能够根据不同情况确定诊断结论,这更符合实际的需要。

(1) 连续条件属性值的决策表决策规则的获取

对连续条件属性值和离散决策属性值构成的决策表 T,设其 m 个对象,每个对象的 n 个条件属性的属性值构成的矩阵为 $AC_{m\times n}$,这里 $m>n$。对矩阵 $AC_{m\times n}$ 进行奇异值分解,得到 n 个不小于零的奇异值。设有 q 个奇异值占主导作用,则决策表 T 约简后的最佳条件属性数目为 q。

对不同属性的属性值进行离散化时,可以采取不同的聚类数目。设决策表 T 经离散化后的决策表为 DT,随着聚类数目的增加,对其进行约简后的条件属性的数目一般会减少。因此,根据对决策表 T 约简后的最佳条件属性数目 q 和不同聚类数目下决策表 DT 约简后的条件属性数目,可以确定聚类数目。

基于矩阵的奇异值分解技术、模糊C均值聚类技术和粗糙集属性约简技术确定决策表中条件属性值的最佳聚类数目的步骤如下[47]:① 对矩阵 $AC_{m\times n}$ 进行奇异值分解,得到 n 个不小于零的奇异值。设有 q 个奇异值占主导作用,则决策表 T 约简后的最佳条件属性个数为 q。② 用模糊C均值聚类的方法对 T 中的连续条件属性值进行离散。令 $Tbi=2$,对 T 的属性列 $a\in C$ 的属性值,设初始聚类数目 $cl=2$,聚类后得 cl 个类别的聚类下界和上界,表示为 $CL_a(i)$、$CU_a(i)$,$1\leqslant i\leqslant cl$。对该属性的连续属性值依 cl 个类别的聚类下界和上界进行划分并用离散数据表示。按此方法对其他属性列进行处理,得到离散决策表 DT_{Ini}^{Tbi}。③ $cl=cl+1$,$Tbi=Tbi+1$,重复②直到 $cl=Tbi=z\times N(D)$,得到 $z\times N(D)-1$ 个离散决策表,其中 $z=3$,$N(D)$ 为决策属性的类别数目。④ 令 $Tbi=2$。⑤ 对决策表 DT_{Ini}^{Tbi} 获得约简的属性数目,表示为 $N_R^{Tbi}(C)$。⑥ $Tbi=Tbi+1$,重复⑤直到 $Tbi=z\times N(D)$,获得 $z\times N(D)-1$ 个条件属性数目。⑦ 比较 q 和 $N_R^{Tbi}(C)$，$Tbi=2\sim z\times N(D)$，选择和 q 相等的 $N_R^{Tbi}(C)$，若有多个 $N_R^{Tbi}(C)$ 和 q 相等，则选择和决策属性的类别数目最接近的 $N_R^{Tbi}(C)$，设 $CN=N_R^{Tbi}(C)$，其对应的离散决策表为 DT_{Ini}^{CN}；若 q 不和 $N_R^{Tbi}(C)$、$Tbi=2\sim z\times N(D)$ 中的任意数值相等，则令初始 $cl=z\times N(D)$，$z=z\times 2$，重复②～⑦。

由上述的描述可知，不仅可获得决策表 T 的条件属性聚类数目 CN，而且还有其对应的决策表 DT_{Ini}^{CN}、DT_{Ini}^{CN} 中的每一条件属性值聚类后的 CN 个聚类下界和上界，以及 DT_{Ini}^{CN} 中离散属性值和这些聚类下界和上界的关系。设 DT_{Ini}^{CN} 的属性 $a\in C$ 的第 i 个聚类下界和上界为 $CL_a(i)$、$CU_a(i)$，$1\leqslant i\leqslant CN$，利用 HORAFA - SVDM[48] 算法和差别函数[49] 对决策表进行规则获取，获得决策表 DT_{Ini}^{CN} 的决策规则。根据 DT_{Ini}^{CN} 中离散属性值和 $CL_a(i)$，$CU_a(i)$，$1\leqslant i\leqslant CN$ 的关系，可以获得决策表 T 的决策规则，其中第 r 条规则表示为

$$R^r: \text{if } CL_{a_1}^r(i)\leqslant f_c(x,a_1)\leqslant CU_{a_1}^r(i) \text{ and } CL_{a_2}^r(j)\leqslant f_c(x,a_2)\leqslant CU_{a_2}^r(j),\cdots,$$
$$\text{and } CL_{a_k}^r(k)\leqslant f_c(x,a_k)\leqslant CU_{a_k}^r(k) \text{ then } f(x,D)=vd_t^r, sth=STH_r \tag{10.5.21}$$

其中，$f_c(x,a_{k_i})$ 表示属性 a_{k_i}，$k_i=1,2,\cdots,k$；$1\leqslant k_i\leqslant n$ 的连续属性值 $CL_{a_{k_i}}^r(p)$，$CU_{a_{k_i}}^r(p)$ 分别为属性 $a_{k_i}\in C$ 的聚类下界和上界，其中，$p\in\{i,j,\cdots,k\}$，$2\leqslant i\leqslant \max i$，$2\leqslant j\leqslant \max j$，$\cdots$，$2\leqslant k\leqslant \max k$，$\max i$，$\max j$，$\cdots$，$\max k$ 分别为属性 $a_1,a_2,\cdots,a_k$ 的最大聚类数目。vd_t^r 为 T 中决策属性的第 t 个决策属性值，而 $t=1,2,\cdots,m_D$，m_D 为不同决策属性值的个数，sth 表示规则强度。

(2) 基于征兆（属性）重要度考虑的诊断规则弹性匹配模式

在诊断对象和诊断规则的匹配中，存在下列情况。设有诊断规则：

$$\text{if } CL_{a_1}\leqslant f(x,a_1)\leqslant CU_{a_1} \text{ and } CL_{a_2}\leqslant f(x,a_2)\leqslant CU_{a_2} \text{ then } f(x,D)=vd, sth=STH \tag{10.5.22}$$

其中，a_1 和 a_2 的属性重要度分别为 0.98 和 0.02，对故障诊断而言，它们分别为征兆 a_1 和 a_2 的重要度。而诊断对象 $NewObj$ 的征兆（属性）a_1 和 a_2 的征兆值（属性值）仅仅和式(10.5.22)部分匹配。那么，由于 a_1 的征兆重要度非常高，而 a_2 的征兆重要度非常低，因此可以认为诊断对象 $NewObj$ 和规则式(10.5.22)基本匹配，这主要取决于预先设定的匹配程度。因此，考虑这种情况，根据诊断对象和诊断规则的匹配程度、规则强度和设定的诊断结论阈值进行故障诊断，从而使得诊断结论更符合实际需要。

由于 S1 标准考虑了论域中的确定性元素的划分情况，S2 标准仅仅考虑不确定元素的划分情况，而故障诊断是待诊断对象和诊断规则的匹配问题，因此使用 S1 标准，即基于依赖度的属性重要度的标准建立诊断规则弹性匹配模式。

诊断对象和诊断规则的弹性匹配方式可以通过设定诊断结论阈值 $Th\in[0.5,1]$ 确定，这样，不同的诊断结论阈值满足不同的诊断要求。

在待诊断对象和诊断规则的匹配过程中，有以下情况：① 对象的条件属性值和一条确定性决策规则相匹配。② 对象的条件属性值和一条非确定性决策规则相匹配。③ 对象的条件属性值和若干条决策规则相匹配，这若干条规则的结论相同，即对应同一种故障模式。④ 对象的条件属性值和若干条决策规则相匹配，这若干条规则的结论不同，即对应多种故障模式。⑤ 对象的条件属性值不和任一决策规则相匹配，即不对应任意一种故障模式。

对情况①和②,若规则强度不小于 Th,则结论置信度为规则强度,否则不能得到诊断结论。对情况③,若匹配规则中最小规则强度不小于 Th,则诊断结论置信度为最小规则强度,否则不能得到诊断结论。对情况④,对匹配的具有若干相同结论的诊断规则,若具有相同结论的规则的平均强度中最大值不小于 Th,则选择具有平均强度最大值的规则的结论为对象的诊断结论,置信度为最大平均强度,否则不能得到诊断结论。对情况⑤,设对象至少和规则 $r_i(1 \leqslant i \leqslant n)$ 的一个条件属性值范围相匹配,其中 n 为匹配规则的数目。设规则 r_i 的强度为 $STH_i(1 \leqslant i \leqslant n)$;使用的条件属性为 B_i,$1 \leqslant i \leqslant p \leqslant card(C)$,其中 p 为规则使用的条件属性个数,$card(C)$ 为决策表中条件属性的个数。根据 $\gamma(C,D)$ 得到决策表中各个条件属性的重要度。设规则 r_i 的条件属性 $B_i(1 \leqslant i \leqslant n)$ 的重要度为 $Sig(B_i) = card(Pos(B_i,D))/card(U)$, $1 \leqslant i \leqslant p \leqslant card(C)$。归一化形式为 $Sig_N(B_i) = Sig(B_i) \Big/ \sum_{j=1}^{p} Sig(B_j)$。设诊断对象和规则 r_i 的条件属性值范围匹配的条件属性为 B_i,$1 \leqslant i \leqslant q \leqslant p \leqslant card(C)$,其中 q 为匹配的条件属性的个数,则对象和规则 r_i 的匹配程度为 $MD_i = \sum_{j=1}^{q} Sig_N(B_j)$, $1 \leqslant i \leqslant q \leqslant p \leqslant card(C)$。若 $MD_i^{\max} = \max(MD_i \times STH_i)$, $1 \leqslant i \leqslant q \leqslant p \leqslant card(C)$,不小于 Th,则选择第 $i(1 \leqslant i \leqslant n)$ 个规则对应的结论作为诊断结论,置信度为 $MD_i^{\max}(1 \leqslant i \leqslant n)$,否则不能得到诊断结论。

10.5.4 基于模糊—粗糙集技术的故障诊断应用实例

故障数据来源于实验模拟,对转子的如下状态进行识别和诊断:正常、不平衡、油膜涡动、径向碰磨和轴裂纹。选择两种样本:学习样本和测试样本,每个样本的组成如表 10.5.2 所示,每组样本由 4 096 点组成,在采样频率为 2 560.82 Hz 时获得。其中,学习样本用于诊断规则的获取,而测试样本用于验证所学习到的诊断规则的诊断能力。

表 10.5.2 五种故障的样本信息

故障类型	正常	不平衡	油膜涡动	径向碰磨	轴裂纹
样本组数	50	50	120	80	100
故障 ID	1	2	3	4	5

征兆的选取是故障诊断的关键步骤。这里考虑 Sohre 的征兆表选择幅值谱进行特征提取,选择如表 10.5.3 所示的 11 个幅值特征作为征兆,所有样本的频域特征构成了特征样本。对学习样本和测试样本,提取特征后获得的样本称为学习特征样本和测试特征样本,分别表示为 LFS 和 TFS,在后面的叙述中,为简单起见,仍称为学习样本和测试样本。图 10.5.2 显示了五种故障的一组频域特征之间的关系,可以看出它们不是线性可分的。

表 10.5.3 使用的 11 个幅值特征

标识序号	1	2	3	4	5	6
幅值特征	0~0.39X	0.40~0.49X	0.5X	0.51~0.99X	1X	1.5X
标识序号	7	8	9	10	11	
幅值特征	2X	3X	3~5X	OddX	5~10X	

* X 表示每个特征值为相应频段的幅值和与 1~10 倍频幅值和的比值。

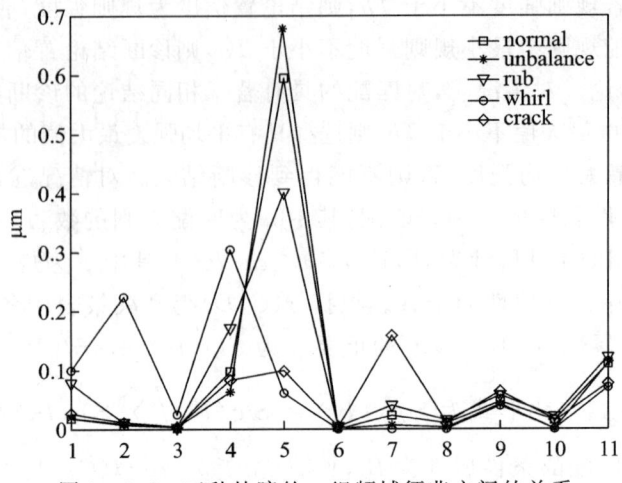

图 10.5.2 五种故障的一组频域征兆之间的关系

对学习特征样本 LFS 和测试特征样本 TFS,分别把 LFS 和 TFS 中各样本的 11 个频域征兆值作为决策表的连续条件属性值,而样本对应的故障 ID 为离散决策属性值,这样就构造了学习样本决策表 LST 和测试样本决策表 TST,则 LST 和 TST 分别含有 400 个对象,条件属性为 $a_i, i=1,2,\cdots,11$,对应表 10.5.3 中的第 $i(i=1,2,\cdots,11)$ 个频率征兆,决策属性为 D,表示故障 ID。

决策表 LST 中的 400 个对象,每个对象的 11 个条件属性值构成的矩阵为 $AC_{400\times 11}$。对 $AC_{400\times 11}$ 进行奇异值分解,得到 11 个不小于零的奇异值,如表 10.5.4 所示。

表 10.5.4 奇异值分解获得的 11 个奇异值

$\lambda_1 \sim \lambda_{11}$	8.043 5	4.286 3	2.314 9	1.648 7	1.478 0	0.778 6	0.459 7	0.286 1	0.076 6	0.046 9

这里取 $\alpha=0.99$,而 $\sum_{i=1}^{6}\lambda_i^2 / \sum_{i=1}^{11}\lambda_i^2 = 0.990\,48 > \alpha$,所以最佳条件属性个数为 $q=6$。即决策表 LST 离散化后的决策表的条件属性个数为 6。

对决策表 LST 的 11 个连续条件属性进行离散化,聚类数目 $cl=2\sim 15$,设决策表 LST 离散化后的决策表为 $LSDT_i, i=2,\cdots,15$。不同聚类数目下的条件属性和获得的诊断规则数目不尽相同,如表 10.5.5 所示。其中,当聚类数目为 2,6,9 时,决策表 $LSDT_i$ 所需的条件属性数目为 $q=6$,考虑到决策表 $LSDT_i$ 的决策属性的类别数目为 5,即 5 种故障,因此决策表 LST 的连续条件属性的最佳聚类数目为 6。

表 10.5.5 不同聚类数目下的属性和规则数目

聚类数目	条件属性数目	条件属性	规则数目
2	6	2,9,6,5,11,8	14
3	8	10,1,6,7,11,2,4,5	43
4	8	10,4,11,5,7,1,3,9	69
5	7	9,8,11,1,6,10,4	110
6	6	8,7,10,6,11,4	85

续表

聚类数目	条件属性数目	条件属性	规则数目
7	7	8,7,5,11,1,10,6	110
8	5	7,1,5,10,2	70
9	6	4,5,7,2,1,8	86
10	5	9,7,1,6,5	128
11	5	9,4,7,5,1	123
12	5	5,4,7,1,6	129
13	4	4,6,7,1	121
14	4	4,7,11,8	113
15	4	6,4,7,1	139

下面是当决策表 LST 的连续条件属性的聚类数目为 6 时，获得的关于五种故障的部分条诊断规则，其中括号中为规则适合识别的故障类型。

if $0.000\,166 \leqslant 1.5X \leqslant 0.001\,137$ and $0.058\,185 \leqslant 5 \sim 10X \leqslant 0.076\,179$ and $0.007\,435 \leqslant 3X \leqslant 0.020\,040$ then FaultID=1BD=0.666 667（正常）

if $0.016\,998 \leqslant 2X \leqslant 0.046\,320$ and $0.058\,185 \leqslant 5 \sim 10X \leqslant 0.076\,179$ and $0.007\,411 \leqslant 0.51 \sim 0.99X \leqslant 0.063\,656$ then FaultID=2BD=1.000 000（不平衡）

if $0.372\,545 \leqslant 0.51 \sim 0.99X \leqslant 0.466\,037$ and $0.000\,166 \leqslant 1.5X \leqslant 0.001\,137$ then FaultID=2BD=1.000 000（径向碰磨）

if $0.076\,194 \leqslant 5 \sim 10X \leqslant 0.099\,053$ and $0.001\,152 \leqslant 1.5X \leqslant 0.002\,480$ and $0.372\,545 \leqslant 0.51 \sim 0.99X \leqslant 0.466\,037$ then FaultID=3BD=1.000 000（油膜涡动）

if $0.332\,608 \leqslant 2X \leqslant 0.412\,269$ then FaultID=5BD=1.000 000（轴裂纹）

if $0.210\,524 \leqslant 3X \leqslant 0.317\,478$ then FaultID=5BD=1.000 000（轴裂纹）

定义第 $i(i=1,2,\cdots,M)$ 种故障的诊断率为

$$R_i = \frac{N_R^i}{N_A^i} \times 100\%, \quad i=1,2,\cdots,M \tag{10.5.23}$$

其中，M 为故障数目，N_R^i、N_A^i 分别表示对第 i 种故障样本的识别数目和样本总数。

定义所有故障的总诊断率为

$$R = \frac{\sum\limits_{i=1}^{M} N_R^i}{\sum\limits_{i=1}^{M} N_A^i} \times 100\% \tag{10.5.24}$$

用获得的诊断规则对学习样本进行诊断，其诊断率的高低能够说明诊断规则的归纳能力的高低，即诊断规则能够覆盖学习样本的程度，因此也称诊断规则对学习样本的诊断率为对学习样本的学习率；而用获得的诊断规则对测试样本进行诊断，其诊断率的高低能够衡量诊断规则的推广或泛化能力的大小。

对决策表 LST 中的条件属性进行离散，离散数目为 6 时，即最佳聚类数目，获得离散决策表 $LSDT_6$。表 10.5.6 列出了决策表 $LSDT_6$ 中 11 个属性的重要度值。

表 10.5.6　离散决策表 $LSDT_6$ 中 11 个属性的重要度值

条件属性索引	1	2	3	4	5	6	7	8	9	10	11
属性重要度	0.00	0.20	0.1625	0.00	0.00	0.00	0.07	0.04	0.0125	0.025	0.00

在待诊断对象和诊断规则的匹配过程中,分析了两种情况:不考虑属性重要度和考虑属性重要度,其诊断率分别见表 10.5.7 和表 10.5.8。从表中可以得到这样的结论,考虑属性重要度可以获得更高的诊断率,根据最佳聚类数目进行学习得到的诊断规则,不仅具有很好的知识归纳能力,而且还有很好的知识推广或泛化能力。

表 10.5.7　不考虑属性重要度时的诊断率/%($Th=0.8$)

	正常	不平衡	径向碰磨	油膜涡动	轴裂纹	总诊断率
学习样本	82.00	90.00	100.00	97.50	99.00	95.75
测试样本	76.00	92.00	91.60	93.70	93.00	90.50

表 10.5.8　考虑属性重要度时的诊断率/%($Th=0.8$)

	正常	不平衡	径向碰磨	油膜涡动	轴裂纹	总诊断率
学习样本	84.00	100.00	100.00	100.00	100.00	98.00
测试样本	84.00	100.00	99.10	100.00	99.00	97.50

10.6　支持向量机及其在故障诊断中的应用

10.6.1　引言

统计学习理论(Statistical Learning Theory,SLT),是由 V. Vapnik 博士等学者于 20 世纪 70 年代提出的一种专门研究小样本和少样本情况下机器学习(根据给定的训练数据样本求系统输入输出之间的关系)规律的理论。到 90 年代中期,随着 SLT 的不断发展和完善,也由于人工神经网络等学习方法在理论上缺乏实质性进展,统计学习理论开始受到越来越广泛的重视[50]。现有的模式识别、人工神经网络等机器学习方法的重要基础之一是传统统计学,前提是有足够多的典型数据样本。但实际问题中,样本的数量往往很有限,特别是在故障诊断领域,要获得各种机械设备大量的典型故障样本是很困难的。因此,一些理论上很优秀的学习方法在实际应用中的表现却往往不尽如人意。统计学习理论为解决少样本学习问题提供了一个统一的框架,有望帮助解决许多原来难以解决的问题,比如神经网络结构选择问题、局部极小点问题等。在这一理论基础上发展了一种新的通用学习方法——支持向量机(Support Vector Machine,SVM),能够较好地解决小样本学习问题[51-52]。对支持向量机的研究主要集中在理论研究、训练算法、支持向量机的扩展与变种、应用研究等几个方面。支持向量机主要应用在模式识别、趋势预测、函数拟合、概率密度估计等方面。

在机械故障诊断领域,SVM 主要被用于故障智能分类和运行状态趋势预测,国内外学者已进行了深入研究,取得了很多成果。J. Sun 等将 SVM 方法应用于刀具磨损程度判别来降低潜在的制造损失[53]。S. Abbasion 等运用小波降噪和 SVM 方法来对轴承滚动体的多种故障进行分类[54]。V. Sugumaran 等将基于临近点核函数的多分类支持向量（Multi-class Support Vector Machine, MSVM）用于滚动轴承的故障分类，效果优于 SVM[55]。肖成勇针对齿轮早期故障的特征不明显的情况，提出了一种基于小波包和进化支持向量机的齿轮故障诊断方法，提高了 SVM 方法的分类能力[56]。李京华等设计出一种基于支持向量机的直升机目标分类器，用于战场直升机目标分类识别[57]。B. Cannas 等将 SVM 方法用于预测 JET 飞机的损坏和突发事件[58]。Hikmet Esen 等将 SVM 方法用于预测接地热力泵（GCHP）的性能预测[59]。李凌军等提出了用 SVM 方法对机械设备状态趋势进行预测的新方法[60]。胡桥等提出一种新的基于改进灰色系统—支持向量机—神经模糊系统的智能混合预测模型，应用于某机组振动趋势的预测[61]。邹敏等将最小二乘支持向量机应用于水电机组状态趋势预测分析[62]。熊日晖等建立了基于小波分解和最小二乘支持向量机的混合模型，并应用于发电机组运行状态预测[63]。

本节主要介绍支持向量机用于分类和预测的基本原理，及其在故障智能诊断和状态趋势预测方面的工程应用实例。

10.6.2 统计学习理论的核心内容

统计学习理论是针对少样本统计估计和预测学习的理论。它从理论上较系统地研究了经验风险最小化原则成立的条件、有限样本下经验风险与期望风险的关系及如何利用这些理论找到新的学习原则和方法等问题。这里简单介绍其中最有指导性的理论结果推广性的界和与此相关的一个核心概念 VC 维，以及结构风险最小化准则[50]。

(1) VC 维

VC 维（Vapnik - Chervonenkis Dimension）是统计学习理论中关于函数集学习性能的最重要的指标。它的直观定义是：对一个指示函数集，如果存在 h 个样本能够被函数集中地按所有可能的 2^h 种形式分开，则称函数集能够把 h 个样本打散；函数集的 VC 维就是它能打散的最大样本数目 h。若对任意数目的样本都有函数能将它们打散，则函数集的 VC 维是无穷大的。有界实函数的 VC 维可以通过用一定的阈值将它转化成指示函数来定义。

VC 维反映了函数集的学习能力，VC 维越大则学习机器越复杂（容量越大）。但是，目前尚没有通用的关于任意函数集 VC 维计算的理论，只对一些特殊的函数集知道其 VC 维。比如在 n 维实数空间中线性分类器和线性实函数的 VC 维是 $n+1$，而正弦函数 $f(x, a) = \sin(ax)$ 的 VC 维则为无穷大。在机械故障诊断中，无论是对直接采集的原始数据样本，还是经特征提取后得到的特征数据样本，都是复杂的离散数据，其 VC 维的计算都很困难。

(2) 推广性的界

统计学习理论中关于经验风险和实际风险之间的重要关系的结论，称为推广性的界，它们是分析学习机器性能和发展新的学习算法的重要基础。对于机械故障诊断中的两类分类问题，结论是：对指示函数集中的所有函数（包括使经验风险最小的函数），经验风险 $R_{emp}(\omega)$ 和实际风险 $R(\omega)$ 之间以至少 $1-\eta$ 的概率满足如下关系：

$$R(\omega) \leqslant R_{emp}(\omega) + \sqrt{\frac{h[\ln(2n/h)+1]-\ln(\eta/4)}{n}} \qquad (10.6.1)$$

其中，h 是函数集的 VC 维，n 是数据样本的个数。学习机器的实际风险由两部分组成，一是经验风险（训练误差），另一部分称为置信范围，它和学习机器的 VC 维 h 及训练样本数 n 有关。式(10.6.1)给出了经验风险和实际风险之间差距的上界，反映了根据经验风险最小化原则得到的学习机器的推广能力，因此称为推广性的界。推广性的界是对于最坏情况的结论，在很多情况下是较松的，这种界只在对同一类学习函数进行比较时有效。

当训练样本数 n 很大时，由于置信范围较小，所以小的经验风险可以保证实际风险小，即有好的推广能力。但是，在机械故障诊断中，用于训练的故障数据样本数较少，机器学习过程（训练分类器）不但要使经验风险较小，还要使 VC 维尽量小以缩小置信范围，才能取得较小的实际风险，即对未来的测试数据样本有较低的错分率。

(3) 结构风险最小化

传统的机器学习方法（如人工神经网络）是以经验风险最小化（ERM）原则为基础的，当训练样本数很大时，由于式(10.6.1)中右边的第二项较小，最小化经验风险可以得到较小的实际风险。但是，当训练样本数较少时，式(10.6.1)中右边的第二项可能较大，即使经验风险为零，实际风险可能较大，也就是推广能力较差。

统计学习理论提出了一种新的策略，即把函数集构造为一个函数子集序列，使各个子集按照置信范围的大小（亦即 VC 维的大小）排列；在每个子集中寻找最小经验风险，通常它随着子集复杂度的增加而减小。选择最小经验风险与置信范围之和最小的子集，即折中考虑经验风险和置信范围，取得实际风险的最小。这种思想称为结构风险最小化，即 SRM 准则。实现 SRM 原则，其中一种可行的方法是：设计函数集的某种结构使每个子集中都能取得最小的经验风险（如使训练误差为0），然后只需选择适当的子集使置信范围最小，则这个子集中使经验风险最小的函数就是最优函数。支持向量机实际上就是这种方法的具体实现。在机械故障诊断中，采集的原始故障样本数较少，选择适当的函数子集组成训练样本集，使置信范围较小，使经验风险最小就是训练样小本能够被正确分类。

10.6.3 支持向量机分类的基本原理

支持向量机以统计学习理论为基础，是对结构风险最小化归纳原则的近似和具体体现。它尽量提高学习机的推广（泛化）能力，即由有限训练样本得到的决策规则对独立的测试样本仍能够保持小的误差。另外，支持向量机算法是一个凸二次优化问题，能够保证找到的极值解就是全局最优解。对于机械故障诊断中的故障分类问题，根据给定的少量典型故障数据样本，建立支持向量机故障分类器，对未来的数据样本进行故障分类。本节首先引入最优超平面的概念，在此基础上介绍线性 SVM 及非线性 SVM 的原理和算法[50]。

(1) 最优超平面

若给定的两类训练数据样本集：$(x_i, y_i), i=1,2,\cdots,n, x \in R^d, y \in \{+1,-1\}$，其中，$n$ 为训练样本的个数，d 为每个训练样本向量的维数，y 为类别标号（其值等于 +1 为一类，等于 -1 为另一类）。能够被一个超平面线性分开，则该分类超平面的方程为 $w \cdot x + b = 0$，其中，w 是分类面的权系数向量，b 为分类的域值。如果训练集中的所有样本均能被某超平面正确分开，并且距超平面最近的异类样本之间的距离最大，即边缘间距最大化，则该超平面为最优超平面。训练集中与最优超平面最近的异类样本称为支持向量，一组支持向量可以唯一地确定一个超平面。

对于线性可分的问题,不失一般性,可使训练集中的向量归一化后满足:
$$y_i(\boldsymbol{w} \cdot \boldsymbol{x}_i + b) \geqslant 1 \quad i = 1, 2, \cdots, n \tag{10.6.2}$$
由于支持向量与超平面之间的距离为 $1/\|\boldsymbol{w}\|$,支持向量之间的距离为 $2/\|\boldsymbol{w}\|$,因此构造最优超平面的问题被转化为在(10.6.2)式的约束下,求函数 $\frac{1}{2}\|\boldsymbol{w}\|^2 = \frac{1}{2}(\boldsymbol{w} \cdot \boldsymbol{w})$ 的最小值。

一个满足式(10.6.2)的规范超平面构成的指示函数集 $f(\boldsymbol{x}, \boldsymbol{w}, b) = \mathrm{sgn}\{(\boldsymbol{w} \cdot \boldsymbol{x}) + b\}$(其中 sgn{ } 为符号函数)的 VC 维满足:$h \leqslant \min([R^2 A^2], d)$,其中 d 是向量空间的维数,R 为覆盖所有向量的超球体半径,A 为 $\|\boldsymbol{w}\|$ 的最大值,即 $\|\boldsymbol{w}\| \leqslant A$。可见,可以通过最小化 $\|\boldsymbol{w}\|$ 使 h 最小。如果经验风险固定,最小化实际风险的问题就转化为最小化 $\|\boldsymbol{w}\|$ 的问题。

如果一组训练样本能够被一个最优超平面分开,则对于测试样本分类错误率的上界是训练样本中平均的支持向量数占总训练样本数的比例,即
$$E[P(error)] \leqslant E[\text{支持向量数}]/(\text{训练样本总数}-1) \tag{10.6.3}$$

(2) 线性支持向量机

根据上面的讨论,在线性可分的情况下,求最优分类面问题可以表示成在(10.6.2)式的约束下求函数 $\frac{1}{2}\|\boldsymbol{w}\|^2 = \frac{1}{2}(\boldsymbol{w} \cdot \boldsymbol{w})$ 的最小值问题。这是一个二次规划问题,其最优解为下列 Lagrange 函数的最小值
$$L(\boldsymbol{w}, b, \alpha) = \frac{1}{2}(\boldsymbol{w} \cdot \boldsymbol{w}) - \sum_{i=1}^{n} \alpha_i \{y_i[(\boldsymbol{w} \cdot \boldsymbol{x}_i) + b] - 1\} \tag{10.6.4}$$
其中,$\alpha_i \geqslant 0$ 为 Lagrange 系数,要对 $\boldsymbol{w}$ 和 b 求(10.6.4)式的极小值。将式(10.6.4)分别对 $\boldsymbol{w}$ 和 b 求偏微分并令它们等于 0,就可以使原问题转化为如下这种较简单的对偶问题:在约束条件 $\sum_{i=1}^{n} y_i \alpha_i = 0$ 和 $\alpha_i \geqslant 0, i = 1, 2, \cdots, n$ 之下求解下列函数的最大值:
$$Q(\alpha) = \sum_{i=1}^{n} \alpha_i - \frac{1}{2} \sum_{i,j=1}^{n} \alpha_i \alpha_j y_i y_j (\boldsymbol{x}_i \cdot \boldsymbol{x}_j) \tag{10.6.5}$$
通过式(10.6.5)求出 α_i 的最优解后,可得最优分类面的权系数向量为 $\boldsymbol{w} = \sum_{i=1}^{n} \alpha_i y_i \boldsymbol{x}_i$。

根据 Kühn-Tucker 条件,α_i 须满足 $\alpha_i [y_i(\boldsymbol{w} \cdot \boldsymbol{x}_i + b) - 1] = 0, i = 1, 2, \cdots, n$。因此,多数 α_i 值必为 0,少数值为非 0 的 α_i 对应于使式(10.6.2)等号成立的样本为支持向量。显然,只有是支持向量的样本决定最终的分类结果,于是 $\boldsymbol{w}$ 可表示为 $\boldsymbol{w} = \sum_{\text{支持向量}} \alpha_i y_i \boldsymbol{x}_i$。

对于给定的测试样本 $\boldsymbol{x}$,由最优分类函数:
$$f(\boldsymbol{x}) = \mathrm{sgn}\{(\boldsymbol{w} \cdot \boldsymbol{x}) + b\} = \mathrm{sgn}\{\sum_{\text{支持向量}} \alpha_i y_i (\boldsymbol{x}_i \cdot \boldsymbol{x}) + b\} \tag{10.6.6}$$
的正负即可判定 $\boldsymbol{x}$ 所属的分类。其中,sgn{ } 为符号函数;b 是分类的域值,可以由任意一个支持向量用式(10.6.2)中的等号求得,或通过两类中任意一对支持向量取中值求得。

在线性不可分的情况下,可以在条件式(10.6.2)中增加一个非负的松弛变量 $\xi_i \geqslant 0$,变为
$$y_i(\boldsymbol{w} \cdot \boldsymbol{x}_i + b) \geqslant 1 - \xi_i \quad i = 1, 2, \cdots, n \tag{10.6.7}$$
将最小化的目标函数由 $\frac{1}{2}\|\boldsymbol{w}\|^2$ 改为 $\frac{1}{2}\|\boldsymbol{w}\|^2 + C(\sum_{i=1}^{n} \xi_i)$,即在确定最优分类面时折中考虑最小错分样本和最大分类间隔。其中常数 $C > 0$ 人为确定,它控制着对错分样本的惩罚程

度。在线性不可分的情况下,求最优分类面的对偶问题与线性可分情况下几乎完全相同,只是其中一个约束条件由 $\alpha_i \geqslant 0$ $i=1,2,\cdots,n$ 变为 $C \geqslant \alpha_i \geqslant 0$ $i=1,2,\cdots,n$。

(3) 非线性支持向量机

对于非线性分类,首先使用一个非线性映射 Φ 把数据样本从原空间 $\boldsymbol{R}^d$ 映射到一个高维特征空间 Ω,再在高维特征空间 Ω 求最优分类面。高维特征空间 Ω 的维数可能是非常高的,但是,支持向量机利用核函数(Kernel Function)巧妙地解决了这个问题。注意到在线性支持向量机中只用到了原空间的点积运算,所以在非线性空间也只考虑在高维特征空间 Ω 的点积运算,就可以避免在高维特征空间中进行复杂的运算。根据泛函的有关理论,只要一种核函数 $K(\boldsymbol{x}_i,\boldsymbol{x}_j)$ 满足 Mercer 条件,它就对应某一变换空间的内积,即 $K(\boldsymbol{x}_i,\boldsymbol{x}_j)=\Phi(\boldsymbol{x}_i)\cdot\Phi(\boldsymbol{x}_j)$,这样,在高维空间实际上只需进行内积运算,而这种内积运算是可以用原空间中的函数实现的,无需知道变换 $\Phi(\boldsymbol{x})$ 的具体形式。

因此,在最优分类面中采用适当的内积函数 $K(\boldsymbol{x}_i,\boldsymbol{x}_j)$ 就可以实现某一非线性变换后的线性分类,而计算复杂度却没有增加,此时二次规划问题的优化目标函数(10.6.5)变为

$$Q(\alpha)=\sum_{i=1}^{n}\alpha_i-\frac{1}{2}\sum_{i,j=1}^{n}\alpha_i\alpha_j y_i y_j K(\boldsymbol{x}_i,\boldsymbol{x}_j) \quad (10.6.8)$$

其约束条件与线性支持向量机的约束条件相同。利用式(10.6.8)求出优化系数 α_i 后,支持向量机分类器的分类函数的一般形式为

$$f(\boldsymbol{x})=\mathrm{sgn}\left\{\sum_{\text{支持向量}}\alpha_i y_i K(\boldsymbol{x}_i,\boldsymbol{x})+b\right\} \quad (10.6.9)$$

选择不同的内积核函数将形成不同的算法,即不同的支持向量机。目前在分类方面研究较多也较常用的核函数有以下四种:

1) 线性核函数:$K(\boldsymbol{x},\boldsymbol{y})=\boldsymbol{x}\cdot\boldsymbol{y}$ 就是线性支持向量机采用的核函数。
2) 多项式核函数:$K(\boldsymbol{x},\boldsymbol{y})=(\boldsymbol{x}\cdot\boldsymbol{y}+1)^d$,其中 $d=1,2,3,\cdots$ 为多项式的阶数。
3) 径向基核函数:$K(\boldsymbol{x},\boldsymbol{y})=\exp\{-\|\boldsymbol{x}-\boldsymbol{y}\|^2/2\sigma^2\}$,其中 σ 为函数的宽度参数。
4) Sigmoid 核函数:$K(\boldsymbol{x},\boldsymbol{y})=\tanh[v(\boldsymbol{x}\cdot\boldsymbol{y})+c]$,其中 v、c 为比例和偏移参数。

10.6.4 支持向量机回归预测的基本原理

本节简要介绍支持向量机的回归预测算法[51]。

首先考虑线性回归问题。对于给定的训练样本:$(\boldsymbol{x}_i,y_i),x\in\boldsymbol{R}^d,y_i\in R,i=1,\cdots,n$,线性回归的目标就是求下列回归函数

$$f(x)=(\boldsymbol{w}\cdot x_i)+b \quad (10.6.10)$$

其中,$\boldsymbol{w}\in R^n,b\in R,(\boldsymbol{w}\cdot\boldsymbol{x})$ 为 $\boldsymbol{w}$ 与 $\boldsymbol{x}$ 的内积,并且满足结构风险最小化原理,即最小化

$$Q(\boldsymbol{w})=\frac{1}{2}(\boldsymbol{w}\cdot\boldsymbol{w})+CR_{emp}(f) \quad (10.6.11)$$

其中,C 为惩罚因子,实现在允许的回归误差和算法复杂程度之间的折中。$R_{emp}(f)$ 为损失函数(lose function)。常用的损失函数有:二次函数、Hube 函数、Laplace 函数和 ε-不敏感函数(ε-insensitive)。其中 ε-不敏感函数具有较好的性质,得到了广泛的应用。ε-不敏感函数的定义为

$$L_\varepsilon(d,y)=\begin{cases}|d-y|-\varepsilon & |d-y|>\varepsilon \\ 0 & \text{其他}\end{cases} \quad (10.6.12)$$

ε 为某给定的允许误差。引入 ε-不敏感损失函数时,式(10.6.11)可写为

$$Q(\boldsymbol{w}) = \frac{1}{2}(\boldsymbol{w} \cdot \boldsymbol{w}) + C\frac{1}{n}\sum_{i=1}^{n}|y_i - f(x_i)|_\varepsilon \qquad (10.6.13)$$

显然,当 $|y_i - (\boldsymbol{w} \cdot \boldsymbol{x}_i) - b| \leqslant \varepsilon (i=1,2\cdots,n)$,即所有点均落在由 $f(x)+\varepsilon$ 和 $f(x)-\varepsilon$ 组成的带状区域内(图 10.6.1)时,式(10.6.13)可写成如下形式:

$$\min \frac{1}{2}(\boldsymbol{w} \cdot \boldsymbol{w}) \qquad (10.6.14)$$

约束条件: $\begin{cases} y_i - \boldsymbol{w} \cdot \boldsymbol{x} - b \leqslant \varepsilon \\ \boldsymbol{w} \cdot \boldsymbol{x} - y_i + b \leqslant \varepsilon \end{cases}$

考虑到上述条件不能充分满足,引入松弛因子 $\xi_i \geqslant 0$ 和 $\xi_i^* \geqslant 0, i=1,\cdots,n$。则式(10.6.14)的优化问题变为

$$\min \frac{1}{2}(\boldsymbol{w} \cdot \boldsymbol{w}) + C\sum_{i=1}^{n}(\xi_i + \xi_i^*) \qquad (10.6.15)$$

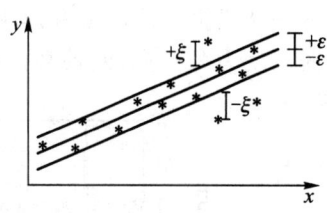

图 10.6.1 线性回归示意图

约束条件: $\begin{cases} y_i - \boldsymbol{w} \cdot \boldsymbol{x} - b \leqslant \varepsilon + \xi_i \\ \boldsymbol{w} \cdot \boldsymbol{x} - y_i + b \leqslant \varepsilon + \xi_i^* \end{cases}$

上述问题可以通过求解最大化下列二次型

$$Q(\alpha,\alpha^*) = -\varepsilon\sum_{i=1}^{n}(\alpha_i^* + \alpha_i) + \sum_{i=1}^{n}y_i(\alpha_i^* - \alpha_i) - \frac{1}{2}\sum_{i,j=1}^{n}(\alpha_i^* - \alpha_i)(\alpha_j^* - \alpha_j)(\boldsymbol{x}_i \cdot \boldsymbol{x}_j)$$

(10.6.16)

的参数 α_i^*、α_i 而得到解决。其约束条件为

$$\begin{aligned} &\sum_{i=1}^{n}(\alpha_i^* - \alpha_i) = 0 \\ &0 \leqslant \alpha_i^* \leqslant C \qquad i=1,2,\cdots,n \\ &0 \leqslant \alpha_i \leqslant C \end{aligned} \qquad (10.6.17)$$

求解出上述各系数 α_i、α_i^*、b 后,就可得到如下对未来样本 $\boldsymbol{x}$ 的预测函数

$$f(\boldsymbol{x},\alpha_i,\alpha_i^*) = \sum_{i=1}^{n}(\alpha_i - \alpha_i^*)(\boldsymbol{x}_i \cdot \boldsymbol{x}) + b \qquad (10.6.18)$$

对于非线性问题,可以用核函数 $K(\boldsymbol{x}_i,\boldsymbol{x}_j)$ 来替代内积运算,实现由低维空间到高维空间的映射,从而使低维空间的非线性问题转化为高维空间的线性问题。引入核函数后优化目标函数(10.6.16)变为如下形式:

$$Q(\alpha,\alpha^*) = -\varepsilon\sum_{i=1}^{n}(\alpha_i^* + \alpha_i) + \sum_{i=1}^{n}y_i(\alpha_i^* - \alpha_i) - \frac{1}{2}\sum_{i,j=1}^{n}(\alpha_i^* - \alpha_i)(\alpha_j^* - \alpha_j)K(\boldsymbol{x}_i,\boldsymbol{x}_j)$$

(10.6.19)

而相应的预测函数(10.6.18)也变为

$$f(\boldsymbol{x},\alpha_i,\alpha_i^*) = \sum_{i=1}^{n}(\alpha_i - \alpha_i^*)K(\boldsymbol{x}_i,\boldsymbol{x}) + b \qquad (10.6.20)$$

其中常用的预测核函数 $K(\boldsymbol{x}_i,\boldsymbol{x}_j)$ 与 10.6.3 节中的分类核函数相同。

10.6.5 支持向量机分类器在汽轮发电机组故障诊断中的应用

本节依据 10.6.3 节的支持向量机分类原理,利用汽轮发电机组的实际故障数据,建立多故障分类器,并测试分析其分类性能。

(1) 多故障分类器的建立

以某热电厂的汽轮发电机组为诊断对象,机组的工作频率为 50 Hz。用机组高压缸蒸汽激励、轴瓦松动和碰摩三种故障数据样本以及正常数据样本作为训练和测试样本。数据样本是从机组高压缸轴瓦座上直接采集的振动信号的时域原始数据,采样频率为 2 000 Hz,数据长度为 256 点,四种数据样本的波形如图 10.6.2 所示。

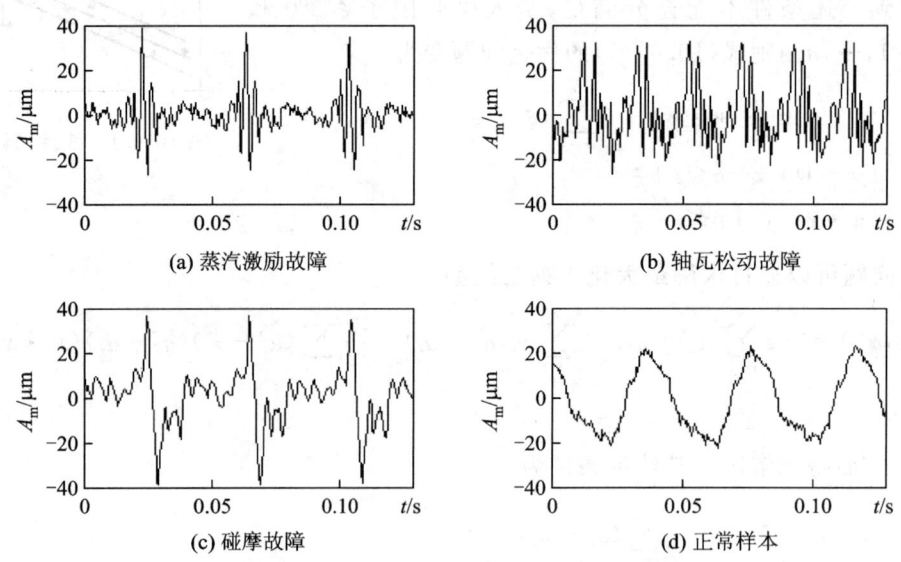

图 10.6.2 数据样本的时域波形

从每一种数据样本中各取 10 个作为训练样本,其中分别将每一种数据样本(10 个)作为一类,标识为 1,将其余的三种数据样本(30 个)作为另一类,标识为 -1。依据式(10.6.8)求优化系数 α_i。在式(10.6.8)及其约束条件中,核函数 $K(x_i, x_j)$ 的形式和惩罚系数 C 的值需选择确定,优化后选用多项式核函数 $K(x_i, x_j) = (x_i \cdot x_j + 1)^2$ 和 $C = 1\,000$。求出 α_i 后,α_i 中不为 0 的项对应的训练样本为支持向量,按判别式(10.6.9)可分别建立对应机组四种状态的四个两类分类器 SVM1~SVM4。每个分类器可从四种数据样本中识别分离出一种故障,其训练时间不大于 0.4 s。将四个两类分类器按图 10.6.3 所示的二叉树流程组合,便成为一个可识别四种数据样本的多故障分类器。

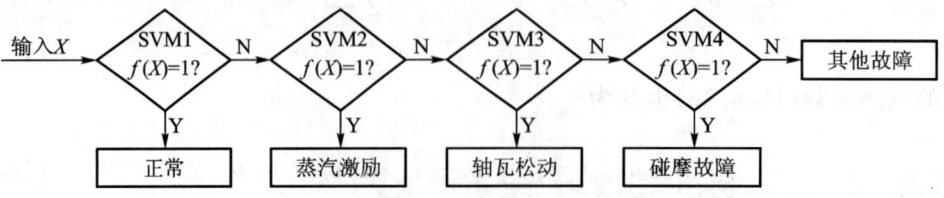

图 10.6.3 汽轮发电机组的多故障分类器流程图

图 10.6.3 中四个两类分类器 SVM1～SVM4 分别识别正常、蒸汽激励、轴瓦松动和碰摩故障等四种数据样本。在分类测试中,先将测试数据样本 x 输入分类器 1,若判别式 $f(x)$ 输出为 1,则确认为机组运行正常,测试结束;否则自动输入给分类器 2,若判别式 $f(x)$ 输出为 1,则确认为蒸汽激励故障,测试结束;否则自动输入给分类器 3。依此类推,直到分类器 4,若输出不为 1,说明测试样本不属于正常和这三种故障,可能属于其他故障。

(2) 测试分类结果

为了验证多故障分类器的效果,从每一种数据样本中各取 3 类($x1$～$x12$)共 12 个作为测试数据样本进行测试。测试分类结果见表 10.6.1,分类结果与数据样本的类型相符,说明分类器可正确地分类多种故障。每个测试样本的分类时间不大于 0.08 s,说明能实现多故障在线分类。通过试验比较还表明,图 10.6.3 中两类分类器排列的先后顺序并不影响多故障分类的结果,并且分类结果对样本中的少量噪声不敏感。

表 10.6.1 测试分类结果

测试样本	故障类型	SVM1	SVM2	SVM3	SVM4	分类结果
$x1$～$x3$	正常数据	1				正常数据
$x4$～$x6$	蒸汽激励	-1	1			蒸汽激励
$x7$～$x9$	轴瓦松动	-1	-1	1		轴瓦松动
$x10$～$x12$	碰摩故障	-1	-1	-1	1	碰摩故障

10.6.6 支持向量机回归预测器在重催动力机组运行状态趋势预测中的应用

本节依据 10.6.4 节的支持向量机回归预测原理,利用重油催化裂化动力机组的实际故障数据,建立机组状态趋势预测器,并测试分析其预测性能。

对某炼油厂重油催化裂化动力机组的运行情况进行监测,连续记录机组的振动信号,从这些振动信号中,每隔一小时提取一个振动的峰峰值,组成一个单变量时间序列。在这个序列里选取 181 个点(一周多时间)作为回归训练样本。按照 10.6.4 节的支持向量机回归预测原理进行回归预测。

图 10.6.4 给出了回归曲线图,图中的圆点表示原始数据,实线是回归曲线,此处所用的核函数为高斯核函数,$\varepsilon=0.01$,$C=100$,回归步长 $m=5$。从图 10.6.4 可以看出回归曲线和原始数据点是非常靠近的,说明其回归效果是很好的。图 10.6.5a 显示的是采用不同的核函数对训练样本后面 24 个时刻(一天)的单步预测结果,图 10.6.5b 是分别用四种核函数所作出的多步(24 步)预测结果。图中的圆点表示该时刻的真实值。四条曲线分别是用径向基核函数、高斯核函数、多项式核函数和线性核函数的预测结果。其他参数均相同,即 $\varepsilon=0.01$,$C=100$,回归步长 $m=5$。从图 10.6.5 可以看出,四种核函数对于单步预测都有较好的预测能力,而对于多步预测情况就大不相同了,径向

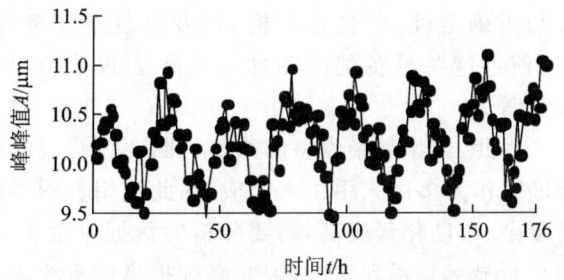

图 10.6.4 某机组振动峰峰值的回归结果

基核函数具有较好的多步预测能力,预测误差为1.573%,而线性和多项式核函数预测的曲线和真实值相差较大,已经不具备预测能力。

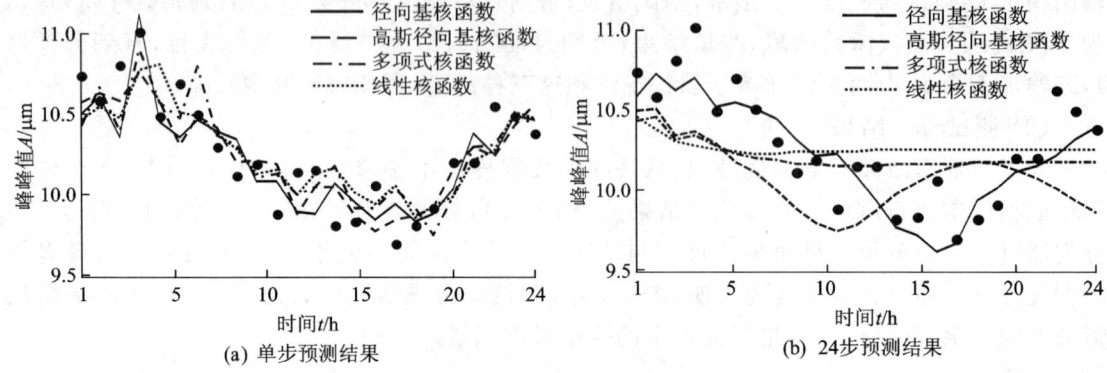

图10.6.5 某机组振动峰峰值预测结果

表10.6.2给出了几种不同的回归步长时的回归和预测误差。从表中可以看出,不同的回归步长 m 对回归误差的影响不大,但对预测误差有一定的影响。在本例中用步长 $m=5$ 可以得到较好的预测精度,此时的预报误差为1.573%,具有较高的预测精度。

表10.6.2 不同回归步长对回归精度的影响

步长 m	$m=24$	$m=15$	$m=10$	$m=5$	$m=4$	$m=3$
回归误差 $e_r/\%$	0.839	0.871	0.848	0.844	0.836	0.839
预报误差 $e_r/\%$	1.781	1.748	1.752	1.573	1.816	2.046

在工程实际中,如果预测未来某时刻的振动峰峰值过大,超过某个预定的界限,就可及时提出停机检修的建议,避免机组带病工作而造成重大损失。

10.7 混合智能故障诊断技术

对高速机车、高精度数控机床、大型汽轮发电机组、航空航天发动机、核电机组和高速压缩机等大型复杂设备,其状态监测和故障诊断关系到生产系统的正常运行、生产效率的提高、产品质量的保证、环境保护以及维修管理的科学化与现代化等一系列重要问题,因此受到世界各国的广泛关注。由于这些设备本身结构的复杂性、参数和结构的不确定、机理的复杂性、动态特性、时变、强耦合严重、建模的复杂性,其所处的复杂环境干扰的动态性与不确定性、非良定结构,以及其复杂任务带来的多目标优化和工业控制的综合自动化,使得这些设备的故障性质主要表现为复杂性、不确定性、多故障并发性、层次性、相关性等。

因此,大型复杂设备的故障诊断要比常规的设备监测诊断要求高、难度大。传统的故障诊断工作大多由人手工来完成,因此使用者的经验和专业知识就显得十分重要;同时由于设备复杂、自动化程度高,需要分析的数据量也十分巨大,如果这些大量的数据全部依靠手工来分析显然是不现实的,因此必须提高设备故障诊断的自动化、智能化程度。

近几年,研究者将专家系统、神经网络、模糊理论、遗传算法等人工智能技术应用于设备的故障诊断中,从而进行设备的智能故障诊断,在实践中取得了显著的成效。随着研究和应用的深入,发现这些方法各具特色,在一定的条件和场合下有效,同时存在许多有待解决的问题:① 专家系统缺乏有效的诊断知识表达方式,推理效率低;存在知识获取"瓶颈"、知识"窄台阶"、"匹配冲突"、"组合爆炸"及"无穷递归"等问题。② 神经网络需要的训练样本获取困难,忽视了领域专家的诊断经验知识,权重形式的知识表达方式难以理解。③ 模糊故障诊断技术往往需要由先验知识人工确定隶属函数及模糊关系矩阵,但实际上,获得与设备实际情况相符的隶属函数及模糊关系矩阵存在许多困难,并依赖于专家;传统的聚类分析可以不需要故障标准样本,它将数据样本分成多个类,但要求类之间的数据样本差别应尽可能得大,而同一类中数据样本之间的差别应尽可能得小,即满足"最小化的类间相似性,最大化的类内相似性"的原则。④ 遗传算法是一个基于逐代进化的过程,对于简单问题存在着计算效率低等问题。[64]

10.7.1 基本原理

对于大型复杂设备,使用单一的智能诊断技术进行状态监测和故障诊断,其精度不高、泛化能力弱、通用性不强,难以获得满意的诊断结果。为了正确有效地揭示原发性故障、早期微弱故障和复合故障等的发生、发展和转移规律,从而为应急控制和预知维修管理提供准确有效的依据,需要一种新思路与新途径。

混合智能故障诊断技术正是针对这一问题提出的,它综合运用多种人工智能技术的差异性和互补性,分而治之,优势互补,并结合先进的信号处理技术与特征提取方法,对大型复杂设备进行状态监测、故障诊断和趋势预测,能够有效地提高诊断系统的敏感性、鲁棒性、精确性,降低误诊率和漏诊率,确定故障发生的位置,估计其严重程度,预示其发展趋势。

"分而治之"[65]的基本思想是将一个复杂的问题按照某种原则分解为若干个子问题,如果子问题仍比较复杂,可将子问题进一步分解为若干个子问题,依此类推,直到把复杂问题分解为若干相对独立的、比较容易解决的子问题为止,分别求解各个子问题,然后把子问题的解合并起来构成原问题的解。

"优势互补"[66]的基本思想就是使用不同的智能方法对同一问题进行求解,这些不同的智能方法各有各自的优势和不足,任何一个求解方法都不能给出问题的最优解,使用不同的求解方法就是充分利用它们的优势,弥补相互的不足,按照某种原则对不同方法的解进行合并,以获得问题的最优解。

10.7.2 研究现状

目前,混合智能故障诊断技术的研究备受国内外广大研究者的青睐,应用潜力初露端倪,已成为一类颇具生命力的故障诊断方法。尽管该技术的发展历史不长,但研究成果很多。2005年,美国密西根州立大学使用了15种不同的小波进行信号分析,提取模极大值作为决策树、最近邻规则、线性分类函数三种分类器的输入,对发动机的多种故障实现了有效的诊断[67]。2006年,加拿大皇后大学采用小波包分解和多个自适应神经模糊推理系统,提出了一种在线的机电设备故障集成诊断系统,应用在三相电动机驱动系统故障诊断中[68]。2005年,英国利物浦大学利用遗传编程技术生成诊断特征,采用神经网络和支持向量机进行状态分类,对实验台滚动轴承的6种状态进行分析,验证了基于遗传编程的神经网络和支持向量机诊断的有效性[69]。2006年,英国格连菲尔德大学采用混合诊断的概念,结合遗传算法和神经网络,提出了一种集成的循环冷却发动机零部件和传感器故障诊断模型[70]。此外,韩国釜庆大学[71]、日本三重大学[72]、印度科学学院[73]也在混合智能诊断技术研究中取得了一定的成果。国内的清华大学于2005年在分析粗糙集和神经网络特点的基础上,结合预示诊断中多传感器、多特征的要求,提出了一种粗糙集与多个神经网络相结合的车轮踏面擦伤预示诊断方法[74]。2006年,浙江大学针对发动机废气排放参数和故障之间复杂的非线性关系,提出了一种主成分和集成神经网络技术的发动机故障诊断模型[75]。上海交通大学于2005年集成粗糙集理论、奇异值分解和模糊C均值聚类,提出了一种旋转机械故障诊断方法,利用Bently转子实验台模拟旋转机械的不平衡、碰摩以及油膜涡动等常见故障,对提出的方法进行了验证[47]。哈尔滨工业大学于2004年融合粗糙集和模糊聚类方法,给出了汽轮机轴系振动故障诊断规则的获取算例[76]。西安交通大学在国家自然科学基金重点项目的资助下,对混合智能故障诊断技术进行了深入研究,取得了一定的研究成果,并在汽轮机、烟气轮机、高速电力机车等设备的状态监测和故障诊断中得到了应用[77-79]。由此可见,国内外在混合智能故障诊断技术的研究中取得了可喜的进展,为机械设备故障诊断开辟了更为广阔的空间。下面分别给出了混合智能故障诊断和趋势预测的两个应用实例。

10.7.3 高速电力机车早期故障诊断[78]

铁路是我国国民经济的大动脉,为了追求更高的经济效益,铁道交通运输的列车提速势在必行,对列车运行的安全性也提出了更高的要求。高速机车是典型的大型复杂机电系统,滚动轴承作为极其重要的机械部件,在机车上得到广泛应用。高速重载下运行的滚动轴承,长时间运行在恶劣的环境中,其内外表面常出现裂纹、凹痕、碰伤、剥落、电蚀、锈蚀,甚至出现破碎和缺损等情况,其故障往往会迅速扩大,在短时间内造成热轴、燃轴、切轴而最终导致列车颠覆等重大行车事故。为了预防故障的发生,缩短故障维修时间及节省资金,确保行车安全,必须提前发现轴承隐患,将其消灭在萌芽状态。

某型电力机车是客运型电力机车,它是为适应我国铁路客运提速的要求而设计制造的。该型机车曾在1996年创下了245 km/h的中国第一(试验)速度。目前它已经成为我国铁路客运的运输主力机车,该型电力机车由6个轮对组成。轮对是一根车轴和两个车轮,它们按规定的压力和尺寸紧压配合使之牢固地结合在一起,组成一体,不允许有任何的松动。每个轮对再与轴箱、电动机、齿轮箱和抱轴组合在一起,构成机车的走行部件。轮对结构如图10.7.1所示。

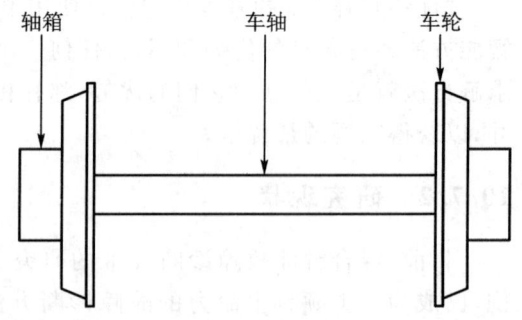

图10.7.1 轮对结构示意图

由于该类型电力机车在以往的运行过程中,75%以上的机械故障都是轴承外圈故障,能够有效可靠地监测诊断出外圈故障的发生,对电力机车故障诊断具有重要的意义。这里主要研究外圈正常工作、外圈轻微损伤和外圈严重故障这3种状态。图10.7.2a和图10.7.2b分别为外圈轻微擦伤故障和外圈严重剥离故障的实际图片。

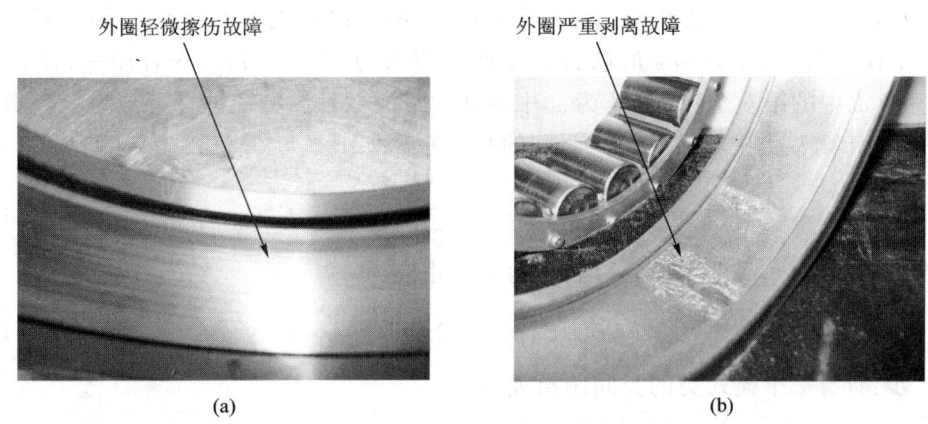

图 10.7.2　外圈轻微擦伤故障和外圈严重剥离故障的实际图片

1. 混合智能诊断模型

此混合智能诊断模型的基本思想：采集的原始振动信号，通过提升小波包变换，提取各个频带的小波包系数。对能量最大的小波包频带系数进行包络解调分析，检测故障的特征频率；同时提取原始信号和小波包系数的统计特征量，构成特征集，再利用距离评估技术进行特征选择，将选择到的最优特征集输入到集成支持向量机中，最后得到故障的分类结果。智能故障诊断流程如图 10.7.3 所示。

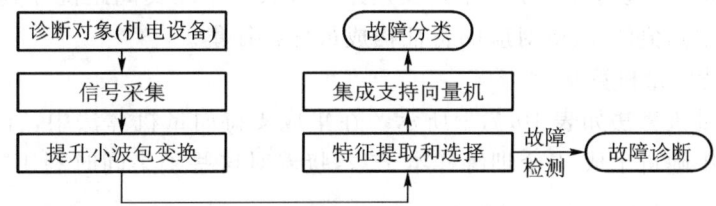

图 10.7.3　智能故障诊断流程图

（1）特征提取

故障特征的提取与选择是诊断的关键环节，提取与选择出最优的故障特征可以提高诊断的效率和准确率。在故障诊断中，特征参数法是常用的方法之一。对于一个原始信号，本节提取的特征参数由原始信号的 10 个统计特征[峰峰值、均值、标准差、有效值、波形指标、偏斜度、峭度、峰值指标、K 因子（即为峰值与有效值的乘积）和脉冲指标]，提升小波包分解系数的 80 个统计特征（分解 3 层，得到 8 段小波包频带系数，对每段系数各提取与原始信号相同的 10 个统计特征）和 8 个分解频带相对能量特征组成，共 98 个特征，其中相对能量根据式（10.7.1）计算。

设原始信号序列为 $\{x_k, k \in Z\}$，小波包分解后得到的 U_j^n 空间的信号为 $\boldsymbol{X}_j = \{x_{j,n,l}, j, n, l \in Z\}$，$x_{j,n,l}$ 为 j 尺度的第 n 频带的第 l 个数据，定义第 n 频带的能量占信号 $\boldsymbol{X} = \{x_k, k \in Z\}$ 总能量的相对能量为

$$E(n) = \sum_l x_{j,n,l}^2 \bigg/ \sum_k x_k^2 \qquad (10.7.1)$$

（2）基于距离评估技术的特征选择

由于提取的特征常常存在一定的不相关或冗余性，故采用一种有效的特征选择方

法——距离评估技术[80]对这些特征进行有效的选择,最终构成用于分类的最优特征集。

设 c 个模式类 $\omega_1,\omega_2,\cdots,\omega_c$ 的联合特征向量集为 $\{p^{(i,k)},i=1,2,\cdots,c;k=1,2,\cdots,N_i\}$,其中 $p^{(i,k)}$ 为 ω_i 中的第 k 个特征,N_i 为 ω_i 中特征向量的数目。特征选择可分为三个步骤:

第一步:计算 ω_i 类中所有特征向量间的平均距离如下

$$S_i = \frac{1}{2} \frac{1}{N_i} \sum_{j=1}^{N_i} \frac{1}{N_i - 1} \sum_{k=1}^{N_i} |p^{(i,j)} - p^{(i,k)}| \tag{10.7.2}$$

对 $S_i(i=1,2,\cdots,c)$ 求平均后得到平均类内距离为

$$S_w = \frac{1}{c} \sum_{i=1}^{c} S_i \tag{10.7.3}$$

第二步:计算 c 个模式类的类间距离如下

$$S_b = \frac{1}{c} \sum_{i=1}^{c} |\mu^{(i)} - \mu| \tag{10.7.4}$$

其中,$\mu^{(i)} = \frac{1}{N_i} \sum_{k=1}^{N_i} p^{(i,k)}$ 为 ω_i 中所有特征的均值,$\mu = \frac{1}{c} \sum_{i=1}^{c} \frac{1}{N_i} \sum_{k=1}^{N_i} p^{(i,k)}$ 为 c 个模式类样本的总体均值。

第三步:定义类间距与类内距的比值 J_A 为距离评估指标

$$J_A = \frac{S_b}{S_w} \tag{10.7.5}$$

从式(10.7.5)的定义可以看出,小的平均类内距离和大的平均类间距离才具有好的可分性,因此选择大于一定阈值的 J_A 所对应的特征构成最优特征集。

(3) 集成支持向量机算法

集成支持向量机算法如表 10.7.1 所示。在集成支持向量机算法中,首先利用 Bagging 算法从训练样本中随机生成 T 个训练样本子集,接着对这些子集同时利用"一对一"多分类 SVMs 进行训练,得到 T 个子分类器 f_t。然后利用适应度函数为 $1/\hat{E}$($\hat{E}$ 为训练误差)的改进遗传算法对 T 个子分类器 f_t 的集成结果进行优化,得到分量值大于预设阈值 λ 的权值向量 w,从而构成集成支持向量机。

表 10.7.1　集成支持向量机算法

输入:N 个训练样本 $\{(x_1,y_1),\cdots,(x_N,y_N)\}$ 构成训练样本集 S,$y_i \in Y = \{1,2,\cdots,k\}$
　　　基于 SVMs 基本分类器 f
　　　迭代次数 T
　　　预设阈值 λ
计算过程:
步骤一:
　　　循环 for $t=1$ to T
　　　从中利用 Bagging 随机重采样,得到训练样本子集 TR'
　　　用子集 TR' 对基本分类器 f 进行训练,得到分类器 f_t
　　　结束
步骤二:
　　　利用改进遗传算法,优化权值 w,其中 $w_i > \lambda$
　　　从而,从分类器 $\{f_t,t=1,2,\cdots,T\}$ 中选择合适的支持向量机集成个体,构成集合 T^*
输出:总体分类器的判别函数 $f(x_i) = \arg\max \sum_{j=1}^{T^*} |f_t(x_i) = y_i|$
　　　其中,x 为真时 $|x|=1$,否则 $|x|=0$

2. 故障检测

在正常、外圈轻微故障和外圈严重故障这3种工作状态中,轴承的工作频率 f 为 8.4 Hz,外圈故障特征频率 f_o 为 60.5 Hz。

采用 $N=20$ 的预测器和 $\tilde{N}=20$ 的更新器对这3种状态的振动信号进行提升小波包变换,分解尺度分别为 1,2 和 3,如图 10.7.4 所示。

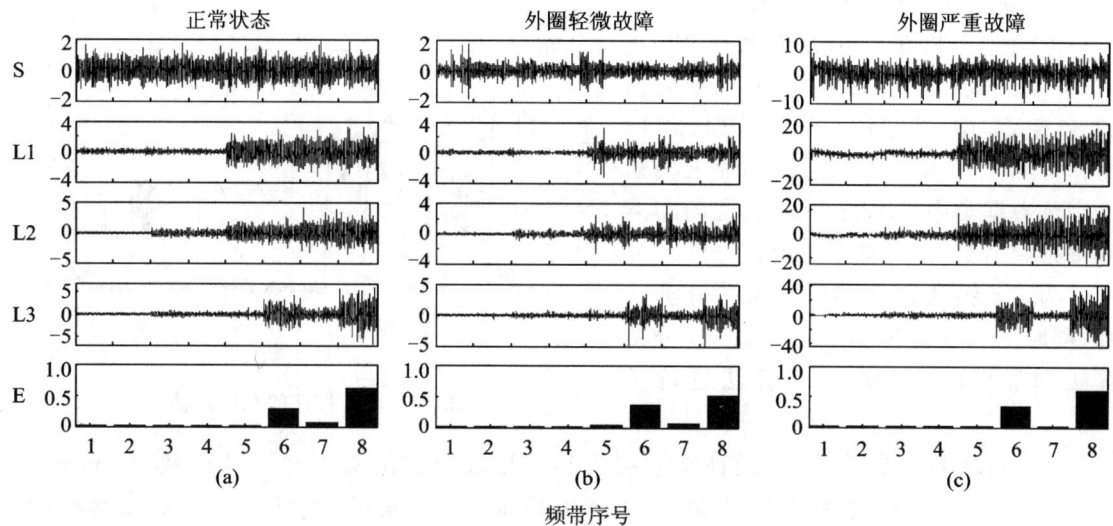

图 10.7.4　3 种运行状态的提升小波包分解系数和相对能量

在图 10.7.4 中,S 为原始的时域振动信号,L1～L3 分别对应尺度 1～3 下的提升小波包分解系数;E 为尺度 3 下(对应 L3)的提升小波包系数的相对能量。通过对比发现,分解到 3 层时较为合适,即在 $j=3$ 尺度下得到 8 个频带的小波包系数分量,每个小波包的频带宽度为 800 Hz。观察相对能量 E 的分布可以看出,每一种运行状态的系数能量最大的敏感频带都在高频部分,这表明信号的主要成分都被车轮的低频振动调制到了高频部分,同时高频部分的振动幅值也被局部故障的冲击力进行了调制。

对系数能量最大的敏感频带进行 Hilbert 包络解调,即可得到故障的特征频率。提升小波包系数敏感频带的包络解调谱如图 10.7.5 所示。

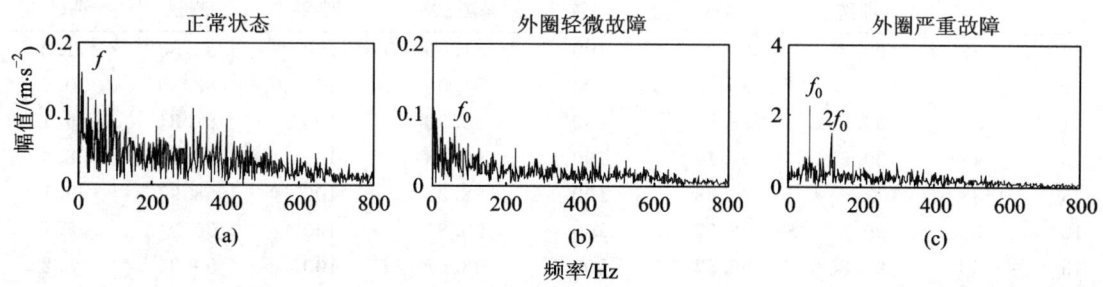

图 10.7.5　3 种运行状态敏感频带的包络谱分析

从图 10.7.5 中敏感频带的包络谱可以看出,正常状态和外圈轻微故障的特征频率都能通过 Hilbert 包络解调提取出来,这表明外圈微弱的故障特征也能够被提取出来。在外圈的严重故障中,有由于调制而产生的外圈特征频率及其 2 倍频存在,这也正好是严重故障的表征形式。事实上，Hilbert 包络解调算法本身决定了当外圈故障存在时，外圈特征频率及其倍频成分将存在，而且故障越严重，外圈特征频率及其倍频成分就越明显，从图 10.7.5 中也可以看出这点。这 3 种状态下谱线对应的频率正好与各个状态下的特征频率相吻合。这些结果表明，结合提升小波包变换和 Hilbert 包络解调进行电力机车轴承故障诊断是一种有效的方法。

3. 该模型与传统方法的分类结果比较

取该电力机车轴承在 3 种工况（正常、外圈轻微和严重故障）下的振动数据各 36 组，其中 22 组作为训练数据，另 14 组作为测试样本。从电力机车轴承振动的训练数据集中提取的 98 个特征的距离评估指标值如图 10.7.6 所示。

为了验证集成 SVMs 方法的分类性能，同时也对基于 SVMs 的 Bagging 分类算法和常规的 SVMs 分类算法进行了分析。

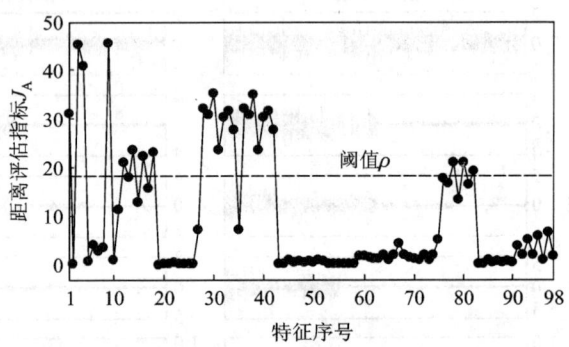

图 10.7.6　特征的距离评估

本节选择待定参数少、非线性映射能力和实用性较强的高斯径向基函数 $K(\boldsymbol{x},\boldsymbol{y}) = \exp(-\|\boldsymbol{x}-\boldsymbol{y}\|^2/2\sigma^2)$ 作为基本 SVMs 分类器的核函数。在集成 SVMs 和 Bagging 算法中，为了增强个体分类器的差异性，此处并不对超参数 C 和 σ 进行优化，对每个 SVMs，随机地选择 $C \in [1,100]$ 和 $\sigma \in [0.1,1]$。

为了探讨特征选择中阈值 ρ 对分类结果的影响，此处取集成 SVMs 的数目 $T=20$，集成 SVMs 中的预设阈值 $\lambda=1/T=0.05$。

单一 SVMs、Bagging 和集成 SVMs 的分类结果如表 10.7.2 所示。其中分类精度为每次试验重复 10 次的平均结果。

表 10.7.2　不同阈值对应的 SVMs、Bagging 和集成 SVMs 的分类精度比较

阈值	特征数目	SVMs 分类精度/%		Bagging 分类精度/%		集成 SVMs 分类精度/%		集成的数目
		训练	测试	训练	测试	训练	测试	
0	98	99.85	63.33	100	81.00	100	83.33	11.2
0.5	75	100	63.33	100	81.00	100	83.33	10.7
1	63	99.55	76.67	100	82.52	100	87.81	9.1
3	43	99.55	94.19	100	96.43	100	97.49	8.4
5	38	100	95.38	100	98.33	100	98.97	8.1
10	33	99.85	96.57	100	98.81	100	99.01	8.7
15	30	99.85	96.57	100	98.57	100	99.25	8.2
20	24	100	97.05	100	98.95	100	100	7.6
25	16	99.85	97.05	100	97.93	100	99.13	9.8
30	14	99.85	95.53	100	97.63	100	98.21	10.0
35	5	98.95	90.12	100	94.04	100	96.35	9.7
40	3	98.95	77.52	100	83.17	100	85.89	10.4

如表10.7.2所示,随着阈值的增加,特征数目逐渐减少。在训练过程中,单一SVMs的分类精度都大于98.95%,且在$\rho=0.5,5$或20时取得最大值(100%)。然而,Bagging和集成SVMs的训练样本的分类精度都为100%。另外还可以看出,在集成SVMs中,平均SVMs的集成个数(9.3)大约为整体数目(20)的一半,因此与Bagging相比,集成SVMs的测试时间将大幅度减少(从0.12 s降到0.02 s)。

针对不同的特征选择阈值,单一SVMs、Bagging和集成SVMs的测试样本分类结果如图10.7.7所示。

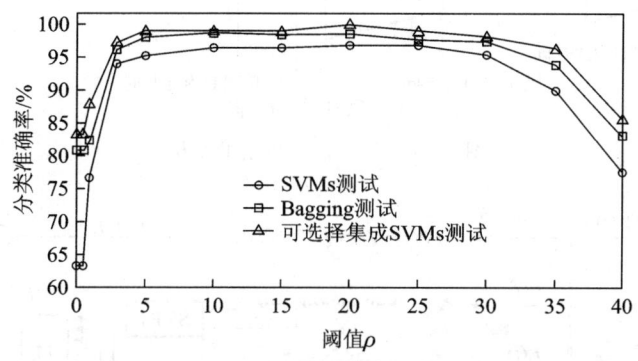

图10.7.7 不同阈值的分类性能比较

从图10.7.7中可以看出,对于单一SVMs的测试结果而言,当不进行特征选择时,其分类准确率仅为63.33%;分类准确率随着阈值的增加而提高,最高达到97.05%,此时阈值$\rho=20$或25,这表明$\rho=20$或25时选择的特征即为最优特征;当阈值进一步增加时,分类准确率减小,这可以解释为当特征数目太少时,单一SVMs发生了过学习现象。这与"特征数目的猛烈减少导致了分类精度的降低"的现象相符合[81]。然而,Bagging和集成SVMs的测试结果均好于单一SVMs。这说明,这两种集成方法都有效地克服了过学习现象。同时还可以看出,集成SVMs的分类性能好于Bagging;而且当$\rho=20$时,集成SVMs取得最好的分类效果(100%)。

10.7.4 烟气轮机组振动趋势预示[77]

某炼油厂重油催化裂化装置(简称重催)由烟机、风机和电动机三个部分组成。该机组是该炼油厂的关键设备之一,其安全可靠的运行对炼油厂的生产及对提高全厂的经济效益具有十分重要的作用。因此,对该机组的运行状态趋势做出准确预测意义重大。

重催三机组的结构如图10.7.8所示。用10个涡流传感器连续记录各轴瓦处轴的振动信号,从这些振动信号中,每隔一小时提取一个振动的峰峰值,组成一个单变量时间序列。对这个时间序列的预测就是对该机组在某个位置振动量峰峰值的预测。

1. 混合智能预测模型

基于经验模式分解-支持向量机-自适应线性神经网络的混合智能预测模型结构如图10.7.9所示。

混合智能预测模型的基本工作流程如下:

1) 利用经验模式分解(EMD)将非线性、非平稳时间序列$x(t)(t=1,2,\cdots,N)$按其内在特性自适应分解为n个频率从大到小排列的本征模式分量$f_i(t)(i=1,2,\cdots,n)$和一个非振

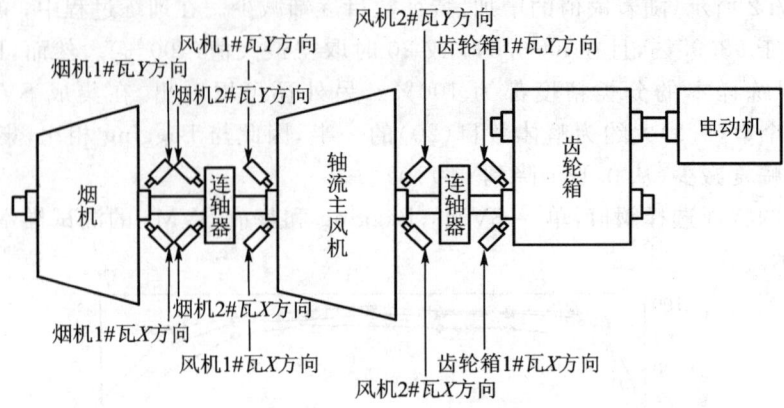

图 10.7.8　重催三机组的结构

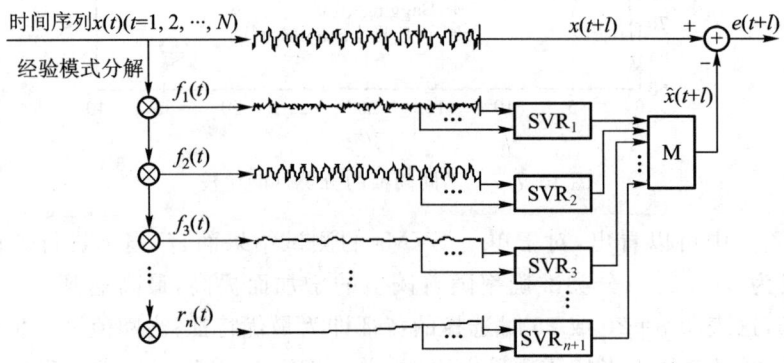

图 10.7.9　混合智能预测模型结构图

$f_1 \sim f_n$—本征模式分量；r_n—余项；$SVR_i(i=1,2,\cdots,n+1)$—支持向量回归算法；
M—自适应线性神经网络；$x(t+l)$—实际值；$\hat{x}(t+l)$—预测值；$e(t+l)$—预测误差

荡的单调序列 $r_n(t)$。

2) 根据 $f_i(t)(i=1,2,\cdots,n)$ 和 $r_n(t)$ 在时域上各自趋势变化剧烈程度的不同分别采用不同核函数的支持向量机回归算法 $SVR_i(i=1,2,\cdots,n+1)$，对它们进行预测。对于核函数的选择，经过大量的计算发现：趋势变化较为剧烈的采用指数径向基核函数，例如 $f_1(t)$；趋势变化较为缓慢、规律性比较强的采用高斯径向基核函数，例如 $f_2(t)$ 和 $f_3(t)$ 等；对于单调趋势项 $r_n(t)$ 则采用多项式核函数。

3) 通过自适应线性神经网络 M 对各个预测分量的结果进行自适应加权求和，输出混合预测结果 $\hat{x}(t+l)$。由实际值 $x(t+l)$ 和预测值 $\hat{x}(t+l)$ 可求出预测误差 $e(t+l)$。

为了全面考察某一预测方法的预测性能，此处用均方根误差 $RMSE = \sqrt{\dfrac{1}{n}\sum_{i=1}^{n}(x_i-\hat{x}_i)^2}$，绝对值平均误差 $MAE = \dfrac{1}{n}\sum_{i=1}^{n}|x_i-\hat{x}_i|$ 和绝对值平均相对误差 $MAPE = \dfrac{1}{n}\sum_{i=1}^{n}\left|\dfrac{x_i-\hat{x}_i}{x_i}\right|$ 这三个指标综合评价预测模型对训练样本和测试样本的回归能力，x_i 和 $\hat{x}_i$ 分别表示真实值和预测值。

对图 10.7.8 中的某炼油厂的重催机组的运行状态运用本节提出的混合智能预测模型

进行预测。从烟机 2#瓦 Y 方向测点处采集的信号组成的序列中,连续获取 120 个峰峰值(共 5 天的数据)作为回归训练样本,回归步长均为 4。

2. 对机组振动峰峰值的单步回归和预测

用单一的 SVMs 预测方法和混合智能预测模型对未来 5 天的振动峰峰值趋势进行单步预测。在混合智能预测模型中,120 个数据点被 EMD 分解为 6 个本征模式分量和 1 个余项。振动峰峰值的单步回归和预测结果如图 10.7.10 所示,其中黑点表示原始数据,回归曲线为 120 点处竖线左边的曲线,预测曲线为 120 点处竖线右边的曲线。

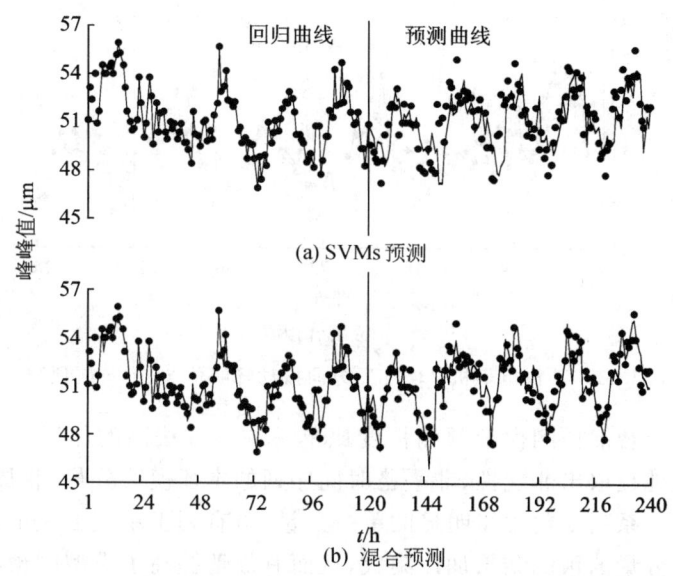

图 10.7.10　某机组烟机 2#瓦 Y 方向振动峰峰值单步回归和预测结果

从图 10.7.10 可以看出,这两种方法的回归曲线均能很好地拟和真实点,但在未来的趋势预测中,混合智能预测模型在极值点处的预测精度比 SVMs 预测的精度高。预测精度比较如表 10.7.3 所示。

表 10.7.3　某机组振动峰峰值的回归和预测误差

预测方法		回归误差			预测误差		
		$RMSE/\mu m$	$MAE/\mu m$	$MAPE/\%$	$RMSE/\mu m$	$MAE/\mu m$	$MAPE/\%$
单步	SVMs 预测	0.009 956	0.009 914	0.019 4	1.593 702	1.271 893	2.486 7
	混合预测	0.403 426	0.256 638	0.504 0	0.830 227	0.629 292	1.231 8
24 步	SVMs 预测	0.000 996	0.000 992	0.001 9	2.039 262	7.729 737	3.413 2
	混合预测	0.155 412	0.119 647	0.235 3	1.495 826	1.195 193	2.394 4

3. 对机组振动峰峰值的多步回归和预测

图 10.7.11 所示为两种预测方法对未来振动峰峰值 24 步(1 天的数据)向前预测的结果。比较图 10.7.11 和表 10.7.3 的结果可以看出,尽管 SVMs 预测方法的回归性能好于混合智能预测模型,但它的预测曲线却与真实值相差甚远,预测值表现为一种恒定值,已经明

显不具有预测能力。而混合智能预测模型仍然可以较好地预测未来的变化趋势。综合图 10.7.11 和 $RMSE$、MAE 和 $MAPE$ 这 3 个误差评价指标可以看出,混合智能预测模型的多步预测性能明显好于单一的 SVMs 预测方法。

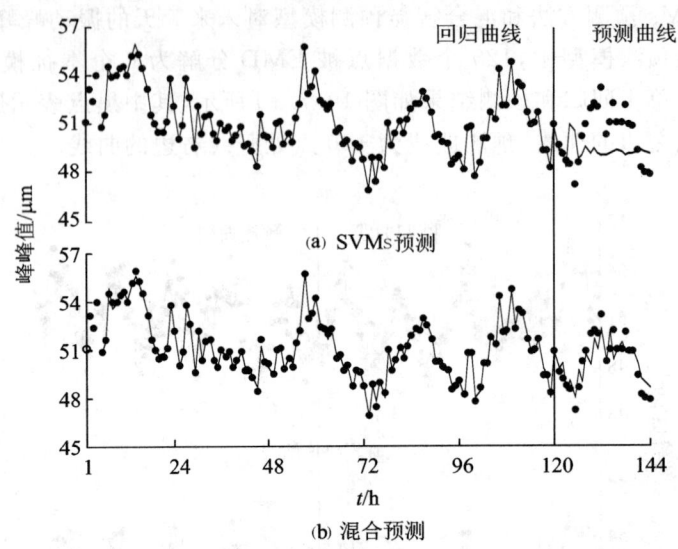

图 10.7.11 某机组烟机 2♯瓦 Y 方向振动峰峰值 24 步向前预测结果

进一步分析混合智能预测模型预测精度比单一预测方法高的原因,可以发现在混合模型中,EMD 能有效地提取出非线性、非平稳时间序列的本征模式分量,将原本变化规律复杂的时间序列分解为一系列变化规律明显的单一分量,更有利于单一方法的预测,再利用自适应线性神经网络对分量的预测结果加以集成,从而有效地提高了模型的预测精度。

思 考 题

1. 专家系统与一般程序比较,有哪些主要的区别?
2. 专家系统有哪些主要的组成部分?
3. 专家系统中知识表示方法有何意义?
4. 在专家系统工作过程中,推理机有何用途?
5. 专家系统的知识获取途径有哪些?
6. 为什么 BP 网络容易陷入局部极小?
7. 证明三层网络可以实现对任意连续函数的逼近。
8. 用 Matlab 编写一个三层的 BP 网络程序用于逼近余弦函数。
9. 用 Matlab 编写一个 RBF 网络程序进行函数逼近,输入样本为[-1.0 -0.9 -0.8 … 0.8 0.9 1.0];目标输出为[-0.9602 -0.5770 -0.0729 0.3771 0.6405 0.6600 0.4609 0.1336 -0.2013 -0.4344 -0.5000 -0.3930 -0.1647 0.0988 0.3072 0.3960 0.3449 0.1816 -0.0312 -0.2189 -0.3201]。
10. 如图 1 所示,假设系统故障为"不供油",已知电动机故障率 $Q_m = 0.001$,油泵故障率 $Q_P = 0$。不供油故障可能是由多种原因引起的,包括电动机转子卡住、K_1 或 K_2 未合上、电源故障、额定电压和电动机未达到额定电流等,试确定系统的主流程并说明原因,然后画出此系统的故障树。

11. 试分别用上行法和下行法求图 2 所示故障树的最小割集。

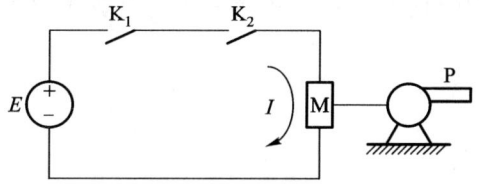

图 1　油泵驱动电路

E—电池;K_1—手动开关;K_2—电磁开关;
M—电动机;P—油泵

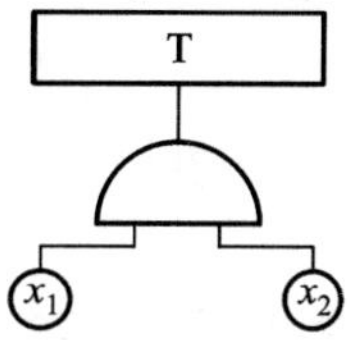

图 2　并联系统故障树

分别计算二部件并联系统(图 2)、串联系统(图 3)和 2/3(三取二)表决系统(图 4)在工作了 20 h 之后各部件的概率重要度。假设部件的故障服从指数分布,其中 $\lambda_1=0.001\ h^{-1}$,$\lambda_2=0.002\ h^{-1}$,$\lambda_3=0.003\ h^{-1}$。

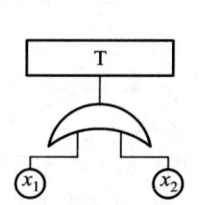

图 3　串联系统故障树

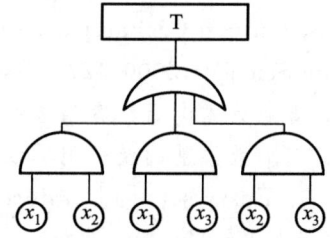

图 4　表决系统的故障树

12. 假设给定信息系统 $S=(U,A,V,f)$,其中 $U=\{x_1,x_2,\cdots x_{10}\}$,$A=\{a_1,a_2,a_3\}$,$V_{a_1}=\{0,1,3\}$,$V_{a_2}=\{0,1\}$,$V_{a_3}=\{0,1,2,3\}$,且给定的信息函数值如表 1 所示。

表 1　信 息 系 统

U	a_1	a_2	a_3	U	a_1	a_2	a_3
x_1	0	1	2	x_6	3	1	0
x_2	1	0	0	x_7	1	0	0
x_3	1	0	0	x_8	3	1	0
x_4	0	0	1	x_9	3	1	3
x_5	0	0	1	x_{10}	0	1	2

(1) 求该信息系统中的等价类。

(2) 令 $Y_1=\{x_1,x_2,x_3,x_7,x_{10}\}$、$Y_2=\{x_2,x_3,x_4,x_5,x_6,x_7,x_8\}$、$Y_3=\{x_1,x_2,x_3,x_7,x_8\}$、$Y_4=\{x_1,x_3,x_9\}$,求 Y_1、Y_2、Y_3、Y_4 在 S 中是否可以分辨。

13. 应用上题表 1 中的数据,求以下对象集的分类精度:$Y_1=\{x_2,x_3,x_7\}$、$Y_2=\{x_1,x_6,x_8\}$、$Y_3=\{x_4,x_5,x_1,x_{10},x_2\}$。

14. 常用的模糊隶属度函数有哪几种?如何确定模糊系统的隶属度函数?

参 考 文 献

[1] 尹朝庆,尹皓. 人工智能与专家系统[M]. 北京:中国水利水电出版社,2002.
[2] 王万森. 人工智能原理及其应用[M]. 北京:电子工业出版社,2000.
[3] Joseph Giarratano,Gary Riley. 专家系统原理与编程[M]. 北京:机械工业出版社,2000.
[4] 李士勇. 模糊控制神经控制和智能控制论[M]. 哈尔滨:哈尔滨工业大学出版社,1998.
[5] 蔡自兴,徐光佑,等. 人工智能及其应用[M]. 北京:清华大学出版社,1996.
[6] Simon Haykin. 神经网络原理[M]. 叶世伟,世忠植,译. 北京:机械工业出版社,2004.
[7] 胡伍生. 神经网络理论及其工程应用[M]. 北京:测绘出版社,2006.
[8] 蒋宗礼. 人工神经网络[M]. 北京:高等教育出版社,2001.
[9] 曾昭君,何钺,史维祥. 故障诊断神经网络的发展与前景[J]. 机械工程学报,1992,28(1):1-7.
[10] Simani S,Fantuzzi C. Fault diagnosis in power plant using neural networks[J]. Information Sciences,2000,127(3-4):125-136.
[11] 王仲生. 智能故障诊断与容错控制[M]. 西安:西北工业大学出版社,2005.
[12] 李鸿吉. 模糊数学基础及实用算法[M]. 北京:科学出版社,2005:1-11.
[13] Zadeh LA. Fuzzy sets[J]. Information Control,1965,8:338-353.
[14] 李安贵,张志宏,孟艳,等. 模糊数学及其应用[M]. 北京:冶金工业出版社,2005.
[15] 蒋泽军. 模糊数学教程[M]. 北京:国防工业出版社,2004:3-7.
[16] 关惠玲,韩捷. 设备故障诊断专家系统原理及实践[M]. 北京:机械工业出版社,2000.
[17] Xu R,Donald W. Survey of clustering algorithms[J]. IEEE Transactions on Neural Networks,2005,16(3):645-678.
[18] 李安贵,张志宏,孟艳等. 模糊数学及其应用[M]. 北京:冶金工业出版社,2005:148-171.
[19] Dunn J C. Some recent investigations of a new fuzzy partition algorithm and its application to pattern classification problems[J]. Cybernetics,1974,4:1-15.
[20] Bezdek J C. Pattern Recognition with Fuzzy Objective Function Algorithms[M]. New York:Plenum Press,1981.
[21] Lei Y G,He Z J,Zi Y Y,et al. Fault Diagnosis of rotating machinery based on a new hybrid clustering algorithm[J]. International Journal of Advanced Manufacturing Technology,2008,38(9-10):968-977.
[22] Yeung D S,Wang X Z. Improving performance of similarity-based clustering by feature weight learning[J]. IEEE Transaction on Pattern Analysis and Machine Intelligence,2002,24(4):556-561.
[23] 刘小芳,曾黄麟,吕炳朝. 部分监督加权模糊C-均值算法的聚类分析[J]. 计算机仿真,2004,22(3):114-116.
[24] 陈水利,李敬功,王向公等. 模糊集理论及其应用[M]. 北京:科学出版社,2005:

59-134.

[25] Kim D W, Lee K H, Lee D. On cluster validity index for estimation of the optimal number of fuzzy clusters[J]. Pattern Recognition, 2004, 37(10):2009-2025.

[26] Wu K L, Yang M S. A cluster validity index for fuzzy clustering [J]. Pattern Recognition Letters, 2005, 26(9):1275-1291.

[27] Pakhira M K, Bandyopadhyay S, Maulik U. Validity index for crisp and fuzzy clusters[J]. Pattern Recognition, 2004, 37(3):487-501.

[28] Bezdek J C. Mathematical models for systematic and taxonomy [A]. Proceedings of the 8th International Conference on Numerical Taxonomy [C], 1975, 143-166.

[29] Bezdek J C. Cluster validity with fuzzy sets [J]. Cybernetics, 1973, 3:58-73.

[30] Dave R N. Validating fuzzy partition obtained through c-shells of circular clustering [J]. Pattern Recognition Letters, 1996, 17(6):613-623.

[31] Pal N R, Bezdek J C. On cluster validity for the fuzzy c-means model [J]. IEEE Transaction on Fuzzy Systems, 1995, 3(3):370-379.

[32] 陈进. 机械设备振动监测与故障诊断[M]. 上海:上海交通大学出版社, 1999.

[33] 周祖德, 陈幼平. 现代机械制造系统的监控与故障诊断[M]. 武汉:华中理工大学出版社, 1998.

[34] 屈梁生, 何正嘉. 机械故障诊断学[M]. 上海:上海科学技术出版社出版, 1986.

[35] 陈光宇. 不完全覆盖多阶段任务系统的静态和动态故障树综合研究[D]. 成都:电子科技大学, 2005.

[36] Pawlak Z. Rough sets[J]. International Journal of Computer and Information Science, 1982, 11(5):341-348.

[37] Pawlak, Zdzislaw. Rough Sets, Theoretical Aspects of Reasoning about Data[M]. Boston: Kluwer cademic publishers, 1991.

[38] Pawlak Z. Rough set theory and its applications to data analysis[J]. Cybernetics and Systems, 1998, 29:661-688.

[39] 王珏等. 关于Rough Set理论与应用的综述[J]. 模式识别与人工智能, 1996, 19(4):337-344.

[40] Wong S K M, Ziarko W. On optional decision rules in decision tables[J]. Bulletin of Polish Academy of Sciences, 1985, 33(11-12):693-696.

[41] 曾黄麟. 粗集理论及其应用[M]. 重庆:重庆大学出版社, 1996.

[42] 胡丹. 基于Rough Set的规则提取与粗—模糊神经网络研究[D]. 成都:四川师范大学, 2003.

[43] Wong S K M, Ziarko W, Li Ye R. Comparison of rough-set and statistical methods in inductive learning[J]. Int. J. of Man-Machine Studies, 1986, 24:53-73.

[44] 张晶晶. 粗糙集在故障诊断中的应用[D]. 南京:南京理工大学, 2006.

[45] 张文修, 吴伟志, 梁吉业, 等. 粗糙集理论与方法[M]. 北京:科学出版社, 2001.

[46] 李如强. 基于软计算和信息融合的故障诊断方法研究[D]. 上海:上海交通大学, 2004.

[47] Li Ru-qiang, Chen Jin, Wu Xing, et al. Fault diagnosis of rotating machinery based

on SVD,FMC and RST[J]. The international journal of advanced manufacturing technology,2005,27(1-2):128-135.

[48] 刘震宇.粗糙集约简算法在知识发现中的研究与应用[D].西安:西安电子科技大学,2002.

[49] Skowron A,Stepaniuk J. Decision rules based on descrenibility matrices and decision functions[C]. Lin T Y(ed.). Conference Proceeding of the Third International Workshop on Rough Sets and Soft Computing(RSSC'94). San Jose,California,USA,1994,602-609.

[50] Vapnik V N. The nature of statistical learning theory[M]. N Y:Springer Verlag,1995.

[51] 张学工.统计学习理论的本质[M].北京:清华大学出版社,1999.

[52] Cortes C,Vapnik V. Support vector networks[J]. Machine Learning,1995,20:273-297.

[53] Sun J,Rahman M,Wong Y S. Multiclassification of tool wear with support vector machine by manufacturing loss consideration[J]. International Journal of Machine Tools & Manufacture,2004,44:1179-1187.

[54] Abbasion S,Rafsanjani A,Farshidianfar A. Rolling element bearings multi-fault classification based on the wavelet denoising and support vector machine[J]. Mechanical Systems and Signal Processing,2007,21:2933-2945.

[55] Sugumaran V,Sabareesh G R,Ramachandran K I. Fault diagnostics of roller bearing using kernel based neighborhood score multi-class support vector machine[J]. Expert Systems with Applications. 2008,34:3090-3098.

[56] 肖成勇,石博强,王文莉,等.基于小波包和进化支持向量机的齿轮早期诊断研究[J].振动与冲压,2007,26(7):10-15.

[57] 李京华,许家栋,李红娟.支持向量机的战场直升机目标分类识别[J].火力与指挥控制,2008,33(1):31-35.

[58] Cannas B,Delogu R S,Fanni A. Zedda and JET-EFDA contributors. Support vector machines for disruption prediction and novelty detection at JET[J]. Fusion Engineering and Design,2007,82:1124-1130.

[59] Hikmet Esen,Mustafa Inalli,Abdulkadir Sengur,Mehmet Esen. Modeling a ground-coupled heat pump system by a support vector machine[J]. Renewable Energy,2008,33:1814-1823.

[60] 李凌均,张周锁,何正嘉.基于支持向量机的机械设备状态趋势预测研究[J].西安交通大学学报,2004,38(3):230-234.

[61] 胡桥,何正嘉,訾艳阳,等.一种新的机电设备状态趋势智能混合预测模型[J].机械强度,2005,27(4):425-431.

[62] 邹敏,周建中,刘忠等.基于支持向量机的水电机组状态趋势预测研究[J].水力发电,2007,33(2):63-65.

[63] 熊日辉,肖成勇,李云峰.最小二乘支持向量机和小波电铲供电机组状态预测[J].中国计量学院学报,2008,19(1):51-55.

[64] 雷亚国. 混合智能技术及其在故障诊断中的应用研究[D]. 西安:西安交通大学,2007.
[65] Hung K Y,Luk R W P,Yeung D S,et al. A multiple classifier approach to detect Chinese character recognition errors [J]. Pattern Recognition,2005,38:723-738.
[66] Toygar Ö,Acan A. Multiple classifier implementation of a divide-and-conquer approach using appearance-based statistical methods for face recognition [J]. Pattern Recognition Letters,2004,25:1421-1430.
[67] Zanardelli W G,Strangas E G,Khalil H K,et al. Wavelet-based methods for the prognosis of mechanical and electrical failures in electric motors [J]. Mechanical Systems and Signal Processing,2005,19:411-426.
[68] Ye Z,Sadeghian A,Wu B. Mechanical fault diagnostics for induction motor with variable speed drives using Adaptive Neuro-fuzzy Inference System [J]. Electric Power Systems Research,2006,76:742-752.
[69] Guo H,Jack L B,Nandi A K. Feature generation using genetic programming with application to fault classification [J]. IEEE Transactions on Systems,Man,and Cybernetics,2005,35:89-99.
[70] Sampath S,Singh R. An integrated fault diagnostics model using genetic algorithm and neural networks[J]. Journal of Engineering for Gas Turbines and Power,Transactions of the ASME,2006,128:49-56.
[71] Yang B S,Kim K J. Application of Dempster-Shafer theory in fault diagnosis of induction motors using vibration and current signals [J]. Mechanical Systems and Signal Processing,2006,20:403-420.
[72] Chen P,Liang X Y,Yamamoto T. Rough Sets and Partially-Linearized Neural Network for Structural Fault Diagnosis of Rotating Machinery [J]. Lecture Notes in Computer Science,2004,3174:574-580.
[73] Thukaram D,Khincha H P,Vijaynarasimha H P. Artificial neural network and support vector machine approach for locating faults in radial distribution systems [J]. IEEE Transactions on Power Delivery,2005,20:710-721.
[74] 姜爱国,王雪. 轮踏面擦伤的集成粗糙神经网络预示诊断[J]. 清华大学学报,2005,45(2):170-173.
[75] 李增芳,何勇,宋海燕. 基于主成分分析和集成神经网络的发动机故障诊断模型研究[J]. 农业工程学报,2006,22(4):131-134.
[76] 于达仁,胡清华,鲍文,等. 融合粗糙集和模糊聚类的连续数据知识发现[J]. 中国电机工程学报,2004,24(6):205-210.
[77] He Z J,Hu Q,Zi Y Y,et al. Hybrid intelligent forecasting model based on empirical mode decomposition,support vector regression and adaptive linear neural network [J]. Lecture Notes in Computer Science,2005,3611:324-327.
[78] 胡桥,何正嘉,张周锁,等. 基于提升小波包变换和集成支持矢量机的早期故障智能诊断[J]. 机械工程学报,2006,42(8):16-22.
[79] Lei Y G,He Z J,Zi Y Y,et al. Fault diagnosis of rotating machinery based on multi-

ple ANFIS combination with GAs [J]. Mechanical Systems and Signal Processing, 2007,21:2280-2294.
[80] Yang B S, Han T, Hwang W W. Fault diagnosis of rotating machinery based on multi-class support vector machines [J]. Journal of Mechanical Science and Technology,2005,19(3):846-859.
[81] Hermes L, Buhmann J M. Feature selection for support vector machines [C]. In: Proceedings of 15th International Conference on Pattern Recognition,2000:712-715.

第 11 章　典型故障诊断系统

11.1　基于网络的设备远程监测和故障诊断系统的基本框架[1-4]

随着互联网的普及,工业设备不断向大型化、分布化、连续化和智能化方向发展,企业对机械设备状态监测与故障诊断系统的要求随之提高。这就要求监测与诊断系统的结构越来越庞大,功能越来越复杂,导致系统的设计和开发变得相对复杂和困难。传统"算法＋数据结构"的软件开发方法已经不能胜任。因此,系统采用何种结构框架才能提高系统的灵活性,增强系统的复用性,是系统开发过程中首当其冲的问题。本节阐述了基于网络的监测与诊断系统的模型类型,并对其拓扑结构做了详细的介绍。

11.1.1　基于网络的设备监测与故障诊断系统的特点

传统的监测与诊断系统主要包括单机集中式系统和分布式集散系统两大类型,单机集中式在线监测与诊断系统由一台计算机来完成数据的采集、信号处理、特征提取和故障识别,这种系统集各种功能于一体,维护方便且投资少,主要用于重要的主体设备,如风机、发电机等的监测与诊断,但是系统所能监测的测点数目有限,巡检周期长,其功能受到诸多限制。分布式在线监测与诊断系统采用多台微机,通过传统的计算机通信手段形成一个完整的诊断网络,下位机主要用于数据采集和信号的预处理,上位机负责信号的精密分析和数据的管理,这类系统主要用于大型设备,如现代连轧机组、大型发电机组、大型石化设备等。

基于网络的远程设备监测与故障诊断系统是分布式监测诊断系统与通信技术、网络技术、计算机技术以及控制技术相结合的产物,与传统的监测诊断系统相比,具有非常明显的优势。

(1) 广泛的资源共享与技术交流

远程诊断跨越了企业与研究机构、专家与专家在时间和空间上的距离,企业可以利用监测服务器为研究机构提供宝贵的现场数据,这些数据不仅可以为专家技术支持提供准确的依据,而且还是研究机构做进一步科学研究的重要材料;企业可以实时的得到来自不同专家的帮助,大大节省了企业对设备的维护成本。此外,远程诊断系统方便了企业专家与异地专家以及异地专家之间进行技术交流,提高了诊断的可靠性,从而实现了一个集咨询、讨论、数据交换等于一体的全方位的信息交流系统。

(2) 异地实时监控

采用多种网络接入方式,形成一个跨区域的企业级诊断系统,实现了对远程设备进行实时监控和管理。这样就解放了技术人员的工作地域,即使工作人员身在异地,也能够及时准确地掌握和控制设备的状态,可以为设备的安全运行提供技术支持,有效地节省了跨区域的人力资源成本。

(3) 分散数据采集,集中状态监测

由于基于网络的远程检测和故障诊断系统是由分布式监测系统发展而来,它具有和分布式系统一样的优点,就是可以将多台机械设备的多路信号集中显示在系统中,方便对设备的统一监测管理。

(4) 可靠性高

这种分布式模式使系统的可靠性得到有效提高,各现场工作站均能够分布式处理任务,而各节点又具有相对独立性,当某一节点发生问题时,并不影响其他节点的正常工作,可大大方便系统维护。

(5) 可扩展性和灵活性好

一方面,任何应用系统在其整个生命周期过程中都具有动态性,也就是随着时间的推移,新的任务被添加进来,原有的任务需要更新,当新的特性加入时应用系统也需要扩展规模,期间会发生各个子系统层内、层间的功能组件重组或重构,如外部需求变化,子系统能够相应地调整以适应变化,因此对系统软件的版本化管理是很有必要的,它方便了系统的维护和升级;另一方面,系统数据库中的现场数据作为企业的宝贵资源,是企业监测与诊断的基础。因此数据库接口和数据结构实现了开放性和灵活性,支持各种主流数据库管理系统以及与企业的管理系统无缝连接,这无疑将大大提高整个企业的管理效益,使企业真正实现管控一体化的目标。

11.1.2 远程监测与诊断系统的结构模型

就目前发展来看,分布式集散式系统的结构模型主要有两种:客户机/服务器(client/server,简称 C/S)模型和浏览器/服务器(browser/server,简称 B/S)模型。

(1) 客户机/服务器模型

传统的 C/S 模型系统由服务器和客户端应用程序组成(图 11.1.1)。一般,数据存放在服务器上,应用程序存放在客户端计算机上。服务器通常采用高性能的 PC、工作站或小型机,并采用相对专业的数据库系统(如 Oracle、Sybase、Informix 或 SQL Server)。在客户端一般需要安装专用的客户端软件。客户机程序负责向服务器程序发出用户请求,并等待响应;服务器程序负责接收客户机程序发出的请求,进行数据的操作和处理并反馈给客户机程序。

基于以上的工作方式,C/S 模式具有以下特点:

1) 数据的分析大部分在客户端实现,客户与服务器之间只传输命令和处理结果,大大减少了网络通信量,缓解了网络压力。

2) C/S 模式采用了点对点的交互方式,这种模式在局域网内部采用了安全性较高的网络协议,使系统安全得到保证。

客户机/服务器模型在 20 世纪 90 年代得到了广泛的应用。随着 C/S 模型的不断推广,它的应用同时暴露出很多局限性。首先它只适用于局域网,但是互联网的飞速发展使移动办公和分布

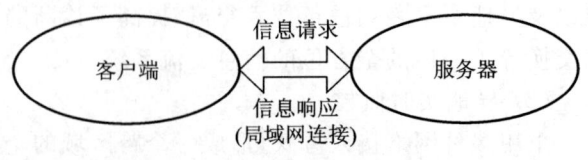

图 11.1.1　客户机/服务器模型

式办公越来越普及,这就需要设备状态监测与诊断系统具备良好的地点灵活性。在 C/S 模型上进行大范围的分布式结构的远程访问需要专门的技术,同时要对系统进行专门的设计来处理分布式的数据,使服务器的工作负荷过重;其次,客户端需要安装专用的客户端软件。当系统需要维护或升级时,需要对每台电脑进行操作,直接提高了系统的使用成本;最后客户端的专用软件还对客户端本身的操作系统也有一定的限制。但是由于 C/S 模型的技术已经比较成熟,在小范围内的系统开发中仍然被广泛采用。

(2) 浏览器/服务器模型

浏览器/服务器模型是随着 Internet 技术的兴起,对 C/S 结构的一种变化或者改进的结构(图 11.1.2)。B/S 模型下,用户可以处于网络内任意位置的客户端,当打开浏览器时,浏览器通过 http 向服务器发送请求与网络建立连接,当成功连接到 Web 服务器后,Web 服务器向客户端返回 HTML 信息,并将相应的功能组件包自动安装到用户本地,用户不需要做任何操作,极大地方便了用户的使用。Web 服务器能够向客户端提供服务,允许浏览器通过网络访问数据库信息,它通过网络接受用户的请求,执行相应的处理,然后将响应发送回浏览器。

图 11.1.2 浏览器/服务器模型原理

但是随着网络技术的进一步发展,这种模型也逐渐地暴露出它的不足。主要表现为以下几点[5]:

1) 缺少集中控制。由于应用的业务逻辑都分散在每个客户机中,整个系统缺乏集中控制。把业务逻辑过分集中于客户端,变化的业务逻辑常常导致所有有关客户端的应用程序改变,给应用的分发和维护带来困难。

2) 胖客户,重负载。由于所有的业务逻辑安装于客户端,客户端必须有足够的能力处理业务逻辑,造成客户端过于肥大,负载重,效率低,同时对客户端的计算机硬件也有较高要求。

3) 安全性差,扩展性差。在分散的计算环境下,对信息的访问控制十分困难,客户端常常拥有对数据库操作的足够权限,安全性难以得到保证。同时当系统需要功能扩展时,要向客户机发送安装扩展包,为系统升级带来不便。

为了解决上述问题,三层甚至多层的 B/S 模型应运而生。在这种结构下,用户界面完全通过 WWW 浏览器实现,一部分事务逻辑在前端实现,但是主要事务逻辑在服务器端实现,形成了表示层、逻辑层和数据层的三层结构。

(3) 三层浏览器/服务模型

所谓三层(多层)系统结构是近年来提出的基于 B/S 的一种新结构模型,通过在传统的 B/S 两层结构中再增加一个称为应用服务器的中间层,用以执行复杂的业务逻辑的计算,从而解决了 B/S 模式面临的许多问题(图 11.1.3)。

1) 前端客户机。客户机可以通过网页连接到 Web 服务器,得到一个可视化的用户接口,也就是控制界面。用户可以在此把业务逻辑的请求发往 Web 服务器。当 Web 服务器处理完数据后,反馈到客户端控制界面,显示结果。客户机是远程用户对系统操作的平台。

2) 中间应用层。中间应用层是整个系统的业务逻辑处理的核心,是前端客户层和后端数据层的桥梁,负责响应用户的请求,执行业务逻辑,向数据层要求传送数据,进行处理。随着三层结构的进一步发展,一般总是把运行在业务逻辑层的应用程序编写为能够完成一定的逻辑功能的专用软件,它与数据库服务器相区别,将这一业务逻辑层称为应用服务器。在一个网络中,可以有着多个不同功能的应用服务器,为客户机或者其他应用服务器提供专业服务,这样三层结构就发展成为 N 层结构。

3) 后端数据层。数据层对应于数据库服务器,负责管理数据的定义、维护、访问和更新,以及管理并响应应用服务器的数据请求。

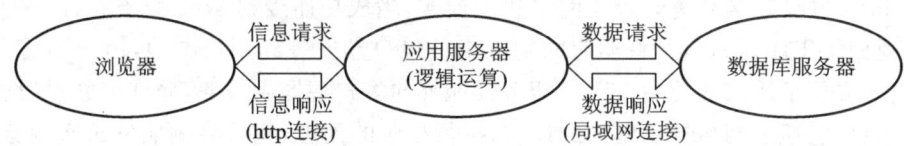

图 11.1.3　三层 B/S 模型

B/S 三层系统结构的出现,也促进了网络分布式计算的快速发展。三层系统结构中,可以将多个计算工作站作为中间层的计算应用服务器,通过一个应用逻辑控制器来完成计算任务的调度和负载的平衡。三层体系结构具有如下优势:

1) 性能的提高是三层模式被用户采用的主要原因。由于数据计算和数据处理集中在中间应用层,因而实现了分布式计算功能,将各个部件重复分布在不同的计算机上,使整个系统的工作员平衡分配在网络中,既可以提高应用的执行速度,也可以减少网络调用的通信量。

2) 易维护,扩展性强。由于应用的业务逻辑都集中存在一个或者多个应用服务器上,当事务处理发生变化时只需要更新应用服务器上的业务组件模块,而不必对整个系统进行更新,大大降低了系统的维护费用。应用服务器上某层的变化并不影响其他层,这增强了系统的扩展性,给系统升级带来了极大的方便。

3) 瘦客户。由于客户端只进行简单的界面操作,基本没有业务逻辑,真正实现了瘦客户,减轻了客户机的功能负担,降低了客户机的硬件配置要求。使得界面的动态性增强,功能实现相对完备,内容丰富,对服务器的要求也相对降低。

4) 复用性强,开发效率高。由于应用层模块都可以被其他应用共享、调用和再用,提高了模块的可重用性,从而提高了系统的开发效率。同时各层在逻辑上相互独立,因而开发人员可同时进行各层开发,缩短了开发周期和提高了软件质量。

5) 安全性高。在三层结构中,客户端与数据库服务之间增加了 Web 服务器,客户端无法直接对数据库进行操作,避免了客户端对数据库的损坏。

浏览器/服务器模型结构利用不断成熟和普及的浏览器技术实现了原来需要复杂专用软件才能实现的强大功能,节约了开发成本,已经逐渐成为当今应用软件的首选体系结构。

(4) 浏览器/服务器模型与客户机/服务器模型相结合

浏览器/服务模型与客户机/服务器就其本身结构而言各有利弊。在系统设计时,应当选用与系统需求相一致的结构模型。通过比较两种模式的特点,可以看出在安全性要求较高、通信能力比较强、地点相对固定、计算机分布范围比较小等情况下,建议优选用客户机/服务器模型;而在使用范围比较广、地点灵活、功能变动频繁,但安全性和交互性要求不高的条件下,可以选用浏览器/服务器模型。但是实际应用中的情况往往复杂多变,因此在设计时可以将两者结合起来,对系统中的各个部分根据其应用条件确定采用客户机/服务器模型或浏览器/服务器模型。其结构图如图 11.1.4 所示:

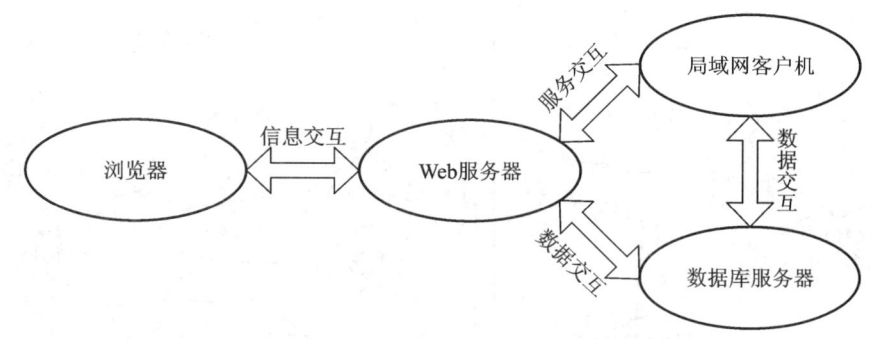

图 11.1.4　B/S 模型与 C/S 模型的结合

远程客户通过浏览器/服务器模式访问 Web 服务器和数据服务器,而监控中心则以客户机/服务器的模式直接访问数据服务器,同时也可以开发将部分客户机作为服务器的模式,更有效得利用局域网内的高速网络,为远程客户提供更多的服务。两种模式的综合使用,可以互为补充、相辅相成地发挥它们的优势,主要在于:

1) 保证了系统关键信息的安全性,经济有效得利用了企业内部的计算机网络资源,同时简化了一部分客户端。

2) 既保证了复杂功能的交互性,又保证了一般功能的易用和统一,使整个系统维护简单,布局合理。

11.1.3　远程状态监测与故障诊断系统的拓扑结构

根据远程状态监测与故障诊断系统的设计思想,系统的使用范围一般比较广,对远程信息传输的实时性要求不高,注重资源共享,因此可以选择浏览器/服务器模型作为它的框架模式。图 11.1.5 是远程状态监测与故障诊断系统的拓扑结构,整个系统包括远程诊断中心、企业监测中心和现场监测站以及许多授权专家和用户。

系统的前端由一个或多个现场监测站组成,负责采集多个测点的数据;现场监测站将多通道数据汇总后,上传到企业内的数据库,由企业状态监测中心进行在线监测、综合分析和诊断故障;企业内又可以由多个企业监测中心组成,每个企业监测中心一般会配有现场专家,对设备现场监控和诊断。企业监测中心通过 internet 可以与远程诊断中心相连,实现数据库共享。远程诊断中心能够提供在线的复杂数据分析和诊断,并储备了大量知识与方法组件,供用户下载使用。通过互联网,各个远程监测与故障诊断中心之间也可以进行信息交流,共享各个中心的特色工具和方法,为企业生产和科学研究提供便利。

下面将着重介绍远程状态监测与故障诊断系统中各个组成部分的主要功能。

(1) 现场监测站

现场监测站通常安置于监测设备附近,负责从各种现场传感器上搜集被监测设备工作

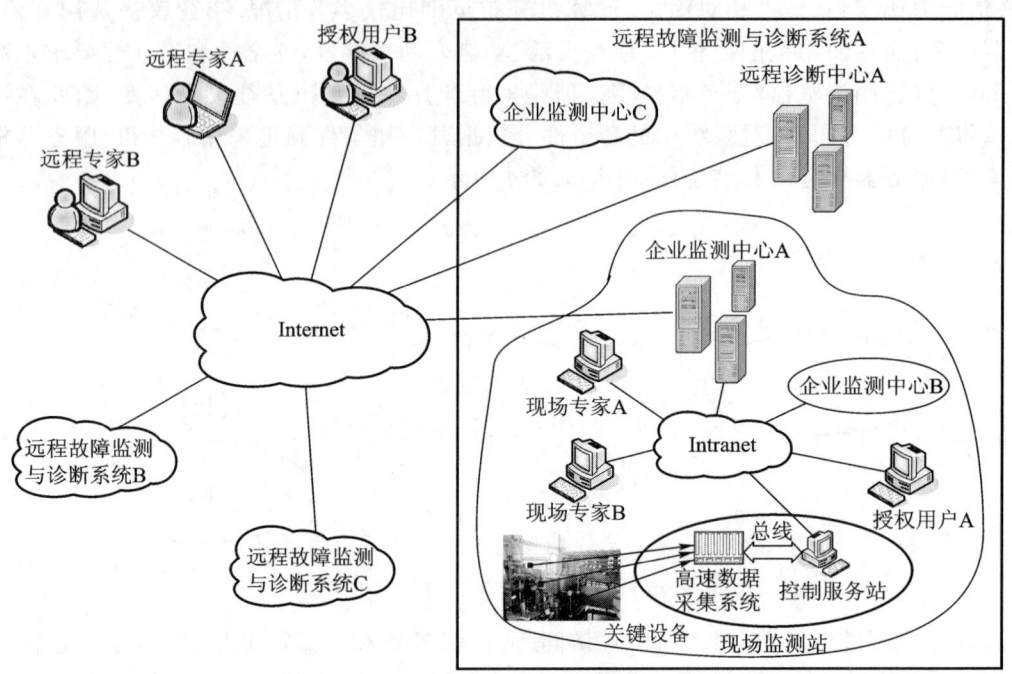

图 11.1.5　远程监测与诊断系统拓扑结构

级的数据,通过预处理转化为知识级数据,根据来自企业监测中心的预定义报警水平产生实时报警。现场监测站的主要特点是使用高速现场总线、数字信号处理芯片和追忆硬盘,它们保证了系统的高精度、实时性和高可靠性。现场监测站的主要功能如下:

数据采集:数据采集系统通过高速现场总线从传感器获取实时数据。数据采集是整个系统的信息来源,尽量全面地覆盖设备的各种工作状态数据,并且充分保证数据的可靠性和准确性。

数据预处理:在采集系统中可以安装数字信号处理芯片,它可以快速处理采集的大量数据,从数据中抽取各种特征信息,诸如频谱、基本的数字特征(例如均值、均方根、总值、峰峰值等)。

在线报警:当数字特征超过了期望值或预定义的运行极限值时报警。

数据备份:为了发生故障后能查询发生故障时的指定数据,所有的实时数据均循环地写入本地硬盘中的环状数据文件内。此备份硬盘的功能类似于飞机上的"黑匣子"。

现场监测站由控制计算机、高速数据采集系统、信号调理器和传感器组成。基于高速现场总线的数据采集系统从传感器采集实时数据。数据中的信息被用于评价被监测设备的状态,诊断机器故障的种类、位置和严重程度。控制计算机通过高速总线从数据采集系统中获取数据,数据处理后经过 Intranet 被上传至企业监测中心。

(2) 企业监测中心

设备远程状态监测与故障诊断系统一般有多个企业监测中心。每个企业都负责控制和管理分布于同一个 Intranet 内的多个现场监测站。在企业监测中心,管理员可以设置系统功能参数,存储和观察监测数据,处理和分析数据,从数据中抽取特征,诊断常见故障,发布各种与被监测设备相关的信息。企业监测中心的主要特点是使用成熟的监测和诊断技术,以便避免灾难性故障。其主要功能如下：

用户管理：用户通过申请注册后成为企业监测中心的用户。系统管理员根据系统管理规定对其进行授权。根据用户的不同权限，用户可以访问企业监测中心的指定功能。这样不仅有利于系统的管理，还可以有效得保护系统信息。

远程监测：任何授权用户都可以通过 Intranet/Internet 监测关键设备的状态。用户可以浏览各种实时系统数据，诸如时间波形、趋势、轴心轨迹、频谱、瀑布图及整机组态图等。用户也可以分析历史数据，输出各种机器状态的报告。当现场监测站提交报警信息到网络数据库后，计数报警指示器将自动更新显示。

故障诊断：授权专家不仅可以根据计划评估被监测设备的健康状况，而且也可以根据报警记录诊断指定的历史数据。在企业监测中心的知识库的基础上，可以使用多种故障诊断技术（例如基于案例的诊断，基于规则的诊断等）。

设备管理：授权用户可以建立工厂信息树，从而管理不同地点的车间和关键设备。有大量的信息与设备关联，诸如维护计划、诊断记录和维护记录。用户可以通过查看传感器在设备上的安装位置，评估设备当前的健康状况，预测未来一段时间的状态或使用寿命。最终，用户可以实现基于状态的维护。

企业状态监测与故障诊断中心的数据库系统起着举足轻重的作用，它保存整个企业各台设备的临时数据、历史数据和报警数据，为企业设备的故障诊断提供可靠的、不可缺少的数据支持。这是因为，故障的产生是一个长期过程，进行精确的故障诊断必须有充足的历史数据。企业状态监测与故障诊断中心与若干台现场工作站构成了企业内部的分布式监测与诊断网络，该网络可以和企业的管理信息系统结合起来，实现企业的办公决策自动化，从而提高整个企业的收益。

(3) 远程诊断中心

远程诊断中心一般位于大学或其他研究机构，负责提供监测方法和诊断算法方面的技术支持，主要特点是测试各种最新的信号处理方法和故障诊断理论，为各种先进信息处理理论在企业中的应用做准备。远程诊断中心的主要功能如下：

用户管理：此功能与企业监测中心中的用户管理功能类似。远程中心管理员可以通过设定用户权限，控制使用者的应用功能范围。除了有利于系统管理与外，更提高了对设备信息安全的保护。一方面，远程诊断中心储存着大量的企业设备数据，这些对企业来说是至关重要的，只有有效的保护企业数据，才能使企业利益得到维护；另一方面，远程诊断中心储存着大量的诊断方法供用户使用，只有对这些方法的合理维护，才能为更多地用户提供有效的服务。

远程分析：对于任何授权用户，当本地没有一些先进的信号分析算法或信号分析系统时，可以通过使用远程诊断中心中提供的分析功能来处理自己的数据。远程诊断中心提供结果数据和相应的报告。

远程诊断：远程诊断的方式主要有两种。第一，授权用户可以上传故障数据，使用远程诊断中心提供的诊断功能进行设备故障诊断。也可以提交一个请求，由远程诊断中心的专家协助诊断上载的数据。所有的诊断功能都依赖于远程诊断中心自身的知识库。

组件检索：远程诊断中心中的组件库用于发布远程诊断中心软件开发组开发的各种组件，任何授权用户在组件库中检索所需的组件，然后登记下载组件用于构建自己所需的应用。通过专向领域组件库,远程诊断中心支持了本领域内不同层次的软件复用,从而推进先进信息技术在企业中的推广。

从远程监测与诊断系统的拓扑结构图看,授权的企业专家可以通过 Internet 与远程诊断中心进行数据交互,请求远程专家协助其分析故障数据。远程专家可以通过 Internet 使用企业监测中心提供的各种远程监测和诊断功能,同样也可以使用远程诊断中心本身提供的各种分析和诊断功能。在各个远程监测与诊断系统内部,授权用户能共享所有的资源,诸如专家、硬件和软件系统。它们共享远程诊断中心的知识库。通过 Internet,企业监测中心之间可以互相交换彼此具有的知识。最终,各远程监测与诊断系统构成了一个巨大的协作诊断网络。此网络内的授权用户可以使用远程诊断中心提供的诊断结果和集成工具去融合来自于不同诊断中心的诊断结果。隶属于不同诊断中心的软件开发组将持续开发新的组件包(例如图形的或算法的),不断地更新和升级诊断网络,从而使整个诊断网络具有良好的适应性和扩展性。

远程故障诊断中心保存的数据,对于科学研究也是一批宝贵的财富。高等院校的最新研究成果(如最新的分析诊断方法和理论等)能利用远程诊断中心保存的现场数据进行检验,真正实现了产、学、研相结合,大大减少实验成本。因此远程故障诊断中心一方面作为数据中心对外提供服务。作为一个研究开发基地,远程故障诊断中心负责对设备分析和故障诊断的软件开发,并发布在远程故障诊断中心 Web 服务器上,企业可通过网络下载并安装相应软件。这样可大大减少诊断软件的发布成本,提高软件的更新速度。

在明确了系统各层次的功能之后,就可以分别在现场监测站、企业监测中心以及远程诊断中心设计相应的子系统,来满足不同层次的需要。图 11.1.6 给出了一个远程状态太监测与故障诊断系统的子系统构成示例。

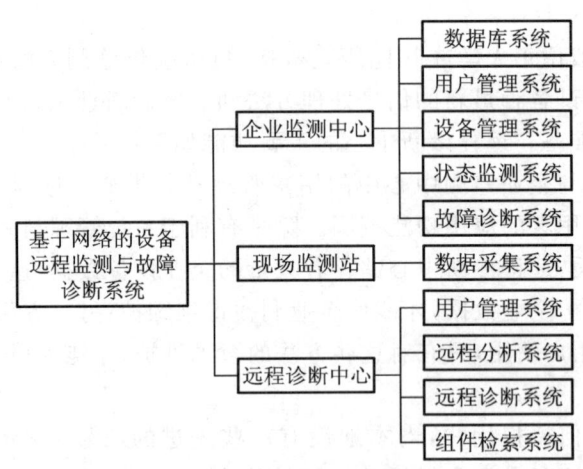

图 11.1.6 远程设备监测与故障诊断系统的子系统构成

(4) 远程状态监测与故障诊断系统的交互技术简介

远程状态监测与故障诊断系统是一种基于交互式的、多用户的系统,因此,有必要就系统中的数据传输问题与服务交互问题做一个简单的介绍。

数据采集技术中,高速总线(例如 PXI 总线、USB 总线、PCI 总线等)负责数据的传输,数据处理模块可以高速实现数据的 A/D 转换,信号放大、滤波等功能。市面上有现成的数据采集模块出售,也可以根据自身需要,对可编程采集模块进行设计,以满足特殊需要。

数据库在远程状态监测与故障诊断系统中具有核心地位,任何的数据处理都要与数据库产生交互。如何访问数据库便成为系统开发的重要组成部分。数据库技术发展到现在,已经可以通过很多系统开发平台对其进行访问。目前访问数据库服务器的主流标准接口主要有开放数据库连接(ODBC)、系统级程序的接口(OLE DB)和动态数据对象(ADO)。通过开放数据库连接(ODBC)可以跨异构平台访问数据库,但是它必须使用 SQL 语言,为开发带来不便;第二是系统级程序的接口(OLE DB),它本身就是 COM(组件对象模型)对象,并且支持这种对象的所有必需的接口。一般说来,它提供了两种访问数据库的方法:一种是通过 ODBC 驱动器访问支持 SQL 语言的数据库服务器;另一种是直接通过原始的 OLE DB 提供程序;最后是动态数据对象(ADO),它可以用来处理任何 OLE DB 数据,可以由脚本语言或高级语言调用,几乎使用任何语言的程序员都能够通过使用 ADO 来使用 OLE DB 的功能。通过接口可以轻松地对数据库进行操作,为整个系统的开发带来方便。

要实现远程客户浏览器与服务器之间的服务交互,通常可采用动态网页技术。所谓动态网页是指 HTML 文件的内容是在浏览器访问服务器时,由存储在服务器的应用程序动态创建。当浏览器请求到达时,服务器需要运行另外一个应用程序,并将控制权转移到此应用程序。产生动态网页的技术主要有通用网关接口(CGI)、活动服务器网页(ASP)、超文本预处理语言(PHP)、JAVA 服务器页面(JSP)等。

11.2 典型故障诊断系统

11.2.1 基于网络和设备管理的设备状态监测与故障诊断系统

1. 概述

在新经济环境下,设备作为产品的唯一载体,已成为决定企业全球化进程的关键。随着企业设备技术日益朝着自动化、大型化、连续化、精密化、柔性化等方向发展,先进的设备使得企业的生产操作工的数量在不断减少,而维护、维修任务和维护、维修人员的比重在不断增加;生产过程的操作复杂度逐渐下降,而维护、维修的技术含量却不断上升,企业的资产密集度在不断增加。与此同时,随着计算机网络技术的飞速发展,各大、中型企业的内部网络已经逐步建成,建立一种基于网络和设备管理的状态监测与故障诊断系统并将它们进行有机融合而使之集成为企业 ERP 的一部分是企业信息化进程中的一个重要的组成部分。

在网络环境下构建设备状态监测与故障诊断系统有如下优势:一方面,设备监测分析人员和专家们对设备的状态监测不再局限于在工业现场,而转向远程操作;另一方面,传统的单机模式,使得整个企业工厂的设备数据分布在各个监测点上,要对整个企业所有设备的状态数据进行集中化管理比较困难。因此,通过网络将其集中存储到远程数据库服务器上,可以使得对数据的管理更加规范,同时数据安全性得到更好的保证。

设备管理是现代企业管理的重要组成部分,企业管理的信息化必然包括设备管理的信息化。在 B/S 模式框架下,以设备管理工程的理论体系为指导,建立基于状态监测的设备管理信息系统可以克服传统的事后维修、预防维修体制所存在的诸多缺点,为设备维修计划提供实时的状态信息,从而达到预知设备事故发生,减少故障损失的目的。同时,在系统集成方面,设备管理信息系统既可以作为一个独立的设备综合管理平台应用于企业中,也可以将其通过系统接口集成为企业 ERP 系统的一个子系统,并能很好地与其他子系统协同工作,使企业的集成管理成为可能,以帮助企业快速响应市场,提高企业的市场竞争力。

作为现场终端数据采集设备,针对不同应用场合和实际需要,开发具有不同功能特性、稳定、可靠的便携式数采分析仪,对于企业的设备状态监测与故障诊断来说是一个非常重要的环节,甚至关系到整个监测与诊断系统的性能好坏。基于流行的嵌入式操作系统开发便携式数采分析仪,实现对现场设备状态数据实时、准确的采集,并能运用仪器所集成的多种常规的信号分析方法现场完成对状态数据的有效分析,可以加强对设备运行状态的快速响应能力,尽早发现设备的安全隐患。

综上所述,并针对目前状态监测系统与设备管理信息系统之间缺少有效的数据通信机制所带来的各种问题,开发出一套基于网络和设备管理的设备状态监测与故障诊断系统成为企业的迫切需求[6-7]。

2. 系统体系结构

整个系统基于 C/S 与 B/S 混合架构设计,如图 11.2.1 所示。根据企业具体需求系统提供了多种常用的网络数据库供选择,如 SQL Server、Oracle 等。整个系统框架大致可以分为两层网络:基于 C/S 模式的设备状态监测与故障诊断网和基于 B/S 模式的设备管理信息网。

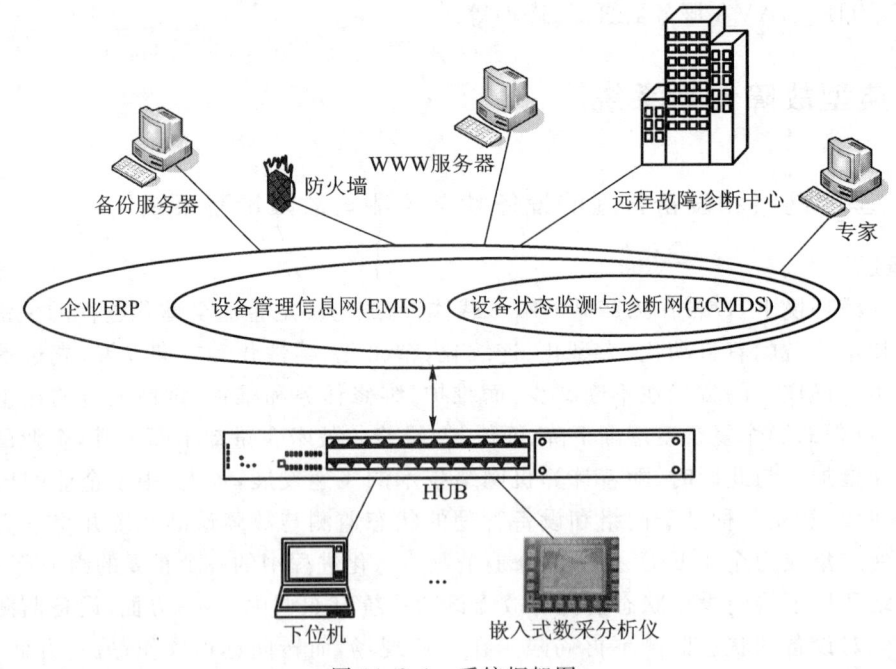

图 11.2.1　系统框架图

图 11.2.2 是整个系统工作流程图。在 C/S 模式下的设备状态监测与故障诊断网中,设备管理人员首先利用嵌入式数采分析仪从远程服务器端的数据管理软件下载设备巡检路径,然后按照所下载的路径信息采集设备状态数据并保存到分析仪中。这时,设备管理人员既可以利用分析仪中提供的信号分析方法进行现场数据分析,也可以将所采集的数据上传至网络服务器。远程监控中心的设备监测人员或专家经过权限验证,既可作为系统的客户端用户从远程服务器上获得该数据,运行设备状态监测与故障诊断软件,对设备的运行状况

进行分析与诊断,在必要时,也可做出相应的维修决策,提交故障诊断报告至网络数据库中。

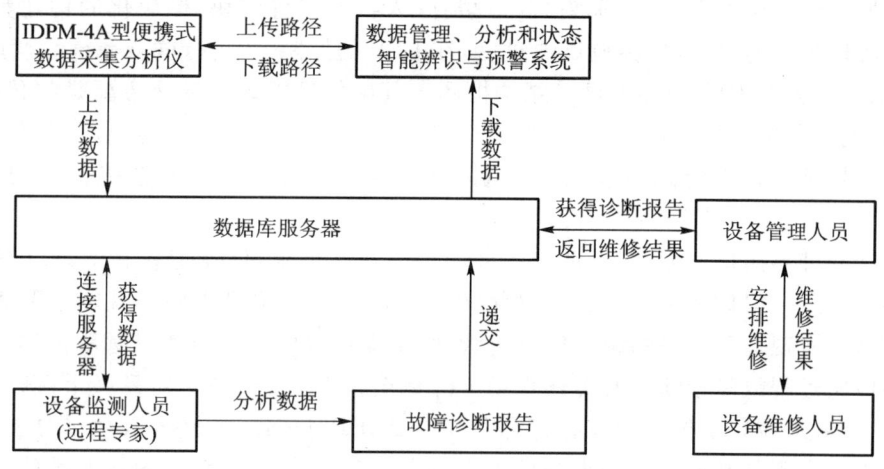

图 11.2.2　系统工作流程图

另外,在基于 B/S 模式构建下的设备管理信息网中[8],设备管理人员借助浏览器(brower)从网络服务器中读取专家已提交的故障诊断报告,在报批有关领导审核后即可安排相关的设备维修人员进行维修,待维修工作结束后,设备管理人员可通过相应操作来修改报表字段的状态字以将维修结果返回至网络服务器。

由以上分析可知,整个系统在功能模块上分为三个子系统:面向现场终端的嵌入式数采分析仪,实现点检路径下载、数据采集、现场分析与数据上传等功能;基于 C/S 模式的设备状态监测与故障诊断系统(equipment condition monitoring and diagnosis system,ECMDS)实现对采集数据的分析和对设备的状态预测与诊断;基于 B/S 模式的设备管理信息系统(equipment management information system,EMIS)实现对设备的相关管理,如检修计划和润滑管理等。以下将对这三个子系统分别进行介绍,并结合某电厂具体应用实例加以分析。

3. 基于嵌入式操作系统的数采分析仪

状态监测和故障诊断的实质是对机械设备的相关信息进行采集和分析,进而对其状态作出评价,判断故障的类别、部位、程度和原因,并提出合理的维修对策。因此,实施设备监测诊断的首要环节就是要解决设备运行状态的数据获取问题。设备状态数据的获取通常分为在线和离线(或点检)两种方式,而作为本节研究的重点,下面主要介绍数据离线(或点检)采集仪器的开发。图 11.2.3 所示为天津大学数字化制造与测控技术研究所开发的 IDPM-4A 型数采分析仪,它的开发基于嵌入式操作系统,集数据采集、信号分析和数据传输等功能于一体,已在电力、矿山、化工等重要领域得到推广使用[9]。

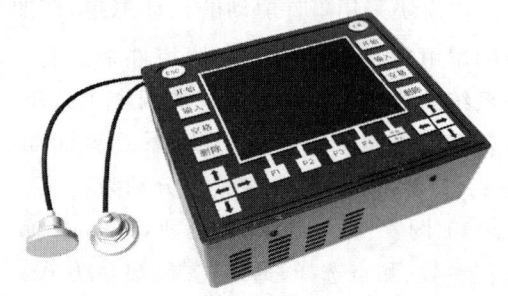

图 11.2.3　IDPM-4A 型嵌入式数采分析仪

(1) 硬件实现

基于嵌入式操作系统的数采分析仪 IDPM-4A 作为前端数据采集器,具有便携式特性,可作为设备巡检仪器,主要完成工业现场设备状态信息的获取,并进行信号的实时分析。系统采用 Main-Daughters(主从)结构设计思想,采用基于嵌入式总线,CPU 主板,在局部总线基础上加入信号预处理、数据采集、双口缓存、人机接口等模块,模块化的构建整个系统。每个模块实现各自的功能,单独调试通过后,在 DSP 的控制下,进行联合系统级调试。

图 11.2.4 为 IDPM-4A 的硬件结构框图。其中信号预处理模块主要是将传感器输出的电压、电流等各种信号进行放大、滤波或运算得到用户需要的且满足 A/D 采集芯片要求的信号。信号预处理系统能否有效地抑制调理系统的干扰,是保证系统精度的一个关键环节。

在仪器与外界接口方面,为了适应各种现场的实际需求,仪器配备有串口、USB 口和网口三种接口方式。串口适用于不具备网络传输条件时与上位机程序实现较短距离的通信;网络接口则可实现基于网络的统一信息化管理,从而可以使该仪器兼具远程网络传输功能,可通过网口向远程故障诊断中心传输现场工况数据;USB 接口在一定意义上实现了数据的海量存储,有效地减轻了仪器内置存储器的负担。IDPM-4A 型嵌入式数采分析仪正是通过这三种方式实现与基于网络的设备状态监测与故障诊断软件系统的数据通信,从而将现场分析与远程诊断有机地结合起来。

(2) 软件实现

嵌入式数采分析仪的软件开发主要采用面向对象和动态链接库技术来实现,完成数据采集、存储、图形显示及信号分析,并具有与上位机通信等功能,其软件结构如图 11.2.5 所示。用户接口主控模块负责控制和调用其他模块。

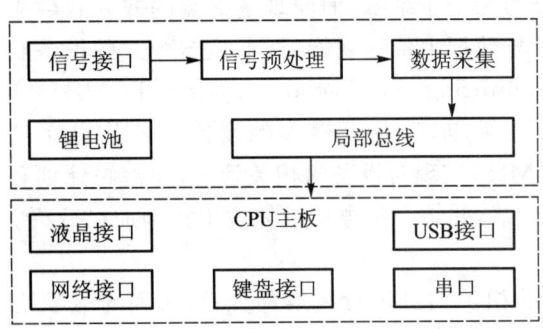

图 11.2.4　IDPM-4A 硬件结构

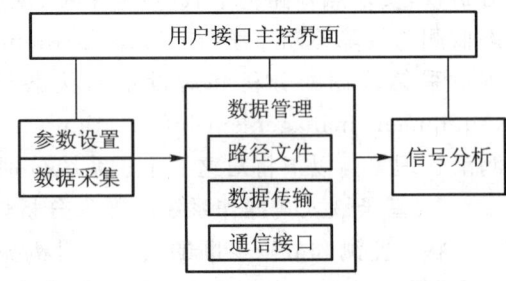

图 11.2.5　嵌入式数采分析仪软件结构

主模块采用事件驱动的设计思想,按照仪器界面设计规则,设计人机交互界面,各子模块的调用通过选择界面上的控件来进行。该系统的功能主要由该模块的四个主菜单及若干项下拉子菜单来实现,系统界面如图 11.2.6 所示。四个主菜单分别为:

1) 设置:系统进入采集前,进行系统采集参数、测点选择、通道选择、显示方式、采样方式、存储方式的设置。也可通过该菜单查看系统时间、系统说明等。

2) 信号分析:选择将要分析的测点数据文件,对数据进行相应的信号分析。

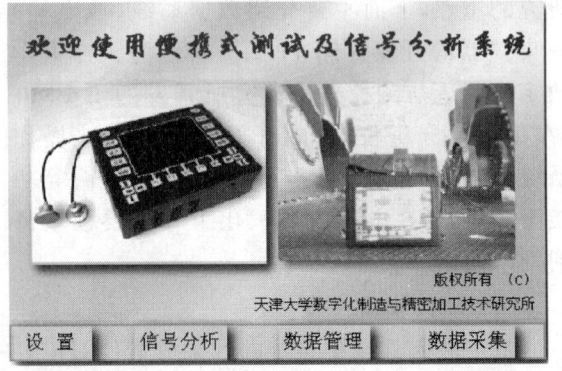

图 11.2.6　嵌入式数采分析仪主界面

3) 数据管理:对数据文件进行删除管理,或者选择传输方式与上位机进行数据通信。

4) 数据采集:系统进入数据采集主界面,根据设置的参数,对设备数据进行采集。

其中,在数据采集模块中,可设置多窗口显示模式、大样本连续存储或单屏存储等。需指出的是,由于采集程序工作在一个单 CPU 多任务的工作环境中,系统任务之间的调度切换非常频繁,特别是当用户在移动窗口或弹出对话框时,会使当前线程花掉大量的时间去处理这些图形操作,而使得对界面鼠标、键盘操作反应很慢,有时甚至得不到响应。这样如果处理不当的话,将无法实现系统高速连续不间断采集。因此,在本仪器采集模块中,采集程序采用 Windows 多线程技术,将整个采集过程分为两个线程:采集线程、数据处理与图形显示线程,并且通过两个线程的同步事件对象(events)来协调两者的工作。信号采集线程被设置为绝对的 Worker 线程,而且信号采集线程所设的优先级高于信号处理与图形显示线程的优先级,以实现数据的不间断实时采集。

信号分析功能模块包含有各种常用的信号预处理(如数字滤波、加窗处理和数字平滑等)、时域(如时间历程、统计参数和相关分析等)、频域(如频谱、细化谱和包络谱分析等)和时频域(如短时傅里叶变换、小波和小波包分析等)分析方法。软件设计采用模块化设计思想,将各功能做成动态链接库的形式,方便了系统的调用,增加了系统的可扩展性。图 11.2.7~图 11.2.10 所示为该仪器部分信号分析方法的分析界面。

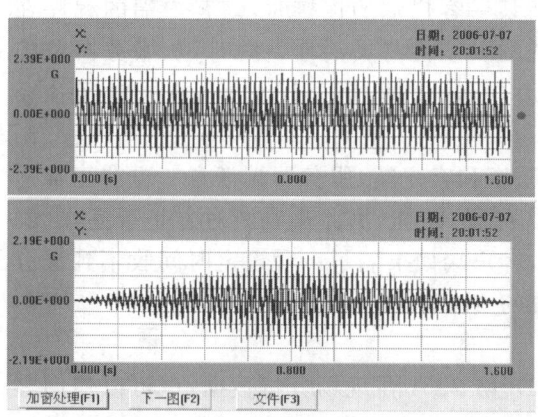

图 11.2.7 加窗处理(三角窗)

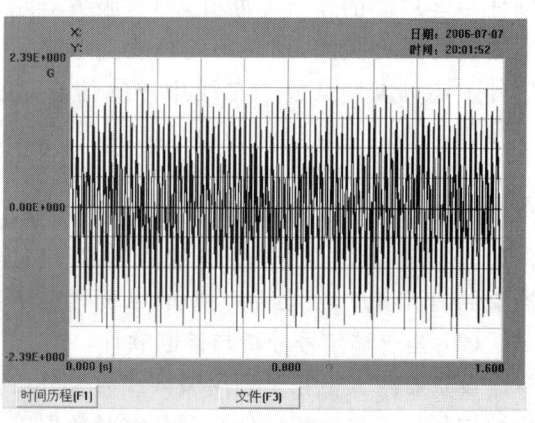

图 11.2.8 时间历程

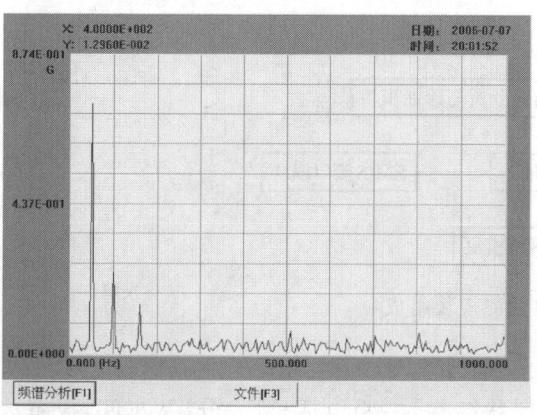

图 11.2.9 频谱分析

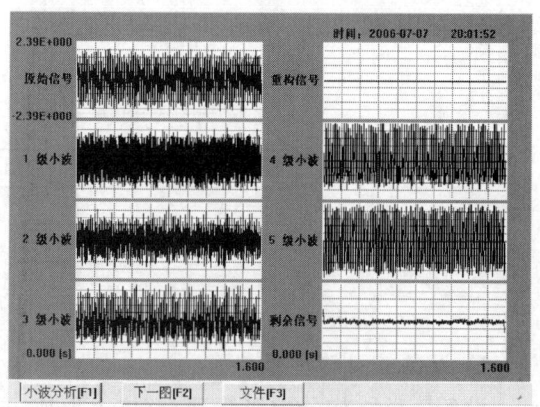

图 11.2.10 小波分析

4. 基于网络的设备状态监测与故障诊断系统

基于网络的设备状态监测与故障诊断系统是基于企业的 Intranet 网络来实现的，为企业设备管理信息系统提供了详细的设备故障诊断信息，为建立基于"状态检修"的维修机制奠定了基础。该系统在具体功能模块上分为：服务器监控软件和客户端信号分析与诊断软件。

（1）服务器监控软件

服务器监控软件是整个系统的控制中心，提供监测、管理在线用户的功能，其参数设置界面如图 11.2.11 所示。软件采用 Windows Sockets 技术，可以侦听各个客户端的连接消息并对其进行身份验证，通过系统验证后，可使其连上服务器运行相应的客户端软件。

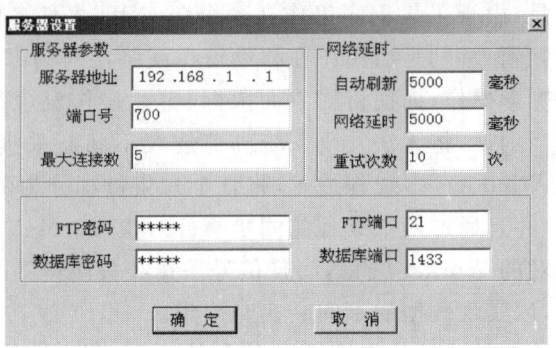

图 11.2.11 服务器监控软件参数设置界面

服务器监控软件具备用户权限管理功能，还可设置并发送连接用户的个数。如果某一时刻客户端连接数等于所设置的最大连接数，其他客户端将会得到系统忙的提示消息，这样可以根据服务器的实际硬件性能，灵活控制系统的负荷。服务器监控软件也可以控制任一客户端的连接与断开，即当服务器端切断某一客户端的连接时，该客户端的程序在本地机将强行关闭，这在一定程度上增强了系统的安全性与灵活性。同时，从服务器监控软件上还可以浏览整个在线用户的信息，包括用户名、管理权限、IP 地址、登录时间和登录号等。

需特别指出的是，为了避免可能出现的网络阻塞和客户端、服务器端任意一方非正常退出情况所带来的问题，该软件增加了双方定时发消息的功能，据此来判断对方是否还在线。例如，当服务器端由于非正常原因(如死机)退出，客户端如果隔了一段设定时间收不到服务器端的确认消息，便会强行退出，从而增强了系统的安全性能。

（2）客户端信号分析与诊断软件

设备监测人员除了利用嵌入式数采分析仪 IDPM－4A 在现场分析数据，也可以使用客户端信号分析与诊断软件在办公室对数据进行回放。该软件按照功能可划分为设备信息管理模块、信号分析与诊断模块、通信模块、EMIS 接口模块、用户权限模块以及系统帮助模块等部分，如图 11.2.12 所示。

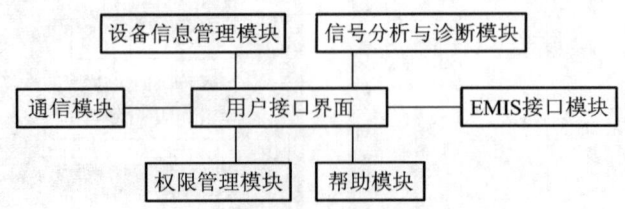

图 11.2.12 系统各功能模块组成

1）设备信息管理模块

设备信息结构分六级管理，整体上形成一种树状结构，主要包括总厂、分厂、车间、设备、测点和测量类型等相关信息。该软件用户操作主界面如图 11.2.13 所示，采用分割条将窗口分成两部分,左边为树状目录,右边为相应的属性页,详细记录了工厂设备的具体信息。特别地,对于车间和设备两级还设置了图形显示的功能,能够将车间和设备的图片显示在相应的属性页中,并可在设备图片上标示出测点所在位置,可形象再现现场测点布置情况。软件同时提供多种设备检索方式,如命名检索等,并可统计各分厂、车间、设备的测点个数。

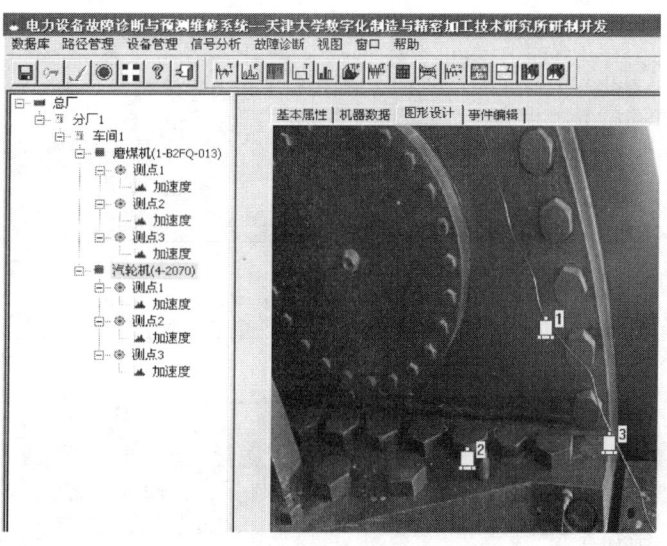

图 11.2.13　信号分析与诊断软件主界面

2) 信号分析与故障诊断模块

图 11.2.14 是信号分析与诊断模块主要构成。该模块包含有各种常用的信号分析方法,如数据预处理、时域、频域和时频分析等;故障诊断方面则包括有轴承特征频率提取、状态报警、神经网络诊断和状态预测等方法。

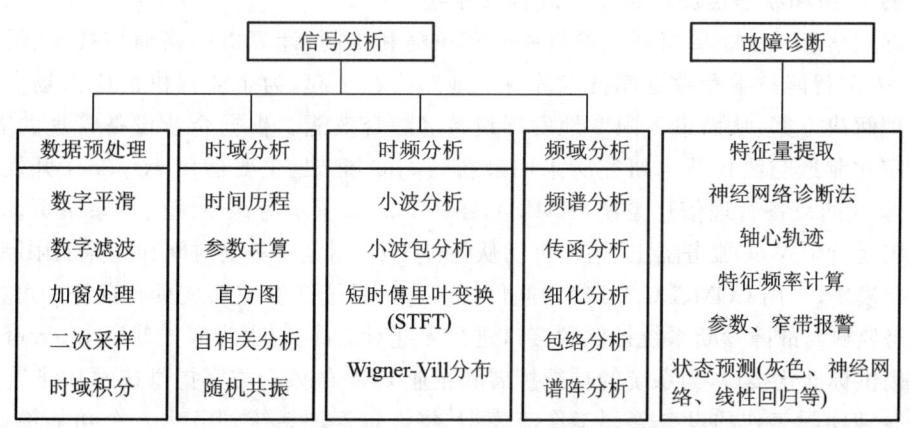

图 11.2.14　信号分析与诊断模块组成

3) EMIS 接口模块

EMIS 接口模块是实现设备状态监测与故障诊断系统(ECMDS)与设备管理信息系统(EMIS)数据通信的桥梁。在整个大体系中,ECMDS 在结构上从属于 EMIS,并为 EMIS 提供了现场设备状态的信息,同时也为相关设备检修部门的检修计划提供依据。

利用系统信号分析与诊断模块所提供的各种方法,专家可以对设备状态数据进行分析与诊断。专家根据实际分析情况，可填写如图 11.2.15 所示的故障诊断报告提交给 EMIS，EMIS 的设备管理人员便可从浏览器上获得该报告，并根据专家具体建议内容来安排检修计划，这正是实现 ECMDS 与 EMIS 两者信息有机融合的关键一步。ECMDS 与 EMIS 的数据通信流程可参考图 11.2.2。

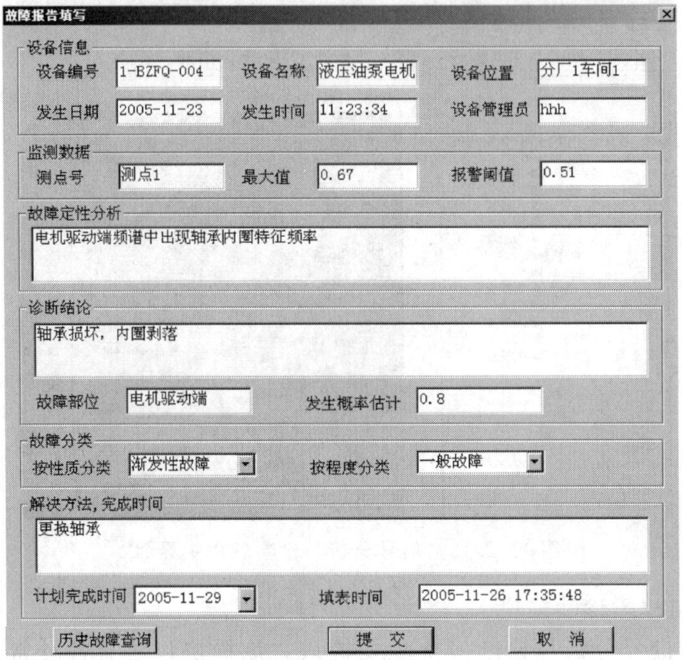

图 11.2.15 "故障报告填写"对话框

5. 基于网络和状态监测的设备管理信息系统

设备管理信息系统主要将新兴的设备管理策略和机制、计算机网络通信技术、设备监测诊断技术、人工智能技术和数据库技术等有机地结合在一起，为企业提供适应市场发展的设备综合管理解决方案，从而最大限度地发挥设备的综合效能。根据企业设备管理的需求，天津大学数字化制造与测控技术研究所采用最新的 .net 框架，主要运用 Asp.net 开发了一套基于 B/S 模式的设备管理信息系统（EMIS），图 11.2.16 所示为该系统的登录主页。

该系统运行于 Web 服务器上，用户可以从各种 Web 浏览器不受时间和地点的限制访问被授权的功能模块；采用 COM、DCOM 等中间件技术进行系统开发使系统具有良好的可扩展性；与设备状态监测与故障诊断系统提供的接口进行无缝对接，同时也为同样基于 Internet 的企业应用软件提供标准化接口，为系统的功能扩展和企业 ERP 的整合方案提供技术基础。

根据企业实际工作的设备管理工作流模型，将设备管理系统划分为六个功能模块：设备资产管理、设备技术状态管理、设备维修管理、设备档案管理、设备润滑管理和设备备品备件管理。以下将对各个功能模块分别加以介绍。

1）设备资产管理：首先是建立设备市场信息库，供设备选型查询。更主要的是要建立设备信息总库，实现设备入账、移装、调拨、封装、租赁、报废的动态管理，减少某些重复、繁杂的台账统计工作，提高数据运算的速度和可靠性。具体包括设备前期管理、设备台账管理和设备动态管理。

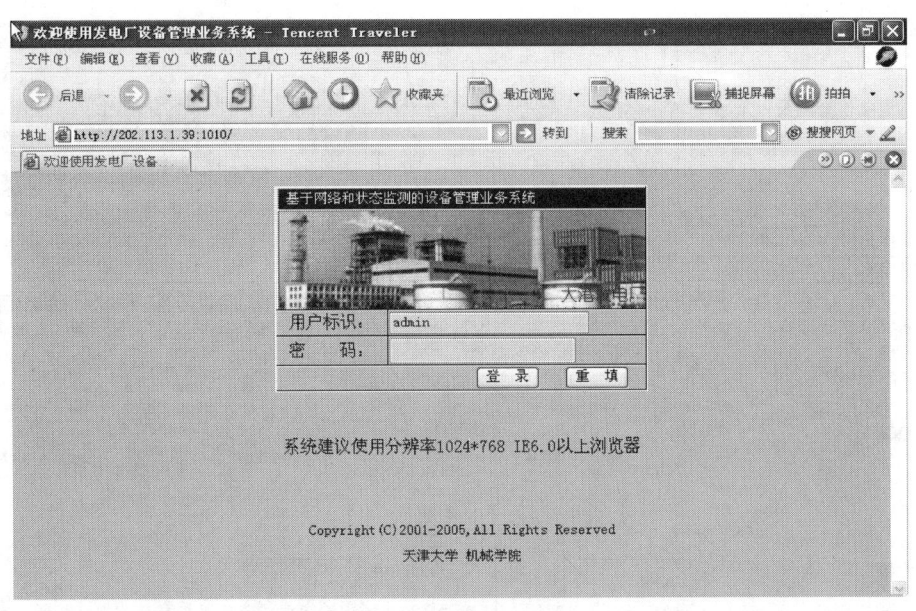

图 11.2.16　设备管理信息系统登录界面

2) 设备技术状态管理：根据设备日常运行数据、正常状态数据和设备故障记录，定制设备维护保养计划，自动生成设备完好率、利用率、事故率等设备管理的有关技术指标报表。其内容包括设备运行数据记录、保养计划、检查考核管理、固定报表和数据报表等。

3) 设备维修管理：设备维修是为了保持和恢复设备完成规定功能而采取的技术活动。设备在使用过程中，零部件会逐渐发生磨损、变形、断裂、锈蚀等现象。设备的维修就是对技术状态变化时发生故障的设备通过更换或修复磨损失效的零件，对整机或局部进行拆装和调整的技术活动。该模块主要包括维修计划、维修任务、维修工单和维修记录等部分。

4) 设备档案管理：设备档案资料是搞好设备管理尤其是设备修理的重要依据。为保证设备处于良好的技术状态，提高使用和维修水平，收集必要的设备资料为日常的管、用、养、修服务。针对资料管理的内容，将各类资料划分类别予以管理，提高资料的检索速度，并将设备资料的主要内容呈现给设备管理人员、操作人员和维修人员。

5) 设备润滑管理：根据设备润滑五定(定点、定质、定量、定时、定人)编制设备润滑周期计划，并对润滑材料消耗情况予以统计分析。具体包括润滑计划、润滑材料管理、润滑材料的消耗统计、油质化验及分析报告、润滑图表及卡片管理。

6) 设备的备品备件管理：所谓备件(备品)就是为满足设备修理的需要，缩短设备停机时间而储备的零件(部件)。企业设备的备品备件管理主要包括备品备件的技术管理、计划管理、仓库管理和经济管理。系统在充分考虑各种管理工作的原则和方法的基础上进行科学设计。另外，在备品备件的管理上采用现代化的 ABC 分类方法。这种方法强调从种类繁多、错综复杂的多因素事物中，找出主要矛盾，抓住重点同时照顾一般。

以上各个功能模块中，设备维修管理模块是与 ECMDS 子网的接口模块，如图 11.2.17 所示。

在设备维修管理模块中，设备管理人员可以读取设备状态监测与故障诊断网中专家已提交的故障诊断报告(图 11.2.15)，根据故障的优先级别及所填写的具体信息，包括设备编号，设备地点，故障分析及诊断结论，建议的解决办法等，向维修管理部门发送设备检修请

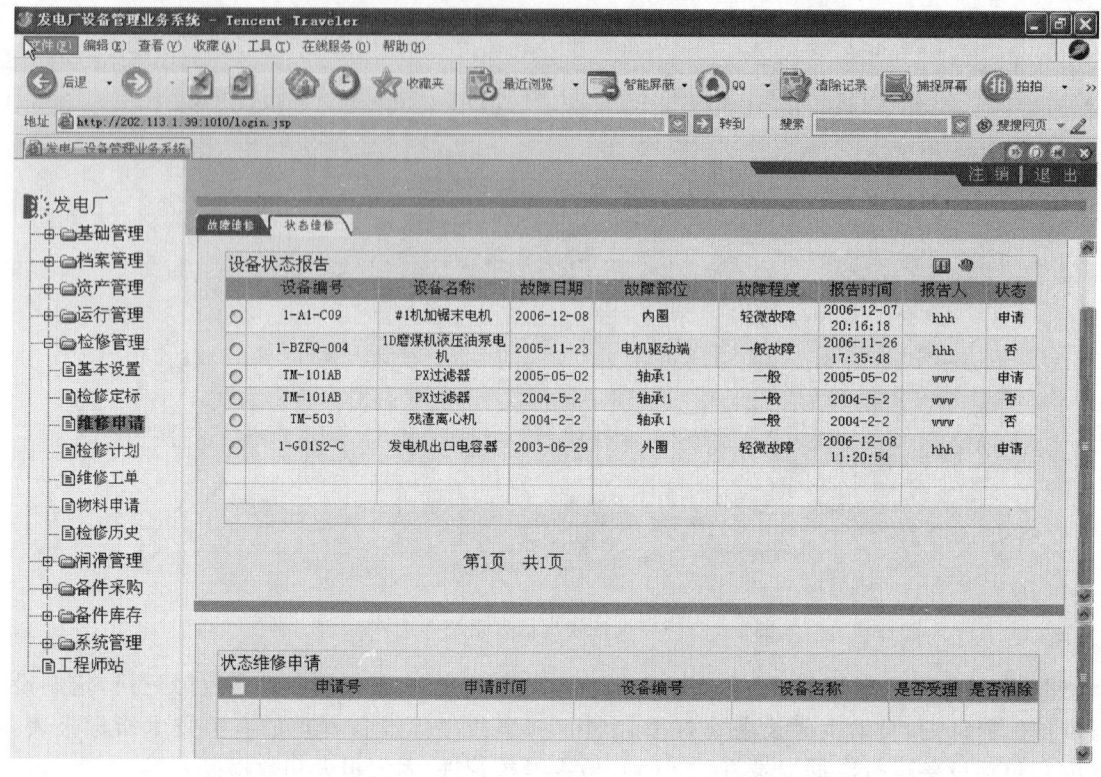

图 11.2.17 设备管理信息系统设备维修工单

求。在维修实施过程中,设备维修管理部门可向备品备件管理模块查询、调用备品备件,而在维修中所积累的设备状态参数值也可提交到设备故障诊断知识库中,以备后续的设备状态预测使用,从而真正实现了与设备状态监测及故障诊断系统的有机融合。

6. 应用实例

某发电厂是有着 20 多年历史的老厂,是华北电网的主力电厂,装有 4 台由意大利成套引进的 32.85 万千瓦火力发电机组,主要承担京津唐电网的深度发电调峰任务。厂内动力设备除了锅炉和汽轮机这些主要发电设备之外,还存在大量的辅机,如磨煤机、引风机、送风机、给水泵、排污泵。对电厂关键设备进行状态监测和故障诊断,准确把握机组的运行状态,可保证设备安全高效运行。根据该发电厂自身企业网的建立,基于上述介绍,构建了基于网络和设备管理的电力设备状态监测与故障诊断系统。对于一个企业来说,大大小小的设备加起来可能成千上万,对于专业的设备管理信息系统来说,对这些设备都需要进行相应管理,因为这些都是企业的固定资产。但对于状态监测来说,如果对企业所有设备全都进行监测,势必带来人力、财力上的巨大负担,然而实际应用中也没有这个必要。通常,影响一个企业正常生产的往往集中在一些关键设备上,如电厂的汽轮发电机组和磨煤机等,着重对这些设备进行状态监测才是具有实际操作意义的。鉴于此,建立基于设备管理的状态监测与诊断系统的第一步,就是根据企业具体情况将设备管理信息系统中的一些关键设备添加到状态监测系统中来,实行对重点设备的重点监测(图 11.2.13 即为该电厂汽轮机组的测点布置图)。下面通过一个具体实例说明该系统的现场使用情况。

滚动轴承是机械设备中最常见,也是最容易损坏的部件之一,其运行状态直接影响着整机的工作性能。某电动机轴承出现故障,已知主轴转速 1 772 r/min(对应转频约为 29.5 Hz),采样频率为 12 kHz,采样点数为 4 096。轴承型号为 SKF6205,表 11.2.1 及表 11.2.2 分别列出了该轴承相关参数和各部位故障所对应的特征频率。

表 11.2.1 轴承参数/mm

内径	外径	厚度	滚珠直径	节径
25.001 2	51.998 8	15.001 2	7.940 0	39.039

表 11.2.2 轴承特征频率/Hz,转速 n=1 772 r/min

内圈	外圈	保持架	滚动体
159.93	105.87	139.19	11.76

该数据的功率谱分析界面如图 11.2.18(为清楚显示,只显示了低频成分),其相应的 1 倍、2 倍内圈特征频率值均可通过软件的轴承库查询计算,并在图上标出。可以看出特征频率值处的幅值非常小,这表明对该数据的分析仅仅从传统的频谱图上很难识别出轴承的故障(图中 EU 代表工程单位,在此为 mm/s^2,以下类同)。

由于滚动轴承发生故障时其振动信号往往表现为一个多分量的调制信号形式,因而往往无法使用传统的功率谱分析方法分析此类故障。包络分析作为一种信号解调方法,对这类问题的解决是十分有效的。但由于传统的包络分析方法需要根据先验知识来确定滤波中心频率,中心频率的选择恰当与否则直接影响信号特征的提取。

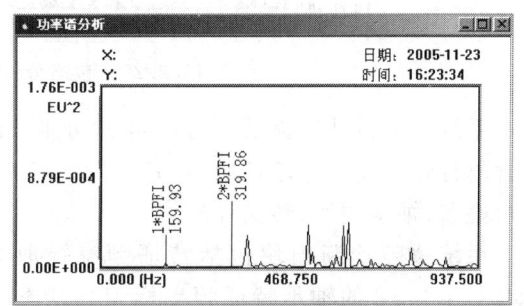

图 11.2.18 系统功率谱分析界面

图 11.2.19 为包络分析的界面,滤波中心频率选为 3 372 Hz,带宽设为 445 Hz。从其包络谱中能明显看出 29.3 转频及其倍频成分,但 158.3 Hz 的内圈特征频率相对较小。图 11.2.20 为中心频率选为 2 964 Hz,带宽设为 586 Hz 时的包络分析界面,相对图 11.2.19,其包络谱中 158.3 Hz 的内圈特征频率较为明显,这也验证了采用包络分析对中心频率及带宽的选择是需要一定经验的。此例中,从图 11.2.19 和图 11.2.20 的包络分析来看,基本上能够确定该轴承发生了内圈故障。

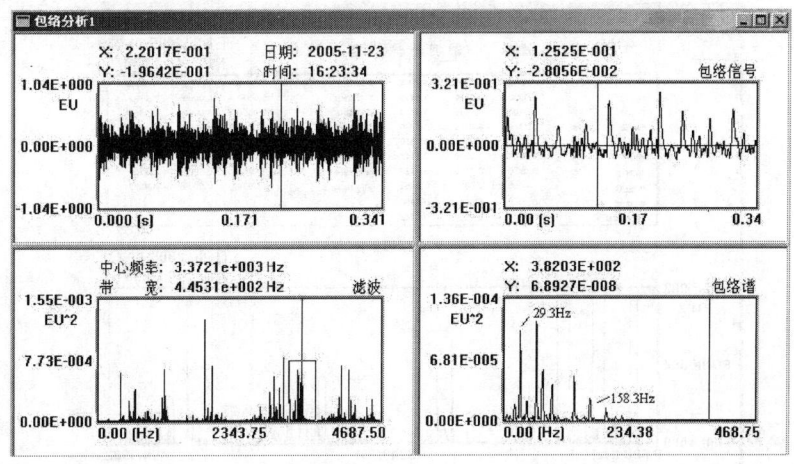

图 11.2.19 包络分析(中心频率为 3 372 Hz)

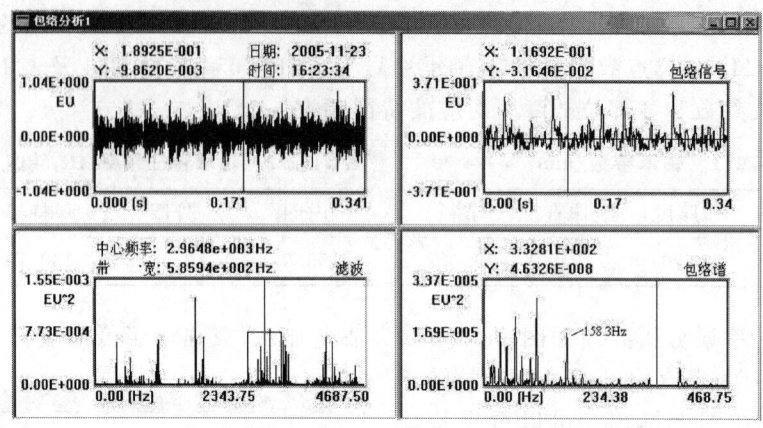

图 11.2.20 包络分析(中心频率为 2 964 Hz)

系统对分析结果提供了打印报表功能。图 11.2.21 为图 11.2.18 的打印效果图,其中包含的打印信息有打印日期、时间和设备相关信息(包括设备路径信息、设备管理员姓名、采集员姓名、轴承类型、转速等)。

系统故障诊断模块包括特征频率提取(如图 11.2.18 的轴承特征频率标识)、状态报警、状态预测和神经网络诊断等功能,可以有效地对设备状态进行诊断。例如,在状态报警方面,系统提供了两种报警方式:参数报警和窄带报警。其中参数报警包括 16 种统计参数(如方差、均方根、偏斜度、众数、裕度和中位数等);窄带报警包含 6 个窄带(可以设置窄带中心频率和相应带宽以及上、下报警限),并分别用绿(正常)、黄(警告)和红(严重警告)三种颜色表示报警程度(图 11.2.22)。

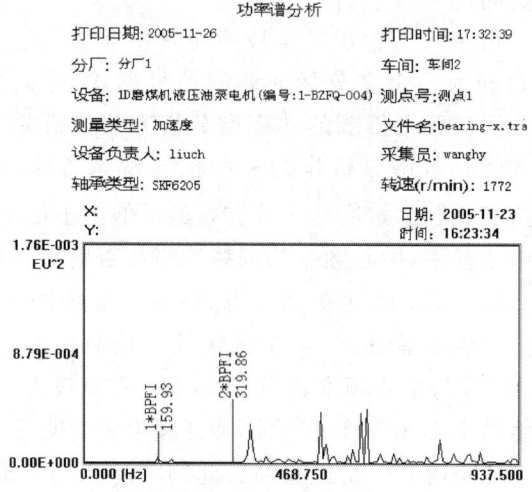

图 11.2.21 系统打印界面

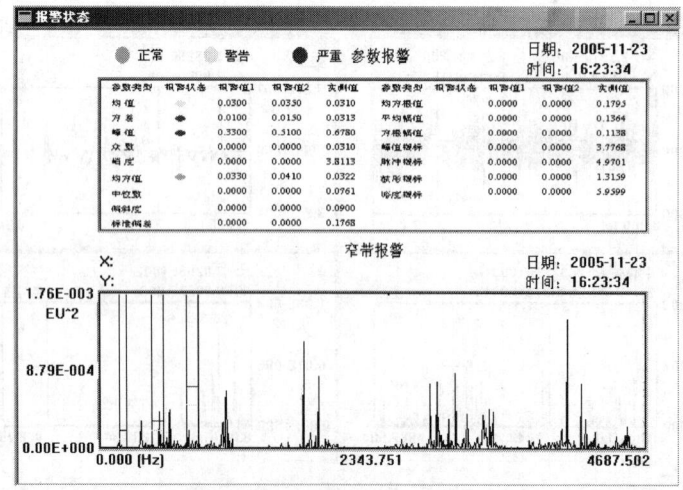

图 11.2.22 系统状态报警界面

11.2.2 基于远程网络的数控机床在机监测与智能维护系统

1. 数控机床及其状态监测概述

随着现代机械加工对复杂化、精密化、大型化以及自动化的要求不断提高,一些中、高档精密数控机床日益得到广泛应用。这些设备对加工质量及效率起着关键乃至核心作用,往往造价相当昂贵;甚至某些加工出来的产品,由于复杂性或精密性或大型化等特征,其单件造价或加工成本亦相当惊人。在此情况下,加工设备损坏或产品报废甚至仅仅是加工效率的降低都可能造成巨大的损失,为了保证数控机床的正常工作、加工质量及故障的预防与及早排除,数控机床的状态监测技术迅速发展起来。

故障诊断技术是集传感器技术、动态测试技术、信号处理技术乃至人工智能于一体、涉及机械、电子、光学、信息学等多门学科的一门综合技术。该技术主要用于了解和掌握设备在运行过程中的状态,判断其整体或局部是否正常,以便预防故障的发生或尽早发现故障及其原因,避免更大的损失。根据是否采用人工智能(AI),现代故障诊断技术又可分为常规诊断及智能诊断。前者以传感器技术和动态测试技术为基础,以信号处理技术为手段,主要研究如何获取征兆信息并进行变换处理和特征分析,借此实现设备的诊断。检测手段和信号分析、数据处理方法构成了这一阶段设备诊断技术的主要研究和发展内容,它仍然是一个信号检测与数据处理系统,缺乏智能性。而智能诊断以人工智能(AI)技术为支持、以知识为基础、以知识处理为核心。此时的信号检测与数据处理仍起着十分重要的作用,甚至占着诊断工作的大部分或绝大部分。同时在诊断过程中起主导作用的是人类专家的知识。诊断过程中从信息检测到特征提取,从状态识别到故障分析,从干预决策到维修计划都实现了知识化,实现了信号检测、数据处理与知识处理的统一。

不论哪种故障诊断方式,一个完整的故障诊断系统通常包括特征信号及信号特征量的确定、信号采集、信号特征量提取、状态识别、故障分析等环节。实际上,广义的设备故障诊断应包括状态监测和故障诊断两个主要方面。状态监测是进行故障诊断的基础,主要是指通过一定手段获取设备运行过程中产生的某些信号并进行信号分析,根据信号变化判断设备是否处于良好的工作状态,目的是确定设备是否存在故障,并为进行故障诊断提供第一手资料。故障诊断则是根据设备反映出来的某些状态,利用一定的推理方法查出故障原因,确定发生故障的部位及程度,其核心技术是故障的模式识别。

机床故障诊断技术是故障诊断技术在机床领域的应用[10-15]。尤其是数控机床,由于设备复杂,自动化程度高,合理的故障诊断方法可有效提高效率,减少损失。目前对机床故障诊断的研究主要集中在了对特征信号及信号特征量的选取、信号处理方法的改善、故障推理机制的完善等方面,如基于声发射信号的刀具状态监测,基于小波及神经网络的主轴轴承状态监测,基于专家系统与神经网络相结合的机床故障诊断分析等。在加工过程中,应时刻保持机床处于良好或最优工作状态,尤其对于单件加工成本较高的工件以及复杂精密机床,其产品报废及机床损坏甚至是加工效率的降低都将造成巨大损失。在此情况下,需要及时掌握加工状态信息,以便迅速做出调整。传统上的巡检或定期检测的方式不足以防止加工过程中的异常发生。近来,人们开始研究实现基于网络的数控机床在机监测与智能维护系统,以实现数控机床状态的远程监测与在线辨识。

2. 基于远程网络的数控机床在机监测与智能维护系统的整体框架

随着现在数控技术的发展及监控手段和技术的进步,为了满足实时获取机床加工运行状态的目的。开发出一种基于远程网络的数控机床在机监测与智能维护系统。系统分为上下两层,分别为数控系统在机监测单元和远程故障诊断中心。底层数控系统在机监测单元是以 PCI 架构的控制器为核心构成底层监测节点,在实现数控加工的正常控制外,完成现场信号的采集、监测与上传。上层远程监控诊断中心则是结合 Internet 技术和数据库技术,采用 B/S 架构的信息交互模式。以数据库为核心,将底层数控系统上传的数据存储在数据库服务器中,实现全系统的数据共享。上下层之间的数据通讯通过安装在控制器上的网络传输模块实现,如图 11.2.23 所示。

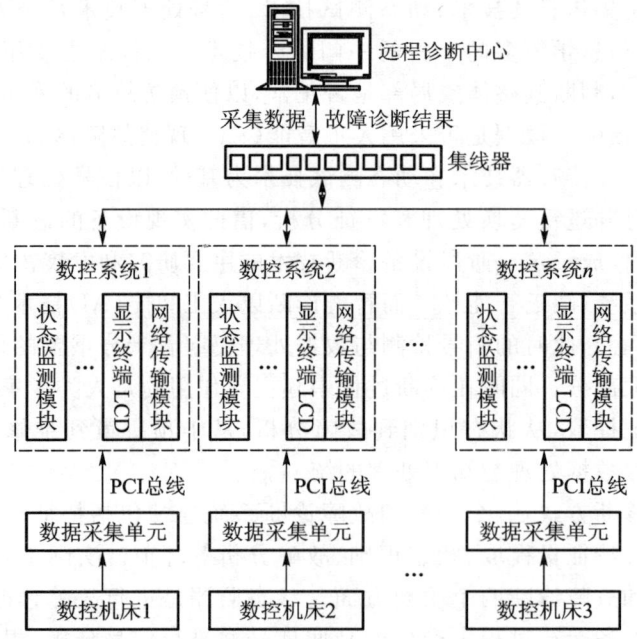

图 11.2.23 基于远程网络的数控机床在机监测与智能维护系统的整体框架

3. 机床状态的在机监测

(1) 机床状态的在机监测概述

在机械加工过程中各种物理量的变化,如切削力、切削温度、刀具磨损、加工系统振动等都是随机过程。作为机械制造中的关键设备的数控机床在运行过程中,其运行状态也在不断变化,一旦发生故障或让其带病运行,可能引起严重的后果,给企业带来巨大的经济损失。因此必须在事故发生之前就查明并加以消除,即必须在机床运行过程中采用各种检测、测量、监视等分析和判断方法对机床的运行状态及时做出判断并采取相应的决策(如对异常状态做出报警)。从生产的角度看,配置在机监测系统能减少事故停机率,延长数控机床检修周期、缩短检修时间,为制订合理的检修维修制度提供基础,具有很高的收益/投资比。而在机状态监测,就是通过把高可靠性的传感器像触角一样分布到机械的有关部位,直接获取各运行部分的工况参数,从而进行分析、处理,实时控制机械状态,提高机械可靠性的一种监测。

目前,对数控机床运行状态的监测主要是以简单信号分析手段为基础,利用一般的信号采集硬件模块和计算机技术完成监测任务。当前在机监测主要是进行以下四个方面的监测:

1) 机床状态监控;
2) 刀具状态监控;
3) 加工过程监控;
4) 加工工件质量监控。

其中,机床状态监控是指机床主轴部件监控、机床导轨部件监控、机床伺服驱动系统监控、机床动态特性监控和机床磨损状态监控;刀具状态监控是指刀具磨损状态监控、刀具破损状态监控、刀具型号识别、刀具自动调整、刀具补偿和刀具寿命管理;加工过程监控是指加工状态监控、加工过程振动监控、加工过程力监控、加工过程温度监控、加工工序监控和冷却润滑系统监控;加工工件质量监控包括工件表面粗糙度监测、工件形状误差监控等。

机床在机监测及故障诊断系统主要实现如下功能如图11.2.24所示。显示监测的数据并对监测的数据进行存储,显示变化趋势图,进行报警记录并能及时进行故障诊断、生成各种报表,可以对有关参数进行设置。当机床过载,监控参数值超过门限值时,监控系统提示灯闪烁报警,当持续报警时间达到设定的时间后,监控系统提示声音报警,表示机床的过载情况已相当严重,如不干预就要采取自动保护措施。当有突发故障发生,监控系统可不经过报警,直接启动掉电保护装置,以达到突发故障自动保护的目的。

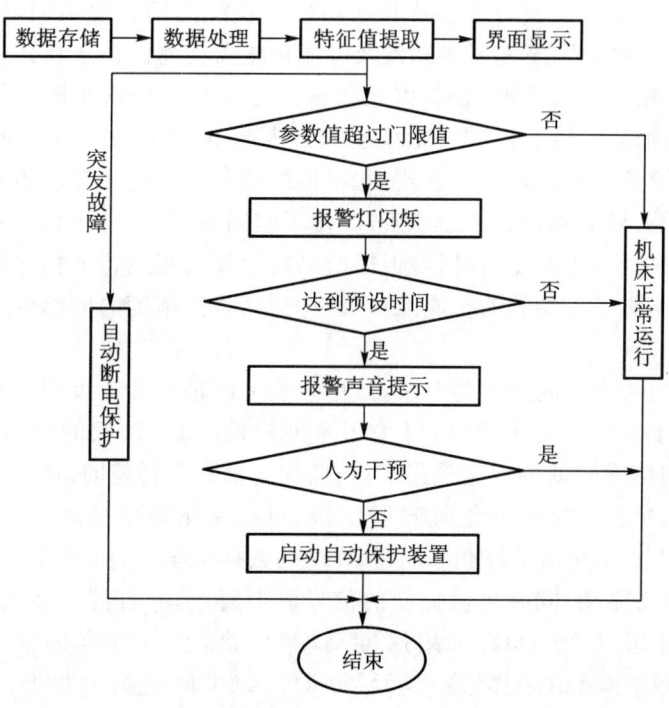

图11.2.24 机床在机监测及故障诊断系统功能框图

(2) 在机监测硬件架构

基于远程网络的数控机床在机监测与智能维护系统的底层监测节点为具备实时状态监

测功能的 TDNC 系列数控系统。

在数控系统控制机床稳定运行的过程中,其状态监控模块利用外界感应装置实时获取机床运行状态信号,通过采取异步措施,在系统内部进行实时分析并显示相关特征及警报信息,从而实现数控与测控的无缝结合与并行运行。为达到更为完善详细的信号分析与诊断结果,或是为了能在远端进行机床状态的实时监测,可通过该系统的网络功能将状态信息传输至远程诊断中心或已登录的远程监测点,实施远程监测。图 11.2.25 为在机监测数据流程图。

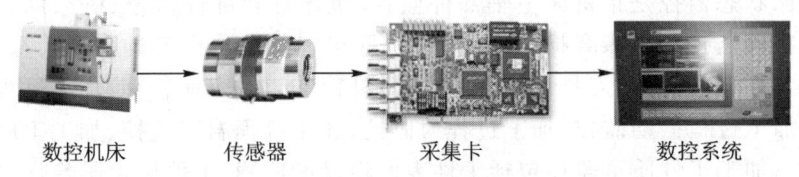

图 11.2.25　在机监测数据流程图

1) 传感器类型

机床在运行中能提供多种不同的信号,但并不是所有的信号都对物理状态的检测具有积极的意义。对于监测系统而言,首先应确定那些能明显反应物理状态变化的信号作为监测信号,这些信号也称为特征信号。如在进行刀具磨损状态监测时就可选用振动信号、切削力信号、声发射信号、电动机电流信号等一种或几种作为特征信号。而检测这些信号还需要合适的传感器。通常不同类型的传感器其适用信号检测的场合也不同,如上述信号可分别由加速度传感器、力传感器、声发射传感器及电流传感器检测。由于机床运行过程中许多故障都直接或间接以振动形式表现出来,因此测振传感器在机床状态监测系统中得到了广泛应用。本系统采用加速度传感器进行系统监测。内装 IC 压电加速度传感器。该传感器是内装微型 IC 放大器的压电加速度传感器,它将传统的压电加速度传感器与电荷放大器集于一体,能直接与记录、显示和采集仪器连接,简化了监测系统,提高了监测精度和可靠性。由于系统的开放性特征,在实际使用时,可根据监测对象及其相应特征信号的不同而选取不同的感应装置,通过监测平台参数的相应配置,以达到高效高精度的监测效果。

2) 采集卡的选择

在应用过程中,对于不同的监测对象,数据采集卡的精度和速度要求有所不同。当监测对象为温度时,由于其精度要求低,可以采用速度较低,精度较低的数据采集卡,可以使用 8-bit、单通道采集频率较低的数据采集卡;当监测物理量为转速时,由于其信号输出均为占空比一定的方波信号且其频率不会高于 kHz 级,可以采用速度稍高,精度稍高的数据采集卡,可以使用 12-bit、单通道采样频率满足 kHz 的数据采集卡;由于数控系统在机监测模块的监测物理量为设备振动,同时机械振动的信号波形复杂,并且混杂相当部分的噪声,但其信号频率一般不会超过 20 kHz,采用速度高,精度高,分辨率高的数据采集卡,如使用 16-bit 或更高精度、单通道采样频率满足 50 kHz 以上的数据采集卡以满足采集信号的需要。

(3) 状态信号在机监测

按照实时性划分,状态监测可分为在机实时监测与离线监测。后者主要针对定期巡检或采集数据进行离线分析,由于对实时性要求不高,离线监测系统很多的资源都可用于进行数值运算,因此可以使用更先进的数据分析或诊断方法,获得更精确的分析结果。在机监测由于能够连续不间断地对运行中的设备进行监测,可以及时向用户提供设备状态的相关信息,因此在监测及故障诊断领域占有重要地位,并得到了广泛的应用。

以运行安全与加工优化为目标,将监测信号分为系统限制级信号、平稳信号及突变信号,由系统进行分类处理。

1) 系统限制级信号指与系统安全运行相关的状态信号,包括 PLC 状态、伺服驱动状态、通信连接状态以及其他外设状态等。这类信号与系统安全直接相关,属于最高级别的状态信息,要求系统迅速做出反应,严重情况下进行自动停机处理。

2) 平稳信号在此定义为机床加工过程中产生并由各类传感器件反馈的各类物理状态信号,反映了机床的运行平稳性。典型的如声发射信号、电动机电流等,本系统采用振动信号。通常稳定加工情况下,这类信号不会有太大的波动,并可利用时间序列等手段进行可靠预测。对这些信号进行分析,可得到设备运行状态及优化加工参数等信息,并分别反馈至诊断模块与运动控制模块,以实现预测维护与加工优化。

3) 突变信号则指的是在加工中无法预知何时发生而又对系统或机床造成重大影响的冲击信号。典型的如电网电压的突变、不规范作业或刀具松动而造成的刀具碰撞、工件干涉碰撞等。这类信号发生几率较小,但由于在发生时系统没有足够的时间进行响应,往往造成难以估量的损失。因此,本系统采用类视觉前馈与安全缓冲相结合的策略,在冲击信号发生前进行预警或在发生时实现缓冲保护,以极大限度地减少损失。所谓类视觉前馈是指采用类似于人类视觉的预警机制,在危险尚未发生时提前预判,以防止危险发生而系统却"无力自保"的一种安全防护机制,采用预警并主动规避的策略来实现。而安全缓冲则是指对于无法预警的突变信号,通过缓冲装置将信号转化为安全的平稳信号,然后通知主控单元进行处理。图 11.2.26 显示了系统状态监测模块的功能结构简图。

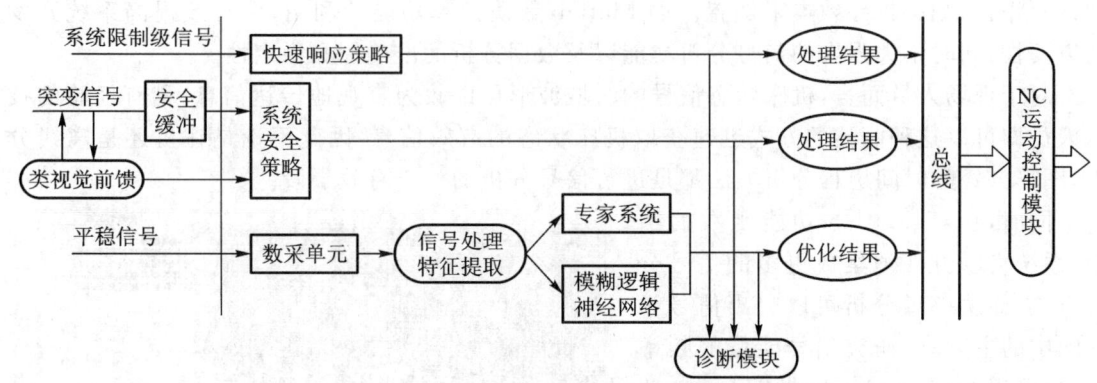

图 11.2.26 系统状态监测模块功能结构图

在机监测的一个现实意义是让现场人员能及时了解与机床状态相关的信息,即系统的监测数据信息能及时、有效的传达给操作者。系统采取用户定制的方式,允许用户自主选择监测通道及数据采集频率,以便在满足需要的情况下最大限度地减少对无用数据的处理,减少系统资源浪费,间接提高数据处理的实时性及有效性。鉴于硬件及复杂数据分析算法的耗时限制,系统主要采用时域波形及相关统计数据为用户提供实时信息,如采样点数、超限点数、平均幅值、最大峰值、最大波峰波谷差值等。系统运行时将对超过阀值的监测数据点进行报警处理。

系统对监测数据文件进行了智能化处理。文件名有用户命名与自动命名两种方式选择。在自动命名方式下按照采样时间及采集通道号相结合的方式,以便于用户的历史纪录查询。由于连续监测将涉及大量数据,为节省存储空间,也设置了保存与不保存数据两种方式,对于需要保存的数据将由用户设定保存期限或是永久保存,系统默认保存 30 天,到期的历史数据将被自动删除。选用二进制存储格式,既可加强保密性又能有效节省存储空间。据测试,包含同样信息量的数据,采用二进制格式所占空间仅是文本格式的三分之一到二分之一,这样也可大大降低远程诊断时的网络数据传输负担。图 11.2.27 是系统运行时的一个监测画面。

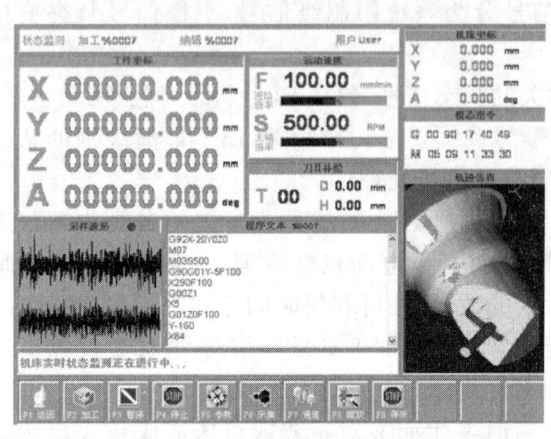

图 11.2.27 集成监测功能的数控系统在机监测

（4）机床状态现场离线分析

机床状态离线分析主要是对在线监测获得的状态数据作进一步分析,以期得到更详细的状态特征、故障类别、故障点等信息,通常在一次加工完成后进行,或是作为历史数据查询。系统的离线分析包括现场分析与远程分析两种形式。

现场离线分析方式主要是针对现场技术人员,为进一步了解机床在加工中的状态,单纯利用数控系统的 PC 资源完成状态信号的分析处理。实际上,数控系统的主要功能是进行运动控制,如果抛弃这一目标而将开发重点放在复杂的信号分析上面,以图建立一个功能强大的诊断平台,则必将导致本末倒置。而 Matlab 数值计算功能的利用,可有效提高系统开发的方便性,同时不失强大的信号分析功能以及数据分析的准确性和稳定性。

对于现场人员而言,机床状态信号的时域波形可以较为直观地传达信息,稍有经验的技术人员即可以这种简洁的方式迅速获取机床状态的有效信息,因此不论是在机还是离线分析,图形方式的时间历程分析方法都是进行信号分析的一个有效手段。

同时,由于 Matlab 功能函数的引用,系统可以方便地集成更多的信号分析方法,如功率谱分析可以突出信号频率图中的主频率,研究信号能量的频率分布,可以清晰地与工频做对比;自功率谱密度分析可用来描述信号的频率结构;均值表示了信号的直流分量,方差则可以描述信号的波动分量等,并对超出阈值的监测数据点进行红色显示处理。图 11.2.28 是机床状态离线分析的显示界面。

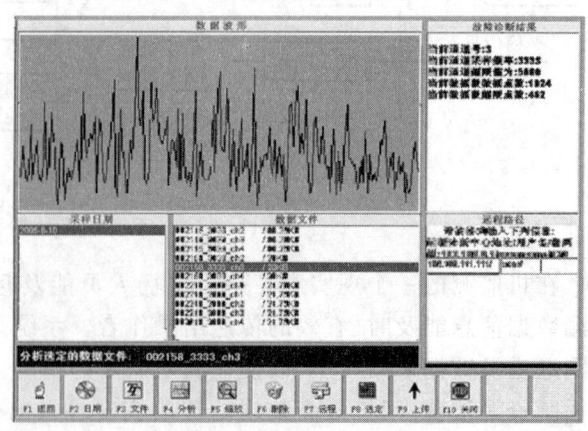

图 11.2.28 机床状态离线分析

4. 机床状态的远程诊断中心

(1) 机床状态的远程诊断概述

对于复杂的数控机床而言,机床本身的分析能力有限,单纯依靠现场技术人员甚至是操作人员往往无力解决机床故障,这些数控机床由于故障停机而造成的损失又通常数额巨大。因此无论是机床厂商还是用户都极力希望能在第一时间让相关的技术专家了解机床信息并提出故障的解决方案。随着网络技术的发展,尤其是远程诊断技术的出现,使得这种希望已成为现实。

美国的 Michigan 大学是国外较早开展远程诊断研究的学术单位,主要开展针对机械加工的远程诊断和制造系统的研究工作,并在 Internet 上设立了一个宣传站点。美国的西屋公司在其诊断操作中心可以远程在线监测全美 20 多个电厂的运行情况。国内的华中科技大学、西安交通大学、清华大学、东南大学、天津大学等单位也在开展这一技术的开发和研究。远程诊断将是今后监测与诊断系统的发展趋势。

现代远程监测与诊断中心实质上是基于 Internet 的多层的分布式系统,它可以实现监测号的共建/共享机制,从而提高诊断技术的准确率和普及率。传统的方法是将 A/D 板卡等插入到个人计算机扩展槽构成采集系统,其最大的优点是技术成熟,使用广泛。但是此类系统由于测点较多,现场采集的模拟量经过较长距离的传输后,信号有损耗,容易导致失真,使分析诊断工作量大并容易出现误判。当代数控机床多采用嵌入式系统,其优点是系统中封装了监测软件系统,可以实现实时的数据采集,并将采集到的模拟信号转化成数字信号进行远程传输,可以有效解决在信号传输过程中引起的信号损耗大的问题。

建立远程诊断中心的基础是现场监测系统。现场监测系统主要由数据采集器和上位监控机组成,数据采集器从传感器组中采集来自数控机床的信号(如来自刀具切削振动信号、机床主轴轴承振动信号、液压系统的温度等),并进行一系列的信号处理(如稳压滤波、A/D 转换等)后,经总线送入上位监控机。上位监控机的实时在线监控系统能够实现数据的实时显示、数据的实时存储,然后将存储的数据通过总线或网络协议传输到现场 PC 机诊断系统或远程诊断系统。为了实现对设备故障的准确定位,对运行状况的准确判别,以及对故障的实时反馈,大多远程诊断系统都会提供非常强大的故障特征信息库,以及对故障的趋势分析及预测功能。建立远程监测与诊断系统的另一个意义是企业用户可以通过班组监测点、车间级诊断中心、厂级诊断中心直至企业级诊断中心形成一个完整的企业监测与诊断系统,对机床设备进行实时监控和管理,使企业各级负责人能及时准确地掌握设备状态,保证设备处于良好工作状态,能够安全可靠运行。

(2) 系统开发的远程诊断中心

1) 远程诊断中心的概述

远程诊断中心是基于 Internet 网络实现,为数控机床的故障诊断分析提供了详尽的功能实现。它将底层的监测节点(数控系统)传输过来的信息,进行存储、分析、故障确诊与预测、结果显示、打印以及将分析结果通过网络传输给底层监测节点(数控系统),然后数控系统可以以此来进行相关操作,保障机床安全运行。中心按照功能来划分,主要分为两个部分:服务器数据库、应用分析系统。

2) 远程诊断中心的服务器数据库

底层监测节点(数控系统)基于 TCP 协议及 FTP 协议实现与远程诊断中心的连接,如

图 11.2.29 所示,将监控数据上传到中心服务器数据库。由它对数据进行相关处理,如对数据库存储内容的存储、查询、修改和删除等操作。数据库主要分为实时数据库、历史数据库和特征数据库,实时数据主要有机床当前加工参数与数据采集参数、各通道设置参数、各通道原始波形数据、各通道频谱数据、过程参数等。历史数据是实时数据经筛选压缩后保留下来的有用信息,它分为机床正常运转和机床出现异常情况的历史数据,按年、月、日等进行分档压缩存储,其中各档存储间隔和时间长度可设置。历史数据采用一定的压缩存储策略,当机床正常运转时,数据保存密度和数量增加;当机床出现异常情况时,密度和数量减少。特征数据是各监测信号经信号分析处理(时域分析、频域分析、相关分析、趋势分析等)后的表明机床实质状态的数据。

3) 机床状态的远程诊断中心应用分析系统

监测诊断中心应用分析系统主要是对于传输到服务器数据库中的信息进行相关的处理分析,可分为模块动态测试及信号分析系统、故障诊断与预测系统。远程诊断中心的远程诊断网登录界面如图 11.2.30 所示。

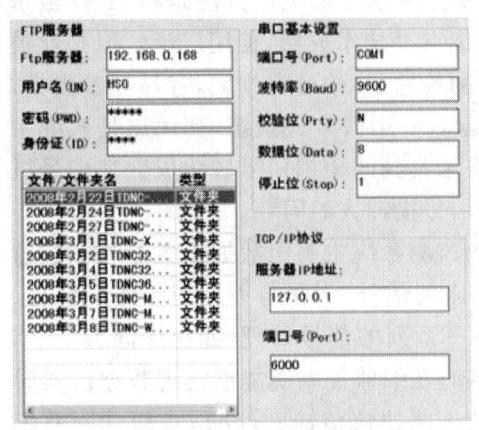

图 11.2.29 远程诊断中心服务器
登录参数设置界面

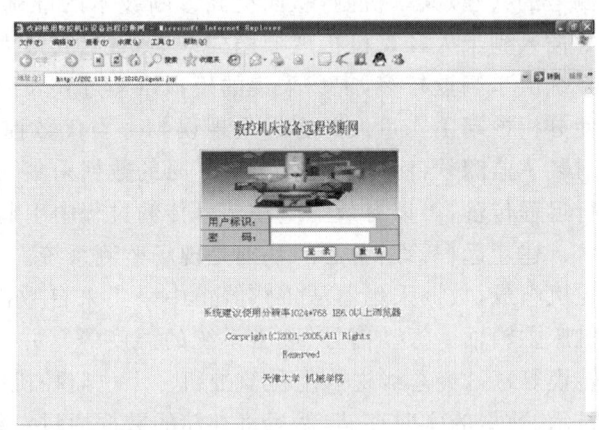

图 11.2.30 数控机床设备远程
诊断网登录界面

① 动态测试及信号分析系统是采用传统的信号分析方法与先进的测试分析工具(计算机、信号分析软件以及测试工具),对设备进行测试并分析其运行时的动态信息,据此来判断设备运行状态或者设备故障。动态测试故障产生的原因,不仅能为设备的运行质量提供客观的标准,而且为设备的维修和改进提供了基础数据。该系统是基于 Windows 操作系统且面向对象的模块化信号分析系统,汇集了各种常用的信号分析方法,适用于对振动、噪声等动态测试信号的分析,具有强大的信号处理能力。另外,由于本系统采用了模块化设计方法,可以方便地根据用户的不同要求提供相应的功能配置。

动态测试及信号分析系统是本中心的核心部分,其中包括了各种信号分析方法及状态预测方法,是一套通用的信号分析工具。它通过可视化、友好的人机交互界面使人们摆脱了繁冗的公式推导与计算,仅使用鼠标和按键就可以实现复杂的分析工作。它包含了各种常用的信号分析算法,可对原始信号进行预处理(如数字平滑、数字平均、加窗处理等)、时域和频域分析、1/3 倍频程分析、时频分析、包络分析、谱阵分析、差谱分析,最后也可进行状态预测逐项深入分析，剔除噪声，保留有用信息，得出正确的结论。还可以使用信号发生器产生标准数字信号，与分析信号进行比较，对结论进行校验。

② 故障诊断与预测系统是采用传统的信号分析方法与先进的测试分析工具（计算机、信号分析软件以及测试工具），对设备进行测试并分析其运行时的动态信息，据此来判断设备运行状态或者设备故障。动态测试故障产生的原因，不仅能为设备的运行质量提供客观的标准，而且为设备的维修和改进提供了基础数据。该系统是基于 Windows 操作系统面向对象的模块化信号分析系统，汇集了各种常用的信号分析方法及在机监测技术，不仅适用于各类机械设备进行故障诊断与预测维修，也适用于振动、噪声等动态测试信号的分析，具有强大的信号处理能力。普通微机装配该软件，并配备多通道信号调理箱和高速数据采集卡，即成为一台简单、多功能的诊断分析仪器。

充分利用快速发展的网络技术，监测诊断中心的各个相关系统对传输过来的监测数据进行更进一步的分析，可以很快找出机床运行中的故障或预测即将出现的问题，进而保障数控机床的正常工作，提高数控机床的加工质量，为故障的诊断和及时排除提供保证，同时也大大地节省了机床维修的费用成本与时间成本。

5. 应用实例

在数控加工过程中，主轴作为机床的主要受力部件，而主轴的轴承由于长期在力的作用下进行高速旋转，故此是最为容易发生故障的部件。其磨损不仅影响工件质量，严重时甚至影响整个加工系统的正常运行，造成很大的损失。因此，主轴轴承状态的识别和监控对保证切削加工系统的安全、切削加工的顺利进行、降低生产成本以及提高劳动生产率等方面具有重要的意义[16-18]。

由于加工现场的复杂性及各种监测信号（切削力、机床功率、声发生信号、振动信号等）与主轴磨损的非对应关系，本系统采用通过对机床主轴振动信号的监测，通过相关分析处理来判别主轴轴承的工作情况。

由数据采集单元进行主轴振动信号的采集、调理，后由数据分析模块对数据进行处理，提取特征参数，判断主轴轴承的运行情况，同时将监测数据通过网络通信模块传递给远程网络诊断中心，由其进行更进一步的分析，然后将分析数据传输给数控系统，并由数控系统的策略库以此为依据，决定是否进行主轴停止工作及界面的相关显示如报警等操作。并可以通过远程诊断对主轴的磨损进行预测，以便提前规避故障。流程图请见图 11.2.31。

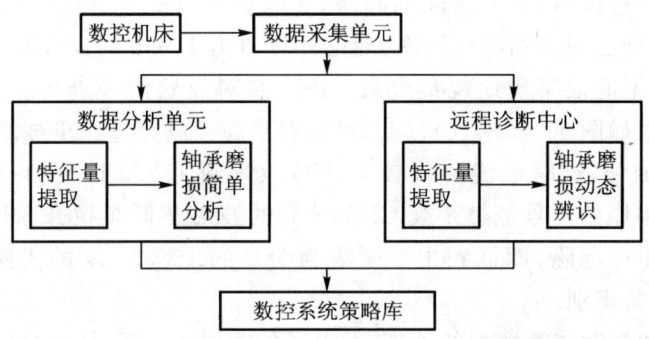

图 11.2.31　机床主轴轴承状态监测框图

对数控铣床进行实时监测,见图 11.2.32。其数控系统的状态监测的实时显示请见图 11.2.27,同时通过数控系统自身的网络传输模块,将监测的数据传送到远程网络诊断中心,并由其进行更进一步的分析,判断机床的主轴轴承的运行状态是否良好。

主轴轴承的故障一般表现为滚动副局部缺陷,其具体形式为内、外圈剥落,内、外圈压痕,滚动体剥落,保持架断裂等。当滚动副出现缺陷时,匀速回转的滚动体在经过这些缺陷时会产生一个具有周期性的冲击信号。对发生在不同滚动副的缺陷,冲击信号具有不同的频率,这个频率通常称为特征频率。这就使得能够根据这些特征频率来确定滚动轴承是否发生故障以及主轴轴承的哪个零件产生了故障。

图 11.2.32 铣床实时监测图

通过基于级联双稳随机共振系统(CBSRS)的微弱特征提取方法对机床信号进行分析。机床具体参数如下:主轴转速为 1 500 r/min,对应转频约为 25 Hz,采样频率为 12 kHz,截取采样点数为 4 096。

从图 11.2.33a、b 的信号时域波形及功率谱几乎看不出有明显的故障特征频率的存在。

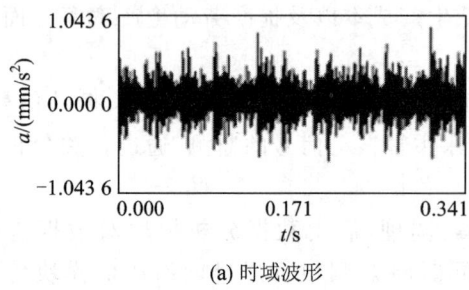 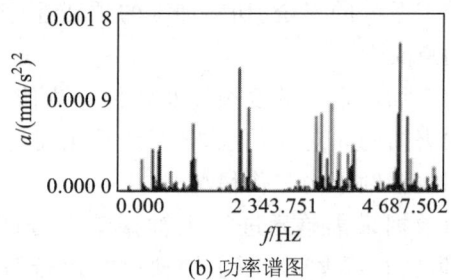

(a) 时域波形 　　　　　　　　　　　(b) 功率谱图

图 11.2.33 原始信号图

图 11.2.34a、b 为原始信号经过 1 级 CBSRS 后的波形及谱图。从谱图(b)可看出,经过 1 级 CBSRS 后,2 k 以后的高频噪声有所压低,而在相对低频 500 Hz 内共振出现一些谱峰,说明信号经过随机共振以后,高频滤除的同时,其能量也向低频进行了转移;同时也可以发现在低频 158.2 Hz 处出现内圈特征频率(理论计算值为 159.93 Hz),但由于周围其他高幅值频率成分的干扰,不能很明显地观察出来。进一步对原始信号进行 2 级 CBSRS,共振波形和低频段谱图分别如图 11.2.34(c)、(d),可以看出高频成分进一步被滤除,对应着低频成分能量进一步得到加强,这时已经可以较为清楚地看到 158.2 Hz 的内圈特征频率存在。图 11.2.34(e)、(f)为原始信号经过 3 级 CBSRS 后的波形及低频拉开谱图,由谱图(f)可以看出高频噪声进一步被滤除,而低频中一个更为明显的 158.2 Hz 的内圈特征频率显示出来,内圈故障得到有效识别。

远程诊断中心通过对传输数据的处理,对轴承的磨损进行了分析,确认了主轴轴承的内圈发生了较为明显的磨损。为了保障机床的安全及加工工件的质量,需将分析结果传输给

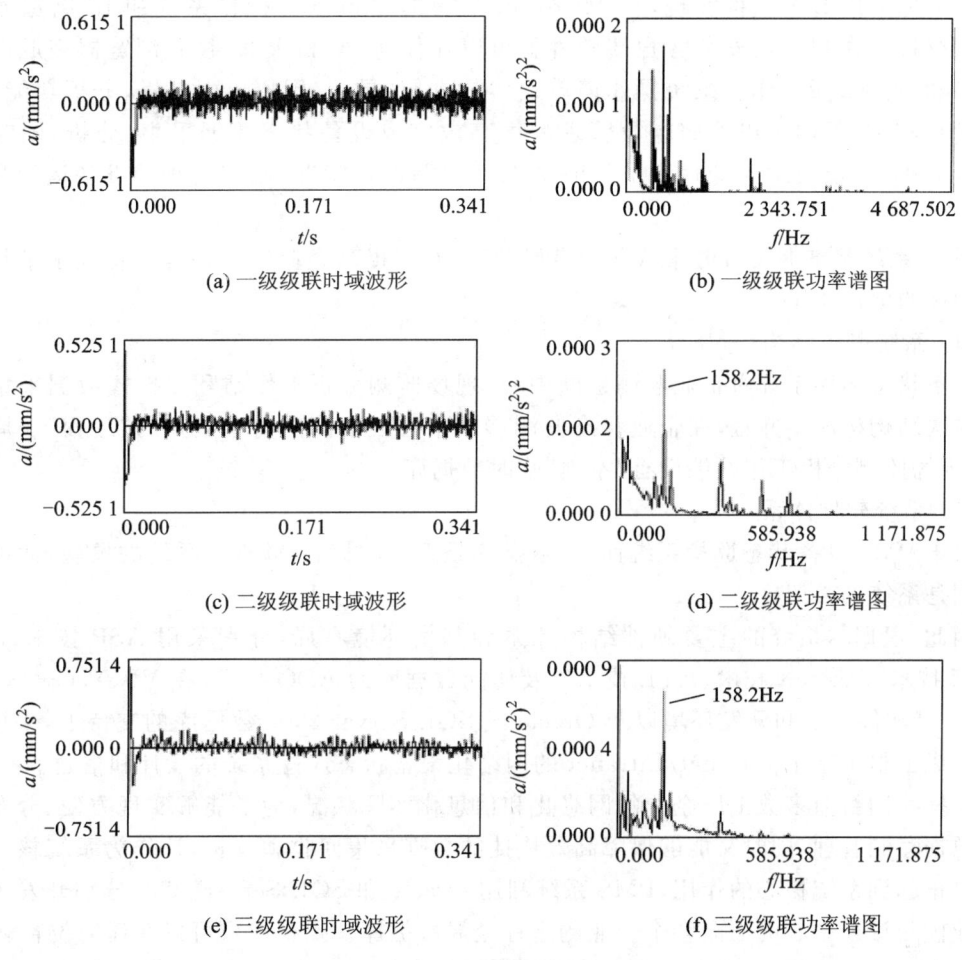

图 11.2.34 级联处理后的信号

数控系统。数控系统依据此信息,通过自身的策略库对于主轴进行停止运动的指令。并在界面上进行故障显示,以使机床操作者可以很清楚地了解当前机床的故障原因,以利于故障的及早排除。

11.2.3 巡检系统[①]

1. PMS 机械设备状态巡检系统概述

为了保障生产设备的正常运行,提高设备使用率,降低设备维护成本,增加设备运行寿命,减少检修费用,要求科学地进行设备管理,建立有效的设备监测检验机制。设备巡检就是针对上述要求建立形成的一种行之有效的管理方法和技术手段。

PMS 机械设备状态巡检系统是根据石化、冶金、钢铁以及化工等流程工业设备状态监测与故障诊断的需求,结合当前企业管理和诊断技术的发展趋势,在长期科学研究和实际应用经验积累的基础上所开发完成的一套基于 Internet/Intranet 的远程设备状态巡检系统。

---

① 本节内容取材于上海交大振动所的项目文档。

该系统采用 B/S 结构实现,在 Microsoft 公司的 Windows 操作系统和 IE 浏览器的支撑下运行授权用户无需安装客户端软件就可以在任何 PC 机上通过 IE 浏览器完成设备状态监测和故障诊断工作。系统操作简单、直观、方便、灵活,用户界面友好,分析功能丰富、有效而且实用,不但可以按照企业管理程序高效完成设备状态数据采集、分析,同时也能确保企业中、高层技术和管理人员随时动态地掌握设备状况,制定合理的设备运行和维护计划。

PMS 系统是掌握设备健康状况的良好助手,对于提高企业的设备运行管理水平具有重要和积极的促进作用。

(1) 系统基本结构

设备状态巡检系统由企业监测诊断中心、现场监测分析工作站和便携式数据采集器等三个层次结构构成。并且,在企业状态监测诊断中心设有面向整个企业的"远程"全局数据库,在现场监测分析工作站端设有"本地"临时数据库。

(2) 系统软件体系

对于 PMS 设备状态巡检系统而言,数据库是系统的核心、软件是系统的灵魂,而硬件和网络则是系统的骨架。

因此,根据本系统的主要硬件结构体系和基本环境布局,分别采用 ASP 技术、COM/DCOM 技术、ActiveX 技术、ATL 技术以及访问数据库的 ADO 技术,在 VB、V C++、InterDev6.0 等软件系统和开发环境以及 Oracle 或 SQL Server 2000 数据库的支持下,采用 B/S 结构完成了整个基于 Internet/Intranet 的网络化设备状态巡检系统的设计和搭建。

根据我国目前多数工厂企业的网络化和信息化实际状况,为了能够实现方便、分布和可靠的数据存储管理,同时又能够保障高效快捷的数据采集回收和分析,让作为系统核心的数据库真正起到系统核心的作用,PMS 系统利用 Oracle 和 SQL Server 2000 分别开发了建立在企业监测诊断中心的面向整个企业的远程全局数据库。授权用户可以在任何位置利用 IE 浏览器查看或修改设备信息,完成数据分析和报告制作,实现数据库管理等操作。

(3) 系统运行模式

PMS 机械设备状态巡检系统的运行模式由如下三个过程组成:

■ 离线设备及测点体系结构建立、管理和参数设置。即首先在监测分析工作站上建立有关设备和测点的管理列表体系结构,设置各种参数,建立图片导航结构。

■ 联机(在线)组态监测计划、下达巡检计划、回收采集数据。即通过便携式数据采集器与计算机联机工作的方式进行巡检计划组态,向便携式数据采集器下载巡检计划。然后,将装载有巡检计划的便携式数据采集器带到设备现场按规定的巡检计划执行数据采集。若遇紧急情况,在没有巡检计划的条件下,也可以在临时巡检计划模式下完成数据采集。完成数据采集任务后,带回便携式数据采集器与监测分析工作站联机,并将采集得到的数据上传存入系统的数据库中。

■ 离线数据分析、结果报告、数据库管理。即根据系统所提供的分析和管理功能,在监测分析工作站上开展数据分析、状态判断、结果报表输出等工作。

2. PMS 设备状态巡检系统功能

PMS 设备状态巡检系统是一个基于 Internet/Intranet 的采用 B/S 结构实现的网络化系统状态监测与分析系统,目前主要由用户管理、设备管理、数据采集、数据分析、数据库管理和报告输出等功能群或子系统所组成。系统功能结构层次布局如图 11.2.35 所示。下面分别对它们各自在系统中所起的作用进行说明。

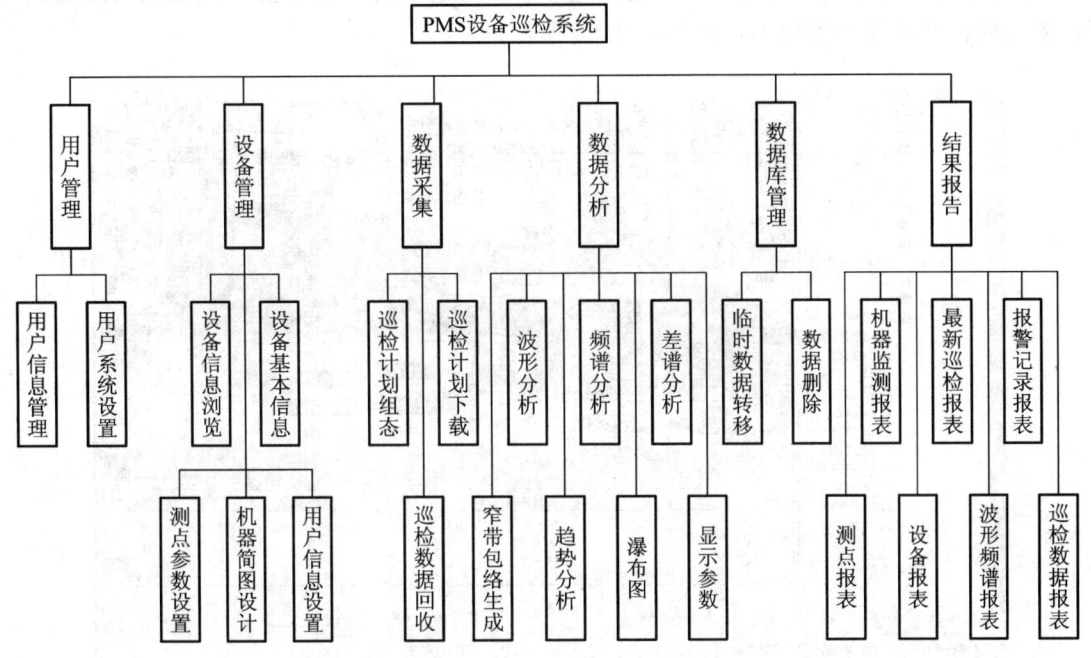

图 11.2.35　PMS 设备状态巡检系统功能布局框图

（1）用户管理子系统

用户管理子系统主要实现整个巡检系统中的用户管理功能,包括用户信息管理和用户系统设置,只有系统管理员才有权限使用该子系统。

■ 用户信息管理

用户信息管理模块中包括显示用户信息,查询、删除、修改用户信息以及添加新用户。

■ 用户系统设置

用户系统设置包括设置用户权限和设置管理密码两个模块。

目前系统中定义的用户权限有:

系统管理员:主要负责整个系统用户信息的管理;

系统分析员:可以浏览所有工厂的设备信息,同时可以调出数据库中的数据进行分析;

设备管理员:负责管理(添加、修改或删除)指定工厂中的设备和测点信息,完成远程全局数据库和本地局域数据库的同步操作;

数据采集员:主要负责指定工厂中的设备巡检工作,包括数据采集、分析、报表、数据库管理以及数据同步等工作。

（2）设备管理子系统

设备管理子系统主要包括设备基本信息设置、设备信息浏览、测点参数设置、机器简图设计以及用户单位信息设置等功能模块。

■ 设备基本信息管理

用于添加或删除指定工厂中的车间、机器,以及实现修改机器信息、插入或修改机器现场图片等操作。也可以用做浏览设备基本信息的工具。

■ 图片导航式设备信息浏览

用图片导航的方式形象地显示设备的基本情况、测点信息、机器上任意测点的最近测量值，测点的报警状况和等级等，如图 11.2.36 所示。

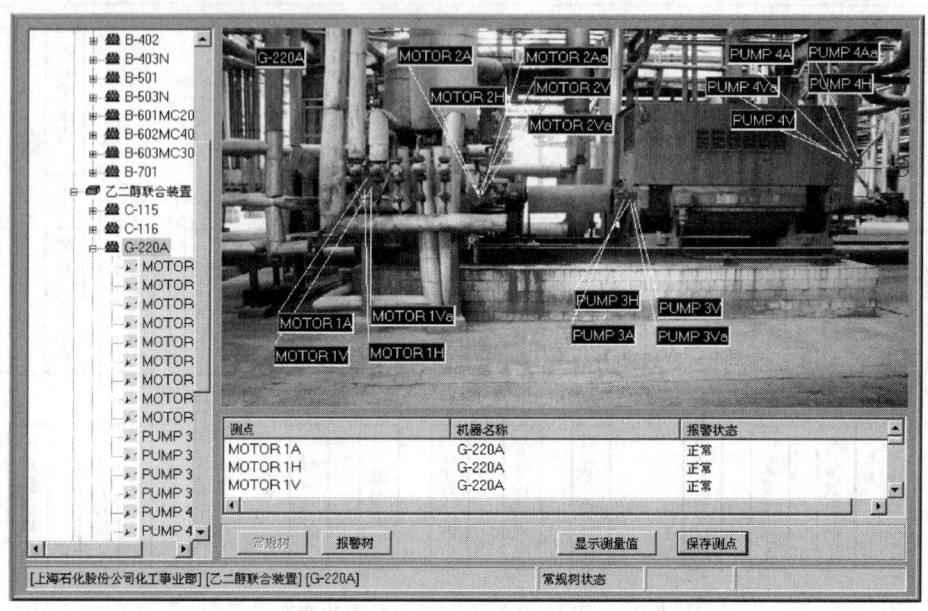

图 11.2.36　图片导航示例

■ 测点参数设置

主要作用是添加、删除测点，修改测点信息，添加测点日志，设置测点的普通报警、差谱报警和六频段报警等参数。

■ 机器简图设计

用部件简图组态的方式来生成指定机器示意简图，以便在分析结果和分析报告中给出有效的提示信息。

■ 用户单位信息设置

用于输入用户单位名称和单位图标信息，以便在分析报告和报表中列出使用单位信息，方便报告的分类识别和管理。

（3）数据采集子系统

数据采集子系统在系统中负责与巡检数据获取相关的操作，主要包括巡检计划组态、巡检计划下载和巡检数据回收等功能模块。

■ 巡检计划组态

以组态的方式生成巡检计划，在生成巡检计划的过程中，可以对计划中的任务测点进行任意排序，以满足不同数据采集过程的要求，同时本模块具有实现巡检计划装载、编辑和删除等功能。

■ 巡检计划下载

将指定的巡检计划下载到便携式数据采集器。同时，也可以根据需要对巡检仪进行清空操作。

■ 巡检数据回收

巡检数据回收模块负责完成将便携式数据采集器中的巡检数据(包括计划任务和临时任务)上传至本地数据库中,实现数据回收。同时,也可以根据需要对巡检仪进行清空操作。

(4) 数据分析子系统

数据分析子系统主要包括波形分析、频谱分析、差谱分析、窄带包络生成、趋势分析、瀑布图以及显示参数设置等功能模块。

■ 波形分析

从数据库中调出指定测点的时间波形数据,并进行波形显示和分析。显示分析过程中,可进行光标定位读取幅值、双光标读取幅值差值、光标切换、网格切换、工程单位转换以及报表生成等。

■ 频谱分析

从数据库中调出指定测点的频谱数据,并进行频谱显示和分析。显示分析过程中,可实现幅值谱、功率谱、窄带包络谱、六频段窗谱等多种谱分析功能,同时具有单双光标、谐波光标、主要谱峰值列表、对数模式切换、网格切换以及报表生成等功能。

■ 差谱分析

从数据库中调出指定基准测点和比较测点的频谱数据,并进行确定频谱变化率的差谱显示和分析。显示分析过程中,可完成差谱(比较谱-基准谱)分析和比谱(比较谱/基准谱)分析,同时具有单/双光标扫描、报表生成等功能。

■ 窄带包络生成

从数据库中调出指定测点在给定时间段内的频谱数据,按规定的算法生成窄带包络谱线,以便为窄带包络谱分析提供窄带包络线。在完成包络线自动生成后,也可以手工对生成的包络线进行修改。

■ 趋势分析

从数据库中调出指定测点在给定时间段内的特征数据(峰值、有效值、频谱总值等),并按照时间历程显示特征数据的变化规律,进行趋势分析。包括曲线拟合和趋势发展预测等分析功能。

■ 瀑布谱阵图

从数据库中调出指定测点在给定时间段内的频谱数据,并按时间顺序进行瀑布谱阵图显示和分析。显示分析过程中,可以进行瀑布谱阵图视角转换,按光标指定的频率位置进行频率切片分析(考察指定频率成分时间变化趋势)。

■ 显示参数设置

该模块主要用于设置或更改分析结果图形显示的基本参数,包括光标颜色、网格颜色、图线与背景颜色以及绘图纵横网格数目等。

(5) 数据库管理子系统

该子系统中包含有临时数据转移、数据压缩以及数据删除等功能模块。

临时数据转移模块,将从临时巡检计划中所回收的数据转移到PMS系统数据库中指定的机器和测点下面。

数据压缩模块按指定的规则和压缩比率对数据库中的波形和频谱数据进行同步压缩。

数据删除模块按指定的方式删除数据库中指定机器和测点中指定时间段的波形和频谱数据，分为直接删除和数据选择删除两种方式。

(6) 报告输出子系统

该子系统的主要功能是生成和输出有关设备信息报表，以及巡检、分析结果报告，目前主要包括设备报表、测点报表、报警记录报表、机器监测报表、波形频谱报表、巡检数据报表和最新巡检数据报表等，同时，在每个数据分析功能中均嵌入了结果报告输出功能。结果报告或报表可以在打印机上直接输出，也可以存为 PDF 格式文件或 Word 格式文件。

- 设备报表

设备报表中包括工厂名、车间名、机器名、机器电子标签、重要等级和机器类型等。

- 测点报表

生成有关测点信息的报表。测点信息包括所在的工厂、车间、机器、测点名、测点方向、测点类型、报警状态、最新测量值等，报表生成时可以根据过滤条件选择上述部分参数。

- 报警记录报表

生成巡检报警记录的报表。生成报表之前，可以利用过滤条件选择工厂、车间、机器、测点以及指定报表数据的时间段等。

- 机器监测报表

将指定机器在某个巡检计划(时间)的巡检结果以报表形式输出，以便分析和掌握相关机器的整体运行状态。

- 波形频谱报表

将指定测点在指定时间段中的时间波形分析结果和频谱分析结果以报表形式输出，还可以根据选择，同时输出时域指标和主要谱峰值列表。

- 巡检数据报表

将指定机器在指定时间段中的巡检结果数据以报表形式输出。

- 最新巡检数据报表

将一次巡检计划中最新采集的设备巡检结果数据以报表形式输出。

3. PMS 机械设备状态巡检系统软硬件要求

良好的软硬件配置和网络环境是确保 PMS 机械设备状态巡检系统(B/S 版)高效、正常和可靠运行的重要前提。因此，在安装 PMS 系统之前，通常应当做好下列准备工作。

(1) 数据库服务器

应选择性能比较稳定可靠的服务器，如 DELL 的 Poweredge 2500 服务器，或者利用高性能的 PC 机替代，其配置要求：

1) 硬件

- 芯片：奔腾 P-Ⅳ/1.5 GHz 以上
- 内存：512 MB 以上
- 硬盘：40～80 GB 以上，至少采用双硬盘镜像配置
- 网卡：100 M
- 其他：24 位真彩色显卡，键盘，鼠标

2) 软件

- Windows 2000 Server

- Oracle 9.0 或 SQL Sever 2000

(2) WEB 服务器

应选择性能比较稳定可靠的服务器,如 DELL 的 Poweredge 2500 服务器。或者利用高性能的 PC 机替代,其配置要求:

1) 硬件
- 芯片:奔腾 P-IV/1.5 GHz 以上
- 内存:256 MB 以上
- 硬盘:40 GB 以上
- 网卡:100 M
- 其他:24 位真彩色显卡,键盘,鼠标

2) 软件
- Windows 2000 Server
- IIS5.0 以上版本

(3) 监测与分析工作站

一般选择性能比较可靠的 PC 机或便携式计算机即可,其配置要求:

1) 硬件
- 芯片:奔腾 P-III/1.0 GHz 以上
- 内存:256 MB 以上
- 硬盘:20 GB 以上
- 网卡:100 M
- 其他:24 位真彩色显卡(设置为 1 024×768 模式)、键盘、鼠标

2) 软件
- Windows 2000 Professional(推荐)/Windows NT/98/Me/XP
- Oracle 客户端(仅在系统使用 Oracle 数据库时需要)

(4) 网络环境

基于 TCP/IP 协议的 100 M 速度的 Intranet。所有服务器和工作站具有固定的 IP 地址。

计算机网络实行域管理模式,以便有效保证服务器和工作站的正常、稳定和安全运行,减少人为因素对计算机操作系统和文件系统的损坏。

(5) 便携式数据采集器

本系统目前支持上海华阳检测仪器有限公司生产的 HY-106 系列便携式巡检仪,用于测量机械设备的振动信号(如加速度、速度、位移等)以及温度信号。其中:
- HY-106:振动信号,加速度 0~5 kHz、速度 0~1 kHz、位移 0~500 Hz。
- HY-106T:振动信号,加速度 0~5 kHz、速度 0~1 kHz、位移 0~500 Hz;温度信号,范围-15~150 ℃。
- HY-106B:振动信号,加速度 0~5 kHz、速度 0~1 kHz、位移 0~500 Hz。

(6) 抄表仪

抄表仪用于测量设备的工艺量(如电压、电流、温度、压力等)和观察量(如漏油、异响、部件松动、润滑等)。

(7) 电子标签

电子标签实际上是一种设备信息指示器，它与设备呈一一对应关系。电子标签一般被固定安放在设备上或附近位置，以便在数据采集时通过读取电子标签快速检索到相关测点的信息。

思 考 题

1. 基于网络的远程设备监测与故障诊断系统具有什么特点？与传统的监测系统相比，具有哪些优势？
2. 分布式集散式系统的结构模型有几种？分别是什么？
3. 简述远程状态监测与故障诊断系统的拓扑结构。
4. 11.2.1 节给出的"基于网络和设备管理的设备状态监测与故障诊断系统"具有哪几个功能模块？
5. 什么是机床的在机监测？11.2.2 节给出的典型系统是如何实现机床的在机监测的？

参 考 文 献

[1] 陈进.机械设备振动监测与故障诊断[M].上海：上海交通大学出版社,1999.
[2] 伍星.基于数据挖掘的设备远程监测和故障诊断系统研究[D].上海：上海交通大学机械与动力工程学院,2005.
[3] 吴立伟.基于组件的设备远程监测与故障诊断系统的研究[D].上海：上海交通大学动力与能源工程学院,2006.
[4] 孙卫祥,陈进,伍星,等.基于网络的设备远程监测与故障诊断系统开发[J].计算机工程与应用,2005:192-196.
[5] 周达人,张昱,陈意云.用 UML 和 Rational Rose 实现面向对象的三层 C/S 结构设计[J].计算机工程,2000,26(9):175-178.
[6] 何慧龙,王太勇,胥永刚,等.面向设备管理的网络化机械设备故障诊断系统的实现[J].吉林大学学报(工学版),2006,36(5):691-695.
[7] 何慧龙.机电设备微弱特征提取与诊断方法研究[D].天津：天津大学,2007.
[8] 李瑞欣.基于网络和状态监测的设备管理理论与方法研究[D].天津：天津大学,2005.
[9] 王太勇,何慧龙,邓学欣,等.基于 EWF 保护的 XPE 操作系统的开发与研究[J].同济大学学报,2006,34(3):410-413.
[10] 金仁成,李水进,唐小琦,等.智能自适应数控加工技术研究综述[J].工具技术,2004,34(11):3-5.
[11] ePS Network Services,SIEMENS,2006.2.
[12] 沈爱群,倪中华,幸研.面向数控机床的远程在线监测与故障诊断系统的研究[J].制造业自动化,2003,26(9):37-40.
[13] 韩志国,王太勇.基于状态监测和故障诊断的数控教学平台的研究和设计[J].制造业自动化,2006,25(2):6-9.

[14] 路勇,姚英学,徐鸣.基于Intranet的数控加工远程监测系统设计和实现[J].制造业自动化,2003,28(4):20-25.

[15] 廖伯瑜.机械故障诊断基础[M].北京:冶金工业出版社,1995.

[16] He Gaiyun,Wang Taiyong,Zhao Jian,et al. Research on the algorithm for sphericity error and the number of measured points[J]. Chinese Journal of Mechanical Engineering,2006,19(3):462-465.

[17] Wang T Y,Li H W. Research on intelligent CNC platform based on hierarchical and distributed architecture for grinding machine[J]. Key Engineering Materials,2004, 258-259:715-719.

[18] He Gaiyun,Wang Taiyong,Qin Xuda,et al. Geometric approximations technique for minimum zone sphericity error[J]. TRANSACTIONS OF TIANJIN UNIVERSITY,2005, 11(4):274-277.

第12章 其他故障诊断方法

12.1 声发射检测技术

12.1.1 声发射技术概述

当材料受力作用产生变形或断裂时，或者构件在受力状态下被使用时，结构内部以弹性波形式释放应变能的现象称为声发射（acoustic emission，简称 AE）[1]。声发射是一种常见的物理现象，如果释放的应变能足够大，就发出可以听到的声音，如折断树枝的声音。金属材料的变形和断裂也有声发射产生，如弯曲锡片时会听见噼啪声。人耳听不到大多数金属材料的塑性变形和断裂的声发射，需要借助灵敏的电子仪器才能监测出来。用仪器探测、记录、分析声发射信号和利用声发射信号推断声发射源的技术称为声发射技术。实验表明，各种材料声发射信号的频率范围很宽，从次声频、声频到超声频，最高可达 50 MHz[2]。声发射技术最早应用在地震学方面，地震源是巨大的声发射源，地震仪就是利用声发射技术测震的仪器，它可测出声发射源。声发射也称为应力波发射，声发射发出的弹性波，经介质传播到达被检物体表面，引起表面的机械振动，经声发射传感器将表面的瞬态振动位移转换成电信号，再经放大处理后被记录与显示，经信号分析处理后可评定出声发射源的特性。

近年来，声发射检测方法有了很大的发展，它在无损检测技术中已占有重要的地位。声发射检测必须有外部条件的作用，例如力、电磁、温度等因素的作用使材料内部结构发生变化，内部结构的变化引起能量的释放而产生声发射现象。声发射检测是一种动态无损检测方法，是材料或构件内部结构或缺陷处于运动变化的过程中靠自身发出的弹性波进行无损检测的，声发射检测的这一特点使其区别于超声波、X射线、涡流等其他无损检测方法。声发射信号来自缺陷本身，因此用声发射方法可以判断缺陷的严重程度。另外，绝大多数金属和非金属材料都有声发射特点，声发射诊断适用范围广，几乎不受材料的限制。利用多通道声发射测试系统可以确定缺陷所在的位置。声发射检测的这一特点对大型结构如锅炉、管道等的检测特别方便[3]。

声发射技术与其他无损检测方法相比，具有两个基本区别：① 检测动态缺陷而不是静态缺陷；② 检测缺陷本身发出的信息而不是外部输入的信息。该检测技术具有如下特点[4]。

声发射检测技术的主要优点：

1）可检测对结构安全更为有害的活动性缺陷。由于提供缺陷在应力作用下的动态信息，声发射检测适于评价缺陷对结构的实际有害程度。

2）对大型构件可提供整体或局部快速检测。由于不必进行繁杂的扫查操作，只要布置好足够数量的传感器,经一次加载或试验过程就可以确定缺陷的部位,易于提高检测效率。

3) 可提供缺陷随载荷、时间、温度等变化的实时或连续信息,适于工业过程在线监控及早期或临近破坏时的预报。

声发射检测技术的主要局限性有:

1) 声发射检测一般需要适当的加载程序,多数情况下,可利用现成的加载条件,但有时还需要特殊准备。

2) 由于声发射过程的不可逆性,声发射信号不可能通过多次加载重复获得,因此每次检测过程的信号获取是非常宝贵的,不可因人为疏忽而造成宝贵数据的丢失。

由于上述特点,现阶段声发射技术主要用于:① 其他方法难以或不能适用的对象与环境;② 重要构件的综合评价;③ 与安全性和经济性关系重大的对象。目前声发射技术作为一种相对成熟的无损检测方法,已被广泛应用于许多领域,主要包括以下方面:

1) 石油化工工业:各种压力容器、压力管道和海洋石油平台的检测和结构完整性评价,常压贮罐底部、各种阀门和埋地管道的泄漏检测。

2) 电力工业:高压蒸汽汽包、管道和阀门的检测和泄漏监测,汽轮机叶片、轴承运行状况的监测,变压器局部瞬间放电的监测。

3) 材料试验:材料的性能测试、断裂试验、疲劳试验、腐蚀监测和摩擦测试,铁磁性材料的磁声发射测试。

4) 民用工程:楼房、桥梁、起重机、隧道、大坝的检测,水泥结构裂纹开裂和扩展的连续监视。

5) 航天航空工业:航空器壳体和主要构件的检测和结构完整性评价,航空器的时效试验、疲劳试验检测和运行过程中的在线连续监测,固体推进剂药条燃速测试。

6) 金属加工业:刀具磨损和断裂的探测,打磨轮或整形装置与工件接触的探测,金属加工过程的质量控制,焊接过程监测,加工过程的碰撞探测和预防。

7) 交通运输业:长管拖车、公路和铁路槽车及船舶的检测和缺陷定位,铁路材料和结构的裂纹探测,桥梁和隧道的结构完整性检测,卡车和火车滚子轴承及滑动轴承的状态监测,火车车轮和轴承的断裂探测等。

12.1.2 声发射检测仪器系统

典型的单通道声发射检测系统的基本组成如图 12.1.1 所示,一般由传感器、前置放大器、主放大器、信号参数测量、数据处理、记录与显示等基本单元构成。声发射传感器是声发射检测的关键部件,主要用于拾取微弱的声发射信号,将应力波信号转变为系统可以识别的电信号,送入前置放大器进一步放大。声发射检测系统一般要求传感器灵敏度高、响应频带尽量宽,以利于检测到微弱的宽频带范围的声发射信号。

图 12.1.1 单通道声发射检测系统基本组成

前置放大器置于传感器附近,传感器的输出信号经过放大器放大后再经过长电缆传送到主放大器和采集卡,供主机处理。它的主要作用是:① 高阻抗的传感器与低阻抗的传输电缆之间提供匹配,以减少信号衰减;② 通过放大微弱的输入信号抑制电缆噪声,以提高信号的信噪比;③ 提供频率滤波。主放大器和滤波器是系统的重要组成部分,主放大器提供了声发射信号的进一步放大,以便后续的参数测量和计算单元进行信号处理,它一般具有可调节的放大倍数,使整个系统的增益达到 20~100 dB。在检测系统中加入滤波器主要用来排除噪声和限定检测系统的工作频率范围,以适应在比较复杂的噪声环境中进行检测。

目前的声发射检测系统已开发了一系列信号采集、数据处理、数据重放和显示软件,使系统具有声发射特征参数提取、波形采集与显示功能,可以完成声发射源定位分析、信号频谱分析等功能。

12.1.3 声发射信号分析

声发射检测的目的在于发现声发射源和得到有关声发射源尽可能多的信息。通过对探测到的声发射信号进行处理和分析,可以得到被探测材料和结构内声发射源的大量信息。然而,受声发射源的自身特性、声发射源到传感器的传播路径、传感器的特性和声发射仪器测量系统等多种因素的影响,声发射传感器输出的信号波形十分复杂,它与真实的声发射源信号相差很大,有时甚至面目全非。因此,如何根据声发射传感器输出的信号来获取有关声发射源的信息一直是人们面临并努力加以解决的难题。

声发射信号具有很宽的动态范围,并且其产生率也是变化无常的,所以目前人为地将声发射信号分为突发型和连续型两种。如果信号是由区别于背景噪声的脉冲组成,且在时间上可以分开,那么就属于突发型声发射信号;如果信号的单个脉冲不可分辨,则属于连续型声发射信号。实际上,连续型声发射信号也是由大量小的突发型信号组成的,只不过太密集而不能分辨而已。由于声发射信号的上述特点,目前采集和处理声发射信号的方法可以分为两类,一类是以多个简化的波形特征参数分析来表示声发射信号的特征;另一类为存储和记录声发射信号的全波形特征,对其进行时频特征分析。波形特征参数分析法是 20 世纪 50 年代以来广泛使用的经典声发射信号分析方法,目前在声发射检测中仍得到应用,几乎所有的声发射检测规范中对声发射源的判据均采用简化波形特征参数法。全波形时频特征分析方法是随着现代信号处理技术而发展起来的新方法。以下将分别介绍这两类分析方法。

(1) 声发射信号波形特征参数分析[5]

图 12.1.2 为突发型标准声发射信号简化波形特征参数的定义,由这一模型可得到波击计数、事件计数、振铃计数、能量、幅度、持续时间和上升时间等参数。对于连续型声发射信

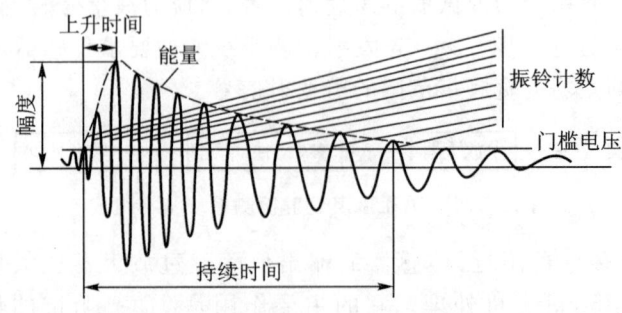

图 12.1.2 声发射信号简化波形特征参数定义

号,上述定义中只有振铃计数和能量参数可以适用。为了更确切地描述连续型声发射信号的特征,又引入了平均信号电平和有效值电压两个参数。表 12.1.1 列出了常用声发射信号特征参数的含义和用途。这些参数的累加可定义为时间或实验参数(如压力、温度等)的函数,如总事件计数、总振铃计数和总能量计数等。这些参数也可定义为随时间或试验参数变化的函数,如声发射事件计数率、声发射振铃计数率和声发射信号能量率等。这些参数之间也可以任意两个组合进行关联分析,如声发射事件－幅度分布、声发射事件能量－持续时间关联图等。

表 12.1.1　声发射信号参数含义及用途

参　　数	含　　义	特点与用途
波击和波击计数	超过阈值并使某一通道获取数据的任何信号称为一个波击,测得的波击个数可分为总计数和计数率	反映声发射活动的总量和频度,常用于声发射活动性评价
事件计数	产生声发射的一次材料局部变化称为一个声发射事件,可分为总计数和计数率	反映声发射事件的总量和频度,用于声发射源活动性和定位集中度评价
振铃计数	信号越过门槛电压的振荡次数,可分为总计数和计数率	粗略反映信号强度和频度,用于声发射活动性评价
能量计数	信号检波包络线下的面积,可分为总计数和计数率	反映声发射事件的相对能量或强度,用于波源的类型鉴别
持续时间	信号第一次越过门槛电压至最终降至门槛电压以下所经历的时间间隔,以 μs 表示	与振铃计数相似,常用于特殊波源类型和噪声的鉴别
上升时间	信号第一次越过门槛至最大振幅时所经历的时间间隔,以 μs 表示	受传播路径影响导致物理意义不明确,有时用于机电噪声鉴别
有效值电压	采样时间内信号的均方根(RMS)值,以 V 表示	反映声发射强度大小,用于连续型声发射信号活动性评价
平均信号电平	采样时间内信号电平的均值,以 dB 表示	对幅度动态范围要求高而时间分辨率要求不高的连续型信号用于背景噪声水平的测量
到达时间	一个声发射波到达传感器的时间,以 μs 表示	在已知传感器间距和传播速度时用于波源的位置计算

(2)声发射信号时频特征分析

基于信号时频特征分析的声发射信号处理技术是根据所记录信号的时域波形及与此相关联的频谱分布和相关函数等来获取声发射源特征信息的一种分析方法。早在声发射技术发展初期,人们就对波形和频谱分析进行了研究,以识别声发射故障源,并取得了某些成功。然而由于声发射传感器技术和仪器硬件技术的限制,早期的声发射仪器很少能对声发射信号进行瞬态波形捕捉和实时处理,因此取得广泛应用的方法一直是参数分析。然而,参数分析方法存在很大的局限性,比如计数率对声发射信号频率的依赖性以及对信号冲击幅度的间接依赖性,门槛阈值的选择对研究和操作人员工作经验的依赖性等。尽管有些研究对这种局限性做了改进,提出了新的计数方法和阈值选择方法,但并不足以完全消除这些局限。因此,在声发射技术发展的历史上,研究人员始终没有放弃对声发射全波形分析技术的探讨。近年来,随着测试仪器及计算机技术的飞速发展,声发射信号采集和处理的能力得到了大幅度的提高,基于波形分析的声发射技术也取得了长足的进展。

例如,仅仅从信号波形的参数分析方法无法将由刀具破损发出的声发射信号与其他声发射源发出的信号区别开来,必须借助频谱分析的方法,因为不同类型的故障源发出的声发射信号频率分布不同。对于以傅里叶变换为基础的频域分析方法,其根本假设是信号是平稳的或是时不变的,实际上突发型声发射信号常与材料内部裂纹扩展、材料断裂等密切相关,是一种非平稳信号,更合理的方法是从时域和频域两方面同时分析声发射信号的变化情况。小波变换是近 20 年来发展起来的一种信号时频分析方法,小波变换具有同时在时域和频域表征信号局部特征的能力,既能够刻画某个局部时间段信号的频谱信息,又可以描述某一频段信号对应的时域信息,这对于分析含有瞬态变化的声发射信号是合适的。

图 12.1.3 是利用声发射技术对复合材料中的脱胶孔缺陷进行检测的声发射信号波形及其频谱。从频谱图上分析,信号的频谱信息在 50~700 kHz 范围内比较丰富,要分析其中的主要频谱分布范围只能进行大致地估计。为了对不同频段的信号进行详细的分析,采用 db6 小波函数对图 12.1.3 中的声发射信号进行五个尺度的小波分解,各尺度分解的重构波形信号及其所对应的频谱见图 12.1.4。经过小波变换,复合材料脱胶孔声发射检测信号被分解到六个频带中,表 12.1.2 为声发射信号经过小波分解后各级频带能量占整个信号能量的百分比。由表中数据可知,经过小波分解后第 2 和第 3 级的信号所携带的能量占总能量的 80% 以上,是信号的主能量频带,分析小波变换后各级信号的时域波形,同样能获得类似的结论,即第 2 和第 3 级的分解信号含有缺陷检测的绝大部分信息。因此,第 2 和第 3 级的分解信号可用于分析脱胶孔缺陷的特征。除了能提取声发射检测信号的特征频带之外,如果声发射信号中的噪声是频带有限的,则根据小波分解后的频带,可以剔除含有噪声的频带。对于图 12.1.3 中声发射信号,由前面分析可知,第 2 和第 3 级的分解信号是声发射检测信号的特征频带,可以用这两级信号进行重构,去除其他四级频带的低频和高频噪声。去除噪声后的重构信号见图 12.1.5。

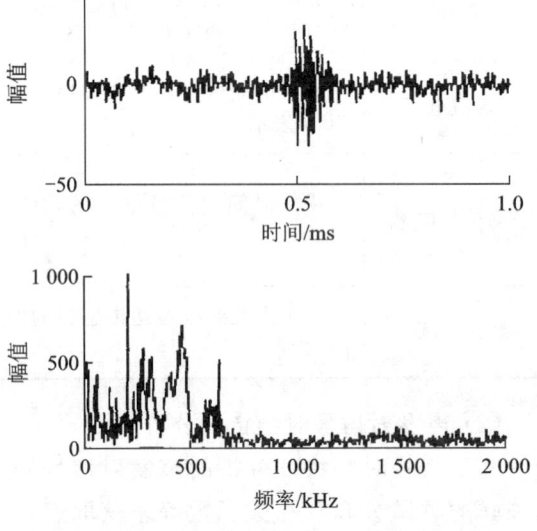

图 12.1.3 复合材料中脱胶孔缺陷的声发射检测信号波形及其频谱

表 12.1.2　声发射信号小波分解后各分量的能量比

小波分解分量	能量比/%	小波分解分量	能量比/%
A5	1.91	D3	65.69
D5	1.31	D2	15.30
D4	9.0	D1	2.43

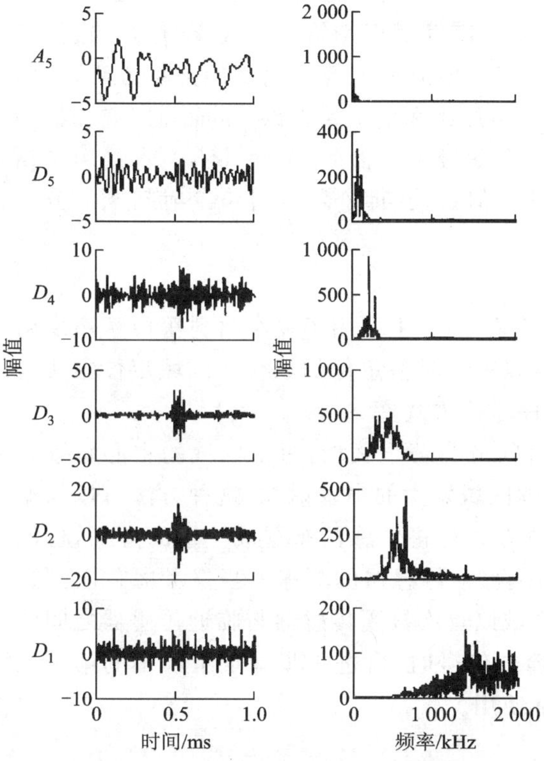

图 12.1.4　声发射信号小波分解后各尺度的重构波形及其频谱

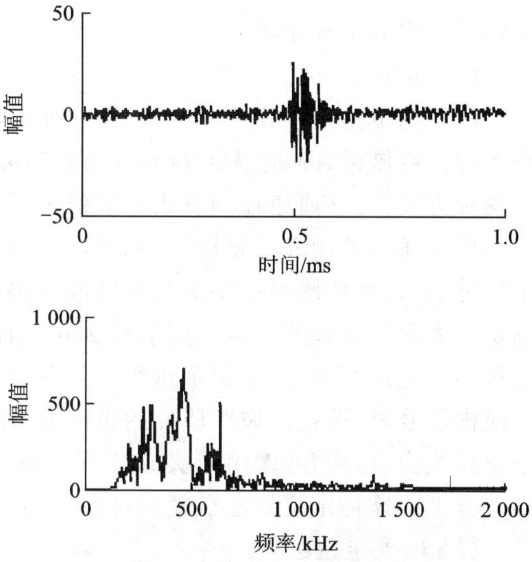

图 12.1.5　利用小波变换特征频带对声发射检测信号去噪后的重构信号

12.1.4　声发射源定位技术

固体材料内部缺陷的发生和扩展形成声发射源,并以弹性波的形式释放能量向四周传播。为了在固体材料表面某一范围内测量出缺陷的位置,将几个声发射传感器按一定的几何关系放置在固定点上组成传感器阵列,然后在检测过程中根据各个传感器检测到的声发射信号来确定声发射源的位置,这种定位声发射源的方法就是源定位技术。声发射源定位技术是声发射研究的一个重要方面,声发射源的定位需由多通道声发射仪器来实现。对于突发型声发射信号和连续型声发射信号需要采用不同的声发射源定位方法,图 12.1.6 列出了目前人们常用的声发射信号源定位方法。

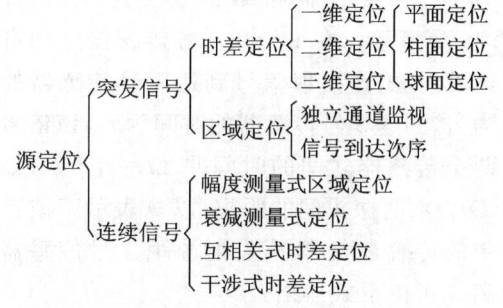

图 12.1.6　声发射信号源定位方法分类

(1) 模态声发射理论简介

由于声发射现象涉及力学、材料、波动理论等众多领域,对声发射现象的机理、传播特性的理论研究目前尚处在初级阶段。模态声发射是一种基于波形分析的声发射信号处理技术,虽然对研究对象作了大量简化处理且技术本身仍在完善之中,但由于着眼于将声发射信号波形与声发射的物理过程相联系,它已表现出极强的生命力。模态声发射理论的基本点是,对于工程上大量使用的板状结构,由于板厚远小于声波波长,声发射源在板中主要激起扩展波、弯曲波和水平切变波三种模式的声波。模态声发射理论给出了板厚、标量势、矢量势、波数、角频率、板波相速度、无限介质中纵波速度和横波速度等所满足的关系方程,并由此获得板中不同模式波相速度(或群速度)和频率、板厚乘积的关系曲线,从而确定波在板中的传播速度。模态声发射理论假定声发射信号是在薄板中传播的,因此并不能直接用来精确解释和计算在复杂结构体中声发射的传播规律。但是,其理论本身对声发射问题的分析思路有一定的指导作用。

(2) 区域定位法

区域定位是一种处理速度快、简便而粗略的定位方式,主要用于复合材料等由于声发射频度过高或传播衰减过大或检测通道数有限等难以采用时差定位的场合。区域定位主要包括两种方式:独立通道控制方式和按信号到达顺序定位方式。

独立通道控制方式是按信号衰减的影响将时间分为若干区域,每个区域的中心布置一个传感器,每个传感器主要接收围绕该传感器周围区域发生的声发射波,这种方法可以粗略确定声发射源所处的区域。按信号到达顺序定位方式是将传感器布置成一定的阵列,检测过程中不记录时差,但需记录每个声发射信号到达每个传感器的顺序。当仅考虑首次到达的撞击信号时,可提供波源所处的主区域,而该区域以首次接受传感器与临近传感器之间的中点连线为界。当考虑第二次或第三次到达的撞击信号时,可进一步确定主区中的第二或第三分区。这种定位方法在复合材料检测中经常使用。

(3) 时差定位法

同一声发射源发出的声发射信号到达不同传感器的时间不同,根据时间差、波速以及传感器的位置可以计算出声发射源的位置,这就是时差定位的原理。根据声发射源所处的空间位置可以分为一维线定位、二维平面定位、柱面(球面)定位以及三维空间定位四种定位方法[6]。

一维线定位是声发射源定位中最简单的方法,多用于焊缝缺陷的定位。一维定位至少采用两个传感器和单时差,其原理如图12.1.7a所示。在1号和2号传感器之间有一个声发射源,声发射信号到达1号传感器的时间为 t_1,到达2号传感器的时间为 t_2,该信号到达两个传感器之间的时间差 $\Delta t = t_2 - t_1$,如果以 D 表示两探头间的距离,以 v 表示声波在试样中的传播速度,则声发射源距1号传感器的距离 d 可由下式得出:

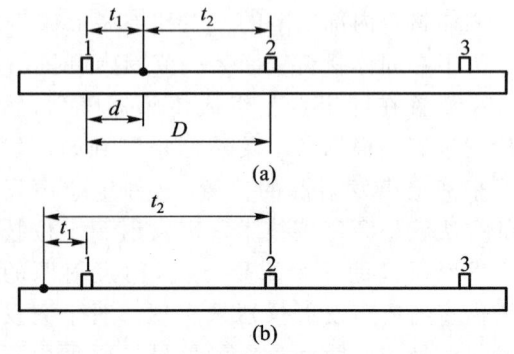

图 12.1.7 声发射源时差线定位原理图

$$d = 1/2(D - \Delta t \cdot v) \qquad (12.1.1)$$

由上式可知,当 $\Delta t = 0$ 时,声发射信号源位于两传感器的正中间;当 $\Delta t = D/v$ 时,声发射源位于 1 号传感器处;当 $\Delta t = -D/v$ 时,声发射源位于 2 号传感器处。图 12.1.7b 所示为声发射源在传感器阵列外部的情况,此时无论信号源距 1 号传感器有多远,时差 $\Delta t = t_2 - t_1 = D/v$,声发射源被定位在 1 号传感器处。

二维平面定位至少需要三个传感器和两组时差值,但为了得到单一解,一般需要四个传感器三组时差值。传感器阵列可任意选择,但为了计算简便,常采用简单阵列形式,如三角形、方形、菱形等。就原理而言,声发射源的位置均由两组或三组双曲线的交点所确定。

柱面定位和球面定位是常见的定位方式。许多压力容器都是圆柱体或球体,柱面定位实际上是平面定位的一种特例。一般传感器的布局是将传感器布置在两个或几个圆周上,每个圆周均匀分布几个传感器。球面定位是将传感器布置在球形容器上检测故障的方法,球形定位需要在球面三角算法上求解定位点,传感器布局时,一般沿着几条纬线作均分布局,将传感器坐标送入计算机,实验时计算机将接收的传感器信号按球面三角算法求解。

在现代声发射检测仪器中已经使用三维空间定位的检测软件,它是基于信息融合的算法来定位声发射源位置,其传感器布置也比较复杂。这种定位方式主要用于大型物体内部缺陷的监测,如岩石、大坝、变压器内部放电等。

时差定位是利用时差、波速、传感器间距等参数来确定试样或构件声发射源的检测方法,其定位精度受波速、衰减、波形、构件形状等许多易变量的影响,在实际应用中难以得到非常满意的结果,特别是在复合材料的检测中,由于其各向异性,声波在不同方向上传播的速度不同,往往不能使用时差定位法而采用区域定位法。

(4) 应用实例[7]

图 12.1.8 为四支承两转子系统,图中给出了四个长度尺寸,单位为 mm,其中两个是轴承座距离参数,另外两个是碰摩杆位置参数。支承轴承为流体动力润滑滑动轴承。轴承座轴向宽为 40 mm,转子圆盘厚为 25 mm,直径为 120 mm。转子与轴承座的分布基本上对称于中间的刚性联轴器接合面。摩擦点有两处,不同时进行。摩擦副为铜—钢摩擦。声发射传感器置于轴承座的侧面。本试验通过采集和分析多盘转子系统碰摩声发射信号从而快速直接地发现碰摩点的位置。

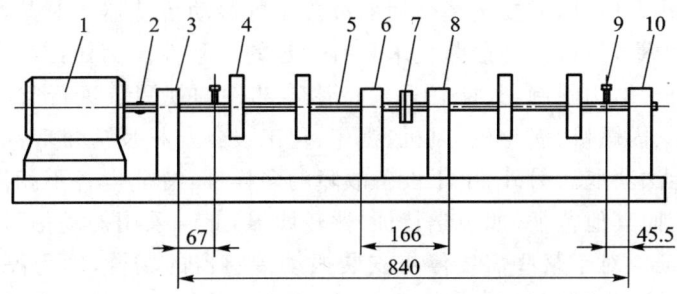

图 12.1.8 转子试验台
1—电动机;2—柔性联轴器;3—轴承座 1;4—转子;5—键相块;6—轴承座 2

信号分析方法采用基于小波包分解的互相关系数法。对于不同传感器上采集的声发射信号通过小波包分解和重构将信号分解到不同的频段,有些频段的信号受的干扰大些,例如高频部分,有些频段则小一些,可以认为受干扰小的频段具有更大的相关系数。由于假定碰摩位置只有一个,所以由公式(12.1.1)可知只有一个 Δt 是正确的。如果声发射信号在传播过程中根本没有受到干扰,那么信号在各个频段上的互相关系数值应该都是一样的,相应的 Δt_0 也就更加接近真实值。所以,可以对分解后不同频段的重构信号作互相关,并比较相关系数,找出最大的相关系数以及相对应的 Δt,再用公式(12.1.1)计算碰摩位置。分别对轴承座 1 和轴承座 2 上的传感器 A 和 B 采集的声发射信号进行 6 层小波包分解,分别取第 3 个包进行重构,重构后的信号做互相关,结果如图 12.1.9 所示。根据互相关系数的最大值确定时间延迟 t,将此值代替公式(12.1.1)中的 Δt,根据声发射信号在金属中的传播速度,即可计算得到碰摩位置。实验表明,计算结果与实际位置非常接近。

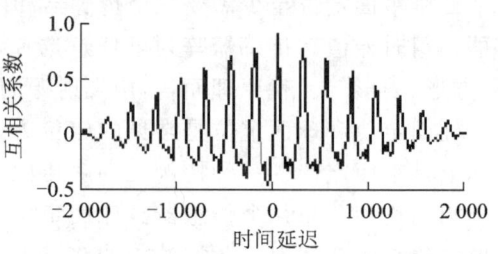

图 12.1.9 传感器 A 和 B 的互相关系数

12.2 噪声诊断方法

12.2.1 概述

随着工业的现代化发展,对关键设备进行状态监测与故障诊断显得尤其重要。设备故障诊断技术因此也受到日益广泛的关注,并在工厂中得到了大量的应用,产生了巨大的经济效益[8-10]。设备故障诊断技术以动态测试技术为基础,以信号处理技术为手段。随着动态测试技术的发展,可以利用振动、噪声、力、温度、电磁、光、射线等多种信号实施诊断,随之产生了振动诊断技术、声学诊断技术、光谱诊断技术、铁谱诊断技术、无损检测技术及红外和热成像诊断技术等。同时,随着数字信号处理技术的发展,特别是借助于计算机技术,各种诊断方法应运而生,形成了状态空间分析诊断、对比诊断、函数诊断、逻辑诊断、统计诊断和模糊诊断等方法。

目前采用的故障诊断技术主要基于振动信号测量与分析,即振动诊断技术。为了准确地获取关键设备的状态信息,需要选择合适的位置布置振动传感器。对某些设备,其振动信号的测量存在一定困难,使得振动诊断技术具有一定的局限性。例如:对于减速箱内部的传动轴与传动齿轮,由于结构限制,只能在远离待诊零部件的观测点进行监测,获取信号的可靠性较差;对于水泵、内燃机、涡轮机、风机、锯床、化工设备与核反应堆等高腐蚀、有毒、有害的设备,振动信号无法获取。另外,由于设备故障的多样性,特征也各不相同,在某些情况下振动特征并不明显,而其他特征(如声学特征)比较明显,此时采用振动信号作为监测量难以获得正确的故障特征。对于某些需要停机安装振动传感器的场合,因为停机将带来较大经济损失,所以安装振动传感器很不方便。因此,有必要寻求一种有效的非接触式监测和分析手段。

噪声作为一种机械波,是通过振动向媒介(如空气)辐射能量的结果,具有与振动信号同等的功能,蕴含着丰富的机器状态信息,是一项重要的衡量指标。当机器零件的自身运动以及零件之间的相互运动状态发生变化时,机器噪声信号也会随之变化。例如设备发生旋转不平衡、构件碰磨、机座松动、管道泄漏等故障时会产生明显的异常噪声,通过对异常噪声的分析能够对机器运行状态进行状态监测与故障诊断。利用噪声信号进行故障诊断成为近年来故障诊断领域新的发展方向,被称之为声学诊断技术。与振动诊断技术相比,声学诊断技术具有如下优点:非接触式测量、设备简单、信号易于测取、传感器安装灵活、不影响设备正常工作和在线监测等,尤其是应用在振动信号不易测量的场合,是一种简易快速的故障诊断技术。

人们最早开始进行故障诊断的时候,就采用听诊法进行诊断:利用设备运行时发出的声音来诊断,即如果设备的声音突然发生变化,往往说明设备有故障,有经验的师傅能根据声音判断出故障类型。听诊法只适合于有经验的工人,包含较大的人为因素。掌握这种方法不易,这使得它无法适用于现代化工业。统计能量法也是一种基本的声学诊断技术。当设备发生故障时伴随有异常噪声,不但设备的音质发生变化,辐射的声能量也发生变化,根据该变化就可诊断出故障。实际应用中,这种方法容易受环境的影响,依赖于操作人员的经验,技巧不易掌握,是一种简易的声学诊断方法。目前,一些电动机厂家仍采用该法对电动机装配质量进行检测。与前两种方法相比,声发射是一种比较成熟的声学诊断方法。该方法利用金属材料在外力作用下释放内部贮存能量所引起的弹性波来识别故障,对运行状态下构件的缺陷的产生和发展有较好的诊断效果。Kwak 等[11]分析了机械加工过程中金属材料释放的 AE 信号,并进行了过程监测。Tandon 等[12]分析了 AE 信号监测轴承疲劳裂纹的扩展与滚动表面摩擦状况。Mba 等[13]分析了 AE 信号监测旋转机械转子的摩擦状态与裂纹扩展。Fararooy 等[14]分析了 AE 信号监测铁轨裂纹故障,上述应用都取得了较好的结果。更多学者则采用频谱分析的方法。Leitzinge[15]应用 NVH 技术,通过振动信号、声信号等参量对发动机进行在线缺陷检测。Benko[16]等基于噪声信号,采用传统的频谱分析和短时傅里叶变换,对真空吸尘器实施了故障诊断,取得一定成果。我国的侯温良[17]根据正常机器与故障机器噪声的谱相关系数诊断设备故障,在利用实验手段获得设备具体故障的识别阈值后可诊断特定故障。舒大文等[18]基于噪声信号对汽车变速箱齿轮的故障进行了研究。

小波分析和神经网络的出现推动了声学诊断技术的发展。Li[19]采用小波分析提取刀具在不同加工状态下的声学特征。Honatvar 等[20]根据汽缸噪声的频率响应提取瞬时冲击声学特征。Katsuhiko 等[21]采用对称点图将噪声故障特征以图形方式直观的表示出来,在轴承故障诊断中取得了良好效果。Li 与 Hessel 等[19,22]则分别采用自组织神经网络对内燃机、压力容器、泵、风机与锯床等设备的声信号进行故障分类,取得了较好的诊断结果。我国的吕琛等基于噪声信号,通过小波包络谱和图像处理等技术,对内燃机主轴间隙故障进行了诊断研究[23]。

综上所述,听诊法和统计能量法需要一定的经验,局限在某些特定场合下使用,当环境发生变化时提取出的声学特征不具备可比性;声发射的频带限定在超声范围内,必须采用专用仪器测量;基于频谱分析的噪声诊断技术,大都采用一两只传声器,获得的信息量非常有限,无法给出声源的位置和强度的变化信息。由于声信号在空气中传播存在着反射、干涉、衍射以及多干扰源等现象,实际声场非常复杂,信噪比低,因此需要建立一种有效的声源识别和特征提取方法,准确地找到主要声源,捕捉到声场变化,从而提取出有效的声学特征,既能继承传统的频谱分析功能,又能获取声源的位置和强度信息,这对声学诊断技术的发展至关重要。

12.2.2 声全息的发展现状

声源识别对有效地提取声学特征至关重要。声源识别方法主要分为三类:① 传统识别方法,如主观评价法、分部运转法、分别覆盖法、近场测量法、表面速度测量法、表面强度法、声强测量法;② 基于信号处理的识别方法,如频谱分析法、倒谱分析法、常相干函数法、偏相干函数法;③ 声全息方法,如近场声全息、等效源法、局部近场声全息等。

传统的几种识别方法各具优点,适用场合不尽相同。主观评价法适用于有经验的专门人员,对简单声源有效,但无法获得定量数值。分部运转法是将各部件依次脱开运行,从而获得各个部件或组件对总声级的影响,适用于各零件可以分别运行的情况。分别覆盖法是利用密封隔声罩,分别暴露机器的不同表面,测量辐射噪声,因而比较耗时,成本较高。近场测量法是靠近各个声源进行测量,适用于声源尺寸较大的情况,在混响场中也无法实现,所以它只能近似反映各声源的强弱,精度不高。表面振速测量法利用物体结构表面的声—振关系,通过测量表面振速来反映辐射声功率的强弱,从而鉴别主要声源。表面强度法采用传声器和加速度传感器近场测量,获取物体表面声辐射,但对旋转部件和高温部件无法适用。声强测量法相对于表面强度法先进,采用非接触式测量,能较准确地识别噪声源,但由于造价甚高限制了其使用。总之,传统的噪声源识别方法普遍存在识别精度不高,实现困难等缺点,仅用作简单的声源识别。

基于信号处理的几种方法通过对声信号进行空间采样和变换来识别声源。频谱分析和倒谱分析通过计算信号的功率谱密度函数,根据其频率特性来鉴别主要声源。常相干函数法和偏相干函数法是假设一个噪声传递系统,利用输入输出信号相关性来评估声源近场测量点对于评价点的贡献大小,从而找出影响最大的声源。这几种方法的分析结果都比较精确,但容易受传感器的安装位置的影响,而且测点少,提供的信息十分有限。

声全息方法是通过测量一个二维面(称为全息面)上的声学量(如声压),运用重构算法来重构声源表面的三维声场(包括声压、声强和法向振速),最后将声场以图形或动画的形式显示出来。与上述两类方法相比,声全息方法不仅利用了声信号的强度信息,而且还利用了其相位信息,结果特别直观,可以很容易地对声源进行定位、量化,并能显示噪声的传播路径。由于声全息在频域进行,自然地继承了上述方法在频域的分析特点。对声全息方法进一步研究,并将其应用到声学诊断技术中,必将促进后者的发展。

下面着重介绍声全息技术的研究进展及应用。

60年代后期,巴特尔研究院的Hussein借鉴光全息术的原理提出了声全息的概念。Shewel在研究单频相干场的逆衍射中,建立了基本的声全息理论。利用早期的声全息,主要进行了结构振动的声像研究和噪声源分析。这种早期的声全息由于要求测量面到源面的距离远大于声源的尺寸,通常在几个波长的范围,所记录的数据只包含辐射声波的低阶波数成分,而不包含幅度随距离按指数规律衰减的高空间频率的倏逝波(evanescent wave)成分,属于常规声全息。其分辨率受瑞利分辨率的限制,即分辨率大于半个波长。

(1) 正交共形近场声全息

为了解决常规声全息受瑞利分辨率限制的问题,美国的Williams和Veronesi等人提出近场声全息(NAH: nearfield acoustical holography)理论。与常规声全息不同的是,NAH在紧靠声源表面(测量距离远小于辐射声波的波长)测量辐射声场的全息数据,然后通过空间声场变换技术重构三维空间的声压、振速、声强等场量,并能预报远场指向性。由于是近场测量,所以它除了记录传播波成分外,还记录了空间频率高于$2\pi/\lambda$的倏逝波成分,分辨率突破了瑞利限制。Williams和Maynard采用256(16×16)个麦克风组成的平面阵列重构了有限长方形板的(6,10)和(8,2)阶振动模态分布,充分体现了 NAH 近场测量的潜力。随后,Williams 又提出针对柱面体声源的广义近场声全息(GENAH:generalized nearfield acoustical holography),利用二维快速傅里叶变换(2D-FFT)对同轴的两个柱面上的声场进行空间变换。当声源表面为正交坐标系下的一个坐标面(如直角坐标系下的平面,柱坐标系下的柱面和球坐标系下的球面)时,可以选择与源面形状相同的全息面形状,通过分离变量法得到 Helmholtz 方程的一般解,然后利用全息面上的测量值和分离变量法得到特征函数之间的正交性确定特征函数的系数,从而得到问题解。这三种空间声场变换方法都是在共形的坐标面之间进行,可借助于离散傅里叶变换(DFT)来快速实现,该方法也被称为正交共形 NAH。

为了提高 NAH 算法的稳健性、可靠性及抗噪声干扰的能力,普遍采用在空间域或频域加窗函数。其中频域滤波函数的主要参数为截止频率,在测量面离源面距离很小时有效,距离增大时,效果变差;而基于空间域声压和振速约束的迭代窗分别适用于无障碍和有障碍的平面式声源,但是计算量大。我国的张德俊提出一种新的滤波函数——带约束条件的最小二乘滤波函数,该窗与测量信噪比、测量距离以及声源频率密切相关,对测量距离的适应性较强,但在高、低频带处的光滑性差。在 NAH 中,虽然可以通过滤波提高声场变换的精度,但是测量中难免存在干扰影响,测量系统误差及各种环境干扰都将因 Green 函数的奇异性,在源面场的重构中被放大而影响重构效果。

(2) 基于边界元法的近场声全息

正交共形的 NAH 最大的优势是可借助于 DFT 实现快速运算,但最大缺陷是对声源表面形状的适应性差。为此,Veronesi 等[24]提出适用于任意表面形状的声全息——常数单元法。该方法将声源表面用一系列的平面单元来近似,并假定每个单元上的声压和法向振速为常量,分别将外部 Helmholtz 积分方程和表面 Helmholtz 积分方程近似为一代数方程组。当频率不是本征频率时,联合这两个代数方程组即可求得源表面的声压和法向振速;当频率为本征频率时,还需将内部 Helmholtz 积分方程近似为一代数方程组,并结合奇异值分解,选择适当的内点消除本征频率上解的非唯一性。该方法的关键是如何确定本征频率以及选取一组内点。

为了提高任意形状声源重构的精度,Bai[25]提出了边界元法(BEM:boundary element method)。他采用三角形单元和四边形单元对源表面进行离散,并采用二次形函数进行插值,将 Helmholtz 积分方程进行离散,得到代数方程组。分别采用源表面和源内部一虚构面建立约束方程组,得到两类不同的算法(HHS 算法和 HHI 算法),并采用奇异值分解和滤波技术解决声场重构中固有的不适定性。

当源面和全息面距离较近时,重构过程采用 Guass 消去法求解方程组即可满足要求;而当源面和全息面距离较远时,必须采用奇异值分解和相应的滤波技术。如何寻求最优准则合理地选取全息变换的参数(如网格尺寸、全息面与声源的距离、奇异值的截断个数以及内点的选取等)还有待进一步研究。由于边界元法具有降低求解空间维数、自动满足 Helmholtz 方程以及 Sommerfeld 辐射条件等优点,在分析无穷域的声辐射和散射问题上,它比有限元法(FEM:finite element method)更有效。但是,边界元法在求解振动体的外声场问题存在两个数值计算上的困难:① 奇异积分的处理;② 在 Dirichlet 内问题的特征频率处,解的唯一性不能保证,尤其在中、高频率段,特征频率分布密集,导致求解结果严重失真,甚至完全错误。为了解决后一问题,提出许多改进方法,其中最有代表性的有 CHIEF 法和 Burton-Miler 法。但从理论上讲,CHIEF 法并没有完全解决解唯一性的问题,而 Burton-

Miller 中数值积分处理十分繁杂。我国的陈心昭等人提出全特解场边界元方法,在声辐射计算中取得一定效果。另外,边界元法和常数单元法本质上是通过空间采样来重构声场,所以在每一波长内需要有足够的结点数以满足重构精度的要求。相应地,至少需要布置与结点数同样多的测点,因此测量和重构计算十分耗时、效率较低,测试成本也非常高。

(3) 等效源方法

1) 波叠加法

为了寻求边界元法的有效替代方法,Koopmann 等[26]于 1989 年根据求解弹性力学问题的叠加法思想,提出求解声辐射和散射问题的一种间接积分方程法——波叠加法(WSA:wave superposition algorithm)。它将一系列等效源配置在振动体内部的虚拟区域内,然后根据振动体表面给定的法向振速采用配点法或最小二乘法计算出等效源的强度,进而求出等效源系统的模拟外声场。由于所选择的等效源满足 Helmholtz 方程和 Sommerfeld 辐射条件,由解的唯一性定理可知,该等效源系统所产生的模拟外声场即为原振动体的辐射或散射声场。由于所选择的等效源配置区域与实际振动体不重合,在求解中不存在奇异积分处理。因此,与其他边界积分方法相比,该方法具有较高的计算精度与效率。在实际应用中,为了计算方便,一般将等效源配置区域选为振动体内部的一个封闭曲面(等效源面)。由于采用封闭曲面作为等效源的配置区域,导致了在该面上相应问题的特征频率处存在非唯一解。因此,有学者提出了复数形式的 Burton - Miller 型混合层势法,克服了解的非唯一性问题;但在计算时间上比标准单层势法和双层势法增加了 50% 左右。我国的向宇提出一种基于复数矢径的波叠加法,克服了解的非唯一性问题,而且计算时间与标准单层势或双层势法相当。

2) HELS 方法

由于基于边界元法和常数单元法的 NAH 存在着重构效率低、解非唯一及奇异积分等问题,Chao[27]提出一种基于正交函数适配的最小平方误差方法(LSM),将声场近似成一组正交完备的函数的线性组合,利用最小平方误差准则由测量声压求出展开式中的待定系数,从而确定声场中包括源面的声压和法向振速分布。从原理上说,该方法与波叠加法类似,都采用了等效源的思想;不同的是前者采用基函数展开来等效原声场,而后者采用配置等效源来等效原声场。LSM 的展开项数和测量点数比 BEM 中要少很多,并且避免了大量耗时的积分运算,因此,计算量远小于 BEM。该方法又称为 Helmholtz 方程最小平方法(HELS:helmholtz equation least square)。由于 HELS 的展开项数远小于 BEM 中的网格结点数,因此比后者节省大量计算时间。HELS 实施的关键是基函数的构造,如果用球坐标系下的正交函数系作为基函数来重构声场,当重构点位于包围不规则声源的最小球面外时可以得到精确解;当应用到表面形状比较规范(如长椭球、扁椭球)或具有其他表面形状的声源时,只能在包含声源的最小球面以外的区域获得较高的重构精度,而在该最小球面以内的区域则只能做到大致近似。由此看来,对于具有其他表面形状的声源,需要构造合适的基函数才能达到在声源表面精确重建的目的。

目前以球函数作为正交函数适配近似的研究居多,但实际上,只有在声源长宽高比接近 1:1:1 的情况下,才能按照前面的办法构造出基函数的解析表达式,而对于其他任意形状的声源,则不可能在与其表面共形的面上构造出基函数。工程实际中,很多声源的表面形状往往都不规则,所以只能采取近似的途径来解决这些问题:当声源表面形状接近 1:1:1 时,采用在球面上构造基函数;当声源表面形状接近 1:1:10(长形)、1:10:10(扁平形)或

1∶10∶100(长扁形)时,则采用在各自的椭球坐标系中构造基函数,这比球坐标系中构造基函数的过程复杂得多。球形 Hankel 函数适用于对包含声源的最小球面以外的声场进行重构,当球半径趋于零时,球形 Hankel 函数的值趋于无穷,这似乎存在着一个失效的内部区域,该问题可以通过将球形 Hankel 函数分成实部和虚部来解决。

展开项数直接关系到声场重构结果的精度,如果测量声压完全准确,那么,当展开项数趋于无穷大时,重构值将会收敛于准确值。其中,低次项代表向远场辐射能量的声波成分,高次项则代表近场倏逝声波成分。对于远场重构,只需要少量测点和展开项数就能达到目的,但对于声源表面重构则必须包含高次项。实际中测点数目和展开项数总是有限的,而且较少的测点数和展开项数使得矩阵维数较小,数值计算速度快。从实际出发,较少的测点数也意味着设备简化,有利于工程应用。因此,合理地选取测点数和展开项数是 HELS 方法的关键之一。

(4) 局部近场声全息

NAH 的测量要求非常严格,例如,要求测量孔径大于声源表面的两倍以上,要求传声器均匀布置,要求传声器间距远小于测量波长(通常要求 1/6 波长以下)。对于大型机械设备,特别是在高频部分,很难符合 NAH 的测量要求;另一方面,有时只对部分声源表面感兴趣,或者由于条件限制,只能在有限区域测量声压,此时就无法应用 NAH。在此背景下,局部近场声全息(Patch - NAH)是一个很好的选择。它对测量的要求大大降低,只需测量局部表面,测量成本降低,效率和计算效率都大大提高。因此,许多学者纷纷对它开展了研究。

常规 NAH 要求在无限大孔径上进行声压测量,而实际只能在有限孔径上进行,所以声压在测量孔径的边缘处不连续,导致声压在波数域中波谱泄漏。另外,由于采用 DFT 计算,还存在着卷绕误差。目前,有两种方法可以减轻上述泄漏和误差:其一是在有限测量数据外补零;其二是基于全息面的数据外推。但是补零虽然可以减轻卷绕误差的影响,但它不能解决虚拟测量孔径边缘处的数据不连续问题,而数据外推属于反问题,即对补零后的测量数据先进行 2D - FFT,再进行加窗处理,最后进行 2D - IFFT。目前数据外推的三个理论基础分别为:① 全息面声压的连续性假设;② 空间传递函数矩阵的分解理论;③ 正则化理论。而且为了得到准确的重建结果,Patch - NAH 的测量面一般需要满足以下两个条件:一是测量面要稍大于感兴趣的重构面;二是测量面要能测量到该区域的峰值,这样做有利于提高迭代的收敛速度,节省计算时间。

12.2.3 阵列测量技术与可视化结果表示

以上简要介绍了声全息的概念及其发展过程。从原理上说,声全息技术的实现可以分为三个环节:基于传声器阵列的声压测量技术、声场重构算法和结果的可视化表示。其中,声场重构算法是声全息技术的核心。严格来说,以上介绍的主要是各种声场重构算法,以下介绍另外两个环节。

(1) 阵列测量技术

阵列是指一组在空间固定分布的传声器,具有一定形状,通过它们对空间声压场进行测量。一般选用电容式声压传声器,测得的电压数据经 A/D 转换离散成数字信号,存储在计算机中。根据声场的时间特性,对于稳定声场,为节约成本可以采用扫描法;而对于瞬态声场,必须采用平面阵列拍照采样,即快照法。根据测量距离的远近可以分为近场测量法和远场测量法。

扫描法采用少量传声器,按照一定方向移动,分多次测量获取声压数据。根据噪声源的形状,分为直线扫描和球面扫描。张德俊等[28]研制出一套在空气中使用的线阵扫描实验系统,使用32个驻极体传声器组成稀疏矩阵,对圆钢板和编磬振动进行了实验研究。

快照法(snap shot method)采用平面接收阵,一次测量完成声压数据的采集,测量速度快,效率高,特别适合于瞬变声场。由于需要的传声器多达数百个,甚至上千个,使得整个测量系统造价太高。对于稳定声场,选用扫描法是合适的。B&K 公司开发的 PULSE 系统就采用了大阵列进行快照法测量,其开发的阵列有矩形和圆形等多种。

近场测量是在紧靠被测物体表面的测量面上记录全息数据。由于测量面紧贴物体表面,所以除了记录传播波成分外,还能记录空间频率高于 $2\pi/\lambda$ 的随传播距离按指数规律衰减的倏逝波成分,可获得不受波长 λ 限制的高分辨率图像。

远场测量是指在距离声源较远位置测量声压,该距离通常远大于分析声波波长,记录不到倏逝波成分,因此分辨率受波长的限制,不适合高分辨率的场合,但可以对火车或汽车等尺寸较大的物体进行噪声识别。这种方法对识别、判断和控制对远场有贡献的主要声源很有效。我国的杨殿阁利用远场测量法对汽车噪声源识别进行了较详细地研究。

(2) 结果的可视化表示

将声场的重构结果表示成可视化的图形,有便于对声源进行定位和量化。一旦有了这种图形化结果,就不需要"听"声音,可以直接"看"声音。重构的声学量包括声压、法向振速和声强。重建图主要有三维分布图、等值线图、剖面图、矢量声强图、动画等,其中,动画可以动态地显示一段时间内某些频带的声场重构图。通过声压场等值线图,可以很方便地看出哪里是最大噪声源,即"热点"。声压是标量,它反映了在空间指定点的总压力波动情况,与环境因素有关,也与人们主观感觉到的声压不同。辐射体表面瞬时法向振速场反映了空气微粒的脉动速度,和物体的表面辐射效率有关,通过它可以监测辐射体表面关键点的振动状况。矢量声强图清楚表明了声能的流动方向,可用于识别发自物体表面某声源的声强(矢量)流,它对于声强的"热点"和声强矢量的变向区,即正声强(声源)和负声强(汇)的快速识别特别有效。声强场也可以采用流线来表示,这样有助于更好地理解声能量的流动。类似于声压等高线图,流线场的方向代表能量流动方向,线条间距表示能量的强度,它比传统的矢量声强图更具表现力。

12.2.4 基于声全息的故障特征提取

基于上述分析,由于这些方法仅采用几只传声器,获取的声场信息十分有限。为了能更全面地利用噪声信号提取机械设备的故障特征,需要采用基于声全息的故障特征提取技术。

根据故障诊断原理,基于声全息的故障诊断技术可以简单描述如下:第一步是利用传声器阵列进行数据采集,测量辐射体的外部声压场。第二步,利用声全息技术重构辐射体的外部声场,一旦准确地重构出辐射体的外部声场,就可以容易地获取声源的个数、位置、幅

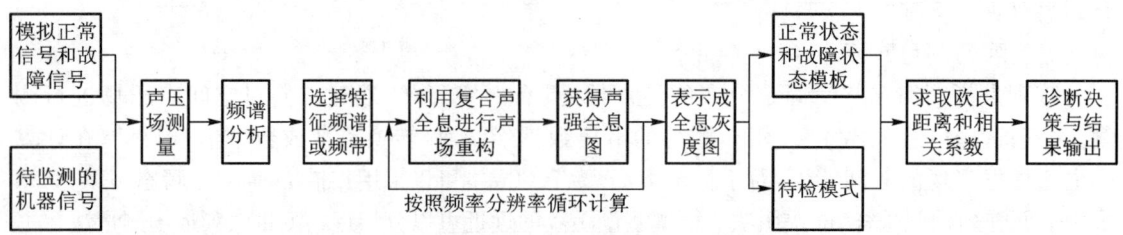

图 12.2.1 基于声全息的故障诊断技术实施过程

值、频率等故障特征。在重构的声强全息图上,"热"点即对应着声源。根据"热"点,可以确定出声源的个数和位置。通过等高线图或者强度图的颜色条,可以读出声源的强度。又因为全息图是在频域进行声场重构的,所以全息图还包含了噪声的频率信息。因此,声全息图蕴含了丰富的特征信息,有许多是振动信号所不具备的,特别是源的位置信息。第三步,在得到全息图之后,首先将其划分网格并制作成为灰度图,储存在计算机中。经过大量实验,分别获取机器在良好工作状态下和故障状态下的声全息图像,建立基于全息图的正常状态与故障状态的模板库,并建立故障特征映射表。将机器实时采集的状态与这些模板进行比较,就可以判定机器的运行状态。第四步,结合机器的一些特征参数,参照故障特征映射表就可以进行诊断决策,判定出机器的故障类型。

基于声全息的故障诊断技术实施过程如图 12.2.1 所示。首先,进行声压场测量,可以利用传声器阵列一次性获取一段时间内整个测量面上声压信号。然后,从中抽取一个通道的时域信号进行频谱分析。一般选择阵列中间的那个通道进行分析,具体实施时采用 FFT 来计算信号的频谱。随后,从计算出的频谱中找出若干特征谱线或者选择若干特征频带,利用声全息对这些频段进行声场重构。如果选择重构某个频率下的声场比较容易,一次就可以重构出声强全息图;如果选择宽频信号,需要进行多次循环,每次循环递进一倍频率分辨率,循环结束后叠加求出总的声强全息图。可以采用声强作为特征信号来进行故障特征提取:一方面是因为声强是物体辐射声能量的量度,另一方面是因为声强比声压更稳定。

为了便于计算机处理和各系统之间的交流与共享,需要将重构的声强全息图表示成灰度图像文件存储(BMP 格式的图形文件)。按照重建网格密度划分成相等面积的小矩形,在每个矩形内填充不同灰度的颜色,灰度值的大小反映了该网格内幅值的大小。在 MATLAB 中,灰度图采用 8 位无符号整数表示,所以数值的取值范围是 0~255。对于一个特定的工业机械噪声环境,它的声强级的动态范围不会超过 30 dB(±15 dB),即声强级的波动值最大为 15 dB,所以结果可以表示成声强级。取机器正常运行时的平均声强级为基准,减去 15 dB 作为灰度图的最小声强级,加上 15 dB 作为灰度图的最大声强级。例如,一台机器正常运转时的声强级为 65 dB,在故障状态下,其声强级可能增加到 80 dB,也可能减小到 50 dB。所以,灰度图的最大、最小值分别设定为 50 dB、80 dB。在 MATLAB 中,最小值对应零,最大值对应 1。所以,声强级换算之后,还需进行归一化处理。具体实施时,首先需要计算各像素点处的声强级,然后计算相对声强级,再转换到相应的动态范围,并实施归一化,就可以得到各像素点的灰度值,最后结果表示成声强级的全息灰度图。在这些声强级全息灰度图上,黑点代表声源,从而可以获取黑点的个数、位置、强度等信息。将按照上述步骤制作的全息灰度图依据相同的格式,保存成模板。针对不同的频率,制作一系列模板。

可以在实验室模拟一系列正常状态和故障状态,采集各状态下的声压数据,按照图 12.2.1 的步骤建立全息灰度图模板库。同样地,将待监测的状态也表示成全息灰度图。将待监测的全息灰度图与标准模板进行比较,求取它们之间的差值进行状态识别。它们之间的差值等于两图之间的声强级差,在这里称为差值全息图,定义为

$$L_{ij} = |\tilde{A}_{ij} - A_{ij}| = 10\lg\left(\left|10^{\frac{\tilde{I}_{ij}}{10}} - 10^{\frac{I_{ij}}{10}}\right|\right) \tag{12.2.1}$$

其中,$\tilde{A}_{ij}$ 表示待监测的全息灰度图中 (i,j) 格点处的灰度值,A_{ij} 表示标准模板的全息灰度图中 (i,j) 格点处的灰度值,$\tilde{I}_{ij}$ 表示待监测的全息灰度图中 (i,j) 格点处的声强级值,I_{ij} 表

示标准模板的全息灰度图中(i,j)格点处的声强级值。按照式(12.2.1)计算出两图之间的声强级差,然后按照图12.2.1的步骤,转换成差值全息图。从声强级差全息图中,可以清楚地观察到待监测状态与各标准模板之间的差别。利用该图,可以观察到差别的大小以及分布,非常直观。"最小的差别"意味着两种状态最接近,利用这一最直观的办法,就能判别出待监测的状态,提取出故障特征。

除此之外,作为声强级差全息图的补充,还计算了待监测状态与标准模板两个图像之间的二维相关系数。二维相关系数和声强级差全息图的作用是不同的:二维相关系数描述了两幅图像之间的相似程度;而声强级差全息图描述了待监测状态与标准模板之间的声强级之间的差值。因此,依据最小的声强级差和最大的相关系数最终可以确定待监测的状态,提取出故障特征。进一步结合机器的某些运行参数,就能进行故障诊断。

$$R = \frac{\sum\sum(\widetilde{A}_{ij} - \overline{\widetilde{A}})(A_{ij} - \overline{A})}{\sqrt{[\sum\sum(\widetilde{A}_{ij} - \overline{\widetilde{A}})^2][\sum\sum(A_{ij} - \overline{A})^2]}} \tag{12.2.2}$$

12.2.5 应用案例

实验配置如图12.2.2所示。采用2个音箱模拟噪声源,标记为声源A和B。它们被布置在同一平面,但位于不同高度并分开一定距离。以传声器阵列的中心位置为基准,确立水平坐标x轴和竖直坐标y轴的原点,以音箱表面为测量坐标z轴的原点建立直角坐标系。两个音箱的位置坐标分别为$(-0.3\text{ m}, 0.2\text{ m}, 0)$、$(0.1\text{ m}, -0.1\text{ m}, 0)$。传声器阵列为网格形式,由30个传声器($5 \times 6$)组成。阵列的外围尺寸$0.6\text{ m} \times 0.5\text{ m}$,传声器间距为$0.1\text{ m}$、$0.2\text{ m}$不等。传声器阵列距离音箱表面的距离$z = 1\text{ m}$,重构距离为$z = 0.2\text{ m}$。采用Muller-BBM公司的32通道数据系统采集声压数据,见图12.2.2左下角。采样频率设为16 384 Hz,数据长度为10 s。利用两个信号发生器发出信号,频率分别为1 500 Hz、1 700 Hz,经功率放大器放大后驱动音箱发声。利用上述系统采集数据,然后应用复合声全息算法进行处理,声场重构结果如图12.2.3所示。

从图12.2.3所示的声压等值线图中,根据"热点"位置可以很容易识别出两个声源的具

图12.2.2 实验配置图

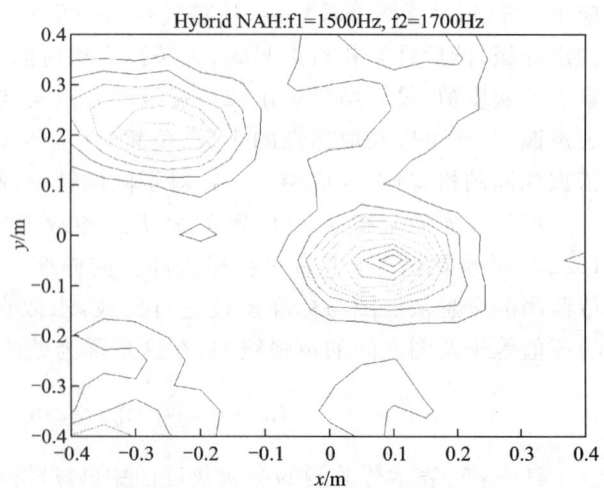

图12.2.3 复合声全息重构的声压等值线图

体位置。与事先测量的位置坐标对比,发现其中一个声源定位准确,另外一个声源在 x 轴方向差别 0.03 m。这种定位误差在工业现场相对于大中型机械设备还是可以接受的。对于幅值重构的准确度,由于无法准确计算两个音箱辐射声压的数值,所以采用了实验现场测得的 A 计权声压值作为参考来验证声场重构结果。实验测得音箱表面声压值为 103 dB(A),阵列中心传声器前声压值为 93 dB(A)。重建面与音箱表面的距离为 0.2 m。对重建面上左边音箱对应位置处的声压级进行插值,计算结果为 99.9 dB(A)。再结合声源频率对计算结果进行 A 计权修正,结果为 98.9 dB。运用复合声全息技术重构出左边音箱前 0.2 m 处声压,幅值为 98 dB。理论值与重构值差值为 0.9 dB,在工程误差范围内。

实验结果表明,幅值和定位实际误差都在允许范围内,说明该复合声全息技术较好地描述了两个音箱的辐射声场。实验中声源的位置与仿真中的条件并不完全相同,但同样可以取得令人满意的结果,说明该技术具有较好的稳健性。实验中只采用了 30 只传声器,因此取得这样的精度还是可以接受的。而实验中测量距离为 1 m,这样的测量距离在现场应用更方便、更安全。

思 考 题

1. 常规近场声全息与局部近场声全息有何区别?以及各自的应用范围是什么?
2. 在近场声全息的发展过程中,共有几种方法以及各方法的应用范围和局限性是什么?
3. 查阅相关文献,总结波叠加方法中虚源点布置的方法以及算法原理。

参 考 文 献

[1] 袁振明,马羽宽,何泽云.声发射技术及应用[M].北京:机械工业出版社,1985.
[2] (日)勝山邦久.声发射技术的应用[M].冯夏庭,译.北京:冶金工业出版社,1996.
[3] 徐彦廷,刘富君,王亚东.中国第十一届声发射学术研讨会论文集[C].杭州.2006.
[4] 杨明纬,耿荣生.声发射检测[M].北京:机械工业出版社,2005.
[5] 沈功田,耿荣生.声发射信号的参数分析方法[J].无损检测,2002,24(2):72-77.
[6] L. Alfayez. The application of acoustic emission for detecting incipient cavitation and the best efficiency point of a 60 kW centrifugal pump:case study[J]. NDT&E International,2005,38:354-358.
[7] 褚福磊,王庆禹,卢文秀.用声发射技术与小波包分解确定转子系统的碰摩位置[J].机械工程学报,2002,(38)3:139-143.
[8] 陈进.机械设备振动监测与故障诊断[M].上海:上海交通大学出版社,1999.
[9] 徐敏,等.设备故障诊断手册[M].西安:西安交通大学出版社,1998.
[10] 徐章遂,房立清,王希武,等.故障信息诊断原理与应用[M].北京:国防工业出版社,2000.
[11] Kwak J S,Song J B. Trouble diagnosis of the grinding process by using acoustic emission signals[J]. International Journal of Machine Tools & Manufacture,2001,

41:899-913.

[12] Tandon N, Choudhury A. A review of vibration and acoustic measurement methods for the detection of defects in rolling element bearings[J]. Tribology International, 1999,32:469-480.

[13] Mba D. Applicability of acoustic emissions to monitoring the mechanical integrity of bolted structures in low speed rotating machinery: case study[J]. NDT&E International,2002,35:293-300.

[14] Frarooy S, Allan J. Condition monitoring and fault diagnosis of railway signaling mechanical equipment using acoustic emission sensors[J]. Insight - Nondestructive Testing and Condition Monitoring,1995,37(4):294-297.

[15] Leitzinger R E. Development of in-process engine defect detection methods using NVH indicators[M]. Thesis of University of Windsor,2002.

[16] U. Benko, J. Petrovcic, D. Juricic, et al. Fault diagnosis of a vacuum cleaner motor by means of sound analysis[J]. Journal of Sound and vibration,2004,276:781-806.

[17] 侯温良. 从振动噪声判别机器故障:谱相关法[J]. 声学学报,1983,8(6):339-344.

[18] 舒大文,廖伯瑜. 用振动和噪声信号诊断汽车变速箱齿轮故障的研究[J]. 昆明理工大学学报,1997,22(4):54-61.

[19] Li X L, Dong S, Yuan Z J. Discrete wavelet transform for tool breakage monitoring[J]. International Journal of Machine Tools & Manufacture,1999,39:1935-1944.

[20] Honatvar F, Sinclair A N. Nondestructive evaluation of cylindrical components by resonance acoustic spectroscopy[J]. Ultrasonics,1998,36:845-854.

[21] Shibata K, Takahashi A, Shirai T. Fault diagnosis of rotating machinery through visualisation of sound signals[J]. Mechanical Systems and Signal Processing,2000,14(2):229-241.

[22] Hessel G, Schmitt F P. A neural network approach for acoustic leak monitoring in pressurized plants with complicated topologies[J]. Control Engineering Practice,1996,4(9):1271-1276.

[23] 吕琛,王桂增. 基于时频模域模型的噪声故障诊断[J]. 振动与冲击,2005,24(2):54-57.

[24] Veronesi W A, Maynard J D. Digital holographic reconstruction of sources with arbitrarily shaped surfaces[J]. Acoust. Soc. Am.,1989,85(2):588-598.

[25] Bai M R. Application of BEM(boundary element method)-based acoustic holography to radiation analysis of sound sources with arbitrarily shaped geometries[J]. Acoust. Soc. Am.,1992,92(1):533-549.

[26] Koopmann G H, Song L, Fahnline J B. A method for computing acoustic fields based on the principle of wave superposition[J]. Acoust. Soc. Am.,1989,86(6):2433-2438.

[27] Chao Y C. An implicit least-square method for the inverse problem of acoustic radiation[J]. Acoust. Soc. Am.,1987,81(5):1288-1292.

[28] 程建政,张德俊. 编磬振动特性的声全息研究[J]. 声学学报,2000,25(1):87-92.

附录　故障诊断标准

1. 名词术语

(1) 振荡 oscillation
相对给定的参考系,一个随时间变化的量值与其平均值相比,时大时小交替变化的现象。
(2) 机械振动;振动 mechanical vibration;vibration
机械系统中运动量的振荡现象。
(3) 谱,频谱 spectrum
将一个量作为频率或者波长的函数的一种描述。
(4) 简谐振动 simple harmonic vibration
随时间按正弦函数变化的运动。
(5) 周期振动 periodic vibration
每经相同的时间间隔,其运动量值重复出现的振动。
(6) 准周期振动 quasi periodic vibration
稍微偏离振动周期的振动。
(7) 非周期运动 aperiodic vibration
不是周期性的运动。
(8) 稳态振动 steady-state vibration
持续的周期振动。
(9) 瞬态振动 transient vibration
非稳态、非随机的短暂存在的振动。
(10) 自由振动 free vibration
去掉激励或约束之后所表现的振动。
(11) 受迫振动,强迫振 forced vibration
外部周期性激励的稳态振动。
(12) 自激振动 self excited vibration
在非线性机械系统内,由非振荡性能量转变为振荡激励所产生的振动。
(13) 张弛振动 relaxation oscillation
在一个周期内,运动量有快速变化段和慢速变化段的振动。
(14) 直线振动 rectilinear vibration
振动点的轨迹为直线的振动。
(15) 随机振动 random vibration

对未来的任何给定时刻,其瞬时值不能预先确定的振动。

(16) 集合 ensemble

多个信号的汇总。

(17) 随机过程 random process, stochastic process

可以用统计特性表示的时间函数的集合。

(18) 平稳过程 stationary process

统计特性不随时间变化的随机过程。

(19) 强自稳 strongly self-stationary

在一个有限的时间间隔内,对取样值进行平均所确定的所有统计特性与取样时间无关的随机信号是强自稳的。

(20) 弱自稳 weakly self-stationary

在一个有限的时间间隔内,对取样值进行平均所确定的平均值和自相关函数与取样时间无关的随机信号是弱自稳的。

(21) 时间历程 time history

一个量的大小用时间函数的表示。

(22) 环境振动 ambient vibration

给定环境条件引起的所有振动,通常是由远近许多振源产生的振动组合。

(23) 拍 beats

两个频率相近的振动合成时产生的振幅周期性变化的现象。

(24) 系统 system

能完成一定功能的各有关部分的组合。

(25) 线性系统 linear system

可以用线性微分方程描述其运动规律的系统。

(26) 机械系统 mechanical system

由质量、刚度和阻尼各元素以一定形式组成的系统。

(27) 惯性系统 seismic system

通过弹性元件和阻尼元件将质量块联结到参考基础上所组成的系统。

(28) 单自由度系统 single-degree-of-freedom system

在任意瞬时,只用一个广义坐标就可以完全确定其位置的系统。

(29) 多自由度系统 multi-degree-of-freedom system

在任意瞬时,需要两个或两个以上的广义坐标才能完全确定其位置的系统。

(30) 连续系统,分布系统 continuous system, distributed system

在任意瞬时,需要无限多个广义坐标才能完全确定其位置的系统。

(31) 等效系统 equivalent system

为便于分析而采用的与原系统效应相等的系统。

(32) 运动稳定性 stability of motion

系统在受到暂时干扰离开其原来运动系统(包括静止状态)后,能否自动恢复其原来运动状态的性能。

(33) 刚度 stiffness

弹性体所受外力(力矩)的增量与其所产生的位移(转角)的增量之比。

(34) 柔度 compliance

刚度的倒数。

(35) 等效刚度 equivalent stiffness

为便于分析而采用的与原振动系统刚度效应相等的刚度。

(36) 阻尼 damping

运动过程中系统能量的耗散作用。

(37) 线性粘性阻尼,粘性阻尼 linear viscous damping,viscous damping

振动系统的元部件受到一大小与其速度成正比,方向与速度方向相反的作用时,所出现的一种能量耗散作用。

(38) 线性粘性阻尼系数 linear viscous damping coefficient

线性粘性阻尼力与速度的比值。

(39) 等效粘性阻尼 equivalent viscous damping

为便于分析振动运动所假想的线性粘性阻尼。

(40) 临界阻尼,临界粘性阻尼 critical damping,critical viscous damping

使偏离平衡位置的单自由度系统,无振动地回到初始位置的最小粘性阻尼。

(41) 阻尼比 damping ratio

在线性阻尼系统中,实际阻尼系数与临界阻尼系数之比。

(42) 非线性阻尼,非线性粘性阻尼 non-linear damping,non-linear viscous damping

当振动系统的元部件受到一大小与速度的某次幂(除 1 以外)成正比,方向与速度方向相反的阻尼力作用时,所出现的一种能量耗散作用。

(43) 基本周期 fundamental period

使一个周期量的值重复出现的自变量的最小增量。

(44) 频率 frequency

单位时间内的循环次数,它等于周期的倒数。

(45) 圆频率,角频率 circular frequency,angular frequency

正弦量频率的 2π 倍。

(46) 基本频率,基频 fundamental frequency

对周期量,为基本周期的倒数;对振动系统,为最低固有频率。

(47) 固有频率 natural frequency

由系统本身的质量和刚度所决定的频率,n 自由度系统一般有几个固有频率,按大小次数排列,最低的为第一固有频率。

(48) 共振频率 resonance frequency

出现共振时的频率。

(49) 反共振频率 antiresonance frequency

出现反共振现象时的频率。

(50) 优势频率 dominant frequency

在功率谱密度曲线上,最大值处对应的频率。

(51) 幅值 amplitude

正弦值的最大量,在振动中幅值亦称为振幅。

(52) 峰值 peak value

在给定的区间内某一量的最大值。振动量的峰值一般取为该量与其平均值之间的最大偏差。正峰值称为最大正偏差,负峰值称为负偏差。

(53) 峰峰值 peak-to-peak value

振动量在极值间的代数差之中的最大值。

(54) 振动烈度 vibration severity

表示振动的强烈程度的一个通用词。通常用诸如最大值、平均值、均方根值或描述振动的其他参数的一个值或一组值表示。

(55) 响应 response

系统受外力或其他输入作用时的输出。

(56) 相角,相位 Phase angle, Phase

将自变量的某一值作为参考值时,所测得的正弦量超前(滞后)角。相位通常用弧度表示。

(57) 相位差 phase difference

两个频率相同的正弦量之间的相位之差。

(58) 激励 excitation, Stimulus

作用于系统,激励系统出现某种响应的外力或其他输入。

(59) 过冲,负冲 Overshoot, Undershoot

改变输入量,使系统的输出由稳态值 A 变到比它大的(小的)稳态值 B,当最大的(最小的)瞬时响应超过(小于)B 值时,则称该响应为过冲(负冲)。

(60) 阻抗 impedance

定常线性系统中,用复数表示的系统激励的简谐量与其响应之比。

(61) 位移阻抗,动柔度 dynamic stiffness

在简谐激励时,力与其位移响应的复数比。

(62) 位移导纳,动柔度 dynamic compliance

位移阻抗的倒数。

(63) 速度导纳 velocity mobility

速度阻抗的倒数。

(64) 加速度阻抗 acceleration impedance

在简谐力激励时,力与其加速度响应的复数比。

(65) 加速度导纳 acceleration mobility

加速度阻抗的倒数。

(66) 驱动点阻抗,原点阻抗 driving-point impedance, direct impedance

在简谐力激励时,机械系统的同一点上,力与其响应(位移、速度、加速度)的复数比。

(67) 驱动点导纳,原点导纳 driving point mobility, direct mobility

驱动点阻抗的倒数。

(68) 传递阻抗,跨点阻抗 transfer impedance

在简谐力激励时,机械系统的一点的力与另一点响应的复数比。

(69) 传递导纳,跨点导纳 transfer mobility

传递阻抗的倒数。

(70) 共振 resonance
系统作受迫振动时,激励频率任何微小变化均会使其响应下降的振动状态。

(71) 反共振 antiresonance
作受迫振动的系统中,激励频率任何微小的变化均会使响应最小的点响应上升的系统状态。

(72) 谐波 harmonic
频率为基本频率整数倍的正弦量。

(73) 次谐波 subharmonic
周期为基本周期整数倍的正弦量。

(74) 次谐波共振,次谐波响应 sub-harmonic resonance, sub-harmonic response
机械系统所呈现的具有某种共振特性的响应,其周期为激励周期的整数倍。

(75) 机械冲击,冲击 mechanical shock, shock
系统受到瞬时激励,其力、位置、速度或加速度发生突然变化的现象。

(76) 碰撞 impact
一个质量与另一个质量的一次互撞。

(77) 连续冲击 bump
试验所用的多次重复的冲击。

(78) 冲击激励 shock excitation
产生机械冲击的任意激励。

(79) 冲击运动 shock motion
由冲击激励所产生的任何瞬时运动。

(80) 速度冲击 velocity shock pulse
由突然的、非振荡的速度变化所造成的机械冲击。

(81) 冲击脉冲 shock pulse
在短于系统固有周期的时间内,发生的以运动量或力的升降来表示的冲击激励形式。

(82) 理想冲击脉冲 ideal shock pulse
能用简单的数学式精确描述的脉冲,例如半正弦脉冲、三角形脉冲等。

(83) 半正弦脉冲 half-sine shock pulse
运动随时间变化的曲线呈半正弦的理想冲击脉冲。

(84) 正矢冲击脉冲,钟形冲击脉冲 versine shock pulse, bell shape shock pulse
运动随时间变化的曲线呈正矢的理想冲击脉冲。

(85) 矩形冲击脉冲 rectangular shock pulse
运行随时间变化的曲线呈矩形的理想冲击脉冲。

(86) 梯形冲击脉冲 trapezoidal shock pulse
运行随时间变化的曲线呈梯形的理想冲击脉冲。

(87) 对称三角形冲击脉冲 symmetrical triangular shock pulse
运行随时间变化的曲线呈等腰三角形的理想冲击脉冲。

(88) 前锋锯齿冲击脉冲 initial peak saw-tooth shock pulse
运行随时间变化的曲线呈前锋锯齿形的理想冲击脉冲。

(89) 后锋锯齿冲击脉冲 final peak saw-tooth shock pulse

运行随时间变化的曲线呈后锋锯齿形的理想冲击脉冲。

(90) 公称冲击脉冲 nominal shock pulse

实测冲击脉冲与理想冲击脉冲之差（可用脉冲形式或频谱形式来表示）不超过某一给定公差范围时，通常以理想冲击脉冲的名字来称呼和描述实测冲击脉冲，在这种特定的意义上，公称冲击脉冲与理想冲击脉冲同名。

(91) 冲击脉冲的名义值 nominal values of a shock pulse

实测冲击脉冲与理想冲击脉冲之差不超过某一给定公差范围时，用来描述理想冲击脉冲的值。（包括频谱、峰值、作用时间等）

(92) 冲击脉冲持续时间 duration of shock pulse

冲击脉冲从基准值上升到最大值，再下降到基准值所需要的时间（对实测冲击脉冲通常取最大值的 10% 为基准值）。

(93) 脉冲上升时间 pulse rise time

冲击脉冲从基准值上升到较大值所需要的时间（对实测冲击脉冲通常取最大值的 90% 为较大值）。

(94) 脉冲下降时间 pulse decay time, pulse drop-off time

冲击脉冲从较大值下降到基准值所需要的时间。

(95) 爆炸波 blast

由爆炸所造成的压力脉冲及随之产生的介质运动。

(96) 共振试验 resonance test

在试件的共振频率上以给定幅值的加速度或位移，在规定的时间内所进行的振动试验。

(97) 冲击试验 shock test

考核试件承受冲击载荷能力的试验。

(98) 连续冲击试验 bump test

考核试件承受多次重复冲击载荷能力的试验。

(99) 扫描 sweep

可控变量（通常是频率）连续经过某一区间的过程。

(100) 扫描频率 sweep rate

在扫描过程中，可控变量（通常是频率）对时间的变化率，即 df/dt，其中 f 为可控变量，t 为时间。

(101) 均匀扫描频率，线性扫描频率 uniform sweep rate, linear sweep rate

在扫描过程中，可控变量（通常是频率）对时间的变化率为常数的扫描率，即 df/dt 为常数。

(102) 交越频率 cross-over frequency

在振动环境试验中，振动特征量由一种关系变为另一种关系的频率。例如：交越频率就是由等位移—频率关系变为等加速度—频率关系时的频率。

2. 机械设备故障诊断技术的主要理论和方法

机械设备故障诊断近几十年来的发展日新月异，主要的诊断理论和方法有以下方面：

2.1 基于故障机理的诊断方法

本方法注重从动力学的角度出发去研究故障的发生、发展机理及其出现故障之后对应的状态。它是其他各种诊断方法的基础。有不少人在这方面作了大量的工作,如高金吉博士所做的关于高速涡轮的故障诊断机理的研究。

2.2 基于故障树分析诊断(FTA)法

本方法用逻辑推理图的方式分析机械设备各部位故障的发生及其故障产生的原因之间的相互关系,是一种比较早的故障诊断方法,其目的是判断基本故障,确定故障发生的原因、影响以及故障发生的概率。它的诊断精确度不高,但是它表达直观,便于现场工人分析、处理。

2.3 基于信号分析和处理的诊断方法

信号分析和处理诊断方法主要是通过在机械设备上安置传感器,采集机械设备的状态信息。然后进行分析处理,提取关于设备的运行情况以及有无故障,故障发生、发展情况。其关键技术是信号的分析处理方法,目前主要有时域、频域、倒频谱、时频分析等。

振动时域特征参数主要有:峰峰值、均值、均方幅值、方差、标准差、三次矩、四次矩、波形因子、脉冲因子、裕度因子等。这些特征参数由于测量比较直接,可以用于在线监测,同时也可以作为其他各种诊断方法的特征提取参数,辅助诊断。

频域分析主要是通过某种变换,将振动信号从时域变换到频域,然后再进行特征提取的一种方法,其主要的处理方法有古典谱估计法和现代谱估计法。古典谱法包括周期图法、自相关法及其他一些改进算法,现代谱法包括最大熵谱估计、ARMA法以及最小方差法等,在这里不再一一详述。古典谱法的优点是可以用FFT快速计算,物理意义明确,缺点是谱分辨率偏低,需要的数据量较多,加窗易产生泄露,方差性能不好;现代谱分析法具有较高的分辨率,对数据量的要求较少,但是容易产生波形失真,信噪比低。

时域或频域分析只适用基于平稳或准平稳过程振动信号,而对于非平稳信号,用时域或频域分析法则存在分辨率不足的问题,时频分析弥补了仅用时域或频域分析的分辨率不足的问题。

2.4 基于模式识别的诊断理论

基于模式识别的诊断理论是在模式识别的基本内容的基础上发展起来的诊断学理论。其主要内容包括模式向量的形成、信号的特征提取和分类器设计。在发展上述理论的过程中,考虑到将模式识别理论运用到设备故障诊断过程中的具体特点,建立模式向量时,从设备特点、特征出发,选择能够反映设备状态变化特征的一些参数形成向量;信号特征提取则是从上述特征参数中提取最能反映设备故障发生、发展变化的一些参数;分类器设计是设计分类器直接用于设备的故障识别。

2.5 基于模糊数学的诊断理论

基于模糊数学的诊断方法是运用模糊数学的概念解决设备的故障诊断问题的理论,其主要内容是用模糊数学的隶属度函数 $\mu_i(x)$ 来描述设备故障与症状之间的蕴涵关系;用模糊综合评判方法来判断设备的某种症状属于某种故障的隶属度。主要研究设备的故障矩阵

$\tilde{x}$ 的建立和归一化评判矩阵 $\tilde{r}$ 的构造,建立能够描述症状与故障之间的模糊变换矩阵 $\tilde{y}=\tilde{x}\cdot\tilde{r}$,从而获得设备故障与故障症状之间关联程度。

2.6 基于灰色系统的诊断理论

灰色系统理论是1982年由华中理工大学学者邓聚龙教授创立并发展起来的,以其新颖的思路和广泛的适用性在理论与工程界引起广泛的注意并迅速在社会、经济及工程等许多领域获得广泛应用。灰色理论用于柴油机故障诊断的原理:把柴油机系统看成是一个复杂的灰色系统,利用存在的已知信息去推知含有故障模式的不可知信息的特性、状态和发展趋势,并对未来的发展做出预测和决策,其过程即是一个灰色系统的白化过程。灰色理论在故障诊断中的应用包括灰色系统建模、关联度分析、灰色模型预测等。

2.7 基于神经网络诊断理论和方法

神经网络的研究始于1944年,目前,神经网络在故障诊断中的运用主要有:

1) 神经网络直接用于故障诊断:挑选关键参数作为输入层,故障参数作为输出层,利用典型样本学习所得权值进行模式识别。

2) 自适应神经网络模式识别:传统模式识别过程在特征提取上具有很大的盲目性、效率低,而自适应神经网络则利用神经网络分布式信息存储和并行处理,避开模式识别中建模和特征提取的麻烦,从而消除了模式不符和特征提取不当带来的影响,使得故障易于识别。

3) 神经网络信号处理:神经网络用于信号处理主要是利用其最优化算法和其智能化识别的特点。

4) 模糊神经网络:具有准确的非线性拟合和学习能力。

5) 神经网络与专家系统结合识别:其结合包括神经网络完全取代专家系统、神经网络与专家系统浅层次结合、神经网络和专家系统深层次结合三个层次。实践证明,神经网络只有和专家系统完全结合起来,取长补短,才能克服神经网络的缺乏经验、无推理性以及专家系统的知识"瓶颈问题"等缺陷,到达一种较完美的组合。

2.8 基于专家系统的智能诊断方法

专家系统是人工智能的最活跃分支之一,其核心上要包括以下几部分:知识库、知识获取部分、推理机、解释部分。

知识库用于存储专家系统的知识,供推理机推理使用。知识是以一定的结构存储在知识库中的,这种结构被称为知识表达。目前较为成熟的知识表达方法有谓词逻辑、产生式规则、特征表、语义网络、框架、剧本。

知识获取部分用于获取知识送到知识库中,并对知识库中知识进行管理、维护。对于经验知识,一般是通过人机对话的形式进行知识编辑,然后将知识转化为知识库的内部形式,较为高级的系统是通过编译实现知识转化的。对于可进行数据处理的数据信号知识,由于知识模式的确定性,还可进行知识的自动获取,一般是通过对样本的修正来实现的。

推理机用于将知识库中的知识与当前状态知识进行匹配,即进行推理,然后给出推理结果。推理方式分为正向推理、反向推理及混合推理。正向推理也称数据驱动推理,是在已知外界初始信息的情况下,与知识库中的各个目标进行匹配,最后求出满意解;反向推理也称目标驱动推理,它依次假设知识库中的一个目标为待求目标,然后不断地从外界获取知识进行验证,直到找到满意的解为止;混合推理则是先进行正向推理缩小搜索空间,然后进行反向推理进行求解。

目前,对机械设备故障诊断专家系统的研制主要着手解决以下几个问题:知识的获取问题,面对当前越来越复杂、先进、自动化的机械设备,其组件更复杂化,故障发生的形式和产生故障的原因更多,即所谓的"知识爆炸",所以"知识瓶颈"问题是故障诊断专家系统的一大难题,如何利用当今已有的理论建造故障诊断的专家系统,利用其他领域的成功工具如神经网络去建造高质量的故障诊断专家系统。

2.9 油液分析诊断方法

油液分析(在用润滑油分析)是依据测取运行设备润滑油的微量磨损粉末,用化学理论对其分析的故障诊断方法,它所采取的"硬措施"是通过检测装置获取的润滑油的状态,是设备诊断的最重要技术手段之一,其核心内容涉及对在用润滑油的污染、变质和所含机械磨损产物的检测分析,主要分析方法包括油光谱诊断法和铁谱诊断法。

2.10 红外热成像诊断法

红外热成像诊断法是通过测取机械设备的二维温度场的变化情况,了解设备是否存在过热、热不均等。从而判断设备是否存在故障以及故障的发生、发展情况。它的"硬措施"是测取的设备向周围辐射的红外线,得到红外热场图,从红外热场图判断设备的状态。

2.11 无损探伤诊断法

在诊断过程中,采用先发射某种信号到设备,然后再测取从设备反射(或透射)的同种性质的信号来反映设备的状态信息的诊断方法定义为无损探伤诊断法。它的"硬措施"是向设备发射某种信号并接受它的硬件装置。无损探伤诊断法包括射线探伤诊断法、超声探伤诊断法、声发射诊断法和涡流探伤诊断法等。

2.12 热工参量诊断方法

把通过测量装置测取与设备有关的热工参量,从而诊断设备的运行状态及其故障的发生、发展情况的诊断方法称之为热工参量诊断法,它包括压力脉冲诊断法、温度诊断法。

2.13 电工参量诊断方法

在诊断过程中,测取设备的某些电工参量的诊断方法称为电工参量诊断法,它包括电流诊断法、电阻诊断法。

3. 监测与诊断阈值确定方法

3.1 振动标准的类别和标准的制定机构

(1)振动标准分类

振动标准从运行角度可分为两大类,即设备运行管理标准和设备的出厂标准。两者的要求一般不一样,通常情况下前者比后者要求更严格。两者的目的也不一样,前者是用来评估设备的运行的健康状况,即对设备状态进行评价,并确定设备的维修计划等;而后者是控制设备的生产质量、性能以及可靠性。在此,仅介绍设备运行的振动标准及其在故障诊断中的应用。

从故障诊断的角度,振动标准可以分为绝对标准和相对标准两种。绝对标准是指用以判断设备状态的振动绝对数值,其是在测定方法确定后指定的标准,所以应用时需注意其适用的频率范围和测定方法;相对标准则是指设备自身振动变化率的允许值,此标准是以同类设备的总体情况为依据或者以同一设备的状态变化趋势为依据,考虑其状态变化因素。在使用振动标准时应该注意,虽然一般将机器分为若干级,但机器的状态变化确实连续的。也就是说,一台机器振幅低于某一分级线的机器,其状态不一定比振幅稍高于此线的机器好。

(2) 标准制定机构和组织

国际上在振动标准的制定方面有两个公认的权威机构,一个是"国际标准化组织"(ISO),另一个是"国际电工委员会"(IEC)。

3.2 设备振动相对标准

设备振动的相对标准是振动标准在设备状态监测和故障诊断中的应用,特别适用于尚无适用的振动绝对标准的设备。其应用方法是对同一类型的一组设备或者统一设备的同一部件进行振动进行定期检测,以设备正常状态下的振动值为原始值,根据实测值与原始值的比值是否超过标准来判断设备的状态。

通常情况下,相对标准的不同是根据频率不同分为低频(<1 000 Hz)和高频(>1 000 Hz)两段,低频值主要是根据经验值和人的感觉,而高频值主要是考虑了零件的结构疲劳强度。

参考日本工业广泛采用的相对标准,典型的振动相对标准通常采用表 1 所示的分级。

表 1 推荐的设备振动相对标准

频段	低频(<1 000 Hz)	高频(>1 000 Hz)
注意区	1.5~2 倍	3 倍
异常区	4 倍	6 倍

3.3 旋转设备振动绝对标准

(1) 振动强度烈度的定义

在旋转设备的振动绝对标准中,通常使用"振动烈度"(vibration severity)的概念,在此振动烈度定义为频率 10~1 000 Hz 范围内振动速度的均方根值,描述一台机器振动状态简明而又综合的特征量,它提供了一个可靠而仅需简单测量的评定方法。它与实际工作中遇到的大多数机器振动的实际情况大致相符,其评定结果符合已有的经验。

"振动烈度"(即振动速度的均方根值)可按下式计算,即

$$V_{rms} = \sqrt{\frac{1}{T}\int_0^T v^2(t)\mathrm{d}t}$$

一般来讲,选用振动的均方根值表示振动烈度,并不排除其他参数进行测量。

（2）设备故障评定标准（振动标准）——属推荐性标准，非强制性标准

1）按轴承座振动烈度的评定标准

① ISO 2372

准则一：

区域 A：优良，振动在良好限值以下，振动状态良好。

区域 B：合格，振动在良好限值和报警值之间，机组振动状态是可接受的（合格），可长期运行。

区域 C：尚合格，振动在报警限值和停机限值之间，可短期运行，但必须加强监测并采取措施。

区域 D：停机极限、危险，立即停机。

准则二：振动幅值的变化：虽然振动值是合格的，但变化量超过报警值的 25%，不论是变大或变小都要报警。振动变化大意味着机组可能有故障。

适用范围：转速为 600～12 000 rpm/min 的旋转机械振动，频率为 10～1 000 Hz 的机械振动，见表 2。该标准中将机器分成四类：

表 2 ISO 2372 推荐的各类机器的振动评定标准

振动烈度分级范围		各类机器的级别			
振动烈度/(mm/s)	分贝/dB	Ⅰ类	Ⅱ类	Ⅲ类	Ⅳ类
0.18～0.28	85～89	A	A	A	A
0.28～0.45	89～93	A	A	A	A
0.45～0.71	93～97	A	A	A	A
0.71～1.12	97～101	B	A	A	A
1.12～1.8	101～105	B	B	A	A
1.8～2.8	105～109	C	B	B	A
2.8～4.5	109～113	C	B	B	A
4.5～7.1	113～117	D	C	B	B
7.1～11.2	117～121	D	C	C	B
11.2～18	121～125	D	C	C	C
18～28	125～129	D	D	C	C
28～45	129～133	D	D	D	C
45～71	133～139	D	D	D	D

注：振动烈度以 dB 为单位时，采用 $V_{rms}=10^{-5}$ mm/s 作为参考值。

每类机器都有 A、B、C、D 四个品质级，其中 A—优，B—良，C—合格，D—不合格。各类机器同样的品质级所对应的振动烈度范围是相互交错的。四个品质段的含义如下。

Ⅰ类：发动机和机器的单独部件。它们完整地连接到正常运行状况的整机上（15 kW 以下的生产电动机是这一类机器的典型例子）。

Ⅱ类：无专门基座的中型机器（具有 15～75 kW 输出功率的典型电动机），在专门基座上刚性安装的发动机或机器（300 kW 以下）。

Ⅲ类：具有旋转质量安装在刚性和重基座上的大型原动机和其他大型机器，基座在振动测量方向上相对是刚性的。

Ⅳ类：具有旋转质量安装在刚性和重基座上的大型原动机和其他大型机器，基座在振动

测量方向上相对是柔性的(例如:具有大于 10 MW 输出功率的汽轮发电机组和燃气轮机)。

振动烈度以门槛值 0.071 mm/s 为起点,并将 0.071~71 mm/s 的范围分为 15 个量级,相邻两个烈度量级的比为 1.6,即相差 4 dB。

② ISO 3945—1985 旋转机械振动烈度评定标准

表 3 给出了功率 300 kW、转速为 600~12 000 rpm/min 大型旋转机械的振动烈度的评定等级。

表 3 ISO 3945 评定等级

振动烈度		类型	
振动烈度/(mm/s)	分贝/dB	刚性支承	挠性支承
0.46~0.71	93~97	良好	良好
0.71~1.12	97~101		
1.12~1.8	101~105		
1.8~2.8	105~109	满意	满意
2.8~4.6	109~113		
4.6~7.1	113~117	不满意	不满意
7.1~11.2	117~121		
11.2~18.0	121~125	不允许	不允许
18.0~28.0	125~129		
28.0~71.0	129~139		

该标准所规定的振动烈度评定等级决定于机器系统的支承状态,它分为刚性支承和挠性支承两大类,相当于 ISO 2372 中的Ⅲ类与Ⅳ类。对于挠性支承,机器—支承系统的基本固有频率低于它的工作频率;而对于刚性支承,机器—支承系统的基本固有频率高于它的工作频率。

2) 轴振动标准

① ISO 7919《旋转机器轴振动的测量与评定》

第一部分(ISO 7919—1)总则

主要讨论轴振动测量的原理,不涉及机器的种类及运转方式。确定一些具体规定,如应用范围和场合、参考文献、测量对象及测量方法、使用仪器、评价准则。并且还带有三个附件。

第二部分(ISO 7919—2)陆地安装的大型汽轮发电机组

应用范围:额定转速范围从 1 500~3 600 rpm,并且功率输出大于 50 MW 的陆地安装的大型汽轮发电机组。

测量方法:用非接触式传感器做转轴的相对振动测量,如需要也可用复合式传感器测量转轴的绝对振动。测量系统频段上限应不低于 160 Hz。

评定准则:振动幅值是在两个选定的相互垂直的测量方向上位移峰峰值的较大值,如果只使用一个测量方向,那么应注意确保它可提供足够的信息。

准则一:在稳态运行工况下额定转速时的振动幅值。

区域 A:振动良好,可长期运行,新交付使用的机器的验收区域。

区域 B:振动合格,可长期运行。

区域 C:振动报警,可短期运行,必须采取措施。
区域 D:停机极限、危险,立即停机。
表 4 给出了轴振动的限值

表 4 轴振动的限值(推荐值) μm

区域	轴的最大相对振动位移				轴的最大绝对振动位移			
	转速/rpm				转速/rpm			
	1 500	1 800	3 000	3 600	1 500	1 800	3 000	3 600
A/B	100	90	80	75	120	110	100	90
B/C	200	185	165	150	240	220	200	180
C/D	320	290	260	240	385	350	320	290

准则二:振动幅值的变化,这种变化可以是瞬时的或者是随时间逐渐发展的,振动变化大意味着机组可能有故障。振动幅值变化量报警设定值为基线值+区域 B 上限值的 25%。

第三部分(ISO 7919—3)耦合的工业机器的轴振动测量与评价

应用范围:转速范围为 1 000～30 000 rpm,具有滑动轴承的工业机器,在尺寸及功率方面没有限制。包括蒸汽轮机、涡轮压缩机、涡轮泵、涡轮发电机、涡轮风机、电力驱动装置及相关的齿轮变速装置。

测量方法:遵循的测量方法及使用的仪器应符合 ISO 7919—1 中的说明,在工业机器方面,通常测量轴与轴承的相对振动。要求测量系统对整个振动频率的覆盖范围应达到最大运行转速的 2.5 倍。

评定准则:振动幅值是在两个选定的相互垂直的测量方向上位移峰峰值的较大值,如果只使用一个测量方向,那么应注意确保它可提供足够的信息。

这些准则是在额定转速及载荷范围内的稳态运行状态下给出的,适用于负荷正常的慢变化;对于不同的工况或者瞬态变化期间是不适用的,例如启动、停机和通过共振区。在这些情况下需要用另外的准则。

准则一:稳态运行工况下额定转速时的振动幅值。
区域 A:振动良好,可长期运行,新交付使用的机器验收区域。
区域 B:振动合格,可长期运行。
区域 C:振动报警,可短期运行,必须采取措施。
区域 D:停机极限、危险,立即停机。

$$\text{区域 A/B 限值}: S_{p-p} = 4\,800/\sqrt{n} \quad \mu m$$

$$\text{区域 B/C 限值}: S_{p-p} = 900/\sqrt{n} \quad \mu m$$

$$\text{区域 C/D 限值}: S_{p-p} = 13\,200/\sqrt{n} \quad \mu m$$

准则二:超过区域 B 限值的 25%,不论增大或减小都应查明变化原因。振动幅值变化量报警设定值为基线值+区域 B 上限值的 25%。

第四部分(ISO 7919—4)燃气轮机组的轴振动测量与评定

适用范围:具有滑动轴承,额定功率大于 3 MW,额定转速从 3 000～30 000 rpm 的工业用燃气轮机组(包括带有齿轮箱的燃气轮机组)。有三种主要类型:单轴恒速燃气轮机组、单轴变速燃气轮机组、用于燃气发生器和动力传递的分轴式燃气轮机组。不适用与航空发动机用燃气轮机。

准则一：稳态运行工况下额定转速时的振动幅值。

区域 A：振动良好，可长期运行，新交付使用的机器验收区域。

区域 B：振动合格，可长期运行。

区域 C：振动报警，可短期运行，必须采取措施。

区域 D：停机极限、危险，立即停机。

$$区域\ A/B\ 限值：S_{p-p}=4\ 800/\sqrt{n}\quad \mu m$$

$$区域\ B/C\ 限值：S_{p-p}=900/\sqrt{n}\quad \mu m$$

$$区域\ C/D\ 限值：S_{p-p}=13\ 200/\sqrt{n}\quad \mu m$$

准则二：超过区域 B 限值的 25%，不论增大或减小都应查明变化原因。振动幅值变化量报警设定值为基线值＋区域 B 上限值的 25%。

第五部分（ISO 7919—5）水力发电机组的轴振动测量与评定

适用范围：水力发电厂和泵站的机器或机组，额定转速从 60～1 800 rpm，轴瓦类型为筒式轴承，主机功率大于 1 MW，轴线可以是垂直、水平或任意角度。主要类型有水轮机或水轮发电机、泵和作为电动机运行的电机、水泵水轮机和电动机—发电机。不适用以下机器：热电厂或工业设备中的泵、用滚动轴承的水力机器或机组、用水润滑轴承的水力机器或机组。

② VDI 2059 德国工程师协会标准

转速范围为 3 000～30 000 rpm，大小与功率不限。采用非接触式传感器，两个互相垂直安装的探头。动态轴位移

$$S_k(t)=\sqrt{S_x^2(t)+S_y^2(t)}$$

函数 $S_k(t)$ 表示的是轴心轨迹曲线。最大位移 $S_{max}=Max(S_k(t))$；二倍的 S_{max} 大于或等于峰峰值

准则一：最大轴位移量必须保持在某一极限值以下。

准则二：相对于初始值的最大轴位移变量不得超过某一极限值。

$$振动情况良好极限曲线：S_{max\,A}=2\ 400/\sqrt{n}\quad \mu m$$

$$振动情况报警极限曲线：S_{max\,B}=4\ 500/\sqrt{n}\quad \mu m$$

$$振动情况危险极限曲线：S_{max\,C}=6\ 600/\sqrt{n}\quad \mu m$$

最大轴位移变量极限值：

$$\Delta S_{max\,B}=Min\begin{cases}S_{max\,N}+0.25S_{max B}\\ S_{max\,B}+0.25S_{max B}\end{cases}$$

$S_{max\,N}$ 是机器多次重复出现的典型参考值

③ 中国石油化工总公司标准

取最大值作为衡量值

$$S_{Ap-p}=2\ 782/\sqrt{n}\,\mu m\leqslant 50.8\ \mu m$$

$$\Delta S_{Bp-p}=(1.6\div2.5)S_{Ap-p}=1.5(1.6\div2.5)2\ 782/\sqrt{n}\quad \mu m$$

工作转速高取下限，工作转速低取上限

$$S_{Cp-p}=1.5S_{Bp-p}=1.5(1.6\div2.5)2\,782/\sqrt{n}\ \mu\text{m}$$
$$\Delta S_{Bp-p}=0.25S_{Bp-p}$$

④ 在非旋转部件上测量和评价机器振动——ISO 10816

ISO 10816—1 总则。

ISO 10816—2 功率大于 50 MW 陆地安装的大型汽轮发电机组。表 5 给出了根据轴承箱底座的振动速度的评定区域边界。

表 5 根据轴承箱底座的振动速度的评定区域边界

区域边界	轴转速/rpm	
	1 500/1 800	3 000/3 600
A/B	2.8	3.8
B/C	5.3	7.5
C/D	8.5	11.8

注：这些数值用于额定转速、稳态工况下在所有的轴承箱或底座上的径向振动测量和推力轴承上轴向振动测量。

ISO 10816—3 额定功率大于 15 kW 和额定转速在 120~15 000 rpm 范围内的在现场测量的工业机器。表 6 给出了机器分类的振动烈度区域。

表 6 机器分类的振动烈度区域

支撑类型	区域边界	位移有效值/μm	速度有效值/(mm/s)
第一组：额定功率大于 300 kW 小于 50 MW 的大型机器转轴高度 $H\geqslant 315$ mm 的电动机			
刚性	A/B	29	2.3
	B/C	57	4.5
	C/D	90	7.1
柔性	A/B	45	3.5
	B/C	90	7.1
	C/D	140	11.0
第二组：额定功率大于 15 kW 小于等于 300 kW 的中型机器转轴高度 160 mm$\leqslant H\leqslant$315 mm 的电动机			
刚性	A/B	22	1.4
	B/C	45	2.8
	C/D	71	4.5
柔性	A/B	37	2.3
	B/C	71	4.5
	C/D	113	7.1
第三组：离心式、混流式或轴流式——额定功率小于 15 kW 的泵			
刚性	A/B	23	2.8
	B/C	36	4.5
	C/D	57	7.1
柔性	A/B	36	4.5
	B/C	57	7.1
	C/D	90	11.0

3.4 旋转设备动平衡标准

对于旋转机械，约一半以上的故障都与不平衡有关。因此，了解参与不平衡量允许值，即动平衡标准是非常有必要的。实际上掌握设备动平衡的要求与规范也是设备状态监测和故障诊断人员的必备知识。

由德国工程协会制订的 VDI-20260"旋转刚体平衡状态的评价"目前被国际上广泛采纳，并作为国际标准化协会组织建议标准 ISO 1940《转子刚体的平衡质量》。该标准建立了转子的最高转速与可接受的残余不平衡之间的关系，以及各种有代表性的转子与建议的质量不平衡之间的关系（见表7及图1），介绍了质量不平衡等级 G（等效于一个不受约束的转子所产生的 $e\omega$），因为它是用来比较机器在不同速率下运转时的物理特性。标准中的 G 值在数字上相当于 9 500 r/min 运转的转子用 μm 表示的偏心率 e。转子的质量不平衡等级或不平衡可以用一台已校准的动平衡机进行评定。

表7 平衡精度等级与刚性转子组的分组

平衡精度等级	$e\omega$[①②]/(mm/s)	转 子 类 型
G4000	4 000	刚性安装的具有奇数汽缸的低速船用柴油机的曲轴传动装置
G1600	1 600	刚性安装的大型两行程发动机的曲轴传动装置
G630	630	刚性安装的大型四行程发动机的曲轴传动装置，弹性安装的船用柴油机的曲轴传动装置
G250	250	刚性安装的高速四缸柴油机的曲轴传动装置
G100	100	具有六个或者更多汽缸的高速柴油机的曲轴传动装置，汽车、卡车及机车头的整个发动机（汽油机或柴油机）
G40	40	汽车轮，车轮缘、轴座、传动轴，弹性安装的具有六个或者更多汽缸的高速四行程发动机（汽油机或柴油机）的曲轴传动装置
G16	16	具有特殊要求的传动轴（推进器、万向接头轴），压碎机的零件，农用机械的零件，发动机（汽车、卡车及机车头的汽油机或柴油机）的单个组件，在特殊要求下具有六个或者更多汽缸的高速柴油机的曲轴传动装置
G6.3	6.3	炼制厂机械零件，船用主涡轮传动机构（商用），离心机鼓轮、风扇，装配好的飞机的燃气轮机转子，飞轮，泵式推进器，机床和普通的机械零件，普通的电枢。特殊要求的发动机单个部件
G2.5	2.5	燃气和蒸汽轮机，包括船用主涡轮传动机构（商用），刚性的涡轮发电机转子，透平轮压缩机，机床传动装置，有特殊要求的中型和大型电枢，小型电枢，涡轮传动泵
G1	1	磁带记录仪和唱片机的传动装置，磨床传动装置，有特殊要求的小型电动机
G0.4	0.4	精密磨床的传动轴，研磨盘和电枢，陀螺仪

① $\omega=2\pi n/60$，当 ω 以 rad/s，n 以 r/min 为单位时，则 $\omega\approx1/10$。
② 对于具有两个校正平面的刚性转子，每个平面通常采用建议的残余不平衡量的 1/2；此值适用于两个任意选定的平面。轴承处的不平衡状态可以改善，对于圆盘形转子，多余的残余不平衡量建议在一个平面。
注：1. 低速柴油机通常是指活塞速度小于 9 m/s 的机器，而高速柴油机则是活塞速度大于 9 m/s 的机器。
2. 曲轴传动装置是一个组件，它包括曲轴、飞轮、离合器、带轮、振动阻尼器、连杆的旋转部分等，因此对于发动机，转子质量是指上述部件之和。

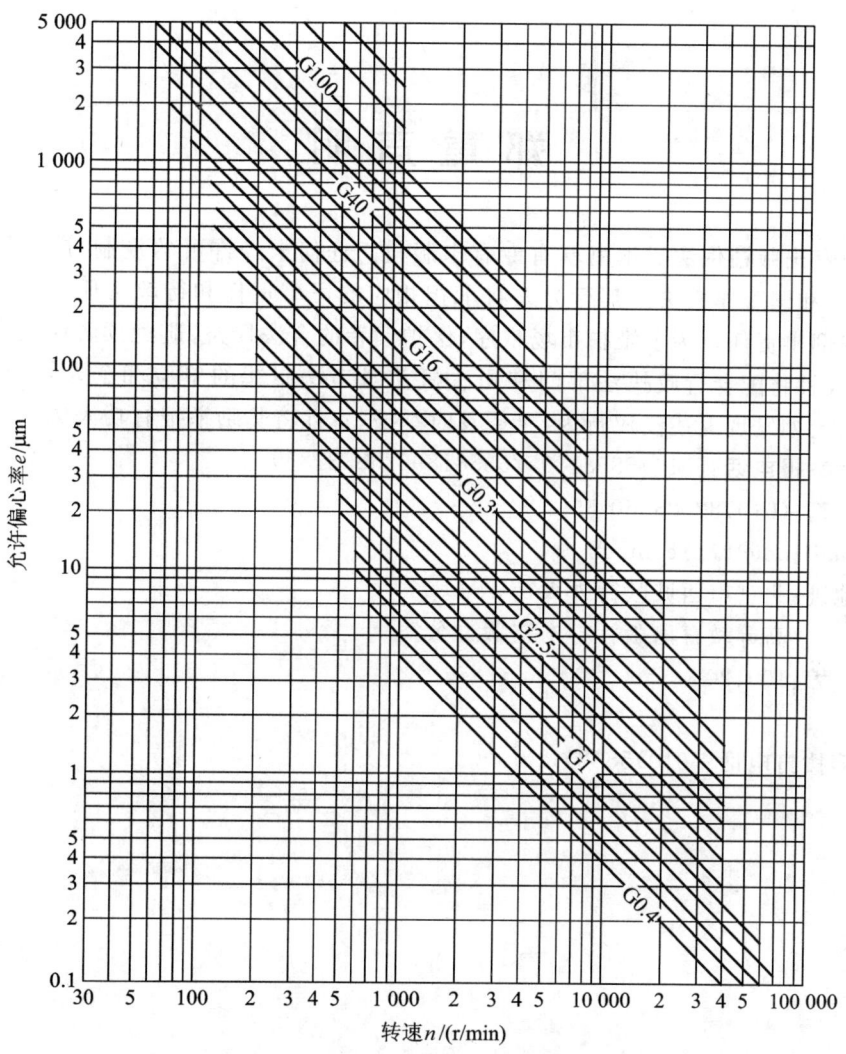

图 1 ISO 1940(1973)在规定的最大残余不平衡量

实际应用中,对于某些旋转体,可按其不同的用途和场合列入不同的精度等级。例如:普通电动机的转子精度范围在 G2.5~G6.3,也就是说这类转子选用 G2.5 或 G6.3 精度等级即可,也可选用两者之间的等级,而 $e\omega$ 的取值也可以为 2.5~6.3 mm 之间的某值。至于选择数值,要根据设备的用途、重要程度,凭经验或结合设备振动情况确定。

参 考 文 献

[1] 陈进. 机械设备振动监测与故障诊断[M]. 上海:上海交通大学出版社,1999.
[2] 张来斌,王朝晖,等. 机械设备诊断技术及方法[M]. 北京:石油工业出版社,2000.
[3] 盛兆顺. 设备状态监测与故障诊断技术及应用[M]. 北京:化学工业出版社,2003.

郑 重 声 明

高等教育出版社依法对本书享有专有出版权。任何未经许可的复制、销售行为均违反《中华人民共和国著作权法》,其行为人将承担相应的民事责任和行政责任,构成犯罪的,将被依法追究刑事责任。为了维护市场秩序,保护读者的合法权益,避免读者误用盗版书造成不良后果,我社将配合行政执法部门和司法机关对违法犯罪的单位和个人给予严厉打击。社会各界人士如发现上述侵权行为,希望及时举报,本社将奖励举报有功人员。

反盗版举报电话:(010)58581897/58581896/58581879
传　　真:(010)82086060
E - mail:dd@hep.com.cn
通信地址:北京市西城区德外大街4号
　　　　　高等教育出版社打击盗版办公室
邮　　编:100120

购书请拨打电话:(010)58581118